求 是 集

——李杰学术论文选

第一卷

同濟大學出版社
TONGJI UNIVERSITY PRESS

内容提要

本文集是李杰教授在结构工程领域发表论文的选集。书中论述了结构工程研究的关键科学问题和作者关于物理随机系统研究的基本思想。以此为纲，全书从六个方面展现了作者在过去20年中的主要研究工作。包括：灾害性动力作用分析与建模、混凝土随机损伤力学、随机结构分析与建模、概率密度演化理论、结构可靠性分析与结构控制、工程网络可靠性分析与设计方面的内容。这些内容反映了我国结构工程基础研究领域的热点问题和最新研究进展。

本书可供结构工程领域的教学、科研、工程技术人员和研究生阅读参考。

图书在版编目(CIP)数据

求是集：李杰学术论文选．第一卷／李杰著．-- 上海：同济大学出版社，2016.10

ISBN 978-7-5608-6564-5

Ⅰ.①求… Ⅱ.①李… Ⅲ.①结构工程—文集 Ⅳ.①TU3-53

中国版本图书馆CIP数据核字(2016)第239980号

求是集——李杰学术论文选(第一卷)

李 杰 著

责任编辑 李小敏 **责任校对** 徐春莲 **封面设计** 于 飞

出版发行 同济大学出版社 www.tongjipress.com.cn

(地址：上海市四平路1239号 邮编：200092 电话：021-65985622)

经　　销 全国各地新华书店

印　　刷 虎彩印艺股份有限公司

开　　本 787 mm×1 092 mm 1/16

印　　张 29.75

字　　数 595 000

版　　次 2016年10月第1版 2016年10月第1次印刷

书　　号 ISBN 978-7-5608-6564-5

定　　价 198.00元

李杰，同济大学结构工程学科讲座教授，博士生导师，上海防灾救灾研究所所长。兼任国际结构安全性与可靠性协会(IASSAR)执行委员会委员、国际土木工程风险与可靠性协会(CERRA)主席团成员、国际结构安全性联合委员会(JCSS)委员；中国振动工程学会副理事长、随机振动专业委员会主任、中国建筑学会结构计算理论与工程应用专业委员会主任等学术职务；国际期刊 *Structural Safety*，*International Journal of Damage Mechanics* 等刊编委。

长期从事结构工程理论研究工作，在随机动力学、混凝土损伤力学、工程可靠性研究中有系列学术贡献。著有《地震工程学导论》(地震出版社，1992 年)、《随机结构系统——分析与建模》(科学出版社，1996 年)、《生命线工程抗震——基础理论与应用》(科学出版社，2005 年)、《Stochastic Dynamics of Structures》(John Wiley & Sons，2009)、《混凝土随机损伤力学》(科学出版社，2014 年)等学术著作；在国内外学术期刊发表研究论文 400 余篇，其中 SCI 收录 120 余篇、EI 收录 260 余篇，研究论著被他人引用 7000 余次；获得国家级、省部级科技奖励 20 余项。

1998 年获得国家杰出青年科学基金；1999 年入选教育部“长江学者奖励计划”首批特聘教授；同年，被国务院授予“有突出贡献的中青年专家”称号；2001 年被教育部授予“全国优秀教师”称号；2004 年被上海市授予“劳动模范”称号；2005 年入选上海市“科技领军人才计划”；2012 年被中国科学技术协会授予“全国优秀科技工作者”称号；2013 年被丹麦王国奥尔堡大学授予荣誉博士学位；2014 年，因在概率密度演化理论与大规模基础设施系统抗震可靠性设计方面的学术成就，被美国土木工程师学会(ASCE)授予 Freudenthal 奖章，是这一权威国际奖项设立 40 年来的第一位亚洲获奖者。

目　录

第一卷目录

综论一　结构工程研究中的关键科学问题

结构工程研究中的关键科学问题 …… 3

第一篇　结构动力作用分析与建模

基于标准正交基的随机过程展开法 …… 67
地震动随机过程的正交展开 …… 75
脉动风速随机过程的正交展开 …… 87
随机脉动风场的正交展开方法 …… 98
基于物理的随机地震动模型研究 …… 107
工程地震动的物理随机函数模型 …… 115
工程场地地震动随机场的物理模型 …… 128
工程随机地震动物理模型的参数统计与检验 …… 142
随机地震动的概率密度演化 …… 153
脉动风速功率谱与随机 Fourier 幅值谱的关系研究 …… 161
实测风场的随机 Fourier 谱研究 …… 172
结构随机动力激励的物理模型:以脉动风速为例 …… 183
基于演化相位谱的脉动风速模拟 …… 198
随机风场空间相干性研究 …… 209
基于拟层流风波生成机制的海浪谱模型 …… 220

第二篇　混凝土随机损伤力学

混凝土随机损伤本构关系 …… 235
混凝土随机损伤本构关系——单轴受压分析 …… 245
混凝土弹塑性损伤本构模型研究Ⅰ：基本公式 …… 253
混凝土弹塑性损伤本构模型研究Ⅱ：数值计算和试验验证 …… 265
混凝土随机损伤力学的初步研究 …… 277
混凝土二维本构关系试验研究 …… 289
混凝土弹塑性随机损伤本构关系研究 …… 300
混凝土随机损伤力学——背景、意义与研究进展 …… 314
混凝土单轴受压本构关系的概率密度描述 …… 333
混凝土单轴受压动力全曲线试验研究 …… 344
混凝土动力随机损伤本构关系 …… 351
基于微-细观机理的混凝土疲劳损伤本构模型 …… 363
基于摄动方法的多尺度损伤表示理论 …… 377
混凝土破坏过程模拟的随机介质模型 …… 391
随机结构非线性地震反应仿真分析 …… 403
混凝土框架结构非线性静力分析的随机模拟 …… 413
混凝土框架结构内力测量传感器研制 …… 422
钢筋混凝土框架结构随机非线性行为试验研究 …… 431
钢筋混凝土双连梁短肢剪力墙结构试验研究 …… 441
双连梁短肢剪力墙结构非线性随机演化分析 …… 457

第二卷目录

第三篇　随机结构分析与建模

随机结构动力矩阵的线性表示与线性截断 …… 3

随机结构分析的扩阶系统方法(Ⅰ):扩阶系统方程 …… 11

随机结构分析的扩阶系统方法(Ⅱ):结构动力分析 …… 21

复合随机振动分析的扩阶系统方法 …… 31

考虑场地介质随机特性的无限域波动分析 …… 41

考虑岩土介质随机特性的工程场地地震动随机场分析 …… 50

基于微分算子变换的广义卡尔曼估计方法 …… 58

随机结构系统建模问题研究 …… 66

未知输入条件下的结构物理参数识别研究 …… 74

部分输入未知时求解动力复合反演问题的补偿算法 …… 85

一类加权全局迭代参数卡尔曼滤波算法 …… 92

基于反应力向量灵敏度的模型参数化方法 …… 102

第四篇　概率密度演化理论

随机结构动力反应分析的概率密度演化方法 …… 115

随机结构非线性动力响应的概率密度演化分析 …… 124

随机结构响应密度演化分析的映射降维法 …… 134

结构随机响应概率密度演化分析的数论选点法 …… 144

随机动力系统中的广义密度演化方程 …… 155

结构动力非线性随机反应的联合概率分布 …… 167

结构随机动力非线性反应的整体灵敏度分析 …… 180

随机动力系统中的概率密度演化方程及其研究进展 …… 192

第五篇　结构可靠性分析与结构控制

随机结构动力可靠度分析的概率密度演化方法 …… 225

结构反应的内蕴相关性与可靠度分析 …… 234

钢筋混凝土框架结构体系可靠度分析 …………………………………… 247
考虑多重失效机制的结构体系可靠度分析 ……………………………… 257
风力发电高塔系统抗风动力可靠度分析 ………………………………… 272
近海风力发电高塔波浪动力可靠度分析 ………………………………… 285
基于广义密度演化方程的结构随机最优控制 …………………………… 297
考虑控制器拓扑的随机动力系统最优控制 ……………………………… 308
结构地震反应随机最优控制的多目标概率准则研究 …………………… 322

第六篇　工程网络可靠性分析与设计

大型生命线工程抗震可靠度分析的递推分解算法 ……………………… 335
大型相关失效工程网络系统可靠度的近似算法 ………………………… 343
生命线工程网络抗震可靠性分析方法的比较研究 ……………………… 352
网络可靠度分析的最小割递推分解算法 ………………………………… 366
基于遗传算法的生命线工程网络抗震优化设计 ………………………… 375
生命线网络系统抗震拓扑优化的 Benchmark 模型 …………………… 384
城市供水管网系统抗震功能可靠度分析 ………………………………… 394
基于模拟退火算法的供水管网抗震优化设计 …………………………… 404
基于微粒群算法的供水管网抗震优化设计 ……………………………… 414
基于可靠度的生命线工程网络抗震设计 ………………………………… 422

综论二　物理随机系统研究的若干基本观点

物理随机系统研究的若干基本观点 ……………………………………… 433

综论一　结构工程研究中的关键科学问题

结构工程研究中的关键科学问题*

李 杰

十年以来，我一直比较注意地思考结构工程中的基本科学问题.我认为：在我们这样一个领域的研究当中，存在着一些最最基本的矛盾，它形成了我们这个领域研究的科学张力，推动着我们这个学科的进展.

这样的一个思考，坦率地讲，是一个相当艰苦的过程.到今天，我仍然可以讲，我的思考没有结束，可以说是刚刚开始.但我愿意在这样的一个阶段性的进展过程中，把自己思考当中的一些基本问题，向大家做一简要的汇报.也许，可以得到大家的批判，从而真正地推动我们国家在结构工程方面的发展.

我们国家，正在进行着前所未有的、用欧进萍教授的话讲、叫做“世界上所仅有的”、大规模的土木工程建设.中国人，不仅有能力把我们的国家建设得更加美丽，而且也应该在土木工程的基本理论，尤其是在解决结构工程的关键科学问题方面，有我们中国人独特的贡献.所以，我想在这里把我的一些思考奉献给大家.

我想从这样的八个方面阐述我的想法.

1 从荷载效应组合谈起
2 灾害作用的物理机制与建模
3 结构非线性损伤演化机理与破坏规律
4 随机动力系统分析
5 结构整体可靠度与基于可靠度的设计
6 工程网络失效机理与网络优化设计
7 尚未涉及的问题
8 结论与讨论

1 从荷载效应组合谈起

首先来看一看最最基本的荷载效应组合.任何一个土木工程专业的大学生都学习过、都知道荷载效应组合是这样一个基本的关系式

$$S_M = \max_{t\in[0,T]}\left\{\sum_{i=1}^{n} C_i Q_i(t)\right\} \tag{1-1}$$

* 2006年10月26日同济大学学术讲座报告.

这样一个基本的关系式告诉我们什么呢？它告诉我们：荷载效应、各种各样的荷载效应，包括地震、风、重力荷载，各种各样的荷载作用，它们对结构作用效应的最大值是结构设计的依据①. 在这里面我们可以看到，在这里有个 C. C 是什么呢？C 是荷载效应系数. 为什么要用一个 C 呢，因为我们认为荷载效应和荷载成线性的关系.

有了这样一个荷载效应，在设计当中，由于加拿大人 Lind 的贡献，可以用分项系数来表达设计原则②

$$\frac{R_K}{\gamma_R} \geqslant \gamma_G C_G G_K + \gamma_R C_Q Q_K \tag{1-2}$$

这个表达式的实质讲什么东西呢？它应该是讲：在结构设计当中，考虑了各种各样不确定性的影响，表现为：抗力的折减系数 γ_R 和荷载的增大系数 γ_G 和 γ_Q.

应该讲，这样的一个方法包含了两条基本原则：一条是线弹性原则——荷载作用效应与荷载成比例，一条是概率性原则——考虑了随机性的影响.

这样的两个原则，存在问题吗？我们看现在的设计理念，我给它总结一下，叫作：线性的世界观、分解的方法论、确定性的分析传统、基于静力的设计观念.

我今天不可能把这些问题都展开谈. 线性，大家都知道，我们现在的设计大都是用线性分析的方法去做的，线弹性的方法. 那么，这个方法的核心是什么呢？是一个**分解的方法论**. 结构分析，其实质是把一个连续的结构变成一个截面设计的组合、变成一个集合(图1-1). 然后，对每一个截面验算它的抗压强度、抗弯强度、抗剪强度，包括稳定性. 分解的方法论，事实上导致基于构件的设计！甚至于是基于截面强度的设计！当然，稳定性有一点结构整体的概念.

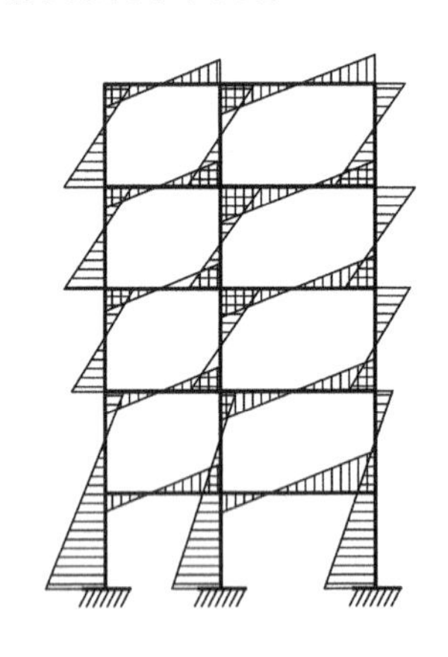

图 1-1　分解的方法论——截面设计

这样的一个设计思想会出现什么问题呢？经典的设计思想，我们有没有可能说它必然导致安全的设计呢？我讲它看似是安全的设计，但极可能是最危险的设计！为什么？我们在这样的一个荷载组合里面，一般不考虑一旦出现了控制荷载会怎么样. 我们都知道，在设计的时候有一个荷载效应的包络图，一旦出现了控制性的荷载，譬如说地震荷载，这个时候结构会是一个什么样呢？在我们设定这样的一些设防的地方、界限截面的地方，出现了这些塑性铰(图 1-2)，一旦到了这一界限、各截面同时到了这个界限是个什么样子呢？

整个结构是“哗”一下垮掉了(图 1-2)！一旦出现了控制性的荷载，它是没有安全储备的.

---

① 式(1-1)是多种荷载效应组合公式. 适用于线性结构体系. 式中，S_M 为设计基准期[0, T]内荷载效应组合最大值，C_i 为荷载 Q_i 的荷载效应系数.

② 1971 年，加拿大的 Lind 采用分离函数法，将可靠指标 β 表达成工程设计人员习惯的分项安全系数，即抗力的折减系数和荷载效应的增大系数. 式(5-2)中，R_K 为构件抗力标准值；G_K 为恒荷载标准值；Q_K 为活荷载标准值.

什么东西救了我们？我们有一个大老 K①. 我们有荷载分项系数，这使得我们的土木工程结构在现实工作中只使用了它全部强度储备的 40%～60%. 换句话说，结构是以极限荷载的 40%～60%这样的一个内力水平进行工作的，有时候甚至更低. 譬如说磁悬浮交通的轨道，由于是刚度控制设计，设计工作应力只是极限强度的多少呢？——1%.

我的思考就是从这里来：一旦出现了控制性荷载，会是什么样？

再一个，**确定性分析**. 确定性分析事实上是认为，结构是按照这样的一个方式进行非线性响应的（图 1-3）.

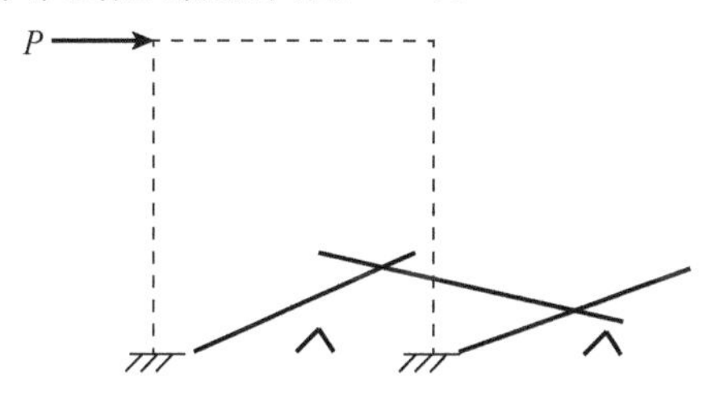

图 1-2　经典设计思想的危险性

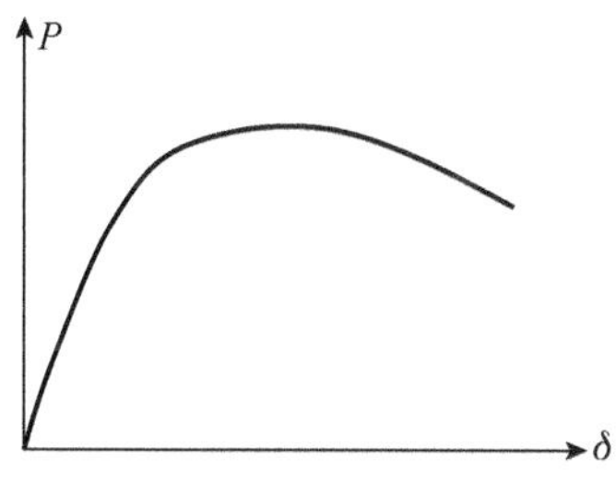

图 1-3　典型荷载-位移关系

这种荷载-位移关系对应着这样的一个塑性铰分布（图 1-4）. 按这样一个塑性铰出现次序，它是沿着这样一个路径在走（图 1-5 中 OA 线），但由于截面抗力具有随机性，实际非线性过程完全可能对应另外一种塑性铰分布，荷载-位移可能沿着另外一个路径在走（图 1-5 中 OB 线）. 换句话说，由于随机性的影响，使得结构的非线性反应过程是一个歧路亡羊的过程.

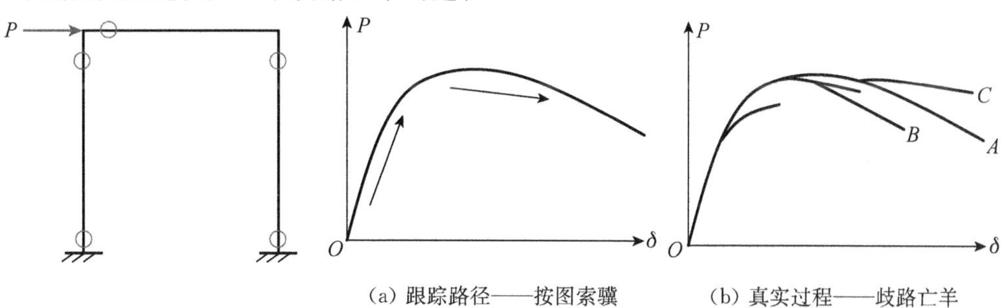

图 1-4　塑性铰分布　　图 1-5　确定性非线性分析与非线性随机演化过程的比较

通常，我们天然地认为结构非线性过程可以按人设定的方式往前走②. 但任何一个做过一点试验的人都知道，压混凝土试块，压三块、三块强度是不一样的. 一个立方体强度、那么简单的立方体强度你尚且控制不住，你怎么能控制住结构呢？确

---

① 指传统的设计安全系数，定义为设计抗力与极限抗力的比值.

② 在确定性结构分析中，结构非线性演化的路径是唯一确定的，一般采取跟踪路径的思路（图 1-5a），即根据目前的状态对刚度矩阵进行修正而得到下一时刻的确定的状态. 但在实际情况中，由于结构物理参数的随机性，结构非线性演化过程是随机的、有无穷的可能路径，无法逐一跟踪. 形象地说，确定性非线性分析是一个按图索骥的过程（图 1-5a），而结构实际非线性演化过程中却是歧路亡羊的过程（图 1-5b）. 此点，作者从 1998 年开始就在各种场合反复阐述.

定性分析，显然不能完全反映客观实际！

静力设计分析思想的影响. 这一点根深蒂固. 大家如果仔细思考一下我们结构工程的发展历史，就会发现最早人们关心的重点是静力问题. 静力设计让我们怎么想呢？当考虑了结构抗力与结构荷载的变异性时，我们基本上是把抗力偏小取、荷载偏大取(图 1-6). 但是，怎么取弹性模量呢？怎么取结构的质量呢？到了动力的情况，会是什么样呢？

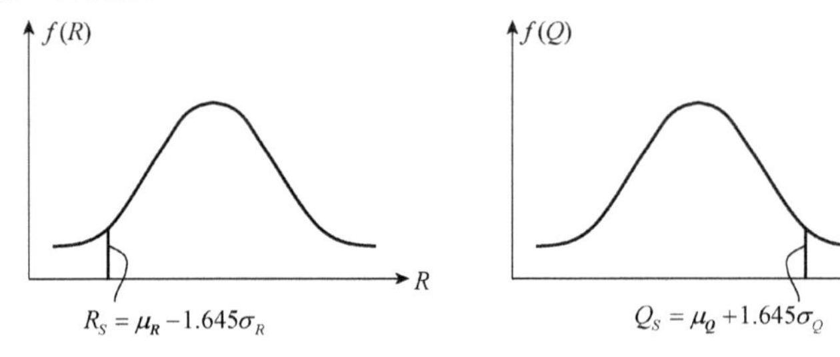

图 1-6　静力设计分析中抗力和荷载的取值示意图

一般，在把抗力偏小取的同时，弹性模量也随之取小了，把荷载取大的同时，它的质量也随之取大了. 这使结构在动力情况下的周期变掉了，也就是说你分析的周期和实际结构的周期不一样. 在静力的时候，把荷载取大一点，总是安全储备要好一些. 但是大家看，这是结构的地震反应谱(图 1-7)，上述状况仅仅在曲线上升段是对的；但是在下降段，情况就不一样了①.

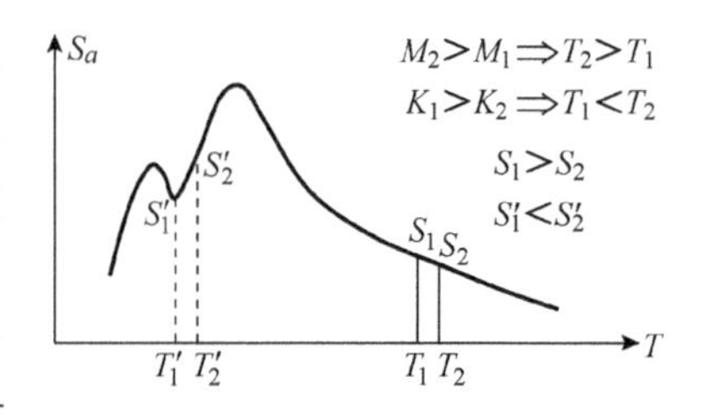

图 1-7　静力思想应用于动力问题时的谬误

这样的一些背景，特别是线弹性假定、对荷载和抗力变异性的考虑，在结构工程发展中起到了重大的作用. 但是，如果我们希望向前推进：从线性向非线性推进一下、从构件层次向结构层次推进一下，会出现什么样的问题呢？一旦这样做，人们马上发现，经典的结构设计理论，是一个非常完整的体系，牵一发动全身.

我们不妨回忆一下整个结构工程设计原则与设计理论发展的历程.

19 世纪后期到 20 世纪 30 年代，采用的基本上是容许应力的设计②. 当时的大

---

① 在下降段，若荷载取 Q_S，则结构的分析质量 M_2 大于实际质量 M_1，质量取大，结构的周期变大，分析周期 T_2 大于实际周期 T_1；而对应的反应谱取值，分析谱值 S_2 小于实际谱值 S_1. 所以，重力荷载取大一些却导致结构的地震荷载取小了，这对结构分析是不利的，是不合理的. 对于刚度，由于它与强度相关，强度取偏低的设计值相当于取偏低的弹性模量，也会对动力分析造成影响.

② 1826 年，Navier 在其材料力学著作中，认为最重要的是要寻求结构保持完全弹性而不产生永久变形的极限，他建议用弹性状态导出的计算公式来校核现存的认为足够坚固的结构物，从而确定出各种材料的安全应力，据此来设计和选定构件的尺寸. 所谓安全应力就是容许应力，当时兴起的设计方法便是容许应力法. 容许应力法设计的原则是：结构构件的计算应力不得大于结构设计规范所给定的容许应力. 设计表达式为 $\sigma\leqslant[\sigma]=\sigma_{\max}/K$. 式中，结构构件的计算应力 σ 按规范规定的荷载以线弹性理论计算得到；容许应力值 $[\sigma]$ 由规定的材料弹性极限 $\sigma_{\max}$(或极限强度)除以大于 1 的安全系数 K(由经验判断)得到.

师在考虑结构设计的时候，应该讲建立的是一个完整的理论体系. 在构件设计和整体结构设计之间没有矛盾. 但是，容许应力设计对客观世界是一个近似的反映. 真实结构中不可避免地会出现非线性.

因为意识到了非线性，到 20 世纪 40 年代，后来一直到 20 世纪的 70 年代初之前，在世界范围内，人们一直试图实现承载力极限状态设计①，这一思想是 20 世纪 40 年代由苏联科学家提出来的. 但是在这个进程当中，引入了一个矛盾，对经典理论动了一动，马上出现问题：结构线弹性、构件考虑弹塑性，结构性态和构件性态之间出现鸿沟，不能反映结构的真实内力分布规律.

事实上，意识到这个问题之后，直到今天，世界范围内的一批学者一直在试图努力改进它. 比如说在 20 世纪 50 年代，大家可能不太清楚，当时在英国、德国、苏联有一大批学者，试图从极限分析的角度解决这个问题. 我们今天看到的塑性铰的极限分析、框架结构的极限分析，塑性铰线的、板的极限分析，上限理论、下限理论，就是当时试图解决这个矛盾的产物：在结构层次上能不能也用塑性设计？

我们今天都知道，塑性铰有它的转动能力，这个在 20 世纪 50 年代、60 年代做了相当多的工作. 但是，应该讲，在这方面的努力没有形成一个理论体系. 出现了一系列问题，当我们用极限分析理论的时候，会出现组合爆炸问题. 对于一个简单的框架，它会有好多好多种失效模式②.

20 世纪 70 年代，由于概率论的普及，基于近似概率的极限状态设计方法出现了③，这首先表现为从大老 K(安全系数)到多项分项系数表达. 大老 K 是把荷载和结构放在一块来考虑，那人们希望怎么样呢？希望荷载的变异性是荷载的变异性，抗力的变异性是抗力的变异性. 用近似概率的方式来实现结构的极限状态设计；第二，当时提出来，除了极端情况之外，结构实际上是在 40%、50% 左右极限强度的应力阶段工作. 因此，要考虑在工作应力阶段的性能. 所以，性能设计的思想并不是现在才提出来的，40 年前人们就有感觉.

事实上，在这样的时候、在人们引入随机性的时候，又出现了问题：在构件层次

① 20 世纪 40 年代，苏联科学家提出了承载力即极限强度设计法. 从设计思想上说，它是考虑结构材料破损阶段的工作状态进行结构构件设计的方法. 这一方法认为构件截面内力乘以安全系数应小于或等于构件截面的破坏抗力. 例如对受弯构件有 $KM \leqslant M_u$；轴心受压构件有 $KN \leqslant N_u$. 式中 M, N 分别为标准荷载产生的弯矩和轴力，M_u 为构件截面的破坏弯矩，N_u 为构件截面的破坏压力，K 为安全系数. 极限强度设计法部分考虑了材料的弹塑性性质，可合理利用材料的潜力，但在结构分析中仍采用线弹性理论，从而形成构件层次设计与结构层次分析原则之间的矛盾.

② 在框架结构的极限分析中，一方面假定材料本构为理想弹塑性，这样塑性铰出现的位置是可预见的；另一方面假定构件截面具有完全相关性，这使得塑性铰出现的位置是可列的. 在上述两个假定条件下，图 1-4 所示的简单钢筋混凝土框架的失效模式有 15 种，而实际工程结构远比图示的结构复杂，即出现组合爆炸问题！

③ 20 世纪 70 年代开始出现多种极限状态设计思想，并进一步发展为基于极限状态的近似概率设计方法. 基于多种极限状态的近似概率性设计方法的进步表现在：①明确提出了多种极限状态设计理念. 不仅考虑承载能力极限状态的安全分析，而且明确提出了正常使用极限状态. ②引入了概率设计的观点. 概率性设计准则分别考虑了不同性质的随机因素(荷载和抗力)的影响，可使不同的结构具有相近的安全水平.

考虑随机性的影响、在结构层次采用了确定性的分析，即用荷载与抗力的分位值来做结构的分析．这样的一种分析，显然不能反映真实的结构非线性内力分布规律．它割裂了随机性的传递途径、扭曲了真实的结构内力分布规律．如果我们问，非线性和线性区别在哪儿？区别在于非线性的内力分布规律和弹性的内力分布规律不一样，非线性有关于线性内力的重分布．那随机性和确定性的差别是什么呢？仍然是扭曲了真实的结构内力分布规律．

我们可以总结一下，从 20 世纪 40 年代、一直到 20 世纪 90 年代，甚至到了今天，我们的结构设计理论中存在着两个最最基本的矛盾．第一个是：承认与不承认非线性的矛盾．在构件层次采用极限状态设计、承认非线性，而在结构层次采用弹性力学的分析、忽略了非线性，这是一个基本矛盾．这样的一个基本矛盾，应该说不是我的发现，我的老师那一代人就认识到了．我在 20 世纪 80 年代初念书的时候，我的老师上课时就经常讲，构件层次的设计和结构层次的设计是有矛盾存在的．我们现在做非线性研究，就是要把这个基本矛盾解决掉．但是仔细分析可以发现，还存在着第二个基本矛盾：承认与不承认随机性的矛盾，构件层次基于可靠性设计、承认存在随机性，而在结构层次采用确定性的力学分析、不承认存在随机性，这是我们的发现．而且我在研究中发现：这样的两个矛盾事实上是相互耦合的①．

20 世纪 90 年代中期以来，相当多的研究者对基于性能的设计非常感兴趣．如果我们从源流的角度来分析，就会发现，它与多种极限状态设计的思想在本质上是一致的．结构性能设计论者认为：经典的设计是基于力的设计，若做抗震设计，应该基于位移来设计、或者基于结构的功能（或结构的性能）来设计．举一个例子，现在的楼高了，遇到地震，会不会遇到电梯的轨道被卡壳的局面？轨道卡壳，这是一种性能．这种性能应该用位移的方式来表示．作为对比（图1-8），我们可以看到：在多种极限状态设计中考虑的是什么呢？承载力极限状态考虑的是一个点，这是 20 世纪 40 年代人们的努力．到了 70 年代，人们的努力是加了一个使用极限状态，在这个工作应力阶段（图 1-8 中椭圆），一个区间加上一个点，构成多种极限状态设计的核心．基于性能的设计则是希望实现结构受力全过程的考虑，以及对全寿命的考虑（图 1-8）．所以说，性能设计是多种极限状态设计思想的延伸．

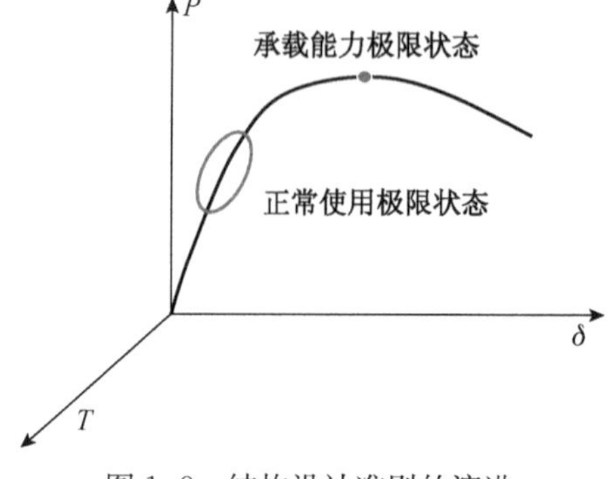

图 1-8　结构设计准则的演进

① 物理非线性进程受随机性影响而表现出分叉现象（图 1-5b），随机分叉又反过来影响后续非线性过程，因此，非线性与随机性是相互耦合的．非线性与随机性相耦合的学术观点是作者于 2000 年在第六次全国混凝土结构基本理论与工程应用学术会议上正式提出来的．在 2002 年第七次全国混凝土基本理论与工程应用学术会议上，作者正式提出了两个基本矛盾的观点．

可以讲,结构工程的传统理论存在着根本的矛盾,这样的矛盾是我们这个学科发展的内在张力,任何一个严肃地对待结构工程发展的同志,都会不满意目前这样一种凑合的状态.在另外一方面,现实工程设计的精细化要求、我们国家经济发展的需求,使得我们正在建造更高的建筑、更长的桥梁、更深的地下结构、更大的工程网络,这些都需要我们面对结构工程当中的基本问题,我们必须能够真正科学地反映、正确地控制结构的性态.

在这样一个背景下,我想可以把结构工程研究当中的基本问题分成科学问题和技术问题两个方面来论述.但是,我个人的能力显然不足以来评述这样一个很大的课题,我只能就我所熟悉的、或者就我所研究的内容,给大家做一个简单的汇报.

三个方面:第一,灾害作用的物理机制与建模——结构外部的荷载是什么样;第二,结构非线性损伤演化机理与破坏规律.外部的荷载作用在结构上之后,必然有非线性表现,这种表现的本质是什么;第三,随机动力系统的分析与性态控制——怎样综合考虑结构外部作用的随机性和结构受力本质的非线性,进行结构性态的分析与设计.

顺便指出,今天上午我拿到了国家自然科学基金委重大研究计划的最终稿,我们正是按这样一个思路去梳理国家自然科学基金委在未来十年里研究的基本战略的.也就是说:从灾害作用、灾害作用的效应和结构的性态设计和控制,从这样的三个方面开展研究.可以说,20 年以来,我们国家土木工程领域的科学家一直在困扰,我们到底是按重大工程的方式来梳理我们遇到的科学和技术问题、还是按关键科学问题的方式来推动我们学科的进展? 到了最近两年,可以说,至少一部分中青年科学家慢慢地、逐步地走到上面这样的一个共识上来:要关心不同工程对象中具有共性的科学与技术问题.在今年五月份的天津会议①上,我代表同济大学土木工程防灾研究群体提出来这样一个理论框架:从灾害作用、灾害作用效应与结构性态的设计和控制,从这样的三个基本层面上来梳理结构工程中的基本科学问题.这样的一个理念,得到了国内一批科学家的认可和共识.

当然,在上面三个问题的研究基础上,我们希望进一步能够了解结构的整体可靠度、以便进行基于可靠度的结构设计,以及工程网络的失效机理、网络的优化设计这样的一些基本问题.

在这样的研究中,我个人最近十年的思考与研究实践告诉我这样一个理念:我们要致力于物理研究,要把我们目前经验性的研究、相当多的经验性的研究逐步过渡到对于物理本质的认识上来、发展到理性地反映客观世界的阶段.现实的工程系统,事实上存在着大量的不确定性的影响,在本质上属于随机系统.当我们研究客观世界的时候,我们不可避免地要去研究随机性的影响.在这样的一个研究当中,我们希望把客观现象之间的物理关系或者规律引入到随机系统的研究之中,只有

① 指 2006 年 5 月份在天津大学召开的土木工程高端学术论坛.会议重点讨论了在土木工程领域推动设立国家自然科学基金委重大研究计划的可行性.

这样，才能真正合理地揭示客观世界的内在规律. 换句话说，随机性会对我们如何认识客观世界产生影响，怎么样正确地把这种影响反映出来，揭示随机性的本质，是需要研究的问题.

我们提出了物理随机系统研究的基本思想. 在物理随机系统框架里面，确定性系统和随机系统是可以互相转化的，这是我的一个基本观点. 在我们这个圈子里面、一个比较大的圈子里面，有一种观点，认为我们的客观世界只有一个，而我们反映它(客观世界)的方式有两个，一个是确定性的方式，另外一个是随机性的方式、或者概率性的方式. 而根据物理随机系统的基本观点，应该只需要用一个方式反映同一个客观世界. 在这样一个方式里面，随机的东西和确定性的东西，是可以互相转化的①. 我后面的讲演将会告诉大家这一点.

在研究客观物理规律的时候，不仅要研究物理现象之间的联系，还要考察这种现象转化、演变过程当中随机性的输运和演化过程，研究随机性产生的根源与本质，它们共同构成对事物的完整的反映过程，缺一不可. 也就是说，在我们的研究当中，要注重对物理过程的追求，也要考察在这样的一种过程当中、在物理现象转化的过程当中，随机性是怎么样演化的. 反过来，用这样一种方式，我们也可以解决长期困扰人们的一个问题：随机性从何而来？

2 灾害作用的物理机制与建模

为了说明这些观点，我想用我们研究中的一些例子，对上述的关键科学问题做具体阐述.

第一，灾害作用的物理机制与建模.

谈到灾害作用，我们不能不谈一谈结构荷载的经典模型.

首先是重力荷载，它在本质上属于静力荷载. 在设计当中一般有两个基本的处理手法：第一，对分布式的体力和面力加以简化，简化成集中荷载或线荷载、面荷载；第二，设计中仅考虑某一具有保证率的分位值.

这样的基本处理手法，应该说影响巨大. 比如说地震作用，到现在为止，大部分设计还是用的点模型、即刚性地基模型来设计. 而且，设计中仅考虑某一分位值的影响，即：按照不同的水准设防：小震不坏，63%的保证率；中震可修，10%的保证率；大震不倒，2%～3%的保证率. 对风，用等效的静力荷载，按50年一遇的最大风速设防. 海浪也是静力等效的方式，按有效波高设防.

事实上，在荷载或结构作用的研究当中，无一例外的要面对随机系统的分析与建模的问题，只要我们研究荷载，地震也好、风也好、海浪也好、环境作用也好、甚至包括路面荷载，就必然遇到随机性的问题.

而经典的随机系统研究，有一系列的困境. 出现困境的主要原因在于它采用了

---

① 详见本文集第二卷“物理随机系统研究的若干基本观点”.

现象学的研究方法. 这样的一个现象学的研究方法,导致我们不知道随机性的本源在哪里,这个争论从玻尔和爱因斯坦的争论开始,到现在并没有被解决. 随机场怎么描述? 重力荷载,今天我们坐在这个报告厅,这里是满满的,明天这里就是空的了,怎么描述它? 随机系统与确定系统的关系是什么? 一些同志讲双重性规律,一个是确定性的规律,一个是随机性的规律. 还是继承了两者对立的思想.

对立的思想导致在结构分析和性态设计中出现巨大的困难. 我们认为,至少在灾害作用方面,要发展物理随机系统的基本理论. 即:从物理机制出发,研究并科学反映灾害动力作用.

下面讲两个例子,一个是随机地震动的物理模型,一个是脉动风速谱的物理模型.

地震动物理模型,是在座的艾晓秋博士最早做的研究. 那么,我们的基本想法是什么呢? 这样的一个地震动时程,总是对应着一个傅里叶谱(图 2-1). 如果一个时程一个时程的考察,它是确定性的过程. 但是,当把它们当作一个集合时,它就是一个随机过程(图 2-2).

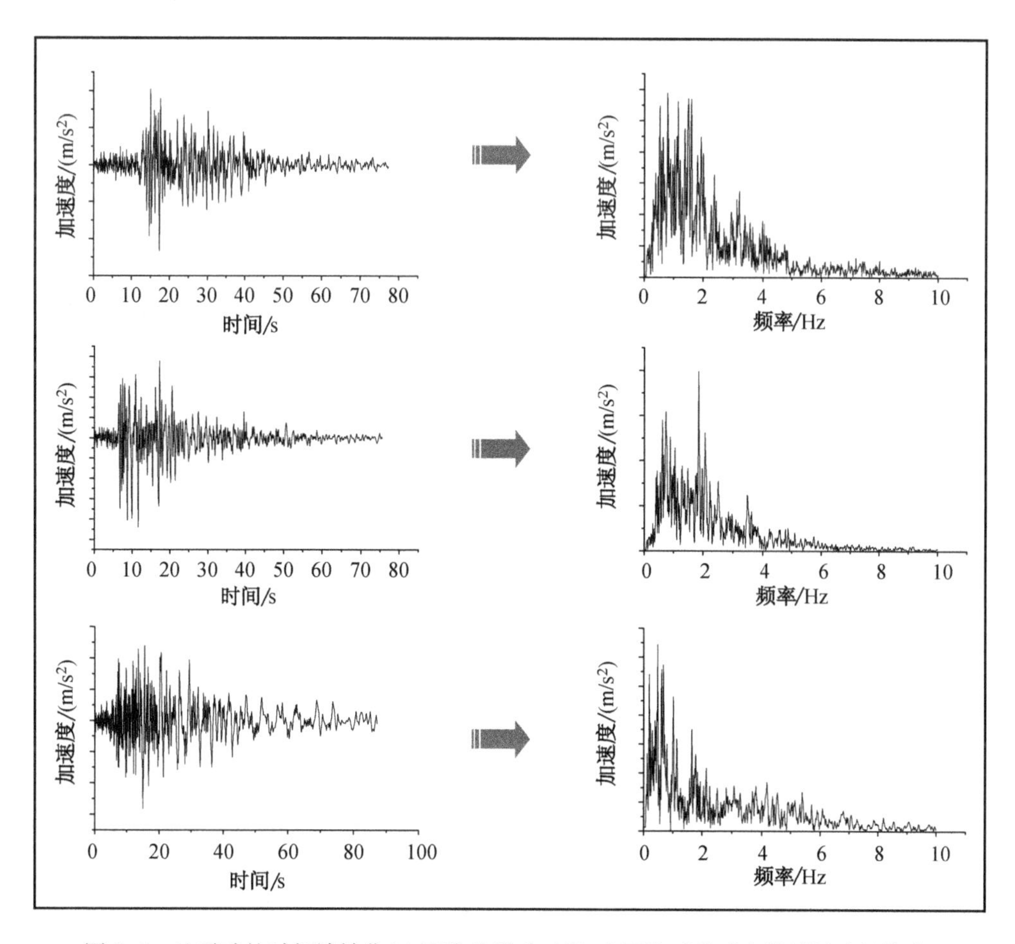

图 2-1　地震动的时频域转化(左面为地震动时程,右面为时程对应的傅里叶幅值谱)

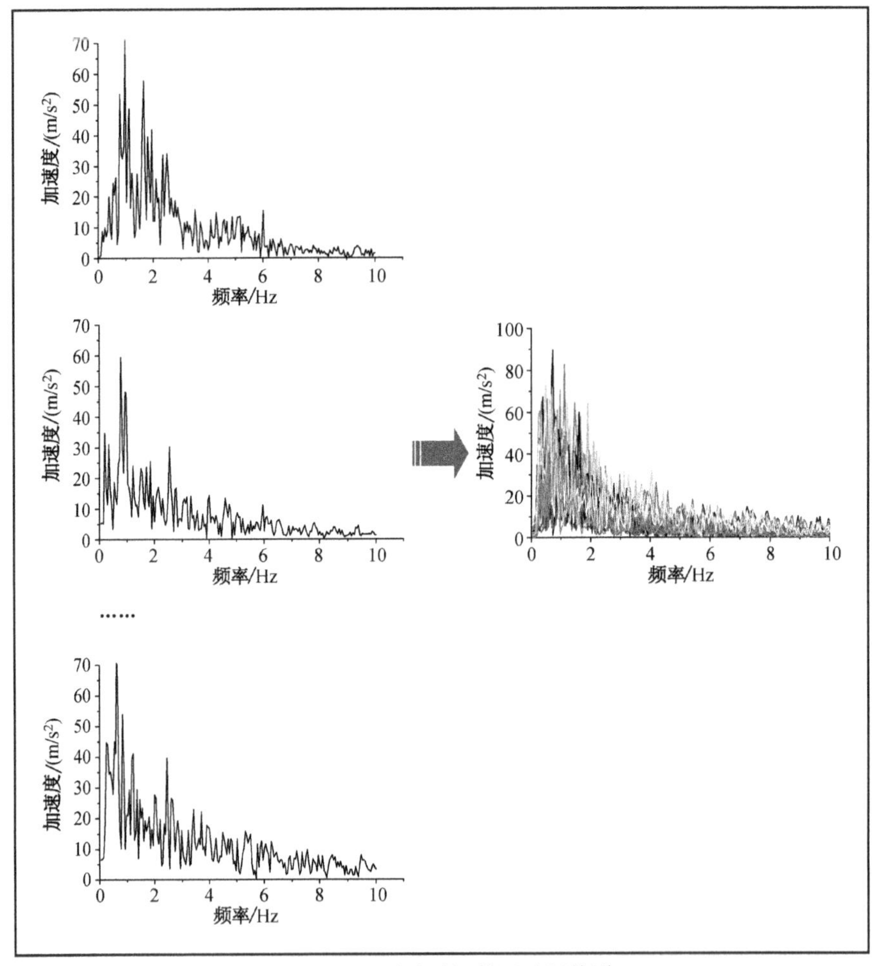

图 2-2　地震动随机傅里叶幅值谱

对这样一个随机过程，我们有没有办法用一个随机函数来描述它？而且这样一个随机函数能够跟某种物理机制建立联系？换句话说，用一种物理的方式来获得这个随机函数？我们的研究实践证明：是可以的.

考察这样的工程场地(图 2-3). 地震波输入进来，左下角这样的一个地震波，经过土的过滤，会转换成右上角这个样子. 由于土体性质本身具有随机性，所以我们观测到的现象是随机的，这就有可能利用我们的观测结果对式 $F_A(\cdot)$ 中这样的一个基本的传递函数建模，或对 $f(\cdot)$ 这样的一个物理方程做建模. 只不过经典的建模方式是只用均值，我们建模的时候考虑了变异性的影响.

我们做了两个工作，第一是工程设计模型，取

$$F=\begin{cases}\dfrac{F_0}{f_1}f, & 0<f<f_1\\ F_0, & f_1\leqslant f\leqslant f_2\\ -\dfrac{F_0}{f_e-f_2}(f-f_e), & f_2<f<f_e\end{cases} \tag{2-1}$$

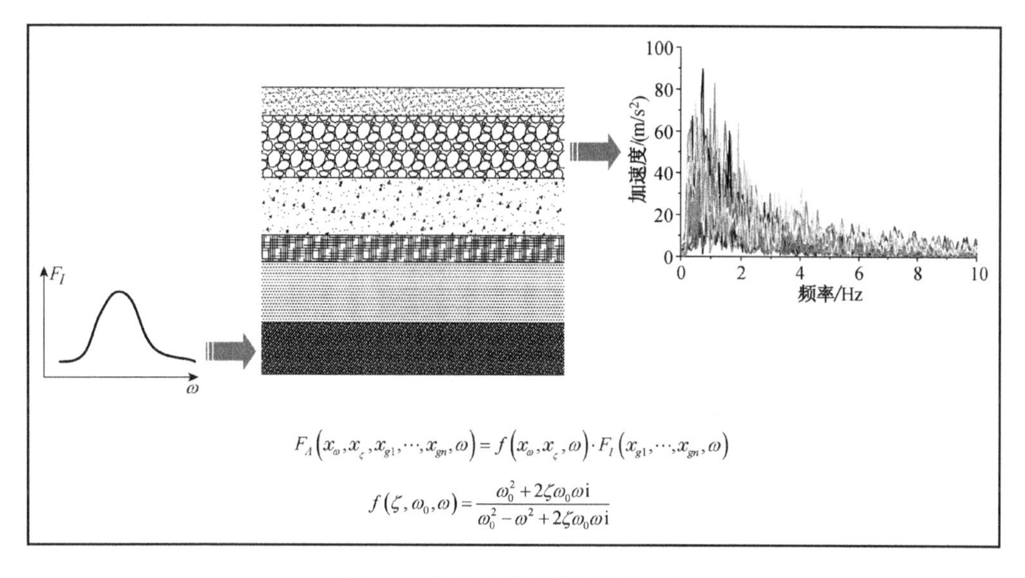

图 2-3　随机地震动模型基本思想

式中，f_1，f_2 是转折频率；f_e 是截断频率；F_0 是基底谱幅值参数.

在这样一个工程模型里面，我们认为基底输入是近似的白噪声，但是两头有一些折减(图 2-4). 在这里，基本的变量是输入 F_0、场地的卓越频率 x_ω 和场地的阻尼比 x_ξ. 把这样的三个参数作为随机变量，然后利用大量的地震记录来识别这些基本随机变量的取值和它的基本概率分布. 在识别的时候，利用均值谱和标准差谱，即利用下面方框中的建模方式.

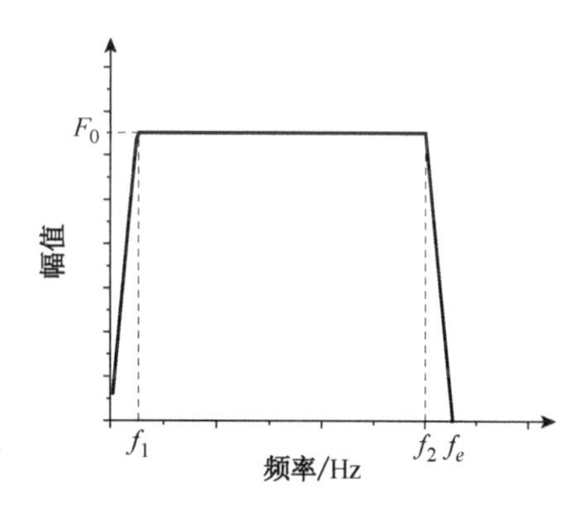

图 2-4　地震动基底输入近似白噪声模型

均值谱

$$E[\,|\,F(X,\,\omega)\,|\,]=\int|\,F(X,\,\omega)\,|\cdot f(X)\cdot \mathrm{d}X$$

式中，$f(X)$为随机变量的联合概率分布密度.

标准差谱

$$\sigma[\,|\,F(\omega)\,|\,]=\int\{|\,F(X,\,\omega)\,|-E[\,|\,F(X,\,\omega)\,|\,]\}^2\cdot f(X)\cdot \mathrm{d}X$$

随机系统的建模准则

$$J_m=\min[(E(\tilde{x})-E(x))^{\mathrm{T}}(E(\tilde{x})-E(x))]$$

$$J_v=\min[(\sigma_{\tilde{x}}-\sigma_x)^{\mathrm{T}}(\sigma_{\tilde{x}}-\sigma_x)]$$

这是一些建模的结果(表 2-1).具体的细节不去讲了.但是这个建模结果对不对呢?要经过实践的考验.我们把建模的结果和观测的结果相比较(图 2-5).从图 2-3 中可以看到:傅里叶幅值谱在一个范围里面波动,因此不仅要关心均值,而且方差也要对比.在均值加、减一倍的均方差范围内,实测的结果和建模的结果相比较是对的.因此可以说,这样的建模结果反映了随机性的影响.

表 2-1　随机地震动模型的模型参数识别结果

	基底幅值		圆频率		阻尼比	
	均值	变异系数	均值	变异系数	均值	变异系数
Ⅰ	0.010	0.5	18	0.4	0.65	0.3
Ⅱ	0.012	0.5	15	0.4	0.70	0.3
Ⅲ	0.014	0.5	13	0.4	0.80	0.4
Ⅳ	0.016	0.5	10	0.4	0.85	0.4

这是第Ⅱ类场地的建模结果(图 2-5).

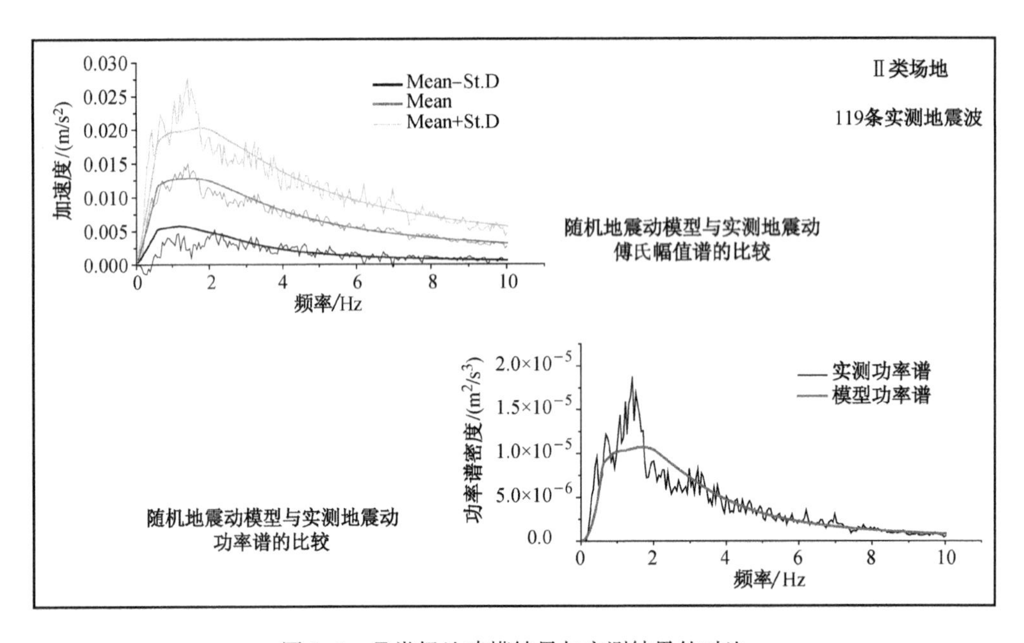

图 2-5　Ⅱ类场地建模结果与实测结果的对比

这是第Ⅳ类场地的建模结果(图 2-6).

这样的一些结果有什么好处呢?它们反映了变异性的影响.

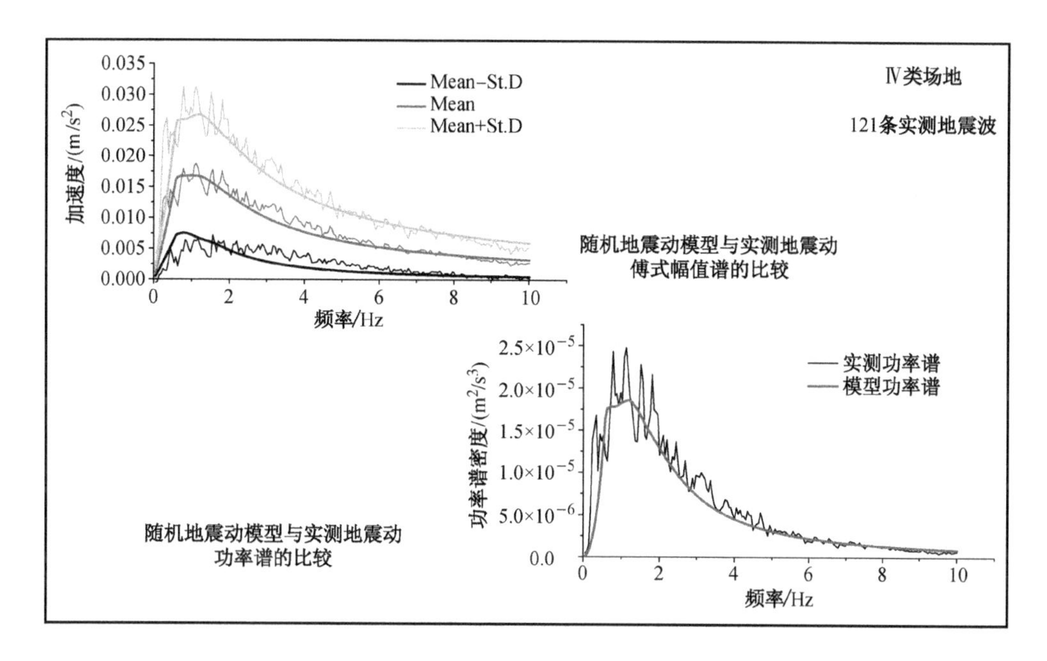

图 2-6　Ⅳ类场地建模结果与实测结果的对比

我们还把这项工作进一步向前作了推动，推动到什么阶段呢？希望考虑震源物理机制的影响(图 2-7). 我这次在加州理工大学跟他们的教授谈到这个问题，希望他们做的震源机制影响的工作能够与我们的工作结合一下：从而使得我们知道随机性之源在什么地方.

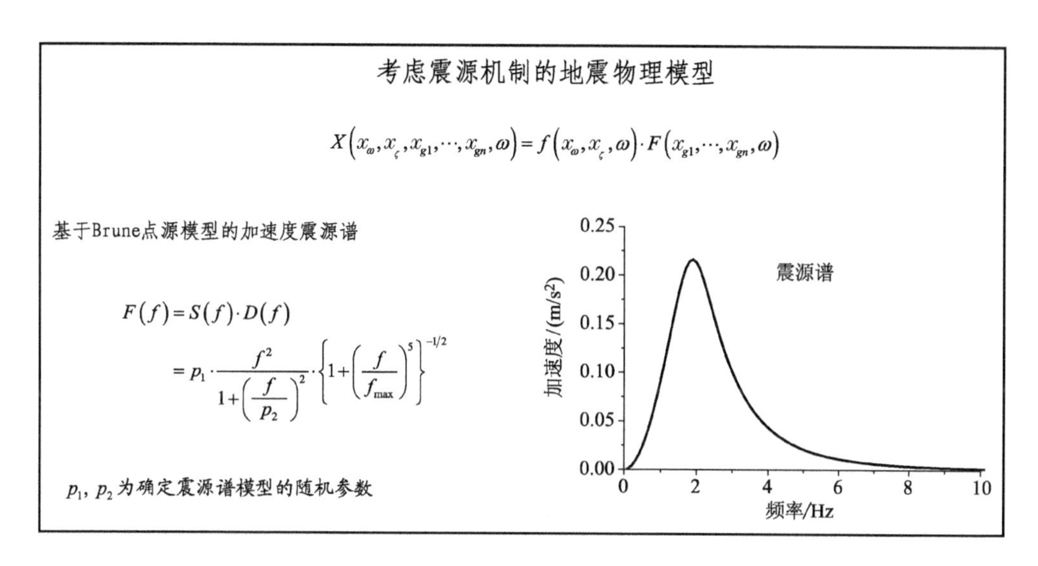

图 2-7　基于 Brune 点源模型的加速度震源谱

以下一些初步的工作(图 2-8),可以看到这个路子本身是对的,方向是正确的.

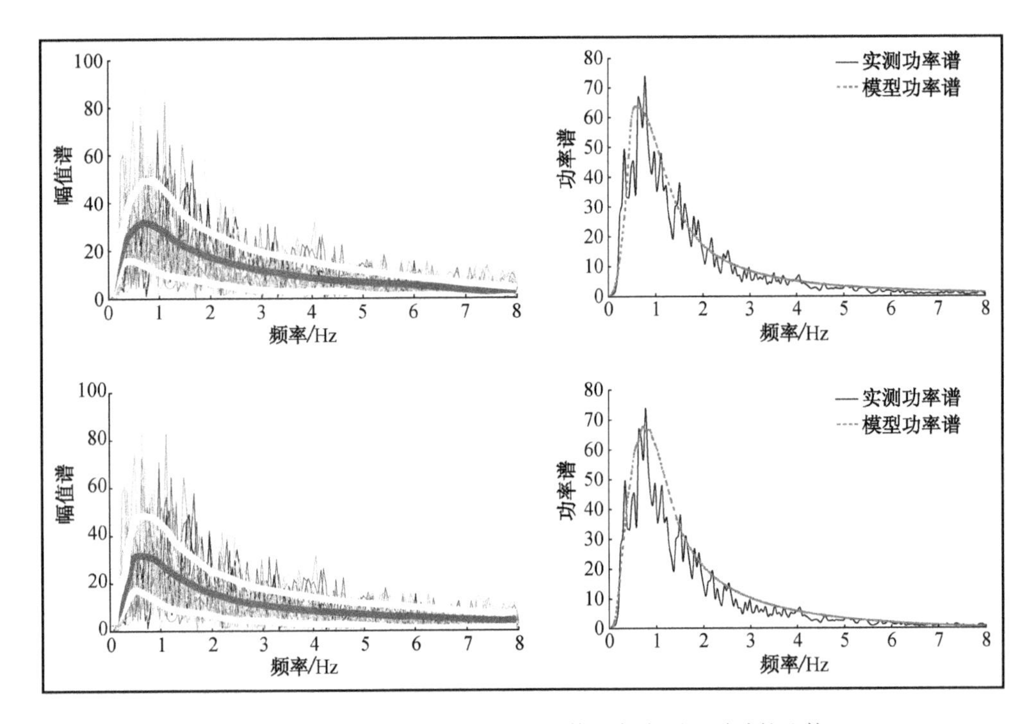

图 2-8 具有随机震源谱的地震动模型与实测地震动的比较

以上模型有什么作用呢?这是一个实际的工程.宿迁市,大家都知道,江苏省有郯庐大断裂,宿迁的房子是建在地震 8 度区、甚至是 9 度区.必须做抗震设计.抗震设计中结构柱的钢筋往往太多,放不下,怎么办呢?用隔震.这是一个十层的结构,在底层做隔震(图 2-9).

隔震设计中出了问题!为什么呢?抗震规范规定:隔震需要 3 至 5 条地震波来验算一下,看看它的隔震垫够不够.设计者发现问题来了,这是 6 条地震波算下来的每一层的层间剪力,有一些还比较集中,有一些值则很大(图 2-10).如果用包络图的方式设计隔震垫,就得按这个最大的值来设计.现在能做的隔震垫的最大直径 1.2 m,1.2 m 直径的隔震垫仍然不够,怎么办?

南京工业大学的副校长刘伟庆教授找到了我,我们合作做了一个研究.把随机地震动模型拿过来做这个问题,只用了 1.1 m 的隔震垫就够了.而且可以算出隔震结构的可靠度是多少(图 2-11,表 2-2).这就使我们从传统的设计发展到了基于可靠度做设计,结构层次上基于可靠度的设计.

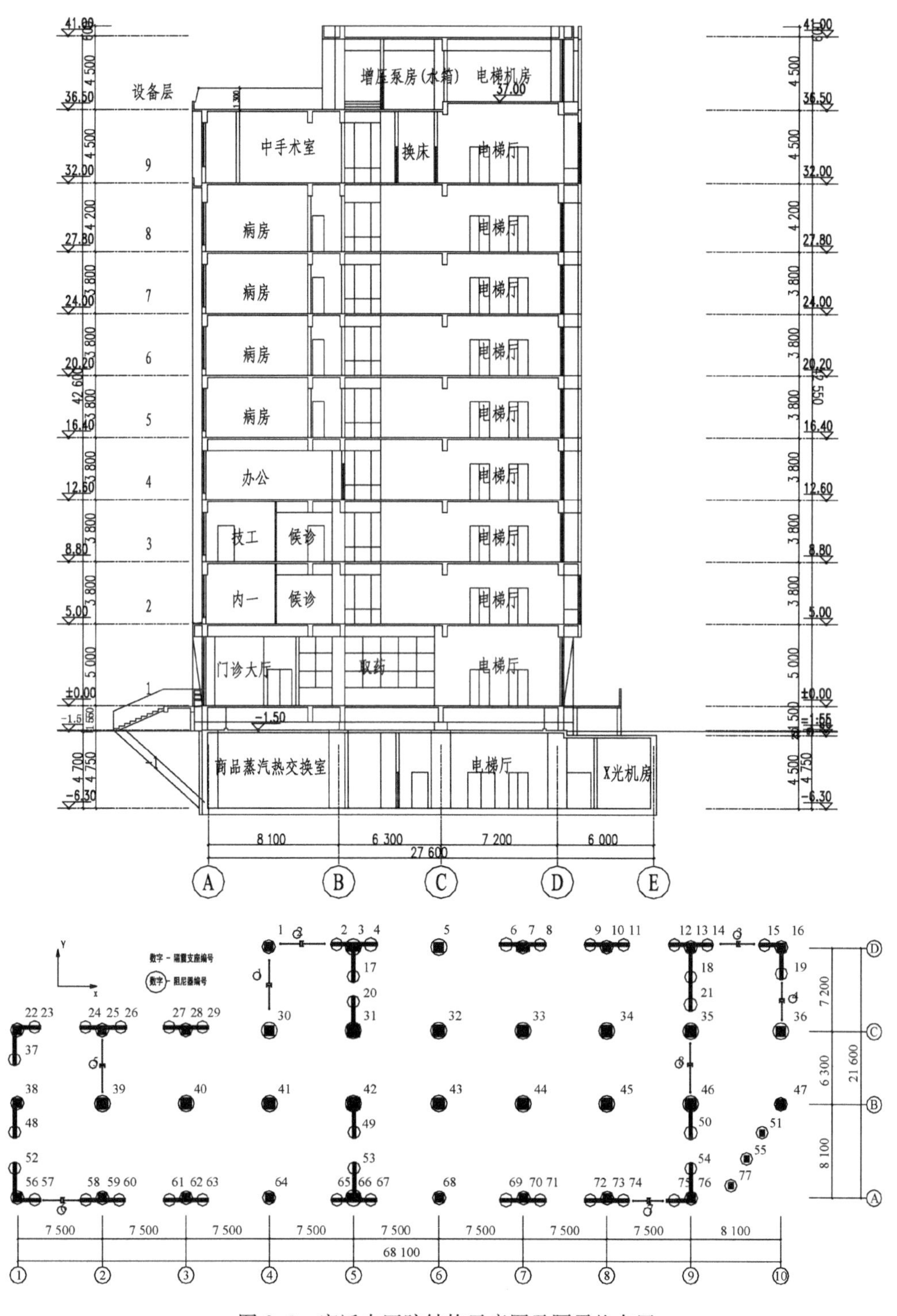

图 2-9　宿迁中医院结构示意图及隔震垫布置

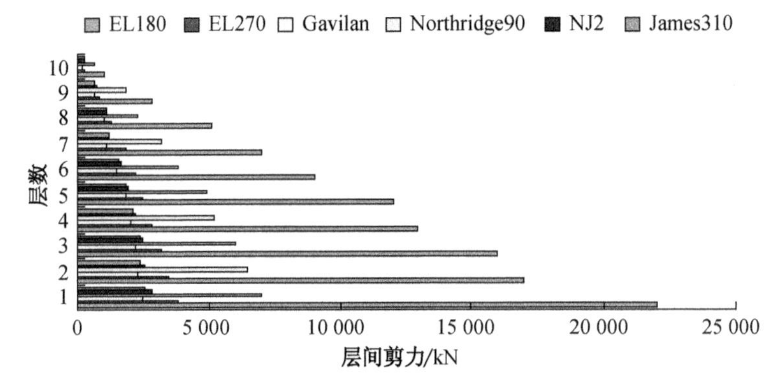

图 2-10　不同地震波输入下各层层间剪力

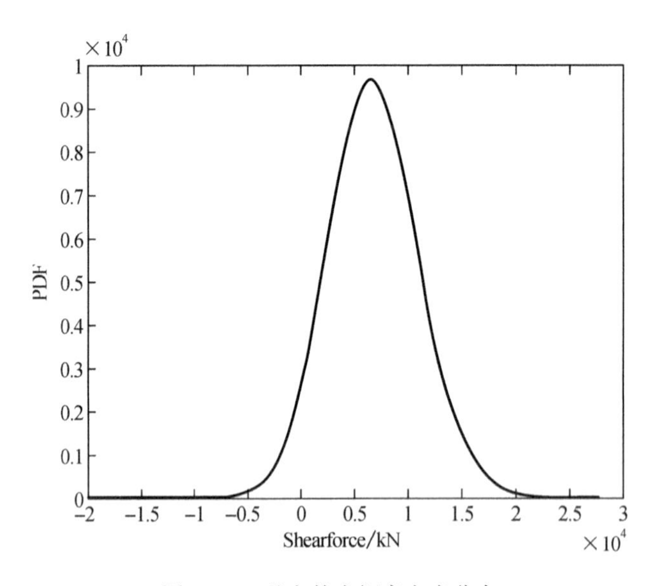

图 2-11　基底剪力概率密度分布

表 2-2　隔震器与阻尼器可靠度

指标	限值	可靠度	指标	限值	可靠度
X 向 GZP600 隔震器位移	330 mm	0.994 8	X 向 3# 阻尼器阻力	800 kN	1.000 0
X 向 GZP800 隔震器位移	440 mm	0.999 5	X 向 6# 阻尼器阻力	800 kN	1.000 0
X 向 GZP1100 隔震器位移	500 mm	0.999 7	X 向 7# 阻尼器阻力	800 kN	1.000 0
Y 向 GZP600 隔震器位移	330 mm	0.994 9	Y 向 1# 阻尼器阻力	800 kN	1.000 0
Y 向 GZP800 隔震器位移	440 mm	0.999 6	Y 向 4# 阻尼器阻力	800 kN	1.000 0
Y 向 GZP1100 隔震器位移	500 mm	0.999 7	Y 向 5# 阻尼器阻力	800 kN	1.000 0
X 向 2# 阻尼器阻力	800 kN	1.000 0	Y 向 8# 阻尼器阻力	800 kN	1.000 0

这样一个工作可不可以用到风里面来呢？

刚刚毕业的张琳琳博士做了这方面的工作.他是从经验物理模型的角度来进行研究,建立了模型.什么是经验物理模型呢？就是抓住影响一个现象的主导因素之后,用一个近似的经验物理模型来建模.在这里,傅里叶谱定义为这样的一种方式(见下面框图),基于冯·卡门假设给出的经验物理模型.可以用这样的一个经验物理模型来识别 c_1,c_2 (经验系数), u_{10} 、10 米高风速和剪切波速 u^* 的概率分布.

脉动风速随机 Fourier 谱

$$F(n)=f(n,\lambda,\xi,\cdots)=\frac{1}{\sqrt{T}}\left|\int_0^T v(t)\mathrm{e}^{-2\pi int}\,\mathrm{d}t\right|$$

经验物理模型(基于 von Karman 假设)

$$F_u(n)=\frac{C_1u_*f^{(C_3C_4-\frac{1}{3})}}{\sqrt{n}(1+C_2f^{C_3})^{C_4}}$$

与经典随机过程功率谱的联系

$$S(n)=E[F_u(n)^2]$$

对于记录的风时程(图 2-12),可以用下面这样的建模准则建模

$$J_m=\min[(E(\tilde{x})-E(x))^{\mathrm{T}}(E(\tilde{x})-E(x))] \tag{2-2}$$

$$J_v=\min[(\sigma_{\tilde{x}}-\sigma_x)^{\mathrm{T}}(\sigma_{\tilde{x}}-\sigma_x)] \tag{2-3}$$

这里 $E(\cdot)$ 表示均值,σ 为标准差,$\tilde{x}$ 为试验观测值,x 为理论预测值.

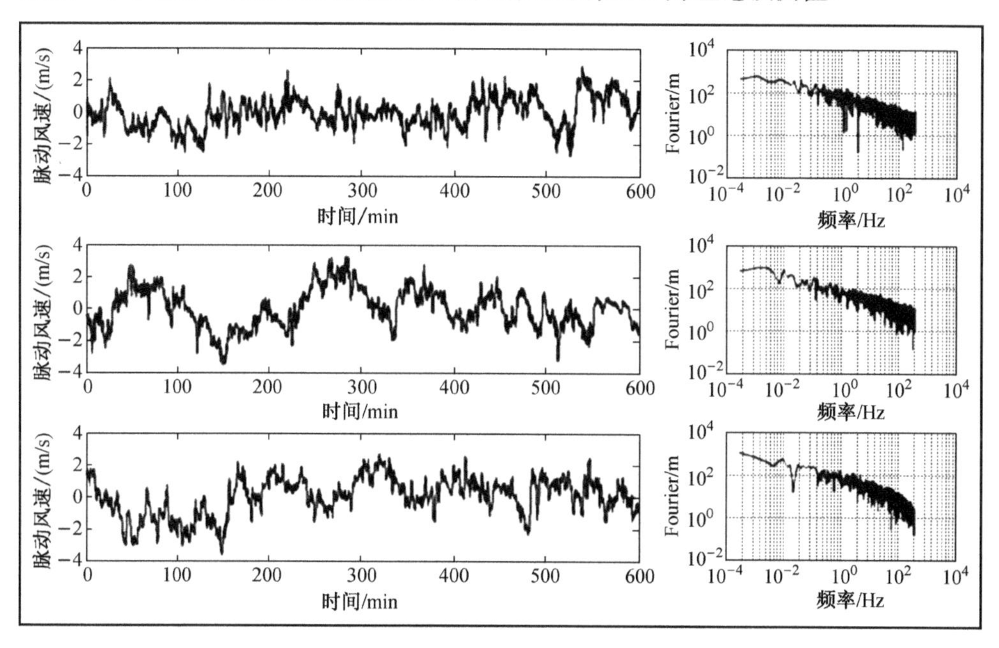

图 2-12　实测风速时程及相应的傅里叶谱

由此给出：

$$F_u(n)=\frac{7.02U_{10}^{\frac{4}{5}}n^{-\frac{1}{3}}}{\ln\left(\frac{10}{z_0}\right)\left(1+34\ 876\left(\frac{n}{U_{10}}\right)^{\frac{9}{5}}\right)^{\frac{1}{3}}} \tag{2-4}$$

我们发现：10 m 高的风速 U_{10} 服从这样的一个概率分布(图 2-13)

$$f(U_{10})=1.19\exp[-1.19(U_{10}-5.13)]\exp\{-\exp[-1.19(U_{10}-5.13)]\} \tag{2-5}$$

式中，U_{10} 的均值为 5.615 m/s，标准差为 1.220 m/s.

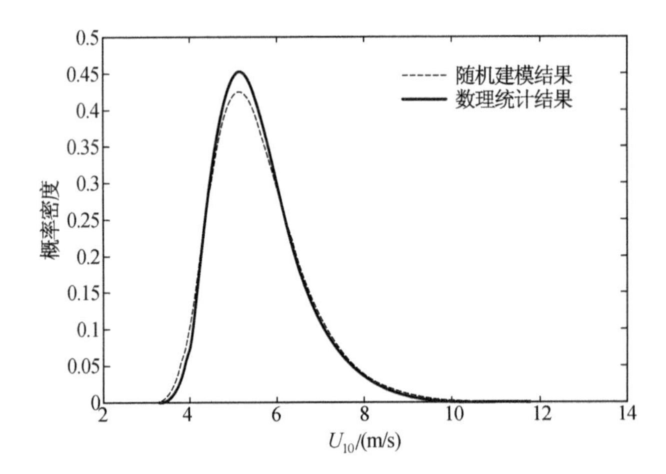

图 2-13　U_{10} 随机建模的概率密度分布与实测统计结果的对比

而地面粗糙度系数 z_0 的建模结果是

$$f(z_0)=\frac{1}{4.618z_0}\exp\left[-\frac{(\ln z_0+3.541)^2}{6.790}\right] \tag{2-6}$$

式中，z_0 的均值为−3.541，标准差为 1.843（z_0 的概率密度分布如图 2-14 所示）.

地面粗糙度系数本质上反映了空气剪切波速的影响，它是一个物理变量，10 米高风速也是一个物理变量，可观测，这就是物理模型. 第一有物理意义，第二可以观测，这就给模型的建立与校验提供了基础. 这是模型和实测结果的样本均值比较和样本标准差的比较(图 2-15).

非常有意思的是，陈建兵博士将这个工作做了一个推广. 推广到什么呢？推广到风速的概率分布，看看风速的概率密度演化过程是什么样.

图 2-16 中上图是实测的风速概率密度，下图是按物理模型预测的风速的概率密度，非常有意思，基本上是相同的. 风速的概率密度图非常类似！

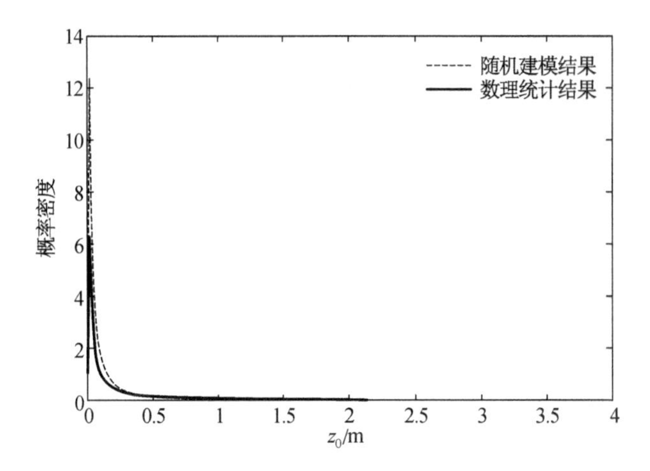

图 2-14　z_0 随机建模的概率密度分布与实测统计结果的对比

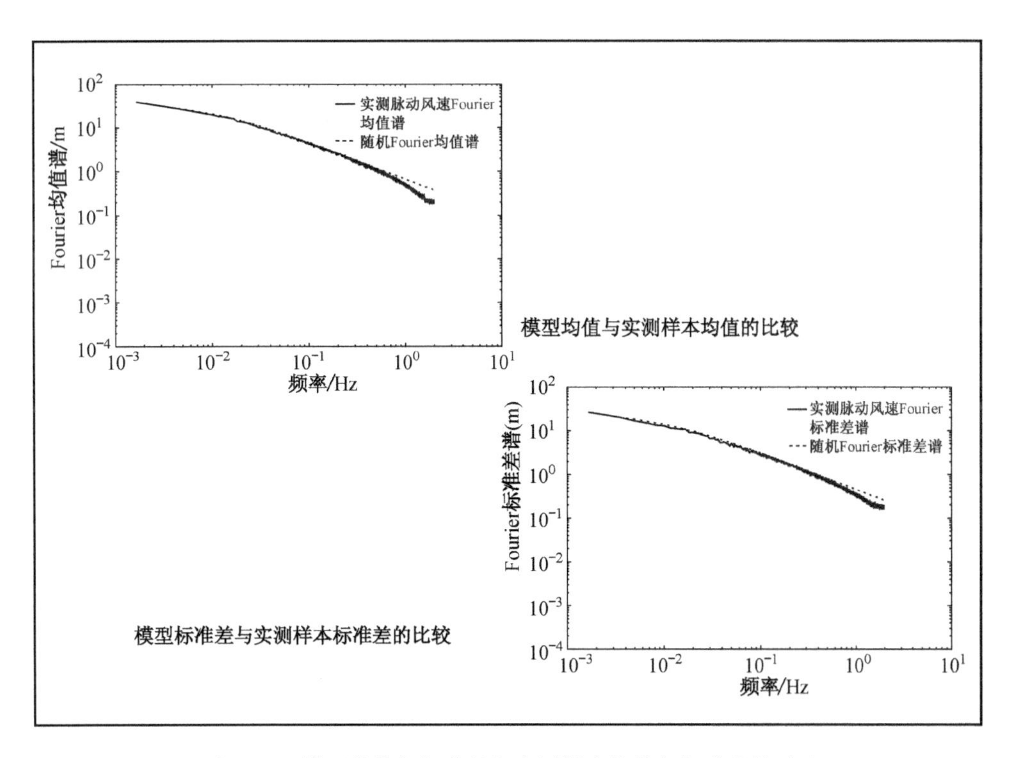

图 2-15　模型均值与标准差与实测样本均值与标准差的对比

上述工作已经被推广到随机风场①(图 2-17)，就是空间两个点风速不一样的场合.

① 风场两点间的相关性可以用互随机 Fourier 谱表示，即图 2-17 中第一个表达式. 它表现为随机 Fourier 谱和相干函数乘积的形式. 相干函数的建模可以利用图中后面的经验物理关系，由实测数据根据前述建模准则建模.

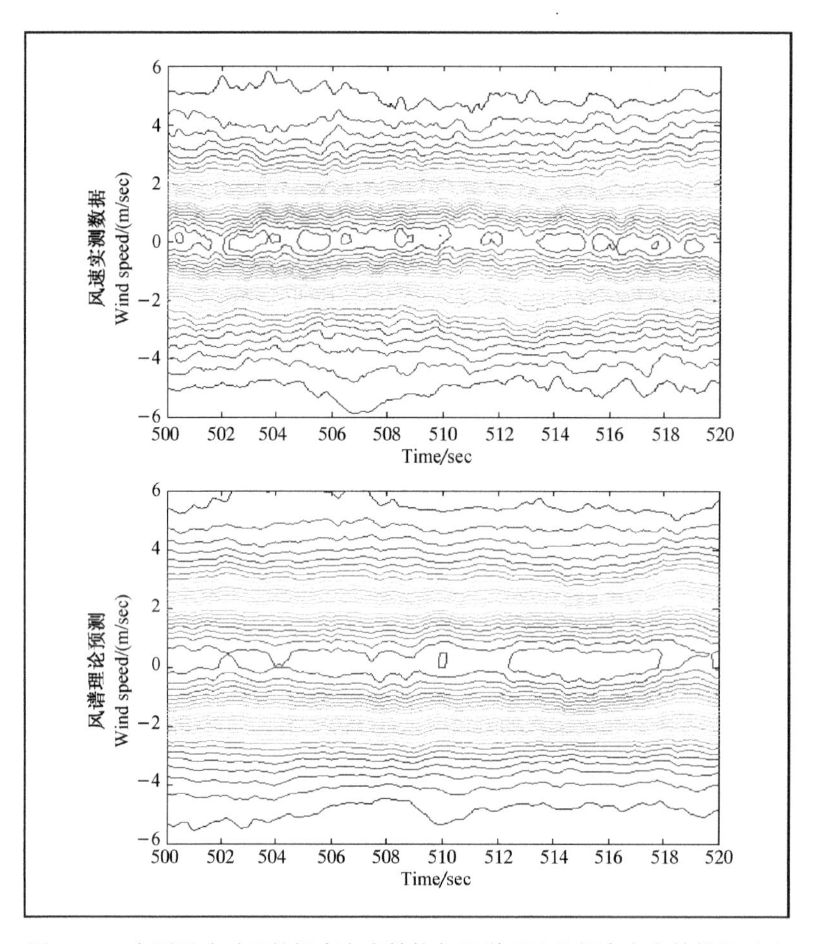

图 2-16　实测风速时程的概率密度结构与风谱理论的概率密度结构的对比

一般定义

$$F_{u_1u_2}(z_0, U_{10}, n) = F_{u_1}(z_0, U_{10}, n)F_{n_2}(z_0, U_{10}, n)Y_{u_1u_2}(n)$$

互相关函数

$$Y_{u_1u_2}(n) = C_1\exp(-\hat{f})$$

经验物理模型

$$Y_{u_1u_2}(n) = C_1\exp\left[-\frac{2nC_z\mid z_1 - z_2\mid}{U(z_1)+U(z_2)}\right]$$

$$\Downarrow$$

$$\ln C_1 - \frac{2n\mid z_1 - z_2\mid}{U(z_1)+U(z_2)}C_2 = \ln(Y_{u_1u_2}(n))$$

图 2-17　随机风场的建模

这是竖向尺度相关系数 C_z 和经验系数 C_1 的概率密度函数表达式和相应的概率分布图(图 2-18).

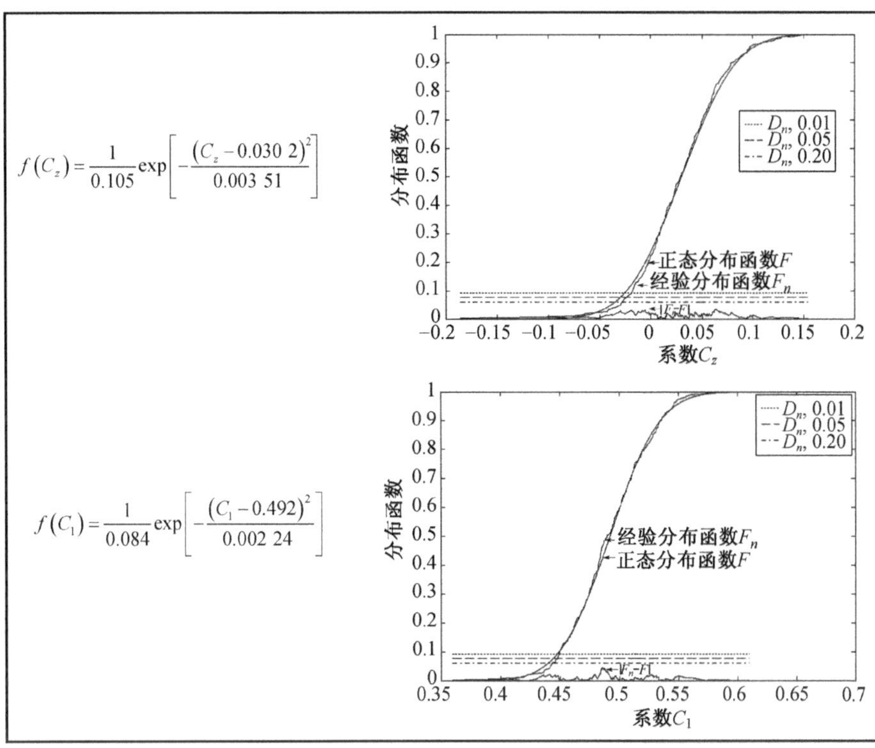

图 2-18　竖向尺度相关系数 C_z 概率分布函数和经验系数 C_1 概率分布函数

这里给出了随机 Fourier 互谱与实测结果的对比结果(图 2-19).

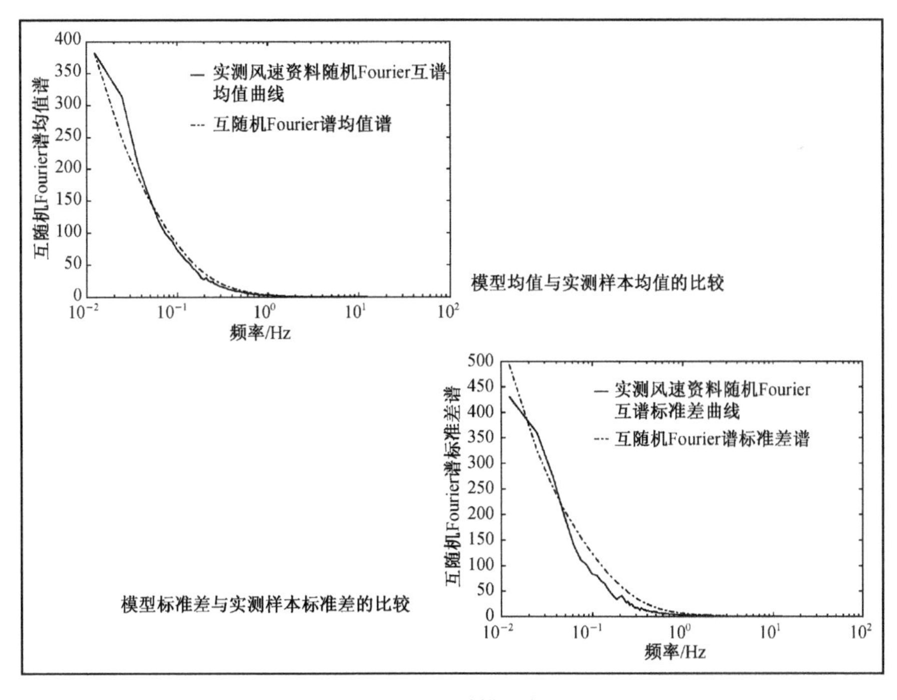

图 2-19　随机 Fourier 互谱模型与实测结果的对比

利用基于随机 Fourier 谱的脉动风场，可以进行结构在风荷载作用下的可靠度分析．这里以高压输电塔结构在强风作用下的可靠性分析为例，介绍基于随机 Fourier 谱在工程实际中的应用．我们国家的高压输电塔，每年在全国范围内大约有 50 起倒塔事故．今年以来已经倒了 60 座塔了．我们的设计可以说吸收了国际的先进经验．我去开事故分析会时，他们说：李教授，我们这个设计是参考意大利的设计啊．我们的自主创新仅仅是跟人家结合的时候做了一点点改动．但是它就硬是要倒塔．我们组的谢强老师，台风一来，就盯着风要往哪边走，然后就准备坐着车追到那里，去看看这个风是什么样子，塔倒了没有．

我们做了详细的分析，把结构、线的影响都考虑进来，三维的空间建模（图 2-20），然后用前面的风谱模型做随机风致响应分析．

图 2-20　输电塔结构的实景照片和三塔两线有限元模型示意图

分析发现：超高压输电塔在规定的设计风速下，塔的保证率只有 0.791（图 2-21）．按照这个概率，20％ 的塔要倒掉．为什么？因为我们以前没有考虑线的影响，塔线耦合，更没有考虑风和雨的影响．这里发现了什么呢？荷载不准，分析模型不准，两个不准造成倒塔现象．

总结一下：物理随机模型和经典模型有什么样的区别呢？

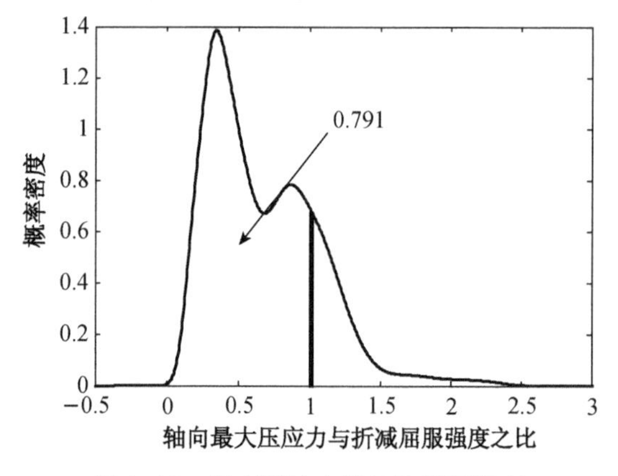

图 2-21　超高压输电塔的抗风可靠度

经典的模型是一个现象学的模型，难以解释随机性的起源，物理随机过程模型可以解释随机性的起源；经典模型只适用于平稳过程，我们发展的模型，可以适用于平稳与非平稳过程；经典模型是一个功率谱的、也就是一个数值特征的描述，物理随机模型可以提供数值特征、概率密度、甚至是样本层次的描述. 因为只要把每一个随机变量取成确定性值，它就是一个确定性的函数，这是样本层次的描述. 样本和集合的关系，原来是不明确的，现在非常明确.

这样的一个思想能不能用到环境作用上来？当然可以！根据物理随机过程的基本思想，我们只要抓住影响一个现象最基本的物理原因有哪些，只要能够对这样一个现象进行观测，再加上一点人的智慧——做一点抽象，就可以建模，就可以使我们在新的理念基础上，发展新的理论模型和新的理论框架.

3 结构非线性损伤演化机理与破坏规律

第二个问题，结构非线性损伤演化机理与破坏规律. 我刚才讲过，这是我们梳理的结构工程研究三个层次中第二个层次最最基本的问题. 换句话说，今后几年或者今后十年，我们的研究至少在国家自然科学基金层面上要沿着这个方向做深入的研究.

结构的非线性，大家都知道有两个，一个叫做几何非线性——主要是和弹性性质相关的大变形有关；第二个是物理非线性——主要和材料的损伤和破坏相关①.

在反映物理非线性方面有一些基本的力学理论：第一个，是用塑性力学的方式来反映非线性，但是塑性力学主要适用于以晶格滑移为非线性本质的金属材料. 譬如钢结构，用塑性力学一点问题也没有. 第二个是断裂力学模型，主要适用于以尖端裂纹扩展为特征的材料和结构破坏研究，如金属的断裂问题. 第三个是损伤力学. 经典的损伤力学，基本上是研究从材料开始损伤到材料开始出现宏观裂缝这样一个阶段，现在还有相当多的同志局限在这样一个思路里边. 但是，现代损伤力学的发展，倾向于处理材料开始出现损伤到结构破坏的全过程——试图用损伤这个理念来统一从损伤开始到破坏的全过程，而不仅仅是到出现可见裂缝，当然，损伤

---

① 在结构分析的过程中一般将非线性的来源归结为两点：第一是几何非线性；第二是物理非线性（除此之外也有人将接触非线性单独列出，在本质上应属于物理非线性）. 几何非线性是指在荷载作用下结构发生大的位移或转动，从而使得几何方程不能再简化为线性形式，应变表达式必须包含位移的二次项，从而引起结构的非线性响应；物理非线性是指物理方程中的应力-应变关系不再是线性的，从而引起的结构的非线性响应. 物理非线性是由于材料承受的应力、应变达到一定的量值使得材料发生了某些不可逆的物理变化而产生的，譬如塑性滑移、损伤以及断裂等都可以导致物理非线性. 根据问题的性质和求解条件，上述两种非线性可以分开考虑，也可以同时考虑.

力学有细观损伤力学和宏观损伤力学之分①.

结构材料的损伤与破坏应该说体现在两个层次：第一是材料层次，也就是本构关系的层次. 经常有一些同志概念不清楚，讲"构件本构关系". 我就问他，什么叫做"构件本构关系"?! "本构关系"，就是原来的、本来的、能够统一应用于万事万物的这样一种"关系"——它在本质上讲是在应力和应变这个层次上. 在构件层次上，这样一个梁的"本构"能够应用到另外一个梁上去吗？这样一个柱的"本构"能够应用到另外一个柱上去吗？只能说这样一根梁的"非线性滞回关系"、另外一根梁的"非线性滞回关系"、另外一根柱的"非线性滞回关系"等等，或者叫做构件层次的非线性模型，而不足以叫做"本构"！第二，在结构层次上，构件、连接节点的破坏机理以及结构的极限承载力和倒塌机制，都是结构损伤和破坏研究的内容. 在这里，本构的研究是结构破坏研究的基础和灵魂. 这是近年来我反复提倡的一个基本观点. 因为，在材料本构层次的损伤是结构损伤破坏之源.

有限元技术的发展为我们在细观层次上再现结构的损伤破坏全过程提供了可能，这就是数值试验. 最近我的研究梯队里的邬翔同志正在做一件事情，希望把混凝土截面原原本本通过照相照下来，然后用图像处理的办法处理、然后做有限元分析，看一看模拟结果能不能和试验结果对得住. 我对他说：样本层面上对得住的可能性很小，但是我们可以在集合意义上对得住，因为混凝土姓"混".

本构层次的研究有助于了解和把握随机性产生的根源，所以我们致力于混凝土随机损伤本构关系的研究.

混凝土是多相介质复合材料，在它形成的时候就有初始损伤. 初始损伤的发展导致材料单元的应力-应变关系逐步偏离线性关系，呈现非线性特征. 换句话说，这是混凝土的第一个特征——损伤导致非线性. 这也是损伤给我们的基本概念——没有损伤不会有非线性. 第二，混凝土材料各组分具有随机分布性质——我们既不可能规定每个石子的强度，也不可能把每个石子摆得如此均匀. 所以，无论是初始的损伤分布还是后续的损伤演化进程，不可避免地具有随机性的特征，即：损伤具有随机演化的性质. 归结到一点，就是：损伤导致非线性，随机的损伤演化、必然导致随机的强度表现和随机的本构关系. 我们的目的，就是在本构层次上把这样一种东西揭示出来，然后看一看在构件层次上能否用均值反映.

随机损伤本构关系研究的主旨是什么呢？我们希望基于连续介质力学和内变

---

① 作为固体力学的一个分支，损伤力学诞生至今已经有近 40 年的历史. 早期的损伤力学主要描述"固体失效之前的渐进式破坏"，不能描述材料损伤累积达到一定程度之后发生的瞬间破坏. 所以一般损伤力学里有"损伤阈值"的概念，强调理论的适用范围是材料损伤变量小于损伤阈值的情形. 现代损伤力学的发展倾向于统一考虑材料的损伤和破坏过程，用损伤的概念来统帅材料受力前期的渐进式劣化和受力后期的瞬间破坏. 损伤力学有两个主要分支：一是连续损伤力学，利用连续介质热力学与连续介质力学的唯象方法研究损伤力学过程. 它着重考察损伤对材料宏观力学性能的影响以及材料和结构损伤演化的过程和规律，而不去考察损伤演化的具体物理力学过程. 二是细观损伤力学，它通过对典型损伤基元(微裂缝、微孔洞、剪切带、断裂带等)的组合，根据损伤基元的变形与演化过程，借助于某种力学平均化的方法，求得材料变形与损伤过程以及细观损伤参量之间的关系.

量理论，用不可逆热力学的基本原理，建立确定性的弹塑性损伤本构关系；然后，通过对细观模型的研究，建立一维的随机损伤本构关系；将这二者结合起来，发展成多维、多轴应力状态下的弹塑性随机损伤本构模型. 希望能够通过这样一种研究实现细观模型到宏观模型的自然转化.

确定性的混凝土弹塑性损伤本构关系要解决哪些问题呢？朱伯龙先生讲，混凝土姓“混”，因为混凝土是多相介质复合材料. 由于是多相介质复合材料，所以具有几个特点：第一，它会出现典型的非线性特征，过了一定界限后会出现强度软化（图 3-1）；第二，到了卸载段，对于混凝土而言有一个刚度退化，不是图中的红线而是蓝线，斜率变小了. 这是大家都知道的 Kupfer 曲线（图 3-2），Kupfer 曲线告诉我们什么呢？双向受压的时候强度有提高，拉压的时候有所谓的“软化”——由于压力的存在受拉强度降低了，又叫做“拉压软化效应”.

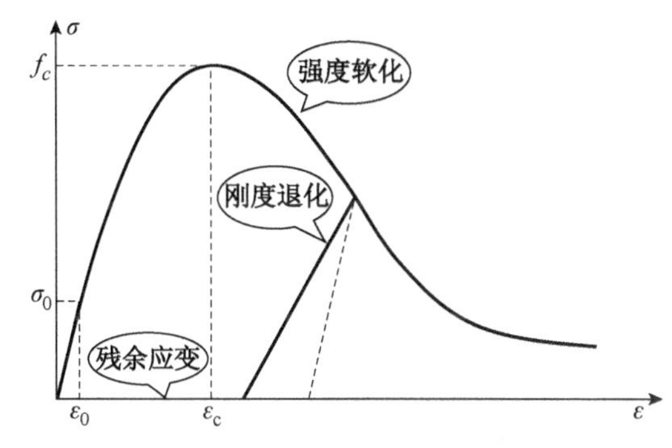

图 3-1 混凝土材料应力-应变全曲线

要想反映这些复杂的现象，经典的理论是不够的. 我们希望从材料基本的损伤物理机制出发——同时反映弹性损伤和塑性变形两种机制——利用连续介质力学的原理和内变量理论，基于不可逆热力学来建模，从而全面地反映这些特性：刚度退化、强度软化、单边效应、拉压软化、有侧限时强度的提高等等. 在这方面，吴建营博士做了非常出色的工作，他到现在为止已经在国际上发表了六篇文章，他前天还到这里来和我讨论问题——他已经毕业两年半了，还专程到上海来和我讨论怎样对一个新的 Review 回答其中提出的问题.

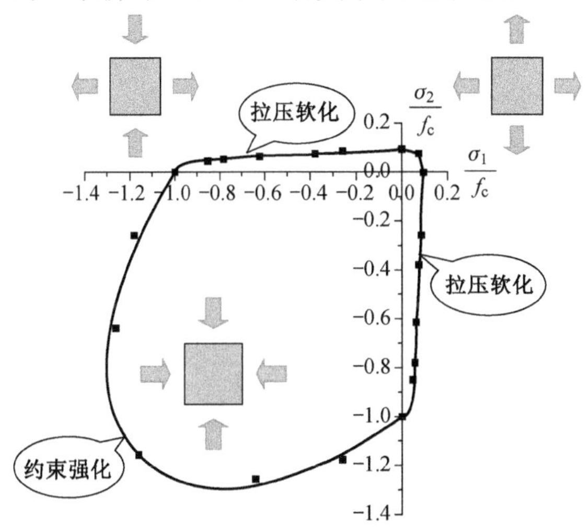

图 3-2 混凝土的单边效应

我们的基本思想是什么呢？我们希望从受拉和受剪这两方面来描述材料损伤，根据这两个损伤变量来定义材料的弹性自由能.

大家不要被这种“自由能势”等名词吓住了，其实就是我们常说的应变能. 当然，这种张量的描述可能稍微复杂一点，我们不去讲它，但是有一点，由于有了这个能量表达式，我们只需对能量关于应变取偏导就给出应力，这本身就是一个应力-应变关系，换句话说，它本身就是一种本构关系. 我们只需找到这种能量的表述式，本构关系自然在其中，而能量是标量描述，问题得到了简化.

根据材料损伤的物理机制，选取受拉损伤变量和受剪损伤变量描述基本的损伤机制，由此定义材料弹性 Helmholtz 自由能势，得到混凝土材料含损伤内变量的应力-应变本构关系.

$$\psi_t^e(\boldsymbol{\varepsilon}^e, d_t) = \frac{1}{2}\left[(1-d_t)\bar{\boldsymbol{s}}^+ + (1-d_t)\frac{\mathrm{tr}(\bar{\boldsymbol{\sigma}}^+)}{3}\boldsymbol{I}\right]:\boldsymbol{\varepsilon}^e = \frac{1}{2}(1-d_t)\bar{\boldsymbol{\sigma}}^+ : \boldsymbol{\varepsilon}^e$$

$$\psi_s^e(\boldsymbol{\varepsilon}^e, d_t) = \frac{1}{2}\left[(1-d_s)\bar{\boldsymbol{s}}^- + (1-d_s)\frac{\mathrm{tr}(\bar{\boldsymbol{\sigma}}^-)}{3}\boldsymbol{I}\right]:\boldsymbol{\varepsilon}^e = \frac{1}{2}(1-d_s)\bar{\boldsymbol{\sigma}}^- : \boldsymbol{\varepsilon}^e$$

$$\psi^e(\boldsymbol{\varepsilon}^e, d_t, d_s) = \psi_t^e(\boldsymbol{\varepsilon}^e, d_t) + \psi_s^e(\boldsymbol{\varepsilon}^e, d_s)$$

下面是退化到一维情况下的本构关系表达式

$$\begin{cases}\sigma_t = (1-d_t)E_0\varepsilon_t^e \\ \sigma_c = (1-d_s)E_0\varepsilon_c^e\end{cases} \tag{3-1}$$

这是如此简单的一个模型，表示单轴受拉的和受压的本构关系.

为了考虑塑性，要在有效应力空间里——就是将损伤的那一部分去掉后剩下的部分、叫做有效应力空间——定义塑性自由能势. 这个塑性自由能势有什么用处呢，可以对弹塑性自由能关于损伤变量求偏导得到损伤能释放率. 我们的模型就叫做基于损伤能释放率的弹塑性损伤本构模型.

在有效应力空间的塑性力学理论基础上，定义塑性 Helmholtz 自由能势的显式表达式，得到混凝土材料的弹塑性 Helmholtz 自由能势.

有效应力与塑性自由能

$$\bar{\boldsymbol{\sigma}} = \boldsymbol{C}_0 : \boldsymbol{\varepsilon}^e = \boldsymbol{C}_0 : (\boldsymbol{\varepsilon} - \boldsymbol{\varepsilon}^p)$$

$$\psi^p(q, d_t, d_s) = (1-d_s)\psi_{s0}^p(q)$$

弹塑性自由能

$$\psi(\boldsymbol{\varepsilon}^e, q, d_t, d_s) = \psi_t(\boldsymbol{\varepsilon}^e, q, d_t) + \psi_s(\boldsymbol{\varepsilon}^e, q, d_s)$$

$$\psi_t(\boldsymbol{\varepsilon}^e, q, d_t) = \psi_t^e(\boldsymbol{\varepsilon}^e, q, d_t) = (1-d_t)\psi_{t0}^e(\boldsymbol{\varepsilon}^e)$$

$$\begin{aligned}\psi_s(\boldsymbol{\varepsilon}^e, q, d_s) &= \psi_s^e(\boldsymbol{\varepsilon}^e, d_s) + \psi_s^p(q, d_s) = (1-d_s)\psi_{s0}(\boldsymbol{\varepsilon}^e, q) \\ &= (1-d_s)(\psi_{s0}^e(\boldsymbol{\varepsilon}^e) + \psi_{s0}^p(q))\end{aligned}$$

当然我们已经从这个双标量的模型发展到了二阶张量、近期已经发展到了四阶张量模型. 我们试图和周勇博士合作，希望能够把我们的结果同 Bazant 的结果有所比较.

仍然是如此，理论结果是否正确要经受实践的考验，任何一种自说自话、自己说他的理论如何正确、都不行. 当然，实践考验可能在今天、也可能在明天、也可能在多少年之后. 最好是你自己能做试验，最好是别人的结果能够验证你做的东西. 我去加州理工,见到加州理工有一个密立根图书馆.为什么叫密立根图书馆呢?密立根是加州理工第一个拿到诺贝尔奖的人.为什么能拿到诺贝尔奖呢?因为当年爱因斯坦发表狭义相对论的时候他不相信,他说这个东西肯定是错的,然后他联合一批志同道合的人长期进行试验观测,十年之中他一直坚持带有批判性地怀疑爱因斯坦的狭义相对论,十年之后他通过观测证明爱因斯坦是对的,是第一个用实验证明爱因斯坦的狭义相对论是对的人——红移现象,由此他也拿到了诺贝尔奖,由此他也和爱因斯坦成了好朋友.在 Caltech 的图书馆里面和 Caltech 的书店里面最显眼的位置是爱因斯坦,还专门有一个纪念爱因斯坦的小楼.我在准备今天给大家展示几张照片的时候,我就在想:要不要把这个照片摆在这儿?后来我想,还是给大家讲个故事.

对混凝土本构关系我们作了一批试验,这里是模型结果和实际结果的对比(图 3-3).当然这个试验做得非常精细.大家看,做得还不错.

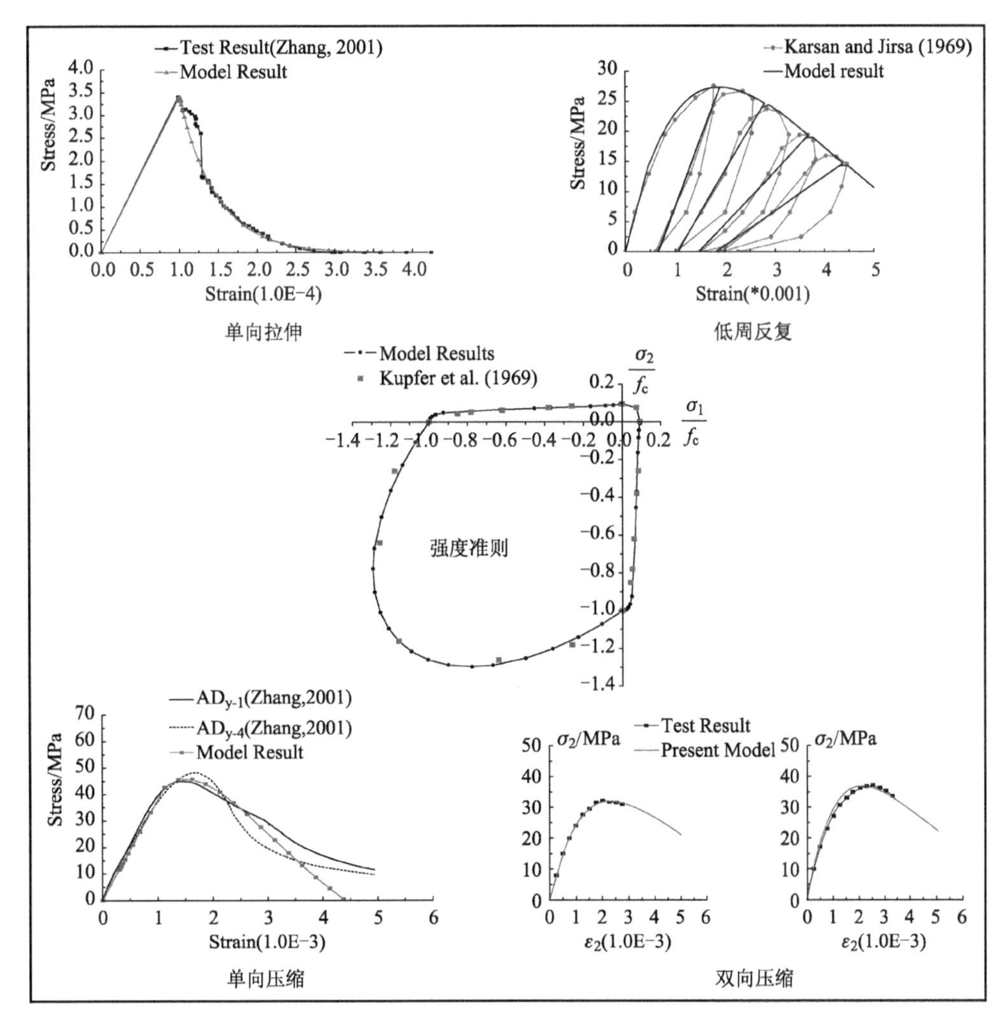

图 3-3　宏观理论结果同试验结果对比

我们的研究生做研究一定要有国际视野，尤其是在同济. 我可以告诉大家一个好消息，在过去的三年之中，同济大学土木工程研究在国际刊物上发表的文章，SCI 收录在国内排名应该是第一的. 做研究要有国际视野！

再看下面这个框图. 历史上，Mazars 的模型是最简单的弹性损伤模型，它没有反映塑性变形的影响. 1987 年的 Resende 模型是一个弹塑性损伤模型，但是他的损伤演化法则完全依赖于试验，是一个经验的现象学模型. Ju 的模型是第一次引入弹塑性损伤的理论模型，但是它是一个各向同性模型. Faria 的模型也是一个弹性损伤模型. 我们在做这个研究的过程中和 Faria 发生了一段很有趣的故事，这里不去展开它了，后来是以我们合作在国际上发表一篇文章作为这个故事的结尾，我觉得这样一种合作对我们来说也深得其益，因为可以提供一个从旁批判的视角. Comi 模型也是纯经验的损伤演化法则. 我们在 2004 年建议的双标量模型，是一个基于损伤能释放率的模型，它可以反映混凝土的主要非线性性质.

与国际知名模型对比

- Mazars 模型(1984,1985,1989)：弹性损伤模型，未反映塑性变形的影响；
- Resende 模型(1987)：弹塑性损伤模型，损伤演化法则完全依赖于试验；
- Ju 模型(1989)：各向同性弹塑性损伤模型，不能反映混凝土材料的单边效应；
- Faria 模型(1998)：双标量弹性损伤模型，纯经验的损伤演化法则，未考虑塑性变形对损伤能的影响；
- Comi 模型(2001)：双标量弹性损伤模型，纯经验的损伤演化法则，未考虑塑性变形的影响；
- 建议的弹塑性损伤模型(2004)：双标量弹塑性损伤模型，基于损伤能释放率建立损伤演化法则，可反映混凝土材料的主要非线性性质.

张其云博士最早在 2000 年初、甚至更早就开始作细观损伤模型，因为当时我认为应该在细观上做一些研究，看有没有可能做出来一个物理模型反映损伤演化. 我们大概从 1998 年开始，1996 年、1997 年在思考，1998 年开始做这个事情. 这个模型我在各种场合里讲得比较多了，就是这种单拉的微弹簧模型. 用声发射的能量和应变的关系进行随机建模——利用声发射得到一个损伤单元的断裂所释放的能量以及它的破坏概率，然后用随机场建模的方式把主要的参数识别出来. 这是单拉时的试验结果和计算结果的对比，算出来的是一个实线和两个虚线，这些点点是试验结果，我们的模型基本上能在一倍的均方差范围反映实验的离散性(图 3-4).

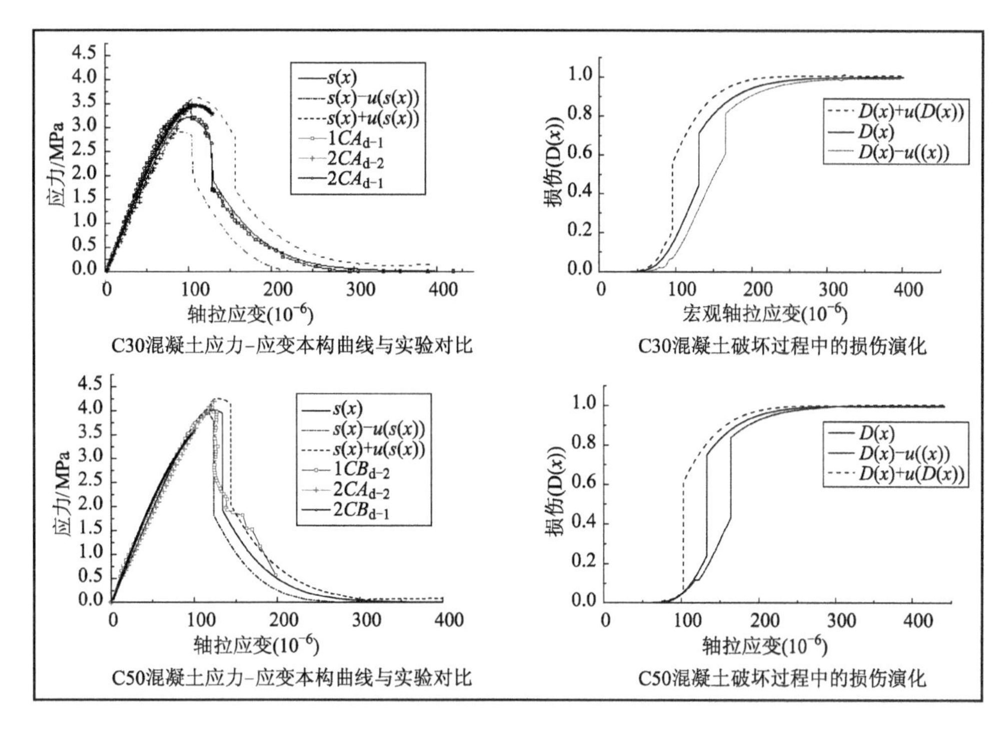

图 3-4　细观建模结果同试验结果对比(单轴受拉)

当然可以推广到单轴受压(图 3-5). 我们现在还一直试图改进这个模型. 顺便讲一句,一个真正的研究一定要耐下心,刚才讲了密立根,花了十年时间去做这样一个工作. 我们的这个单轴受压模型还不是十分地完美,但是它能够部分地反映问题,和试验的结果能够比得住——试验的结果是不太平滑的结果,理论结果是比较平滑的结果,加减一倍均方差,试验的结果基本在这个范围里面. 按照正态分布假定,加减一倍均方差能够以 86% 左右的保证率覆盖实验结果(图 3-5).

这给我们一个什么样的概念呢? 理论结果跟试验结果作对比的时候,如果你因为条件所限只能作一个试验,那没有办法,你就在样本层次上作对比就够了——差了 30% ,可以,没有问题! 为什么呢? 杨振宁讲过一个故事,他讲他曾经仔细研究过历史上电学里面的欧姆定律——表达电压和电流强度的关系,当时也做了试验,理论预测结果和试验结果差了 60%! 这是电学的结果,但欧姆仍然认为他的理论近似地反映了客观实际. 当然,后来的试验技术改进了,大量的试验证明欧姆定律没有问题.

如果你能稍微多做几个试验,你至少要在均值层次上来验证你的理论,这是现在上了 60 岁的科学家都会做的事情. 混凝土实验都要多做几个试件,要做二十几个、三十几个试件来比一比,在均值意义上是否与理论对得住. 但是,如果你能在方差意义上对得住,那你的建模就应该更准确一些. 考虑这个影响,就使得我们可以正确揭示物理的本质规律.

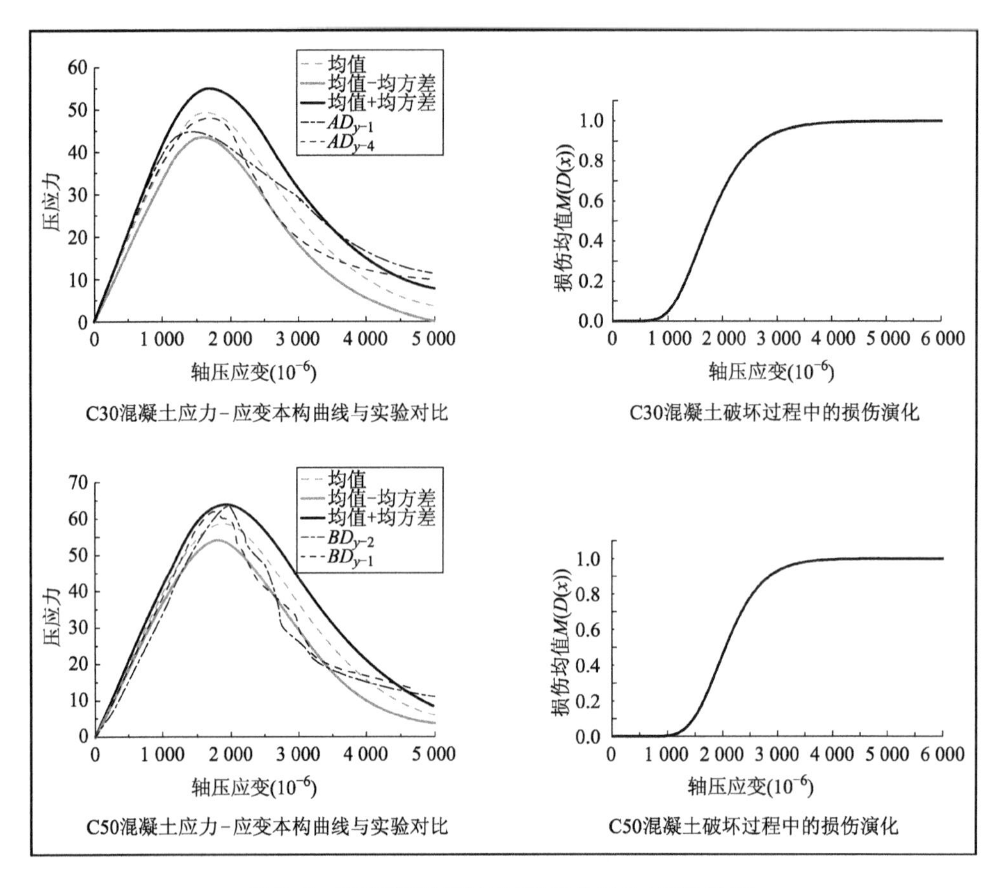

图 3-5　细观建模结果同试验结果对比(单轴受压)

这是另外一些结果(图 3-6),尝试性地把上述弹塑性损伤模型和随机损伤模型合成到一起,对多维随机损伤本构关系的预测.这一批点子有我们自己做的试验,也有别人做的试验,这个红线就是著名的 Kupfer 准则,然后加减一倍均方差,可以看到绝大多数点子在我们预测的范围里面.这就使得我们的预测能够把握客观现象所表现出的随机特性、离散特性.

本构层次建模的目的是什么?是要研究、分析、设计结构.如果沉溺于本构出不来,那是不对的.所以说我一直提一个观点,叫做“从本构到结构”,现代计算机技术的发展使得我们有可能走通这条路.

这是一个短肢剪力墙.用我们的本构模型来做试验的分析,能够把下降段算得非常好.这个分析能够清楚地告诉你损伤是怎么演化的,与我们试验当中观察到的破坏非常符合.这是双连梁短肢剪力墙,也能做得很好(图 3-7).我们同样可以观察到损伤在哪儿是集中的,因为可以计算出损伤的演化过程.这种演化过程不仅有均值的演化过程,而且有损伤离散性的演化——也就是损伤标准差的演化.

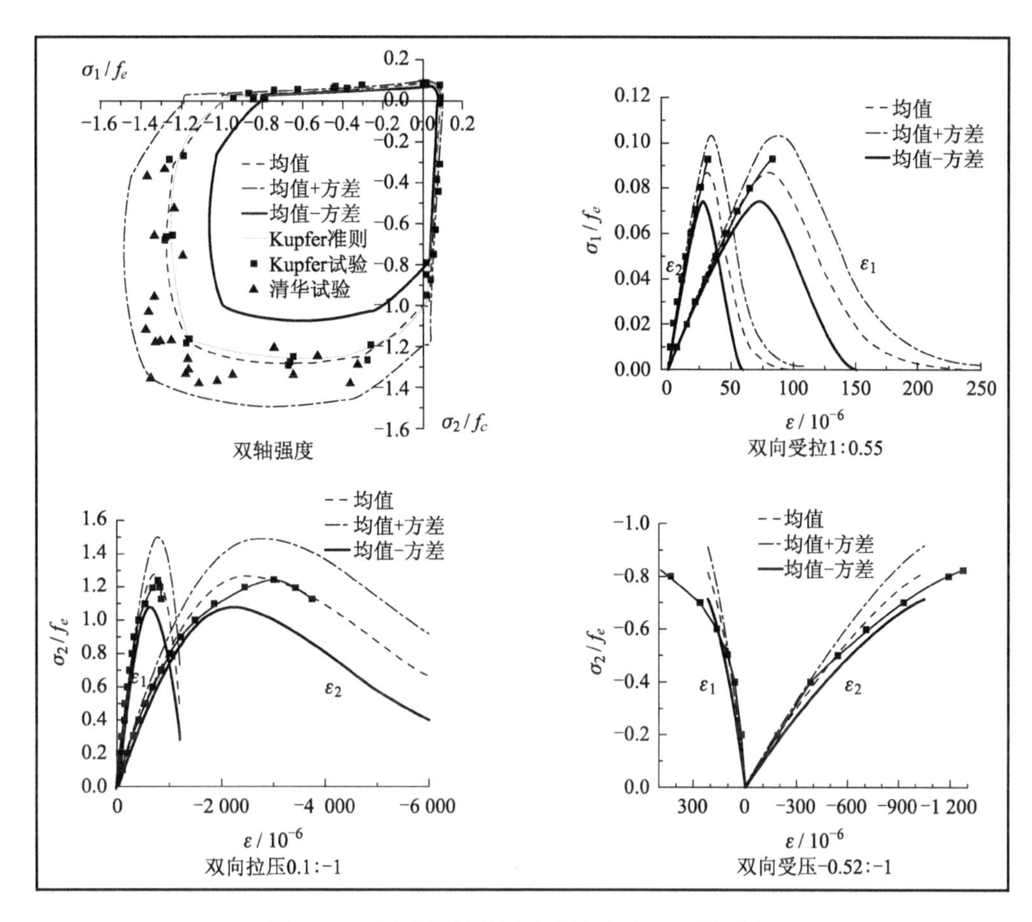

图 3-6　理论建模结果同试验结果对比(双轴受力)

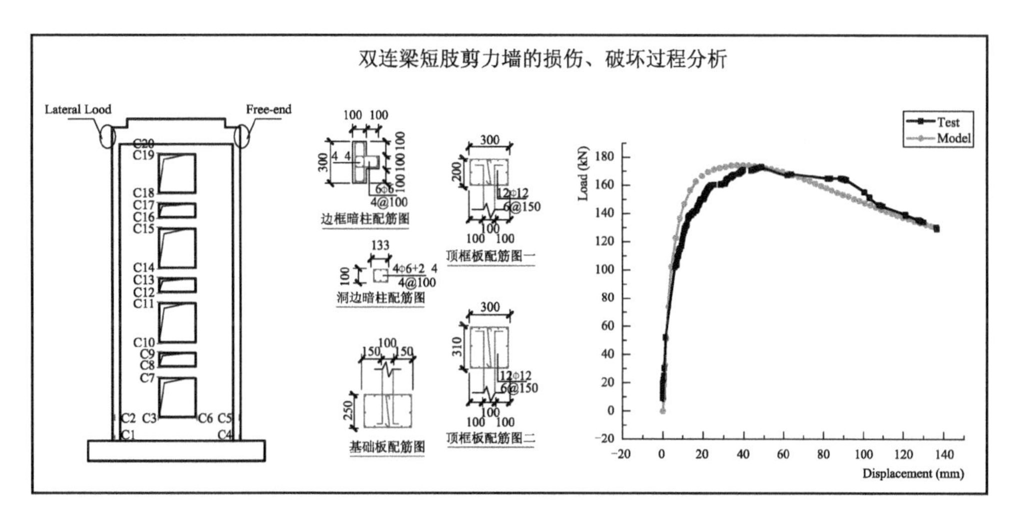

图 3-7　双连梁短肢剪力墙的损伤、破坏过程分析

我们还可以给出损伤的概率分布. 可以看到，损伤的概率分布随着加载不断变化——开始的时候是单峰，到了这儿是两个峰，然后到了这儿又尖起来了. 非常有意思的是在这儿，曹杨——我的一个博士生，很快要毕业了——做了一个非常有意思的工作，她发现不同的损伤变量在损伤的演化过程中可能完成从随机性到确定性的过渡过程. 也就是说，在演化过程中随机性涨落可以体现为：确定性的变量可以转化为随机变量，随机变量也可以转化为确定性的变量. 这个秘密就在于它的分布发生了变化(图 3-8). 大家看，这里的红线表示一个分布，是一个高的单峰的分布，受剪损伤发展到一定阶段变成了这样一条线——一个脉冲. 一个脉冲意味着什么，意味着它的变异性非常非常小，确定性变量的变异性等于零. 所以说确定性和随机性的转化关系是如此地简单，只要考察它的方差是否发生变化，变大了就变成随机量、变小了就变成确定性量. 而在一个具体的物理过程中，这种随机性是可以在各个物理量之间发生转移的. 这意味着什么？ 这意味着我们在对结构作控制的时候，可以有意识地引导结构从随机性的响应转化到确定性的响应，有意识地将结构性能引导到我们能够控制的阶段里来. 做研究，不仅要在那些我们观察到的现象上下功夫，更要考察这些现象产生的原因是什么，看它背后是什么. 我早年曾经做过一个报告，讲的是看到别人的研究觉得是如此的简单，但是自己为什么想不起来呢，是因为我们没有培养这样一种能力，对每一个现象，考察它背后的原因是什么，这就是物理研究.

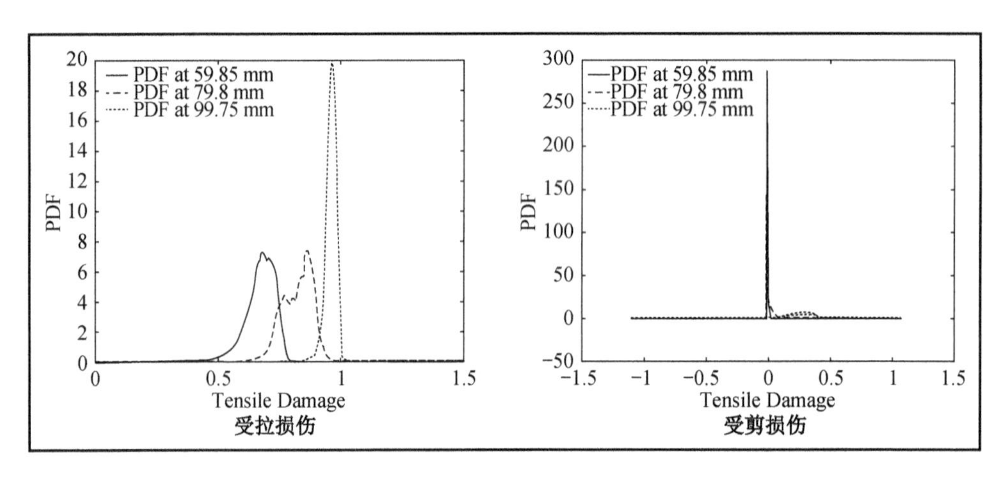

图 3-8 损伤概率密度演化

从发展的观点来看，本构关系不是最终目的，而是了解结构损伤破坏的手段. 在结构(包括结构构件)的损伤、破坏机制与物理建模研究方面，尚存在大量难题有待解决！ 为发展工程结构基于损伤容限的设计，需要大量艰苦、细致、持之以恒的努力. 我们的工作刚刚是一个开始！

4 随机动力系统分析

第三个问题，讲一讲随机系统的分析. 大家从我刚才的描述里已经可以看到：荷载作用，有不可避免的随机性；在灾害作用下，结构行为有难以避免的非线性. 不可避免是因为我们控制不住，难以避免是因为我们还可以在一定程度上控制，只要我们舍得花钱. 用墨西哥的地震工程学家 Rosenblueth 的话讲："大量的一般建筑将被设计成碉堡". 如果我们愿意把大量的结构设计成碉堡的话，那还可以把它控制在只有百分之一的工作应力阶段工作，那肯定在线弹性阶段工作了. 所以，只要舍得花钱，还是可以避免破坏的. 难以避免，是因为我们还没有那么富足，我们还需要生存的空间. 所以要研究，利用非线性.

非线性和随机性具有天然的耦合特征，非线性可以导致随机性的变化. 刚才一个典型的例子，从原来的随机分布变成确定性变量①. 反之，我们可以推想：确定性的变量也可以变成随机变量，具有天然的耦合性. 任何一个工程结构的设计都要面临两个问题：材料性质非线性、荷载作用随机性. 这两个问题使得我们必须面对随机动力系统的分析和性态控制问题.

为什么要讲随机动力系统而不讲随机静力系统？因为我大体花了十年的时间明白了一个道理——静力是动力的一个特例. 我大概在 1983 年的时候开始念结构动力学. 到了 1993 年，我在英国做访问学者，有一天走在 Sussex 的一个 park 里面，突然想到：噢！原来动力系统分析就是一系列的静力分析结果、叠加一下. 十年的时间我才明白了这么一个道理，静力分析是动力分析的一个特例. 所以说，我们讲随机动力系统的时候，事实上静力系统已在其中.

随机动力系统的分析与性态控制是现代结构设计理论中的根本问题之一. 它的关键难点，在于非线性动力系统的分析与控制. 在座的可能有一些同志没有学过随机振动理论，不要紧，我们之所以不敢学随机振动理论是被搞数学的同志吓住了. 事实上，那里面的东西比微积分简单多了. 学过微积分的人都可以把随机振动学得呱呱叫. 而且我可以讲，整个随机振动理论到目前为止，在线弹性阶段成熟的是数值特征的解答，概率密度的解答是局限在 Gaussian 过程，也就是正态过程范围里边. 对非线性响应是没有办法做得好的。而且，它要么就是研究随机输入，叫做经典随机振动问题；要么是研究随机参数，叫做随机结构分析问题. 复合的随机振动，也就是随机参数结构在随机输入下的响应，研究得非常少. 这就使得我们在随机系统分析和动力可靠度分析当中遇到了一系列的困难. 到现在还没有成熟的理论能够解决它.

大家都知道，关于随机动力系统，爱因斯坦 1905 年研究 Brownian 运动时就开始了. 在信号领域，Rice1945 年在研究随机信号的随机噪声开始研究. 直到最近，我

---

① 指图 3-8 所指示的趋势.

们中科院的院士朱位秋先生，在 2002 年拿到了一个国家自然科学奖，他的理论叫做 Hamilton 系统理论，经过 10 年左右时间的努力，解决了 2 至 3 个自由度的随机振动非线性分析问题. Naess 也做了一些工作，从路径积分的角度，现在基本上能够做到 5 维，也就是两个半自由度基本上能够解决. 意味着什么呢？就是这样的一个模型——少自由度的 Duffing 振子①或者 van de Pol 振子②(图 4-1).

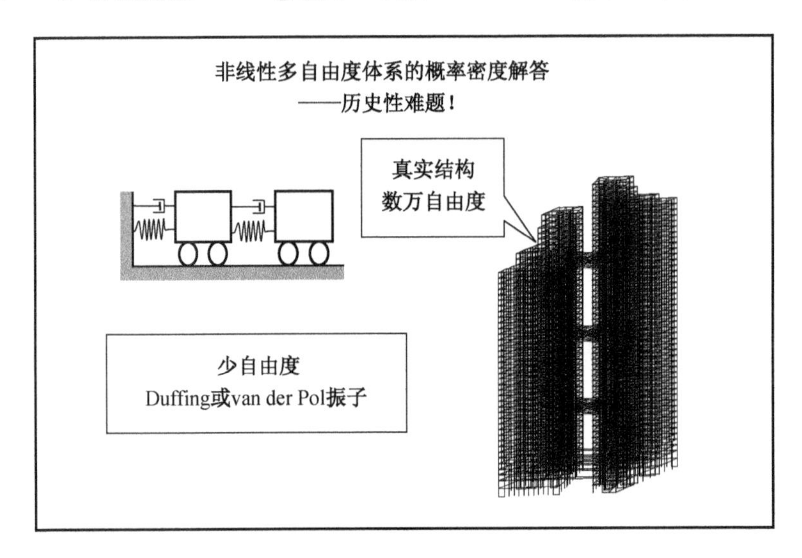

图 4-1　经典随机振动理论应用于实际工程的困难

刚才讲到的张其云博士，他念硕士的时候做随机振动研究，一入学就给我讲，"李老师，做什么研究都可以，你不要让我做随机振动了."“为什么呢?”“我做了 3 年随机振动，只做了一个单层工业厂房，单自由度体系. 两个自由度就做不了". 我在 1993 年念朱位秋先生的随机振动理论，看到非线性，有八十几页，读完后我在旁边做了一个注："86 页，写下了人类一个尚未成功的探索". 自己在下边谈谈感想，应该没有问题. 那么事实上呢？人们做了那么多工作，到现在为止只能解决少自由度、2 到 4 个自由度这样的一个分析问题，而且局限在 Duffing 振子或者 Van de pol 振子.

大家都知道：这两类振子是非常简单的振子，一个是硬弹簧，另一个也非常简单. 但真实的结构是这样的结构，结构的模型是这样的模型，数万个自由度(图 4-1)，怎么办呢？2001 年，国际结构安全性与可靠性协会的执行委员、奥地利的 Schueller 教授曾经讲了一句话——他当时联合了国际知名的 7 个科学家、8 个人

① Duffing 振子指的是具有立方次恢复力的振动系统，其控制方程为

$$\ddot{x}+\omega_0(x+\varepsilon x^3)=0$$

② van de Pol 振子是 van de Pol 在研究电子管振荡器电路时导出的非线性微分方程，它描述的是非线性阻尼情况，其数学表达式为

$$\ddot{x}-\varepsilon\dot{x}(1-\delta x^2)+\omega_0^2 x=0$$

合写了一篇 *State of the Art*——他讲:"上述所有讨论的最新进展都是处理低维问题的,高维问题至今尚未解决."

一个问题长期得不到解决,你要想一件事情:方法论出了问题! 你要有一个从头来的决心和勇气. 我们好多在座的同志,大部分是研究生. 我经常讲,初生牛犊不怕虎,世界一流的研究就诞生在我们在座的诸位之间. 为什么不可以? 大家都知道双螺旋模型,一个 31 岁,一个 28 岁,两个人在一块儿讨论,应该是这样转? 应该是那样转? 出来就是世界一流的成果. 今年做出来,后年就得诺贝尔奖. 你们为什么不可以?

我们来想一想,随机过程那么多研究干什么呢? 现象学的研究. 它不考虑物理过程,一上来,观察到一个过程(图 4-2),啊哟! 那么复杂,前面那么密,后面那么疏,先想办法简化. 它不考虑这个现象背后是什么样,先考虑简化. 能不能只考虑一段? 这一段让它一样疏密——平稳过程. 这儿小、这儿大、这儿高、这儿低——不要! 让它环球同此凉热,一个方差过去、变成一个平稳过程. 好,平稳过程就有办法了. 只要是平稳过程,基本上可以用相关函数,再变成功率谱函数、功率谱密度函数出来,数值特征结果就出来了.

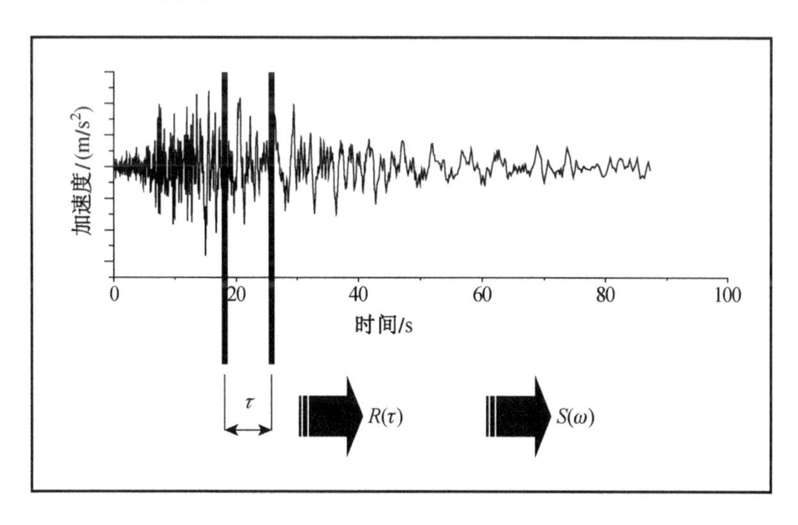

图 4-2　典型随机过程

这样的一个现象学的研究方法,带来了一系列的问题. 随机性从何而来? 随机场怎么建模? 随机性与确定性的关系怎么样? 怎么样分析与评价系统的可靠性? 没有办法.

我在研究中逐步感觉到,应该发展基于物理规律的随机系统分析方法.

我们都熟悉,做一个梁的研究,正截面假定往里面一摆,弯矩-曲率关系出来了. 这是什么? 物理关系! 一个柱子,把轴力的影响加上去,我们有一个所谓的弯矩-轴力相关曲面. 这是个什么东西? 物理关系! 我们做混凝土研究的、做材料力学研究的,非常熟悉应用物理的研究方法. 为什么不拿这个东西研究随机系统呢? 换句话说,我们为什么不去研究一下,当试验出现了离散性时,物理关系是否有不变性?

事实上,在经典的随机振动理论中.已经隐含着类似的启示.经典的随机振动理论是个什么样子呢?刚才讲到了,先把随机过程变成一个平稳过程,变成平稳过程之后是什么呢?好,系统有这样的一个输入,有这样一个输出,这儿是什么呢?传递函数①.大家不要被传递函数吓着,就是我们常见的 Duhamel 积分、动力学里面的 Duhamel 积分.经过时、频变换,就是所谓的频域传递函数.我们看到,输入和输出之间是代数关系.这么简单的关系,利用的是什么呢?利用的是输入的和输出的之间的这种物理关系——Duhamel 积分. Duhamel 积分告诉我们什么呢?当初始条件确定之后,系统输入和输出之间存在的物理关系.随机系统的输入和输出之间,至少在数字特征层次上有着确定性的联系.这种联系的核心是系统服从的物理规律.

我们不仅要问,在一般的概率密度意义上,是否存在着类似的规律?

事实上,随机系统的响应存在着确定性的样本轨迹.当我们做一个试验,获得一个物理过程的样本轨迹的时候,把它基本的原因和结果之间的关系提炼出来,就是一个物理关系.它反映了什么呢?反映原因空间中的一个点到结果空间中的一个点的传递关系.假定这儿是地震输入、这儿是结构响应.地震输入是一个确定性时程,这儿响应也是一个确定性的时程,一个点.物理关系是这样的一个关系:牛顿定律.这就是确定性物理告诉我们的事情.

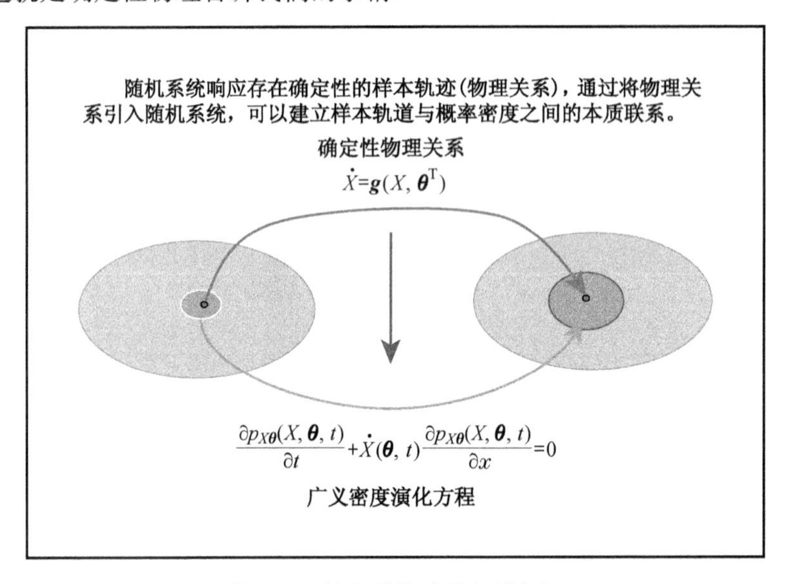

图 4-3　从物理关系到密度演化

① 经典的随机振动理论主要致力于求解系统的数值特征解答.对于单自由度线弹性体系,系统输入输出关系可以表达为

$$S_x(\omega)=|H(\omega)|^2 S_F(\omega)$$

S_F 为输入功率谱、S_x 为输出功率谱,$H(\omega)$为系统的传递函数.

我们指出，当这个输入变成一个圈圈、是随机分布的时候，响应的随机分布服从下边这个关系，叫做概率密度演化方程. 这个概率密度演化方程怎么出来的呢?

事实上，通过引入物理关系，单个的样本轨道和随机系统的条件概率密度之间的关系是这样的一个关系

$$p_{X|\boldsymbol{\Theta}}(x, t \mid \boldsymbol{\theta}) = \delta(x - H(\boldsymbol{\theta}, t)) \tag{4-1}$$

其中，$H(\boldsymbol{\theta},t)$ 是确定性物理关系. 大家回过头来拿来我们的文章仔细想一想，它告诉我们，取这个参数的时候，就是这个轨道，其他的参数不会出现. 然后把这个等式两边求导，就是

$$\frac{\partial p_{X\boldsymbol{\theta}}(X, \boldsymbol{\theta}, t)}{\partial t} + \dot{X}(\boldsymbol{\theta}, t)\frac{\partial p_{X\boldsymbol{\theta}}(X, \boldsymbol{\theta}, t)}{\partial x} = 0 \tag{4-2}$$

我们把它叫做广义概率密度演化方程.

当然，我们可以从更严格的角度去描述它. 我们发现，刚才这样一个样本轨道或者一个特定的随机事件，在整个的物理转化过程当中，它所保有的概率是守恒的. 我们把这个叫做概率守恒原理. 概率守恒原理有不同的描述方式，我们发现了它的随机事件描述方式，这是我们在学术上的发现. 事实上，还有所谓的状态空间描述. 状态空间描述给出来什么呢? 给出来这样的一个方程

$$\frac{\partial p_{\boldsymbol{X}}(\boldsymbol{X}, t)}{\partial t} + \sum_{j=1}^{n} \frac{\partial(p_{\boldsymbol{X}}(\boldsymbol{X}, t)A_j(\boldsymbol{X}, t))}{\partial x_j} = 0 \tag{4-3}$$

加了一个大和号，一加大和号不得了，从一个变量变成多个变量，一个高维的偏微分方程，没有办法求解.

我们不妨考察一下概率密度演化研究的历史脉络. 19 世纪中期，Liouville 在考察积分型守恒方程的时候导出一类方程，叫做 Liouville 方程. 这个方程，到 19 世纪末、20 世纪初，在 Gibbs 和 Boltzmann 研究统计力学的时候，把它应用于描述一个空间中气体的粒子运动规律. 这样的一个规律认为气体运动的初始条件是随机的——随机初始条件. 在这种条件下导出来一个方程，和 Liouville 方程惊人的一样，所以人们仍然把它叫做 Lioville 方程，这个方程是高维的偏微分方程，很少能够有解答. 大家知道，在 19 世纪末和 20 世纪初，直到 20 世纪 60 年代之前，人们一直致力于求取某一个问题的解析解.

Liouville 方程存在多种的证明方式，我们看到的不下 5 种. 在陈建兵博士的论文中，给出了一个非常直观的证明，我们把它叫做散度证明. 散度证明的实质是什么呢? 可以用这张简单的图来讲(图 4-4). 概率流流过一个区域，流进的减去流出的就等于这个区域里面保有的概率. 这是借鉴于质量守恒的一种证明. 但这种证明仍然只能给出状态空间里面的 Liouville 方程. 这里是具体的证明方式，引入散度定理，马上就出来这个结果. 但对一般的动力系统，这个方程极难求解. 你去和搞随机振动的人交谈，他们会告诉你:“Liouville 方程我知道，FPK 方程把扩散项去掉之后，就是 Liouville 方程.”

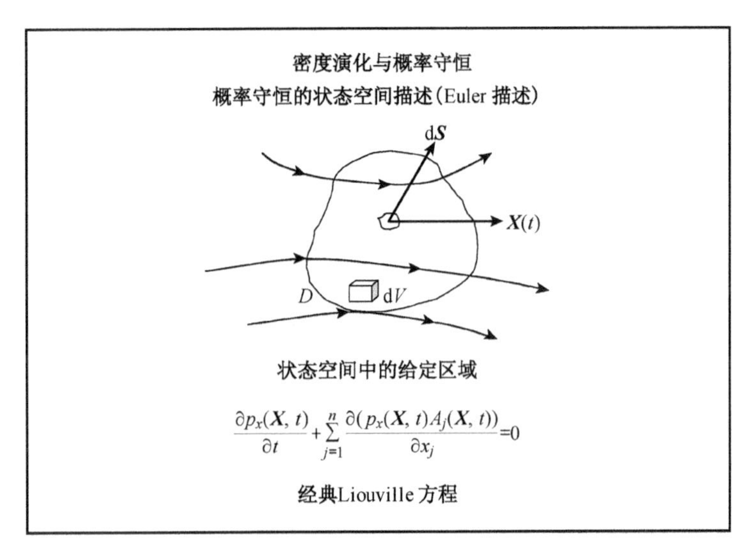

图 4-4　经典 Liouville 方程与 Eular 描述

事实上，Liouville 方程在前还是 FPK 方程在前呢？是 Liouville 方程. 后来人们在研究 FPK 方程的时候，发现可以把 Liouville 方程包容进来. 是后来的研究者发现把 FPK 方程扩散项去掉就是 Liouville 方程，Liouville 方程在前.

还有一个工作被淹没在历史的长河之中. 1957 年，前苏联的 Dostupov 和 Pugachev 试图引进正交分解来推广 Liouville 方程. 他们做出这一推广的要义是什么呢？希望不仅适用于初始条件，而且输入过程也是随机的. 在 Dostupov 和 Pugachev 的研究当中，用了随机过程的 Karhumen-Loeve 分解，这个方法是在 20 世纪 40 年代刚刚出现的.

2002 年 12 月，我到香港去做了半个月的讲学，我到那儿的一个任务就是找 Dostupov 和 Pugachev 的俄文原文. 后来陈隽博士帮我找到了这篇文章. 回来之后我就请人翻译，我说："无论怎么样也要把俄文翻译成中文."因为要看看它是怎么回事. 因为，我们在 2002 年初，就已经给出了 Liouville 方程的参数形式.

$$\frac{\partial p_{\mathbf{X\Theta}}(\boldsymbol{x},\boldsymbol{\theta},t)}{\partial t}+\sum_{i=1}^{2n}\frac{\partial}{\partial x_i}(p_{\mathbf{X\Theta}}(\boldsymbol{x},\boldsymbol{\theta},t)A_i(\boldsymbol{x},\boldsymbol{\theta},t))=0 \tag{4-4}$$

我们一开始很自然地就把这个参数 $\boldsymbol{\theta}$ 引进来，因为我是搞随机结构的，我认为参数应该摆在里面. 2002 年底，我发现我们导出来的方程和这个 D-P 方程是一样的. 当然，在 2002 年 6 月我们已经把参数 Liouville 方程解耦了. 所以我要找到 D-P 方程的原始文献，到底是什么样？

站在今天的观点来看，D-P 方程的导出应该是非常简单的. 线性动力系统，通过正交分解可以变成这样的一个形式(图 4-5a)；非线性动力系统也可以变成这样一种形式(图 4-5b). 这样一种形式告诉我们什么呢？大家注意到刚才是 (x, t)，我在里面加了一个 θ，由于有了这个 θ，就使得我们可以处理若干用随机变量表达的时间函数.

线性系统动力方程的转换:

$$\boldsymbol{M}(\boldsymbol{\Theta}_1)\ddot{\boldsymbol{Y}}+\boldsymbol{C}(\boldsymbol{\Theta}_2)\dot{\boldsymbol{Y}}+\boldsymbol{K}(\boldsymbol{\Theta}_3)\boldsymbol{Y}=\boldsymbol{Q}\,\boldsymbol{\xi}(t)$$

$$\boldsymbol{x}=\begin{Bmatrix}\dot{\boldsymbol{Y}}\\ \boldsymbol{Y}\end{Bmatrix},\ \widetilde{\boldsymbol{A}}=\begin{pmatrix}-\boldsymbol{M}^{-1}\boldsymbol{C} & -\boldsymbol{M}^{-1}\boldsymbol{K}\\ \boldsymbol{I} & \boldsymbol{O}\end{pmatrix},\widetilde{\boldsymbol{G}}=\begin{pmatrix}\boldsymbol{M}^{-1}\boldsymbol{Q}\\ \boldsymbol{O}\end{pmatrix}$$

$$\dot{\boldsymbol{X}}=\widetilde{\boldsymbol{A}}(\boldsymbol{\Theta}_1,\ \boldsymbol{\Theta}_2,\ \boldsymbol{\Theta}_3)\boldsymbol{X}+\widetilde{\boldsymbol{G}}\boldsymbol{\xi}(t)$$

正交分解

$$\xi(t)=\psi_0(t)+\sum_{i=1}^{\infty}\sqrt{\lambda_i\theta_i}(\omega)\psi_i(t)=F(\boldsymbol{\Theta}_E,\ t)$$

$$\dot{\boldsymbol{X}}=\boldsymbol{G}(\boldsymbol{X},\ \boldsymbol{\Theta},\ t)$$

(a) 线性系统正交分解

非线性系统动力方程的转换:

$$\boldsymbol{M}(\boldsymbol{\Theta}_1)\ddot{\boldsymbol{Y}}+\boldsymbol{f}(\boldsymbol{\Theta}_2,\ \dot{\boldsymbol{Y}},\ \boldsymbol{Y})=\boldsymbol{Q}\,\boldsymbol{\xi}(t)$$

$$\boldsymbol{x}=\begin{Bmatrix}\dot{\boldsymbol{Y}}\\ \boldsymbol{Y}\end{Bmatrix},\ \boldsymbol{A}(\boldsymbol{X},\ t)=\begin{pmatrix}-\boldsymbol{M}^{-1}\boldsymbol{f}(\boldsymbol{X})\\ \boldsymbol{O}\end{pmatrix},\ \widetilde{\boldsymbol{G}}=\begin{pmatrix}\boldsymbol{M}^{-1}\boldsymbol{Q}\\ \boldsymbol{O}\end{pmatrix}$$

$$\dot{\boldsymbol{X}}=\widetilde{\boldsymbol{A}}(\boldsymbol{\Theta}_1,\boldsymbol{\Theta}_2,\boldsymbol{X},t)+\widetilde{\boldsymbol{G}}\boldsymbol{\xi}(t)$$

正交分解

$$\xi(t)=\psi_0(t)+\sum_{i=1}^{\infty}\sqrt{\lambda_i\theta_i}(\omega)\psi_i(t)=F(\boldsymbol{\Theta}_E,\ t)$$

$$\dot{\boldsymbol{X}}=\boldsymbol{G}(\boldsymbol{X},\ \boldsymbol{\Theta},\ t)$$

(b)非线性系统正交分解

图 4-5　随机系统的正交分解

Dostupov 和 Pugachev 他们证明了一件事情,对这样的一个系统,存在这样一个方程.这个方程和 Liouville 方程的不同点,就在于这儿加了一个 θ.我们 2001 年做研究的时候,也很自然就引入了随机参数.刚才讲到,建兵在 2001 年做了一个证明,做了一个散度证明,根据散度证明,我们自然就得到这个方程.到 2002 年的 6 月到 8 月之间,我们又发现把物理关系引进来之后可以解耦这个方程.所以我找到俄文里面的这个方程之后,就把它叫做 D-P 方程,它被淹没在历史的长河之中.它的好处是什么呢?好处是:不仅原来的随机初始条件可以处理,而且由于用随机变量来表达时间函数,就不仅原则上可以处理随机输入问题,而且为同时处理随机参数问题打开了方便之门. 非常遗憾的是，D-P 方程仍然是高维的偏微分方程，没有办法求解，或者是只能解很低维的问题. 所以说 Dostupov 和 Pugachev 当时写文章的时候结语很有意思，他们说："我们希望这样的一个结果能成为未来研究的起点"，具有高度的历史预见性.

我们在研究当中发现，用散度定理导出来的参数 Liouville 方程和 D-P 方程是一致的. 开始我们仍然试图用数值方法求解高维的参数 Liouville 方程，但到 2002 年 6 月，我们发现，在刚才我讲的经典的随机振动里，有一个 Duhamel 积分. 仔细考察这个 Duhamel 积分，发现它本身是解耦的. 里面没有这样的一个 $\boldsymbol{X}$，只有 $\boldsymbol{\theta}$. 好，这样我们就可以关于 $\boldsymbol{\theta}$ 做积分，一个高维的方程变成一维的方程，原来的高维方程变成一维方程.

这一点意义重大！

解耦之后，不仅使得我们技术上的难题解决了. 在理论上，原来是在一个状态空间，就是一个空间里面概率守恒. 现在这意味着，单个的随机事件在系统演化过程当中概率守恒，从而可以给出随机事件描述，我们把它叫做物质描述.

考察上述历史脉络可见，无论是 Liouville 方程还是 D-P 方程，都是从现象学的角度来研究问题，结果必然是在状态空间里边引入一个高维的方程. 引入物理关系，不仅可以将高维偏微分方程解耦，而且使问题的求解难度大大降低. 这种方法论，提供了一种新的观察问题的角度，就是我刚才一再讲的问题：初始源的随机性是怎样被输运和演化的.

我们后来发现：直截了当地引入单个样本的这样的一种关系（式(4-1)），可以十分方便地获得我们前面讲的广义概率密度演化方程. 和经典的 Liouville 方程和 D-P 方程相比，广义概率密度演化方程大大地降低了随机系统求解的难度，简洁了当地描述了随机系统中随机性的传递和输运过程. 输入是这样的一个随机分布，输出是这样的一个随机分布，二者之间的关系服从广义概率密度演化方程.

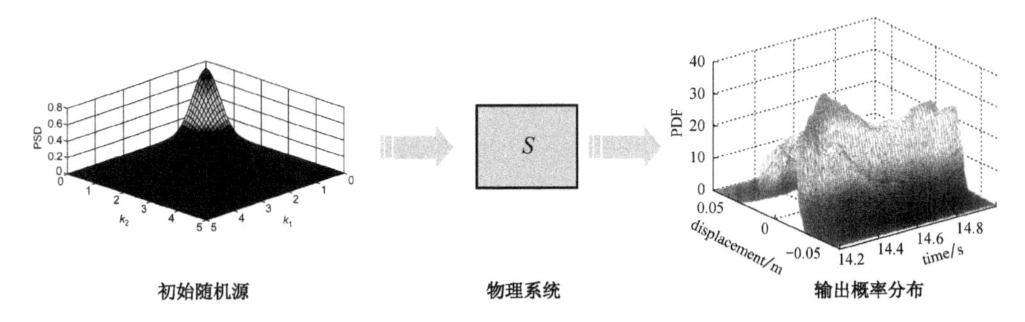

随机系统中概率结构的转移服从于严格的物理规律，而完全不是无规则的运动！

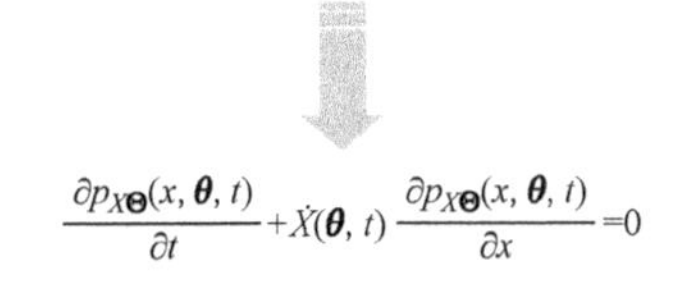

图 4-6　随机性在物理系统中的传播

而且，广义密度演化方程鲜明地揭示了随机系统和确定性系统之间的联系，就是刚才的样本轨道的描述方式. 意义在于什么呢？这样一个方程的意义在于：经典的非线性分析是轨道跟踪，这样分析它(图 4-7 左图). 那我们现在的分析呢？要把这样一个概率密度演化过程描述出来(图 4-7 右图). 事实上，对于任意线性、非线性系统，包括有限维的分布都可以做出来. 这样的一个方程，使得对于一般的随机系统求解成为可能.

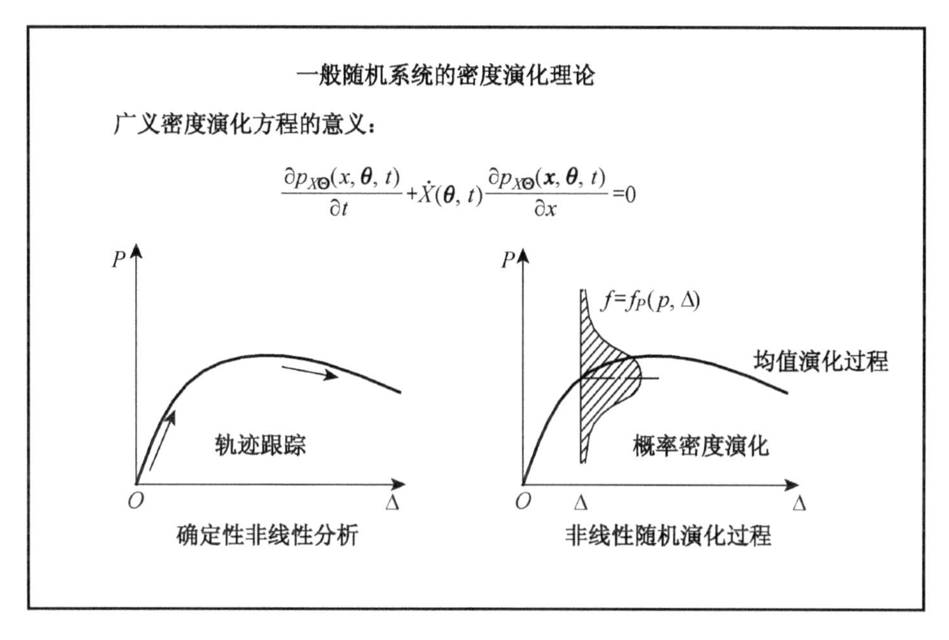

图 4-7　样本轨道描述

求解的时候怎么做呢？对几千、几万个自由度的结构，先用确定性的有限元分析把这样的一个物理解解出来，然后代入到密度演化方程里边做一个差分解(图 4-8). 我们搞结构的人对有限元非常熟，但是任何一个搞过一点水力学的人都知道，在流体动力学里边，差分是他们的基本工具. 差分比有限元还要简单. 我们也可以用这样一个方法.

做研究当中有一个基本的方法，当研究复杂问题想不清楚的时候，要把它化简到最简单的地步. 结构动力学许多同志不懂，其实结构动力学没有什么难懂的：只需要先把单自由度无阻尼振动搞清楚，然后再把两个自由度的问题搞清楚，好了，整个结构动力学 OK. 你把它简化到最简单的阶段，把它的思想搞清楚. 做研究的时候也是如此，要把它简化到最简单的东西，先算对了它. 编一个有限元程序，你想算一个 20 层的框架、50 层的框架，你就先把一个单层的框架算清楚. 这个程序对了，我敢保证你后边的程序绝对是对的. 我编程序就是这样的. 先把两个自由度的程序编对了，后面绝对是对的. 因为什么呢？后边是个逻辑推理.

密度演化方法的实施:数值算法基本步骤

Ⅰ. 随机参数的离散

$$\Omega_{\Theta} \Rightarrow \boldsymbol{\theta}_q$$

Ⅱ. 进行确定性分析(常规动力分析)

$$\boldsymbol{M}(\boldsymbol{\theta}_q)\ddot{\boldsymbol{X}} + \boldsymbol{C}(\boldsymbol{\theta}_q)\dot{\boldsymbol{X}} + \boldsymbol{f}(\boldsymbol{\theta}_q, \boldsymbol{X}) = \boldsymbol{F}(\boldsymbol{\theta}_q, t) \Rightarrow \dot{\boldsymbol{X}}(\boldsymbol{\theta}_q, t)$$

Ⅲ. 利用有限差分求解

$$\frac{\partial P_{X\Theta}(x, \boldsymbol{\theta}, t)}{\partial t} + \dot{X}(\boldsymbol{\theta}, t)\frac{\partial P_{X\Theta}(x, \boldsymbol{\theta}, t)}{\partial x} = 0$$

Ⅳ. 进行数值积分

$$P_X(x, t) = \int_{\Omega} P_{X\Theta}(x, \boldsymbol{\theta}, t)\mathrm{d}\boldsymbol{\theta}$$

图 4-8　密度演化方法的实施

对上述方程在典型的单自由度情况下求取精确解答,并与数值方法比较,我们发现是对的. 当然,我们也研究了不同的数值方法,包括映射降维法、切球选点、数论选点等.

做一些结构的分析,这是曲线型的恢复力曲线,可以算出来框架结构在地震作用下的反应均值、方差、概率密度演化过程(图 4-9). 可以发现它的概率流的流动过程. 那儿出现红线,那儿的位移最可能出现(图 4-10). 在这儿买彩票是最容易中的(众笑).

这是高层建筑——二十层结构的风振响应,分析它的概率密度演化过程和典型的概率密度曲线(图 4-11).

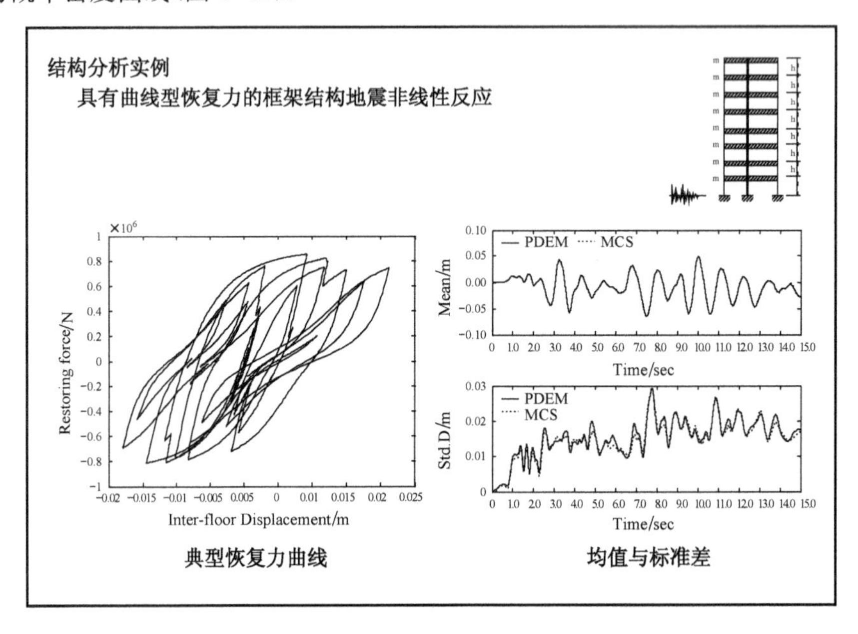

图 4-9　曲线型恢复力框架随机响应分析

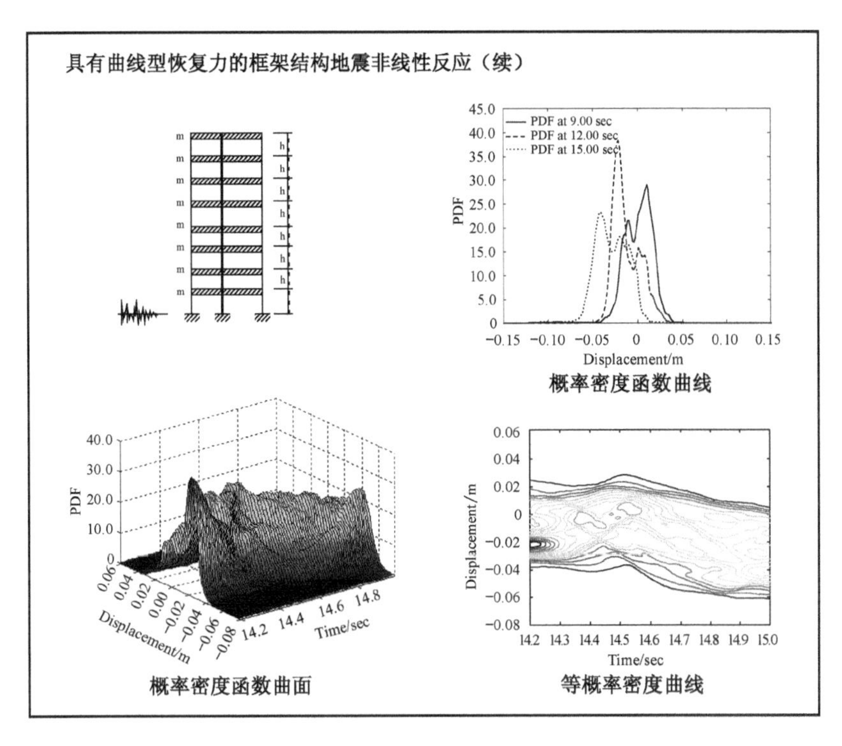

图 4-10　框架地震非线性随机反应分析

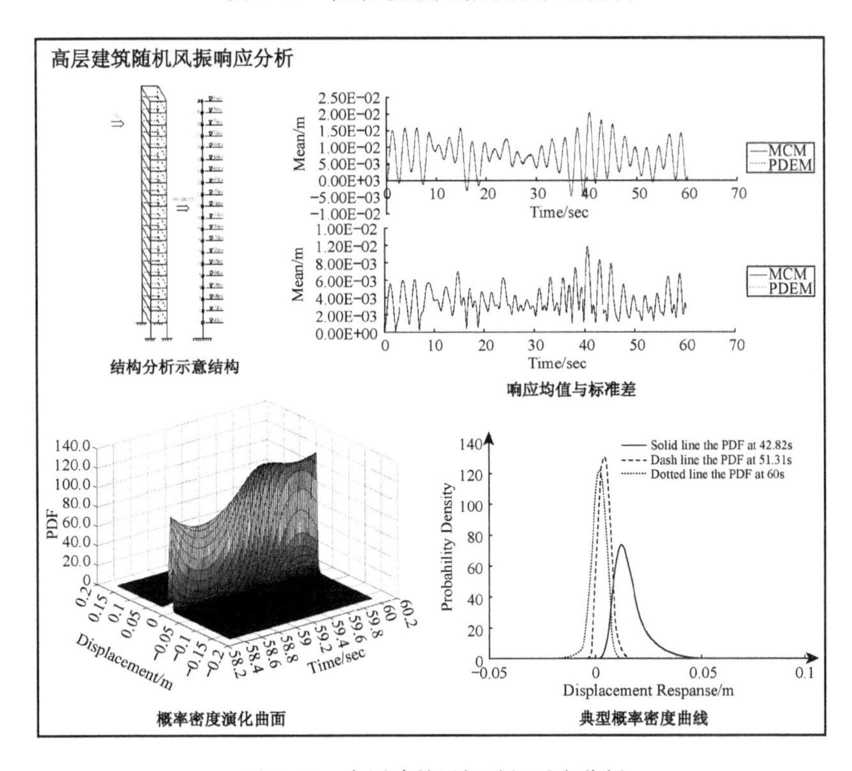

图 4-11　高层建筑风振随机反应分析

事实上我们也研究了多个反应量.刚才是把一个多维方程简化到一维方程，现在能不能反过来推回去？能不能将一维的变成两维的、两维的变成三维的？我们研究了一下两维的方程.这是结果：单自由度体系位移和速度的联合概率密度（图 4-12）.

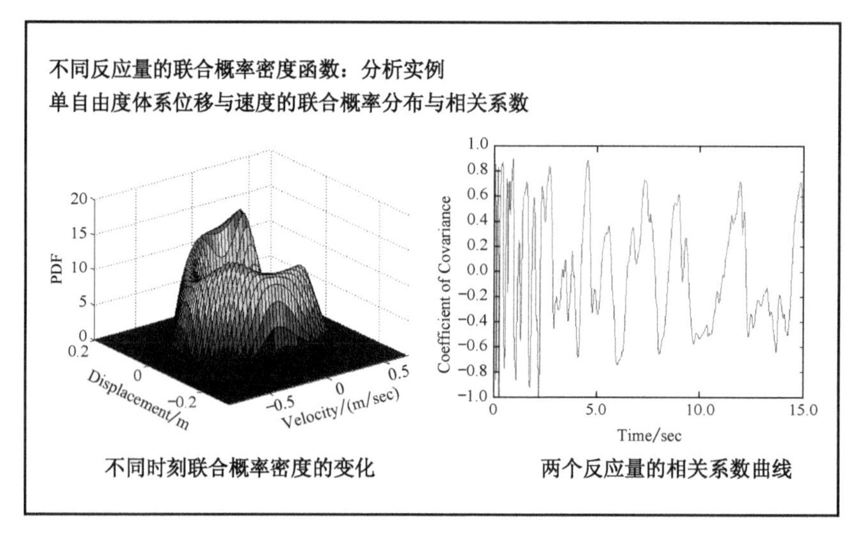

图 4-12　两个反应量的联合概率密度和相关函数

这儿涉及概率论里面的一个核心问题.从现象学的角度来研究概率论的问题，一直困扰我们的就是相关问题.大家学线性代数都知道相关不相关是一大关，概率论里面的相关不相关也是一大关.从现象学的角度，很难搞清楚为什么是相关的.按照我个人的观点，概率相关的实质是物理相关.从物理相关的角度，可以轻易地把握相关性的实质.

环球金融中心，结合有限元分析，我们可以算出来它的地震反应概率密度（图 4-13）.这是一个 12 层楼高的蛋形消化池，把它分成 7 000 个自由度作分析，这是它的地震反应概率密度（图 4-14）.

这样的一个研究，事实上发现了样本轨道和概率密度之间的本质联系，这个联系的实质也就是确定性系统的和随机系统的联系.从而，给出了分析复杂结构非线性随机反应的基本途径、解决了这一领域里长期悬而未决的公认的难题.

5　结构整体可靠度与基于可靠度的性态设计

结构体系可靠度也是一个问题.什么叫体系可靠度？我给它一个新的定义：多于一个失效模式的结构可靠度就是体系可靠度.如果只有单一失效模式，就是构件层次的或者截面层次的可靠度.

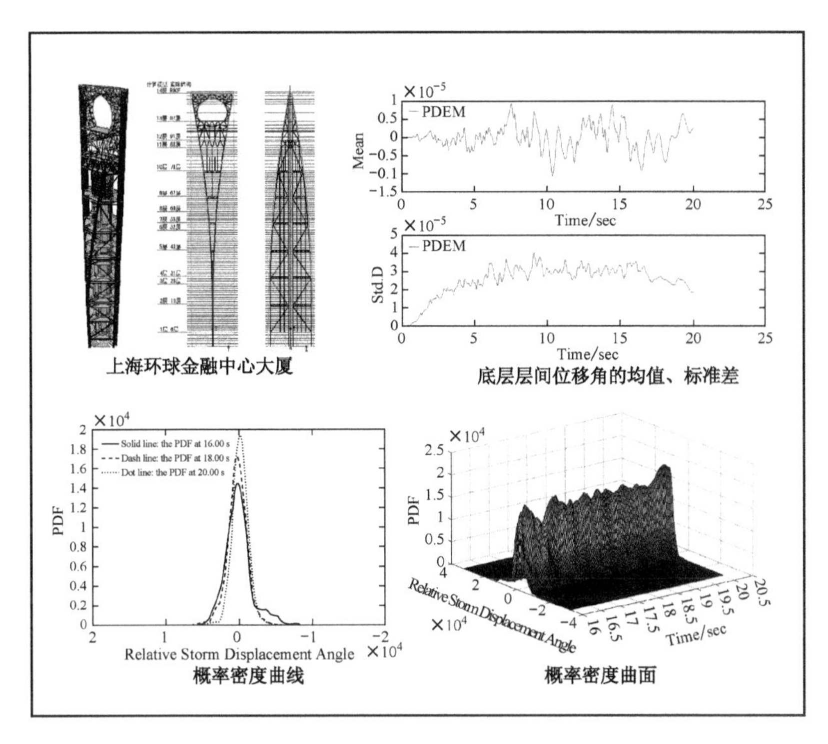

图 4-13　环球金融中心随机反应分析

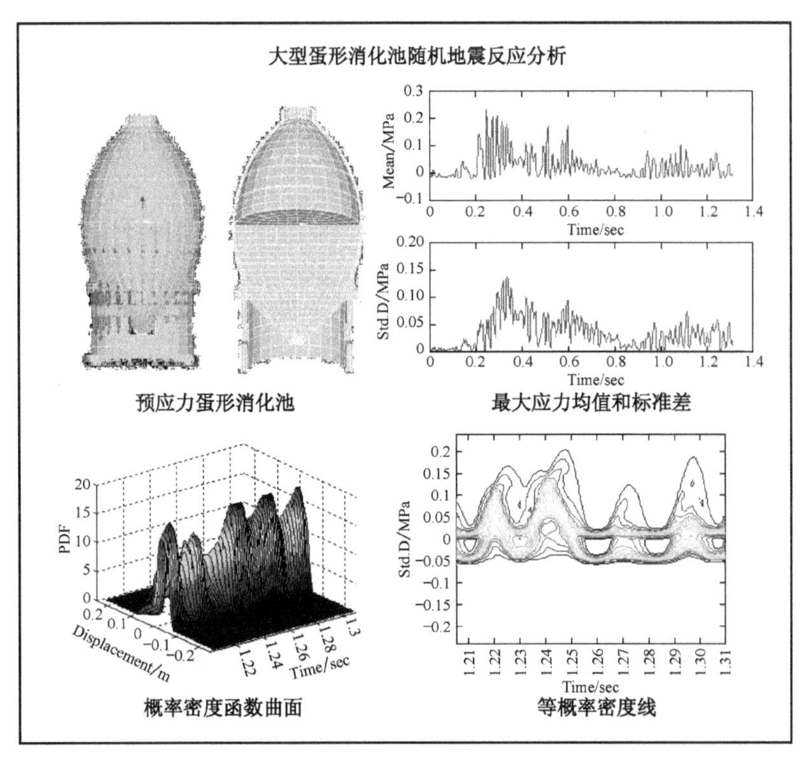

图 4-14　预应力蛋形消化池随机反应分析

譬如说一根简支梁(图 5-1),不仅会出现受弯破坏,而且会出现受剪破坏,这就是两个失效模式,我们要考虑这个梁是先弯坏还是先剪坏. 我在做硕士论文的时候研究的是连续梁,需要把它的内力重分布过程充分展现出来,需要它弯曲破坏. 我的导师丁得忠先生几乎每天都到现场去看. 有一天他告诉我:“李杰啊,你要到现场去看一看,有一根梁一个地方的箍筋间距超标了.”我去量一量,设计的是 3.5 cm的间距,那个地方变成了 5 cm,相邻的地方变成了 2 cm,我就自己动手把它改过来. 为什么这样细心呢? 因为担心它出现剪切破坏,那试验就完了,因为希望把受弯的全过程做出来. 我们都知道混凝土结构设计希望“强剪弱弯”. 什么叫做“强剪弱弯”? 就是希望如果不可避免地要出现破坏,就让它弯坏、不希望它剪坏. 从可靠度的角度,你不能让受剪破坏跑到前面去,这就是结构体系可靠度. 同样的,对于框架结构(图 5-2)而言,塑性铰顺序出现、会形成多种失效模式与失效路径. 在这样的一种情况下,要考虑结构的体系可靠度分析问题.

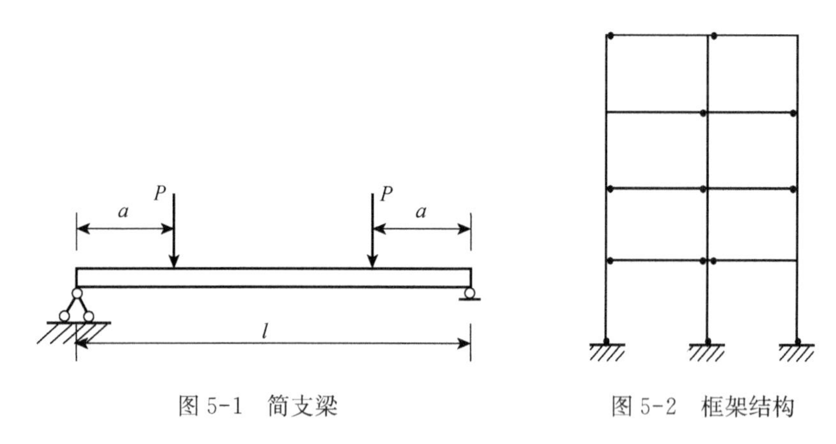

图 5-1 简支梁　　　　图 5-2 框架结构

研究结构可靠度的意义是什么呢? 不是为了可靠度而可靠度,而是有两条:①可靠度是单体结构设计中考虑不确定性的决策基础;②可靠度是工程系统可靠性分析和设计的基础. 我将会在第 6 部分讲一讲网络系统. 无论在结构层次还是在系统层次,我们都有必要研究可靠度.

大家知道:在我们结构工程领域里面,有几大难题,都是四十多年悬而未决的问题:一个是强度问题、材料本构关系问题;一个是非线性分析问题、全过程分析问题;一个是刚才讲的非线性随机振动的问题;还有一个就是体系可靠度分析问题;当然还有一个稳定问题,没有得到根本解决. 究其根源,在于我们不知道问题的本质是什么.

结构工程中的关键科学问题,不是讲我们现在已经知道了什么,而是讲我们希望往什么地方走. 从发展趋向来讲,发展基于整体可靠度的性态设计是现阶段的任务,而长期的目标,要发展基于系统风险的性态设计.

那我们现阶段是一个什么样子呢? 我们现在还仅仅是基于构件、事实上是基于截面的近似概率设计. 20 世纪 90 年代刘西拉教授在清华主政土木的时候经常讲一句话:清华不是结构工程系,是构件工程系. 我在下面腹议:你们大概是截面工程系,因为研究的都是截面问题,构件问题也没有研究清楚. 事实上,当时不只清华如此,普遍都如此,历史使然. 我们要慢慢地从截面到构件到结构,我们要发展到基于系统风险的性态设计,从而使我们的工程师真正成为理性的工程师,被保护得彻彻底底的工程师,而现在,我们处在一些十分危险的境地.

从分类上讲,结构可靠度可分为静力可靠度和动力可靠度. 顾名思义,静力可靠度研究的是结构在静力荷载作用下的可靠度问题;动力可靠度则是研究结构在动力荷载作用下的可靠度.

静力可靠度也好、动力可靠度也好,都有很大的问题,问题出在研究的出发点.

大家都知道:体系可靠度分析方法有机构法、它的主要思路是从破坏的后果研究倒塌的概率,把所有的结构失效模式一览无遗地都找到,把所有破坏的可能性都找到,看你还坏不坏? 结构还很妙,结构说我就不让你把所有的东西找到,我有一个法宝叫做组合爆炸,你找吧,结构加一层我就指数级的爆炸增长,你永远找不到我在什么地方以什么形式破坏. 机构法束手无策(众笑).

找不到怎么办? 那只找主要的、用分支限界法,就是要把主要失效模式都找到. 能不能找得到呢? 搞航海的同志,对桁架结构做了一些研究,大体能找到一点点,但是这个概率是算得不准的,是近似的,因为好多失效模式被丢掉了. 一百万张彩票总是有一个人能够中奖的,百万分之一的中奖概率总是存在——假设不被做手脚的话. 但是,按照主要机构法的思路,看这个人顺眼,他大概要中奖,就盯住这个人,只盯一部分人,结果是很可能找不到获奖人的.

这个问题我长期思考,可靠度的分析我大概是从 1992 年左右开始有意识地思考,大概到了 1998 年左右,我意识到了经典的结构体系可靠度是现象学的研究,它建立在两个基础上:①理想弹塑性假定;②它求的是结构不倒的概率. 别的它什么也没做,根本没有对结构非线性发展全过程的考虑.

由于是用这样一个理想弹塑性假定、求结构不倒的概率,我们马上可以发现:如果不是理想弹塑性假定,不是正好在那转一下弯的话,羊儿吃草不是在那个岔路口转过去,而是随时随地转过去,将会有什么? 把 8 倒过来—— ∞多个失效模式.

没有人这样想过问题. 但是,你按照这个思路你就会想到是无穷多个失效模式,静力问题、动力问题无一例外. 所以,当一大批人在研究失效模式之间的相关性问题,到底是相关不相关、研究失效模式的组合爆炸问题时,我就说:"路走错了". 有人讲过一句话,"人的一生什么都可以错,战略问题不能错",战略问题就是起点的问题,就是路的问题,这个问题错了,底下都不行了.

还有人钟情于 Monte Carlo 模拟方法,我是 Monte Carlo 方法的诘难者之一. 为什么? 它是个没有办法的笨办法,希望一网打尽,但是永远是随机收敛. 跟着它,就像"盲人骑瞎马,夜半临深池",不可能获得真正正确的结果. 我们完全可以有更为理性的办法来研究可靠度分析问题.

经典静力可靠度如此,动力可靠度也如此,都是现象学的研究方式. 在动力可靠度分析理论中,最经典的公式是 1944 年获得的 Rice 公式,最经典的假定是 20

世纪 60 年代中期的泊松跨越假定和 70 年代初期的马尔可夫跨越假定. 最常用的假设是最弱链假设. 在这些东西的基础上做来做去，就是抓不住结构的真实可靠度是多少. 为什么？在分析的底层是数值特征解，没有概率密度解，永远不可能获得真实的可靠度.

共同的出路是什么呢？是要从物理随机系统的基本观点出发，沿着结构非线性发展的过程研究结构体系可靠度问题. 在这个研究过程当中，陈建兵博士做出了重要的贡献. 我们发现：有一类事件，可以把它定义为等价极值事件. 利用等价极值事件并沿着非线性发展过程分析的思想，可以从根本上解决体系可靠度分析问题.

简单来讲，最弱链假设是从结果的角度来考虑问题. 一个串联的弹簧系统，如果失效是怎么样呢？通常认为，只要考虑具有最大失效概率的那个弹簧，只要这个弹簧不坏、结构就不坏，这叫最弱链假定.

我们发现这个思路错掉了，应该找具有最大强度或具有最小强度的那个弹簧，这牵涉到随机变量组的排序问题. 在思考结构动力可靠度问题的时候，大概在 1998 年，我就意识到一件事情，要想解决结构的动力可靠度问题，从随机变量的排序问题、从极值的角度去找，大概应该可以. 但直到 2005 年，我们才找到了等价极值事件(图 5-3)，大家可以去看我们的文章，我不去细讲. 但是可以讲，这个等价极值事件，它蕴涵了复杂失效事件各个极限状态之间的全部信息. 也就是说，一个串联弹簧系统里边，只要找到一个弹簧，不是具有最大失效概率、而是具有最小强度的那个弹簧，只要具有最小强度的那个弹簧不坏，其他弹簧当然不坏，整个串联的弹簧系统也是不会坏的. 并联系统恰好相反.

这是一个基于物理的观点. 同样重要的是，我们从数学的角度完全证明了这样一个方式.

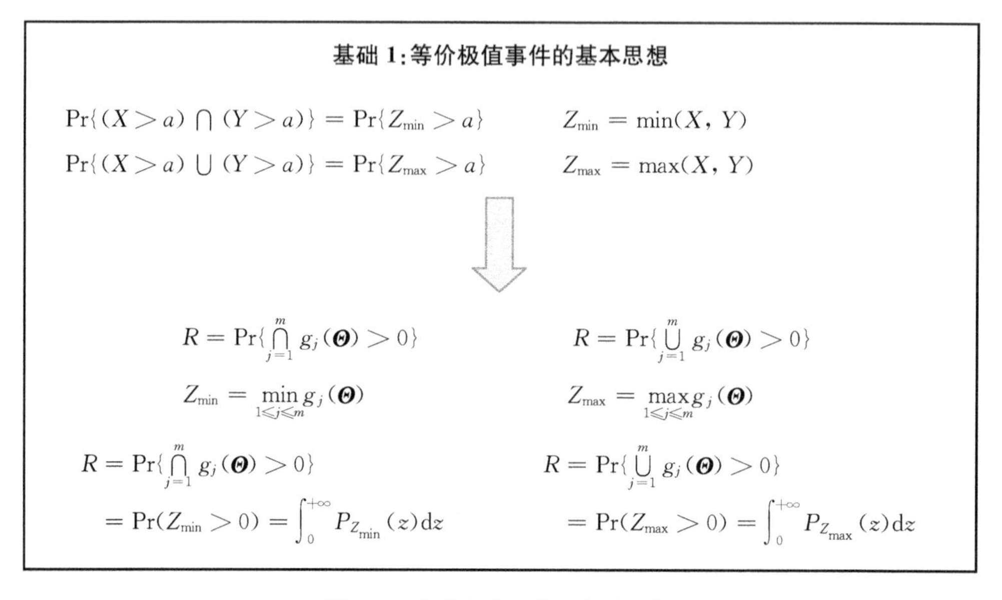

图 5-3　等价极值事件的基本思想

大家请看我们发表的文章.这个文章投到国际上去,第一天投过去,第二天就被接收.有人经常讲,投国际刊物很累、很慢.确实,我们也有两年才被接收的论文,但是,真正创新性的研究接受非常非常快.这个刊物的主编 Ellingwood 恰巧对这个问题感兴趣,他一看这篇文章,第二天就跟我们说"OK".我们是 3 月 15 日投给他,5 月份网上就出来了,跟他签一个版权协议,行了.所以说,大家有文章要往国际上投啊,第一可以锻炼你的英语,第二可以给我们中国人扬威.同时也可以把它写成中文在国内发表,让更多的国人看到你的成果.

有了这样一个等价极值事件以后,我们提出了一个极值分布理论①(图 5-4),还是用概率密度演化方法去分析它.这个方法的实质就是给定物理量、假定一个虚拟的随机过程来解决它,这个细节我不去讲了.但是,利用这个方法就把结构的整个体系可靠度问题解决了.比如串联系统,我们只要找到这样一个最大的量或者最小的量,然后把它的概率分布找出来,一积分就出来了可靠度,就这么简单.

极值分布理论

给定物理量的极值

$$W(\boldsymbol{\Theta}, T) = \underset{t \in [0, T]}{\text{ext}} (X(\boldsymbol{\Theta}, t))$$

构造虚拟随机过程

$$Z(\tau) = \Phi(W(\boldsymbol{\Theta}, T), \tau)$$

满足条件

$$W(\boldsymbol{\Theta}, T) = Z(\tau) \mid_{\tau=\tau_c} = \Phi(W(\boldsymbol{\Theta}, T), \tau = \tau_c)$$

对应广义密度演化方程

$$\frac{\partial P_{z\boldsymbol{\Theta}}(Z, \boldsymbol{\theta}, \tau)}{\partial \tau} + \dot{\Phi}(W(\boldsymbol{\Theta}, T), \tau) \frac{\partial P_{z\boldsymbol{\Theta}}(z, \boldsymbol{\theta}, \tau)}{\partial z} = 0$$

最简单的 $z(\tau) = W(\boldsymbol{\Theta}, T)\tau$

图 5-4 极值分布理论

思路对了,处处就都对了.我就感觉到我们有一些研究,当思路不对的时候,举步维艰,当我们思路对的时候,势如破竹.别人说你怎么想起来的?思路对了.所以

① 利用等价极值事件,体系可靠度问题转化为一个一维的数值积分问题,而计算此积分的关键在于等价极值的 PDF 的确定,极值分布理论则是解决这一问题的有效工具.概率密度演化理论描述的是随机源的随机性在所考察的物理过程中的传播、流动的规律,物理量概率密度的演化与其状态量的变化密切相关.从表面上看,概率密度演化理论比较适用于动态过程,虚拟随机过程的处理技巧,解决了概率密度演化理论对于静态问题的适用性问题.

搞数学的人经常讲一句话:在朝着正确的方向走出了一步. 对方向判定是不是准确的? 你要和你的老师多讨论,我的方向对不对?

譬如说框架结构,结构不倒的概率可以简化为对结构极限承载力的分析. 从物理随机系统观点出发,结构非线性发展过程可视为是以结构参数为基本变量的随机函数,而结构极限承载力可视为这一函数的极值,只要求得这一极值的分布,我们就可以将结构体系可靠度定义为结构承载力大于某一给定值的概率.

这是三杆体系可靠度问题(图 5-5). 为什么要做三个杆呢? 你会问:李老师,三个杆有什么用? 一看陈建兵的博士论文,一上来就是研究一个三杆模型,李老师对简单模型那么感兴趣,这个东西我们工程上怎么能用? 同志啊,你只有对简单结构做出它的解析解,你才能知道你的数值解是对的. 这就是我做简单结构的用意所在. 我做的每一个简单结构,你去看一看,我们都希望找到它的解析解,数学上证明它是对的,后面的东西没有问题了. 我们也可以作一个稍微复杂一点的结构(图 5-6),这一个也有解析解,当然也可以用数值方法求出它的可靠度:极值解答.

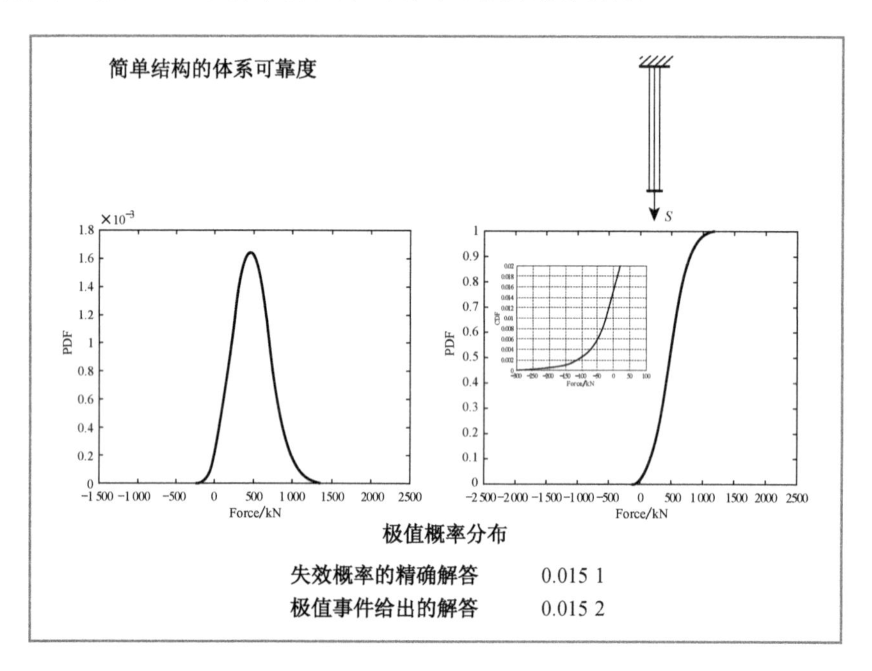

图 5-5 三联杆模型

桁架结构(图 5-7),这是比较典型的、可以作为 Benchmark 的一类结构类型. 用 Monte Carlo 法模拟了 500 万次,模拟的结果是什么呢? 7.26E−5. 我们知道分支限界法的结果是在 7.482E−5 和 7.512E−5 之间,Monte Carlo 法模拟了 500 万次,结果却在这个界限之外. 我们的极值解,则在这个界限之内. 经典的办法找不到精确解,而我们刚才已经在一个三杆结构和一个有两种失效模式的简单结构里有解析解与数值解的比较,因此,我们当然可以相信极值解要比分支限界法的解更准确.

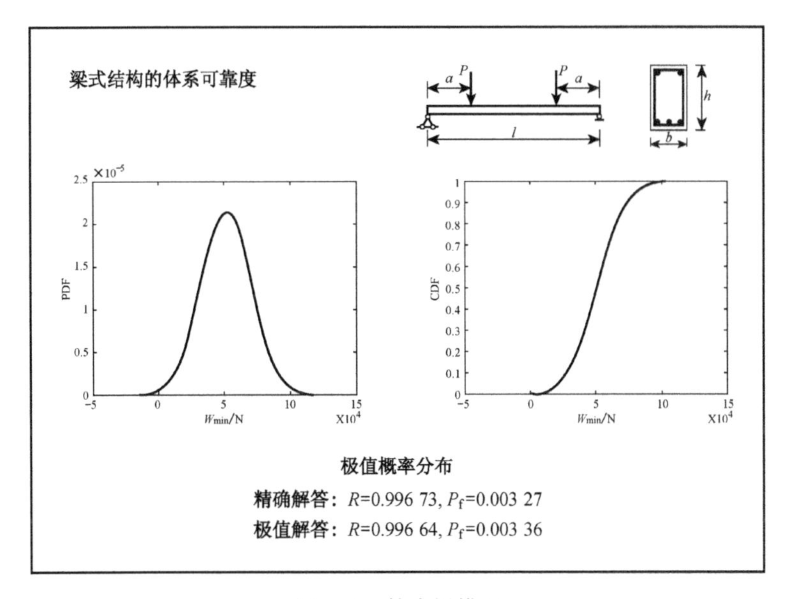

图 5-6　简支梁模型

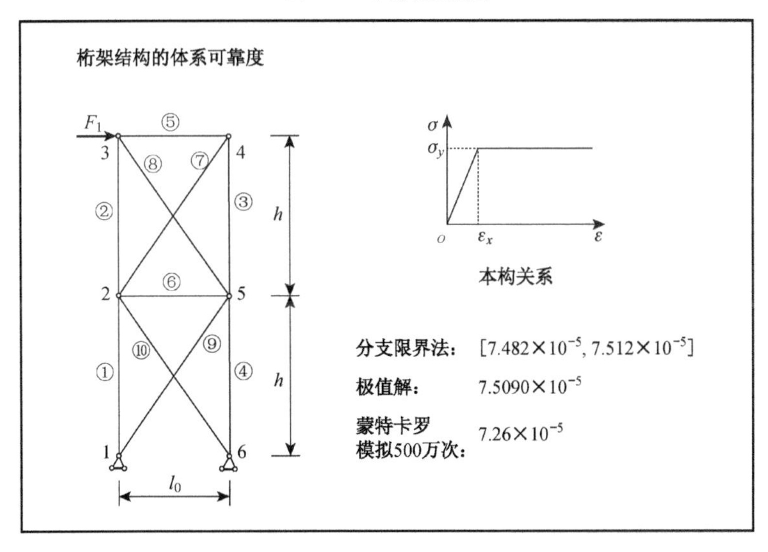

图 5-7　桁架结构模型

动力分析中的首超问题也可以转化为极值分布问题.从这个角度考察,经典的动力可靠度问题本质上涉及无限维的联合密度函数,基于 Rice 公式根本不可能得到精确解答. 20 世纪 60 年代以来,人们一直在探索动力可靠度问题.我反复讲一个道理:一个问题大家都在探索却一直停滞不前,你肯定要另辟蹊径,不要在那个路子上跟着走.

用等价极值事件原理可以解决这一问题①.分析整体结构,10 层框架结构整体

① 指动力可靠度问题.

的动力可靠度,可以很容易地求得(图 5-8).

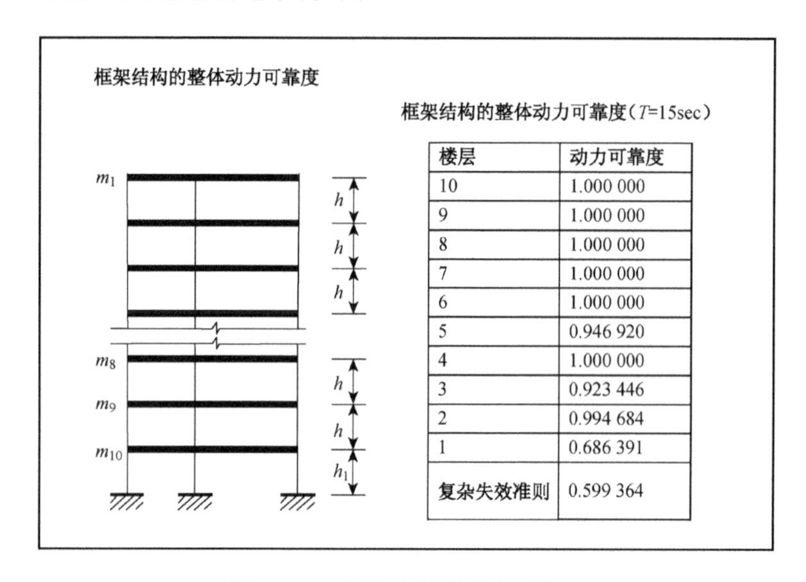

框架结构的整体动力可靠度(T=15sec)

楼层	动力可靠度
10	1.000 000
9	1.000 000
8	1.000 000
7	1.000 000
6	1.000 000
5	0.946 920
4	1.000 000
3	0.923 446
2	0.994 684
1	0.686 391
复杂失效准则	0.599 364

图 5-8　10 层框架结构动力可靠度

这是杭州湾大桥(图 5-9),杭州湾的主航道桥,也可以把它的可靠度求出来,而且是动力可靠度. 刚才介绍过的环球金融中心、大型消化池,也可以求出动力可靠度. 这一些例子意味着,对大型复杂结构,可以获得其整体抗灾可靠度,从而提供了基于可靠度进行结构设计的可能,甚至做结构控制的可能.

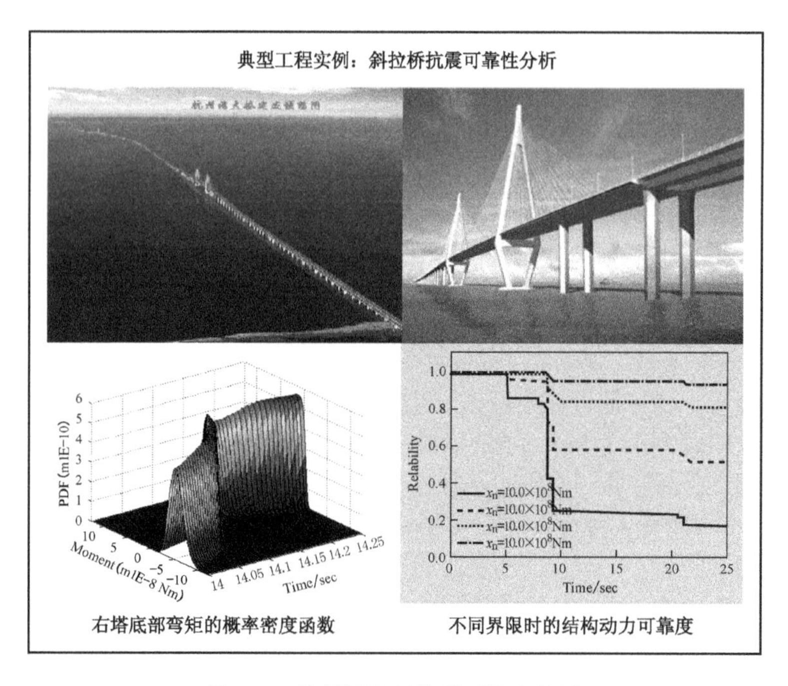

图 5-9　杭州湾大桥抗震可靠度分析

基于可靠度进行结构性态设计与控制，显然是一个值得深入研究的问题，我们的工作，还在进行之中.

6　工程网络失效机理与网络优化设计

为什么要研究网络问题呢？不太了解我的人都觉得李老师是研究生命线的、研究网络的，今天大家一听，哦，李老师原来做了那么多结构研究.

为什么要研究网络问题呢？是从结构工程发展的角度考虑问题的. 经过了30年、唐山地震到今年已经30年，我们的工程结构已经有了比较合理的抗震设计手段，但是，我们的工程网络几乎没有抗震设计的手段，这是第一点，现实的需求.

从结构工程发展、学科发展的角度来说，在20世纪80年代末90年代初，我们国家的科学家在做战略研讨时讲了三条，这里的前三条(图6-1)，我希望大家能够仔细研究这三条：

研究工程网络系统的意义

- ◆ 结构工程学科发展基本趋向
  - ➢ 结构计算成为独立于理论研究与实验研究的第三极(逐步成为结构性态数值仿真与数值实验的基础)；
  - ➢ 从对有限的极限状态的分析与设计走向对结构受力全过程、服役全寿命的研究与关注(全过程分析、全寿命设计)；
  - ➢ 从单一结构的分析与设计走向对工程系统的研究、分析与设计；
  - ➢ 现代控制技术、传感技术、新型材料的发展推动着土木工程的变革；
  - ➢ 多种与多重灾害的综合防御理论将逐步成为研究热点.
- ◆ 结构工程设计理念的发展趋向
  - ➢ 基于风险的性态设计(引入系统分析的必然性).

图6-1　结构工程学科的发展趋势

第一，结构计算成为独立于理论研究与实验研究的第三极，逐步成为结构性态数值仿真与数值实验的基础；括号里的话是我加的，前面是原来的话. 就是说原来我们是用理论、实验两个方式做研究，现在加了一个结构计算. 意义在什么呢——括号里面的——逐步成为结构性态数值仿真与数值实验的基础.

一个实验，无论摆多少个应变片，也不能完完全全把结构性态反映出来. 比如说：做混凝土梁抗剪实验，要看箍筋的应力分布，应变片摆多了以后，应变片的漂移会把变形规律给漂没有的. 但是做数值实验呢，只要有限元划到的地方，就可以知道这个地方的应变是多少. 这是计算比实验精密的地方. 许多人只看到实验，事实上计算有比实验更深入的地方. 古人讲千里眼、顺风耳，现在我们全部实现了，天上有遥感，这里①就有网络. 随时随地可以去听去看. 数值实验，使我们的触觉更往前走一步，在实验

① 指讲座大厅.

里面的东西用数值实验来代替. 所以我认为,当时的先生们是有远见的.

第二,从对有限的极限状态的分析与设计走向对结构受力全过程、服役全寿命的研究与关注;我把它归结为全过程分析、全寿命设计. 在这一次研讨中①,有些科学家曾经提出来,是不是把我们国家未来几年的研究重点定位到全寿命设计这一块. 当时我说,整个科学背景和我们目前研究力量的积累,还没有达到我们能够全面推进到这一步的地步. 防灾研究是从 1976 年开始,经过二十几年的努力,现在才逐步地深入人心,我们才有了一个生机勃勃的研究队伍. 而在全寿命这一方向,我们还在舆论的阶段,我们还在初步探索的阶段,我们还在积累队伍的阶段. 因此,我认为这是我们下一个阶段的战略目标. 他们接受了我的观点. 我们现在这一期的目标仍然把主攻方向放在灾害防治方面,重点关注结构在灾害作用下的全过程分析. 但是,全寿命设计无疑代表着结构工程的发展趋向.

20 世纪 80 年代末,以王光远先生为代表的一批科学家很敏锐地注意到:要从单一结构的分析与设计走向对工程系统的研究、分析与设计. 这激励了一大批人,不仅要做结构的研究,而且要同时做结构系统的研究. 现代化城市的供水系统、供电系统、供燃气系统、交通网络、通讯网络等,我们怎么样设计它? 一个现代化的大型化工厂,怎么样设计它? 抗灾,从工程系统的角度怎么做? 这就是这里的第三条的意义所在.

当然,在这张 PPT 的后面,我又专门加了两条. 我认为这两条是过去十年来结构工程在中国的重要发展. 现代控制技术、传感技术、新型材料的发展推动着土木工程的变革;还有一个,刚刚出现苗头的:多种与多重灾害的综合防御理论将逐步成为研究热点.

所以,结构工程从设计理念的发展趋向看,我们要发展基于风险的设计,这就有考虑系统分析的必要性,看看哪儿值得投资、哪儿的可靠度值得高一些. 那些不值得可靠度高一些的地方投资就少一些. 这里面需要研究的问题很多.

以生命线工程为例,这里有结构的问题、网络的问题、优化的问题,也有现在开始出现苗头的监测预警和自动处置问题,等等(图 6-2).

需要研究的问题

◇ 结构单元的(管线、共同沟、特种结构)灾害破坏机理
◇ 管线腐蚀机理与性能衰减规律
◇ 工程网络的失效传播机理与稳定性
◇ 大型复杂网络(含新老混杂网络)的抗灾可靠度
◇ 工程网络的拓扑优化与灾害适应性
◇ 生命线工程的安全性监测、预警与自动处置原理
◇ 生命线工程多种灾害综合防御基本理论

图 6-2　生命线工程研究中的基本问题

① 指此前召开的国家自然科学基金委重大研究计划系列研讨会.

由于时间关系，今天我已不可能展开论述这些问题. 只能讲一个概略，有兴趣的同志，可以去看我去年出版的《生命线工程抗震》这本书.

我们这个梯队里面，刚才讲到艾晓秋博士，在做地震动研究的同时尝试性地把它用到土体分析中来. 考虑固液两相性质的场地土的模拟、做埋地管线的分析；吴华勇硕士做了这方面的试验研究. 我们把理论分析结果与试验结果作一下对比，也尝试性地把它的概率密度演化算一下.

有了这些结构的东西做基础，我们就可以研究大型城市供水网络的功能可靠性，也就是震后水压够不够的问题. 这看似是个功能问题，事实上是个结构问题. 在国际范围里面，大家知道美国的工程院院士 Shinozuka 做了很好的工作，到去年为止，他们有了一个重大的进展，把研究工作用在了洛杉矶地区. 整个洛杉矶地区可以做功能可靠性分析. 遗憾的是，他们采用的是 Monte Carlo 模拟方法.

我们从管线渗漏模型开始研究，用一次二阶矩方法实现了特大型城市供水管网系统的抗震功能可靠性分析，开发了软件. 这个软件开发好，我们马上去申请软件著作权，这也是知识产权保护的一种表现. 这个细节我不去讲了.

这是上海浦东管网[①](图 6-3)，这样大的一个供水网络，我们来分析一下地震后的水压. 地震后如果保证 30% 用水，水压是多少？保证 70% 用水，水压是多少？100% 用水，水压是多少(图 6-4)[②]？做这个分析必须先作水力分析. 你说这个东西不是我们搞结构的人研究的内容，是搞市政的人研究的内容. 搞市政的人说那个东西也不是我们研究的内容，是搞结构的人研究的内

图 6-3　浦东新区供水主干管网布置图

① 上海浦东新区供水管网是一个大型复杂系统，管径在 75 mm 以上的输水管线长达 1 700 km，供水服务面积达 260～280 km^2. 管网由 1 355 个管段、1 214 个节点以及 77 个水泵组成.

② 供水管网的节点可靠度对供水节点需水量的大小很敏感. 日本考虑震后供水只要满足 70% 正常用水量，即认为管网满足城市基本生活要求；震后供水只要满足 30% 正常用水量，即认为管网满足城市最低生活要求. 所以可以将节点流量折减 70%，30%及无折减，分别计算管网抗震可靠度，即考察系统能够满足小震阶段的服务水平 1 和服务水平 2 及大震阶段的服务水平 2 的程度. 图 6-4 显示的是浦东管网在不同用水状态下的震后水力分布.

容,大家都不研究,问题永远解决不了.现在科学最基本的发展趋势是什么?在那些交叉的地方存在着大量的空白区域,你开始走的路可能是别人以后沿着走的路.鲁迅讲:“走的人多了就成了路.”为什么你不去走?

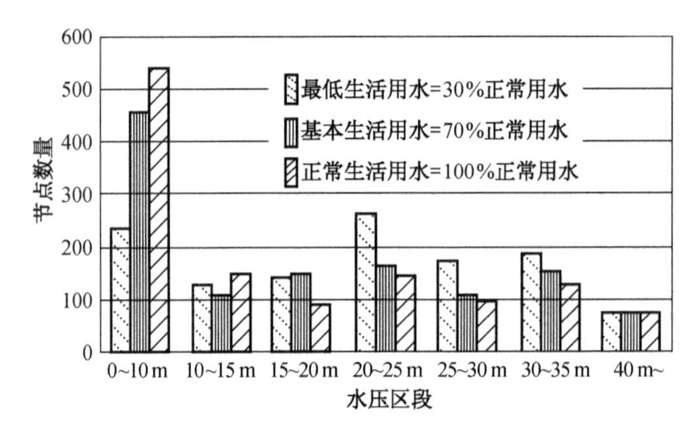

图 6-4　震后供水管网节点水力分布

燃气系统与供水系统不同,它不允许漏气,一漏气到处失火,所以说要考虑强度问题.这里,出现典型的 NP-Hard 问题、即非多项式增长问题. N-P hard 问题的典型案例就是阿拉伯棋盘问题,与刚才的组合爆炸是一个意思.国际范围里面,对超过 100 个节点的网络就算不成了.我们发展了所谓的递推分解技术(图 6-5),何军博士做了重要的工作.最近刘威老师准备用结构函数的方式统一这方面的研究.我们试图发展所谓的解析图论,能够做大型管网的精确高效分析.基本思想就是把结构函数引进来,实时不交化.

大型网络连通可靠分析的递推分解算法

基本思想:基于系统结构函数进行递推分解.在布尔变量运算和 De. Morgan 定理基础上建立递推格式.

$$
\begin{aligned}
\Phi(G) &= S_0 \cup \Phi(G) \\
&= S_0 + \overline{S}_0 \Phi(G) \\
&= S_0 + c_1^1 c_1^2 \cdots c_1^{n1} S_1' + \cdots C_i^1 C_i^2 \cdots C_i^{ni} S_i' + \cdots c_n^1 c_n^2 \cdots c_n^{nn} S_n' \\
&= \sum_{i=0}^{n} S_i
\end{aligned}
$$

创新点:在分解的过程实时进行不交化,较好地解决了网络系统可靠度求解的空间复杂性问题.

图 6-5　递推分解算法

这是对沈阳市主干供气管网的分析结果(图 6-6)①.

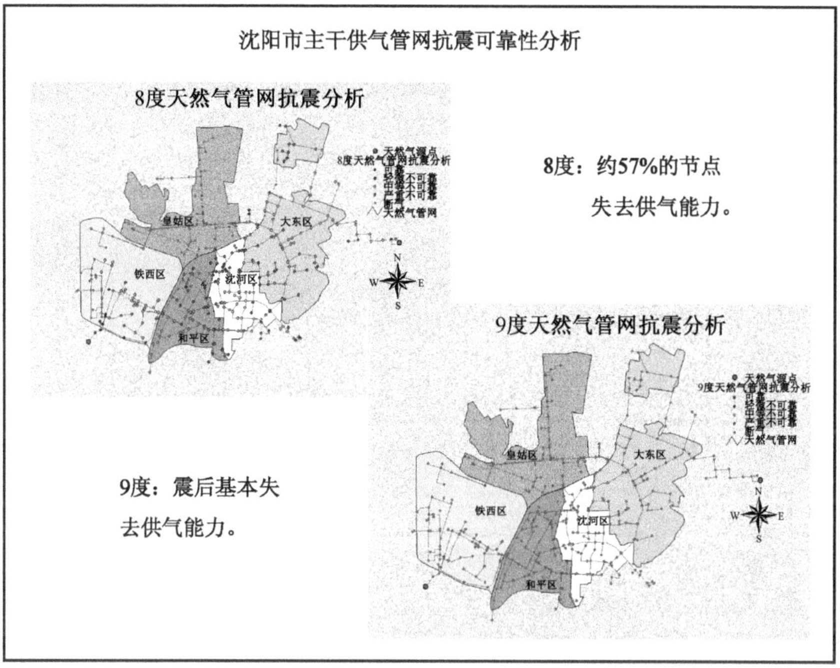

沈阳市主干供气管网抗震可靠性分析

8度天然气管网抗震分析

8度：约57%的节点
失去供气能力。

9度天然气管网抗震分析

9度：震后基本失
去供气能力。

图 6-6　沈阳市主干供气管网分析结果

做这些研究，目的是什么，只是在分析它的可靠度？我在做这个研究的一开始，就反复地对我的学生强调，有时候是用启发式的方式来讲. 就是讲一句话，我们的结构有分析工具，网络也要有分析工具；结构有设计工具，网络也要有设计工具；结构有改造问题，网络也有改造问题；结构有优化问题，网络也有优化问题. 总之，网络的分析，虽然工具不同，但与结构工程的基本问题是一致的. 我们要找到分析工具，在分析工具的基础上做它的优化设计！分析的工具，是网络可靠分析技术，而优化设计，要发展新的理论与技术.

这样的两个网络(图 6-7)，显然后面一个简单，前面一个复杂. 它们的可靠性分析告诉我们一件什么事情呢？后面这个网络的可靠度与前面网络的可靠度是一样的！这意味着什么？可以节省大量的投资！人们凭经验布网，与基于理论去分析，结果大有区别. 我们现在之所以能够造一百层的结构，是因为我们有了分析工具、有了强度理论. 在网络层次上有没有可能发展这种理论？前面的网络可靠度，提供了分析理论，还要发展网络设计理论. 我们把现代组合优化理论中的遗传算法、模拟退火算法拿过来，发展生命线工程网络的优化设计理论.

① 沈阳市供气网络分为高压管网、中压管网、低压管网. 研究中所涉及的管线是内径在 200 mm 以上的中、高压管线. 这一主干供气管网共有 499 条管线，457 个节点以及 3 个源点. 采用递推分解算法对 7 度、8 度、9 度地震作用下的管网进行了分析.

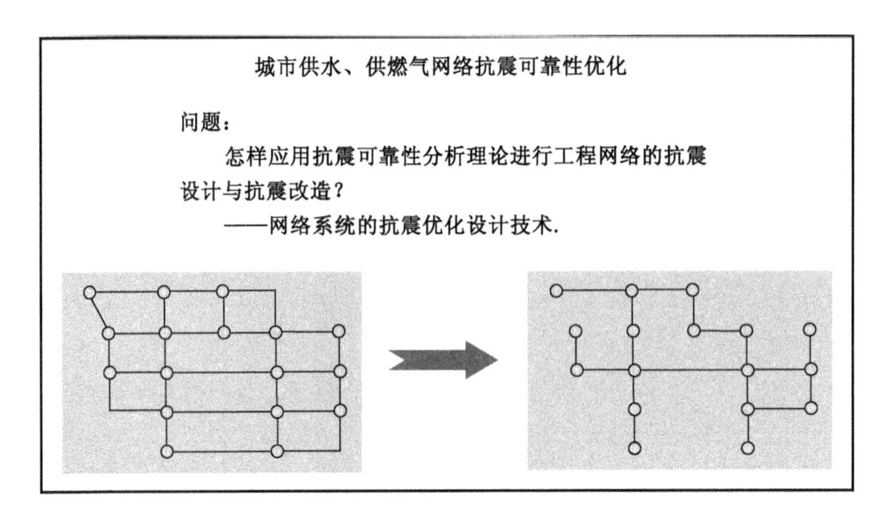

图 6-7　网络优化设计案例

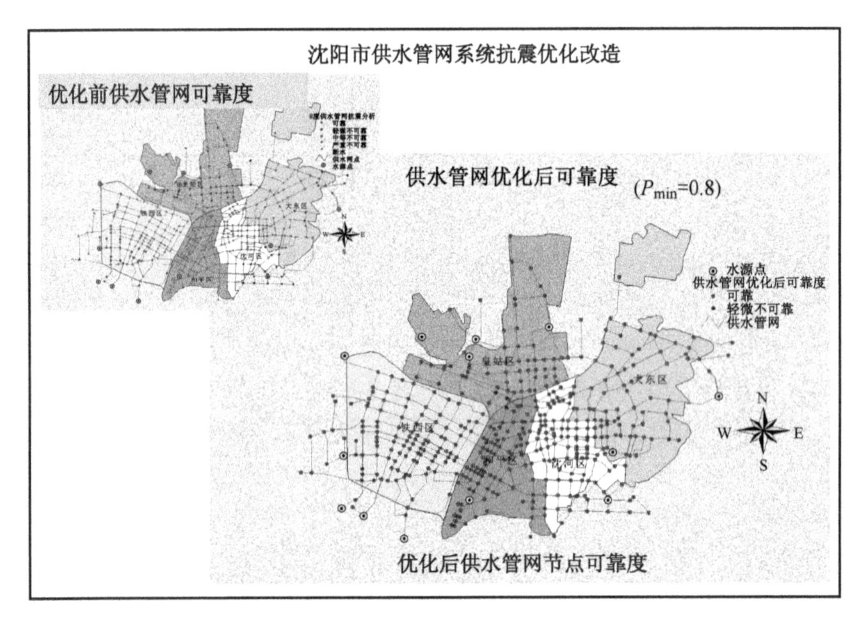

图 6-8　沈阳市供水管网抗震优化改造

这是沈阳市的供水管网抗震优化设计与改造的案例(图 6-8),改造之前一大堆红点,红点说明是断水,76%的网点断水.改造 11%的管网,包括新建和改建.网络各供水节点就全变成绿点,绿点就意味着基本可靠,有个别的蓝点是轻微不可靠,失效概率在 20%之内.燃气管网也是如此(图 6-9).改造之后节约投资 6 000 多万.大家知道,我们国家从 2004—2006 年开始实施城市管网改造计划,准备投入 800 个亿作为第一期计划,把城市管网改造得更合理一点.这里面有大量研究的机会,设计院叫作有大量的商机.我们为什么不能用优化的方式改造它?

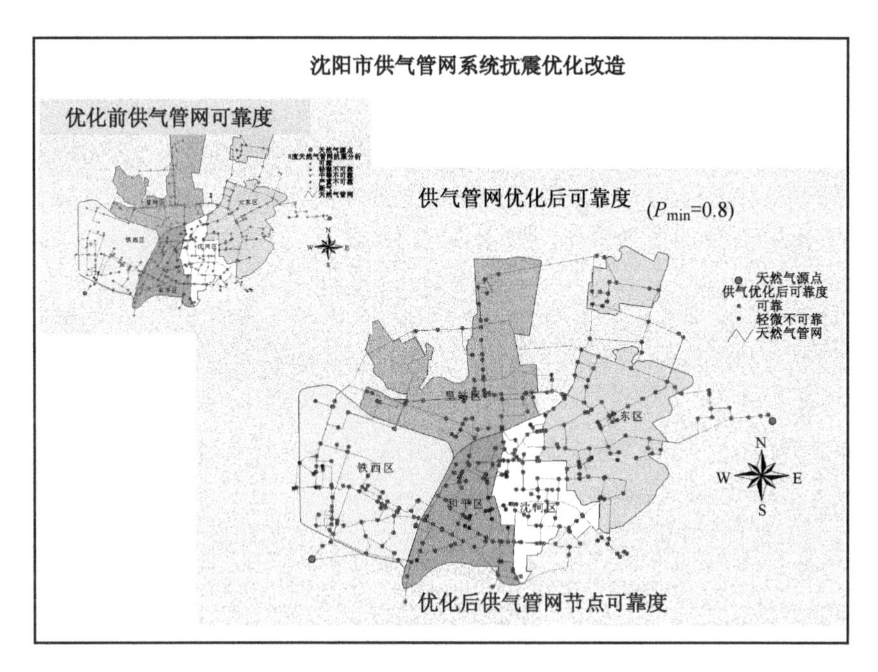

图 6-9　沈阳市供气管网抗震优化改造

7　尚未涉及的问题

结构工程研究中的关键科学问题,应该说是一个相当广泛的领域. 我今天讲的问题,主要局限在我比较熟悉的问题. 还有一些重要问题,今天没有涉及:

第一,工程结构与工程系统的耐久性.

全寿命设计,耐久性是一个重要方面. 只是研究结构的耐久性还不够,还要有环境作用的研究. 大家看到我在研究中坚持一个基本想法:把结构的作用和结构的效应放在同等重要的地位. 不仅关心秤星的准确度,还要关心秤砣的准确性.

第二,结构性态监测与性态控制的技术原理——在这方面仍然存在着大量的问题. 同时,如何通过结构性态监测,促进结构工程基础科学问题的解决与技术水平的提高,是一个值得仔细思考的问题.

第三,新型材料在工程应用中发生的科学问题. 同济土木有一千多个研究生,我们为什么不能在智能材料上做些工作呢,为什么总是在智能材料上让人家领先呢? 你可以去跟你的老师讲,我希望做些新的东西.

第四,工程结构形式的创新及其相关科学问题. 赵宪忠博士从英国回来以后带来一个新的理念,就是自生成结构,剑桥大学的教授们在想的问题. 这是一种新的理念. 我们为什么不能在结构形式的创新方面思考一些问题,把科学和艺术结合起来呢?

8 结 语

事实上，经典的结构工程研究主题，我个人观点，是以力学分析为核心的结构设计理论. 经过上百年的发展，我们开始注意到地震、强风、大火、环境侵蚀等问题. 必须对这些问题做出研究，才能使结构的设计建立在比较坚实的科学基础上. 同时，在这个基础上，我们必须对结构监测、结构控制、智能材料、信息技术给予足够的关心，才能真正地实现结构性态设计和结构性态控制的目的. 换句话说，在经典的结构工程领域，我们已经开始从传统的结构设计理念逐步走向对自然奥秘的发现、对现代技术融合的追求，显然，这是一个令人激动的历史时期. 科学的作用在于认识客观规律、推动技术进步. 我相信：同济人、中国人在这样一个历史进程当中，理应有我们创新性的贡献！

谢谢大家！

后记 结构工程研究中的关键科学问题，是我长期以来坚持思考的基本问题. 这个学术报告是一个阶段性的总结. 其基本目的，在于使学术梯队的同志们对我的学术思想有一个总体上的深入了解. 在这个报告中，我试图阐述清楚一个基本思想：基于物理研究结构工程中的基本科学问题；两类基本矛盾：在现行结构设计理论中，在构件设计与结构分析中存在承认与忽略非线性、承认与排斥随机性的矛盾；三个研究层次：灾害(荷载)作用机理、灾害荷载作用效应、在对上述机理与效应深刻理解基础上的结构性态设计与控制. 同时，我试图阐明：在这三个基本层次上，平行地存在着对于单体结构的研究与对于工程系统的研究. 研究的总体目标，是建立结构工程新一代设计理论. 我们近十年来的研究工作，业已解决了实现这一目标过程中的若干关键性难题，但是，仍然存在一些必须付出艰苦努力才能最终克服的障碍. 这有赖于同志者的努力.

为了使学术梯队的同志们有一个深入思考的基础，我请几位同学整理了这次学术报告的录音稿. 他们是：彭勇波、安自辉、任晓丹、徐亚洲，范文亮和邢燕. 邬翔负责了讲座录音和录像的整理工作，邢燕和任晓丹负责了最终稿的梳理工作. 在这里，我希望对他们认真、负责的工作表示感谢. 同时，所有文字都由我做了最终的改定，因此，文责在我.

科学的本质之一在于它具有强烈的批判性质：在批判中继承，在批判中发展. 希望同志者诸君有以教我.

李　杰　谨识于同济园
2006 年岁末

又附记：文字可以使思考精确. 这个讲演稿发给梯队同志们传阅的近两年时间中，一些同志反映理解尚有困难. 我自己则感到录音稿口语化痕迹较重. 因此，今春以来，忙里偷闲，对讲演稿文字作了一些细节上的润色与修订，以作为更广泛范围内同志者研习、批判的基础，谨记之.

李　杰

2008 年 10 月 26 日

第一篇　结构动力作用分析与建模

基于标准正交基的随机过程展开法

李 杰　刘章军

摘　要　建议了一类基于标准正交基的随机过程展开方法.提出此方法的主要目的,在于希望能用少量的独立随机变量来反映随机过程的主要概率特性,以便为工程结构的随机动力响应及可靠度分析奠定基础.该方法是在随机过程相关特性或频谱特性的基础上,预先指定标准正交基的形式,通过随机向量的相关分解对展开系数实施正交化,它在形式上等价于Karhunen-Loeve分解法.研究表明,随机过程正交展开所需独立随机变量的数量,主要取决于随机过程的频谱特性与持续时间,同时与标准正交基的选取也有一定的关系.

在自然界中,作用于工程结构的多数外荷载不仅随时间变化(具有动态特性),而且具有明显的随机性.在现象上这种随机性表现为:在相同条件下,所测得的动荷载随时间变化的历程曲线并不相同,每一具体实现的时程曲线相当于随机过程的一条样本曲线.用随机过程来描述随机动荷载的方法,常被称为随机激励模型法.例如,地震作用于结构基底的地面运动加速度模型,阵风或脉动风速作用于结构表面的脉动风压模型,以及海洋波浪作用于结构表面的波浪力模型等[1].对于随机激励模型,一般用功率谱密度函数来描述,如地震工程中的Kanai-Tajimi谱,风工程中的Davenport谱,以及海洋工程中的Pierson-Moskowitz谱等.事实上,随机过程的功率谱密度在本质上属于经验相关结构.对于具体的物理问题而言,有无公认的相关结构假设可视为该问题研究是否趋于成熟的一个标志.

对于随机过程,Karhunen-Loeve(K-L)分解提供了从独立随机变量集合的角度研究随机过程的可能性[2].K-L分解在本质上属于一类本征正交分解(proper orthogonal decomposition, POD)方法,它常与主成分分析(principal component analysis, PCA)和奇异值分解(singular value decomposition, SVD)等有着密切的联系[3-5].其基本思想在于把随机过程描述为一列由互不相关的随机系数(主成分)所调制的确定性函数(正交模态)的线性组合形式.对于具体的物理过程,往往仅需少量的展开项就可以把握随机过程的主要能量相干结构,同时,每个主模态与物理现象的主要机理之间经常还存在着某种联系[6,7].然而,在实际问题中,由于求解Fredholm积分方程的困难,往往事先将随机过程离散后再展开,这给误差分析带来了困难.文献[8,9]提出了用小波伽辽金方法来实施对随机过程的K-L展开,并与 K-L 展开作了比较. 在随机场的展开中,人们也相继提出了级数展开法[10]、投影展开法[11]等. 基于上述分析,笔者建议一类基于标准正交基的随机过程展开方法. 该方法在形式上等价于 K-L 分解,在取相同展开项数时,其均方误差接近于 K-L 分解,但可以避免求解 Fredholm 积分方程的困难,是一种有效的随机过程展开方法.

1 基于标准正交基的随机过程展开法

不失一般性,对于连续实随机过程 $\{X(t),\ 0<t<T\}$,均假设其均值函数为零,即 $E[X(t)]=0$. 此时,随机过程的协方差函数与自相关函数相同,即互不相关与正交等价. 以下不再加以区别.

设连续实随机过程 $\{X(t),\ 0<t<T\}$ 是二阶矩过程,则它在实的标准正交基 $\{\phi_i(t)\}$ 上可展开为

$$X(t)=\sum_{k=1}^{\infty}c_k\phi_k(t) \tag{1}$$

显然,展开系数 $c_k(k=1,\ 2,\ \cdots)$ 是随机变量,且

$$c_k=\int_0^T X(t)\cdot\phi_k(t)\,\mathrm{d}t \tag{2}$$

通常,对于式(1)取有限项作为其近似,即

$$\hat{X}(t)=\sum_{k=1}^{N}c_k\phi_k(t) \tag{3}$$

此时,由于近似引起的均方绝对误差为

$$\begin{aligned}\varepsilon_1&=E\left\{\int_0^T[X(t)-\hat{X}(t)]^2\mathrm{d}t\right\}=\sum_{k=N+1}^{\infty}E[c_k^2]\\&=\int_0^T E[X^2(t)]\mathrm{d}t-\sum_{j=1}^{N}E[c_j^2]\end{aligned} \tag{4}$$

注意到 $E[X(t)]=0$,故 $E[c_k]=0\ (k=1,\ 2,\ \cdots)$. 由式(2)知:

$$\begin{aligned}E[c_ic_j]&=E\left\{\int_0^T X(t_1)\phi_i(t_1)\mathrm{d}t_1\int_0^T X(t_2)\phi_j(t_2)\mathrm{d}t_2\right\}\\&=\int_0^T\int_0^T K_X(t_1,\ t_2)\phi_i(t_1)\phi_j(t_2)\mathrm{d}t_1\mathrm{d}t_2=\rho_{ij}\ (i,\ j=1,\ 2,\ \cdots,\ N)\end{aligned} \tag{5}$$

式中, $K_X(t_1,\ t_2)=E[X(t_1)X(t_2)]$,为随机过程 $X(t)$ 的自相关函数. 记相关矩阵 $\boldsymbol{R}$ 为

$$\boldsymbol{R} = (\rho_{ij})_{N\times N} \tag{6}$$

显然,矩阵 $\boldsymbol{R}$ 为实对称矩阵.

记随机向量 $\boldsymbol{C}=(c_1, c_2, \cdots, c_N)^{\mathrm{T}}$. 注意到随机变量 c_j 是一组相关的随机变量,采用随机向量相关结构的分解方法[2]可将随机向量 $\boldsymbol{C}$ 用一组标准正交随机变量$\xi_j(j=1, 2, \cdots, N)$表示

$$\boldsymbol{C} = \sum_{j=1}^{N} \Phi_j \sqrt{\lambda_j}\xi_j \tag{7}$$

其中, λ_j 与 Φ_j 分别为相关矩阵 $\boldsymbol{R}$ 的特征值与标准特征向量,可由下式求解:

$$\boldsymbol{R}\Phi_j = \lambda_j \Phi_j \tag{8}$$

由式(7)可知

$$c_i = \sum_{j=1}^{N} \sqrt{\lambda_j}\xi_j\varphi_{ji}(i = 1, 2, \cdots, N) \tag{9}$$

式中, φ_{ji}是特征向量 Φ_j 的第 i 个元素.

把式(9)代入式(3)得

$$\hat{X}(t) = \sum_{k=1}^{N}\sum_{j=1}^{N} \sqrt{\lambda_j}\xi_j\varphi_{jk}\phi_k(t) = \sum_{j=1}^{N} \sqrt{\lambda_j}\xi_j f_j(t) \tag{10}$$

式中, $f_j(t) = \sum_{k=1}^{N} \varphi_{jk}\phi_k(t)$.

容易证明,$\{f_j(t), j=1, 2, \cdots, N\}$是一组标准正交函数

$$\int_0^{\mathrm{T}} f_i(t) f_j(t)\mathrm{d}t = \sum_{k=1}^{N} \varphi_{jk}\varphi_{ik} = \Phi_i^{\mathrm{T}}\Phi_j = \delta_{ij}$$

显然,当 $N\to\infty$时,有

$$X(t) = \sum_{j=1}^{\infty} \sqrt{\lambda_j}\xi_j f_j(t) \tag{11}$$

此时,随机过程的自相关函数可分解为

$$K_X(t_1, t_2) = \sum_{j=1}^{\infty} \lambda_j f_j(t_1) f_j(t_2) \tag{12}$$

称式(11)为基于标准正交基的随机过程正交展开. 显然,这类正交展开具有与 K-L 分解相类似的表达式. 对于一般的非零均值随机过程,则有

$$X(t) = X_0(t) + \sum_{j=1}^{\infty} \sqrt{\lambda_j}\xi_j f_j(t) \tag{13}$$

在实际问题中,通常用自最大特征值依次降低的前几阶特征值相应的随机变

量即可反映随机过程的主要概率特征，因此，可在式(10)中取前 r 项($r \ll N$)，由此可得到一个缩减的标准正交随机变量组($j=1, 2, \cdots, r$). 此时，式(10)化为

$$\widetilde{X}(t) = \sum_{j=1}^{r} \sqrt{\lambda_j} \xi_j f_j(t) \tag{14}$$

相应地，自相关函数的近似分解为

$$\widetilde{K}_X(t_1, t_2) = \sum_{j=1}^{r} \lambda_j f_j(t_1) f_j(t_2) \tag{15}$$

则式(14)相对于式(10)的均方绝对误差为

$$\varepsilon_2 = E\left\{\int_0^T [\hat{X}(t) - \widetilde{X}(t)]^2 \mathrm{d}t\right\} = \sum_{j=r+1}^{N} \lambda_j \tag{16}$$

由此，可以得到均方绝对误差为

$$\begin{aligned} \varepsilon &= E\left\{\int_0^T [X(t) - \widetilde{X}(t)]^2 \mathrm{d}t\right\} \\ &= E\left\{\int_0^T [(X(T) - \hat{X}(t)) + (\hat{X}(t) - \widetilde{X}(t))]^2 \mathrm{d}t\right\} = \varepsilon_1 + \varepsilon_2 \end{aligned} \tag{17}$$

均方相对误差为

$$\delta = \frac{\varepsilon_1 + \varepsilon_2}{\int_0^T E[X^2(t)] \mathrm{d}t} = \frac{\varepsilon_1 + \varepsilon_2}{\int_0^T K_X(t, t) \mathrm{d}t} \tag{18}$$

对于平稳随机过程，则

$$\delta = \frac{\varepsilon_1 + \varepsilon_2}{K_X(0) \cdot T} \tag{19}$$

显然，该方法也能适用于随机场的正交展开.

通过比较 K-L 分解法、投影展开法以及本文建议的基于标准正交基的展开法，可以发现三者的区别与联系：为了使展开的随机过程各分量所含信息正交，K-L分解法预先要求展开函数集$\{\phi_j(t)\}$是正交归一化的，但不指定具体形式，同时还要求展开系数 c_j 相互正交；投影展开法是预先构造一组标准正交随机变量(即要求$\{c_j\}$是正交归一化)，而对$\{\phi_j(t)\}$事先不作要求；本文建议的基于标准正交基的展开法则是预先指定$\{\phi_j(t)\}$的具体形式，且要求它们是完备的归一化正交函数集(即标准正交基)，对展开系数 c_j，则在后续处理中通过随机向量的相关分解实施正交化的. 从展开的结果来看，K-L 分解法是最小均方误差意义上的一种最佳展开方法；基于标准正交基的展开法等价于 K-L 分解法；而投影展开法，虽然特征值越大越能反映随机场的主要概率特征，但在误差分析时，精度反而越差.

2 算例与分析

2.1 随机过程的正交展开

(1) 设 $X(t)(0<t<T)$ 为一有限带宽白噪声随机过程，其均值函数为零，功率谱密度函数为 $S_X(\omega)$（单边功率谱），即[12]

$$S_X(\omega)=\begin{cases}S_0, & 0\leqslant\omega_1\leqslant\omega\leqslant\omega_2\\ 0, & \text{其他}\end{cases}$$

式中，S_0 为常数，$\mathrm{cm}^2\cdot\mathrm{s}^{-3}$；$\omega_1$，$\omega_2$ 为任意非零常数，$\mathrm{rad}\cdot\mathrm{s}^{-1}$.

则自相关函数为

$$R_X(\tau)=\frac{2S_0}{\tau}\cos\left(\frac{\omega_1+\omega_2}{2}\right)\tau\cdot\sin\left(\frac{\omega_2-\omega_1}{2}\right)\tau$$

为计算方便，取 $\omega_1=0$. 选用完备的归一化三角函数集作为标准正交基，计算结果（图 1）表明，在时间 T 一定时，反映随机过程主要概率特征所需独立随机变量的个数与带宽 $\Delta\omega=\omega_2-\omega_1$ 几乎成线性关系. $\Delta\omega$ 越小，则所需独立随机变量越少. 同时，持续时间 T 对所需独立随机变量个数影响也很大（该例中也几乎成线性关系）. 在时间 $T=20\ \mathrm{s}$，$\omega_1=0$，$\Delta\omega=0.5\pi\ \mathrm{rad}\cdot\mathrm{s}^{-1}$时，用 8 个左右的独立随机变量即可很好地描述该随机过程的主要概率特征.

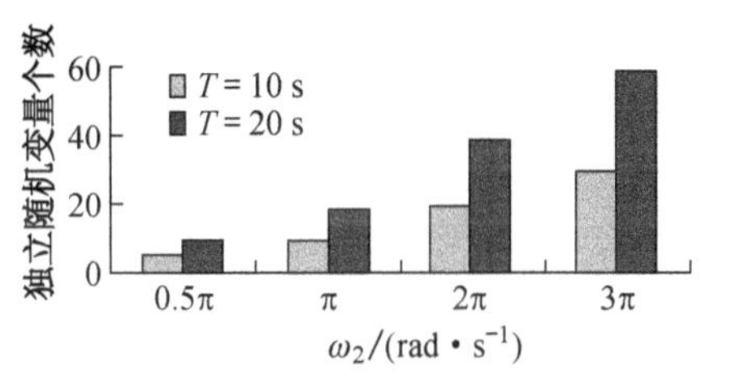

图 1 所需随机变量个数与持时及带宽之间的关系

注：均方相对误差均在 10%以内.

(2) 设平稳随机地震动加速度过程为 $X(t)$，其持续时间为 T_s，功率谱为 Kanai-Tajimi 谱（单边功率谱），即[13]

$$S_X(\omega)=\frac{1+4\zeta_g^2(\omega/\omega_g)^2}{[1-(\omega/\omega_g)^2]^2+4\zeta_g^2(\omega/\omega_g)^2}S_0 \tag{20}$$

式中，ω_g 和 ζ_g 分别为场地土的卓越圆频率和阻尼比；S_0 为谱强度因子. 令 $\bar{\omega}=\omega/\omega_g$，则式(20)为

$$S_{\bar{X}}(\bar{\omega})=\frac{1+4\zeta_g^2\bar{\omega}^2}{(1-\bar{\omega}^2)^2+4\zeta_g^2\bar{\omega}^2}S_0 \tag{21}$$

其对应的自相关函数为

$$R_{\bar{X}}(\bar{\tau})=\bar{R}_{\bar{X}}(0)\cdot\exp(-\bar{a}\,|\bar{\tau}|)\cdot[\cos(\bar{\beta}\,\bar{\tau})+\mu\sin(\bar{\beta}\,|\bar{\tau}|)]$$

其中，$\bar{\beta}=\sqrt{1-\zeta_g^2}$，$\mu=\dfrac{1-4\zeta_g^2}{1+4\zeta_g^2}\cdot\dfrac{\zeta_g}{\sqrt{1-\zeta_g^2}}$，$\bar{a}=\zeta_g$，$\bar{R}_{\bar{X}}(0)=\dfrac{\pi(1+4\zeta_g^2)}{4\zeta_g}S_0$.

容易证明，以 Kanai-Tajimi 谱为功率谱的地震动加速度随机过程 $X(t)$ 在持续时间为 T_s 上的正交展开，可化为以式(21)为功率谱的随机过程 $\overline{X}(t)$ 在区间为 $(0,\overline{T})$ 上的正交展开. 且有

$$\overline{T} = \omega_g T_s \tag{22}$$

表 1 给出了在标准正交基为归一化的三角函数集取不同的 $\overline{T}$, ζ_g 时，所需随机变量个数的情况.

表 1　地震动加速度过程展开所需随机变量个数与地震动参数 T_s, ω_g, ζ_g 之间的关系

ζ_g	$\overline{T}$			
	10	20	50	100
0.64	9	17	42	80
0.80	12	23	56	110

注：均方相对误差均为 20%左右.

从表 1 可知，所需独立随机变量的个数取决于 $\overline{T}$ 与场地土的阻尼比 ζ_g；$\overline{T}$ 越大，所需独立随机变量的个数越多.

2.2　一维随机场的正交展开

(1) 已知一维随机场 $U(x)(-a \leqslant x \leqslant a)$，现取 $a=250$, $\omega=0\sim100$，且相关函数为

$$K_U(x_1,\ x_2,\ \omega) = \exp\left\{-\left[\frac{\omega}{10\ 000}(x_1 - x_2)\right]^2\right\}$$

①选用完备的归一化三角函数集作为标准正交基，即

$$\phi_n(x) = \left\{\frac{1}{\sqrt{2a}},\ \frac{1}{\sqrt{a}}\cos\frac{n\pi x}{a},\ \frac{1}{\sqrt{a}}\sin\frac{n\pi x}{a},\ n = 1,\ 2,\ \cdots\right\}$$

②选用完备的归一化勒让德多项式作为标准正交基，即

$$\phi_n(x) = \sqrt{\frac{2n+1}{2a}}P_n\frac{x}{a},\ n = 0,\ 1,\ 2,\cdots$$

表 2 给出了在取这两种标准正交基时，所取展开项数及引起的均方相对误差情况.

表 2　不同标准正交基所需展开项数及误差

标准正交基	ω			
	10	50		100
三角函数集	2(1%)	3(8%)	5(3%)	5(7%)
勒让德多项式	2(0.1%)	3(5%)	5(1.5%)	5(9%)

注：括号内均方相对误差为近似值.

(2) 已知一维随机场 $U(x)(-a\leqslant x\leqslant a)$，现取 $a=250$，$\omega=0\sim10$，且相关函数为

$$K_U(x_1, x_2, \omega)=\exp\left\{-\frac{\omega}{100}\mid x_1-x_2\mid\right\}$$

文献[14]给出了该类问题 K-L 分解的解析式. 现选取完备的归一化三角函数集和勒让德多项式作为标准正交基，分别计算 $\omega=1$，5，10 三种情况下，所取展开项数及所引起的均方相对误差(表 3).

表 3　标准正交基展开法与 K-L 分解法的比较

展开方法	ω					
	1		5		10	
三角函数集	3(5.5%)	5(3.5%)	5(13%)	8(8.5%)	5(22%)	8(14%)
勒让德多项式	3(4.5%)	5(2.5%)	5(12%)	8(7.5%)	5(23%)	8(15%)
K-L 分解	3(4.0%)	5(2.2%)	5(11%)	8(6.7%)	5(21%)	8(13%)

注：括号内均方相对误差为近似值.

从表 2,3 可看出，用很少的展开项数就可把握随机场的概率特征. 同时，不同标准正交基对于随机场展开的均方误差有一定影响；基于标准正交基的展开方法所产生的均方误差，与 K-L 分解较接近.

3　结　论

(1) 本文的方法不仅适用于随机过程的正交展开，也适用于随机场的正交展开；当所取展开项数较大时，此方法等价于 K-L 分解法.

(2) 标准正交基的选择对于随机过程(随机场)展开的均方误差有一定的影响.

(3) 持续时间(区间)对展开所需独立随机变量的数量有较大的影响.

(4) 对于窄带随机过程或随机场，一般可用较少的独立随机变量来把握随机过程的主要概率特征；而对宽带随机过程而言，一般需要较多的展开项数，才能较好地反映原随机过程的概率特征.

参考文献

[1] 欧进萍，王光远. 结构随机振动[M]. 北京：高等教育出版社，1998.
[2] 李杰. 随机结构系统——分析与建模[M]. 北京：科学出版社，1996.
[3] Chatterjee A. An introduction to the proper orthogonal decomposition[J]. Current Science, 2000, 78: 808-817.
[4] Rathinam M, Petzold L R. A new look at proper orthogonal decomposition[J]. SIAM Journal on Numerical Analysis, 2003, 41(5): 1893-1925.

[5] Liang Y C, Lee H P, Lim S P, et al. Proper orthogonal decomposition and its applications, part Ⅰ: Theory[J]. Journal of Sound and Vibration, 2002, 252(3): 527-544.
[6] Feeny B F, Kappagantu R. On the physical interpretation of proper orthogonal modes in vibrations[J]. Journal of Sound and Vibration, 1998, 211(4): 607-616.
[7] Ravindra B. Comments on "On the physical interpretation of proper orthogonal modes in vibrations"[J]. Journal of Sound and Vibration, 1999, 219(1): 189-192.
[8] Phoon K K, Huang S P, Quek S T. Implementation of Karhunen-Loeve expansion for simulation using a wavelet-Galerkin scheme[J]. Probabilistic Engineering Mechanics, 2002, 17: 293-303.
[9] Phoon K K, Huang H W, Quek S T. Comparison between Karhunen-Loeve and wavelet expansions for simulation of Gaussian processes[J]. Computers & Structures, 2004, 82: 985-991.
[10] Zhang J, Ellingwood B. Orthogonal series expansions of random fields in reliability analysis [J]. Journal of Engineering Mechanics, 1994, 120: 2660-2677.
[11] 刘天云,伍朝晖,赵国藩. 随机场的投影展开法[J]. 计算力学学报,1997,14(4):484-489.
[12] 方同. 工程随机振动[M]. 北京:国防工业出版社, 1995.
[13] 李杰,李国强. 地震工程学导论[M]. 北京:地震出版社,1992.
[14] Spanos P D, Ghanem R G. Stochastic finite element expansion for random media[J]. Journal of Engineering Mechanics, 1989, 115: 1035-1053.

Expansion Method of Stochastic Processes Based on Normalized Orthogonal Bases

Li Jie　Liu Zhangjun

Abstract: A method based on normalized orthogonal bases is proposed to decompose stochastic processes, so as to capture main probabilistic characters of a stochastic process with only a few random variables, and establish a solid foundation for structure stochastic dynamic response and reliability assessment. By prescribing normalized orthogonal bases, and based on the auto-correlation function or power spectral density function of stochastic processes with finite energy, the expansion coefficients of decomposed stochastic process become orthogonal. The decomposition of stochastic process based on this method is equivalent to Karhunen-Loeve decomposition in the form. The study shows that the number of expansion terms mainly depends upon the spectrum bandwidth and the duration, and upon the form of normalized orthogonal bases.

(本文原载于《同济大学学报》第 34 卷第 10 期,2006 年 10 月)

地震动随机过程的正交展开

刘章军　李　杰

摘　要　介绍了随机过程 Karhunen-Loeve 分解的基本原理,指出了其在随机过程展开中所具有的优势与局限性. 针对 Karhunen-Loeve 分解在求解特征问题中存在的困难,采用 Hartley 正交基作为展开函数,发展了一类基于 Hartley 正交基的随机过程展开方法. 考虑到直接对地震动加速度随机过程实施正交展开,很难达到以较少展开项数反映原随机过程的目的. 为此,提出了从地震动位移过程的正交展开出发,引入一类能量等效原理,获得了地震动加速度随机过程的正交展开式,进而将地震动随机过程展开为由 10 个独立随机变量所调制的确定性函数的线性组合形式.

如何合理、有效地描述地震动随机过程,是工程结构抗震分析的关键课题之一. 迄今为止,国内外诸多学者已研究并提出了各种随机地震动模型,其中较典型的是 Kanai-Tajimi 功率谱模型及其各种修正模型. 在过去 30 多年间,上述模型已经不同程度地应用于线性结构的随机地震反应分析中[1-2],取得了可观的研究进展. 然而,利用功率谱密度函数分析结构的随机响应,在本质上属于数值特征范围内的研究,从而导致经典研究在非线性随机地震响应分析与动力可靠度研究方面存在相当大的局限性. 事实上,为了正确地计算结构的抗震可靠性,应该设法求解在地震动随机过程作用下结构反应的概率密度分布及其随时间的演化过程[3].

对于随机过程,Karhunen-Loeve(K-L)分解提供了从独立随机变量集合的角度研究随机过程的可能性[4]. 其基本思想是把随机过程描述为由互不相关的随机系数(主成分)所调制的确定性函数(正交模态)的线性组合形式. 早期,K-L 分解主要描述平稳和非平稳高斯随机过程[5-6]. 例如,Gutierrez 等[5]研究了在 K-L 分解中基函数(特征函数)的数值求解问题;Huang 等[6]考察了利用 K-L 分解来模拟平稳和非平稳高斯随机过程的收敛性与精确性问题. Phoon 等[7-9]对 K-L 分解在随机过程模拟方面进行了一系列的研究,如文献[7-8]利用小波-伽辽金方法来实施随机过程的 K-L 分解,为求解 Fredholm 积分方程提供了一种有效的数值解法;文献[9]对非高斯随机过程的 K-L 分解进行了研究. 最近, Grigoriu[10]对随机过程的 K-L分解进行了评论,并指出了 K-L 分解在随机过程描述中所具有的优势与局限性.

在文献[11]研究工作的基础上,笔者试图从 K-L 分解的基本原理出发,提出一类基于 Hartley 正交基的地震动随机过程的正交展开方法.

1 Karhunen-Loeve 分解

定义在概率空间$(\Omega, \mathscr{F}, P)$和有界区间 D 上的实值随机过程 $u(\theta, x)$,均值函数为 $\bar{u}(x)$,对于任意 $x\in D$,其有限方差 $E[u(\theta, x)-\bar{u}(x)]^2$ 是有界的. 则随机过程 $u(\theta, x)$可表示为

$$u(\theta, x) = \bar{u}(x) + \sum_{j=1}^{\infty} \sqrt{\lambda_j}\xi_j(\theta) f_j(x) \tag{1}$$

式中,λ_j 和 $f_j(x)$分别为随机过程协方差函数 $C(x_1, x_2)$的特征值与特征函数. 由随机过程的定义可知,其协方差函数 $C(x_1, x_2)$具有有界性、对称性以及正定性. 根据 Mercer 定理,随机过程的协方差函数可分解为

$$C(x_1, x_2) = \sum_{j=1}^{\infty}\lambda_j f_j(x_1) f_j(x_2) \tag{2}$$

同时,协方差函数的特征值和特征函数可通过求解 Fredholm 积分方程来获得,即

$$\int_D C(x_1, x_2) f_j(x_1)\mathrm{d}x_1 = \lambda_j f_j(x_2) \tag{3}$$

式(3)是基于这样的事实,即特征函数满足如下的完备正交函数系:

$$\int_D f_i(x) f_j(x)\mathrm{d}x = \delta_{ij} \tag{4}$$

式中, δ_{ij} 为 Kronecker-delta 符号.

式(1)中的参数 $\xi_j(\theta)$是一组互不相关的标准随机变量,即满足如下关系:

$$E[\xi_j(\theta)] = 0, E[\xi_i(\theta)\xi_j(\theta)] = \delta_{ij} \tag{5}$$

一般地,式(1)就是所谓的 K-L 分解,其展开形式为人们提供了用互不相关的随机变量与确定性的正交函数组合来描述随机过程的途径. 在实际应用中,一般用有限项级数(例如 N 项)来近似代替式(1),即

$$\hat{u}(\theta, x) = \bar{u}(x) + \sum_{j=1}^{N} \sqrt{\lambda_j}\, \xi_j(\theta) f_j(x) \tag{6}$$

相应地,其协方差函数在理论上近似表示为

$$\hat{C}(x_1, x_2) = \sum_{j=1}^{N}\lambda_j f_j(x_1) f_j(x_2) \tag{7}$$

研究表明,Karhunen-Loeve 分解具有如下性质和特点:

(1) 不仅适用于弱平稳随机过程,也适用于非平稳随机过程.

(2) 展开式(6)在 2-范数意义上是最优的,即式(6)的均方误差最小.

(3) 随机过程 $\hat{u}(\theta, x)$与原随机过程 $u(\theta, x)$具有相同的有限维分布. 对于高斯随机过程,K-L 分解的随机变量$\{\xi_j(\theta)\}$为相互独立的标准高斯分布;若 $u(\theta, x)$为非高斯随机过程,则$\{\xi_j(\theta)\}$为互不相关的非高斯随机变量,其概率分布较难确定.

(4) 在许多情况下,对于确定的 $N<\infty$,过程 $\hat{u}(\theta, x)$可能不是平稳的,尽管 $u(\theta, x)$是平稳随机过程. 这类例子可以在文献[12 - 13]中找到.

除少数情况外,获得 Fredholm 积分方程(式(3))的解析解答是相当困难的. 为了避免求解 Fredholm 积分方程的困难,文献[11]建议了一类基于标准正交基的随机过程展开法,当展开项数 $N\rightarrow\infty$时,此方法等价于 K-L 分解. 在该文中,建议一般取完备的归一化三角函数集(或 Fourier 级数)作为标准正交基. 然而,进一步的研究发现[14]:以 Fourier 级数展开时,展开式过于冗长,导致一半的信息是多余的. 为此,本文建议采用 Hartley 级数作为正交基来实施对随机过程的正交展开.

2 Hartley 变换

1942 年,Hartley 引入了一类积分运算,这类积分运算允许一个实值的时间函数变换为一个实值频率函数. 实值函数 $x(t)$的 Hartley 变换可以表示为[15]

$$H_x(f) = \int_{-\infty}^{\infty} x(t)\operatorname{cas}(2\pi ft)\mathrm{d}t \tag{8}$$

则 Hartley 逆变换可定义为

$$x(t) = \int_{-\infty}^{\infty} H_x(f)\operatorname{cas}(2\pi ft)\mathrm{d}f \tag{9}$$

式中,核函数 cas(·)定义为

$$\operatorname{cas}(t) = \cos(t) + \sin(t) \tag{10}$$

有趣的是,Hartley 变换表现为一种自逆性,即正变换与逆变换具有相同的积分运算. 同时,这也是利用 Hartley 变换来表现正变换与逆变换之间对称性的关键所在. 在 Fourier 变换中,为了获得逆变换,必须对正变换的指数项变号;而在 Hartley 变换中,对于正变换与逆变换却使用了相同的核函数. 事实上,Hartley 变换与 Fourier 变换之间存在密切的关系. 以连续时间序列变换为例,文献[15]给出了这两种变换之间的关系:

$$F_x(f) = \frac{[H_x(f) + H_x(-f)]}{2} + \frac{\mathrm{i}[H_x(f) - H_x(-f)]}{2} \tag{11}$$

$$H_x(f) = \mathrm{Re}[F_x(f)] + \mathrm{Im}[F_x(f)] \tag{12}$$

式中，$\mathrm{Re}[F_x(f)]$为实值函数 $x(t)$的 Fourier 变换的实部，相似地，$\mathrm{Im}[F_x(f)]$为 Fourier 变换的虚部.

Hartley 变换与 Fourier 变换都是可逆的，因此，它们通过不同的方式携带了原始信号的全部信息. 由于 Fourier 变换可通过 Hartley 变换获得，因而，利用 Hartley 变换时，实值时间序列将不会丢失任何信息[14].

3 地震动随机过程的正交展开模型

考虑到直接对地震动加速度随机过程实施正交展开比较困难[11]，本文试图从地震动位移随机过程的正交展开入手，达到对加速度随机过程的展开目的. 这里，假定地震动随机过程为零均值的实值随机过程.

由随机地震动位移功率谱密度函数与加速度功率谱密度函数之间的关系

$$S_X(\omega) = \omega^{-4} S_{\ddot{X}}(\omega) \tag{13}$$

可求得随机地震动位移功率谱密度函数 $S_X(\omega)$；进而，由 Wiener-Kintchine 定理，可求得随机地震动位移自相关函数 $R_X(\tau)$.

注意到实际地震动的持续时间为有限值，对平稳随机地震动位移自相关函数修正如下：

$$R_X(\tau,\ T_s) = \left(1 - \frac{|\tau|}{T_s}\right) R_X(\tau),\ |\tau| \leqslant T_s \tag{14}$$

式中，T_s 为地震动平稳持时或 90%能量持时.

同时注意到实际随机地震动功率谱密度函数为单边谱，且地震动随机过程为实值随机过程. 为此，采用归一化的 Hartley 正交基作为随机过程的展开函数集，即[15]

$$\phi_n(t) = \frac{1}{\sqrt{T_s}} \mathrm{cas}\left(\frac{2\pi nt}{T_s}\right),\ n = 0,\ 1,\ \cdots,\ \infty \tag{15}$$

需要指出的是，由 Hartley 正交基代替 Fourier 正交基作为展开函数时，相应的特征值需扩大 2 倍.

由式(15)，可以将地震动位移随机过程在归一化的正交函数集$\{\phi_n(t)\}$上近似展开为[11]

$$\hat{X}(t) = \sum_{n=0}^{N} c_n \phi_n(t) \tag{16}$$

对于展开项数 N 的取值，可根据地震动加速度功率谱密度函数的频谱范围来确定

$$\int_0^{\omega_u}\hat{S}_{\ddot{X}}(\omega)\mathrm{d}\omega=(1-\varepsilon_N)\int_0^{\infty}S_{\ddot{X}}(\omega)\mathrm{d}\omega \tag{17}$$

式中，$\hat{S}_{\ddot{X}}(\omega)$为目标谱$S_{\ddot{X}}(\omega)$的逼近谱；$\varepsilon_N \ll 1$(一般不超过0.05)；$\omega_u$ 为加速度功率谱的截断频率，可通过$\omega_u=2\pi N/T_s$ 来估计. 一般而言，N 取 300～500 时，可满足式(17).

确定 N 的取值后，可利用文献[11]的方法，求得相关矩阵 $\boldsymbol{R}$ 的特征值λ_j 和标准特征向量$\Phi_j(j=1, 2, \cdots, N+1)$. 从而，式(16)可表示为

$$\hat{X}(t)=\sqrt{2}\sum_{j=1}^{N+1}\sqrt{\lambda_j}\xi_j f_j(t) \tag{18a}$$

$$f_j(t)=\sum_{k=0}^{N}\varphi_{j,\,k+1}\phi_k(t) \tag{18b}$$

式中，$\varphi_{j,\,k}$为标准特征向量Φ_j 的第k 个元素.

通常，用自最大特征值依次降低的前 r 阶特征值及其相应的随机变量组合，即可反映随机过程的主要概率特性. 此时，地震动位移随机过程可进一步近似表示为

$$\tilde{X}(t)=\sqrt{2}\sum_{j=1}^{r}\sqrt{\lambda_j}\xi_j f_j(t) \tag{19}$$

式中，随机变量组$\{\xi_1, \xi_2, \cdots, \xi_r\}$满足下列关系：

$$E[\xi_i]=0,\ E[\xi_i\xi_j]=\delta_{ij} \tag{20}$$

式中，δ_{ij}为 Kronecker-delta 符号.

进一步，若假定地震动随机过程为高斯随机过程，则$\{\xi_1, \xi_2, \cdots, \xi_r\}$为一组相互独立的标准高斯随机变量. 而 r 具体的取值可由下式近似确定：

$$\prod(r)=\left(\frac{\sum_{j=1}^{r}\lambda_j}{\sum_{j=1}^{N+1}\lambda_j}\right)\times 100\% \tag{21}$$

一般地，可取$\Pi(r)\geqslant 90\%$，从而可确定 r 的取值.

考虑到地震动加速度随机过程与位移随机过程是同一地震地面运动过程的两种不同反映方式，影响二者的主要随机因素可以认为是基本一致的. 因此，地震动加速度随机过程可近似表示为(为表达简洁，以下对近似加速度$\ddot{\tilde{X}}(t)$均简写为$\ddot{X}(t)$)

$$\ddot{X}(t)=\sqrt{2}\sum_{j=1}^{r}\sqrt{\lambda_j}\xi_j F_j(t) \tag{22a}$$

$$F_j(t)=\sum_{k=0}^{N}\eta_{k+1}\varphi_{j,\,k+1}\ddot{\phi}_k(t)=-\sum_{k=1}^{N}\left(\frac{2k\pi}{T_s}\right)^2\eta_{k+1}\varphi_{j,\,k+1}\phi_k(t) \tag{22b}$$

式中，η_k 为一组谐波调整系数($k=2, 3, \cdots, N+1$)，主要为考虑截断后所带来的

误差而引入的一组修正系数.

由式(22),可求得地震动加速度随机过程的自相关函数的近似表达式

$$\widetilde{K}_{\ddot{X}}(t_1, t_2) = E[\ddot{X}(t_1)\ddot{X}(t_2)] = 2\sum_{j=1}^{r}\lambda_j F_j(t_1)F_j(t_2) \tag{23}$$

式(23)可进一步表示为

$$\widetilde{K}_{\ddot{X}}(t, t+\tau) = 2\sum_{j=1}^{r}\lambda_j F_j(t)F_j(t+\tau) \tag{24}$$

对式(24)求关于 τ 的 Fourier 变换

$$\widetilde{S}_{\ddot{X}}(t, \omega) = \frac{1}{2\pi}\int_{-\infty}^{\infty}\widetilde{K}_{\ddot{X}}(t, t+\tau)\exp(-\mathrm{i}\omega\tau)\mathrm{d}\tau \tag{25}$$

对式(25)在持时内求关于 t 的整体平均,可得到下列关系:

$$\overline{S}_{\ddot{X}}(\omega) = \frac{1}{T_s}\int_0^{T_s}\widetilde{S}_{\ddot{X}}(t, \omega)\mathrm{d}t = \frac{2}{T_s}\sum_{k=1}^{N}\left[\left(\frac{2k\pi}{T_s}\right)^4\eta_{k+1}^2\sum_{j=1}^{r}\lambda_j\varphi_{j,k+1}^2\right]\delta\left(\omega-\frac{2k\pi}{T_s}\right) \tag{26}$$

式中,$\delta(\cdot)$为 Dirac 函数. 对式(26)求 Fourier 变换

$$\overline{K}_{\ddot{X}}(\tau) = \int_{-\infty}^{\infty}\overline{S}_{\ddot{X}}(\omega)\exp(\mathrm{i}\tau\omega)\mathrm{d}\omega = \frac{2}{T_s}\sum_{k=1}^{N}\left[\left(\frac{2k\pi}{T_s}\right)^4\eta_{k+1}^2\sum_{j=1}^{r}\lambda_j\varphi_{j,k+1}^2\right]\cos\frac{2k\pi\tau}{T_s} \tag{27}$$

由式(24)~(27),可得下列关系:

$$\frac{1}{T_s}\int_0^{T_s}E[\ddot{X}(t)\ddot{X}(t)]\mathrm{d}t = \frac{1}{T_s}\int_0^{T_s}\widetilde{K}_{\ddot{X}}(t, t)\mathrm{d}t = \int_{-\infty}^{\infty}\overline{S}_{\ddot{X}}(\omega)\mathrm{d}\omega = \overline{K}_{\ddot{X}}(0) \tag{28}$$

函数 $\overline{S}_{\ddot{X}}(\omega)$与 $\overline{K}_{\ddot{X}}(\tau)$分别为 $\ddot{X}(t)$在 T_s 内的平均功率谱密度函数和平均自相关函数.

由能量等效原则,即在持时内的平均功率谱 $\overline{S}_{\ddot{X}}(\omega)$与目标功率谱 $S_{\ddot{X}}(\omega)$等效,可以确定系数 η_k 的绝对值

$$\left(\frac{2\pi}{T_s}\right)^4\eta_2^2\sum_{j=1}^{r}\lambda_j\varphi_{j,2}^2 = \frac{T_s}{2}\int_0^{3\pi/T_s}S_{\ddot{X}}(\omega)\mathrm{d}\omega \tag{29a}$$

$$\left(\frac{2k\pi}{T_s}\right)^4\eta_{k+1}^2\sum_{j=1}^{r}\lambda_j\varphi_{j,k+1}^2 = \frac{T_s}{2}\int_{(2k-1)\pi/T_s}^{(2k+1)\pi/T_s}S_{\ddot{X}}(\omega)\mathrm{d}\omega \tag{29b}$$

其中,$k=2, 3, \cdots, N$.

对于系数 η_j,将根据具体的地震动随机过程正交展开实例,给出其正负号取值.

4 实例分析

根据上述提出的地震动随机过程正交展开模型，现以文献[16]提出的模型为基础，进行了地震动随机过程的正交展开实例分析. 分析中，假定地震动随机过程为零均值的高斯随机过程.

根据文献[16]，随机地震动位移功率谱密度函数（单边谱）可表述为

$$S_X(\omega)=\frac{\omega_g^4+4\zeta_g^2\omega_g^2\omega^2}{(\omega^2-\omega_g^2)^2+4\zeta_g^2\omega_g^2\omega^2}\cdot\frac{1}{1+(D\omega)^2}\cdot\frac{1}{(\omega^2+\omega_0^2)^2}S_0 \tag{30}$$

式中，ω_0 为低频拐角频率，与断层的破裂持时相关；D 为震源辐射加速度脉冲的宽度. 一般地，建议 $\omega_0=1.83\ \mathrm{rad\cdot s^{-1}}$，$D=1/(28\pi)\cdot \mathrm{s}$.

式(30)对应的自相关函数为

$$R_X(\tau)=S_0\pi\sum_{j=1}^{4}A_j(\tau) \tag{31}$$

式中，$A_j(\tau)(j=1,\ 2,\ 3,\ 4)$的表达式为

$$A_1(\tau)=\frac{(\omega_g^4+4\alpha^2\omega_1^2)\exp(\mathrm{i}\omega_1|\tau|)}{8\alpha\beta\omega_1(1+D^2\omega_1^2)(\omega_0^2+\omega_1^2)^2} \tag{32a}$$

$$A_2(\tau)=-\frac{(\omega_g^4+4\alpha^2\omega_2^2)\exp(\mathrm{i}\omega_2|\tau|)}{8\alpha\beta\omega_2(1+D^2\omega_2^2)(\omega_0^2+\omega_2^2)^2} \tag{32b}$$

$$A_3(\tau)=\frac{D^5(D^2\omega_g^4-4\alpha^2)\exp(-|\tau|/D)}{2A^2[(1+D^2\omega_g^2)^2-4\alpha^2D^2]} \tag{32c}$$

$$\begin{aligned}A_4(\tau)=&\frac{\omega_0AB(8\alpha^2\omega_0+C|\tau|)}{4\omega_0^3A^2B^2}\exp(-\omega_0|\tau|)+\\&\frac{C[(3A-2)B-4\omega_0^2AE]}{4\omega_0^3A^2B^2}\exp(-\omega_0|\tau|)\end{aligned} \tag{32d}$$

式中，$\alpha=\zeta_g\omega_g$；$\beta=\omega_g\sqrt{1-\zeta_g^2}$；$\omega_1=\beta+\mathrm{i}\alpha$；$\omega_2=-\beta+\mathrm{i}\alpha$；$A=1-D^2\omega_0^2$；$B=(\omega_g^2+\omega_0^2)^2-4\alpha^2\omega_0^2$；$C=\omega_g^4-4\alpha^2\omega_0^2$；$E=2\alpha^2-\omega_0^2-\omega_g^2$.

在文献[17]基础上，表1给出了远震时，四类场地条件下的随机地震动模型主要参数取值.

表1 随机地震动模型参数取值

项目	场地类别			
	Ⅰ类	Ⅱ类	Ⅲ类	Ⅳ类
$\omega_g/(\mathrm{rad\cdot s^{-1}})$	25.13	15.71	11.42	7.39
ζ_g	0.64	0.72	0.80	0.90
T_s/s	15	17	19	21

考虑到实际地震动加速度功率谱的频谱范围，取展开项数 $N=300$，此时，相应的 ε_N 见表 2. 为分析方便，在求相关矩阵 $\boldsymbol{R}$ 的特征值 λ_j 与相应的特征向量 Φ_j 时，均只考虑在单位谱强度因子时的情况，即假定 $S_0=1$. 按文献[11]的方法，可求得 $\boldsymbol{R}$ 的特征值 λ_j 和标准特征向量 $\Phi_j(j=1, 2, \cdots, N+1)$. 图 1 给出了不同场地类别的位移相关矩阵的前 100 阶特征值(按从大到小排列). 从特征值大小的分布情况来看，可在第 10 项处截断，即 $r=10$，此时的 $\Pi(r)$ 如表 2 所示.

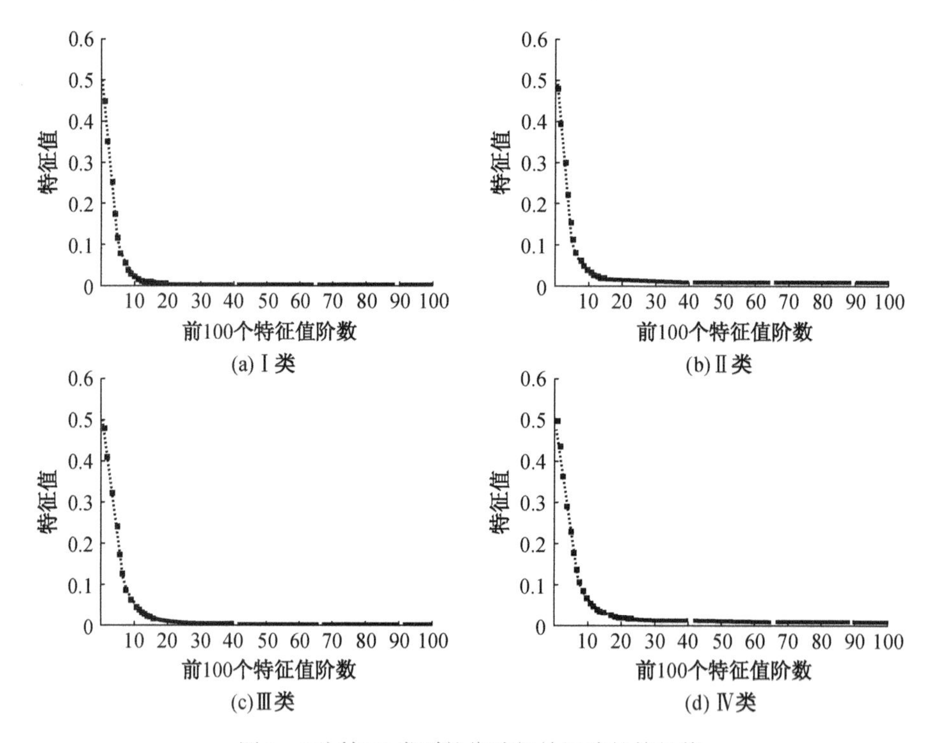

图 1　不同场地类别的位移相关矩阵的特征值

表 2　地震动随机过程正交展开的参数取值

项目	场地类别			
	Ⅰ类	Ⅱ类	Ⅲ类	Ⅳ类
N	300	300	300	300
ε_N/%	1.81	1.82	2.04	2.06
r	10	10	10	10
$\Pi(r)$/%	95.3	93.7	91.9	90.0

因此，地震动随机过程的正交展开式为

$$\ddot{X}(t)=\sqrt{2S_0}\sum_{j=1}^{10}\sqrt{\lambda_j}\xi_j F_j(t) \tag{33a}$$

$$F_j(t)=-\sum_{k=1}^{300}\left(\frac{2k\pi}{T_{\mathrm{s}}}\right)^2\eta_{k+1}\varphi_{j,\,k+1}\phi_k(t) \tag{33b}$$

式中，λ_j 为特征值；$\varphi_{j,k}$为 Φ_j 的第 k 个元素；$\{\xi_1, \xi_2, \cdots, \xi_{10}\}$为一组独立的标准高斯随机变量；$\phi_k(t)$为 Hartley 正交基函数. 谐波调整系数 $\eta_k(k=2, 3, \cdots, 301)$ 的正负号可由经验给出[18].

由随机振动理论，谱强度因子 S_0 可按下式计算：

$$S_0 = \frac{\bar{a}_{\max}^2}{f^2 \omega_e} \tag{34}$$

式中，$\bar{a}_{\max}$为地震地面最大加速度的期望值；f 为峰值因子. 不同场地类别的 $\bar{a}_{\max}$ 与 f 值如表 3 所示. ω_e 为谱强度因子为 1 时的谱面积

$$\omega_e = \int_0^{\infty} S_e(\omega) \mathrm{d}\omega \tag{35}$$

其中，$S_e(\omega)=\omega^4 S_X(\omega)/S_0$. 从而，可得不同场地类别 ω_e 与 S_0 的取值如表 3 所示.

表 3　不同场地类别的谱强度因子取值

项目	场地类别			
	Ⅰ类	Ⅱ类	Ⅲ类	Ⅳ类
$\bar{a}_{\max}/(\mathrm{cm \cdot s^{-2}})$	196	196	196	196
f	2.9	3.0	3.1	3.2
ω_e	59.50	39.71	29.93	19.95
$S_0/(\mathrm{cm^2 \cdot s^{-3}})$	76.78	107.50	133.58	188.05

为检验上述正交展开方法的有效性，采用随机模拟法验证分析. 图 2(a)，(b)分别为按式(33)合成的Ⅰ类场地和Ⅳ类场地的典型样本曲线及其绝对加速度反应谱. 随机选取 100 条样本曲线，图 3(a)，(b)给出了Ⅰ类和Ⅳ类场地条件下的随机样本曲线的集合功率谱与目标功率谱的比较；图 4(a)，(b)给出了样本集合的绝对加速度反应谱均值以及加减 1 倍标准差的结果.

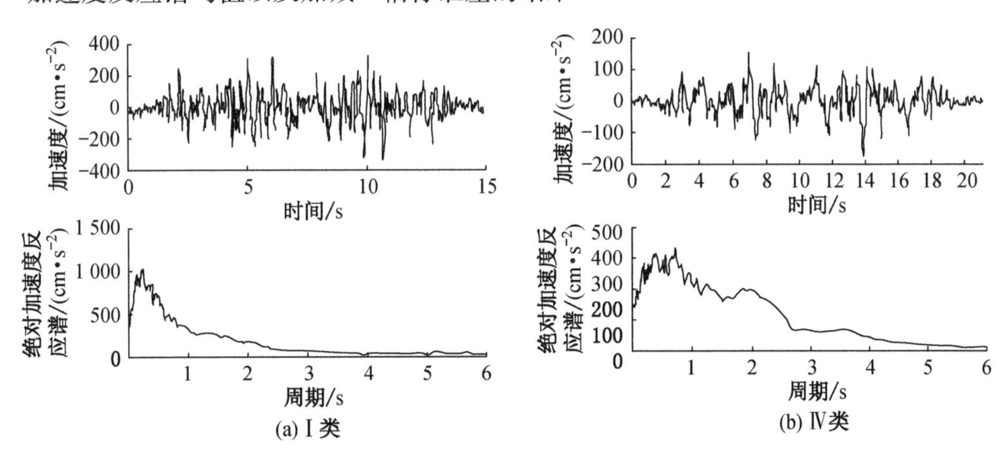

图 2　不同场地类别的样本曲线及其加速度反应谱

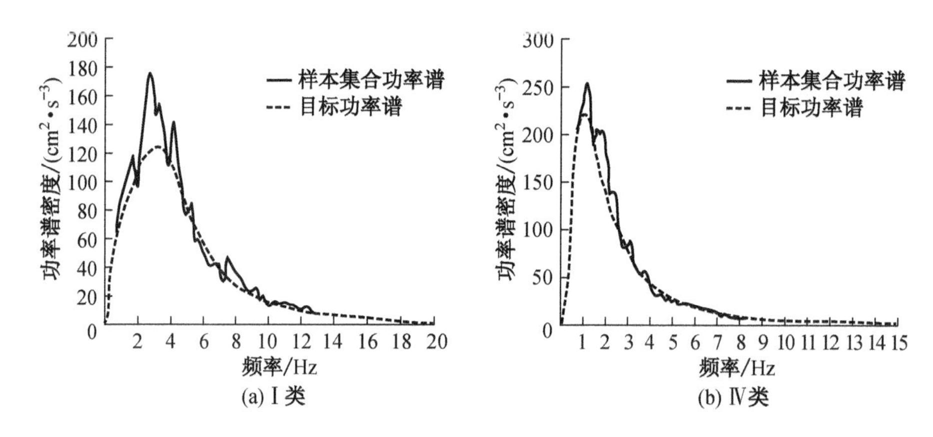

图 3　不同场地类别的样本集合功率谱与目标谱比较

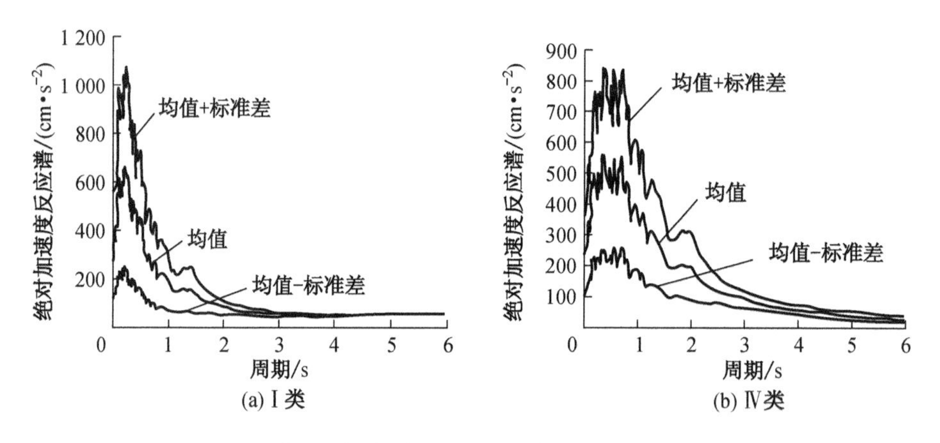

图 4　不同场地类别的加速度反应谱均值及其加减标准差

从图 3 可以看出,随机样本集合的功率谱密度与目标功率谱是比较符合的. 与以数值特征为基础的功率谱密度相比较,正交展开方法所得地震动展开表达式,可以更为丰富地反映地震动随机过程的概率信息. 这从图 4(a),(b)可以清晰看出.

5　结　语

以文献[11]的工作为基础,本文进一步进行了基于 Hartley 正交基的地震动随机过程正交展开研究,发展了展开过程中的能量等效原理,进行了地震动随机过程正交展开的实例分析. 结果表明,用 10 个左右的独立随机变量,即可反映地震动加速度随机过程的主要概率特性. 地震动正交展开模型把地震动加速度随机过程表示为由独立随机变量所调制的确定性函数的线性组合形式. 这一结果将为实际工程结构的随机地震反应分析及动力可靠性分析提供合理的基础.

参考文献

[1] 欧进萍，王光远. 结构随机振动[M]. 北京：高等教育出版社，1998.

[2] 林家浩，张亚辉. 随机振动的虚拟激励法[M]. 北京：科学出版社，2004.

[3] 李杰. 生命线工程抗震——基础理论与应用[M]. 北京：科学出版社，2005.

[4] 李杰. 随机结构系统——分析与建模[M]. 北京：科学出版社，1996.

[5] Gutierrez R, Ruiz J C, Valderrama M J. On the numerical expansion of a second order stochastic process[J]. Applied Stochastic Models and Data Analysis, 1992, (8): 67-77.

[6] Huang S P, Quek S T, Phoon K K. Convergence study of the truncated Karhunen-Loeve expansion for simulation of stochastic processes[J]. International Journal for Numerical Methods in Engineering, 2001, 52: 1029-1043.

[7] Phoon K K, Huang S P, Quek S T. Implementation of Karhunen-Loeve expansion for simulation using a wavelet-Galerkin scheme[J]. Probabilistic Engineering Mechanics, 2002, 17: 293-303.

[8] Phoon K K, Huang H W, Quek S T. Comparison between Karhunen-Loeve and wavelet expansion for simulation of Gaussian processes[J]. Computers and Structures, 2004, 82: 985-991.

[9] Phoon K K, Huang S P, Quek S T. Simulation of second-order processes using Karhunen-Loeve expansion[J]. Computers and Structures, 2002, 80: 1049-1060.

[10] Grigoriu M. Evaluation of Karhunen-Loeve, spectral, and sampling representations for stochastic processes[J]. Journal of Engineering Mechanics, 2006, 132(2): 179-189.

[11] 李杰，刘章军. 基于标准正交基的随机过程展开法[J]. 同济大学学报：自然科学版，2006，34(10)：1279-1283.

[12] Spanos P D, Ghanem R. Stochastic finite element expansion for random media[J]. Journal of Engineering Mechanics, 1989, 115(5): 1035-1053.

[13] Field Jr R V, Grigoriu M. On the accuracy of the polynomial chaos approximation[J]. Probabilistic Engineering Mechanics, 2004, 19: 65-80.

[14] Rodriguez G. Analysis and simulation of wave records through fast Hartley transform[J]. Ocean Engineering, 2003, 30: 2255-2273.

[15] Bracewell R N. The Hartley Transform[M]. New York: Oxford University Press, 1986.

[16] 杜修力，陈厚群. 地震动随机模拟及其参数确定方法[J]. 地震工程与工程振动，1994，14(4)：1-5.

[17] 欧进萍，牛荻涛，杜修力. 设计用随机地震动的模型及其参数确定[J]. 地震工程与工程振动，1991，11(3)：45-54.

[18] 刘章军. 工程随机动力作用的正交展开理论及其应用研究[D]. 上海：同济大学建筑工程系，2007.

Orthogonal Expansion of Stochastic Processes for Earthquake Ground Motion

Liu Zhangjun   Li Jie

Abstract: The paper first introduces the basic principle of Karhunen-Loeve decomposition for stochastic processes, and outlines the essential properties of the decomposition. A method based on the Hartley orthogonal bases is proposed to decompose stochastic processes. It is proposed to directly carry out the orthogonal expansion of the seismic displacement to capture main probabilistic characteristics of the seismic ground motion with only a few terms of the series. Based on the principle of energy equivalence, the expanding expression of seismic acceleration process is achieved. The seismic process is expanded into a linear combination of deterministic functions modulated by 10 uncorrelated random variables.

（本文原载于《同济大学学报》第 36 卷第 9 期，2008 年 9 月）

脉动风速随机过程的正交展开

刘章军　李 杰

摘 要 根据脉动风速功率谱的两种不同统计方法，定义了脉动风速Davenport谱的等价功率谱. 在此基础上，构造了虚拟脉动风位移随机过程. 利用Karhunen-Loeve分解的基本原理，对虚拟脉动风位移随机过程进行正交展开，进而获得脉动风速随机过程的正交展开表达式. 研究的主要目的在于：希望用少量的独立随机变量来描述脉动风速随机过程的主要概率特性，为工程结构的抗风动力响应分析及动力可靠性研究奠定了基础. 实例分析表明，本文的研究思路是可行的.

引 言

大量风速实测资料表明，在风的顺风向时程曲线中，包含了两种成分[1]：一种是长周期部分，其周期在10 min以上，通常称为平均风，其作用性质相当于静力荷载，而大小可视为一随机变量；另一种是短周期部分，其周期只有几秒钟左右，是在平均风基础上的波动，称为脉动风，其作用性质是动力的，是引起结构振动的主要因素. 通常，认为脉动风速时程是典型的随机过程.

目前，用于模拟风场的方法主要有：(1) 谱表示法(也称谐波叠加法)[2,3]；(2) AR，MA以及ARMA方法；(3) 本征正交分解法(也称功率谱密度矩阵分解法或协方差矩阵分解法)[4-6]；(4) 其他方法，如混合法[7,8]，小波变换等方法. 上述方法中，谱表示法与本征正交分解法以及两者的混合法代表了风场数值模拟的主流方向，其共同特点是通过对大量随机变量的数值模拟来描述随机过程或随机场；从而，导致计算效率低下，且难以在概率密度层次上对其进行描述.

对于随机过程，Karhunen-Loeve(K-L)分解为人们提供了从独立随机变量集合的角度研究随机过程的可能性[9]. 在文献[10]中，建议了一类基于标准正交基的随机过程展开法，当展开项数 $N\to\infty$ 时，此方法等价于K-L分解，从而避免了求解Fredholm积分方程的困难. 在实施随机过程的展开中，建议取完备的归一化三角函数集(或Fourier级数)作为标准正交基. 进一步的研究发现[11]：对于实值随机过程，以Fourier级数展开时，展开式过于冗长，导致一半的信息是多余的. 为此，建议采用 Hartley 级数作为正交基来实施对随机过程的正交展开[12]. 本文试图沿着这一思路对脉动风速随机过程进行正交展开研究,以图用较少的独立随机变量来描述脉动风速随机过程的主要概率特性,为工程结构在风荷载作用下的随机动力反应及动力可靠性分析奠定基础.

1 脉动风速功率谱模型

在风工程中,利用风速实测记录统计确定脉动风速功率谱的方法通常有两种:其一是将强风记录通过超低频滤波器直接测出风速的功率谱曲线,再通过曲线拟合建立功率谱的数学表达式;其二是将强风记录进行相关分析获得风速的相关函数曲线,再利用 Fourier 变换求得功率谱密度的数学表达式.

加拿大风工程专家 Davenport 利用第一种方法,通过大量强风记录的统计分析,提出了与高度无关的脉动风速功率谱密度,即 Davenport 谱[13]

$$S_v(\omega) = 4K_0\bar{V}_{10}^2 \frac{x^2}{\omega(1+x^2)^{\frac{4}{3}}} \tag{1}$$

式中,$S_v(\omega)$为脉动风速功率谱(单边谱,单位: m^2/s); K_0 为地面粗糙系数(单位:无量纲); $\bar{V}_{10}$为 10 m 高度处的平均风速(单位: m/s); ω 为脉动风速频率(单位: rad/s);x 为湍流积分尺度系数(单位:无量纲),即

$$x = \frac{c\omega}{\pi\bar{V}_{10}} \tag{2}$$

式中 c=600 m,为常数.

根据 Simiu 等人的统计分析,脉动风速谱密度的面积,即脉动风速方差,近似为常数,对于 Davenport 谱,则有

$$\sigma_v^2 \approx \eta K_0 \bar{V}_{10}^2 \tag{3}$$

式中 η 为一常数,文献[14]给定的 η 值为 6.0,所带来的误差不超过 0.5%.

另一方面,利用第二种确定脉动风速功率谱的方法,前苏联学者 Барщте Йн 提出了脉动风压的标准自相关函数为[1]

$$\hat{R}_w(\tau) = \mathrm{e}^{-\alpha|\tau|}(\cos\beta\tau + \mu\sin\beta|\tau|) \tag{4}$$

对式(4)进行 Fourier 变换,可得到脉动风压的标准功率谱密度(双边谱)为

$$\begin{aligned}\hat{S}_w(\omega) &= \frac{1}{2\pi}\int_{-\infty}^{\infty}\hat{R}_w(\tau)\exp(-\mathrm{i}\omega\tau)\mathrm{d}\tau \\ &= \frac{1}{\pi}\frac{(\alpha-\mu\beta)\omega^2+(\alpha+\mu\beta)(\alpha^2+\beta^2)}{\omega^4+2(\alpha^2-\beta^2)\omega^2+(\alpha^2+\beta^2)^2}\end{aligned} \tag{5}$$

式中 α, β, μ 为参数，且 $\mu \leqslant \frac{\alpha}{\beta}$.

注意到上述 БаршТе Йн 谱含有零频分量，这是不符合实际物理意义的. 为消除零频分量的影响，可取

$$\mu = -\frac{\alpha}{\beta} \tag{6}$$

考虑到脉动风速谱与脉动风压谱之间的线性关系，可给出如下脉动风速功率谱（双边谱）为

$$\hat{S}_v(\omega) = \frac{A}{\pi} \frac{2\alpha\omega^2}{\omega^4 + 2(\alpha^2 - \beta^2)\omega^2 + (\alpha^2 + \beta^2)^2} \tag{7}$$

式中 A 为常数.

2 等价脉动风速功率谱

以式(7)为基础，可以定义与之形式统一的等价功率谱，等价原则为：功率谱的面积、卓越频率及峰值均相等. 由这组等价原则，可确定式(7)中的常数 A, α, β.

例如，对于 Davenport 谱，其卓越频率与峰值（单边情况）分别为

$$\omega_p = \frac{\sqrt{15}}{5} \frac{\pi \bar{V}_{10}}{c} \tag{8a}$$

$$S_v(\omega_p) = \sqrt[3]{5} \frac{\sqrt{15} K_0 c \bar{V}_{10}}{4\pi} \tag{8b}$$

对于式(7)所示的功率谱，其卓越频率与峰值（双边情况）分别为

$$\omega_p = \sqrt{\alpha^2 + \beta^2} \tag{9a}$$

$$\hat{S}_v(\omega_p) = \frac{A}{2\pi\alpha} \tag{9b}$$

由式(8)与(9)，可知

$$\sqrt{\alpha^2 + \beta^2} = \frac{\sqrt{15}}{5} \frac{\pi \bar{V}_{10}}{c} \tag{10a}$$

$$2\frac{A}{2\pi\alpha} = \sqrt[3]{5} \frac{\sqrt{15} K_0 c \bar{V}_{10}}{4\pi} \tag{10b}$$

同时，由谱面积相等的条件，可知

$$A = \sigma_v^2 = \eta K_0 \bar{V}_{10}^2 = 6.0 K_0 \bar{V}_{10}^2 \tag{11}$$

由式(10)与(11)，容易得到

$$\alpha = 3.6239\,\frac{\bar{V}_{10}}{c} \tag{12a}$$

$$\beta = 2.6853\,\frac{\bar{V}_{10}}{c}\mathrm{i} = \gamma\mathrm{i} \tag{12b}$$

式中 i 为虚数单位,且 γ 为

$$\gamma = 2.6853\,\frac{\bar{V}_{10}}{c} \tag{13}$$

由此确定的形式为式(7)的脉动风速功率谱,称为 Davenport 谱的等价功率谱.

图 1 依次是标准平均风速为 20 m/s 与 30 m/s 时的 Davenport 谱与其等价功率谱的比较情况. 从图 1 可以看出,两者的符合程度很好. 对谱形进行分析易知:脉动风速的功率谱密度随着频率的增加而迅速减小,其卓越频率约为 $0.004\,\bar{V}_{10}$ (rad/s);因此,脉动风速的能量主要集中在很窄的区段$(0\sim2\pi)$rad/s 内,超出此区段的部分占整体的比例非常小,可以忽略不计.

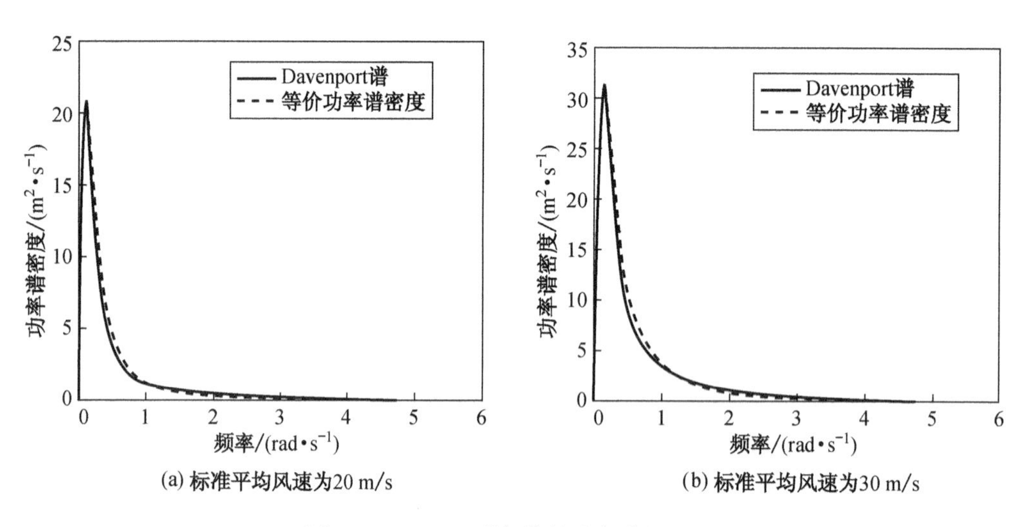

图 1　Davenport 谱与等价功率谱的比较

3　虚拟脉动风位移随机过程

脉动风位移的物理意义并不十分明确,但从一般意义上讲,位移与速度之间的物理关系是存在的. 为便于分析,不妨称脉动风速过程的一次积分为虚拟脉动风位移过程.

由式(7)所定义的等价脉动风速随机过程 $v(t)$ 构造相应的虚拟脉动风位移随机过程 $u(t)$,其功率谱密度(双边谱)为

$$S_u(\omega)=\frac{1}{\omega^2}\hat{S}_v(\omega)=\frac{A}{\pi}\frac{2\alpha}{\omega^4+2(\alpha^2-\beta^2)\omega^2+(\alpha^2+\beta^2)^2}$$
$$=\frac{A}{\pi}\frac{2\alpha}{\omega^4+2(\alpha^2+\gamma^2)\omega^2+(\alpha^2-\gamma^2)^2} \tag{14}$$

式中参数 A，α，γ 的取值参见式(11)～(13).

由式(14)可求得对应的自相关函数 $R_u(\tau)$ 为

$$R_u(\tau)=\int_{-\infty}^{\infty}S_u(\omega)\exp(\mathrm{i}\omega\tau)\mathrm{d}\omega$$
$$=\frac{A}{2\gamma}\left[\frac{\exp(-(\alpha-\gamma)\,|\tau|)}{\alpha-\gamma}-\frac{\exp(-(\alpha+\gamma)\,|\tau|)}{\alpha+\gamma}\right] \tag{15}$$

4 脉动风速随机过程的正交展开

大量实测资料分析结果表明，脉动风速可视为零均值的平稳实值随机过程. 为便于分析，通常还假定它为各态历经的高斯过程[1].

根据文献[10]建议的基于标准正交基的随机过程展开法，并考虑到 Hartley 变换与 Fourier 变换之间的等价关系[11]，对于实值随机过程，可由归一化的 Hartley 正交基代替归一化的三角函数集(或 Fourier 级数)作为随机过程的展开函数集，即[15]

$$\phi_n(t)=\frac{1}{\sqrt{T}}\mathrm{cas}\left(\frac{2\pi nt}{T}\right),\ n=0,\ 1,\ 2,\ \cdots \tag{16}$$

式中函数 $\mathrm{cas}(t)=\sin(t)+\cos(t)$；$T$ 为时距，根据中国规范规定取为 600 s.

根据式(16)，可以把虚拟脉动风位移随机过程 $u(t)$ 在归一化的 Hartley 正交函数集 $\{\phi_n(t)\}$ 上近似展开为

$$\hat{u}(t)=\sum_{n=0}^{N}c_n\phi_n(t) \tag{17}$$

对于展开项数 N 的取值，可根据脉动风速功率谱密度函数的频谱范围确定，即

$$\int_0^{\omega_u}\hat{S}_v(\omega)\mathrm{d}\omega=(1-\varepsilon_N)\int_0^{\infty}S_v(\omega)\mathrm{d}\omega \tag{18}$$

式中，$\hat{S}_v(\omega)$ 为目标谱 $S_v(\omega)$ 的逼近谱，$\varepsilon_N\ll 1$(一般不超过 0.10)，ω_u 为脉动风速功率谱的截断频率，可通过 $\omega_u=2\pi N/T$ 来估计. 一般而言，$N=600$ 时，可满足式(18)的要求.

确定 N 的取值后，可利用文献[10]中的方法，求得相关矩阵 $\boldsymbol{R}$ 的特征值 λ_j 和标准特征向量 $\boldsymbol{\Phi}_j$ ($j=1,\ 2,\ \cdots,\ N+1$)，从而，式(17)可表示为

$$\hat{u}(t)=\sqrt{2}\sum_{j=1}^{N+1}\sqrt{\lambda_j}\xi_j f_j(t) \tag{19a}$$

$$f_j(t)=\sum_{n=0}^{N}\varphi_{j,\,n+1}\phi_n(t) \tag{19b}$$

式中，φ_{jk}为标准特征向量$\boldsymbol{\Phi}_j$的第k行元素；$\{\xi_j\}$为一组互不相关的标准随机变量.

通常，用自最大特征值依次降低的前r阶特征值及其相应的随机变量组合即可反映随机过程的主要概率特性. 此时，虚拟脉动风位移随机过程$u(t)$可进一步近似表示为

$$\tilde{u}(t)=\sqrt{2}\sum_{j=1}^{r}\sqrt{\lambda_j}\xi_j f_j(t) \tag{20}$$

式中，无量纲的随机变量组$\{\xi_1,\ \xi_2,\ \cdots,\ \xi_r\}$满足下列关系

$$E[\xi_j]=0,\ j=1,\ 2,\ \cdots,\ r \tag{21a}$$

$$E[\xi_i\xi_j]=\delta_{ij},\ i,\ j=1,\ 2,\ \cdots,\ r \tag{21b}$$

式中δ_{ij}为 Kronecker-delta 符号.

进一步，若假定脉动风速及其虚拟风位移随机过程为高斯过程，则$\{\xi_1,\ \xi_2,\ \cdots,\ \xi_r\}$为一组相互独立的标准高斯随机变量. 而$r$具体的取值可由式(22)近似确定，即

$$\prod(r)=\frac{\sum_{j=1}^{r}\lambda_j}{\sum_{n=1}^{N+1}\lambda_n}\times 100\% \tag{22}$$

一般地，可取$\Pi(r)\geqslant 80\%$，从而可确定r的取值.

考虑到脉动风速随机过程与虚拟脉动风位移过程的物理关系，由式(20)可得，脉动风速随机过程$v(t)$的正交展开式可表示为

$$\tilde{v}(t)=\sqrt{2}\sum_{j=1}^{r}\sqrt{\lambda_j}\xi_j F_j(t) \tag{23a}$$

$$F_j(t)=\sum_{n=0}^{N}\chi_{n+1}\varphi_{j,\,n+1}\dot{\phi}_n(t) \tag{23b}$$

式中符号“·”表示求导，χ_{n+1}为一组谐波能量调整系数($n=0,\ 1,\ 2,\ \cdots,\ N$)，主要考虑截断所带来误差而引入的一组系数.

利用能量等效原则，可以确定系数χ_{n+1}的大小. 由式(23)，可求得随机过程$\tilde{v}(t)$的自相关函数的近似表达式为

$$\widetilde{K}_v(t_1,\ t_2)=E[\tilde{v}(t_1)\tilde{v}(t_2)]=2\sum_{j=1}^{r}\lambda_j F_j(t_1)F_j(t_2) \tag{24}$$

将式(24)进一步写为

$$\widetilde{K}_v(t,\ t+\tau)=2\sum_{j=1}^{r}\lambda_j F_j(t)F_j(t+\tau) \tag{25}$$

对式(25)求关于 τ 的 Fourier 变换

$$\widetilde{S}_v(t,\ \omega)=\frac{1}{2\pi}\int_{-\infty}^{\infty}\widetilde{K}_v(t,\ t+\tau)\exp(-\mathrm{i}\omega\tau)\mathrm{d}\tau \tag{26}$$

对式(26)求关于 t 在时段$(0,\ T)$内的整体平均,可得到下列关系

$$\begin{aligned}\overline{S}_v(\omega)&=\frac{1}{T}\int_0^T\widetilde{S}_v(t,\ \omega)\mathrm{d}t\\&=\frac{2}{T}\sum_{n=1}^{N}\left[\left(\frac{2n\pi}{T}\right)^2\chi_{n+1}^2\sum_{j=1}^{r}\lambda_j\varphi_{j,\ n+1}^2\right]\delta\left(\omega-\frac{2n\pi}{T}\right)\end{aligned} \tag{27}$$

式中 $\delta(\cdot)$为 Dirac 函数.

由式(24)～(27),可得下列关系

$$\frac{1}{T}\int_0^T E[\tilde{v}(t)\tilde{v}(t)]\mathrm{d}t=\frac{1}{T}\int_0^T\widetilde{K}_v(t,\ t)\mathrm{d}t=\int_{-\infty}^{\infty}\overline{S}_v(\omega)\mathrm{d}\omega \tag{28}$$

称函数 $\overline{S}_v(k)$为脉动风速随机过程 $\tilde{v}(t)$在时段$(0,T)$内的平均功率谱密度函数.

由能量等效原则,即在时段$(0,\ T)$内的平均功率谱 $\overline{S}_v(k)$与目标功率谱 $S_v(\omega)$等效,可以确定系数 χ_{n+1}的大小,即

$$\chi_1=0,\ \left(\frac{2\pi}{T}\right)^2\chi_2^2\sum_{j=1}^{r}\lambda_j\varphi_{j2}^2=\frac{T}{2}\int_0^{3\pi/T}S_v(\omega)\mathrm{d}\omega \tag{29a}$$

$$\left(\frac{2\pi n}{T}\right)^2\chi_{n+1}^2\sum_{j=1}^{r}\lambda_j\varphi_{j,\ n+1}^2=\frac{T}{2}\int_{(2n-1)\pi/T}^{(2n+1)\pi/T}S_v(\omega)\mathrm{d}\omega \tag{29b}$$

式中,$n=2,\ 3,\ \cdots,\ N$.

对于 χ_{n+1}的正负号,一般需根据具体的脉动风速随机过程给出其取值.

5　实例分析与验证

为验证脉动风速随机过程正交展开方法的可行性与有效性,以 Davenport 谱的等价功率谱为基础,其中取 Davenport 谱中的参数 $K_0=0.0033$,标准平均风速 $\overline{V}_{10}$依次取为 20 m/s 与 30 m/s 进行分析. 表 1 给出了脉动风速随机过程正交展开的参数取值.

表 1　脉动风速随机过程正交展开的参数值

标准平均风速	展开项数 N	ε_N 值	截断项数 r	$\Pi(r)$值
20 m/s	600	6.5%	10	89.7%
30 m/s	600	8.5%	10	80.5%

图 2 给出了标准平均风速为 20 m/s 与 30 m/s 时的虚拟脉动风位移相关矩阵的特征值分布情况;从图中可以看出,前 10 阶特征值对应的随机变量即可反映虚拟脉动风位移过程的主要概率特性.

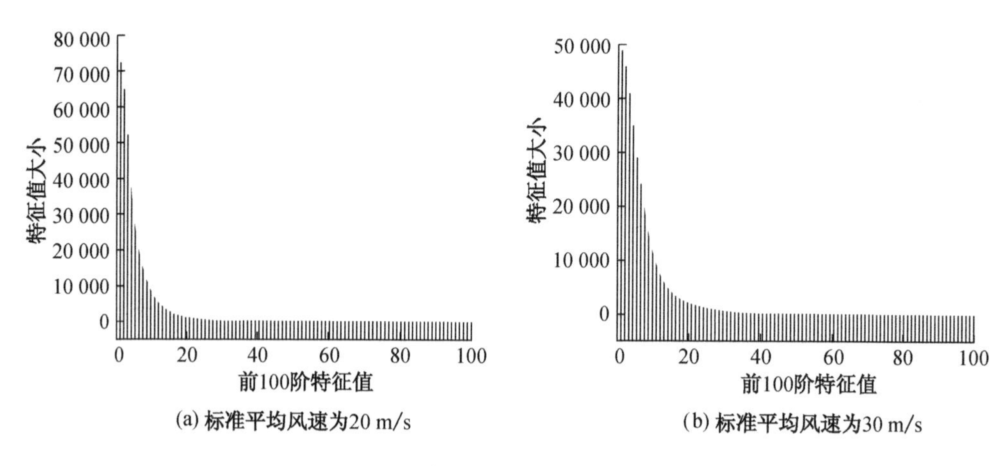

图 2　前 100 阶特征值的分布

为从样本集合的角度来验证正交展开方法的有效性,利用数论选点方法进行分析[16]. 所谓数论方法[17],其实质是在 s 维单位立方体上找到一个点集,结合赋得概率的概念,这个均匀散布的集合可以给出 s 维概率空间的概率剖分,从而实现概率空间的完全覆盖. 文献[18]提供了生成矢量的数据表格,可直接利用表格进行选点. 在此数论选点中,标准高斯随机变量的界限值为 $\lambda=4.0$,即 $\xi_k\in[-4.0,\ 4.0]$($k=1,\ 2,\ \cdots,\ 10$),超立方体空间选点总数为 $n=155\,093$,超球体半径为 $r_0=1.05$,超球体中的所选点数为 $N_{sel}=610$,其筛选比例 $\gamma_s\doteq 1/254$;同时可获得超球体各点对应的赋得概率值 P_q($q=1,\ 2,\ \cdots,\ N_{sel}$). 图 3 给出了标准平均风速为 20 m/s 与30 m/s时,由正交展开法所生成的典型脉动风速样本时程曲线.

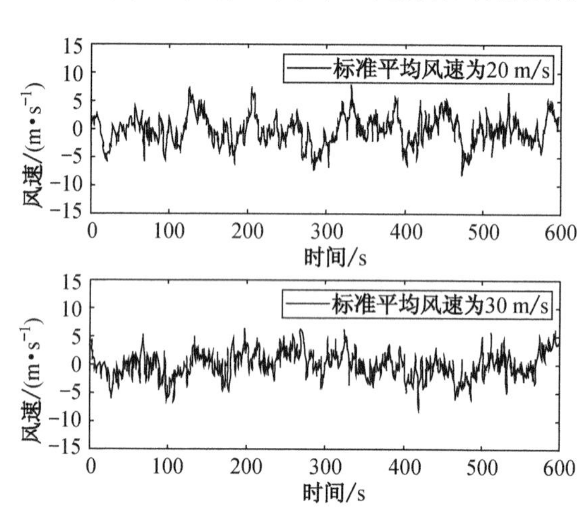

图 3　脉动风速的样本时程曲线

事实上,样本方差在时距 T 内的总能量与目标总能量会有一定的误差,为使样本集合在时距 T 内的总能量与目标总能量等效,可引入一个样本整体修正系数 κ,使其对样本集合进行修正,即

$$\kappa^2 \sum_{m=1}^{M}\left[\sum_{k=1}^{N_{\text{sec}}} u_k^2(t_m)P_k\right]\Delta t = \sigma_v^2 T \tag{30a}$$

$$M = T/\Delta t,\ t_m = m\Delta t \tag{30b}$$

式中，κ 为样本整体修正系数；$u_k^2(t_m)$为第 k 条样本在时刻 t_m 处方差的离散值(注：样本均值为 0)；P_k 为样本的赋得概率；N_{sec} 为样本数(即所选取点数，文中取为 610)；Δt 为样本的离散间隔(本文取为 0.1 s)，M 为在时距 T 内的离散点数.

由式(30)可求出系数 κ 的值. 此时，脉动风速随机过程正交展开的表达式(23)应为

$$v(t) = \sqrt{2}\sum_{j=1}^{r}\sqrt{\lambda_j}\xi_j F_j(t) \tag{31a}$$

$$F_j(t) = \sum_{n=1}^{N}\eta_{n+1}\varphi_{j,\,n+1}\dot{\phi}_n(t) \tag{31b}$$

$$\eta_{n+1} = \kappa\,\chi_{n+1} \tag{31c}$$

式中 $\eta_{n+1}(n=1,\ 2,\ \cdots,\ N)$称为能量等效系数.

因此，式(31)可称为基于能量等效的脉动风速随机过程的正交展开式.

图 4 给出了标准平均风速依次为 20 m/s 和 30 m/s 时，610 条样本的集合功率谱密度与目标功率谱密度之间的比较.

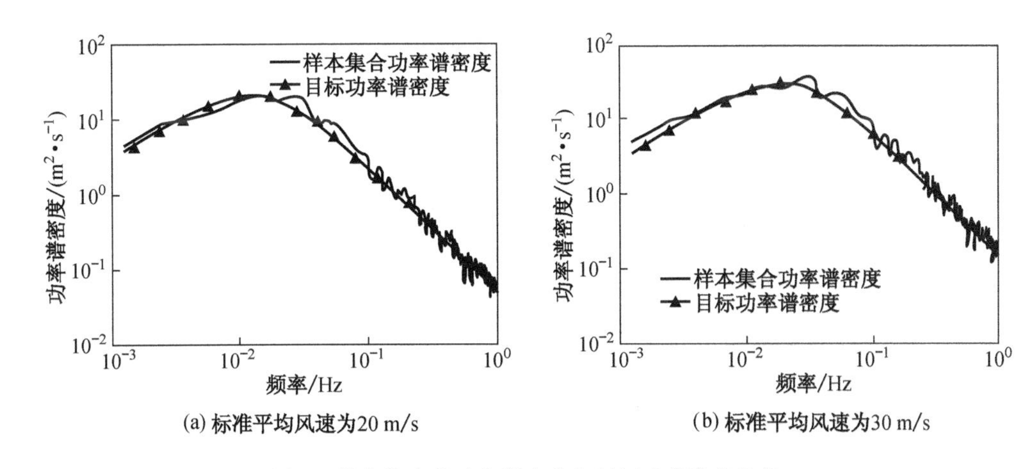

图 4 样本集合的功率谱密度与目标功率谱的比较

从图 4 中可以看出，两者的符合程度是很好的，这表明在二阶数值特征统计意义上正交展开方法与目标随机过程是一致的，从而验证了正交展开方法不仅是可行的，而且也是有效的.

6 结 语

本文进行了脉动风速随机过程正交展开的研究，结果表明，脉动风速随机过程可以表示为由少量独立随机变量所调制的确定性函数的线性组合形式. 通过实例分析与验证，表明了本文方法的可行性与有效性. 进行这一研究的主要目的，在于希望能够用少量的独立随机变量来反映脉动风速随机过程的主要概率特性，以为工程结构在风荷载作用下的随机动力反应及动力可靠性分析奠定基础.

参考文献

[1] 张相庭. 结构风压和风振计算[M]. 上海：同济大学出版社，1985.

[2] Deodatis G. Simulation of ergodic multivariate stochastic processes [J]. Journal of Engineering Mechanics，1996，122(8)：778-787.

[3] Cao Y，Xiang H F，Zhou Y. Simulation of stochastic wind velocity field on long-span bridges [J]. Journal of Engineering Mechanics，2000，126(1)：1-6.

[4] Carassale L. POD-based filters for the representation of random loads on structures [J]. Probabilistic Engineering Mechanics，2005，20：263-280.

[5] Chen X，Kareem A. Proper orthogonal decomposition-based modeling，analysis，and simulation of dynamic wind load effects on structures [J]. Journal of Engineering Mechanics，2005，131(4)：325-339.

[6] Di Paola M. Digital simulation of wind field velocity[J]. Journal of Wind Engineering and Industrial Aerodynamics，1998，74-76：91-109.

[7] Di Paola M，Gullo I. Digital generation of multivariate wind field processes [J]. Probabilistic Engineering Mechanics，2001，16：1-10.

[8] Chen L，Letchford C W. Simulation of multivariate stationary Gaussian stochastic processes：hybrid spectral representation and proper orthogonal decomposition approach [J]. Journal of Engineering Mechanics，2005，131(8)：801-808.

[9] 李杰. 随机结构系统——分析与建模[M]. 北京：科学出版社，1996.

[10] 李杰，刘章军. 基于标准正交基的随机过程展开法[J]. 同济大学学报(自然科学版)，2006，34(10)：1279-1283.

[11] Rodriguez G. Analysis and simulation of wave records through fast Hartley transform [J]. Ocean Engineering，2003，30：2255-2273.

[12] 刘章军. 工程随机动力作用的正交展开理论及其应用研究[D]. 上海：同济大学，2007.

[13] Davenport A G. The spectrum of horizontal gustiness near the ground in high winds [J]. Q. J. R. Meteorol. Soc.，1961，87：194-211.

[14] 李桂青，曹宏，李秋胜，等. 结构动力可靠性理论及其应用[M]. 北京：地震出版社，1993.

[15] Bracewell R N. The Hartley Transform [M]. Oxford University Press，1986.

[16] 陈建兵，李杰. 结构随机响应概率密度演化分析的数论选点法[J]. 力学学报，2006，38(1)：134-140.

[17] 方开泰，王元. 数论方法在统计中的应用[M]. 北京：科学出版社，1996.

[18] 华罗庚,王元. 数论在近似分析中的应用[M]. 北京:科学出版社, 1978.

Orthogonal Expansion of Stochastic Processes for Wind Velocity

Liu Zhang-jun Li Jie

Abstract: According to different statistical approaches, a stochastic process of pseudo-wind displacement was defined which is equivalent to Davenport's power spectrum. Utilizing the basic principle of the Karhunen-Loeve decomposition for stochastic processes, the orthogonal expansion of the pseudo-wind displacement was carried out and a series expression of the wind velocity fluctuations can be obtained accordingly. From this expression, the main probabilistic characteristics of the wind velocity fluctuations may be captured with only a few random variables, and therefore a foundation for the dynamic response analysis and reliability assessment of wind-excited buildings may be established. The accuracy and effectiveness of this orthogonal expansion approach is demonstrated by the close match of the obtained sampling power spectrum to Davenport's spectrum.

（本文原载于《振动工程学报》第 21 卷第 1 期,2008 年 2 月）

随机脉动风场的正交展开方法

李 杰　刘章军

摘　要　随机脉动风场可以分解为反映脉动风特性的随机过程与反映脉动风速空间相关性的随机场之积. 利用随机过程的正交展开方法,将反映脉动风特性的随机过程表示为由少量独立随机变量所调制的确定性函数的线性组合形式;根据随机场的 Karhunen-Loeve 分解,将反映脉动风速空间相关性的随机场进行正交展开,发展了利用随机函数表达脉动风速随机场的基本方法. 应用数论选点方法,验证本文所提出的用少量独立随机变量反映脉动风场随机性的思想的可行性与有效性,为工程结构在风荷载作用下的随机动力反应及动力可靠性分析奠定了基础.

风荷载是结构设计时所需考虑的一类重要的随机动力荷载. 对于高耸结构、高层建筑结构、大跨度空间结构与大跨桥梁结构等,风荷载甚至起着决定性的作用. 由于经典随机振动理论一般是在二阶统计意义上考察随机过程,因而导致了在结构非线性风振响应分析与动力可靠度分析中的一系列困难. 事实上,为了正确地计算结构的抗风可靠性,应该设法求解结构反应的概率密度分布及其随时间的变化过程.

在实际的大气边界层紊流风场中,脉动风速不仅是时间的函数,而且随空间位置而变化,是一个随机场. 在进行随机风场模拟时,往往将此随机场转换为多个一维随机向量过程,并采用谱表示法(也称谐波叠加法)或线性滤波法(如 ARMA 等)模拟脉动风速随机过程[1]. 文献[2]利用本征正交分解(Proper Orthogonal Decomposition, POD)方法进行了动力风荷载的模拟;文献[3]进一步将谱表示法(SRM)与本征正交分解(POD)方法相结合来模拟多变量平稳高斯随机过程. 研究表明:上述方法在本质上是通过对大量随机变量的数值模拟来描述随机过程或随机场. 与之不同,本文试图采用有限个随机变量构成的随机函数描述风速随机过程与随机脉动风场. 在脉动风速随机过程正交展开的基础上[4-5],将随机脉动风场分解为反映脉动风时间过程特性的随机过程与反映脉动风空间相关特性的随机场之积的形式,利用随机场的 Karhunen-Loeve 分解[6],实现了用少量独立随机变量来反映脉动风场随机性的目的. 这一研究思路,避免了以往研究中用大量随机变量才能反映随机风场的局限性,为在概率密度层次上研究结构风振随机响应与分析动力可靠度奠定了基础.

1 随机脉动风场的正交展开

设(x, y, z)为空间坐标系上的点，其中x-z平面为迎风面，且x方向为横风向，z为竖向，y方向为顺风向. 一般情况下，只考虑脉动风速的侧向相关性与竖向相关性，则迎风面上任一点的随机风场可以分解为

$$V(x, z; t) = \bar{V}(z) + \tilde{V}(x, z; t) \tag{1}$$

式中，$V(x, z; t)$为迎风面点(x, z)处的风速(单位：m/s)，$\bar{V}(z)$是高度为z处的平均风速(单位：m/s)，$\tilde{V}(x, z; t)$为迎风面点(x, z)处的脉动风速(单位：m/s).

平均风速$\bar{V}(z)$作为风速的一个基本部分，可以用一个函数来表示. 在结构迎风面的水平尺度内，一般认为平均风速是相等的，即平均风速与x无关，只沿高z变化. 根据实测结果的分析，Davenport 等人提出，平均风速沿高度变化的规律可用指数函数来描述，即[7]

$$\bar{V}(z) = \left(\frac{z}{z_s}\right)^{\alpha} \bar{V}_s \tag{2}$$

式中，α为地面粗糙度系数，z_s，$\bar{V}_s$分别为标准高度及标准高度处的平均风速. 大部分国家标准高度常取 10 m，则式(2)可进一步表示为

$$\bar{V}(z) = \left(\frac{z}{10}\right)^{\alpha} \bar{V}_{10} \tag{3}$$

对于与高度无关的脉动风速谱密度，如 Davenport 谱，空间随机脉动风场$\tilde{V}(x, z; t)$一般可以表示为[7]

$$\tilde{V}(x, z; t) = U(x, z)v(t) \tag{4}$$

式中，$v(t)$为反映脉动风特性的随机过程，其均值为零，功率谱密度函数可由 Davenport 谱来确定；$U(x, z)$为反映脉动风速空间相关性的随机场，它是空间坐标x，z的齐次随机函数，其均值为零，自相关函数可取为[7]

$$R_U(x_1, x_2; z_1, z_2) = \exp\left[-\left(\frac{(x_2 - x_1)^2}{L_x^2} + \frac{(z_2 - z_1)^2}{L_z^2}\right)^{\frac{1}{2}}\right] \tag{5}$$

其中，一般可取$L_x = 50$ m，$L_z = 60$ m.

文献[8]给出了$R_U(x_1, x_2; z_1, z_2)$的近似表达式，即采用独立x，z向的相关函数来表示

$$R_U(x_1, x_2; z_1, z_2) \approx R_{Ux}(x_1, x_2) \cdot R_{Uz}(z_1, z_2) \tag{6}$$

其中，$R_{Ux}(x_1, x_2)$为只考虑侧向相关性，即

$$R_{Ux}(x_1, x_2) = \exp\left(-\frac{|x_2 - x_1|}{L_x}\right) \tag{7}$$

而 $R_{Uz}(z_1, z_2)$ 为只考虑竖向相关性，即

$$R_{Uz}(z_1, z_2) = \exp\left(-\frac{|z_2 - z_1|}{L_z}\right) \tag{8}$$

根据文献[5]，反映脉动风特性的随机过程 $v(t)$ 可以正交展开为

$$v(t) = \sqrt{2}\kappa \sum_{j=1}^{r} \sqrt{\lambda_j}\xi_j F_j(t) \tag{9}$$

$$F_j(t) = \sum_{k=0}^{N} \chi_{k+1}\varphi_{j,\,k+1}\dot{\phi}_k(t) \tag{10}$$

式中，N 为展开项数(本文取为 600)，r 为截断项数(本文取为 10)；κ 为样本整体修正系数，χ_k 为谐波调整系数；λ_j 为相关矩阵的第 j 个特征值，相应地，$\varphi_{j,\,k}$ 为第 j 个标准特征向量的第 k 行元素；$\{\varphi_k(t)\}$ 为 Hartley 正交基函数；$\{\xi_j\}$ 为一组独立的标准高斯随机变量.

而对于式(7)与式(8)所表示的一维随机场，可利用 Karhunen-Loeve 分解[6]的基本原理对随机场进行正交分解. 下面，以式(7)为例给出具体表达式

$$R_{U_x}(x_1, x_2) = \sum_{i=1}^{\infty} \lambda_{xi} f_{xi}(x_1) f_{xi}(x_2) \tag{11}$$

式中，λ_{xi} 与 $f_{xi}(x)$ 是 Fredholm 积分方程的特征值与特征函数，即

$$\int_{D_x} R_{U_x}(x_1, x_2) f_{xi}(x_1)\mathrm{d}x_1 = \lambda_{xi} f_{xi}(x_2) \tag{12}$$

式中，D_x 为相应随机场的定义域. $f_{xi}(x)(i=1, 2, \cdots)$ 构成一组完备的正交基，此时相应随机场可分解为

$$U_x(x, \xi_x) = \sum_{i=1}^{\infty} \sqrt{\lambda_{xi}} f_{xi}(x)\xi_{xi} \tag{13}$$

式中：$\{\xi_{xi}, i=1, 2, \cdots\}$ 为一组互不相关的标准随机变量.

一般的，可用自最大特征值依次减小的前 r_x 阶特征值及其所对应的展开项数来代替式(11)与式(13)，即

$$R_{U_x}(x_1, x_2) \approx \sum_{i=1}^{r_x} \lambda_{xi} f_{xi}(x_1) f_{xi}(x_2) \tag{14}$$

$$U_x(x, \xi_x) \approx \sum_{i=1}^{r_x} \sqrt{\lambda_{xi}} f_{xi}(x)\xi_{xi} \tag{15}$$

同理，可得到式(8)及相应随机场的 Karhunen-Loeve 分解的近似表达式

$$R_{U_z}(z_1, z_2) \approx \sum_{j=1}^{r_z} \lambda_{zj} f_{zj}(z_1) f_{zj}(z_2) \tag{16}$$

$$U_z(z,\ \xi_z) \approx \sum_{j=1}^{r_z} \sqrt{\lambda_{zj}} f_{zj}(z) \xi_{zj} \tag{17}$$

联合式(14)～式(17),可得到自相关函数为式(6)的随机场 $U(x,z)$ 的 Karhunen-Loeve 分解近似表达式

$$R_U(x_1,\ x_2;\ z_1,\ z_2) \approx \sum_{i=1}^{r_x} \lambda_{xi} f_{xi}(x_1) f_{xi}(x_2) \cdot \sum_{j=1}^{r_z} \lambda_{zj} f_{zj}(z_1) f_{zj}(z_2) \tag{18}$$

$$U(x,\ z) \approx \sum_{i=1}^{r_x} \sqrt{\lambda_{xi}} \xi_{xi} f_{xi}(x) \cdot \sum_{j=1}^{r_z} \sqrt{\lambda_{zj}} \xi_{zj} f_{zj}(z) \tag{19}$$

其中,随机变量组 $\{\xi_{xi},\ i=1,\ 2,\ \cdots,\ r_x\}$ 与随机变量组 $\{\xi_{zj},\ j=1,\ 2,\ \cdots,\ r_z\}$ 相互独立,即

$$E[\xi_{xi} \cdot \xi_{zj}] = 0 \tag{20a}$$

$$E[\xi_{xi} \cdot \xi_{xk}] = \delta_{ik} \tag{20b}$$

$$E[\xi_{zj} \cdot \xi_{zl}] = \delta_{jl} \tag{20c}$$

其中,$\delta_{..}$ 为 Kronecker-delta 符号,$k=1,\ 2,\ \cdots,\ r_x$;$l=1,\ 2,\ \cdots,\ r_z$.

将式(9)与式(19)代入式(4),即可得到空间随机脉动风场的正交展开表达式. 显然,式(19)很容易退化到只考虑侧向相关性或竖向相关性的情形,从而可获得相应随机脉动风场的正交展开表达式.

此外,由式(4)可给出任意两点的脉动风速互功率谱密度函数

$$S_{\tilde{V}}(x_1,\ x_2,\ z_1,\ z_2;\ \omega) = R_U(x_1, x_2;\ z_1, z_2) S_v(\omega) \tag{21}$$

式中,$R_U(x_1, x_2;\ z_1, z_2)$ 为自相关函数,$S_v(\omega)$ 为 Davenport 功率谱.

2 实例分析

为简单计,只考虑竖向相关性情形. 竖向任意两点的脉动风速互功率谱密度函数(单边谱)为

$$S_{\tilde{V}}(z_1,\ z_2;\ \omega) = S_v(\omega) \cdot \exp\left(-\frac{|z_2 - z_1|}{L_z}\right) \tag{22}$$

$$S_v(\omega) = 4K_0 \bar{V}_{10}^2 \frac{x^2}{\omega(1+x^2)^{4/3}} \tag{23}$$

$$x = \frac{600\omega}{\pi \bar{V}_{10}} \tag{24}$$

式中,取 $K_0=0.0033$,$\bar{V}_{10}=20$ m/s,$L_z=60$ m.

对于式(8)所示的一维随机场,可以分解为[9]

$$U_z(z', \xi_z) = \sum_{j=1}^{\infty}\left[\sqrt{\lambda_{zj}} f_{zj}(z')\xi_{zj} + \sqrt{\lambda_{zj}^*} f_{zj}^*(z')\xi_{zj}^*\right] \tag{25}$$

$$f_{zj}(z') = \frac{\cos(\beta_j z')}{\sqrt{a + \frac{\sin(2\beta_j a)}{2\beta_j}}} \tag{26}$$

$$f_{zj}^*(z') = \frac{\sin(\beta_j^* z')}{\sqrt{a - \frac{\sin(2\beta_j^* a)}{2\beta_j^*}}} \tag{27}$$

式中，z' 为局部坐标，a 为一维随机场的半长，即随机场的定义域为 $D_{z'} = [-a, a]$；系数 β_j 与 β_j^* 分别由下列二式确定

$$c - \beta\tan(\beta a) = 0 \tag{28}$$

$$\beta^* + c\tan(\beta^* a) = 0 \tag{29}$$

其中，$c = \frac{1}{L_z} = \frac{1}{60}$. 从而，式(25)中的特征值 λ_j 和 λ_j^* 分别由下式来确定

$$\lambda_{zj} = \frac{2c}{\beta_j^2 + c^2} \tag{30}$$

$$\lambda_{zj}^* = \frac{2c}{\beta_j^{*2} + c^2} \tag{31}$$

式(28)与式(29)为超越方程，可通过数值逼近获得近似解答；表 1 给出了 a 取不同值时的前 6 阶 β_j 与 β_j^* 的值.

利用式(30)与式(31)可求得相应的特征值，表 2 给出了由大到小的前 6 阶特征值.

表 1　系数 β_j 与 β_j^* 的取值

系数	a=50 m	a=60 m	a=75 m
β_1	0.01607151	0.0143389	0.01240998
β_1^*	0.03941662	0.03381264	0.028085
β_2	0.06766213	0.05709365	0.04647865
β_2^*	0.09762945	0.08188635	0.066124
β_3	0.12824834	0.1072883	0.08631895
β_3^*	0.159166275	0.132977764	0.10678415

表 2 前 6 阶特征值

特征值	λ_{z1}	λ_{z1}^*	λ_{z2}	λ_{z2}^*	λ_{z3}	λ_{z3}^*
$a=50$ m	62.18	18.20	6.86	3.40	1.99	1.30
$a=60$ m	68.96	23.46	9.42	4.77	2.83	1.86
$a=75$ m	77.20	31.25	13.67	7.17	4.31	2.85

通常,在式(25)中取自最大特征值依次降低的前 r_z 阶展开项即可满足所需的精度.而 r_z 具体的取值可由下式来确定

$$\prod(r_z)=\frac{\sum_{j=1}^{r_z}\lambda_j}{\sum_{j=1}^{\infty}\lambda_j}=\frac{\sum_{j=1}^{r_z}\lambda_j}{2a} \tag{=}$$

式中,λ_j 为特征值,a 为随机场的半长;一般的,r_z 的取值需满足$\prod(r_z)\geqslant 90\%$.

从表 2 可知,对于在 150 m 内的高层建筑,$r_z=5$,即可满足所需的精度.此时式(25)可近似表示为

$$U_z(z',\xi_z)\approx\sum_{j=1}^{3}\sqrt{\lambda_{zj}}f_{zj}(z')\xi_{zj}+\sum_{j=1}^{2}\sqrt{\lambda_{zj}^*}f_{zj}^*(z')\xi_{zj}^* \tag{33}$$

将反映脉动风速空间相关性的随机场展开式(33)与反映脉动风特性的随机过程 $v(t)$ 展开式(9)代入随机脉动风场公式(4)中,即可求得空间某点的脉动风速时程.

3 计算结果的验证

为验证本文方法的有效性,同时考虑到本文涉及的随机变量集合定义于一个高维的概率空间,可利用数论选点方法进行分析.所谓数论方法[10],其实质是在 s 维单位立方体上找到一个点集,它是均匀散布的,这个集合可以给出 s 维概率空间的概率剖分结果.文献[10]提供了生成矢量的数据表格,可直接利用表格进行选点.本文选点的主要参数为[11]:标准高斯随机变量的界限值 $\lambda=3.5$,即 $\xi_j\in[-3.5, 3.5](j=1, 2, \cdots, 15)$,选点总数 $n=2422957$,超球体半径 $r_0=1.58$,同时得到选出点数的赋得概率 P_q;进而在选出的点数中,舍弃那些赋得概率很小的点数,保留赋得概率较大的点数,最后选取点数为 $N_{\sec}=1038$,筛选率为 $\gamma_s\approx 0.0428\%$.图 1 分别给出了在 $z=30$ m, 50 m, 70 m 处的脉动风速时程曲线.

图 2 给出了在 $z=30$ m, 50 m, 70 m 处选点样本集合功率谱与目标自功率谱密度函数的比较.从自功率谱的比较中,可以看出两者的拟合程度是很好的.

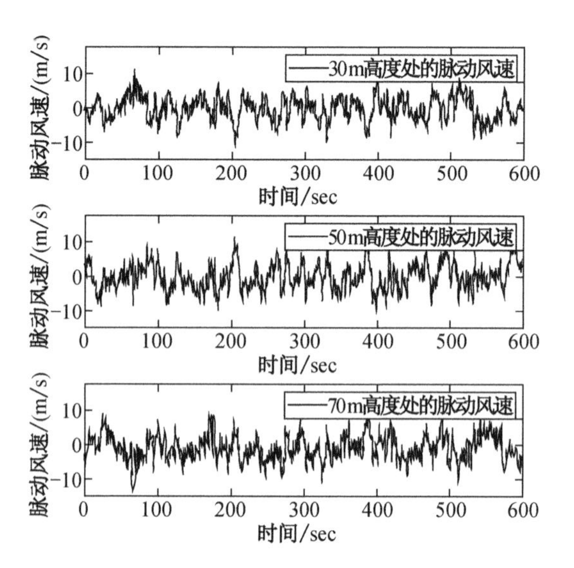

图 1　脉动风速时程曲线

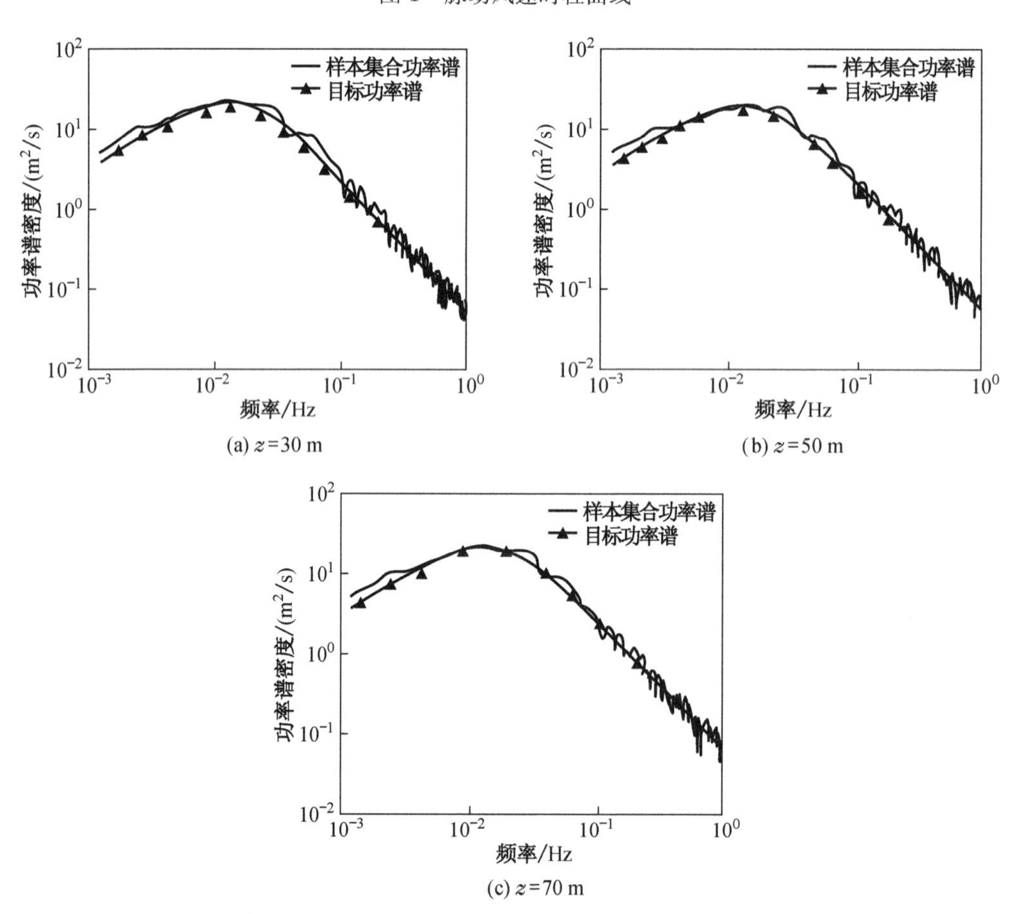

图 2　z=30 m，50 m，70 m 高度处风速自功率谱密度的比较

图 3～图 5 分别给出了在 $z=30$ m 与 50 m 处、$z=50$ m 与 70 m 处以及 $z=30$ m与 70 m 高度处选点样本集合互功率谱与目标互功率谱密度函数的比较. 从互功率谱的比较中，两者的拟合程度也是令人满意的.

以上分析表明：利用随机过程的正交展开思想和随机场的 Karhunen-Loeve 分解方法，可以实现用少量独立随机变量来反映脉动风场随机性的目的.

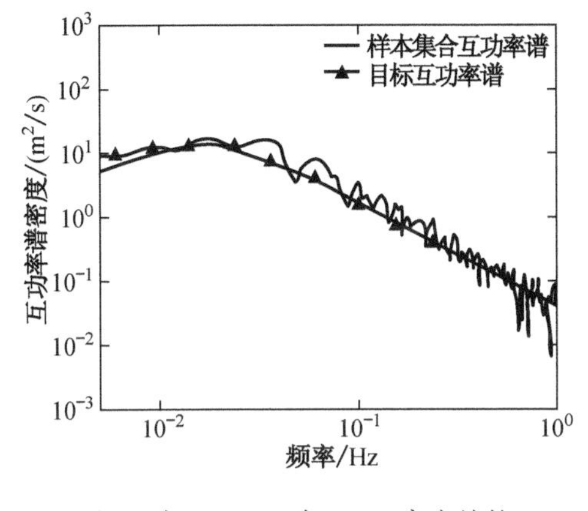

图 3　在 $z=30$ m 与 50 m 高度处的互功率谱比较

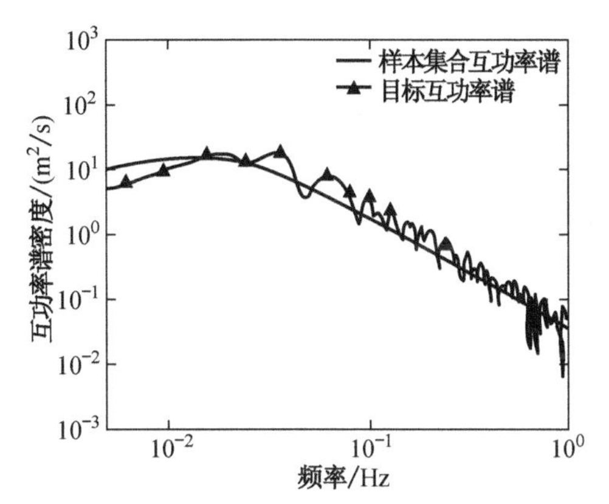

图 4　在 $z=50$ m 与 70 m 高度处的互功率谱比较

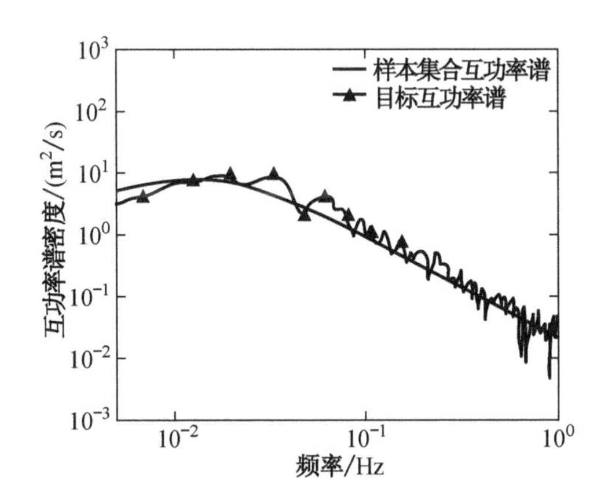

图 5　在 $z=30$ m 与 70 m 高度处的互功率谱比较

4　结　语

在脉动风速随机过程正交展开研究的基础上，针对工程中常用的线性指数型空间相关函数，将随机脉动风场分解为反映脉动风特性的随机过程与反映脉动风速空间相关性的随机场之积的形式，利用随机场的 Karhunen-Loeve 分解，实现了用少量独立随机变量(本文选取 15 个独立随机变量，其中用 10 个反映脉动风特性的随机过程，5 个反映脉动风速空间相关性的随机场）来反映脉动风场随机性的目的. 这一研究思路，避免了以往研究中需用大量随机变量才能反映随机风场的局限性，为在概率密度层次上研究结构风振随机响应与分析动力可靠度奠定了基础.

参考文献

[1] Deodatis G. Simulation of ergodic multivariate stochastic processes [J]. Journal of Engineering Mechanics, 1996, 122(8): 778-787.

[2] Chen X, Kareem A. Proper orthogonal decompositionbased modeling, analysis, and simulation of dynamic wind load effects on structures [J]. Journal of Engineering Mechanics, 2005, 131(4): 325-339.

[3] Chen L Z, Letchford C W. Simulation of multivariate stationary Gaussian stochastic processes: hybrid spectral representation and proper orthogonal decomposition approach [J]. Journal of Engineering Mechanics, 2005, 131(8): 801-808.

[4] 李杰，刘章军. 基于标准正交基的随机过程展开法[J]. 同济大学学报，2006，34(10)：1279-1283.

[5] 刘章军，李杰. 脉动风速随机过程的正交展开[J]. 振动工程学报，2008，21 (1)：52-56.

[6] 李杰. 随机结构系统——分析与建模[M]. 北京：科学出版社，1996.

[7] 欧进萍，王光远. 结构随机振动[M]. 北京：高等教育出版社，1998.

[8] 张相庭. 工程抗风设计计算手册[M]. 北京：中国建筑工业出版社，1998.

[9] Spanos P D, Ghanem R. Stochastic finite element expansion for random media [J]. Journal of Engineering Mechanics, 1989, 115(5): 1035-1053.

[10] 方开泰，王元. 数论方法在统计中的应用[M]. 北京：科学出版社，1996.

[11] 陈建兵，李杰. 结构随机响应概率密度演化分析的数论选点法 [J]. 力学学报，2006，38 (1)：134-140.

Orthogonal Expansion Method of Random Fields of Wind Velocity Fluctuations

Li Jie　Liu Zhang-jun

Abstract: An efficient method is developed for orthogonal expansion of wind stochastic fields. The procedure starts by decomposing the wind stochastic field into a product of a stochastic process and a random field, which represent, respectively, the temporal property and the spatial correlation property of the wind stochastic field. The stochastic process for wind velocity fluctuations may be represented as a finite sum of deterministic time functions with the corresponding uncorrelated random coefficients from orthogonal expansion. Similarly, the random field may be expressed as a combination form with only a few random variables by using the Karhunen-Loeve decomposition. A numerical example is provided to demonstrate the accuracy and effectiveness of the procedure.

（本文原载于《土木工程学报》第 41 卷第 2 期，2008 年 2 月）

基于物理的随机地震动模型研究

李 杰　艾晓秋

摘　要　基于物理联系研究地震动随机性，建立了随机地震动与基底输入傅氏谱、场地固有圆频率和场地等价阻尼比之间的物理关系，从随机傅氏谱函数角度描述了地震动随机过程的随机性本质. 结合Ⅳ类工程场地的实测地震动记录资料，由数值方法识别给出了基本随机变量的概率分布参数. 与实测记录对比表明，本文建立的随机地震动模型具有明确的物理概念，可充分反映地震动的变异性特征.

引　言

经典地震动模型一般采用功率谱密度函数表达. 作为平稳过程的二阶数值特征，功率谱密度函数具有明确的统计背景，在现象学意义上反映了地震动的随机性质[1]. 但是，功率谱密度函数无法刻画地震动的细部概率结构，因此，在解决抗震可靠度分析问题时难以获得较为精确的结果. 本文认为：研究地震动这样具有显著随机性的复杂过程，要考察导致这一物理现象的诸多原因，通过合理选择基本的物理要素并建立物理关系，反映随机地震动和基本物理量之间的关系，从而在本源上反映地震动的随机特征. 全面反映地震动的随机特征是具有相当难度的，但可以认识到的是，地震震级、传播途径、场地条件等因素的不确定性，都会导致地震动具有显著的随机性[2].

作为研究的初阶，本文暂不考虑地震震级与传播途径的影响，而是试图通过工程场地中地震动的传播过程建立物理关系，引入若干具有物理意义的关键变量，从随机傅氏谱函数的角度描述地震动. 在实际地震动记录基础上，建立适用于各类工程场地的等效随机地震动模型.

1　基于物理的工程场地地震动模型

从工程场地的地震动传播机制考察，地面地震动实际上可视为由基底传入、经过场地过滤这一物理过程得到. 由于基底输入能量、场地介质特性等因素的不可控制性质，导致观察地震动过程也呈现明显的随机性特征. 可以认为，反映关键原因的特征参数，即基底输入的能量特征参数、场地的周期特征参数和场地的耗能特征参数，可以分别由具有实际物理意义的随机量：基底输入傅氏谱、场地固有卓越周期和场地等价阻尼比表示，由此可以建立随机地震动与三者之间的物理关系并加以模型化.

1.1 物理关系及模型化

不失一般性，可将实际工程场地模拟为等价线性单自由度体系，将基底运动作为输入量，则此单自由度体系的绝对反应量即为地面地震动过程. 线性单自由度体系在一维地震动输入时，用绝对反应量描述的动力方程可表示为

$$\ddot{y} + 2\zeta\omega_0\dot{y} + \omega_0^2 y = 2\zeta\omega_0\dot{u}_g + \omega_0^2 u_g \tag{1}$$

式中，y，$\dot{y}$，$\ddot{y}$ 分别为绝对位移、速度和加速度反应量；u_g，$\dot{u}_g$，$\ddot{u}_g$ 为输入地震动位移、速度和加速度；ω_0 为场地固有圆频率；ζ 为场地等价阻尼比.

通过傅里叶变换，在频域范围内线性单自由度体系的地震加速度反应可以表示为

$$\ddot{Y}(\omega) = \frac{\omega_0^2 + i2\zeta\omega_0\omega}{\omega_0^2 - \omega^2 + i2\zeta\omega_0\omega} \cdot \ddot{U}_g(\omega) \tag{2}$$

其中，$\ddot{U}_g(\omega)$和 $\ddot{Y}(\omega)$对应于 $\ddot{u}_g$ 和 $\ddot{y}$ 在频域内的函数.

由于场地介质具有不可控制性质，因此场地基本圆频率 ω_0 和场地等价阻尼比 ζ 是随机变量，记为 X_ω，X_ζ. 同时，基底输入 $\ddot{U}_g$ 为傅氏谱函数，可表示为

$$\ddot{U}_g(\omega) = F_0(X_{g1}, \cdots, X_{gn}, \omega) \tag{3}$$

式中，X_{g1}，…，X_{gn} 分别为基底输入傅氏谱函数中的随机变量.

记

$$H(X_\omega, X_\zeta, \omega) = \frac{\omega_0^2 + i2\zeta\omega_0\omega}{\omega_0^2 - \omega^2 + i2\zeta\omega_0\omega} \tag{4}$$

$$X = (X_\omega, X_\zeta, X_{g1}, \cdots, X_{gn}) \tag{5}$$

由随机傅氏谱函数 $F(X, \omega)$表示地面地震加速度，则有：

$$F(X, \omega) = H(X_\omega, X_\zeta, \omega) \cdot F_0(X_{g1}, \cdots X_{gn}, \omega) \tag{6}$$

此式即为地面地震动与基底输入地震动、场地固有圆频率和场地等效阻尼比之间的物理关系.

1.2 基底输入

由地震加速度功率谱密度描述的基岩输入通常假定为有限带宽白噪声谱. 本

文通过对大量实测地震加速度记录进行分析，认为基底输入谱具有一定的过滤特征及有限的带宽特征. 对实测基岩地震动傅氏谱的分析表明，在高于 15 Hz 的频段其谱值很小，可予忽略. 据此建议图 1 所示的基底输入幅值谱，并表达为

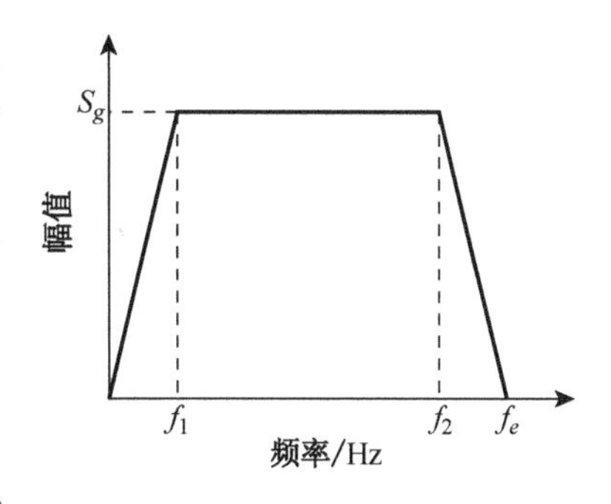

图 1　基底幅值谱

$$F_0(S_g, f) = \begin{cases} \dfrac{F_0}{f_1} S_g, & 0 < f < f_1 \\ S_g, & f_1 \leqslant f \leqslant f_2 \\ -\dfrac{S_g}{f_e - f_2}(f - f_e), & f_2 < f < f_e \end{cases} \tag{7}$$

式中，f_1，f_2 为转折频率，分别取为 0.6 Hz 和 14.4 Hz；f_e 为截断频率，取为 15 Hz；S_g 为确定基底谱幅值的随机参数.

1.3　地震动模型的幅值谱和功率谱

根据概率论基本原理，上述建议模型的傅氏均值谱为

$$E[\mid F(X, \omega) \mid] = \int_{\Omega} \mid F(X, \omega) \mid \cdot f(X) \cdot \mathrm{d}X \tag{8}$$

式中，$f(X)$为随机变量 X 的联合概率密度；Ω 为随机变量取值空间.

而加速度傅氏谱的标准差谱则定义为

$$\sigma[\mid F(X, \omega) \mid] = \left(\int_{\Omega} \{\mid F(X, \omega) \mid - E[\mid F(X, \omega) \mid]\}^2 \cdot f(X) \cdot \mathrm{d}X\right)^{1/2} \tag{9}$$

对于平稳过程，注意到随机过程的功率谱和其样本均值谱之间存在关系

$$S(\omega) = \frac{1}{T} E[\mid F(X, \omega) \mid^2] \tag{10}$$

式中，$S(\omega)$为地震动功率谱；T 为地震动持续时间. 其中：

$$E[\mid F(X, \omega) \mid^2] = \int_{\Omega} \mid F(X, \omega) \mid^2 \cdot f(X) \cdot \mathrm{d}X \tag{11}$$

为均值平方谱. 故若假定地震动为平稳过程，可由本文建议的随机傅氏谱函数求得地震动加速度功率谱密度函数.

2　随机地震动模型的参数识别

为确定本文建议的随机地震动模型中的物理参数，根据随机建模原理[4]，可将强震观测所获得的地震动时程作为样本集合，由数值方法识别给出随机地震动模

型的基本随机变量的概率分布参数.按不同的工程场地类别,本文作者收集、整理了一批强震地震动记录(记录来源主要为美国西部强震加速度记录).对不同震级和震中距的实测地震动记录进行归一化处理,用以建立各类场地的等效随机地震动模型.

2.1 实测地震动

对各类场地的实测地震动数据规格化,即将加速度峰值均调整为 $0.1g=0.98\ \mathrm{m/s^2}$. 同时,规定每条地震动的截取时间长度为 20.48 s,选择范围为峰值附近时段.除去个别异常的地震动实测数据,表 1 为 4 类场地的实际地震动资料的选择情况.

表 1　各类场地强震地震动记录

	Ⅰ类场地	Ⅱ类场地	Ⅲ类场地	Ⅳ类场地
选择记录条数	82	119	210	121

分别对实测地震动时程曲线进行傅氏变换,可以分别得到隶属于不同场地的一簇加速度傅氏幅值谱曲线.对实测数据进行统计分析,可以得到各类场地条件下地震动傅氏幅值谱的均值和加、减一倍标准差曲线.利用下式分别拟合上述曲线:

$$y=y_0+A[1-e^{-\frac{x-x_0}{t_1}}]^p e^{-\frac{x-x_0}{t_2}} \tag{12}$$

其中, x 为频率,即自变量; y 为幅值谱值,即因变量; y_0, x_0, t_1, t_2, p 为拟合参数.

各类场地的拟合结果如表 2 所示.

表 2　各类场地实测地震动幅值谱的曲线拟合结果

	$y_{mean-stv}$	y_{mean}	$y_{mean+stv}$
Ⅰ类	$0.149[1-e^{-\frac{x}{0.546}}]^5 e^{-\frac{x}{4.003}}$	$0.354[1-e^{-\frac{x}{0.293}}]^5 e^{-\frac{x}{5.151}}$	$0.596[1-e^{-\frac{x}{0.290}}]^5 e^{-\frac{x}{5.177}}$
Ⅱ类	$0.112[1-e^{-\frac{x}{0.347}}]^5 e^{-\frac{x}{4.675}}$	$0.322[1-e^{-\frac{x}{0.201}}]^5 e^{-\frac{x}{5.826}}$	$0.537[1-e^{-\frac{x}{0.162}}]^5 e^{-\frac{x}{6.066}}$
Ⅲ类	$0.270[1-e^{-\frac{x}{0.748}}]^5 e^{-\frac{x}{2.312}}$	$0.455[1-e^{-\frac{x}{0.297}}]^5 e^{-\frac{x}{3.576}}$	$0.758[1-e^{-\frac{x}{0.259}}]^5 e^{-\frac{x}{3.671}}$
Ⅳ类	$0.182[1-e^{-\frac{x}{0.302}}]^5 e^{-\frac{x}{3.931}}$	$0.432[1-e^{-\frac{x}{0.175}}]^5 e^{-\frac{x}{4.710}}$	$0.684[1-e^{-\frac{x}{0.123}}]^5 e^{-\frac{x}{4.942}}$

2.2 随机地震动模型的均值参数

由于模型参数的均值与变异系数均为未知,因此采用两步建模的原则,分别识别均值参数与变异系数.首先,根据实测地震动幅值谱曲线,识别各类场地的地震动模型参数的均值.根据随机地震动模型对应的随机傅氏谱的均值平方谱(式 11),在各个变量的变异系数均为零的条件下,可以得到模型均值平方谱的表达式为

$$
\begin{aligned}
E[\mid F(X,\ \omega)\mid^2] &= \int_{\Omega} \mid F(X,\ \omega)\mid^2 \cdot f(X) \cdot \mathrm{d}X \\
&= \int_{\Omega} \mid H(\omega_\mu,\ \xi_\mu,\ \omega) \cdot F_0(S_{g\mu},\ \omega)^2 \mid \cdot \mathrm{d}X
\end{aligned}
\tag{13}
$$

其中,ω_μ, ξ_μ 分别为模型参数场地固有圆频率与等价阻尼比的均值参数; $S_{g\mu}$ 为基底幅值谱参数的均值. ω_μ、ξ_μ 和 $S_{g\mu}$ 为 3 个待定参数.

根据上述模型均值平方谱的表达式,对实测地震动随机傅氏谱的均值平方谱曲线 y_{mean} 采用最小二乘原理进行拟合识别,可以得到各类场地的地震动模型参数的均值. 由于统计地震动样本的有限性,对曲线的过分拟合必然会导致其物理意义的偏差. 因此,结合数值结果与文献[5]的建议,表 3 给出了本文建议随机地震动模型参数的均值.

表 3　各类场地随机地震动模型参数的均值

	Ⅰ	Ⅱ	Ⅲ	Ⅳ
基底幅值 $S_{g\mu}$	0.22	0.25	0.29	0.35
频率 ω_μ	18	15	12	9
阻尼比 ξ_μ	0.65	0.70	0.80	0.85

2.3　随机地震动模型参数的变异系数

在确定了各类场地的地震动模型参数的均值后,根据实测地震动幅值谱的均值和加、减一倍标准差曲线拟合函数,结合函数优化算法可以识别给出模型参数的变异系数. 设各随机变量为对数正态分布且互相独立,基底谱参数 F_0 的变异系数为 x_1,场地固有圆频率 ω_0 的变异性系数为 x_2,场地等价阻尼比 ζ 的变异系数为 x_3,可以建立如下变异系数识别模型:

$$
\begin{aligned}
\min g(x_1,\ x_2,\ x_3) = \min \sum_{i=1}^{n} (&\mid Y_{\mathrm{mean+stv}} - y_{\mathrm{mean+stv}} \mid + \mid Y_{\mathrm{mean}} - y_{\mathrm{mean}} \mid + \\
&\mid Y_{\mathrm{mean-stv}} - y_{\mathrm{mean-stv}} \mid)
\end{aligned}
\tag{14}
$$

式中, Y_{mean}, $Y_{\mathrm{mean+stv}}$ 和 $Y_{\mathrm{mean-stv}}$ 分别为模型均值谱和模型均值加、减一倍标准差谱,由式(8)、式(9)计算. 模型参数的变异系数 x_1, x_2, x_3 为待定系数. 识别中,设初始值为 $x_{1,0}$, $x_{2,0}$, $x_{3,0}=[0.1;\ 0.1;\ 0.1]$,约束条件为 $0.1 \leqslant x_1,\ x_2,\ x_3 \leqslant 0.5$.

由于目标函数无法给出梯度,因此利用优化算法中的直接函数法进行优化计算——直接函数法仅用到目标函数的函数值,而不需要计算其导数值,实际计算中调用 MATLAB 优化工具包(Optimization Toolbox)中的功能函数求解. 与模型参数均值的识别类似,由于采集样本的有限性,这样优化识别的结果与实际的物理背景之间可能会存在一定的偏差,因此,结合优化识别的结果与文献[6]的建议,表 4 给出了本文建议随机地震动模型参数的变异系数.

表 4　各类场地的地震动模型参数的变异系数

	Ⅰ	Ⅱ	Ⅲ	Ⅳ
基底幅值 x_1	0.50	0.50	0.50	0.50
圆频率 x_2	0.40	0.40	0.42	0.42
阻尼比 x_3	0.30	0.30	0.35	0.35

3　随机地震动模型的验证

对于不同类型场地，分别将本文建议的地震动模型的随机傅氏谱与实测地震动数据进行对比，包括傅氏幅值谱的均值以及加减一倍标准差及功率谱密度曲线对比. 对比结果如图 2～图 5 所示，图中所示的光滑曲线为地震动模型曲线，非光滑曲线为对应实测地震动曲线. 从图中可以看到，在各类场地条件下，本文建立的随机地震动模型与实测地震动资料均符合得比较好. 通过与实测地震动记录的对比证明，本文建立的随机地震动模型不仅具有明确的物理概念，还充分反映了地震动的变异性特征.

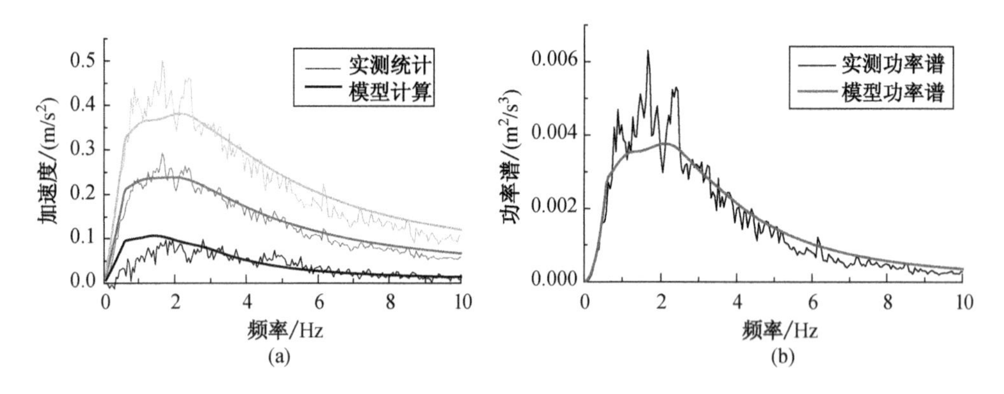

图 2　Ⅰ类场地地震动模型与实测地震动的对比

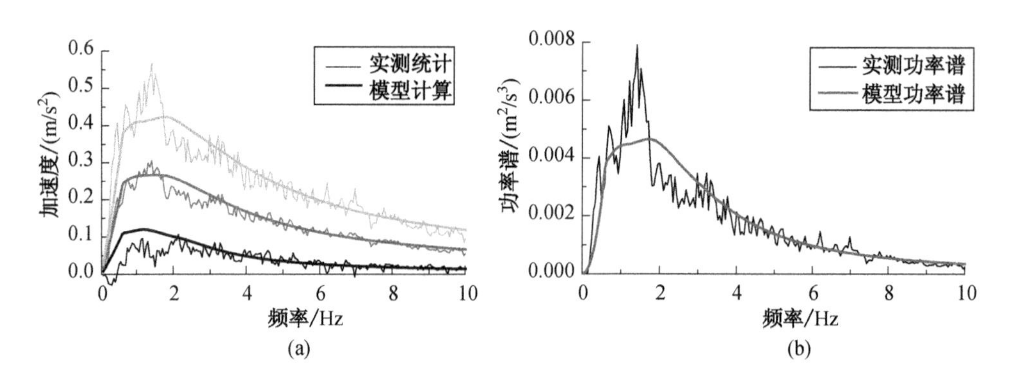

图 3　Ⅱ类场地地震动模型与实测地震动的对比

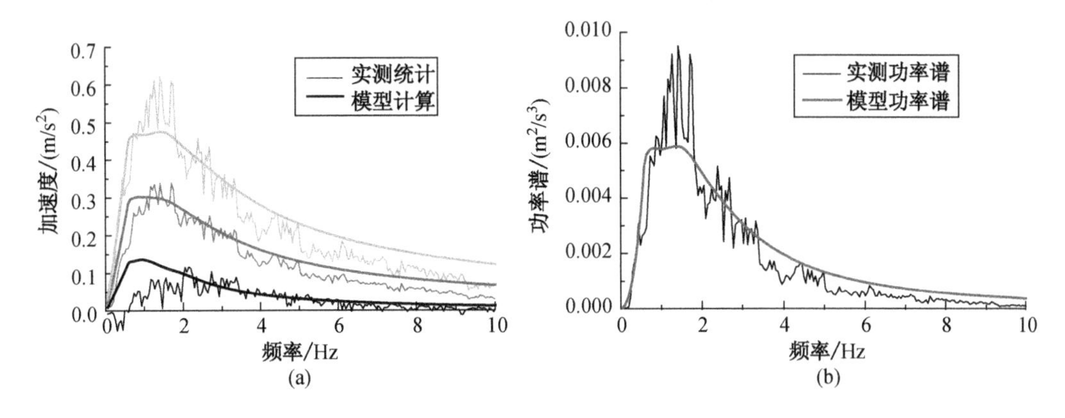

图 4 Ⅲ类场地地震动模型与实测地震动的对比

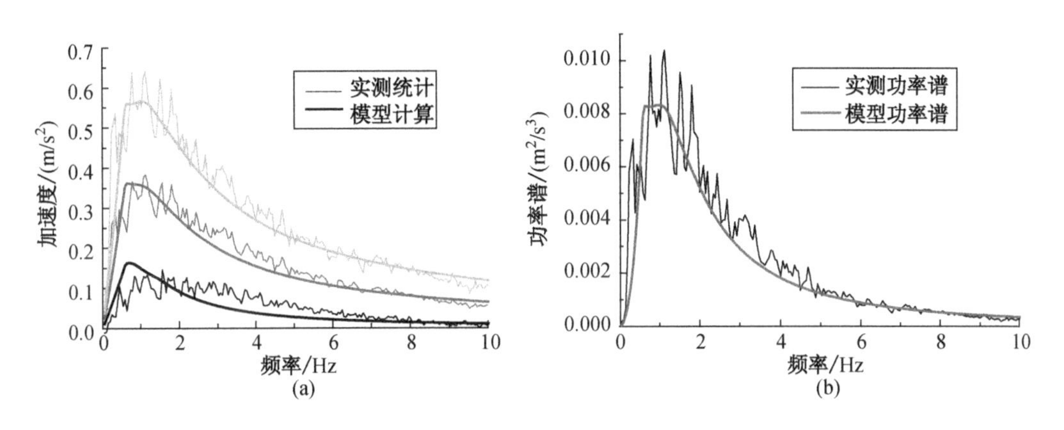

图 5 Ⅳ类场地地震动模型与实测地震动的对比

4 结 论

从根据物理联系研究地震动随机性的基本观念出发,通过考察工程场地的地震动传播机制,建立了随机地震动与基底输入傅氏谱、场地固有圆频率和场地等价阻尼比之间的物理关系.根据实测地震动记录资料,获取基本物理参数的概率分布参数,建立了适用于4类工程场地的等效随机地震动模型.与实测记录对比表明:本文建立的随机地震动模型不仅具有明确的物理概念,还可以充分反映地震动的变异性特征.

应该指出:本文所进行的研究是以建立地震动工程模型为目标的,可以利用本文基本思想,引入震级与距离的影响,研究考虑地震发生背景的地震动随机模型,这将使研究工作逐步走向深入.同时,由于所取强震记录的局限性,本文建议模型的具体参数尚不能完全真实地反映符合我国各类工程场地条件的基本参数.对于具体的工程场地,可以根据地震背景、场地岩土介质的测试结果调整本文建议的模型的参数. 有关的研究结果,将另文给出.

参考文献

[1] 李杰,李国强. 地震工程学导论[M]. 北京:地震出版社,1992.
[2] 胡聿贤. 地震工程学[M]. 2版. 北京:地震出版社,2006.
[3] 欧进萍,王光远. 结构随机振动[M]. 北京:高等教育出版社,1998.
[4] 李杰. 随机结构系统——分析与建模[M]. 北京:科学出版社,1996.
[5] 欧进萍,牛荻涛,杜修力. 设计用随机地震动的模型及其参数确定[J]. 地震工程与工程振动,1991,11(3):45-53.
[6] 张治勇,孙柏涛,宋天舒. 新抗震规范地震动功率谱模型参数的研究[J]. 世界地震工程,2002,16(3):33-38.

Study on Random Model of Earthquake Ground Motion Based on Physical Process

Li Jie　Ai Xiaoqiu

Abstract: In this paper, based on the physical relationship, the random character of earthquake ground motion is studied. The physical relation between the random parameters and the random earthquake ground motion are established, and these parameters include the input spectrum parameter, the free frequency and the damping ratio of sites. By using the random Fourier spectra the randomness of earthquake ground motion is described. A large number of earthquake records are introduced to identify the probability distribution of these physical parameters. Comparison with real records shows that the suggested model not only has clear physical concept, but also can reflect the variability character of the earthquake ground motion adequately.

(本文原载于《地震工程与工程振动》第26卷第5期,2006年10月)

工程地震动的物理随机函数模型

王鼎　李杰

摘　要　提出了工程地震动的物理随机函数模型，并在样本层次上验证了其正确性. 首先对刻画一维地震波场的偏微分方程定解问题给出了解的Fourier谱传递形式；其次对震源、传播途径和局部场地作用分别建立具体的物理模型，获得了以基本物理参数为随机参量的地震动随机函数模型；发展了由随机函数模型生成地震动样本时程的窄带谐波叠加方法；最后对1995年神户大地震的记录加速度时程进行了样本层面的建模. 研究表明：地震动物理随机函数模型能较好地反映真实地震动时程的频谱特性和非平稳特性.

作用于工程结构的地震动具有强烈的随机性. 自1947年Housner提出用随机点脉冲序列模拟具有特定频谱特性的地震动[1]以来，关于随机地震动的研究得到了广泛深入的发展[2]. 经典随机振动理论将地震动抽象为随机过程，并在平稳性和各态历经假设的基础上，建立功率谱的经验模型. 工程领域中广泛应用的Kanai-Tajimi模型[3,4]、Ruiz-Penzien模型[5]、松岛丰-欧进萍模型[6]等均为此类模型.

随机地震动的功率谱模型能够反映地震动的二阶统计特性，但由于在建模中采用现象学的方法，没有考虑地震动产生的物理背景，因此存在局限性. 事实上，经典地震动功率谱建模的基础是平稳性和各态历经性假定，因此只能反映地震动的平稳特性. 但大量研究表明，地震动的非平稳性(包括强度非平稳和频率非平稳)对结构进入非线性阶段后的力学行为有显著影响，功率谱模型不适用于结构的非线性随机响应分析及可靠度评价.

为了克服经典随机地震动模型的局限性，2006年李杰、艾晓秋提出了随机地震动物理建模的途径[7]，其基本思想是：以地震动产生、传播与场地过程的物理机制为基础，建立地震动与其影响要素之间的随机函数模型，通过对基本随机变量的统计分析，建立可以反映地震动精细概率结构的模型. 由于处于研究的探索期，文献[7]没有深入考虑震源物理机制与地震动传播途径的影响. 基于这一背景，本文试图进一步在此方向上作出探索. 在研究中，我们首先在一般意义上求解特定边界条件和初始条件的地震波波动方程，获得特定地点地震动的物理表达式；其次，引入“震源—传播途径—局部场地”模型，获得地震动的物理随机函数模型；进而，提出了由随机函数模型生成地震动时程样本的窄带谐波叠加方法,并利用 1995 年日本神户地震的地震动记录在样本层次上建模,验证了本文所建议方法的可行性.

1 一维地震动的谱传递关系

除局部场地作用外,影响空间特定点地震动时程的 2 个主要因素是地震震源机制和地震波传播介质属性[8]. 建立以震源运动为边界条件的波动方程并对其求解,是研究地震波场及其运动的一般方法[9, 10]. 一维地震动波场可以用位移函数 $u(x, t)$描述. 假定传播介质为均匀的线弹性介质,且介质属性不随时间发生变化,可建立如下的线性常系数齐次偏微分方程[11]

$$\begin{cases} \sum_{j=0}^{n} \sum_{k=0}^{m} a_{jk} \dfrac{\partial^{j+k}}{\partial x^j \partial t^k} u(x, t) = 0 \\ u(0, t) = u_0(t) \\ \left. \dfrac{\partial^i u(x, t)}{\partial t^i} \right|_{t \to 0} = 0 \\ \left. \dfrac{\partial^i u(x, t)}{\partial t^i} \right|_{t \to +\infty} = 0 \\ (i = 0, 1, \cdots, n) \end{cases} \tag{1}$$

其中, a_{jk}反映了传播介质属性.

上述方程的一般求解方法是积分变换方法,即通过积分变换将偏微分方程转化为常微分方程,再对常微分方程进行求解[12, 13]. 为此,对偏微分方程进行 Fourier 变换,并结合初始条件,可得

$$\begin{aligned} & a_0(\omega) \cdot \frac{\mathrm{d}^n U(x, \omega)}{\mathrm{d}x^n} + a_1(\omega) \cdot \frac{\mathrm{d}^{n-1} U(x, \omega)}{\mathrm{d}x^{n-1}} + \cdots \\ & + a_{n-1}(\omega) \cdot \frac{\mathrm{d}U(x, \omega)}{\mathrm{d}x} + a_n(\omega) \cdot U(x, \omega) = 0 \end{aligned} \tag{2}$$

其中

$$a_j(s) = \sum_{k=0}^{m} a_{jk} \cdot s^k \tag{3}$$

采用基础解系方法,可获得以上常微分方程的解为

$$U(x, \omega) = \sum_{j=0}^{n} b_j(\omega) \exp(-\mathrm{i} \cdot k_j(\omega) \cdot x) \tag{4}$$

其中 $k_j(\omega)$为特征方程

$$\sum_{j=0}^{n} a_j(\omega) \cdot (-\mathrm{i}k)^{n-j} = 0 \tag{5}$$

的 $n+1$ 个复根，由传播介质属性决定. $b_j(\omega)$由边界条件和 $k_j(\omega)$共同确定，物理上综合反映了震源和传播途径的影响.

对 $U(x,\ \omega)$进行逆 Fourier 变换，即得到偏微分方程(1)的时域解

$$u(x,\ t)=\frac{1}{2\pi}\sum_{j=0}^{n}\int_{-\infty}^{+\infty}b_j(\omega)\exp\{\mathrm{i}[\omega t-k_j(\omega)\cdot x]\}\cdot\mathrm{d}\omega \tag{6}$$

复根 $k_j(\omega)$的类型直接决定了偏微分方程表示的波动类型[11]. 但可以证明，无论 $k_j(\omega)$为何类形式的解，最后的解均能写成幅值和相位变化的谐波积分形式

$$u(x,\ t)=\frac{1}{2\pi}\sum_{j=0}^{n}\int_{-\infty}^{+\infty}B_j(\omega,\ x)\exp\left[\mathrm{i}\omega\left(t-\frac{x}{c_j(\omega)}\right)\right]\cdot\mathrm{d}\omega \tag{7}$$

其中 $c_j(\omega)=\omega/\mathrm{Re}(k_j(\omega))$.

式(7)可以转化为

$$\begin{aligned}u(x,\ t)=&\frac{1}{2\pi}\int_{-\infty}^{+\infty}A(b_0(\omega),\ \cdots,\ b_n(\omega);\ k_0(\omega),\ \cdots,\ k_n(\omega);\ \omega,\ x)\\&\times\cos[\omega t+\Phi(b_0(\omega),\ \cdots,\ b_n(\omega);\\&k_0(\omega),\ \cdots,\ k_n(\omega);\ \omega,\ x)]\mathrm{d}\omega\end{aligned} \tag{8}$$

上式表明，偏微分方程(1)的解可以表示成谐波叠加的形式，谐波的幅值和相位均受到边界条件和介质属性的影响.

一般认为，特定场地的地震动特征取决于震源、传播途径和局部场地三者的共同作用. 假定特定工程场地距离震源足够远、断层发展速度很快，以至可以认为震源的位错错动过程不会影响地震波传播途径的特性，同时假定局部工程场地相对传播途径来说几何尺度足够小，从而局部场地对地震动的频散效应可以忽略不计，则式(8)中振幅项 $A(\omega,\ x)$和相位项 $\Phi(\omega, x)$可以写成分离的形式. 此时，一点的地震动 $u_x(t)$可以表示成

$$\begin{aligned}u_x(t)=&\frac{1}{2\pi}\int_{-\infty}^{+\infty}A_s(\alpha_1,\ \cdots,\ \alpha_s,\ \omega)\cdot H_{A_p}(\beta_1,\ \cdots,\ \beta_h,\ \omega,\ x)\\&\times H_{A_s}(\gamma_1,\ \cdots,\ \gamma_l,\ \omega)\times\cos[\omega t+\Phi_s(\alpha_1,\ \cdots,\ \alpha_s,\ \omega)]\\&+H_{\Phi_p}(\beta_1,\ \cdots,\ \beta_h,\ \omega,\ x)+H_{\Phi_s}(\gamma_1,\ \cdots,\ \gamma_l,\ \omega)]\mathrm{d}\omega\end{aligned} \tag{9}$$

其中 $A_s(\alpha_1,\ \cdots,\ \alpha_s,\ \omega)$为震源位移幅值谱，$H_{A_p}(\beta_1,\ \cdots,\ \beta_h,\ \omega,\ x)$为传播途径的幅值谱传递函数，$H_{A_s}(\gamma_1,\ \cdots,\ \gamma_l,\ \omega)$为场地作用的幅值谱传递函数，$\Phi_s(\alpha_1,\ \cdots,\ \alpha_s,\ \omega)$为震源位移相位谱，$H_{\Phi_p}(\beta_1,\ \cdots,\ \beta_h,\ \omega,\ x)$为传播途径的相位谱传递函数，$H_{\Phi_s}(\gamma_1,\ \cdots,\ \gamma_l,\ \omega)$为场地作用的相位谱传递函数，$\alpha_i$，$\beta_i$，$\gamma_i$ 分别为震源、传播途径和局部场地模型中的物理参数.

与式(9)相应的加速度时程为

$$a_x(t) = \ddot{u}_x(t) = \frac{1}{2\pi}\int_{-\infty}^{+\infty} \omega^2 A_s(\alpha_1, \cdots, \alpha_s, \omega) \times H_{A_p}(\beta_1, \cdots, \beta_h, \omega, x) \times H_{A_s}(\gamma_1, \cdots, \gamma_l, \omega) \times \cos[\omega t + \Phi_s(\alpha_1, \cdots, \alpha_s, \omega) + H_{\Phi_p}(\beta_1, \cdots, \beta_h, \omega, x) + H_{\Phi_s}(\gamma_1, \cdots, \gamma_l, \omega)]\mathrm{d}\omega \tag{10}$$

上式即为地震动加速度时程的谱传递形式,它反映了支配地震动特性的确定性物理规律.

根据物理随机系统的基本观点,随机动力激励为具有随机函数形式的随机过程,在随机函数中,若干反映物理本质的参数为随机变量[14]. 基于此,地震动物理随机函数模型具有如下一般形式

$$a_R(t) = -\frac{1}{2\pi}\int_{-\infty}^{+\infty} \omega^2 A_s(\boldsymbol{\xi}_\alpha, \omega) \times H_{A_p}(\boldsymbol{\xi}_\beta, \omega, R) \times H_{A_s}(\boldsymbol{\xi}_\gamma, \omega) \times \cos[\omega t + \Phi_s(\boldsymbol{\xi}_\alpha, \omega) + H_{\Phi_p}(\boldsymbol{\xi}_\beta, \omega, R) + H_{\Phi_s}(\boldsymbol{\xi}_\gamma, \omega)]\mathrm{d}\omega \tag{11}$$

其中, $\boldsymbol{\xi}_\alpha = (\xi_{\alpha_1}, \cdots, \xi_{\alpha_s})$为震源随机参数组成的随机向量; $\boldsymbol{\xi}_\beta = (\xi_{\beta_1}, \cdots, \xi_{\beta_h})$为传播途径随机参数组成的随机向量; $\boldsymbol{\xi}_\gamma = (\xi_{\gamma_1}, \cdots, \xi_{\gamma_l})$为局部场地随机参数组成的随机向量; R 为震源和工程场地相对距离,为常量.

2 考虑震源、传播途径、场地作用物理机制的地震动建模

2.1 震源谱

地震学中的震源物理模型主要分为两大类,即震源运动学模型和震源动力学模型[9]. 震源运动学模型是针对震源运动量进行建模,以描述震源的运动学特性;震源动力学模型是对震源开裂和发展的动力学过程进行建模,从动力学角度解释震源特性. 现阶段在地震工程学领域中应用的主要为震源运动学模型. 最著名的3个地震动运动学谱模型为针对 Haskell 矩形位错震源机制的 Haskell ω^{-3} 模型[15, 16]、Aki 的 ω^{-2} 模型[17, 18] 以及针对 Brune 圆盘位错震源机制的 Brune 模型[19].

相对其他 2 个模型, Brune 模型具有物理意义简单明确和参数较少的特点. 因此,本文采用 Brune 圆盘位错模型建立地震动物理模型中的震源幅值谱 $A_s(\omega)$和相位谱 $\Phi_s(\omega)$. Brune 震源模型假定断层面为圆面,断层位错均匀分布在断层面上且断裂瞬间发生. 震源位错产生的剪切波向垂直于断层面的方向传播. 如图 1 所示.

考虑到断层面对地震波传播的影响,断层附近的位移可以表示成[19]

$$u(x,\ t)\Big|_{x\to 0}=\begin{cases}0, & t\leqslant 0\\ (\sigma/\mu)\cdot\beta\tau(1-\mathrm{e}^{-(t/\tau)}), & t>0\end{cases}\tag{12}$$

其中,σ 为剪应力降;β 为震源附近传播介质的剪切波速;τ 为 Brune 震源系数,正比于 r/β. 对上式进行 Fourier 变换,可计算出 Brune 震源幅值谱和相位谱主值 $A_s(\omega)$,$\Phi_s(\omega)$,经简化并考虑物理参数的随机性,有

$$A_s(\boldsymbol{\xi}_\alpha,\ \omega)=\frac{A_0}{\omega\sqrt{\omega^2+\left(\dfrac{1}{T}\right)^2}}\tag{13}$$

$$\Phi_s(\boldsymbol{\xi}_\alpha,\ \omega)=\arctan\left(\frac{1}{T\omega}\right)\tag{14}$$

其中 $\boldsymbol{\xi}_\alpha=(A_0,\ T)$为震源物理参数随机向量;$A_0$ 为震源幅值参数,是反映震源幅值强度的随机变量;T 为 Brune 震源参数,是反映震源属性的随机变量.

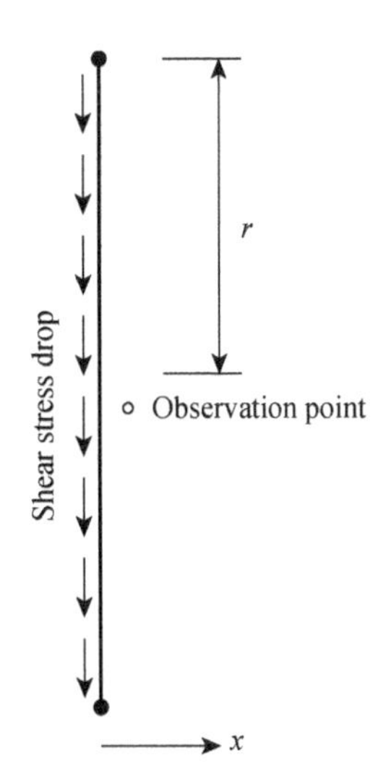

图 1　Brune 位错震源模型

2.2　传播途径传递函数

地震波在地球介质中传播,其幅值和相位的改变主要受到 3 个因素的影响:几何扩散效应、波在介质分界面由于反射和折射产生的变化及介质固有的阻尼衰减效应[9].

几何扩散效应主要影响地震动传播过程中的幅值大小而不影响幅值谱的形状. 由于对实际地震动进行统计建模时要进行归一化处理,因此可不考虑传播途径中的几何扩散效应. 同时,传播途径对幅值谱形状的影响主要体现在介质的阻尼衰减效应上,因此可仅考虑阻尼衰减效应建立幅值谱传递函数物理模型 $H_{A_P}(\omega,\ x)$.

地震学中常用品质因子反映介质的阻尼属性,阻尼衰减效应可表示为[9, 11]

$$A(\omega)=A_0(\omega)\cdot\exp\left[-\frac{\omega x}{2cQ(\omega)}\right]\tag{15}$$

因此,阻尼衰减效应对应的幅值谱传递函数为

$$H(\omega)=\frac{A(\omega)}{A_0(\omega)}=\exp\left[-\frac{\omega x}{2cQ(\omega)}\right]=\exp(-K\omega x)\tag{16}$$

其中 K 为表示介质衰减效应的参数,对一般的地球传播介质,c 和 Q 的值可近似认为和 ω 无关,因此可以认为 K 为常量,其值可用地球介质平均经验值表示,通常取值为 10^{-5} s/km.

波动传播对波动相位的影响可以写成如下形式(即波动自变量形式)[11]

$$H_{\Phi_P}(\omega,\ x)=-k(\omega)\cdot x\tag{17}$$

其中波数-频率关系 $k(\omega)$和群速度-频率关系 $c(\omega)$之间存在如下联系

$$c(\omega) - \frac{\mathrm{d}\omega}{\mathrm{d}k(\omega)} \tag{18}$$

传播途径对相位的影响是复杂的，受到界面层反射和透射效应及阻尼衰减效应的影响，频散特性很难用简单的模型统一表达，本文建议用经验波数-频率平均曲线反映. 文献[20，21]对等效波数-频率关系建立了如下经验模型

$$k^e(\omega) = d \cdot \ln\left[(a+0.5)\omega + b + \frac{1}{4c}\sin(2c\omega)\right] \tag{19}$$

对应的等效群速度-频率关系为

$$c^e(\omega) = \frac{1}{\frac{\mathrm{d}k^e(\omega)}{\mathrm{d}\omega}} = \frac{(a+0.5)\omega + b + \frac{1}{4c} \cdot \sin(2c\omega)}{d \cdot [a + \cos^2(c\omega)]} \tag{20}$$

其中，a，b，c，d 为经验系数，可以根据真实的波数-频率关系曲线确定其合理取值.

总结上述，反映传播途径物理效应的传递函数模型为

$$H_{A_P}(\boldsymbol{\xi}_\beta,\ \omega,\ R) = \exp(-KR\omega) \tag{21}$$

$$H_{\Phi_P}(\boldsymbol{\xi}_\beta,\ \omega,\ R) = -R \cdot d\ln\left[(a+0.5)\omega + b + \frac{1}{4c}\sin(2c\omega)\right] \tag{22}$$

由于传播途径的物理参数均采用常用的经验值，因此 $H_{A_P}(\boldsymbol{\xi}_\beta,\ \omega,\ R)$ 和 $H_{\Phi_P}(\boldsymbol{\xi}_\beta,\ \omega,\ R)$ 反映的是传播途径的平均影响效应.

2.3 局部场地传递函数

实际地震灾害表明，局部场地属性会对经过场地的地震波产生显著的滤波作用，从而对不同场地上的结构地震响应产生显著影响. 因此在地震动建模中，应将局部场地作用单独考虑.

工程中可以将局部场地等效为一个单自由度体系[3，4]，如图 2 所示.

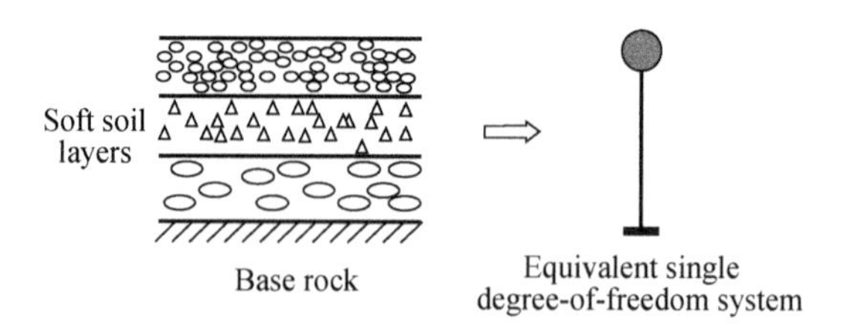

图 2　工程场地的等效单自由度体系模型

将基岩处的地震动作为上述局部场地模型的输入，其响应即为特定工程场地上的地震动时程. 等效单自由度体系的动力学方程为

$$\ddot{u}_{\mathrm{output}}(t) + 2\xi_g\omega_g\dot{u}_{\mathrm{output}}(t) + \omega_g^2 \cdot u_{\mathrm{output}}(t) = 2\xi_g\omega_g\dot{u}_{\mathrm{input}}(t) + \omega_g^2 \cdot u_{\mathrm{input}}(t) \quad (23)$$

其中，ξ_g 为场地等效阻尼比，ω_g 为场地等效卓越圆频率.

对式(23)左右两端进行 Fourier 变换并取模,即可得到局部场地作用幅值谱传递函数.

考虑等效阻尼比和等效卓越圆频率的随机性,局部场地过滤效应的传递函数 $H_{A_s}(\boldsymbol{\xi}_\gamma, \omega)$为

$$H_{A_s}(\boldsymbol{\xi}_\gamma, \omega) = \sqrt{\frac{1 + 4\xi_g^2(\omega/\omega_g)^2}{[1-(\omega/\omega_g)^2]^2 + 4\xi_g^2(\omega/\omega_g)^2}} \quad (24)$$

由于局部场地几何尺度一般较小,因此此处仅考虑地震波的直接传播效应.假定局部场地作用对相位变化的影响很小,可予忽略,即

$$H_{\Phi_s}(\boldsymbol{\xi}_\gamma, \omega) = 0 \quad (25)$$

其中,$\boldsymbol{\xi}_\gamma = (\xi_g, \omega_g)$为反映局部场地作用随机向量；$\xi_g$ 为场地等效阻尼比随机变量；ω_g 为场地等效卓越圆频率随机变量.

2.4 地震动物理随机函数模型

根据地震动随机函数的谱传递形式及震源、传播途径和局部场地类型的物理模型,可获得完整的工程地震动物理随机函数模型

$$a_R(t) = -\frac{1}{2\pi}\int_{-\infty}^{+\infty} A_R(\boldsymbol{\xi}, \omega) \cdot \cos[\omega t + \Phi_R(\boldsymbol{\xi}, \omega)] \cdot \mathrm{d}\omega \quad (26)$$

其中

$$A_R(\boldsymbol{\xi}, \omega) = \frac{A_0\omega \cdot \mathrm{e}^{-K\omega R}}{\sqrt{\omega^2 + \left(\frac{1}{T}\right)^2}} \cdot \sqrt{\frac{1 + 4\xi_g^2(\omega/\omega_g)^2}{[1-(\omega/\omega_g)^2]^2 + 4\xi_g^2(\omega/\omega_g)^2}} \quad (27)$$

$$\Phi_R(\boldsymbol{\xi}, \omega) = \arctan\left(\frac{1}{T\omega}\right) - R \cdot d\ln\left((a+0.5)\omega + b + \frac{1}{4c}\sin(2c\omega)\right) \quad (28)$$

$\boldsymbol{\xi}$ 为随机向量,其分量的物理含义已如前所述.

利用上述模型,结合窄带谐波叠加生成方法,可以给出具有非平稳特性的地震动样本时程.

3 生成随机地震动样本的窄带谐波叠加方法

3.1 窄带谐波叠加的基本原理

考虑如下波动形式,其 Fourier 幅值谱分布在一个特定的窄频带中,且幅值大

小为常数.此类波动一般称为窄带谐波叠加[11,21],如图 3 所示.

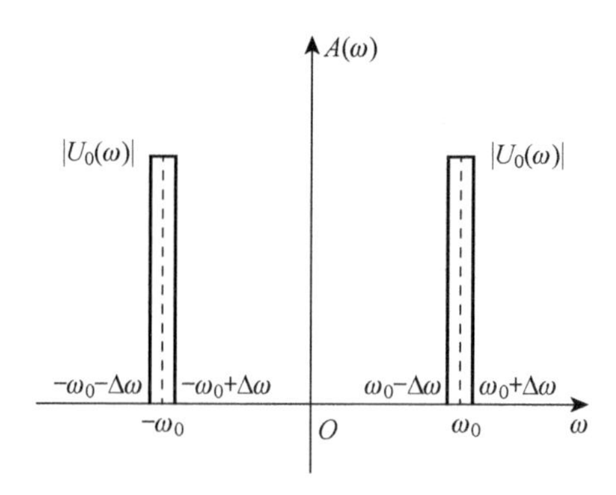

图 3　窄带谐波叠加的 Fourier 幅值谱

窄带谐波叠加的时域表达形式为[11]

$$u(x,\ t)=\frac{1}{2\pi}\cdot 2\mathrm{Re}\int_{\omega_0-\Delta\omega}^{\omega_0+\Delta\omega}U(\omega_0)\exp[\mathrm{i}(\omega t-k(\omega)\cdot x)]\mathrm{d}\omega \tag{29}$$

在区间$(\omega_0-\Delta\omega,\ \omega_0+\Delta\omega)$中,对 $k(\omega)$进行泰勒展开,并保留一次项,可以获得窄带谐波叠加对应的波形为

$$u(x,\ t)=F\left(t-\frac{x}{c_g}\right)\cos(\omega_0 t-k_0 x+\varphi_0) \tag{30}$$

其中,$F\left(t-\frac{x}{c_g}\right)=\frac{2}{\pi}|U(\omega_0)|\cdot\sin\left[\left(t-\frac{x}{c_g}\right)\Delta\omega\right]\Big/\left(t-\frac{x}{c_g}\right)$为波形包络函数;$c_g=\left.\frac{\mathrm{d}\omega}{\mathrm{d}k}\right|_{\omega=\omega_0}$为窄带中心频率对应的群速度.

典型窄带谐波叠加的波形如图 4 所示.

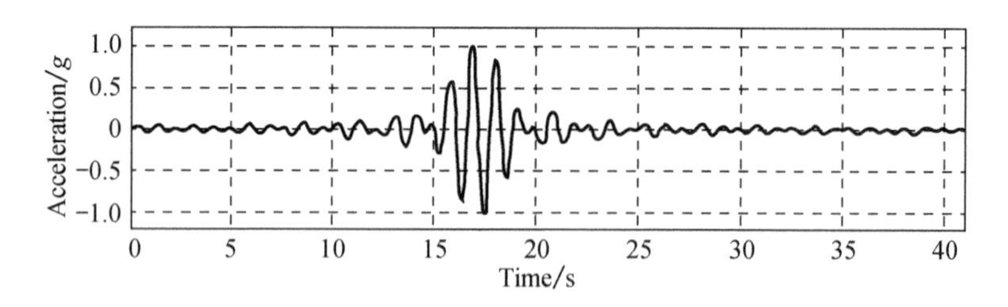

图 4　典型窄带谐波叠加的波形

3.2　基于窄带谐波叠加方法的地震动合成

对地震动物理随机函数模型中的圆频率 ω 离散,并认为每一个离散的频率窄区间是一个窄带谐波叠加分量,各个频率分量对应的窄带谐波叠加相累加,便可给出样本地震动时程,即

$$a_R(t) = -\sum_j A_j \cdot F_j(t) \cdot \cos(\omega_j t + \varphi_j) \tag{31}$$

其中，

$$A_j = \frac{2}{\pi} \frac{A_0 \omega_j \cdot \mathrm{e}^{-KR\omega_j}}{\sqrt{\omega_j^2 + \left(\frac{1}{T}\right)^2}} \times \sqrt{\frac{1 + 4\xi_g^2 (\omega_j / \omega_g)^2}{[1 - (\omega_j / \omega_g)^2]^2 + 4\xi_g^2 (\omega_j / \omega_g)^2}} \tag{32}$$

$$F_j(t) = \frac{\sin\left[\left(t - \frac{x}{c_j}\right)\Delta\omega_j\right]}{\left(c - \frac{x}{c_j}\right)} \tag{33}$$

$$\varphi_j = \arctan\left(\frac{1}{T\omega_j}\right) - R \cdot d\ln\left[(a + 0.5)\omega_j + b + \frac{1}{4c}\sin(2c\omega_j)\right] \tag{34}$$

$$c_j = \left.\frac{\mathrm{d}\omega}{\mathrm{d}k}\right|_{\omega=\omega_j} = \frac{(a + 0.5)\omega_j + b + \frac{1}{4c} \cdot \sin(2c\omega_j)}{d \cdot [a + \cos^2(c\omega_j)]} \tag{35}$$

采用式(31)生成的地震动加速度时程样本具有幅值和频域非平稳特性. 其中幅值非平稳是利用窄带谐波叠加自身的幅值非平稳性实现的，频域非平稳则是由于本模型考虑了地震波不同频率分量传播速度不同这一物理事实.

4 实例分析

选用 1995 年日本神户(Kobe)地震不同震中距工程场地上的地震动加速度记录进行建模. 实际地震动时程采样点间隔为 0.02 s，采样点数为 2 048，时长为 40.96 s，峰值加速度均归一化为 1g. 所选地震动记录详细情况见表 1.

表 1　所选地震动时程记录具体信息

No.	Station	Epicentral distance/km	Hypocentral distance/km	J-B distance /km	Campbell distance/km	Closest distance/km	V_{s30} /(m/s)
1	Nishi-Akashi	8.70	19.90	7.08	8.12	7.08	609.00
2	Takatori	13.12	22.19	1.46	3.45	1.47	256.00
3	Kakogawa	24.20	30.10	22.50	23.18	22.50	312.00
4	Shin-Osaka	45.97	49.33	19.14	19.62	19.15	256.00

采用最小二乘准则拟合幅值谱. 窄带谐波合成的频率间隔 $\Delta\omega$ 取为 0.2 Hz，频率取值区间为 0～25 Hz. 根据文献[21, 22]，等效波数-频率关系中的经验参数分别取值为 a=1.02，b=4.03×10^2 rad/s，c=1.89 s/rad，d=1.30×10^2 rad/km. 对各地震动识别的幅值谱参数见表 2. 表 2 中，震源参数识别结果存在较大变异性，其主要原因是传播途径和局部场地作用的复杂性等效到了震源作用中.

表 2 幅值谱参数拟合结果

No.	A_0/(g·s/rad)	T/(s/rad)	ω_g/(rad/s)	ξ_g
1	3.090×10^{-2}	0.131 4	13.253	0.213 6
2	13.035×10^{-2}	0.118 4	4.147	0.327 9
3	13.896×10^{-2}	0.716 7	22.771	0.491 6
4	9.683×10^{-2}	0.336 0	9.392	0.357 2

根据式(31)，可给出按本文建议方法计算的地震动时程，如图 5～图 8 所示.

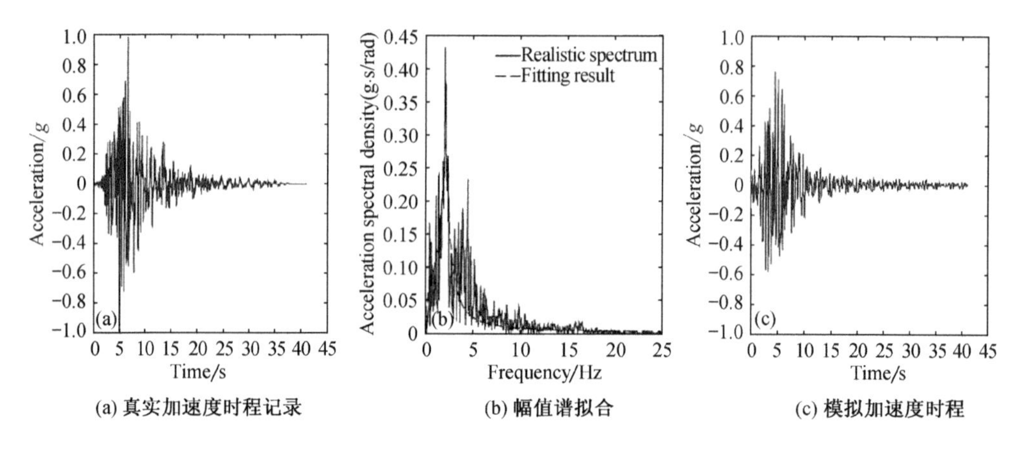

(a) 真实加速度时程记录　(b) 幅值谱拟合　(c) 模拟加速度时程

图 5　Nishi-Akashi 台站记录

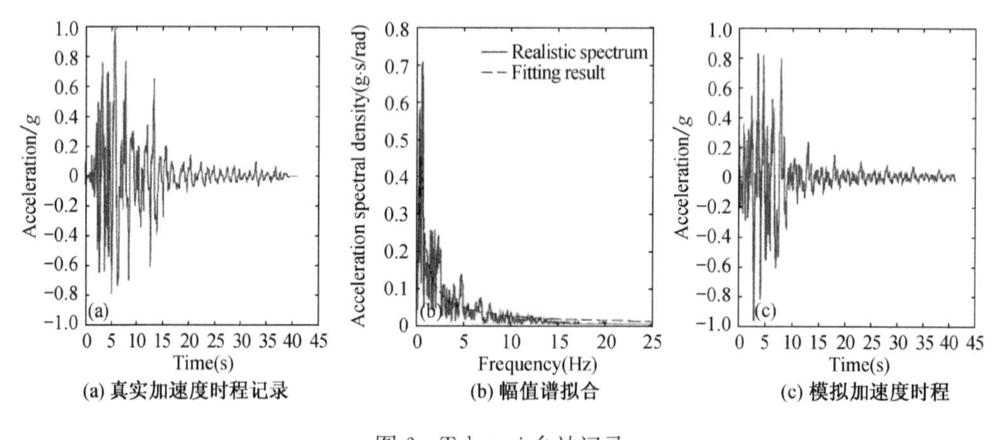

(a) 真实加速度时程记录　(b) 幅值谱拟合　(c) 模拟加速度时程

图 6　Takatori 台站记录

生成地震动时程样本的相位谱类似于白噪声，与真实情况相吻合，如图 9 所示.

上述结果表明，由本文建议模型生成的地震动时程样本不仅具有和真实地震动时程相同的频谱特性，同时反映出了真实时程的幅值非平稳性和频域非平稳性.

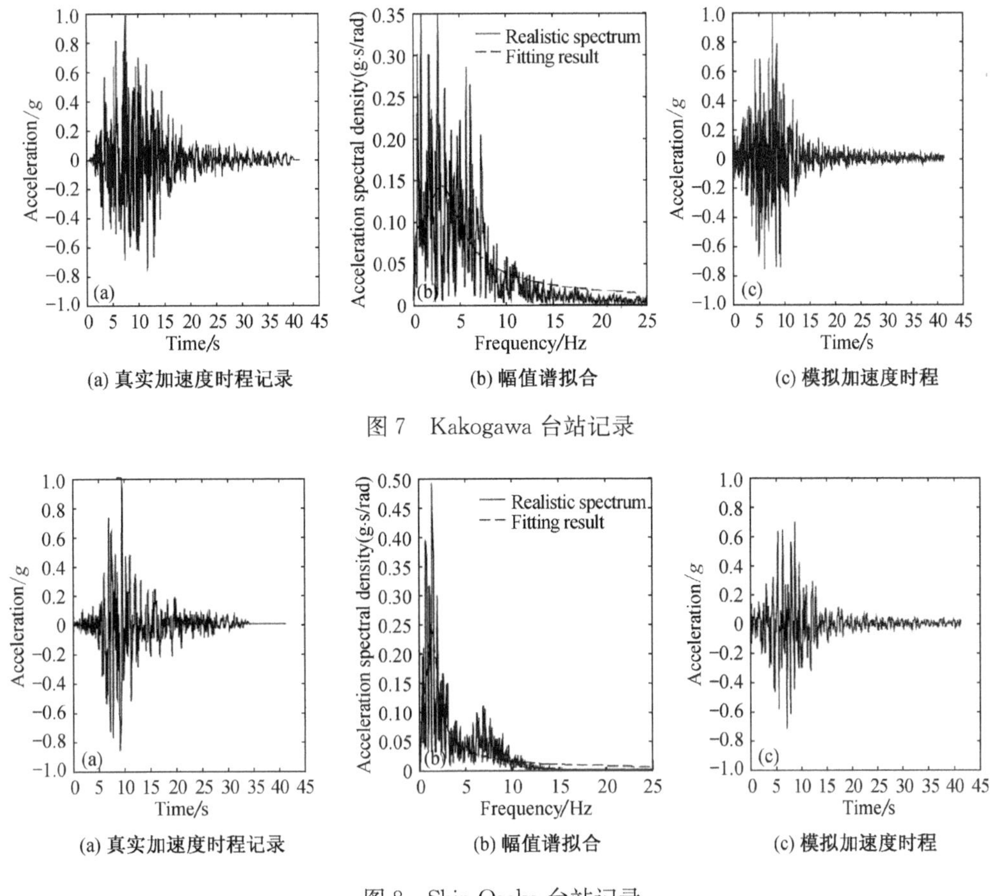

(a) 真实加速度时程记录　(b) 幅值谱拟合　(c) 模拟加速度时程

图 7　Kakogawa 台站记录

(a) 真实加速度时程记录　(b) 幅值谱拟合　(c) 模拟加速度时程

图 8　Shin-Osaka 台站记录

5　结　论

在文献[7]工作的基础上提出了较为完整的工程地震动物理随机函数模型.

(1) 通过定性求解一维地震波场的数学物理定解问题，获得了地震动的谱传递形式. 这一形式解反映了物理规律对工程结构地震动的支配作用，为较为完全地反映地震动物理性质奠定了基础.

(2) 结合地震动的谱传递形式，引入震源—传播途径—局部场地机制的物理模型，建立了地震动物理随机函数模型. 在这一模型中，震源物理模型采用 Brune 位错震源模型；传播途径考虑介质阻尼效应对幅值传递函数的影响、同时引入经验波数-频率关系反映造成频散效应的相位变化；采用单自由度过滤模型反映局部场地作用.

(3) 发展了地震动样本生成的窄带谐波叠加方法，用于由地震动物理随机函数模型生成地震动样本时程. 对实际地震动进行建模的结果表明：地震动物理随机函数模型生成的样本地震动时程能够反映出真实时程的频域特性和非平稳性，可用于工程结构的地震非线性随机响应分析及可靠度评价.

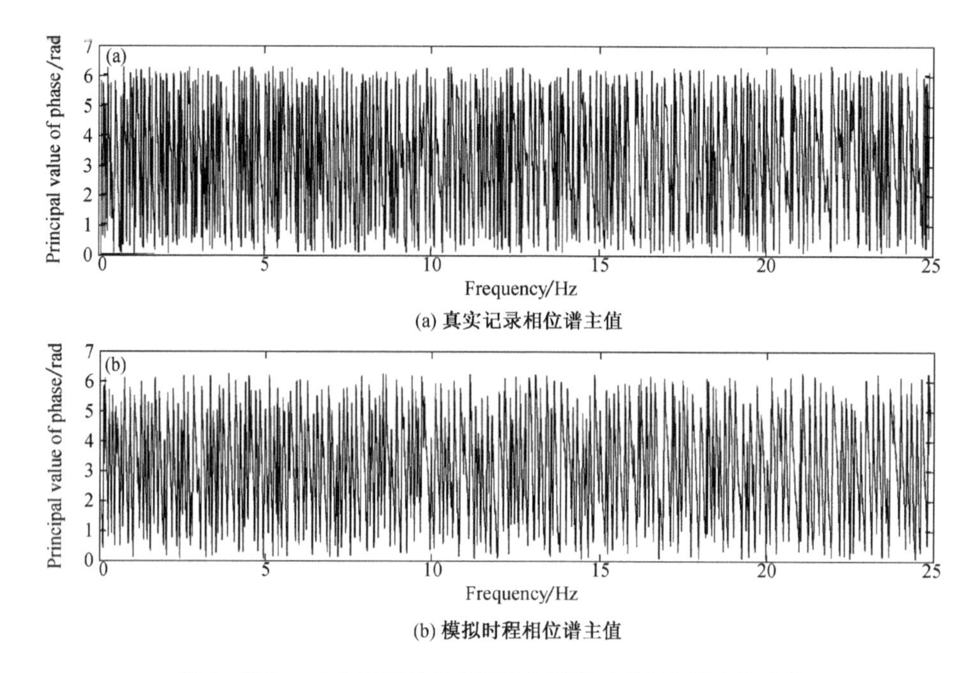

(a) 真实记录相位谱主值

(b) 模拟时程相位谱主值

图 9　Takatori 台站记录真实记录与模拟时程相位谱主值比较

参考文献

[1] Housner G W. Characteristics of strong-motion earthquakes[J]. Bull Seismol Society Am, 1947, 37: 19-27.

[2] Douglas J, Aochi H. A survey of techniques for predicting earthquake ground motion for engineering purpose[J]. Surv Geophys, 2008, 29: 187-220.

[3] Kanai K. Semi-empirical formula for the seismic characteristics of the ground[J]. Bull Earthquake Res Inst, 1957, 35: 309-325.

[4] Kanai K. An empirical formula for the spectrum of strong earthquake motions[J]. Bull Earthquake Res Inst, 1961, 39: 85-95.

[5] Ruiz P T, Penzien J. Probabilistic study of the behavior of structures during earthquakes [J]. UCB/EERC-69/03, 1969.

[6] 欧进萍,牛荻涛. 地震地面运动随机过程模型的参数及其结构反应[J]. 哈尔滨建筑工程学院学报, 1990, 2: 24-34.

[7] 李杰,艾晓秋. 基于物理的随机地震动模型研究[J]. 地震工程与工程振动,2006,26:21-26.

[8] Boore D M. Simulation of ground motion using the stochastic method[J]. Pure Appl Geophys, 2003, 160: 635-676.

[9] Aki K, Richards P G. Quantitative Seismology Theory and Methods[J]. San Francisco: W. H. Freeman and Company, 1980: 9-35.

[10] Pujol J. Elastic Wave Propagation and Generation in Seismology [M]. Cambridge: Cambridge University Press, 2003: 84-99.

[11] 廖振鹏. 工程波动理论导论[M]. 2 版. 北京:科学出版社, 2002: 16-25.

[12] Tsien H S. Engineering Cybernetics[M]. New York: McGraw-Hill, 1954: 7-11.
[13] Doebelin E O. System Model and Response [M]. New York: John Wiley & Sons, 1980: 26-32.
[14] 李杰.工程结构随机动力激励的物理模型[C]//李杰,陈建兵.随机振动理论与应用新进展.上海:同济大学出版社, 2008: 119-132.
[15] Haskell N A. Total energy and energy spectral density of elastic wave radiation from propagating faults[J]. Bull Seismological Society Am, 1964, 54: 1811-1841.
[16] Haskell N A. Total energy and energy spectral density of elastic wave radiation from propagating faults. Part II. A statistical source model[J]. Bull Seismological Society Am, 1966, 56: 125-140.
[17] Aki K. Scaling law of seismic spectrum[J]. J Geophys Res, 1967, 72: 1217-1231.
[18] Aki K. Scaling law of earthquake source time-function[J]. Geophys J G Astr Soc, 1972, 31: 3-25.
[19] Brune J N. Tectonic stress and the spectra of seismic shear waves from earthquakes[J]. J Geophys Res, 1970, 75: 4997-5009.
[20] Trifunac M D. A method for synthesizing realistic strong ground motion. Bull Seismological Society Am[J], 1971, 61: 1739-1753.
[21] Wong H L, Trifunac M D. Generation of artificial strong motion accelerograms [J]. Earthquake Eng Struct Dyn, 1979, 77: 509-527.
[22] Dziewonski A M, Anderson D L. Preliminary reference Earth model[J]. Phys Earth Planet Inter, 1981, 25: 297-356.

Physical Random Function Model of Ground Motions for Engineering Purposes

Wang Ding   Li Jie

Abstract: A physical random function model of ground motions for engineering purposes is presented with the verification on sample level. First we derive the Fourier spectral transfer form of the solution to the definition problem, which describes one-dimensional seismic wave field. Then based on the special models of the source, path and local site, the physical random function model of ground motions is obtained and the physical parameters in the model are random variables. The superposition method of narrow-band harmonic wave groups is improved to synthesis ground motion samples. Finally, an application of this model to simulate ground motion records in 1995 Kobe earthquake is provided. The resulting accelerogram have frequency-domain and non-stationary characteristics which are in full agreement with the realistic ground motion records.

(本文原载于《中国科学:技术科学》第41卷第3期,2011年3月)

工程场地地震动随机场的物理模型

王鼎　李杰

摘　要　提出了工程场地地震动随机场的物理模型，并利用实测地震动验证了其正确性. 首先，阐释了工程场地地震动场双尺度建模的基本思路；其次，以地震点源模型和均匀各向同性传播介质模型为基础，阐明基岩表面地震波场具有二维球面波场形式，并给出了基岩表面地震波场一般形式；假设工程场地内的地震波为平面波，建立场地滤波模型，获得了工程场地表面地震动场的基本表达式；再次，引入震源、传播途径和局部工程场地的具体物理模型并考虑基本物理参量的随机性，建立了工程场地地震动随机场的物理模型. 利用波群叠加方法，对 SMART-1 台站组记录的强震地震动时程数据进行了样本层面的建模. 研究结果表明，本文所发展的地震动随机场物理模型能够反映真实地震动的空间相关性.

1　引　言

工程地震动研究的核心内容是以地震动实测数据为基础，建立反映地震动物理本质的数学模型，以科学反映工程场地范围内的地震动特性，并将其应用于复杂结构的地震响应分析和抗震可靠度评价.

由于影响工程场地地震动场的物理要素极为复杂，地震动观测数据具有极强的随机性. 在既有研究中，一般将地震动场抽象为随机场，并在均匀、平稳和各态历经性假设的基础上建立功率谱和相干函数模型，以反映地震动场的统计特性[1, 2]. 其中，功率谱模型反映了特定点地震动的二阶统计特性，经典功率谱模型包括 Kanai-Tajimi 模型[3, 4]、Clough-Penzien 模型[5]等；相干函数模型则给出随机地震动场中不同点地震动相关性的描述. 通过对 SMART-1 等台站组实测数据统计分析，大量经验和半经验相干函数模型相继提出，其中在工程中开始得到应用的有：Luco -Wong 模型[6]、Harichandran-Vanmarcke 模型[7]、Loh-Lin 模型[8]、屈铁军-王君杰模型[9]等.

应该指出：在本质上，上述功率谱和相干函数模型本质上属于现象学模型，即基于实测地震动的直接统计分析建立数学模型. 这些模型理所当然地缺乏对物理背景的分析，在应用上也当然存在一定的局限性[10]. 事实上，功率谱模型和相干函数模型均建立在平稳性、均匀性和各态历经性假设的基础上，难以反映地震动的非平稳、非均匀特性；同时，由于在本质上属于二阶数值特征模型，功率谱模型和相干函数模型均无法与实测样本建立一一对应的关系. 在现阶段，随机地震动场主要采用谱表现方法模拟[11-13]，这需要引入大量无物理意义的随机变量.

为了克服经典随机模型的局限性，李杰等人[14-16]提出并系统地发展了地震动的物理随机函数建模途径. 其基本思想是：以场地地震动产生的"震源—传播途径—局部场地"物理机制为基础，建立特定工程场地上的地震动物理随机函数模型. 由于模型中的随机参量具有明确物理含义，所以能够通过实测记录进行统计建模. 经过反复努力，文献[16]提出了理论上较完善的一点处地震动的物理模型. 本文将进一步给出工程尺度范围内的地震动随机场的物理函数模型. 这一研究的基本思想是在两个尺度上考虑地震波场建模问题：在量级为 10^3 m 以上的大尺度范围内，以点震源模型和均匀各向同性传播介质模型为基础，建立工程场地下基岩表面的二维球面波场模型；在量级为 $10^0\sim10^2$ m 的小尺度范围内，以工程场地等效模型为基础，建立场地表面的二维平面波场模型.

2　地震动随机场物理模型建模

2.1　工程地震动场的双尺度建模

影响工程场地地震波动场的 3 个主要因素是地震震源机制、岩层中地震波的传播效应和局部场地土层对地震波的作用，一般可将其概括为地震波场产生的"震源—传播途径—局部场地"机制.

对特定工程场地，场地下基岩面的地震动场由震源机制和岩层传播介质属性决定，可通过对震源和岩层传播介质建立弹性动力学模型加以反映[17]，而场地表面地震动是基岩输入地震波在局部场地中传播的结果. 一般情况下，工程场地几何尺度量级为 $10^0\sim10^2$ m，而震源和传播途径的几何尺度量级为 10^3 m 以上. 因此，可根据不同尺度上地震波场的特点，将"震源—传播途径"和"局部场地"效应分别处理. 宏观上，采用地震动产生的点震源模型和均匀各向同性传播介质模型[18, 19]分析大尺度的地震动随机场；局部上，可通过对场地建立物理滤波模型、并引入局部坐标系刻画小尺度地震动随机场的特征.

2.2　大尺度地震波场的物理模型

引入地震动发生的点震源模型，并假定大尺度传播介质为空间均匀各向同性介质，则地震波将具有弹性球面波的基本形式[20]，即在宏观上基岩表面地震波场表现为二维球面波场. 以震中为坐标原点建立极坐标系(r, θ)，r 为局部场地中心

对应的震中距，θ 为方位角．在图 1 所示的坐标系中地震动加速度波场可用复数形式表示为

$$\boldsymbol{a}(r,\ \theta,\ t)=|\ \boldsymbol{a}(r,\ \theta,\ t)\ |\cdot\exp\{\mathrm{i}[\theta+\varphi(r,\ \theta,\ t)]\} \tag{1}$$

其中 $\boldsymbol{a}(r, \theta, t)$ 为 (r, θ) 处地震动加速度矢量，$|\boldsymbol{a}(r, \theta, t)|$ 为加速度幅值，$\varphi(r, \theta, t)$ 为加速度矢量 $\boldsymbol{a}(r, \theta, t)$ 与矢径 $\boldsymbol{r}$ 的夹角．

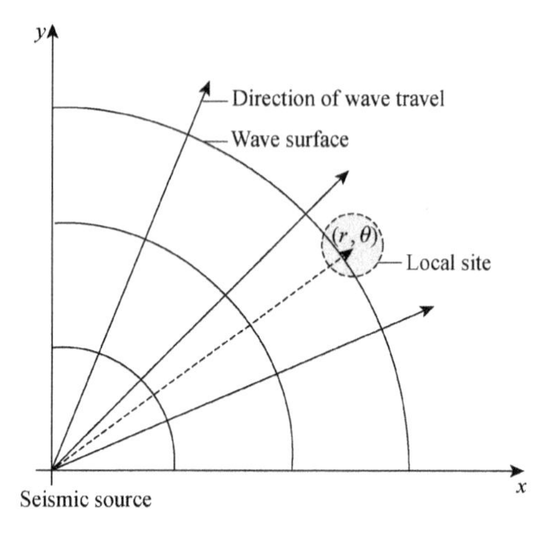

图 1　基岩表面地震波球面波场

加速度幅值可以表示为

$$|\ \boldsymbol{a}(r,\ \theta,\ t)\ |=A(\theta)\cdot a_0(r,\ t) \tag{2}$$

其中，$A(\theta)$ 为地震波辐射形式，物理含义是 θ 方向上震源辐射的地震波能量，$a_0(r, t)$ 为一维地震波场波动形式．

Penzien 和 Kubo 等人[21, 22]对地震动主轴方向的研究表明：在一次地震过程中，地震动主轴方向可以近似认为保持固定，且最大分量主轴向近似指向震中．因此，对 $\varphi(r, \theta, t)$ 可假定

$$\varphi(r,\ \theta,\ t)=\varphi_0 \tag{3}$$

综上，地震动平面加速度波场可表示为

$$\boldsymbol{a}(r,\ \theta,\ t)=A(\theta)\cdot a_0(r,\ t)\cdot\exp\{\mathrm{i}[\theta+\varphi_0]\} \tag{4}$$

根据弹性波动理论，式(4)中的 $a_0(r, t)$ 可通过求解下述线性常系数齐次偏微分方程[23]获得．

$$\begin{cases}\displaystyle\sum_{j=0}^{n}\sum_{k=0}^{m}a_{jk}\frac{\partial^{j+k}}{\partial r^j\partial t^k}u(r,\ t)=0\\ u(0,\ t)=u_0(t)\\ \left.\dfrac{\partial^i u(r,\ t)}{\partial t^i}\right|_{t\to 0}=0 & (i=0,\ 1,\ \cdots,\ n)\\ \left.\dfrac{\partial^i u(r,\ t)}{\partial t^i}\right|_{t\to +\infty}=0 & (i=0,\ 1,\ \cdots,\ n)\end{cases} \tag{5}$$

方程(5)中，$u(r, t)$ 为一维位移波场，a_{jk} 反映了岩层介质属性，边界条件 $u_0(t)$ 由震源运动学模型确定．

采用积分变换方法求解式(5)，并引入震源-传播途径分离假设[19, 24]，可获得 $a_0(r, t)$ 的一般形式

$$a_0(r,t)=\ddot{u}(r,t)=-\frac{1}{2\pi}\cdot\int_{-\infty}^{+\infty}\omega^2\cdot A_s(\alpha_1,\cdots,\alpha_s,\omega)\times H_{Ap}(\beta_1,\cdots,\beta_p,\omega,r)\cos[\omega t+\Phi_s(\alpha_1,\cdots,\alpha_s,\omega)+H_{\Phi p}(\beta_1,\cdots,\beta_p,\omega,r)]\mathrm{d}\omega \tag{6}$$

其中,$a_i(i=1,\cdots,s)$为震源物理参量,$\beta_i(i=1,\cdots,p)$为传播途径物理参量,$A_s(\omega)$和$\Phi_s(\omega)$为震源位移幅值、相位谱,$H_{Ap}(\omega,r)$和$H_{\Phi p}(\omega,r)$为传播途径幅值、相位传递函数.

将式(6)代入式(4),得到

$$\boldsymbol{a}(r,\theta,t)=-\frac{A(\theta)\cdot\exp\{\mathrm{i}(\theta+\varphi_0)\}}{2\pi}\times\int_{-\infty}^{+\infty}\omega^2\cdot A_s(\alpha_1,\cdots,\alpha_s,\omega)\times H_{Ap}(\beta_1,\cdots,\beta_p,\omega,r)\times\cos[\omega t+\Phi_s(\alpha_1,\cdots,\alpha_s,\omega)+H_{\Phi p}(\beta_1,\cdots,\beta_p,\omega,r)]\mathrm{d}\omega \tag{7}$$

将上式写成 E-W 和 N-S 分量形式,有

$$\begin{pmatrix}a_{EW}(r,\theta,t)\\a_{NS}(r,\theta,t)\end{pmatrix}=-\frac{A(\theta)}{2\pi}\cdot\begin{pmatrix}\cos(\theta+\varphi_0)\\\sin(\theta+\varphi_0)\end{pmatrix}\times\int_{-\infty}^{+\infty}\omega^2\cdot A_s(\alpha_1,\cdots,\alpha_s,\omega)\times H_{Ap}(\beta_1,\cdots,\beta_p,\omega,r)\times\cos[\omega t+\Phi_s(\alpha_1,\cdots,\alpha_s,\omega)+H_{\Phi p}(\beta_1,\cdots,\beta_p,\omega,r)]\mathrm{d}\omega \tag{8}$$

公式(7)和(8)给出了基岩地震波场的物理描述.

对震源、传播途径进行物理建模,可得到具体的地震波场物理模型.事实上,若采用 Brune 点源模型[25]反映地震动产生的物理机制,$A_s(\omega)$和$\Phi_s(\omega)$将为

$$A_s(\omega)=\frac{A_0}{\omega\sqrt{\omega^2+\left(\frac{1}{T}\right)^2}} \tag{9a}$$

$$\Phi_s(\omega)=\arctan\left(\frac{1}{T\omega}\right) \tag{9b}$$

其中,A_0 为震源幅值系数,T 为 Brune 震源系数.

而对于均匀各向同性弹性介质,传播途径幅值传递函数 $H_{AP}(\omega,r)$ 主要反映介质的阻尼衰减效应,为[20]

$$H_{AP}(\omega,r)=\exp(-K\omega r) \tag{10}$$

其中 K 为介质阻尼衰减系数.

综合考虑传播途径和工程场地中的复杂频散效应,通过建立地震波传播的等效频率-波数关系,可获得[16]

$$H_{\Phi p}(\omega,r)+H_{\Phi s_1}(\omega)=-r\cdot d\ln[(a+0.5)\omega+b+\frac{1}{4c}\sin(2c\omega)] \tag{11}$$

其中，a，b，c，d 为等效频率-波数关系中的经验参数.

2.3 工程尺度范围内的地震动场

在工程尺度范围内的地震动场，可认为是基岩输入地震波在场地土层中传播的结果. 为了刻画场地地震动场，可建立如图 2 所示的局部极坐标系，其中坐标原点选为给定场地的几何中心. 结合图 1，工程场地地震动场中的点可用坐标(r，θ，r_l，θ_l)确定位置，其中坐标(r，θ)用于描述工程场地整体相对震源的位置，坐标(r_l，θ_l)用于描述场地表面不同点的位置.

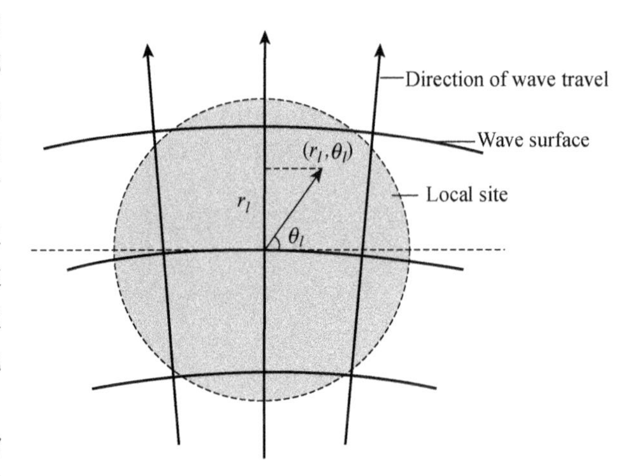

图 2　工程场地局部坐标系

假定工程场地可以等效为单一随机介质，根据动力学基本理论，可以建立工程场地的幅值传递函数模型 $H_{As}(\omega, r_l, \theta_l)$和相位传递函数模型 $H_{\Phi s}(\omega, r_l, \theta_l)$，以反映局部场地效应对地震波的作用. 不失一般性，$H_{As}(\omega,r_l,\theta_l)$和 $H_{\Phi s}(\omega,r_l,\theta_l)$可以表示为

$$H_{As}(\omega, r_l, \theta_l) = H_{As_1}(\omega) \cdot H_{As_2}(\omega, r_l, \theta_l) \tag{12a}$$

$$H_{\Phi s}(\omega, r_l, \theta_l) = H_{\Phi s_1}(\omega) + H_{\Phi s_2}(\omega, r_l, \theta_l) \tag{12b}$$

其中 $H_{As_1}(\omega)$和 $H_{\Phi s_1}(\omega)$为基岩表面到场地坐标原点的幅值、相位传递函数，由工程场地动力传递关系确定.

在物理上，局部工程场地幅值传递函数 $H_{As_1}(\omega)$反映了场地动力放大或衰减效应，引入单一随机介质的概念反映场地分层介质，可将工程场地等效为单自由度随机系统，此时，

$$H_{As_1}(\omega) = \sqrt{\frac{1+4\zeta_g^2\left(\frac{\omega}{\omega_g}\right)^2}{\left[1-\left(\frac{\omega}{\omega_g}\right)^2\right]^2+4\zeta_g^2\left(\frac{\omega}{\omega_g}\right)^2}} \tag{13}$$

其中，ζ_g 为场地等效阻尼比，ω_g 为场地等效卓越圆频率.

在式(12)中，$H_{As_2}(\omega, r_l, \theta_l)$和 $H_{\Phi s_2}(\omega, r_l, \theta_l)$为场地表面波场幅值、相位传递函数，满足

$$H_{As_2}(\omega, 0, 0) = 1,\ H_{\Phi s_2}(\omega, 0, 0) = 0 \tag{14}$$

同时，由于场地内地震波传播效应不随局部坐标变化而改变，因此

$H_{As_2}(\omega, r_l, \theta_l)$和$H_{\Phi s_2}(\omega, r_l, \theta_l)$应对$r_l$具有平移不变性，即在局部坐标变换$r'_l = r_l + r_{l0}$下满足

$$H_{As_2}(\omega, r'_l, \theta_l) = H_{As_2}(\omega, r_l, \theta_l) \cdot H_{As_2}(\omega, r_{l0}, \theta_l) \tag{15a}$$

$$H_{\Phi s_2}(\omega, r'_l, \theta_l) = H_{\Phi s_2}(\omega, r_l, \theta_l) + H_{\Phi s_2}(\omega, r_{l0}, \theta_l) \tag{15b}$$

平移不变性体现了波传播物理规律的客观性.

一般情况下，r_l 的量级小于 r,因此场地地震动可简化为平面波场[26],如图 3 所示.

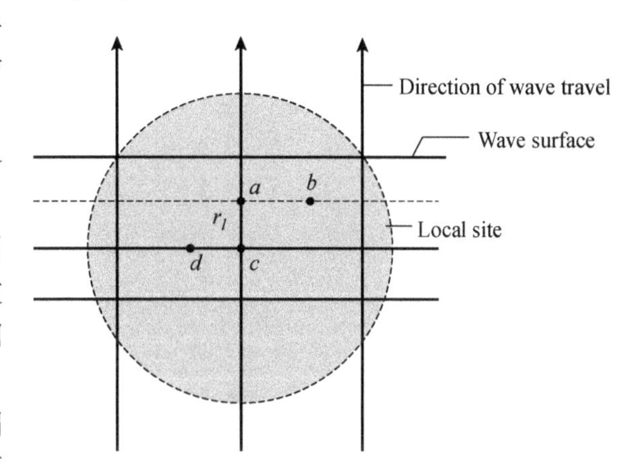

图 3　工程场地简化平面波场

平面波场中同一波面上各点的运动形式相同，即图 3 中 b, d 点的运动分别与 a，c 相同,因此不同点间的运动仅与其在波传播方向上的投影位置有关,用坐标 r_l 即可描述场地地震波场.参考 Loh 相干函数模型[27]，同时考虑 r_l 的平移不变性要求,可对幅值传递函数 $H_{As_2}(\omega, r_l)$建立如下模型

$$H_{As_2}(\omega, r_l) = \exp\left(-\frac{\alpha_0 \omega r_l}{2}\right) \tag{16a}$$

相位传递函数 $H_{\Phi s_2}(\omega, r_l)$不考虑地震波在局部场地中的频散效应,有

$$H_{\Phi s_2}(\omega, r_l) = -\frac{\omega r_l}{c_g} \tag{16b}$$

其中,α_0 为场地地震波传播衰减系数，c_g 为场地地震波视波速.

2.4　地震动随机场的物理模型

综上所述,工程场地地震动场可以简化为采用幅值谱和相位谱表达的形式

$$\begin{aligned}\begin{pmatrix} a_{EW}(r, r_l, t) \\ a_{NS}(r, r_l, t) \end{pmatrix} &= -\frac{1}{2\pi} \cdot \begin{pmatrix} A_{EW} \\ A_{NS} \end{pmatrix} \\ &\times \int_{-\infty}^{+\infty} A(\alpha_1, \cdots, \alpha_s, \beta_1, \cdots, \beta_p, \gamma_1, \cdots, \gamma_l, \omega, r, r_l) \times \\ &\cos[\omega t + \Phi(\alpha_1, \cdots, \alpha_s, \beta_1, \cdots, \beta_p, \gamma_1, \cdots, \gamma_l, \omega, r, r_l)] d\omega \end{aligned} \tag{17a}$$

其中

$$\begin{aligned} A(\alpha_1, \cdots, \alpha_s, \beta_1, \cdots, \beta_p, \gamma_1, \cdots, \gamma_l, w, r, r_l) &= \omega^2 \cdot A_s(\alpha_1, \cdots, \alpha_s, \omega) \\ \times H_{Ap}(\beta_1, \cdots, \beta_p, \omega, r) \times H_{As_1}(\gamma_1, \cdots, \gamma_l, \omega) &\cdot H_{As_2}(\gamma_1, \cdots, \gamma_l, \omega, r_l) \end{aligned} \tag{17b}$$

$$\Phi(\alpha_1, \cdots, \alpha_s, \beta_1, \cdots, \beta_p, \gamma_1, \cdots, \gamma_l, \omega, r, r_l) = \Phi_s(\alpha_1, \cdots, \alpha_s, \omega) + H_{\Phi p}(\beta_1, \cdots, \beta_p, \omega, r) + H_{\Phi s_1}(\gamma_1, \cdots, \gamma_l, \omega) + H_{\Phi s_2}(\gamma_1, \cdots, \gamma_l, \omega, r_l) \tag{17c}$$

根据上式，并引入各物理函数的具体表达式，可以获得完整的工程场地地震波场物理随机函数模型

$$\begin{pmatrix} a_{EW}(r, r_l, t) \\ a_{NS}(r, r_l, t) \end{pmatrix} = -\frac{1}{2\pi} \cdot \int_{-\infty}^{+\infty} \begin{pmatrix} A_{EW}(\boldsymbol{\xi}, \boldsymbol{\eta}, \omega, r, r_l) \\ A_{NS}(\boldsymbol{\xi}, \boldsymbol{\eta}, \omega, r, r_l) \end{pmatrix} \times \cos[\omega t + \Phi(\boldsymbol{\xi}, \boldsymbol{\eta}, \omega, r, r_l)] d\omega \tag{18a}$$

其中

$$A_{EW}(\boldsymbol{\xi}, \boldsymbol{\eta}, \omega, r, r_l) = \frac{A_{EW0} \cdot \omega e^{-K\omega r}}{\sqrt{\omega^2 + \left(\frac{1}{T}\right)^2}} \times \sqrt{\frac{1 + 4\zeta_g^2\left(\frac{\omega}{\omega_g}\right)^2}{\left[1 - \left(\frac{\omega}{\omega_g}\right)^2\right]^2 + 4\zeta_g^2\left(\frac{\omega}{\omega_g}\right)^2}} \cdot e^{-\frac{\alpha_0 \omega r_l}{2}} \tag{18b}$$

$$A_{NS}(\boldsymbol{\xi}, \boldsymbol{\eta}, \omega, r, r_l) = \frac{A_{NS0} \cdot \omega e^{-K\omega r}}{\sqrt{\omega^2 + \left(\frac{1}{T}\right)^2}} \times \sqrt{\frac{1 + 4\zeta_g^2\left(\frac{\omega}{\omega_g}\right)^2}{\left[1 - \left(\frac{\omega}{\omega_g}\right)^2\right]^2 + 4\zeta_g^2\left(\frac{\omega}{\omega_g}\right)^2}} \cdot e^{-\frac{\alpha_0 \omega r_l}{2}} \tag{18c}$$

$$\Phi(\boldsymbol{\xi}, \boldsymbol{\eta}, \omega, r, r_l) = \arctan\left(\frac{1}{T\omega}\right) - r \cdot d\ln\left[(a + 0.5)\omega + b + \frac{1}{4c} \cdot \sin(2c\omega)\right] - r_l \cdot \frac{\omega}{c_g} \tag{18d}$$

$\boldsymbol{\xi} = (A_{EW0}, A_{NS0}, T, \omega_g, \zeta_g, \alpha_0, c_g)$为反映影响地震动场的主要物理要素. 由于物理背景的不可控制性，$\boldsymbol{\xi}$ 为随机向量[28]，可通过地震动记录识别其样本实现值. $\boldsymbol{\eta} = (K, a, b, c, d)$ 为确定性向量，反映了传播途径的平均影响效应.

根据式(18)，可采用波群叠加方法生成局部工程场地地震波场的时程样本[16]，具体公式为

$$\begin{pmatrix} a_{EW}(r, r_l, t) \\ a_{NS}(r, r_l, t) \end{pmatrix} = -\begin{pmatrix} A_{EW0} \\ A_{NS0} \end{pmatrix} \times \sum_i A_i(r, r_l) \cdot F_i(r, r_l, t) \cdot \cos[\omega_i t + \varphi_i(r, r_l)] \tag{19a}$$

其中，

$$A_i(r, r_l) = \frac{2}{\pi} \cdot \frac{\omega_i e^{-K\omega_i r}}{\sqrt{\omega_i^2 + \left(\frac{1}{T}\right)^2}} \times \sqrt{\frac{1 + 4\zeta_g^2\left(\frac{\omega_i}{\omega_g}\right)^2}{\left[1 - \left(\frac{\omega_i}{\omega_g}\right)^2\right]^2 + 4\zeta_g^2\left(\frac{\omega_i}{\omega_g}\right)^2}} \cdot e^{-\frac{\alpha_0 \omega_i r_l}{2}} \tag{19b}$$

$$F_i(r, r_l, t) = \frac{\sin\left[\left(t - \frac{r}{c_i} - \frac{r_l}{c_g}\right) \cdot \Delta\omega_j\right]}{t - \frac{r}{c_i} - \frac{r_l}{c_g}} \tag{19c}$$

$$\Phi_i(r, r_l) = \arctan\left(\frac{1}{T\omega_i}\right) - r \cdot d\ln\left[(a+0.5)\omega_i + b + \frac{1}{4c} \cdot \sin(2c\omega_i)\right] - r_l \cdot \frac{\omega_i}{c_g} \tag{19d}$$

$$c_i = \left.\frac{\mathrm{d}\omega}{\mathrm{d}k}\right|_{\omega=\omega_i} = \frac{(a+0.5)\omega_i + b + \frac{1}{4c} \cdot \sin(2c\omega_i)}{d \cdot [a + \cos^2(c\omega_i)]} \tag{19e}$$

3 实例分析

选用 1981 年 1 月 29 日台湾 SMART-1 台站组 M01，I12，C00，I06，M07 台站记录的波场地震动加速度时程 E-W 分量进行建模. 实际地震动时程采样点间隔为 0.02 s，时长统一调整为 16 s. 根据各台站震中距建立场地局部坐标系，C00 台站为坐标系原点. 以 C00 台站地震动时程的峰值加速度为基准对 5 个台站的时程记录进行幅值归一化处理，其中 C00 台站时程峰值加速度归一化为 0.1g. 地震动数据来自太平洋地震工程研究中心(PEER)数据库，详细信息见表 1，SMART-1 台站组分布位置见图 4.

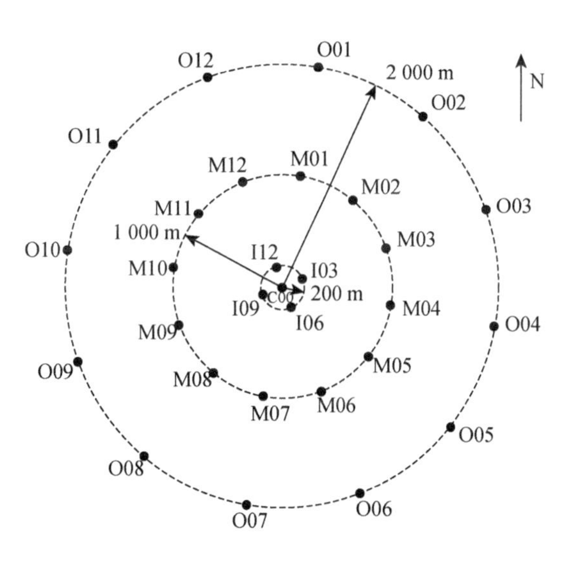

图 4　SMART-1 台站组台站分布图

表 1　波场地震动时程记录信息

No.	Station	Epicentral distance/km	Hypocentral distance/km	V_s 30/(m/s)	(r, r_l)
1	M01	31.06	32.99	274.50	(30.31, 0.75)
2	I12	30.50	32.46	274.50	(30.31, 0.19)
3	C00	30.31	32.28	274.50	(30.31, 0.00)
4	I06	30.11	32.09	274.50	(30.31, −0.20)
5	M07	29.54	31.56	274.50	(30.31, −0.77)

根据参考文献[16]提出的方法，利用各台站地震动记录分别拟合获得幅值谱参数样本值，拟合准则为最小二乘准则. 本文采用各台站识别结果的均值作为局部场地对应 A_0，T，ω_g 和 ζ_g 的样本值. 参数识别结果见表 2. 图 5 给出了 C00 台站的幅值谱识别结果.

表 2　幅值谱参数拟合结果

Station	M07	I06	C00	I12	M01	Mean value
$A_0/(\mathrm{g\cdot s/rad})$	3.131×10^{-2}	2.763×10^{-2}	2.775×10^{-2}	2.515×10^{-2}	2.797×10^{-2}	2.796×10^{-2}
$T/(\mathrm{s/rad})$	0.171 1	0.121 3	0.134 0	0.120 9	0.112 4	0.131 94
$\omega_g/(\mathrm{rad/s})$	18.56	17.34	19.04	21.34	22.10	19.676
ζ_g	0.344 6	0.281 4	0.297 4	0.275 4	0.307 7	0.302 3

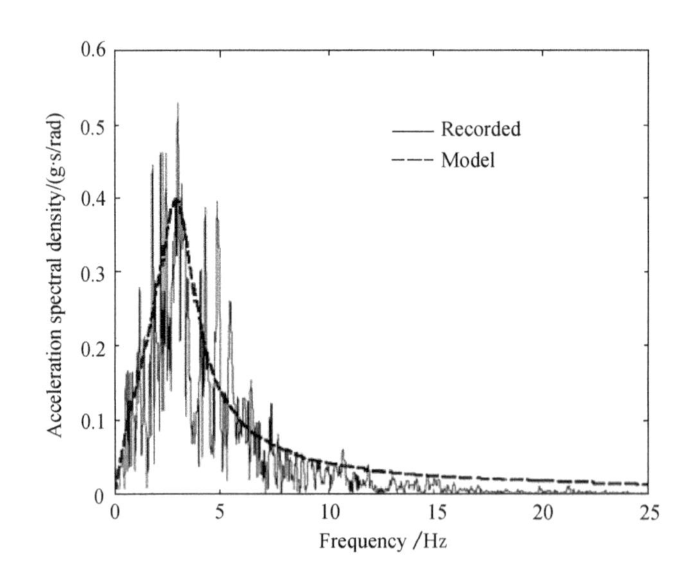

图 5　C00 台站地震动幅值谱拟合

$H_{As_2}(\omega, r_i)$中衰减参数 α_0 的样本值可通过对不同台站时程记录的 Fourier 幅值谱比值进行最小二乘拟合获得. 由于 M01 台站时程幅值最小，因此以 M01 台站为基点.

$H_{\Phi s_2}(\omega, r_l)$中场地等效波速 c_g 的样本值可通过

$$c_g = \frac{\Delta r_l}{\Delta t} \tag{20}$$

识别，其中 Δt 为样本时间延迟，在样本变异性较小的情况下，Δt 为样本时程自相关函数零点偏移量[2, 26]. 由于各台站时程样本记录时间起点不完全相同，在 Δt 识别前应对各记录进行时间起点校正. Boissières 和 Vanmarcke 提出了系统有效的方法对不同台站的时程记录进行时间起点校正和延迟识别[26]，此处采用其校正和

识别结果，并以 M01 为基准.

由于 α_0 和 c_g 反映了场地物理属性，因此同一工程场地应当仅对应一组 α_0 和 c_g 的样本值. 此处采用不同台站间参数识别值的平均作为场地样本值. α_0 和 c_g 识别结果见表 3.

表 3　α_0 和 c_g 识别结果(以 M01 为基点)

Parameter	M07-M01	I06-M01	C00-M01	I12-M01	Mean value
$\alpha_0/(10^{-3}$ s/rad km)	4.655	7.432	11.573	5.672	7.333
Δr_l/km	1.52	0.95	0.75	0.56	—
Δt/s	0.32	0.11	0.07	0.06	—
c_g/(km/s)	4.78	8.63	10.71	9.33	8.36

根据上述建模结果，应用公式(19)生成各台站地震动时程样本，如图 6～图 10 所示. 建模中考虑能量约束条件，即生成地震动时程应与真实时程样本具有相同的能量，这一约束条件要求

$$\frac{\sum_i a_{ri}^2}{n_r} = \frac{\sum_j a_{sj}^2}{n_s} \tag{21}$$

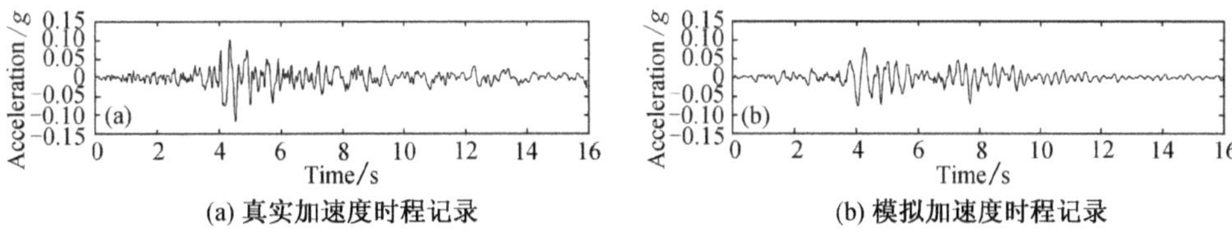

(a) 真实加速度时程记录　　(b) 模拟加速度时程记录

图 6　M07 台站地震动样本时程建模

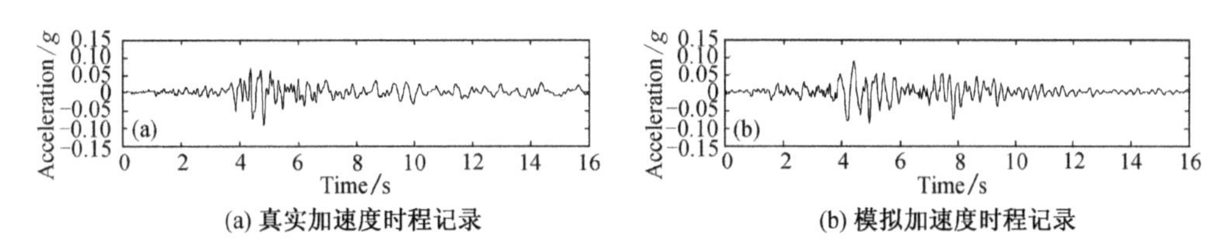

(a) 真实加速度时程记录　　(b) 模拟加速度时程记录

图 7　I06 台站地震动样本时程建模

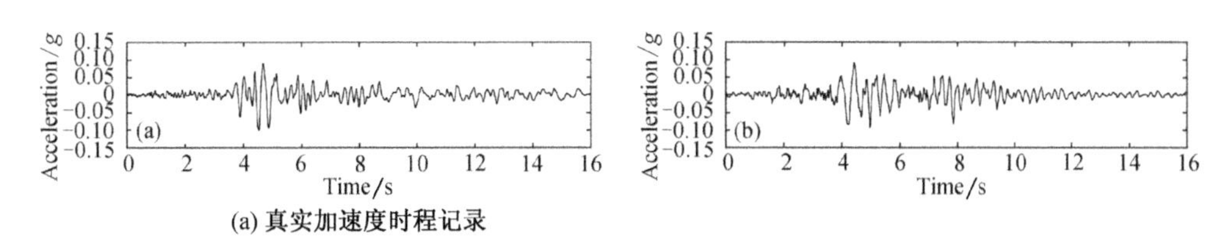

(a) 真实加速度时程记录

图 8　C00 台站地震动样本时程建模

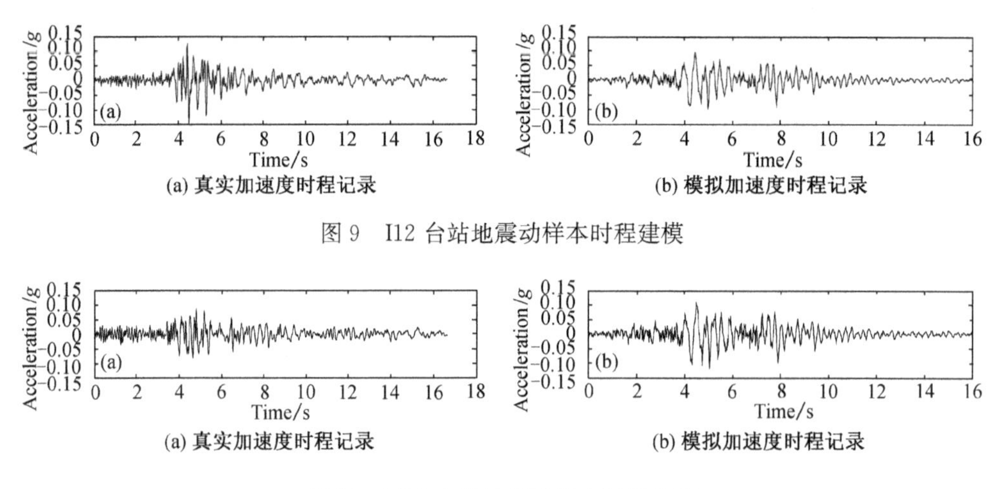

图 9　I12 台站地震动样本时程建模

(a) 真实加速度时程记录　(b) 模拟加速度时程记录

图 10　M01 台站地震动样本时程建模

其中 a_{ri} 为真实时程记录第 i 点的数值，n_r 为真实时程记录点个数，a_{sj} 为合成时程第 j 点的数值，n_s 为合成时程记录点个数. 分析中，式(19)中的波群半带宽 $\Delta\omega$ 取为 0.25 Hz，频率区间为 0～25 Hz. 根据文献[16]，等效波数-频率关系中的经验参数分别取值为 $a=1.02$，$b=4.03\times10^2$ rad/s，$c=1.89$ s/rad，$d=1.30$ rad/km.

图 11～图 12 给出了真实时程记录和本文模型模拟时程的光滑化互谱和自谱

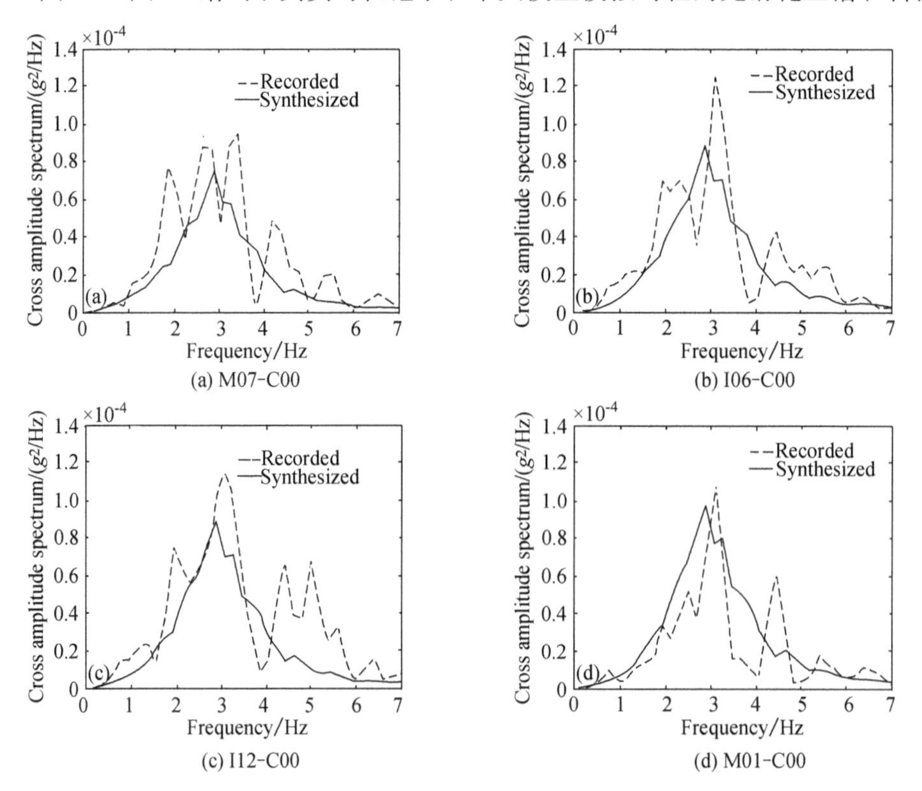

(a) M07-C00　(b) I06-C00

(c) I12-C00　(d) M01-C00

图 11　真实记录和模拟时程互谱比较

的比较(以 C00 台站为基准). 可见生成时程样本反映了真实记录的频域分布特性, 且峰值随着 r_l 增大而减小, 体现了局部场地内地震波的衰减特性.

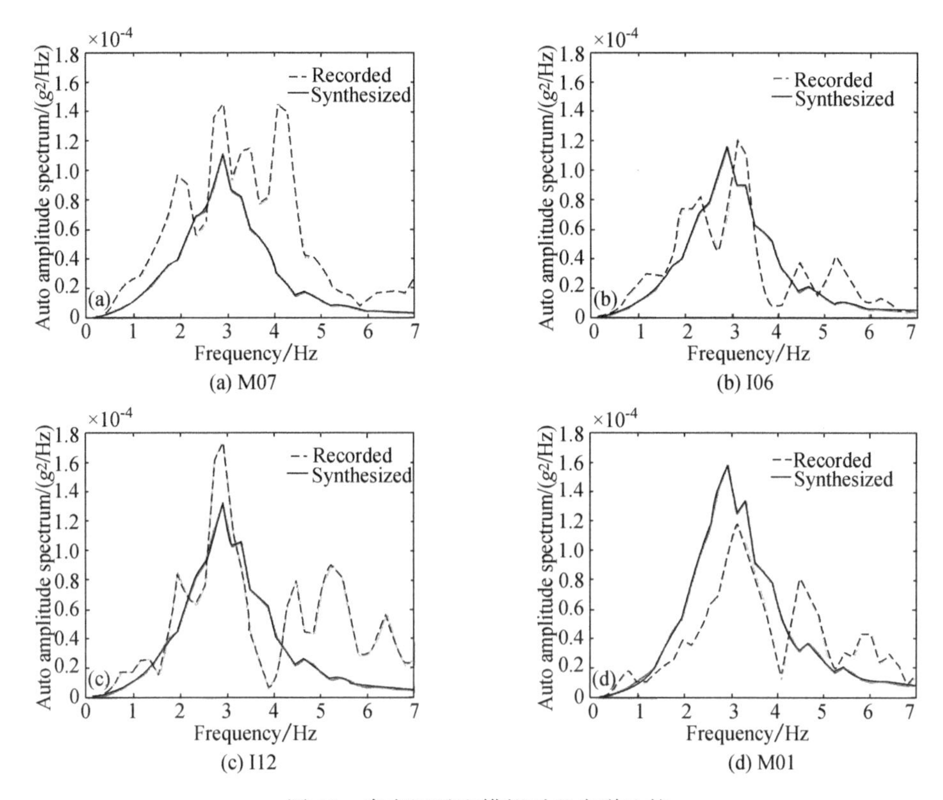

(a) M07 (b) I06

(c) I12 (d) M01

图 12 真实记录和模拟时程自谱比较

上述结果表明, 本文建模方法具有良好的可信度和实用性.

4 结 论

在文献[16]的基础上, 建立了较为完整的工程场地地震动随机场的物理模型.

(1) 阐释了地震波场双尺度建模的基本思路. 在整体尺度上, 基岩表面地震波场具有二维球面波场形式, 主要受震源-传播途径效应影响; 在局部尺度上, 场地表面地震波场具有二维平面波场形式, 主要受场地软土过滤效应影响. 在 2 个尺度上考虑地震波场建模问题, 能够简化波场形式, 准确简洁地反映震源、传播途径和局部场地物理机制的作用.

(2) 获得了工程场地表面地震动场的一般表达形式, 通过引入震源—传播途径—局部场地机制的物理模型, 建立了工程场地地震动随机场的物理模型. 在这一模型中, 震源物理模型采用 Brune 点源模型; 传播途径考虑了阻尼衰减效应对幅值的影响和频散效应对相位的影响; 对局部场地, 引入等效单一随机介质概念,建立了单自由度动力传播模型，并考虑了场地内不同点间地震波传播的衰减和时间延迟效应.

(3) 将波群叠加方法应用于地震动样本的生成，利用真实地震动记录进行了样本层面的建模. 建模结果表明：本文建议模型生成的地震动时程能够反映真实时程的空间相关性，可用于大跨度结构的地震随机响应分析和结构可靠度评价.

参考文献

[1] Zerva A, Zerva V. Spatial variation of seismic ground motions: An overview[J]. Appl Mech Rev, 2002, 55: 271-297.

[2] Zerva A. Spatial Variation of Seismic Ground Motions: Modeling and Engineering Applications[M]. New York: CRC Press, 2009: 65-127.

[3] Kanai K. Semi-empirical formula for the seismic characteristics of the ground[J]. Bull Earthquake Res Inst, 1957, 35: 309-325.

[4] Kanai K. An empirical formula for the spectrum of strong earthquake motions[J]. Bull Earthquake Res Inst, 1961, 39: 85-95.

[5] Clough R W, Penzien J. Dynamic of Structures[M]. New York: McGraw-Hill, Inc, 1975.

[6] Luco J E, Wong H L. Response of a rigid foundation to a spatially random ground motion [J]. Earthquake Eng Struct Dyn, 1986, 14: 891-906.

[7] Harichandran R S, Vanmarcke E H. Stochastic variation of earthquake ground motion in space and time[J]. J Eng Mech, 1986, 112: 154-174.

[8] Loh C H, Lin S G. Directionality and simulation in spatial variation of seismic waves[J]. Eng Struct, 1990, 12: 134-143.

[9] Qu T J, Wang J J, Wang Q X. A practical model for the power spectrum of spatially variant ground motion[J]. Acta Seismologica Sinica, 1996, 9(1): 69-79.

[10] 李杰. 工程结构随机动力激励的物理模型[C]//李杰，陈建兵. 随机振动理论与应用新进展. 上海：同济大学出版社，2008:119-132.

[11] Shinozuka M. Simulation of multivariate and multidimensional random processes[J]. J Acoustical Society Am, 1971, 49: 357-367.

[12] Shinozuka M. Stochastic fields and their digital simulation//Schuëller G I, Shinozuka M, eds. Stochastic Methods in Structural Dynamics [M]. Dordrecht: Martinus Nijhoff Publishers, 1987:93-133.

[13] Shinozuka M, Deodatis G, Zhang R, et al. Modeling, synthetics and engineering applications of strong earthquake wave motion[J]. Soil Dyn Earthquake Eng, 1999, 18: 209-228.

[14] 李杰，艾晓秋. 基于物理的随机地震动模型研究[J]. 地震工程与工程振动，2006，26(5)：21-26.

[15] 安自辉，李杰. 地震动随机函数模型研究(I)——模型建立[J]. 地震工程与工程振动，2009，29(5)：36-45.

[16] 王鼎，李杰. 工程地震动的物理随机函数模型[J]. 中国科学：技术科学，2011，41(3)：356-364.

[17] Aki K, Richards P G. Quantitative Seismology Theory and Methods[M]. San Francisco: W. H. Freeman and Company, 1980:9-35.
[18] Haskell N A. Total energy and energy spectral density of elastic wave radiation from propagating faults. Part Ⅱ. A statistical source model[J]. Bull Seismological Society Am, 1966, 56: 125-140.
[19] Aki K. Scaling law of seismic spectrum[J]. J Geophys Res, 1967, 72(4): 1217-1231.
[20] Shearer P M. Introduction to Seismology[M]. 2nd ed. New York: Cambridge University Press, 2009. 251-255
[21] Penzien J, Watabe M. Characteristics of 3-dimensional earthquake ground motions[J]. Earthquake Eng Struct Dyn, 1974, 3(4): 365-373.
[22] Kubo T, Penzien J. Analysis of three-dimensional strong ground motions along principal axes, San Fernando earthquake[J]. Earthquake Eng Struct Dyn, 1979, 7(3): 265-278.
[23] 廖振鹏. 工程波动导论[M]. 2 版. 北京:科学出版社, 2002:16-25.
[24] Boore D M. Simulation of ground motion using the stochastic method[J]. Pure Appl Geophys, 2003, 160: 635-676.
[25] Brune J N. Tectonic stress and the spectra of seismic shear waves from earthquake[J]. J Geophys Res, 1970, 75: 4997-5009.
[26] Boissières H, Vanmarcke E H. Estimation of lags for a seismograph array: Wave propagation and composite correlation[J]. Soil Dyn Earthquake Eng, 1995, 14: 5-22.
[27] Loh C H. Analysis of the spatial variation of seismic waves and ground movements from SMART-1 data[J]. Earthquake Eng Struct Dyn, 1985, 13: 561-581.
[28] 李杰. 随机动力系统的物理逼近[J]. 中国科技论文在线, 2006, 1(2): 95-104.

A Random Physical Model of Seismic Ground Motion Field on Local Engineering Site

Wang Ding　Li Jie

Abstract: This paper presents a random physical model of seismic ground motion field on a specific local engineering site. With this model, artificial ground motions which are consistent with realistic records at SMART-1 array on spatial correlation are synthesized. A two-scale modeling method of seismic random field is proposed. In large scale, the seismic ground motion field on bedrock surface is simplified to a two-dimensional spherical wave field based on the seismic point source and homogeneous isotropic media model. In small scale, the seismic ground motion field on the engineering site has a plane waveform. By introducing the physical models of seismic source, path and local site and considering the randomness of the basic physical parameters, the random model of seismic ground motion field is completed in a random functional form. This model is applied to simulation of the acceleration records at SMART-1 array by using the superposition method of wave group.

(本文原载于《中国科学:技术科学》第 42 卷第 7 期,2012 年 7 月)

工程随机地震动物理模型的参数统计与检验

李杰　王鼎

摘　要　利用PEER强震记录数据库，确定了一类实用的随机地震动模型的参数概率分布.依据GB50011—2010规定的场地类别，对4 438条实测地震动记录进行分组.引用系统识别方法对不同场地上的地震动记录进行参数识别，据此结果，对工程地震动物理随机函数模型的基本参数进行了统计分析，给出了随机地震动模型参数的概率分布密度.对基本随机参数的概率空间进行剖分，结合波群叠加方法生成地震动时程，计算获得了随机地震动反应谱.通过比较随机反应谱和实测地震动反应谱的统计特征量，验证了地震动物理随机函数模型及基本随机参数统计结果的正确性.

引　言

实测地震动时程表现出强烈的随机性.为了刻画地震动的随机性并研究对工程结构地震反应的影响，一般将地震动过程抽象为随机过程[1].现阶段，应用较为广泛的随机地震动功率谱模型是Kanai-Tajimi模型[2-3]及各种修正模型，如Clough-Penzien模型[4]、欧进萍-牛荻涛模型[5]等.从本质上考虑，功率谱模型反映的是地震动随机过程二阶统计特性，因此难以反映地震动的非平稳特性，也难以刻画地震动随机过程的丰富概率信息.为了克服经典随机地震动模型的局限性，我们提出了基于物理随机地震动模型的思路[6, 7]，并进行了系列研究工作[7-10].在这些工作基础上，2011年，我们提出了具有完整物理背景的、较为完善的工程地震动物理随机函数模型[11]，并在地震动随机场模型方面做出了扩展[12].基于上述背景，本文旨在依据文献[11]所发展的模型，利用大量实测地震动时程进行参数识别，给出可供工程实用的工程随机地震动模型.

1　随机地震动物理模型的参数识别与统计规律

考虑地震动产生的“震源-传播途径-局部场地”物理机制，文献[11]发展了一类较为完善的工程地震动的物理随机函数模型，表示为

$$a_R(\boldsymbol{\theta}, \boldsymbol{\lambda}, t) = -\frac{1}{2\pi}\int_{-\infty}^{+\infty} \omega^2 \cdot A_R(\boldsymbol{\theta}, \boldsymbol{\lambda}, t) \cdot \cos[\omega t + \Phi_R(\boldsymbol{\theta}, \boldsymbol{\lambda}, \omega)]\mathrm{d}\omega \tag{1}$$

式中，$a_R(\boldsymbol{\theta}, \boldsymbol{\lambda}, \omega)$ 为地震动加速度，$\boldsymbol{\theta}$ 和 $\boldsymbol{\lambda}$ 分别为模型中的随机和确定性参数向量. $A_R(\boldsymbol{\theta}, \boldsymbol{\lambda}, t)$ 和 $\Phi_R(\boldsymbol{\theta}, \boldsymbol{\lambda}, t)$ 为震中距为 R 处的地震动位移时程的 Fourier 幅值谱和相位谱，其形式由震源、传播途径和局部场地的具体物理背景决定.

采用 Brune 位错震源模型，考虑传播途径的阻尼衰减效应和频散效应，并将局部场地等效为单自由度体系，可以得到：

$$A_R(\boldsymbol{\theta}, \boldsymbol{\lambda}, \omega) = A_0 \cdot \frac{\omega_{\mathrm{e}}^{-KR\omega}}{\sqrt{\omega^2 + \tau^{-2}}}\sqrt{\frac{1 + 4\zeta_g^2(\omega/\omega_g)^2}{[1-(\omega/\omega_g)^2]^2 + 4\zeta_g^2(\omega/\omega_g)^2}} \tag{2}$$

$$\Phi_R(\boldsymbol{\theta}, \boldsymbol{\lambda}, \omega) = \arctan\left(\frac{1}{\tau\omega}\right) - d \cdot \ln\left[(a+0.5)\omega + b + \frac{1}{4c}\sin(2c\omega)\right] \cdot R \tag{3}$$

式中，A_0 为幅值系数；τ 为 Brune 震源系数，刻画位错发展过程；ζ_g 为场地等效阻尼比，反映场地土层对地震波传播的阻尼效应影响；ω_g 为场地等效卓越圆频率；K 为传播途径中地震波的衰减系数；a, b, c, d 为地震波传播过程中波数-频率关系里的经验系数. 模型考虑震源和传播途径的随机性，$\boldsymbol{\theta}$ 和 $\boldsymbol{\lambda}$ 分别为

$$\boldsymbol{\theta} = (A_0, \tau, \zeta_g, \omega_g), \boldsymbol{\lambda} = (K, a, b, c, d) \tag{4}$$

$\boldsymbol{\lambda}$ 为确定性参数，由地震动衰减和频散关系确定；$\boldsymbol{\theta}$ 为随机向量，用于刻画真实地震动记录频谱特性的随机性，其中的基本随机变量 A_0、τ、ζ_g 和 ω_g 可通过利用 Fourier 幅值谱模型拟合真实地震动记录样本的方法进行参数识别，详见参考文献[11].

采用美国太平洋地震工程研究中心(Pacific Earthquake Engineering Center, PEER) 的强震记录数据库(PEER NGA Database)[13]进行上述随机参数建模，选取记录总数为 4 438 条. 选取实测地震动记录时，要求地震动峰值加速度不小于 0.3 g，同时要求对应地震的矩震级不小于 4 级. 关于地震动记录的场地条件信息，原始地震动记录提供了台站场地地表下 30 m 处的剪切波速 V_s30. 考虑到美国荷载规范 Minimum Design Loads for Building and Other Structures (ASCE07—2010) 中的场地分类主要依据 V_s30，因此可按照 ASCE07—2010 规定的场地类型直接对地震动记录进行分组.

考虑到我国建筑抗震设计规范 GB50011—2010 的场地分类不依据 V_s30，而是根据场地覆盖层厚度和土层的等效剪切波速，因此需要建立 ASCE07—2010 和 GB50011—2010 中场地类型的对应关系. 文献[14]给出了一个场地类型的换算方法. 根据文献[14]的结果，可将上述 4 438 地震动记录按照 GB50011—2010 规定的场地类型进行分组. 考虑Ⅰ，Ⅱ，Ⅲ和Ⅳ四类场地，分组结果见表 1.

表 1　按照 GB50011—2010 场地类型的地震动记录分组

场地类型	记录条数
Ⅰ	652
Ⅱ	3 047
Ⅲ	671
Ⅳ	68

式(1) 中随机参数的样本值可通过以理论地震动幅值谱 $A_R(\boldsymbol{\theta}, \boldsymbol{\lambda}, \omega)$ 逼近真实地震动记录幅值谱 $\widetilde{A}(\omega)$ 的方法获得. 对每一条地震动记录,采用 Fourier 变换给出其幅值谱,然后按照均方逼近准则进行参数识别,即参数识别值使达到最小值. 采用均方逼近准则,每一条地震动可识别获得一组参数样本值.

$$J_A = \int_{-\infty}^{+\infty} [A_R(\boldsymbol{\theta}, \boldsymbol{\lambda}, \omega) - \widetilde{A}(\omega)]^2 \mathrm{d}\omega \tag{5}$$

参数识别时,地震动记录的峰值加速度均归一化为 0.1 g,同时频率上限设为 25 Hz. 参数识别采用最小二乘方法. 由于识别结果篇幅巨大,此处从略. 识别结果表明,各类场地对应的参数识别样本值均具有较大离散性,应根据场地分类对模型各参数进行统计和建模.

根据对不同场地幅值系数和震源系数统计直方图的考察,发现它们均近似符合对数正态分布的基本特征. 因此设 A_0,τ 的基本形式为

$$f(x) = \frac{1}{\sqrt{2\pi}\sigma x} \mathrm{e}^{-\frac{(\ln x - \mu)^2}{2\sigma^2}}, \ x \geqslant 0 \tag{6}$$

其中,μ 和 σ 为对应正态分布的均值和标准差.

对不同场地假设场地等效阻尼比和卓越圆频率的统计直方图考察,发现它们近似符合伽马分布的基本特征. 因此设 ζ_g 与 ω_g 的基本形式为

$$f(x, k, \theta) = x^{k-1} \frac{\mathrm{e}^{-x/\theta}}{\theta^k \Gamma(k)}, \ x \geqslant 0 \tag{7}$$

其中,k 为形状参数, $1/\theta$ 为尺度参数.

采用极大似然估计方法,可获得式(1) 中各随机参数的概率分布函数的参数估计结果. 图 1～图 4 给出了按照 GB50011—2010 场地分类获得的随机参数统计分布,表 2 给出了对应随机参数概率密度分布的基本参数. 在表 2 中,同时给出了利用 K-S(Kolmogorov-Smirnov)检验给出的分布正确性检验结果. α 为 K-S 检验给出的假设分布出错概率. 表 2 中给出了假设分布函数通过 K-S 检验时的 α 值. 可见,在相当高的精度下,本文假设概型可信.

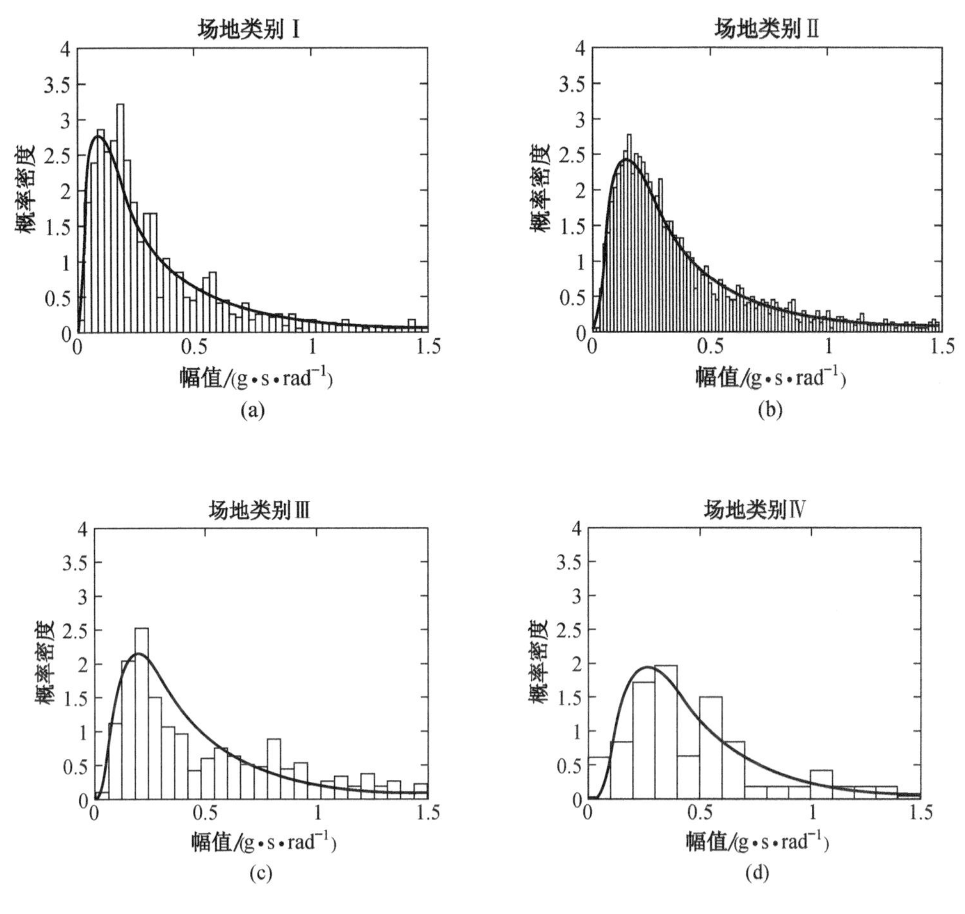

图 1　GB50011—2010 规定场地类型的幅值系数 A_0 统计分布

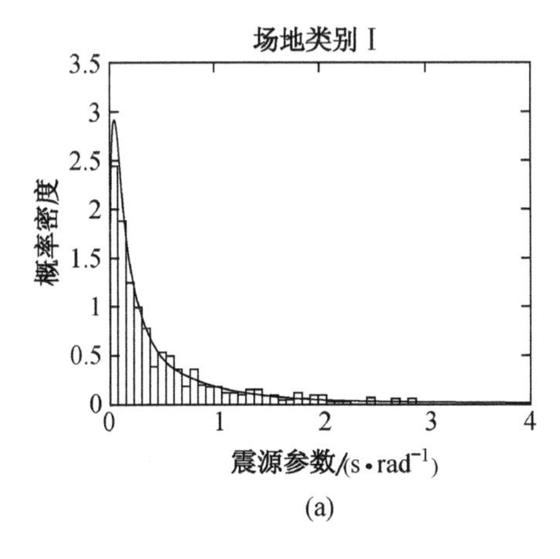

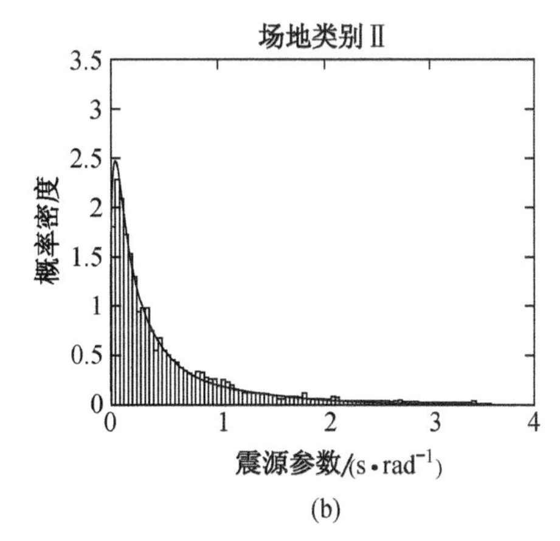

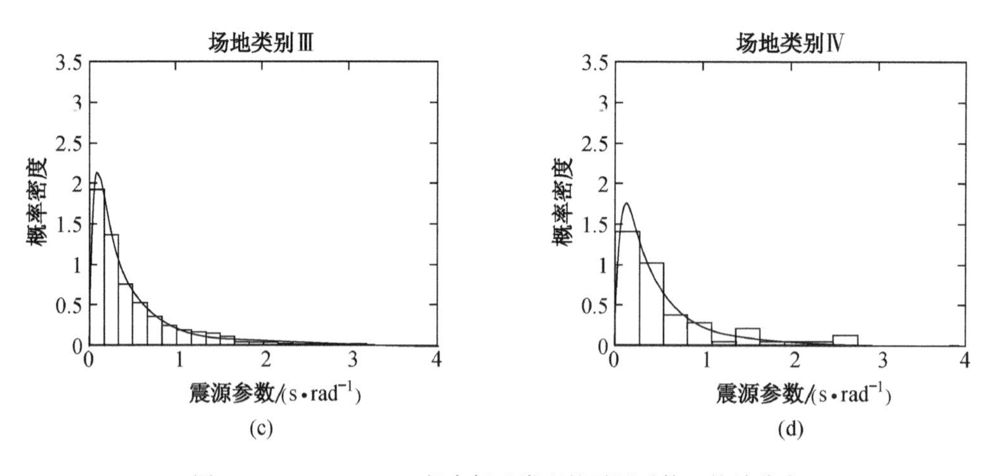

图 2　GB50011—2010 规定场地类型的震源系数 τ 统计分布

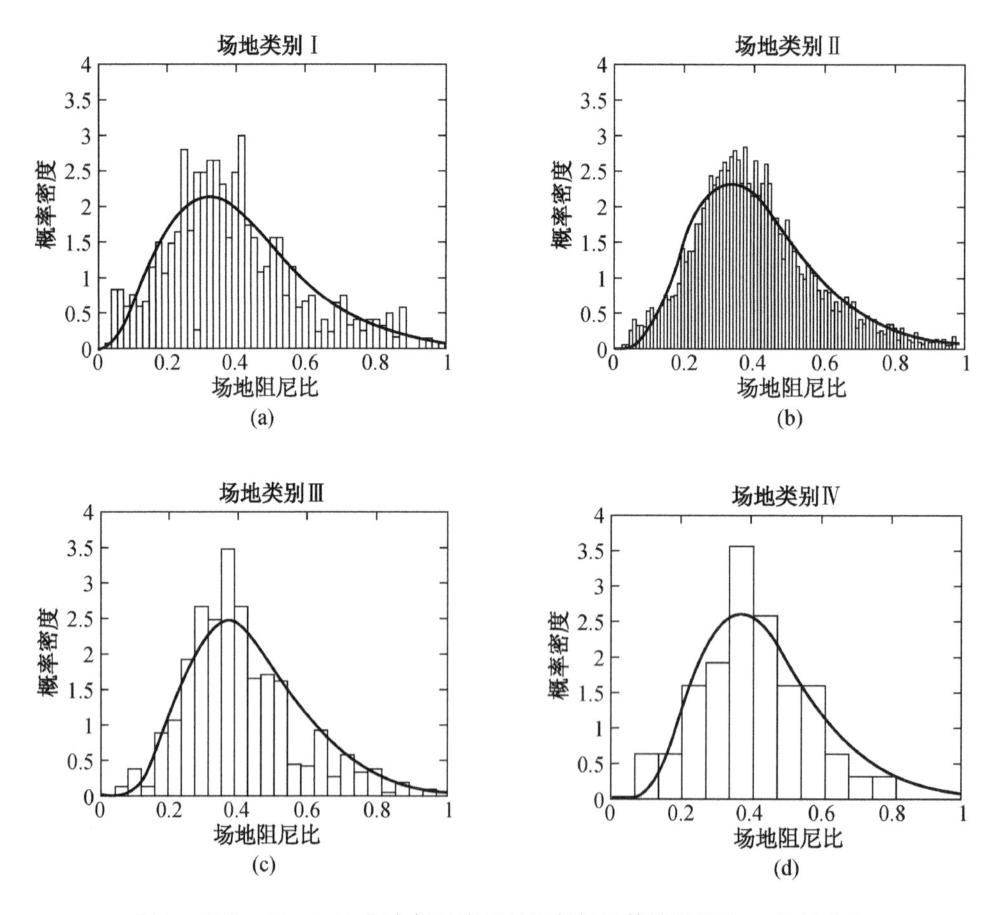

图 3　GB50011—2010 规定场地类型的局部场地等效阻尼比 ζ_g 统计分布

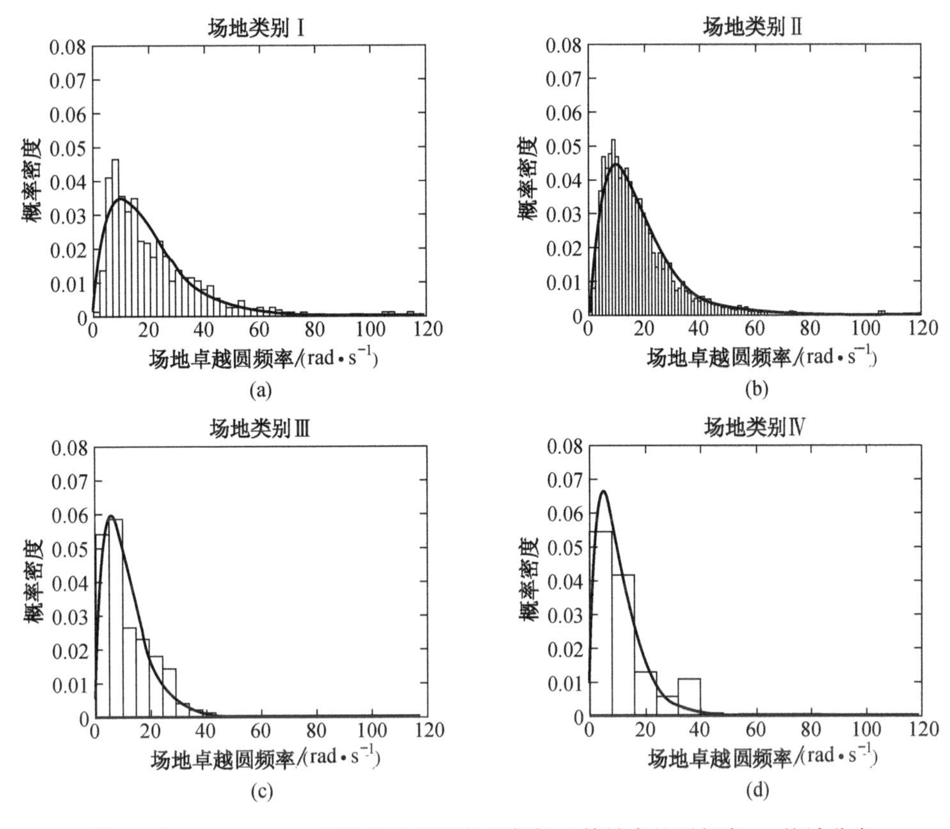

图 4 GB50011—2010 规定场地类型的局部场地等效卓越圆频率 ω_g 统计分布

表 2 GB50011—2010 规定场地类型的随机参数概率分布函数

随机参数	分布类型	随机参数概率分布函数参数值			
A_0	对数正态	场地类型	μ	σ	α
		Ⅰ	−1.430 6	0.976 3	0.05
		Ⅱ	−1.271 2	0.826 7	0.05
		Ⅲ	−1.104 7	0.738 8	0.15
		Ⅳ	−0.928 0	0.638 0	0.25
τ	对数正态	场地类型	μ	σ	α
		Ⅰ	−1.344 7	1.472 4	0.10
		Ⅱ	−1.240 3	1.343 6	0.05
		Ⅲ	−1.157 4	1.134 1	0.10
		Ⅳ	−0.971 2	1.055 3	0.20
ζ_g	伽马分布	场地类型	k	$1/\theta$	α
		Ⅰ	3.936 8	0.106 1	0.05
		Ⅱ	5.132 6	0.080 0	0.05
		Ⅲ	6.183 8	0.068 9	0.05
		Ⅳ	6.408 9	0.065 8	0.25

（续表）

随机参数	分布类型	随机参数概率分布函数参数值			
		场地类型	k	$1/\theta$	α
ω_g	伽马分布	Ⅰ	2.099 4	9.927 9	0.10
		Ⅱ	2.241 5	7.413 6	0.05
		Ⅲ	2.086 6	5.659 8	0.25
		Ⅳ	1.940 1	5.526 5	0.20

2 均值参数地震动

将各分布的均值代入式(1)，可得不同场地上的均值参数地震动.这类地震动可作为相应随机地震动模型的一个代表性样本.采用波群叠加方法，可获得不同场地上的均值参数地震动时程. GB50011—2010 中Ⅰ，Ⅱ，Ⅲ和Ⅳ类场地的均值参数地震动时程见图 5.

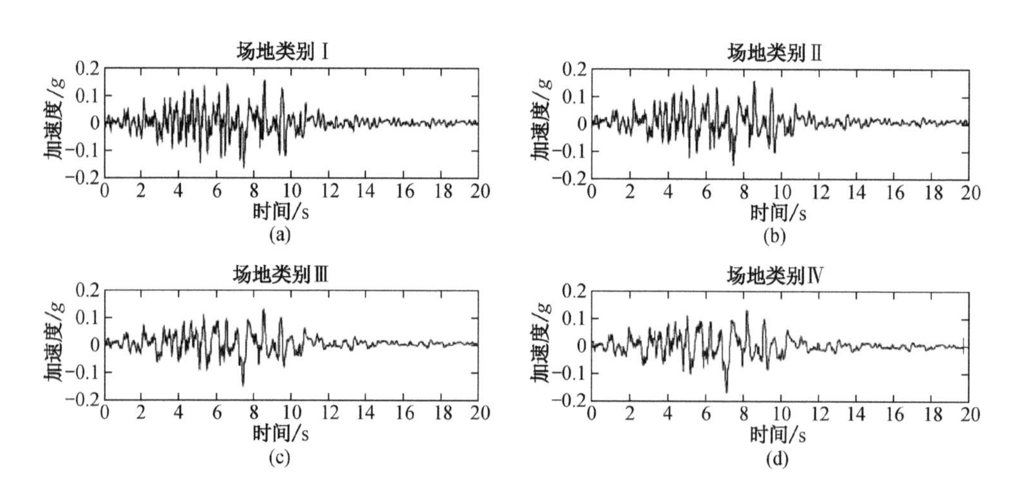

图 5 GB50011—2010 规定场地类型的均值参数地震动

3 随机地震动的反应谱及其数值特征

上述建模的正确性还可以从反应谱层面上得到验证.熟知，在小阻尼情况下，地震动加速度反应谱可表述为

$$S_a(T,\zeta,\theta)=\left|\ \omega_d\cdot\int_0^t a_R(\theta,t)\cdot \mathrm{e}^{-\zeta\omega(1-\tau)}\sin[\omega_d(t-\tau)]\mathrm{d}\tau\ \right|_{\max} \tag{8}$$

其中，ζ 和 ω 分别为单自由度体系阻尼比和卓越圆频率，$\omega_d=\omega\sqrt{1-\zeta^2}$，$T=2\pi/\omega$.

根据式(1) 所示的随机地震动模型,不难计算地震动随机反应谱.其均值与方差可表述为

$$M_{sa}(T,\zeta)=\int_{\theta}S_a(T,\zeta,x)\cdot P_{\theta}(x)\cdot \mathrm{d}x \tag{9}$$

$$\sigma_{S_a}(T,\zeta)=\int_{\theta}[S_a(T,\zeta,x)-\mu_{S_a}(T,\zeta)]^2\cdot \rho_{\theta}(x)\cdot \mathrm{d}x \tag{10}$$

其中,$\rho_{\theta}(x)$为随机参数的联合概率分布函数.注意到各参数在物理背景上的独立性,可以假设各基本随机变量相互独立,即

$$\rho_{\theta}(A_0,\tau,\zeta_g,\omega_g)=f(A_0)\cdot f(\tau)\cdot f(\zeta_g)\cdot f(\omega_g) \tag{11}$$

式中,$f(A_0)$, $f(\tau)$, $f(\zeta_g)$, $f(\omega_g)$分别为各随机变量的概率密度函数.

采用多维积分方法,不难获得上述统计特征值.为了减少计算工作量,本文采用数论选点方法进行概率空间的剖分并据之计算上述积分.数论选点方法参见文献[15].

在本文中,随机地震动物理模型具有四个基本物理随机变量,以数论选点方法得到 309 个代表点,根据 GB50011—2010 规定的地震动峰值加速度,分别生成了不同场地的地震动时程样本集合.本文以上海地区多遇地震为例.上海地区抗震设防烈度为 7 度,设计基本地震加速度为 0.10g.根据 GB50011—2010 中表5.1.2—2对时程分析用地震加速度时程最大值的规定,地震动峰值加速度取为23.3 cm/s^2,即 0.023 8g.

对原始地震动记录,可以按照表 1 分组分别计算出其反应谱均值与标准差.图 6 给出了对应 GB50011—2010 不同类型场地上的模拟地震动均值反应谱、实测地震动均值反应谱和规范设计反应谱.可见,虽然同一类型场地上的地震动时程存在较大随机性,但在均值意义上,本文模型给出的反应谱和实测地震动均值反应谱及对应的规范反应谱基本一致.

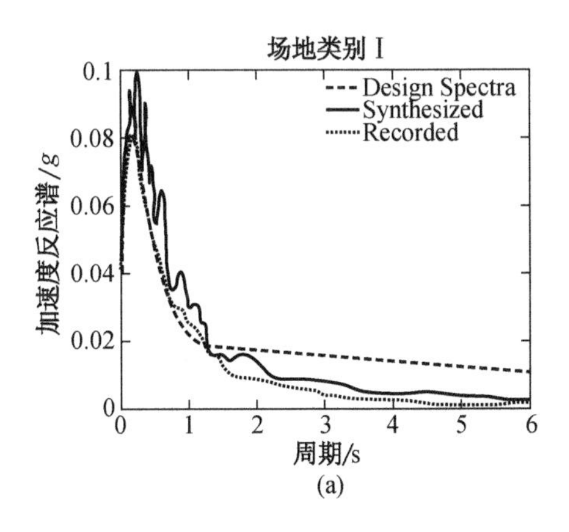

(a)

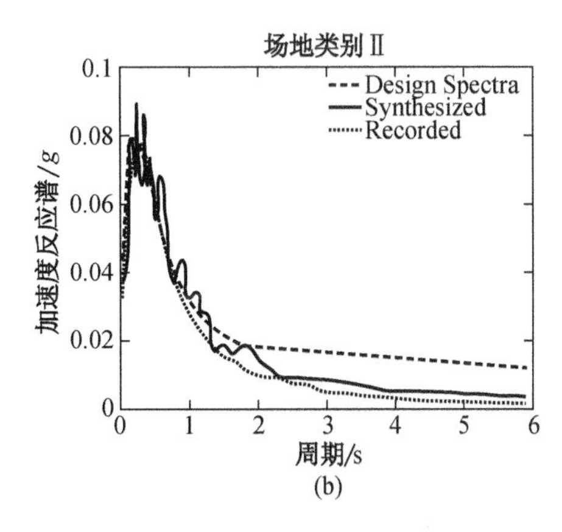

(b)

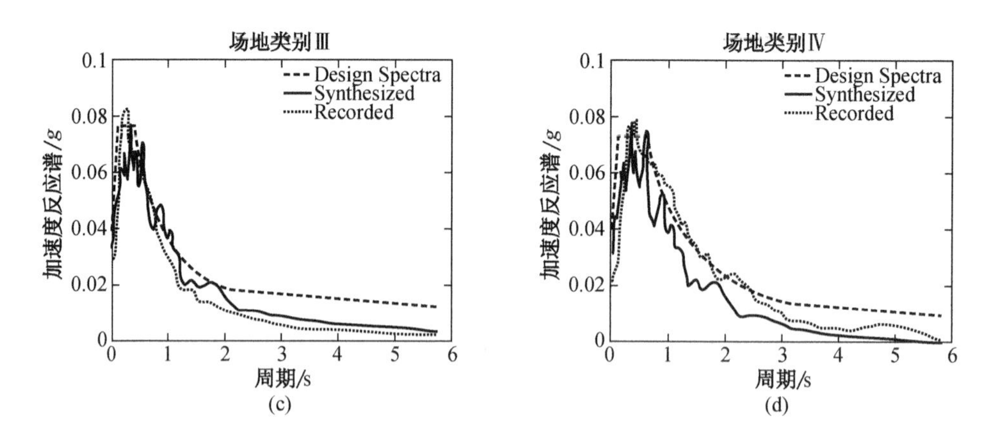

图 6 GB50011—2010 中各类场地模拟地震动均值反应谱、实测地震动均值反应谱和规范反应谱比较

图 7 给出了本文模型预测反应谱标准差与实测地震动记录的反应谱标准差的对比. 可见,本文模型与统计结果具有高度的可信性.

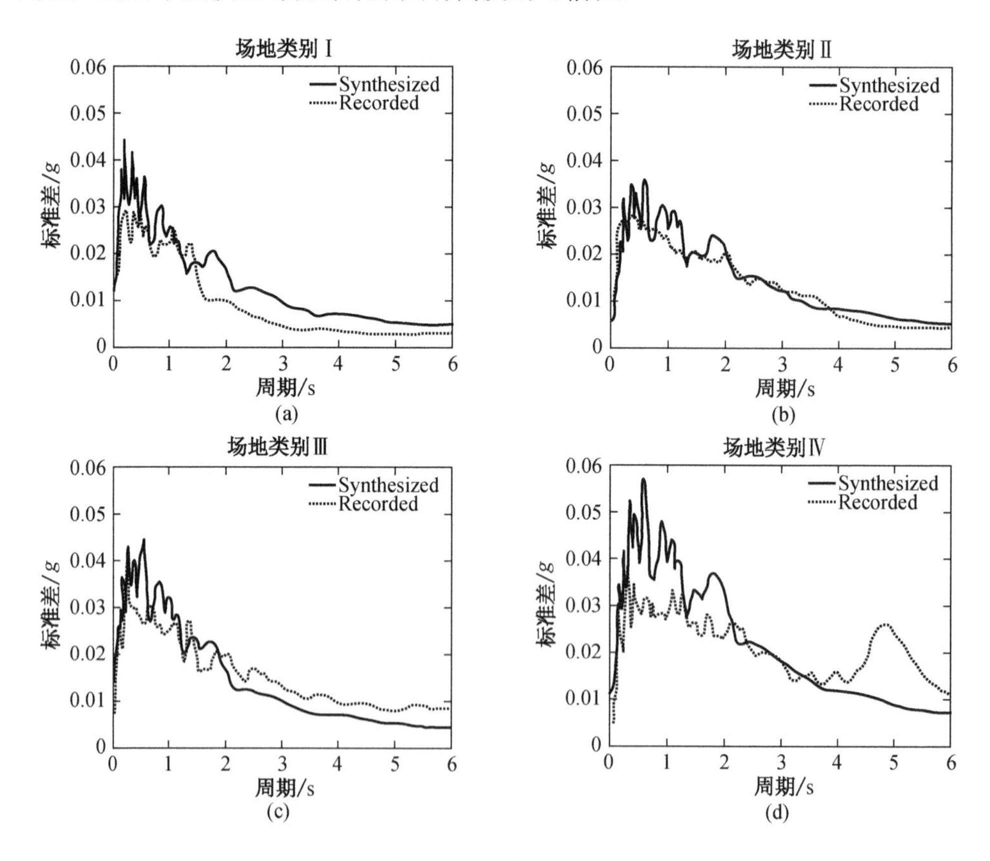

图 7 GB50011—2010 中各类场地模拟地震动反应谱标准差和实测地震动反应谱标准差比较

4 结 论

(1) 介绍了一类新的随机地震动模型,根据中国抗震规范对 PEER 强地震记录进行分组,采用系统识别方法与分布假设检验,获得了不同场地类型上的地震动模型基本随机参数的概率分布密度函数.

(2) 利用数论选点方法获得了模型基本随机参量空间的代表点,生成了具有相等赋得概率的地震动时程样本和反应谱样本集合.结果表明,地震动时程样本集合能够反映真实地震动特征,并能给出其统计特征,可用于工程结构的随机地震响应分析和抗震可靠度评价之中.

参考文献

[1] Housner G W. Characteristics of strong-motion earthquakes[J]. Bulletin of the Seismological Society of America,1947,37(1) :19-27.

[2] Kanai K. Semi-empirical formula for the seismic characteristics of the ground[J]. Bulletin of Earthquake Research Institute,1957,35:309-325.

[3] Kanai K. An empirical formula for the spectrum of strong earthquake motions[J]. Bulletin of Earthquake Research Institute,1961,39: 85-95.

[4] Clough R,Penzien J. Dynamic of structures[M]. New York: McGraw-Hill,Inc. ,1975.

[5] 欧进萍,牛荻涛,杜修力.设计用随机地震动的模型及其参数确定[J].地震工程与工程振动,1991,11(3): 45-54.

[6] 李杰.工程结构随机动力激励的物理模型,随机振动理论与应用新进展[A].李杰,陈建兵,主编[M].上海: 同济大学出版社,2008: 119-132.

[7] 李杰,艾晓秋.基于物理的随机地震动模型研究[J].地震工程与工程振动,2006,26(5) : 21-26.

[8] 艾晓秋,李杰.基于随机 Fourier 谱的地震动合成研究[J].地震工程与工程振动,2009,29(2): 7-12.

[9] 安自辉,李杰.地震动随机函数模型研究(I)——模型建立[J].地震工程与工程振动,2009,29(5): 36-45.

[10] 安自辉,李杰.地震动随机函数模型研究(II)——参数统计与模型验证[J].地震工程与工程振动,2009,29(6): 40-47.

[11] 王鼎,李杰.工程地震动的物理随机函数模型[J].中国科学: 技术科学,2011,41(3): 356-364.

[12] 王鼎,李杰.工程场地地震动随机场的物理模型[J].中国科学: 技术科学, 2012, 42(7): 798-807.

[13] Pacific Earthquake Engineering Research (PEER) NGA Database[Z], http://peer.berkely.edu/nga/.

[14] 郭锋,吴东明,徐国富,等.中外抗震设计规范场地分类对应关系[J].土木工程与管理学报,2011,28(2): 63-66.

[15] 陈建兵，李杰. 结构随机响应概率密度演化分析的数论选点法[J]. 力学学报，2006，38(1)：134-140.

Parametric Statistic and Certification of Physical Stochastic Model of Seismic Ground Motion for Engineering Purposes

Li Jie　Wang Ding

Abstract: Applying the PEER NGA Database, the parametric probability distributions of the random function model of seismic ground motions are presented. According to the site classification in GB50011—2010, 4 438 ground motion records are classified. The sample values of the stochastic parameters are identified on different site classes using the system identification method. Based on the parametric identification results, the statistic analysis of the stochastic parameters in the random function model of seismic ground motions is made, and the probability density functions of the stochastic parameters are obtained. Selecting the representative point sets in the probability space of the random function parameters, the sample sets of the seismic ground motions are generated with the application of the superposition method of wave groups and the response spectrum sample sets are calculated. The statistical feature comparisons of response spectra between the realistic ground motion records and the synthesized ground motion samples show the validity of the random function model and the statistic results of the physical random parameters.

（本文原载于《地震工程与工程振动》第 33 卷第 4 期，2013 年 8 月）

随机地震动的概率密度演化

李杰　宋萌

摘　要　利用广义概率密度演化方程,研究了随机地震动加速度时程的时变概率密度分布.利用集集地震实测地震动记录建模,识别给出了Ⅱ类场地随机地震动物理模型的基本参数及其分布.引入空间伸缩变换和 Voronoi 准则,发展了多维概率空间剖分的实用算法,对比分析了随机地震动模型与真实地震动的概率密度函数.结果表明:随机地震动物理模型可以客观反映真实地震动加速度时程的精细概率结构.

引　言

地震动具有显著的随机性.经典随机振动理论将地震动抽象为平稳随机过程,并据此建立功率谱经验模型.在本质上,这类模型属于随机过程的二阶矩描述,难以反映地震动过程的丰富概率信息.由此,也给结构地震反应分析预设了一系列难题,结构的非线性反应分析和可靠度评价即是其中两个与实际工程应用联系密切的问题.

为了克服经典模型的缺点,文献[1]中首次提出了地震动物理随机函数模型的概念,并以随机介质场地物理模型为基础,建立了地震动的随机 Fourier 谱模型.在此基础上,文献[2],[3]中进一步深入研究了地震动时程的随机累积相位谱.近期,文献[4],[5]中进一步考虑了震源物理机制和传播途径对地震动的影响,建立了地震动物理随机函数模型,并进行了基本随机变量的统计分析.

在上述研究基础上,本文试图利用概率密度演化理论[6−8]研究地震动加速度时程的概率密度分布.首先利用集集地震中所收集到的地震动记录进行统计建模,进而运用广义概率密度演化方程,分析获得了随机地震动加速度的时变概率密度函数.通过对比模型预测地震动与真实地震动加速度记录的时变概率密度函数,验证了地震动物理随机函数模型的正确性.

1　地震动物理随机函数模型

考虑"震源—传播途径—局部场地"物理机制,文献[4]中提出了较为完善的工程地震动物理随机函数模型,其具体表达式为

$$a_R(t)=-\frac{1}{2\pi}\int_{-\infty}^{+\infty}A_R(\boldsymbol{\xi},\boldsymbol{\eta},\omega)\cdot\cos[\omega t+\Phi_R(\boldsymbol{\xi},\boldsymbol{\eta},\omega)]\mathrm{d}\omega \tag{1}$$

$$A_R(\boldsymbol{\xi},\boldsymbol{\eta},\omega)=\frac{A_0\omega e^{-K\omega R}}{\sqrt{\omega^2+(1/\tau)^2}}\cdot\sqrt{\frac{1+4\xi_g^2(\omega/\omega_g)^2}{[1-(\omega/\omega_g)^2]^2+4\xi_g^2(\omega/\omega_g)^2}} \tag{2}$$

$$\Phi_R(\boldsymbol{\xi},\boldsymbol{\eta},\omega)=\arctan\left(\frac{1}{\tau\omega}\right)-Rd\ln\left[(a'+0.5)\omega+b+\frac{1}{4c}\sin(2c\omega)\right] \tag{3}$$

式中，$a_R(t)$为地震动加速度时程；t 为时间；ω 为角频率；A_0 为震源幅值系数；τ 为 Brune 震源系数；ξ_g 为场地等效阻尼比；ω_g 为场地等效卓越角频率；$A_R(\boldsymbol{\xi},\boldsymbol{\eta},\omega)$,$\Phi_R(\boldsymbol{\xi},\boldsymbol{\eta},\omega)$分别为 Fourier 幅值谱和 Fourier 相位谱，$\boldsymbol{\xi}$ 为随机参数向量，考虑到物理背景的可控性，取 $\boldsymbol{\xi}=(A_0,\tau,\xi_g,\omega_g)$；$\boldsymbol{\eta}$ 为确定性向量，取 $\boldsymbol{\eta}=(K,a',b,c,d)$，用其反映传播途径的平均影响，$K$ 为传播衰减系数，通常取经验值为 $1\times10^{-5}\,\mathrm{s\cdot km^{-1}}$；$a'$, b, c, d 均为地震波传播波数-频率关系函数中的经验系数[9-10]，分别取经验系数 $a'=1.02$, $b=403\ \mathrm{rad\cdot s^{-1}}$, $c=1.89\ \mathrm{s\cdot rad^{-1}}$, $d=0.13\ \mathrm{rad\cdot m^{-1}}$；$R$ 为震中距.

随机参数向量 $\boldsymbol{\xi}$ 的概率分布可以由实际地震动记录识别给出. 为此，利用太平洋地震工程研究中心(PEER)的强震记录数据库，收集整理了 1999 年台湾集集地震动记录 573 条(余震，最大震级 Ms5.9). 由于这些地震动记录中关于场地的分类指标仅提供了台站场地地表下 30 m 处的等效剪切波速 V_{s30}，故根据文献[11]中的建议，将收集到的地震动记录按照《建筑抗震设计规范》(GB50011—2010)中规定的场地类型进行分类，分类结果如表 1 所示.

表 1　集集地震动信息统计

场地类型	$V_{s30}/(\mathrm{m\cdot s^{-1}})$	地震动数目
Ⅰ类	>550	98
Ⅱ类	265～550	343
Ⅲ类	165～265	126
Ⅳ类	<165	6
总计		573

选取Ⅱ类场地的地震动记录进行基本随机参数识别. 先将地震动记录峰值归一化为 $0.1g$(g 为重力加速度)，再利用 Fourier 变换给出各样本地震动的 Fourier 幅值谱. 图 1 为 1 条实测地震动加速度时程记录，图 2 为实测地震动的 Fourier 幅值谱.

记样本观测值为 $\tilde{f}(\omega)$，模型 Fourier 幅值谱为 $f(\boldsymbol{\xi},\omega)$，则利用下述识别准则

$$J=\min\sum[\tilde{f}(\omega)-f(\boldsymbol{\xi},\omega)]^2 \tag{4}$$

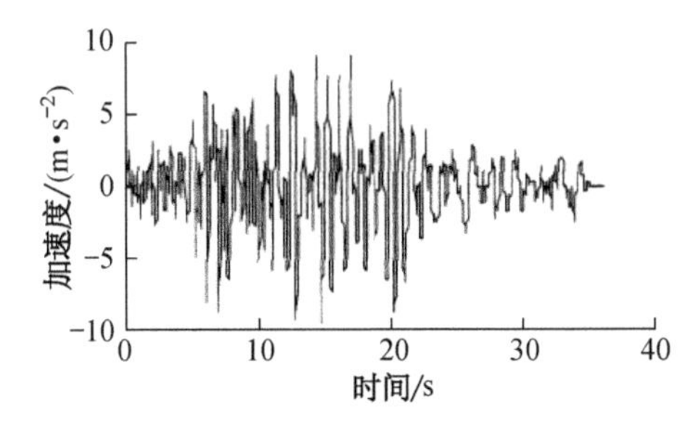

图 1 集集地震动的加速度时程曲线

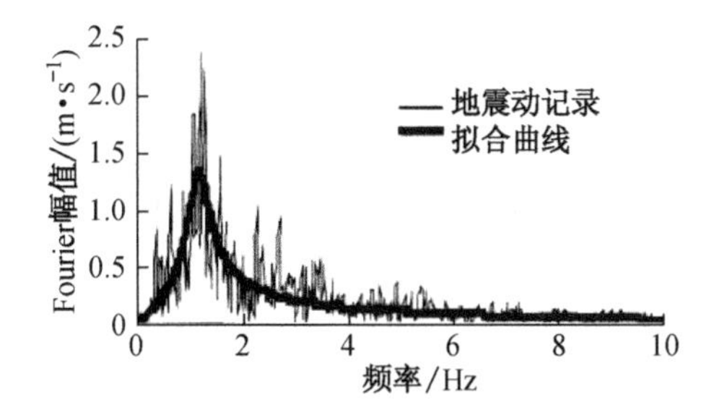

图 2 集集地震动的 Fourier 幅值谱拟合曲线

由式(4)可以识别出每条地震动所对应的样本实现值 $\boldsymbol{\xi}=(A_0, \tau, \xi_g, \omega_g)$.

由于上述物理随机变量是相互独立的,故可依据上述参数识别结果(共 343 组)分别对随机参数进行直方图统计. 研究结果表明,震源幅值系数 A_0 和 Brune 震源系数 τ 满足对数正态分布,即

$$f(x)=\frac{1}{\sqrt{2\pi}\sigma x}\mathrm{e}^{\frac{(\ln(x)-\mu)2}{2\sigma^2}},\ x\geqslant 0 \tag{5}$$

式中, μ, σ 分别为对应正态分布的均值和标准差.

场地等效阻尼比 ξ_g 和场地等效卓越角频率 ω_g 满足伽马分布,即

$$m(x)=\frac{1}{\gamma^{\eta}\Gamma(\eta)}x^{\eta-1}\mathrm{e}^{-x/\gamma}\quad x\geqslant 0 \tag{6}$$

式中, η 为形状参数; γ 为尺度参数的倒数.

对数正态分布和伽马分布的统计参数如表 2 所示. 图 3—图 6 中给出了上述分布与直方图统计的对比结果.

表 2 物理随机变量概率分布函数参数

参数	分布类型	μ	σ	η	γ
A_0	对数正态分布	−1.163 3	0.631 1		
τ	对数正态分布	−1.553 1	1.066 5		
ζ_g	伽马分布			8.855 3	0.042 1
ω_g	伽马分布			3.308 0	3.904 3

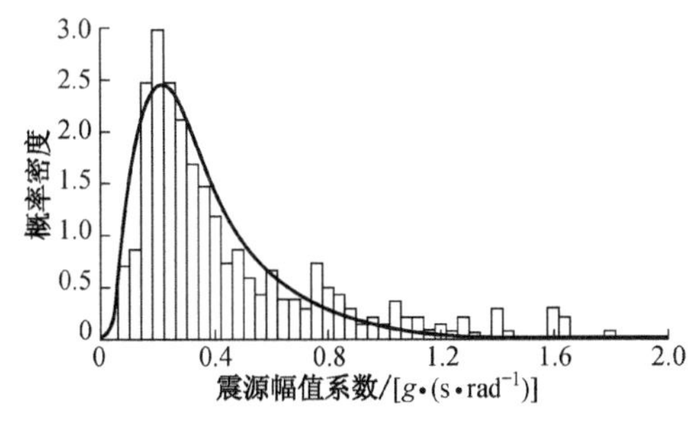

图 3 震源幅值系数 A_0 的统计结果

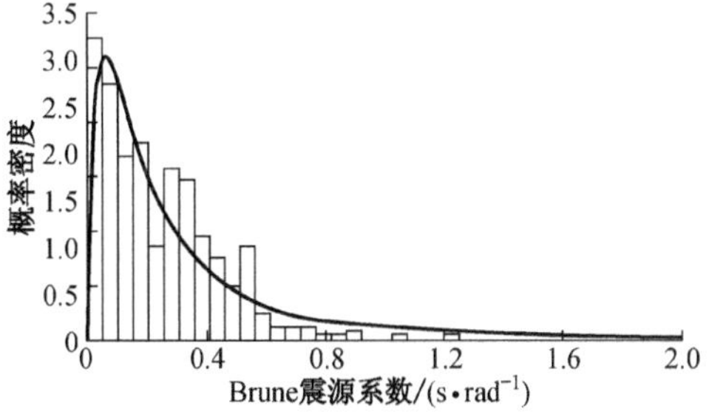

图 4 Brune 震源系数 τ 的统计结果

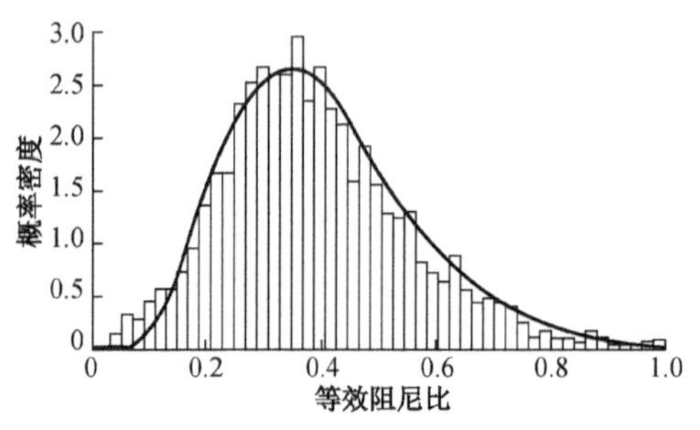

图 5 场地等效阻尼比 ξ_g 的统计结果

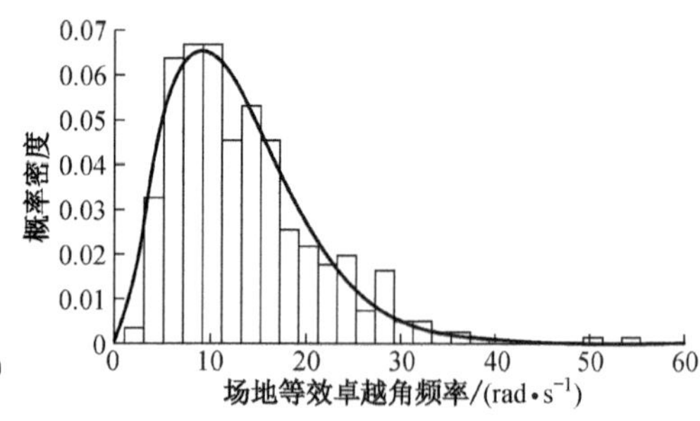

图 6 场地等效卓越角频率 ω_g 的统计结果

2 概率密度演化方程

基于随机动力系统的概率守恒与密度演化思想，可以获得地震动加速度时程的概率密度函数及其演化过程. 为此，引入如下广义概率密度演化方程，即

$$\frac{\partial p_{A\Theta}(a,\ \theta,\ t)}{\partial t}+\gamma(\theta,\ t)\frac{\partial p_{A\Theta}(a,\ \theta,\ t)}{\partial a}=0 \tag{7}$$

式中，$p_{A\Theta}(a,\ \theta,\ t)$为$(A(t),\ \boldsymbol{\Theta})$的联合概率密度函数，$A(t)$为地震动随机过程，$\boldsymbol{\Theta}$为随机参数向量，$\boldsymbol{\Theta}=\boldsymbol{\xi}=(A_0,\ \tau,\ \xi_g,\ \omega_g)$，$a$，$\theta$分别为$A(t)$和$\boldsymbol{\Theta}$对应的样本空间自变量；$\gamma(\theta,\ t)$为代表点$\theta$所对应的$t$时刻的地震动加速度实现值.

式(7)的初始条件为

$$p_{A\Theta}(a,\ \theta,\ t)=\delta(a-a_0)p_{\Theta}(\theta) \tag{8}$$

式中，$p_{\Theta}(\theta)$为$\boldsymbol{\Theta}=(A_0,\ \tau,\ \xi_g,\ \omega_g)$的联合概率密度函数；$a_0$为确定性初始值；$\delta$为狄拉克函数.

在求解式(7)，(8)后，可进一步获得$A(t)$的时变概率密度函数$p_A(a,\ t)$，即

$$p_A(a,\ t)=\int_{\Omega_\Theta}p_{A\Theta}(a,\ \theta,\ t)\mathrm{d}\theta \tag{9}$$

式中，Ω_Θ为$\boldsymbol{\Theta}$的分布空间.

3 概率空间剖分与赋得概率计算

在上述问题的求解中，首先需要对四维概率空间进行剖分，并选取代表点，本文中采用数论方法[12]进行这一工作.

利用数论中四维格点点集表[13]，在单位超立方体$[0,1]^4$内生成均匀散布的点，记作$\tilde{\theta}(\tilde{\theta}_{1,k},\ \tilde{\theta}_{2,k},\ \tilde{\theta}_{3,k},\ \tilde{\theta}_{4,k})$，$k=1,\ 2,\ \cdots,\ n$，$n$为点的个数.

将代表点压缩进单位超立方体内，通过伸缩函数$g(\cdot)$进行伸缩变换. 伸缩函

数的表达式为

$$g(r)=\begin{cases}\phi r^{m}+\varphi, & m\geqslant 0,\ m\in\mathbf{Z}\\ \beta, & r\to 0\\ 1, & r\to\rho\end{cases} \tag{10}$$

式中,ρ 为半径覆盖域;r 为代表点到中心点的距离,中心点为原中心点(4 个概率密度分布函数峰值点所对应的横坐标)经尺度变换到单位超立方体后峰值所对应的点;β 为中心点的压缩率;ϕ, φ 均为参数,可通过 m, ρ, β 值确定.

利用式(10),半径覆盖域 ρ 以内的点会向中心点集中压缩移动. 半径覆盖域 ρ 以外的点会远离中心点向外扩张移动. $g(\cdot)$的形式是根据概率累计分布函数 F 偏差的效果来确定的,在本文中,$m=2$, $\rho=1$, $\beta=0.5$. 记 n_{pt}为最终代表点个数,通过伸缩变换和尺度变换,可以得到代表点的最终位置,即 $n_{\mathrm{pt}}=283$.

每个代表点有其固定的 Voronoi 区域. 为计算各代表点的 Voronoi 体积和赋得概率,可采用下述方法.

(1) 计算所有 Voronoi 区域外接圆直径的最大值,即

$$r_{\mathrm{cv}}=\sup_{x\in\mathbf{R}^4}\left[\inf_{\theta_q\in P}(\|x-\theta_q\|)\right] \tag{11}$$

式中,r_{cv}为覆盖半径;$\mathbf{R}^4$ 为四维随机变量的分布空间;x 为 $\mathbf{R}^4$ 中的任意点;θ_{q} 为代表点;P 为代表点 θ_{q} 的集合.

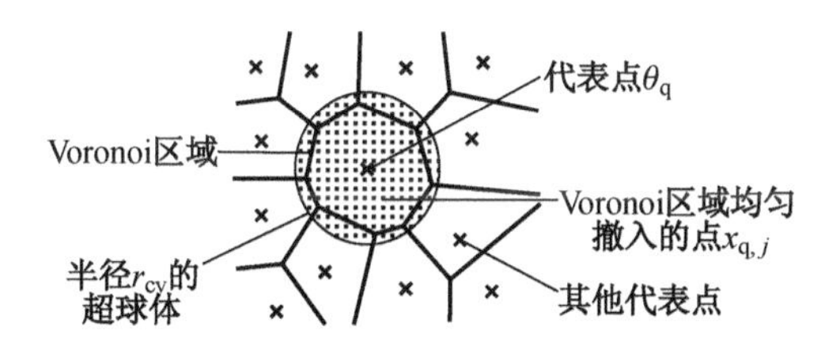

图 7 利用 Voronoi 区域计算代表点的二维示意

以代表点 θ_{q} 为球心,以 r_{cv}为半径做超球体,超球体体积记作 v_0($v_0=\dfrac{1}{2}\pi^2 r_{\mathrm{cv}}^4$). 在超球体内均匀撒入 n_1 个测试点 $x_{\mathrm{q},j}$($j=1, 2, \cdots, n_1$),本文中建议测试点个数为 10^6 量级. 计算 $x_{\mathrm{q},j}$($j=1, 2, \cdots, n_1$)与每个代表点的距离,若测试点 $x_{\mathrm{q},k}$($j=k$)满足

$$\|x_{\mathrm{q},k}-\theta_{\mathrm{q}}\|\leqslant\|x_{\mathrm{q},k}-\theta_m\|,\ m=1,\ 2,\ \cdots,\ n_{\mathrm{pt}} \tag{12}$$

式中,θ_m 为已确定的代表点的位置.

则 $x_{\mathrm{q},k}$属于θ_{q} 的 Voronoi 区域. 设 v_{q} 为代表点 θ_{q} 的 Voronoi 体积,将 $x_{\mathrm{q},j}$($j=1, 2, \cdots, n_1$)中属于 θ_{q} 的 Voronoi 区域的点数记作 n_2,则 $v_{\mathrm{q}}=\dfrac{n_2}{n_1}v_0$.

(2) 将属于 θ_{q} 的 Voronoi 区域的点 $\theta_{\mathrm{q},k}$($k=1, 2, \cdots, n_2$)收集起来,则代表点

θ_q 的赋得概率 p_q 为

$$p_q = \sum_{k=1}^{n_2} p_\theta(\theta_q,\ k) v_{q,k} \tag{13}$$

$$v_{q,k} = \frac{v_q}{n_2} \quad k = 1,\ 2,\ \cdots,\ n_2 \tag{14}$$

式中，$p_\theta(\theta_{q,k})$为点 $\theta_{q,k}$处的概率密度；$v_{q,k}$为点 $\theta_{q,k}$的 Voronoi 体积.

(3) 将所有代表点的概率进行归一化处理[14]，可得到

$$\left.\begin{aligned} \tilde{p}_q &= \frac{p_q}{P} \qquad q = 1,\ 2,\ \cdots,\ n_{pt} \\ P &= \sum_{q=1}^{n_{pt}} p_q \end{aligned}\right\} \tag{15}$$

式中，P 为概率总和.

通过式(15)可以较为精确地求出每个代表点所赋得的概率 $\tilde{p}_q$.

4 概率密度演化

利用式(1)与波群叠加法[15]，由代表点生成地震动加速度时程，可求解广义概率密度演化方程式(7)～(9)，进而求得地震动加速度时程的时变概率密度函数. 图 8 为上述随机地震动模型的概率密度演化过程，图 9 为典型时刻的概率密度分布情况，由此可见，随机地震动在不同时刻的概率密度分布表现出明显的差异.

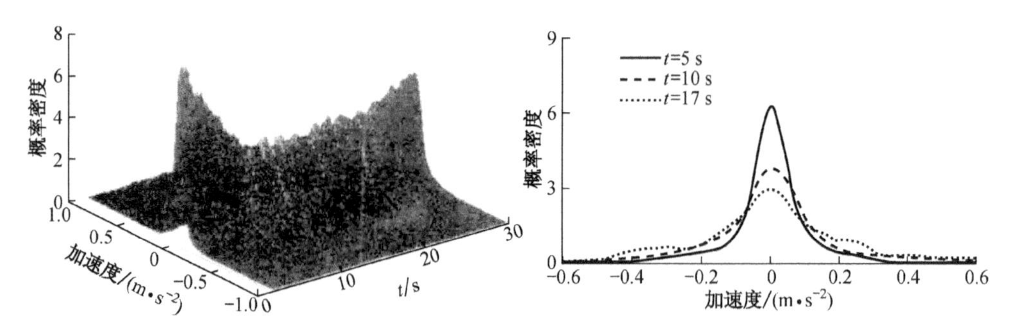

图 8 随机地震动的概率密度演化　　图 9 t=5 s，10 s，17 s 的概率密度演化

上述地震动概率密度演化过程分析的正确性可以由实测地震动的统计结果加以验证. 为此，分别统计集集地震Ⅱ类场地上 343 条实测地震动记录在不同记录时刻的直方图，并与本文中的理论预测结果加以比较，结果见图 10.

由此可见，典型时刻概率密度分布的理论预测结果均与实测地震动记录吻合，从而验证了地震动物理随机函数模型的正确性，进一步验证了基于物理机制考察随机系统思想的正确性.

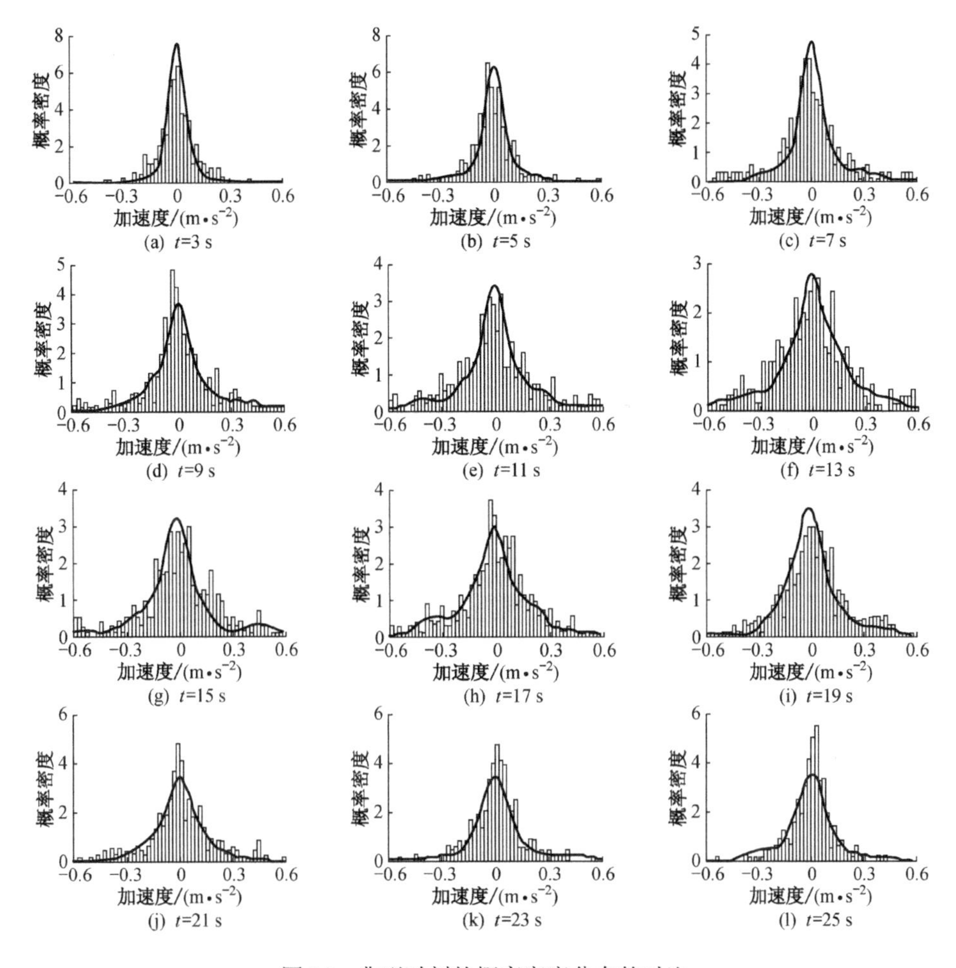

图 10　典型时刻的概率密度分布的对比

5　结　语

(1) 采用数论选点法,通过空间伸缩变换和 Voronoi 准则,可以合理地进行地震动物理随机函数中基本随机变量的概率空间剖分. 笔者所建议的方法在多维随机变量空间剖分计算中具有普适性.

(2) 结合地震动物理随机函数模型与广义概率密度演化方程,可以得到随机地震动的时变概率分布,从而可以精细地反映地震动的概率结构,为进一步应用于工程结构的非线性随机地震响应分析与可靠度评价奠定了基础.

参考文献

[1] 李杰,艾晓秋. 基于物理的随机地震动模型研究[J]. 地震工程与工程振动,2006,26(5):21-26.

[2] 安自辉,李杰.地震动随机函数模型研究(Ⅰ)——模型建立[J].地震工程与工程振动,2009,29(5):36-45.
[3] 安自辉,李杰.地震动随机函数模型研究(Ⅱ)——参数统计与模型验证[J].地震工程与工程振动,2009,29(6):40-47.
[4] 王鼎,李杰.工程地震动的物理随机函数模型[J].中国科学:技术科学,2011,41(3):356-364.
[5] 王鼎,李杰.工程场地地震动随机场的物理模型[J].中国科学:技术科学,2012,42(7):798-807.
[6] LI Jie, CHEN Jian-bing. Stochastic Dynamics of Structures[M]. Singapore: John Wiley &Sons,2009.
[7] 李杰,陈建兵.随机动力系统中的概率密度演化方程及其研究进展[J].力学进展,2010,40(2):170-188.
[8] 李杰,陈建兵.随机结构动力反应分析的概率密度演化方法[J].力学学报,2003,35(4):437-442.
[9] WONG H L,TRIFUNAC M D. Generation of Artificial Strong Motion Accelerograms[J]. Earthquake Engingeering and Structural Dynamics,1979,7(6):509-527.
[10] DZIEWONSKI A M,ANDERSON D L. Preliminary Reference Earth Model[J]. Physics of the Earth and Planetary Interiors,1981,25:297-356.
[11] 郭锋,吴东明,许国富,等.中外抗震设计规范场地分类对应关系[J].土木工程与管理学报,2011,28(2):63-66.
[12] 陈建兵,李杰.结构随机响应概率密度演化分析的数论选点法[J].力学学报,2006,38(1):134-140.
[13] 华罗庚,王元.数论在近似分析中的应用[M].北京:科学出版社,1978.
[14] 方开泰,王元.数论方法在统计中的应用[M].北京:科学出版社,1996.
[15] 廖振鹏.工程波动理论导论[M].北京:科学出版社,2002.

Probability Density Evolution of Stochastic Seismic Ground Motion

Li Jie Song Meng

Abstract: The time-varying probability density distribution of stochastic seismic ground motion acceleration time history was researched using generalized probability density evolution equation. Authors established a model by using actual acceleration records from Chi-Chi earthquake and identified basic parameters and their distributions in physical model of stochastic seismic ground motion from actual observation records in site class Ⅱ. Further, using the expansion-contraction transformation and Voronoi norm, authors developed a practical algorithm which realized the division of multi-dimension probability space. The probability density function of stochastic seismic ground motion model and actual acceleration records were compared and analyzed. The results show that the physical model of stochastic seismic ground motion can objectively reflect refined probability characteristic of actual seismic acceleration processes.

(本文原载于《建筑科学与工程学报》第30卷第1期,2013年3月)

脉动风速功率谱与随机 Fourier 幅值谱的关系研究

李 杰 张琳琳

摘 要 功率谱密度函数是随机过程在频域内的重要特征量,但由于其本质上是平稳过程的频域数值特征,致使其很难全面反映原始随机过程的概率信息,这就需要从更本源的意义上考察随机过程.本文试图从 Fourier 随机函数的角度反映随机过程,将经典的功率谱密度函数中具有物理意义的可测变量看作随机变量,利用功率谱与 Fourier 幅值谱的关系,定义了随机 Fourier 幅值谱;以 Davenport 谱为例,证实当地面粗糙度服从对数正态分布、10 m 高度基本风速服从极值Ⅰ型分布时,可通过功率谱构造具有物理意义的随机 Fourier 幅值谱.通过实测风速 Fourier 谱与随机 Fourier 幅值谱的比较,证明随机 Fourier 幅值谱的概念具有合理性.

引 言

功率谱密度是随机过程在频率域内的重要数值特征量,它表征了随机过程的能量分布.以脉动风速为例,其功率谱密度函数反映了紊流能量在频率域的分布状况,是进行结构风效应随机振动分析的前提之一.然而,由于功率谱密度函数本质上是平稳过程的频域数值特征,因此,很难全面反映原始随机过程的丰富概率信息.这一缺陷不仅造成对各类非平稳响应进行随机振动分析的困难,而且即使是平稳过程,仅依据数值特征解答也难以获得结构可靠度的精确解答.这种困境,促使我们从更本源的意义上考察随机过程.作为研究的初阶,本文试图探讨从 Fourier 随机函数的角度去反映随机过程,并希望在这样一种反映方式中加入物理意义与基本随机变量的可统计性考虑.

本文从经典的功率谱密度函数出发,将其中具有物理意义的可测变量看作随机变量,利用功率谱与 Fourier 幅值谱之间的联系,定义了随机 Fourier 幅值谱.以风工程界广泛应用的顺风向水平脉动风速谱——Davenport 谱为例,证实当地面粗糙度服从对数正态分布、10 m 高度基本风速服从极值Ⅰ型分布时,脉动风速功率谱与随机 Fourier 幅值谱之间存在经典意义上的均方平均关系.最后,通过与实测风速 Fourier 谱的比较,从概率的角度证明随机 Fourier 幅值谱概念具有合理性.

1 随机 Fourier 幅值谱

随机过程可以看作为同一随机实验中所有可能得到的时程样本函数的集合,其中的元素被称为随机样本.例如,空间中某一点处的脉动风速过程就是一类典型的随机过程,其随机样本即是一系列的纪录风速时程 $v(t)$.对随机样本进行 Fourier 变换,可以得到样本 Fourier 谱 $F(\omega)$,反过来,对样本 $F(\omega)$也可以通过 Fourier 逆变换,得到相应的时程随机样本.换句话说,谱和时程这两类描述方法具有等价性,均可以用来描述随机过程,只不过前者是对随机过程的频域描述,后者是对随机过程的时域描述.

Fourier 谱从两个不同的方面对随机过程的频谱进行全面描述,它们是 Fourier 幅值谱与 Fourier 相位谱.沿用经典的 Fourier 变换方式由随机样本时程给出随机 Fourier 谱样本,进而给出其概率描述,固然是一个途径,然而,这样给出的随机 Fourier 谱,不仅具有非平稳过程的性质,而且难以解释其物理意义.而在另一方面,注意到随机过程的功率谱 $S(\omega)$等于一簇样本函数的 Fourier 幅值谱 $|F(\omega)|$ 的平方的平均值[1],即

$$S(\omega) = \frac{1}{T}E[\,|\,F(\omega)\,|^2] \tag{1}$$

式中 T 为样本的持续时间.这意味着,可以用功率谱表示 Fourier 幅值谱.通常,工程中应用的功率谱函数往往具有一定的物理意义,不妨设想:如果根据现实物理背景,把功率谱中的基本物理量作为随机变量,并定义下式为随机 Fourier 幅值谱

$$|\,F(\omega,\,\lambda,\,\xi)\,| = \sqrt{T\cdot S(\omega,\,\lambda,\,\xi)} \tag{2}$$

式中,λ, ξ 为具有物理意义的可观测随机变量.然后,通过统计基本随机变量的分布获得其概率密度函数,不难获得具有一定物理意义的随机 Fourier 幅值谱函数,它将在另一种意义上反映随机过程的概率特征.本文将沿着这一思路,以 Davenport 谱为例展开工作.

2 Davenport 谱

脉动风实际上是三维的风紊流,包括顺风向、横风向和垂直风向的紊流.由于横风向和垂直向的紊流对结构的影响一般较小,人们主要研究顺风向紊流.在风工程界,广泛应用的顺风向水平脉动风速谱为 Davenport 谱,这是加拿大风工程专家 Davenport根据在世界不同地区、不同高度测得的 90 多次强风记录得到的[2].顺风

向脉动风速时程的双边功率谱函数形式为

$$S(\omega)=\frac{1}{2}\frac{u_*^2}{\omega}\frac{4f^2}{(1+f^2)^{4/3}} \tag{3}$$

式中，$f=\frac{1200\ \omega}{2\pi U_{10}}$，$U_{10}$表示 $z=10$ m 高处的平均风速，单位为 m/s；u_* 为剪切波速，单位为 m/s；ω 为圆频率，单位为 rad/s.

剪切波速 u_* 通常可以由某个高度 z'的已知风速 $V(z')$按下式求得

$$u_*=\frac{k\bar{V}(z')}{\ln(z'/z_0)} \tag{4}$$

式中，k 为 Von Karman 常数，通常取为 0.4；z_0 为地面粗糙度，实际计算中可取 $z'=10$ m. 将式(4)代入式(3)整理得

$$S(\omega)=\frac{11672.2\omega}{[\ln(10/z_0)]^2\times\left[1+\left(\frac{1200\omega}{2\pi U_{10}}\right)^2\right]^{\frac{4}{3}}} \tag{5}$$

式中，U_{10}表示 10 m 高度处的基本风速，单位为 m/s.

3 基本随机变量的分布

取式(5)中的地面粗糙度 z_0 和 10 m 高度处基本风速 U_{10}为随机变量，下文对这两个随机变量的取值范围和概率分布情况进行讨论.

3.1 地面粗糙度 z_0

地面粗糙度 z_0 是指风速等于零的高度. 它随地面粗糙的程度而变化，故称为地面粗糙度. z_0 一般略大于地面有效障碍物高度的 1/10[3]. 表 1 中列出了在不同地面粗糙程度和地区所测得的 z_0 值.

表 1 地面粗糙度 z_0 值

下垫面性质	z_0/m
海面，风速 10～15 m/s	0.000021
平滑水泥平地或冰面	0.00001
深度>20 cm 的积雪面	0.0005
短草、天然雪面(深度 10 cm)	0.001
新割草地	0.007
裸露硬地	0.01
耕地	0.02

（续表）

下垫面性质	z_0/m
植物覆盖 4～5 cm	0.02
植物覆盖 6～10 cm	0.03
植物覆盖 11～20 cm	0.04
植物覆盖 21～30 cm	0.05
植物覆盖 60～70 cm，在 2 m 高处风速为 6.2 m/s	0.037
植物覆盖 60～70 cm，在 10 m 高处风速为 2.3 m/s	0.09
植物覆盖 60～70 cm，在 10 m 高处风速为 5.0 m/s	0.06
植物覆盖 60～70 cm，在 10 m 高处风速为 8.7 m/s	0.037
市镇（或丛林平均 10 m 高）	1.0
城市	1.5

从表 1 中可以看出，z_0 值变动于 0.00003～1.5 m 之间，差距较大．根据我国北京、上海、武汉、呼和浩特、湛江、乌鲁木齐、哈尔滨等地的资料，计算得的 z_0 在 0.01～0.1 m之间，大多在 0.02～0.04 m 之间，个别在 0.2 m 或 0.2 m 以上．

文献[4]中列出了地面粗糙度 z_0 与不同地表类型之间的关系，见表 2．

表 2　不同地表分类与地面粗糙度 z_0 的关系

地表之分类	1 类（光滑面）	2 类（稍粗糙面）	3 类（粗糙面）	4 类（非常粗糙面）
地面粗糙度 z_0/m	0.00001～0.02	0.001～0.2	1.0～1.5	1～4

从表 2 可以看出，地面粗糙度 z_0 的取值范围为[0，4]．结合前面分析可知，其均值应在 0.01～0.1 m 之间．

3.2　10 m 高度处平均风速 U_{10}

利用全国基本风压标准值表[3]，可以得到全国 10 m 高度处平均风速 U_{10}．其中需要用到的风速与风压关系式如下

$$U_{10}=\sqrt{\frac{2W}{\rho}} \tag{6}$$

其中，W 为各地的基本风压值，单位为 kN/m^2；ρ 为空气密度，这里对全国不同地区的空气密度不加区分地近似取为标准大气压、常温 15 ℃和绝对干燥下的空气密度 1.226 kg/m^3．分析表明，这种近似对本文的研究影响很小．

经过计算，得到全国 328 个地区的 10 m 高度处平均风速 U_{10}，其分布柱状图见图 1．

由图 1 可以看出，10 m 高度处平均风速 U_{10} 的变化范围为[20，50]，其均值为 27.05 m/s，方差为 23.43 m^2/s^2，对数均值为 3.283，对数方差为 0.0277．

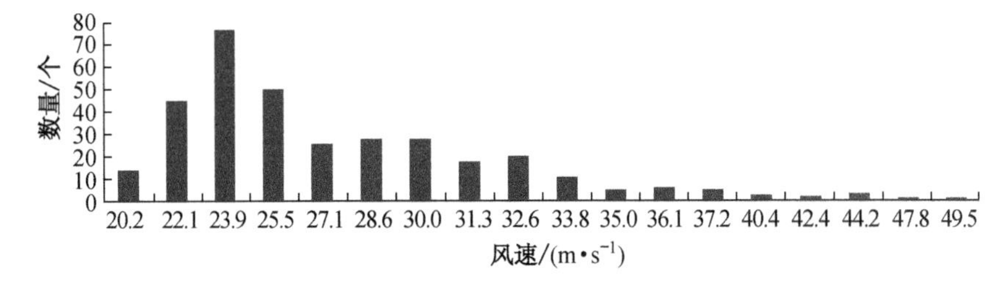

图 1　全国 328 个地区的 10 m 高度处平均风速分布柱状图

4　随机 Fourier 幅值谱与 Davenport 谱的关系

若将地面粗糙度 z_0 和 10 m 高度处平均风速 U_{10} 看成随机变量，那么它们的函数——随机 Fourier 幅值谱也是随机变量. 从计算功率谱密度函数的 Cooley Tukey 方法[5]的思想出发，可知随机 Fourier 幅值谱和功率谱之间存在经典意义上的均方平均关系，即

$$S(\omega,\ \bar{z}_0,\ \overline{U}_{10}) = \frac{1}{T}E[\,|\ F(\omega,\ z_0,\ U_{10})\ |^2] \tag{7}$$

式中符号物理意义如前所述.

式(7)右端项为随机 Fourier 幅值均方谱，根据随机函数期望值的计算方法，有

$$E[\,|\ F(\omega,\ z_0,\ U_{10})\ |^2] = \int_0^4\int_{20}^{50} |\ F(\omega,\ z_0,\ U_{10})\ |^2 f_{z_0}(z_0) f_{U_{10}}(U_{10})\mathrm{d}U_{10}\mathrm{d}z_0 \tag{8}$$

定义下式为随机 Fourier 幅值均方差谱，即

$$\sigma(\,|\ F\omega,\ z_0,\ U_{10})\ |) = \Big(\int_0^4\int_{20}^{50}\{\,|\ F(\omega,\ z_0,\ U_{10})\ | - E[\,|\ F(\omega,\ z_0,\ U_{10})\ |]\}^2 f_{z_0}(z_0) f_{U_{10}}(U_{10})\mathrm{d}U_{10}\mathrm{d}z_0\Big)^{\frac{1}{2}} \tag{9}$$

式中，$E[\,|\ F(\omega,\ z_0,\ U_{10})\ |] = \int_0^4\int_{20}^{50} |\ F(\omega,\ z_0,\ U_{10})\ |\ f_{z_0}(z_0) f_{U_{10}}(U_{10})\mathrm{d}U_{10}\mathrm{d}z_0$，称为随机 Fourier 幅值均值谱.

分别选择均匀分布、正态分布、瑞利分布、对数正态分布和极值 Ⅰ 型分布等常用的概率分布型式作为地面粗糙度 z_0 和 10 m 高度处平均风速 U_{10} 的概率分布，这些分布型式均可以通过随机变量的一、二阶统计量完全确定. U_{10} 的一、二阶统计量已经在 3. 2 节中得到，而地面粗糙度 z_0 的一、二阶统计量未知. 为此，可预设 z_0 的分布形式，利用最小二乘原理，通过随机 Fourier 幅值均方谱对 Davenport 谱的拟合得到 z_0 的一、二阶统计量，进而获得其概率密度函数.

不同工况的计算分析显示，假设地面粗糙度和 10 m 高度处平均风速 U_{10} 服从同一种分布不能满足式(7)的要求,这就需要尝试不同分布的组合形式.研究发现:地面粗糙度 z_0 服从对数正态分布,10 m 高度处平均风速 U_{10} 服从极值Ⅰ型分布可得最佳拟合效果.此时,z_0 和 U_{10} 的概率密度函数分别为

$$f_{z_0}(z_0)=\begin{cases}\dfrac{0.262}{z_0}\exp[-0.216(\ln z_0+3.507)^2], & z_0\geqslant 0\\ 0, & z_0<0\end{cases} \tag{10}$$

$$f_{U_{10}}(U_{10})=0.265\exp\{-\exp[-0.265(U_{10}-24.872)]\}\times \exp[-0.265(U_{10}-24.872)] \tag{11}$$

显然,对应于上述两式,地面粗糙度 z_0 对数均值为 −3.507,对数方差为 2.3185;10 m 高度处平均风速 U_{10} 均值为 27.05 m/s,方差为 23.43 m^2/s^2. z_0 和 U_{10} 的概率密度函数分别见于图 2 和图 3. 相应脉动风速时程的随机 Fourier 幅值均方谱和 Davenport 谱的比较见图 4.

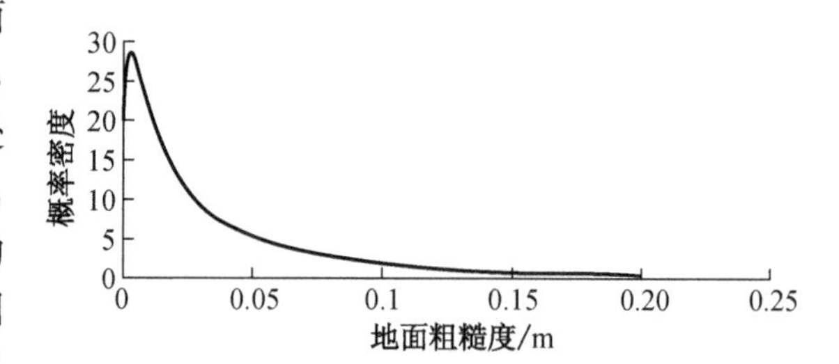

图 2 地面粗糙度 z_0 概率密度函数

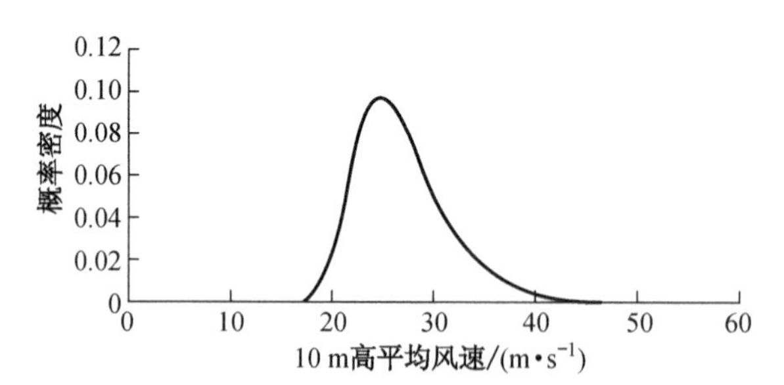

图 3 10 m 高平均风速 U_{10} 概率密度函数

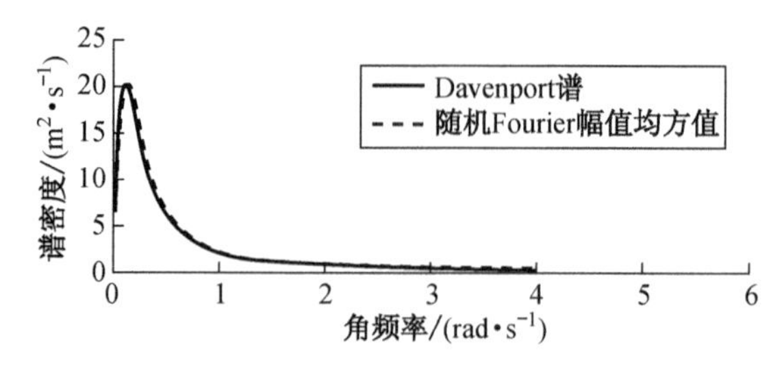

图 4 Davenport 谱和随机 Fourier 幅值均方谱的比较

从图 4 可以看出,如 z_0 和 U_{10} 分别服从式(10)和式(11)所规定的概率密度函数,则式(7)得到满足.即当地面粗糙度 z_0 服从对数正态分布、10 m 高度平均风速

U_{10}服从极值Ⅰ型分布时，脉动风速功率谱与随机 Fourier 幅值谱之间存在经典意义上的均方平均关系. 且由于对数正态分布的特性，z_0 不可能出现负值的情况，从而符合与之相关的物理意义.

5 实例验证

为了验证本文观点，利用实测的风速资料，计算了其样本 Fourier 谱，并与随机 Fourier 幅值谱进行了比较.

5.1 实测风速资料的选取与处理

为了监测香港青马大桥的结构健康状态，香港高速公路局安装了风和结构健康监测系统(WASHMS)[6]，本文采用的风速数据来自此系统某风速测点的实测资料. 该测点位于海平面以上 75 m，采样频率为 2.56 Hz，历时 120 min，风速时程见图 5.

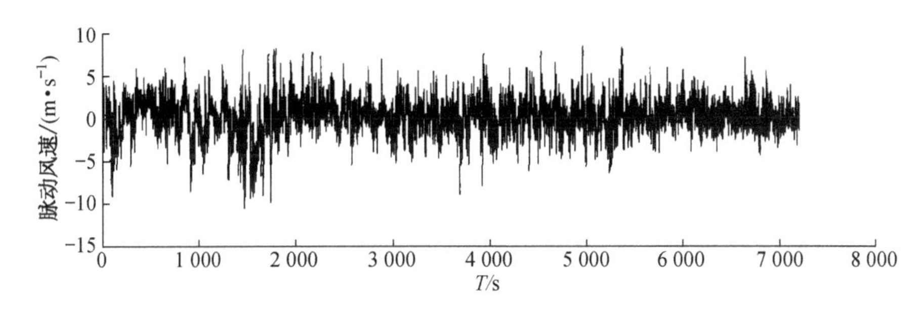

图 5　实测风速时程

为了实际计算的需要，本文参考文献[7]中对实测资料的处理方法，将 120 min 原始记录数据按 10 min 平均时距分割成按序排列的 12 个子样本，每个子样均有 1 536个数据点. 经检查，风速原始资料中没有无效数据.

5.2 拟合 Davenport 谱

尽管 Davenport 谱已经被广泛接受，但这并不代表某一特定地区、某次强风的功率谱可以用经典 Davenport 谱准确表示. 因此，需要根据实测风速数据拟合出一条适合该风速资料的脉动风速功率谱. 本文基于最小二乘原理，识别给出修正的 Davenport 谱. 修正谱采用的函数形式为

$$S(\omega)=\frac{u_*}{2\omega}\cdot\frac{P_1 f^{(P_3P_4-2/3)}}{(1+P_2 f^{P_3})^{P_4}} \tag{12}$$

式中，P_1，P_2，P_3，P_4 为拟合系数，因只考虑双边功率谱 $\omega>0$ 一侧，所以取值均 >0；其余符号意义同前.

根据最小二乘原理，识别给出的修正 Davenport 谱如式(13)所示，其曲线见图 6.

$$S(\omega)=\frac{u_*}{2\omega}\cdot\frac{f^{1.413}}{(1+1.97f^{0.8})^{2.6}} \tag{13}$$

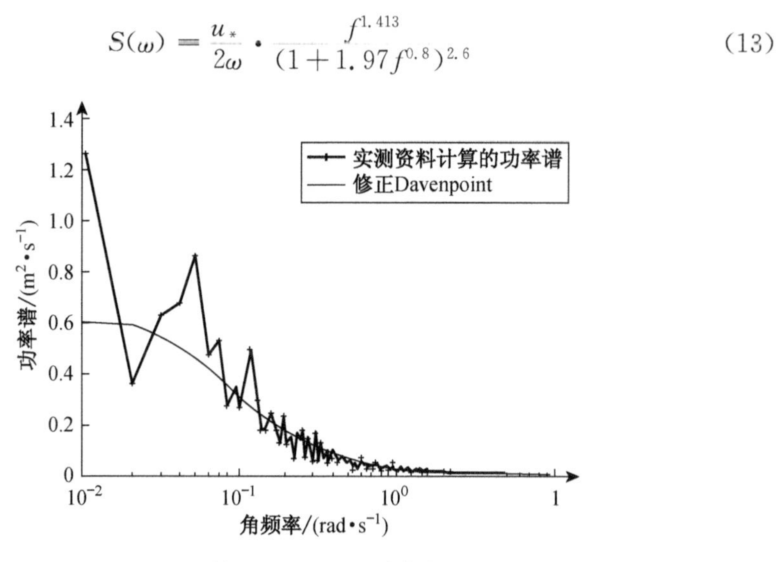

图 6　修正 Davenport 谱曲线

5.3　实测风速 Fourier 谱与随机 Fourier 幅值谱的比较

根据式(2)和式(13)定义随机 Fourier 幅值谱，计算随机 Fourier 幅值均值谱和随机 Fourier 幅值均方差谱. 其中地面粗糙度 z_0 服从对数正态分布、10 m 高度处平均风速服从极值Ⅰ型分布，其概率密度函数采用第 4 节中同样的方法得到，不同的是这里只知道当地 10 m 高平均风速，其余 3 个参数通过最小二乘法确定. 根据实测资料，两个随机变量的概率密度函数表达式分别为

$$f_{z_0}(z_0)=\begin{cases}\dfrac{0.387}{z_0}\exp[-0.472(\ln z_0+6.507)^2], & z_0\geqslant 0\\ 0, & z_0<0\end{cases} \tag{14}$$

$$f_{U_{10}}(U_{10})=0.079\exp\{-\exp[-0.079(U_{10}-27.82)]\}\times \exp[-0.079(U_{10}-27.82)] \tag{15}$$

图 7 和图 8 分别给出了 z_0 和 U_{10} 的概率密度函数图，图 9 给出了随机 Fourier 幅值均方谱和修正 Davenport 谱的比较.

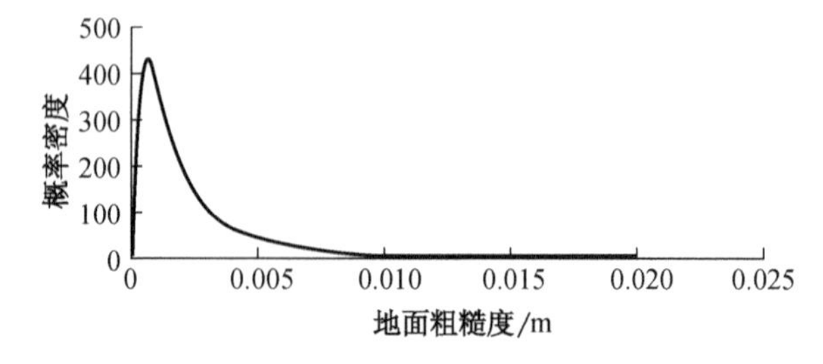

图 7　地面粗糙度概率密度函数

另外，对上述 12 个子样本分别计算其 Fourier 谱，然后进行如下比较：①实测风速资料 Fourier 谱与随机 Fourier 幅值均值谱的比较；②实测风速资料 Fourier 谱与随机 Fourier 幅值均值谱加、减一倍均方差曲线的比较.

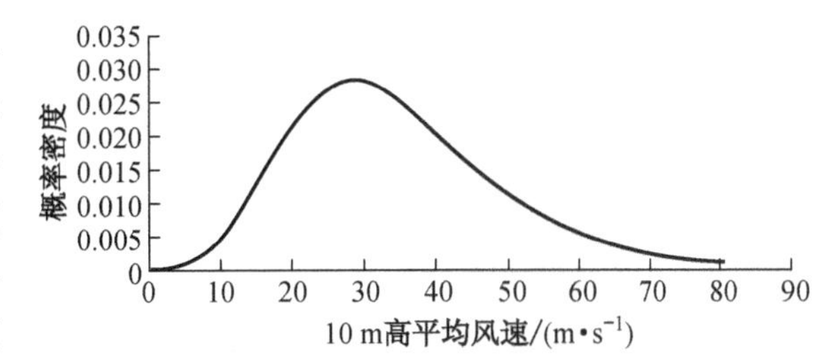

图 8　10 m 高平均风速概率密度函数

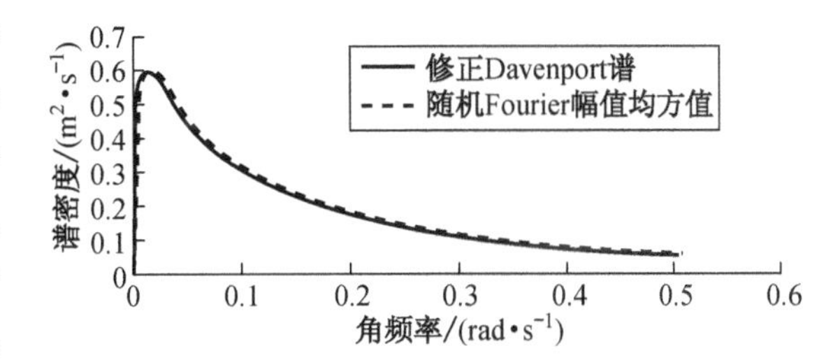

图 9　随机 Fourier 幅值均方谱和修正 Davenport 谱的比较

图 10 为实测风速 Fourier 谱与随机 Fourier 幅值谱的比较结果. 从图中可以看出，实测风速资料的 Fourier 谱基本上在随机 Fourier 幅值均值谱上下波动，并且其变化基本上控制在随机 Fourier 幅值均值谱加、减一倍均方差之间的范围之内. 这就在概率的意义下证明了随机 Fourier 幅值谱是可以跟实际的风场建立联系的，换句话说，随机 Fourier 幅值谱的概念具有实际的物理意义.

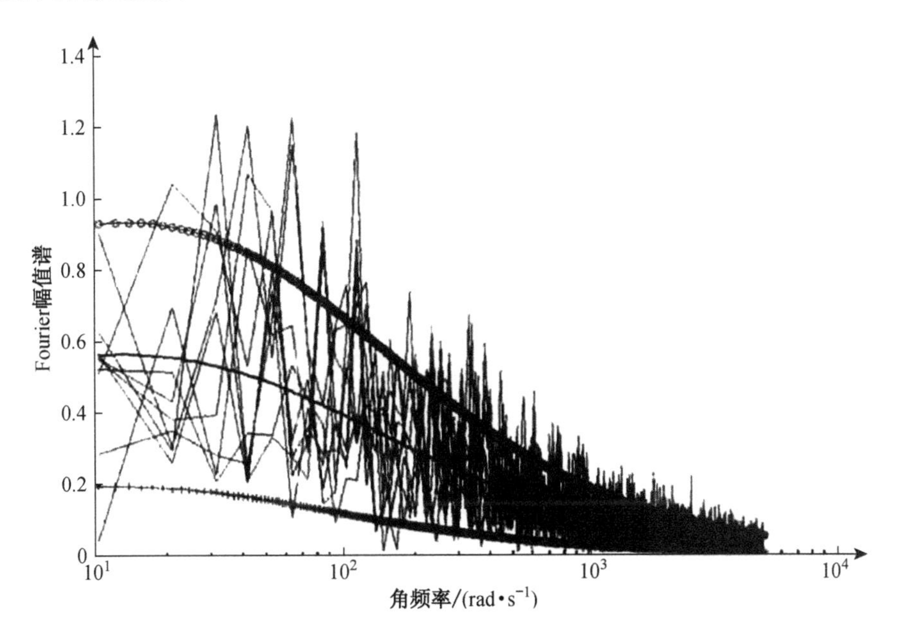

图 10　实测风速 Fourier 幅值谱和随机 Fourier 幅值均值谱及其加、减一倍均方差谱的比较

注：—随机 Fourier 幅值均值谱；←随机 Fourier 幅值均值减一倍均方差谱；
⊖ 随机 Fourier 幅值均值加一倍均方差谱；—样本 Fourier 幅值谱

6 结 论

本文首先根据功率谱与 Fourier 幅值谱的关系，将功率谱中某些具有物理意义且可测的物理量作为随机变量，定义了随机 Fourier 幅值谱. 通过研究得出以下结论：

(1) 当地面粗糙度 z_0 服从对数正态分布、10 m 高度处平均风速 U_{10} 服从极值Ⅰ型分布时，随机 Fourier 幅值谱和 Davenport 谱之间存在经典意义上的均方平均关系. 从而，可以通过功率谱密度函数，利用关于基本物理量的统计与拟合构造随机 Fourier 谱；

(2) 通过实测风速记录 Fourier 谱与随机 Fourier 幅值谱的比较，证明了随机 Fourier 幅值谱概念具有合理性.

参考文献

[1] 李杰，李国强. 地震工程学导论[M]. 北京：地震出版社，1992：60-64.
[2] Davenport A G. The spectrum of horizontal gustiness near the gound in high winds[J]. J. Royal Meteoral. Soc，1961 (87)：194-211.
[3] 张相庭. 结构风压和风振计算[M]. 上海：同济大学出版社，1985：34-36.
[4] 陈英俊，于希哲. 风荷载计算[M]. 北京：中国铁道出版社，1998：76-77.
[5] 戴诗亮. 随机振动试验技术[M]. 北京：清华大学出版社，1984：115-116.
[6] Ko J M，Ni Y Q，Chan T H T. Dynamic monitoring of structural health in cable-supported bridges[J]. Proceedings of SPIE-The International Society for Optical Engineering，1999 (3671)：161-172.
[7] 胡晓红，葛耀君，庞加斌. 上海"派比安"台风实测结果的二维脉动风谱拟合[J]. 结构工程师，2002(2)：41-47.

A Study on the Relationship between Turbulence Power Spectrum and Stochastic Fourier Amplitude Spectrum

Li Jie　Zhang Lin-lin

Abstract: Power Spectrum is an important characteristic quantity of stochastic process in frequency domain. It can represent the power distribution of the stochastic process. However, because the power spectrum is only a numerical characteristics of stationary process in the frequency domain in nature, it is very difficult for it to involve all probability information of the original stochastic process. This shortcoming not only brings difficulties to the analysis of random vibration for the non-stationary process, but also causes that exact solutions of structure reliability wouldn't be obtained only by means of numerical characteristics solutions even for the stationary process. So it is necessary to investigate the stochastic process at a more frontal level.

In this paper, the idea of Fourier stochastic function is adopted to reflect the stochastic process for the above purpose. Based on the relationship between the power spectrum and Fourier amplitude spectrum, the stochastic Fourier amplitude spectrum is defined. Then Davenport spectrum, which is used widely in wind engineering, is taken as an example to validate the proposed idea. The research finds that, when roughness length z_0 is characterized by log-normal distribution and basic wind speed U_{10} at height of ten meters is characterized by extreme value-Ⅰ distribution, the stochastic Fourier amplitude spectrum can be constructed by the power spectrum. Finally, the stochastic Fourier amplitude spectrum is proved to be rational by comparing measured wind speed Fourier spectrum with the stochastic Fourier amplitude spectrum.

（本文原载于《防灾减灾工程学报》第 24 卷第 4 期，2004 年 12 月）

实测风场的随机 Fourier 谱研究

李 杰　张琳琳

摘　要　根据国内某大桥桥址处实测风速资料，获得了该地区风场 10 m 高平均风速 U_{10}、地面粗糙度 z_0 的统计概率特征，以及纵向脉动风速 Fourier 谱曲线；基于 Kolmogrov 理论，提出了随机 Fourier 谱经验公式，应用随机建模理论和非线性优化技术，获得了实测风场的随机 Fourier 幅值谱函数以及基本随机变量的概率密度函数. 与实测资料 Fourier 谱样本集合的比较表明，本文建立的随机 Fourier 谱能够很好地表征实测资料 Fourier 谱的随机性. 同时，通过实测风速资料，进一步验证了本文提出的随机 Fourier 谱具有很好的通用性.

1　概　述

脉动风速功率谱是风时程的一项非常重要的数值特征. 根据 Kolmogrov 湍流理论[1]，可以得到频域内脉动风功率谱密度的一般表达式，基于此，结合风速时程观测记录，已提出了多个不同形式的脉动风谱，其中纵向脉动风速谱以 Von Karman 谱、Davenport 谱和 Simiu 谱等较为著名[2]. 仔细分析可知：在本质上，功率谱密度函数是平稳随机过程的二阶数值特征，因此很难全面反映原始随机过程的丰富概率信息. 事实上，建立在二阶数值特征意义上的随机振动分析仅能给出结构响应(无论是平稳的还是非平稳的)的数值特征解，难以获得结构可靠度的精确解答.

为了反映随机风场的丰富概率信息、寻求对风场随机性的物理解释，近年来，作者从随机样本和随机函数的关系角度出发进行了新的探索[3]，将时域内的随机样本经 Fourier 变换得到的 Fourier 谱集合视为随机函数，提出了随机 Fourier 谱的概念. 即

$$F(n) = \frac{1}{\sqrt{T}}\left|\int_0^T v(t)\mathrm{e}^{-2\pi i n t}\,\mathrm{d}t\right| = \frac{C_1 u_* f^{(C_3 C_4 - \frac{1}{3})}}{\sqrt{n}(1 + C_2 f^{C_3})^{C_4}} \tag{1}$$

式中，$F(n)$为随机 Fourier 谱；T 为随机样本持时；$v(t)$为脉动风速时程；n 为频率；f 称为相似律坐标或莫宁坐标；C_1，C_2，C_3，C_4 为常系数；u_* 表示剪切波速.

由于在这样一种反映方式中引入了具有物理意义的基本随机变量，为更全面地反映风场随机性的概率信息提供了基础.

在上述概念的基础上，本文根据国内某大桥桥址处的实测风速资料，采用随机建模方法，确定了随机 Fourier 谱的函数表达式，以及其中基本随机变量的概率分布. 通过与实测资料的统计结果比较，证明了所获得的随机 Fourier 谱函数及其基本随机变量概率密度函数的适用性.

2 实测风速资料的处理

2.1 实测风速资料简介

实测风速资料来源于国内某大桥桥址处两个三轴超声风速仪监测得到的 1 月、2 月和 3 月的风速数据，采样频率为 4 Hz，采样总时长为 2046 h，采样时段恰好处于该桥址处季风季节. 本文采用 3 月份实测风速资料建立随机 Fourier 谱模型，采用 1 月份和 2 月份的实测风速资料验证模型的通用性.

2.2 数据处理

由于中国的基本风速的时长取为 10 min，因此采用 10 min 为记录长度计算脉动风速 Fourier 幅值谱. 根据实测风速的采样频率(4 Hz)，可以确定每个子样本的数据点数为 2400 个. 按照这一记录长度，将实测记录分解为 3696 个子样本.

并非每一个子样本均可以用于分析工作，因此要在分析工作之前，首先剔除无效子样本，其原则有二：

(1) 判断子样本主风向平均风速是否大于 6 m/s，如果大于 6 m/s，则保留；否则剔除；

(2) 判断同一时段内 50 m 高主风向平均风速是否大于 30 m 高主风向平均风速，如果是，则保留；否则剔除.

其中，主风方向及其平均风速的计算方法为：用 $U_1(t)$，$U_2(t)$ 和 $U_3(t)$ 表示风速仪记录的三个正交方向的风速分量，其平均值可以由下列各式计算得到

$$\overline{U}_1=\frac{1}{T}\int_0^T U_1(t)\mathrm{d}t=\frac{1}{M}\sum_{i=1}^{M}U_1(t_i) \tag{2}$$

$$\overline{U}_2=\frac{1}{T}\int_0^T U_2(t)\mathrm{d}t=\frac{1}{M}\sum_{i=1}^{M}U_2(t_i) \tag{3}$$

$$\overline{U}_3=\frac{1}{T}\int_0^T U_3(t)\mathrm{d}t=\frac{1}{M}\sum_{i=1}^{M}U_3(t_i) \tag{4}$$

由于选择记录单位为 10 min，因此式(2)～(4)中的 $M=2400$.

利用计算得到的三个方向的平均风速，按下式计算得到主风向的平均风速和

方向余弦

$$\overline{U}=\sqrt{(\overline{U}_1^2+\overline{U}_2^2+\overline{U}_3^2)} \tag{5}$$

$$(\cos\alpha_u,\ \cos\beta_u,\ \cos\gamma_u)=\frac{(\overline{U}_1,\ \overline{U}_2,\ \overline{U}_3)}{\overline{U}} \tag{6}$$

经过上述处理，30 m 高测点和 50 m 高测点各有 310 个样本满足要求. 对这些样本分析计算每个子样本的纵向平均风速、方向余弦以及纵向脉动风速，计算公式分别为

$$\overline{U}_{along}=\sqrt{(\overline{U}_1^2+\overline{U}_2^2)} \tag{7}$$

$$(\cos\alpha_{along},\ \cos\beta_{along})=\frac{(\overline{U}_1,\ \overline{U}_2)}{\overline{U}_{along}} \tag{8}$$

$$u_{along}(t)=U_1(t)\cos\alpha_{along}+U_2(t)\cos\beta_{along}-\overline{U}_{along} \tag{9}$$

对各样本的纵向脉动风速 u_{along} 数据直接进行 FFT 变换，从而得到各子样本的纵向脉动风速 Fourier 幅值谱 $|F_u|$. 图 1 给出了部分脉动风速时程及其 Fourier 幅值谱.

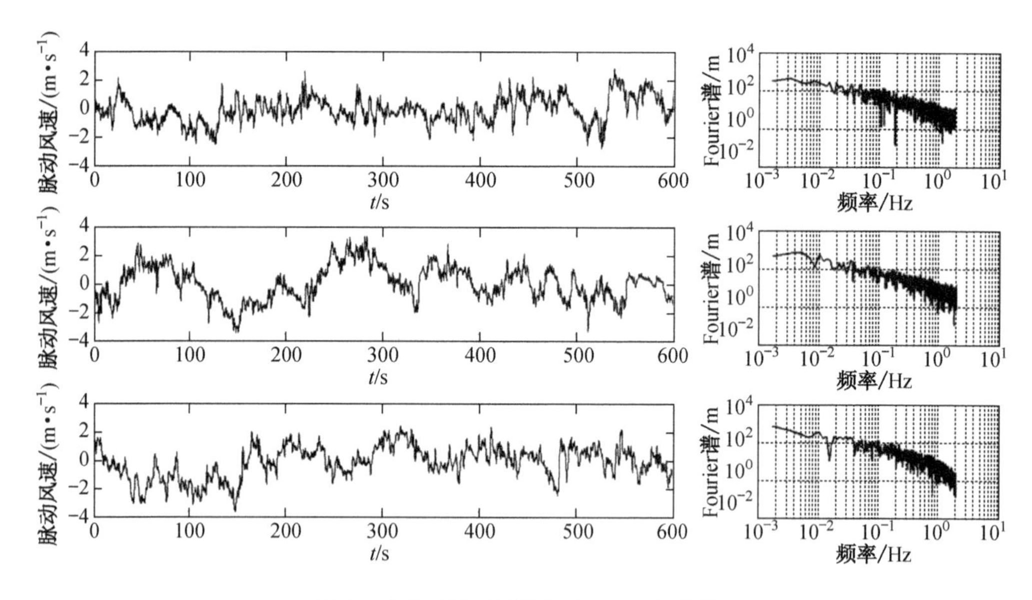

图 1　脉动风速时程及其 Fourier 幅值谱

3　基本随机变量的数理统计

文献[3]证明，地面粗糙度 z_0 和 10 m 高平均风速 U_{10} 为随机风场中的两个基本随机变量. 这里基于实测风速，对两个变量进行数理统计分析. 假设桥址处的平

均风剖面服从对数律[1]，即

$$U(z)=\frac{1}{k}u_*\ln\frac{z}{z_0} \tag{10}$$

式中，k 为 Von Karman 常数，通常取 0.4；z 为离地高度；z_0 为地面粗糙度；$U(z)$为平均风速；其余符号意义同前.

采用式(10)，以及前面计算得到的 30 m 高测点和 50 m 高测点的实测样本水平平均风速 $\overline{U}_{along}(30)$和 $\overline{U}_{along}(50)$，可以实现对 10 m 高平均风速 U_{10}和地面粗糙度 z_0 的统计，这里的 10 m 高平均风速 U_{10}指持时为 10 min 的平均风速. 将计算结果以柱状图的形式给出如图 2 和图 3 所示. 由此计算得到两个物理量的二阶统计量分别为：地面粗糙度 z_0 的均值为 0.441 m，标准差为 0.897 m；10 m 高平均风速 U_{10}的均值为 5.615 m/s，标准差为 1.077 m/s. 为了便于与本文建模结果比较，经换算给出地面粗糙度 z_0 的对数均值和对数标准差分别为−3.541 和 3.773.

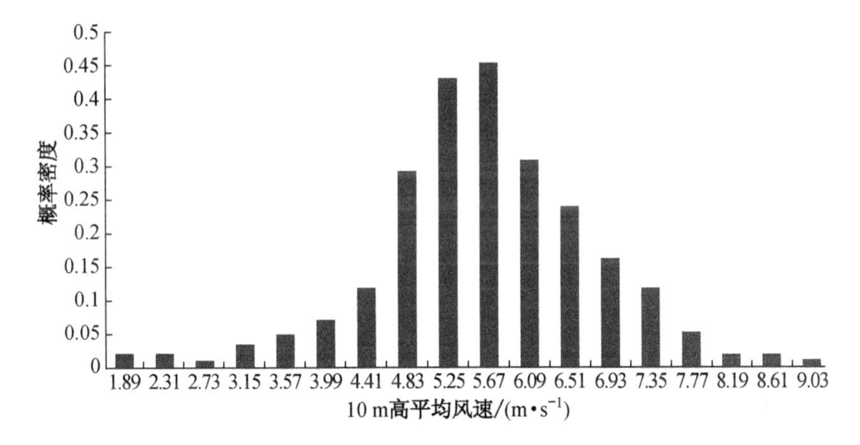

图 2　10 m 高平均风速 U_{10}统计柱状图

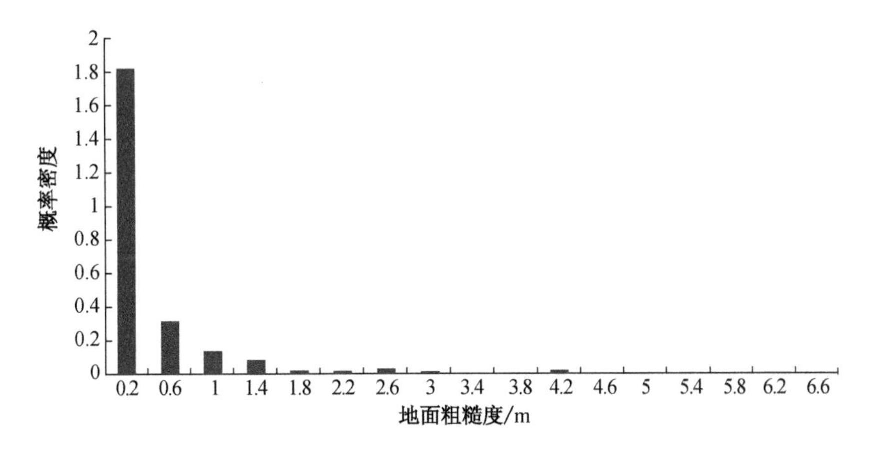

图 3　地面粗糙度 z_0 统计柱状图

4 纵向脉动风速随机 Fourier 谱建模

将前面计算得到的 Fourier 幅值谱综合绘于图 4 中. 利用数理统计方法,对这些实测值加以统计,可以得到实测纵向脉动风速 Fourier 均值谱和标准差谱曲线,见图 5.

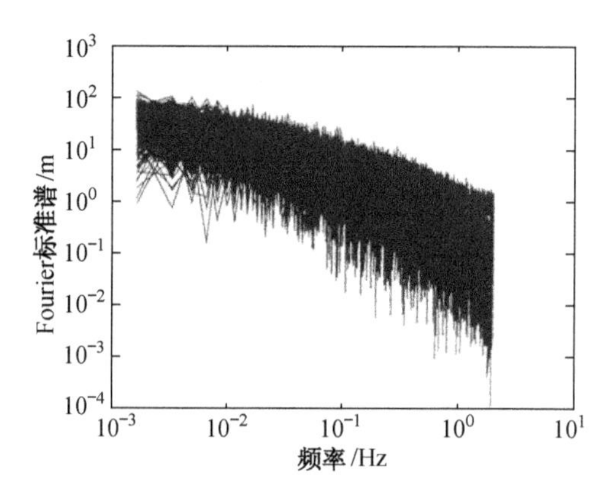

图 4　实测纵向脉动风速 Fourier 幅值谱曲线簇

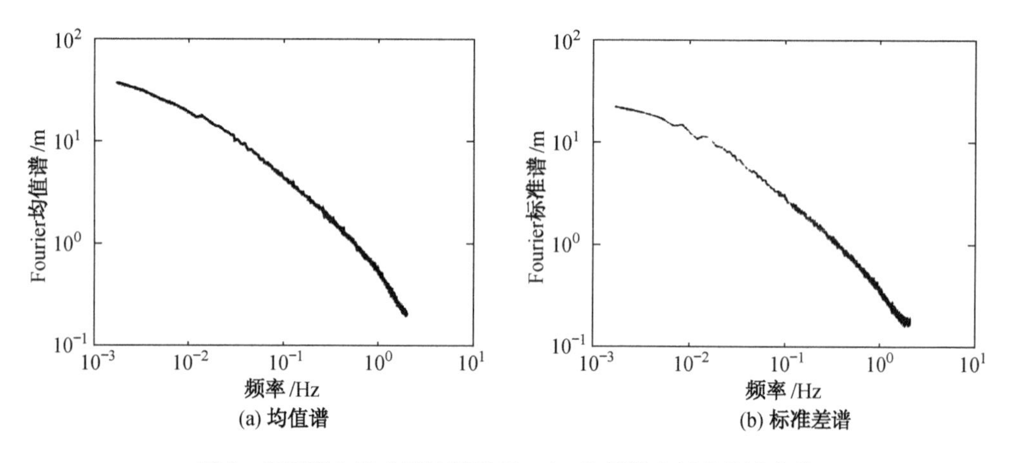

图 5　实测纵向脉动风速随机 Fourier 均值谱和标准差谱曲线

4.1 Kolmogrov 理论及随机 Fourier 谱的经验函数式

根据 Kolmogrov 理论,频域内的脉动风可以用统一形式的功率谱密度 $S(z,\ n)$ 来表示,即[2]

$$\frac{nS(z,\ n)}{u_*^2}=\frac{Af^{\gamma}}{(1+Bf^{\alpha})^{\beta}} \tag{11}$$

式中,A 和 B 为两个常数;α, β 和 γ 分别表示谱的幂指数,且满足 $\gamma-\alpha\beta=-\dfrac{2}{3}$;实际计算中 u_* 常按照式(10)确定,并取式(10)中 $z=10$ m;其余符号意义同前.

参照文献[3]给出的随机 Fourier 谱定义,并假定脉动风速为平稳随机过程,本文选择下式为随机 Fourier 谱的经验函数式

$$F(n)=\frac{C_1 u_* f^{(C_3C_4-\frac{1}{3})}}{\sqrt{n}(1+C_2 f^{C_3})^{C_4}} \tag{12}$$

式中符号意义同式(1),并参照 Davenport 谱,f 的定义按下式确定

$$f=\frac{1200n}{U_{10}} \tag{13}$$

对于平稳过程,随机 Fourier 谱的均值与该过程的功率谱密度函数有确定性联系[3]. 但随机 Fourier 谱为随机函数,功率谱密度函数为确定性函数,前者可以反映随机过程的全部概率信息,后者仅是该过程的二阶数值特征.

4.2 随机 Fourier 谱的建模

4.2.1 建模原则

将式(10)和式(13)代入式(12),进一步整理得到

$$F(n)=\frac{C_1 k U_{10}\left(\dfrac{1200n}{U_{10}}\right)^{(C_3C_4-\frac{1}{3})}}{\sqrt{n}\ln\left(\dfrac{10}{z_0}\right)\left[1+C_2\left(\dfrac{1200n}{U_{10}}\right)^{C_3}\right]^{C_4}} \tag{14}$$

式中,基本随机变量包括地面粗糙度 z_0 和 10 m 高平均风速 U_{10},两者的概率分布可以通过两种方式确定,其一是经典的数理统计方法,其二是随机建模方法[4]. 前面已经通过经典的数理统计方法获得了它们的二阶矩统计量,以及概率密度柱状图. 这里采用随机建模的方法来确定两个基本随机变量的概率密度函数.

所谓随机建模,是指利用物理系统的实验观察结果,采用数学优化的方法确定系统基本随机变量的概率结构,使得所研究物理模型在概率意义上等价于客观物理系统[4]. 本文采用的建模准则为系综特征值准则,即首先对集合样本采用数理统计方法给出目标随机变量的均值与方差,然后,利用物理关系,给出目标随机变量的预测特征值. 通过调整概率分布参数或分布类型,获取对于基本随机变量真实概率结构的估计. 建模准则可表示为

$$J_m=\min[(E(\tilde{x})-E(x))^{\mathrm{T}}(E(\tilde{x})-E(x))] \tag{15}$$

$$J_v=\min[(\sigma_{\tilde{x}}-\sigma_x)^{\mathrm{T}}(\sigma_{\tilde{x}}-\sigma_x)] \tag{16}$$

式中,$E(\tilde{x})$,$\sigma_{\tilde{x}}$ 分别为估计均值和标准差,$E(x)$, σ_x 分别为目标函数的均值和标准差.

根据概率论知识，随机 Fourier 谱的均值谱和标准差谱计算公式为

$$E[F(z_0,U_{10},n)]=\iint F(z_0,U_{10},n)f_{U_{10}}(U_{10})f_{z_0}(z_0)\mathrm{d}U_{10}\mathrm{d}z_0 \tag{17}$$

$$\sigma[F(z_0,U_{10},n)]=\{\iint(F(z_0,U_{10},n)-E[F(z_0,U_{10},n)])^2 f_{U_{10}}(U_{10})\cdot f_{z_0}(z_0)\mathrm{d}U_{10}\mathrm{d}z_0\}^{\frac{1}{2}} \tag{18}$$

定义目标函数为

$$\min f(x)=\min[\,\|\,E(\widetilde{F}(n))-E(F(z_0,U_{10},n))\,\|+\|\,\sigma(\widetilde{F}(n))-\sigma(F(z_0,U_{10},n))\,\|\,] \tag{19}$$

式中，$E(\widetilde{F}(n))$，$\sigma(\widetilde{F}(n))$分别为前述统计样本的均值谱与标准差谱.

利用 MATLAB 自带的优化工具箱（Optimization Toolbox）中的 FMINCON 工具和前述统计给出的随机 Fourier 均值谱和标准差谱曲线，可以同时计算确立随机 Fourier 谱经验函数式中的常系数 C_1，C_2，C_3，C_4，以及地面粗糙度 z_0 和 10 m 高平均风速 U_{10}的概率分布函数.

4.2.2 随机 Fourier 谱函数

经过优化计算，得到常系数 C_1，C_2，C_3，C_4 分别为：4.25，0.1，1.8，0.3. 将上述常系数值代入式(14)，并稍经整理得到随机 Fourier 谱表达式为

$$F(n)=\frac{7.02U_{10}^{4/5}n^{-\frac{1}{3}}}{\ln\left(\frac{10}{z_0}\right)\left(1+34876\left(\frac{n}{U_{10}}\right)^{\frac{9}{5}}\right)^{\frac{1}{3}}} \tag{20}$$

图 6 比较了实测脉动风速的 Fourier 幅值均值谱和标准差谱与随机 Fourier 幅值的均值谱和标准差谱，从图 6 中可以看出，均值谱吻合很好，标准差谱最大相对误差不超过 20%.

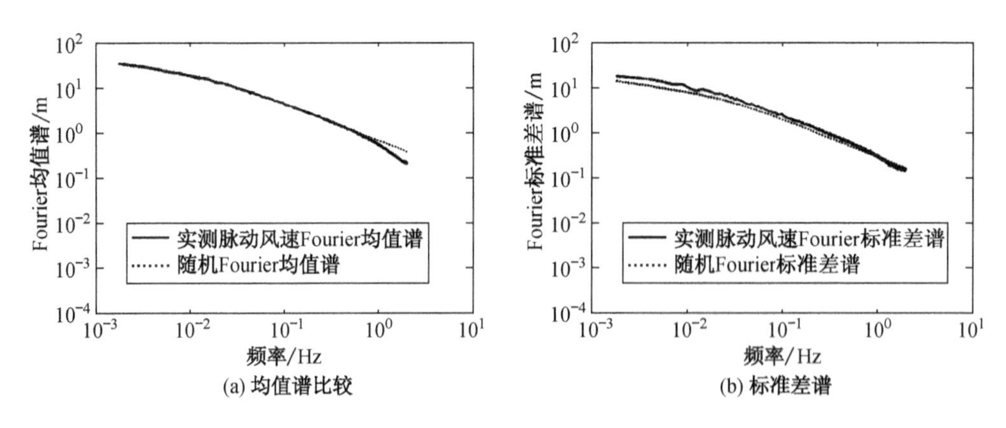

图 6 实测脉动风速 Fourier 均值谱和标准差谱与随机 Fourier 均值谱和标准差谱的比较

4.2.3 基本随机变量的概率分布

通过上述建模过程,可以确定随机 Fourier 谱中的两个基本随机变量-地面粗糙度 z_0 和 10 m 高平均风速 U_{10} 的概率分布类型以及基本分布参数.

(1) 10 m 高平均风速 U_{10} 服从极值-Ⅰ型分布,概率密度函数为

$$f(U_{10}) = 1.19\exp[-1.19(U_{10} - 5.13)] \times \exp\{-\exp[-1.19(U_{10} - 5.13)]\} \tag{21}$$

其均值为 5.615 m/s,标准差为 1.220 m/s. 与统计结果比较可见,按不同方式给出的 10 m 高平均风速 U_{10} 的二阶矩信息基本相同. 图 7 中给出了随机建模计算得到的 10 m 高平均风速 U_{10} 的概率密度函数曲线与直接统计结果的比较图. 可见,两者基本吻合.

(2) 地面粗糙度 z_0 服从对数正态分布,概率密度函数为

$$f(z_0) = \frac{1}{4.618 z_0}\exp\left[-\frac{(\ln z_0 + 3.541)^2}{6.790}\right] \tag{22}$$

其对数均值为 −3.541,对数标准差为 1.843. 与统计结果比较可以看出,对数均值吻合一致,而对数标准差则有较显著差别. 为了辨证这一差别的影响,有必要进行进一步研究. 为此,取地面粗糙度的分布范围为[0, 4][5],分别按照前述直接统计结果和随机建模结果在此区间内作积分,计算表明:统计结果在此区间的覆盖概率值为 97.7% ,而随机建模结果的相应数值为 99.6% ,两者相差在 2%以内. 图 8 给出了随机建模计算得到的地面粗糙度 z_0 的概率密度函数图与直接统计结果的比较情况. 可见,差别较小. 因此,可以认为随机建模结果与统计结果具有等价性. 事实上,出现上述差异是由于目标函数对 z_0 的标准差不够敏感造成的. 在此情况下,结合直接统计的分析是必要的.

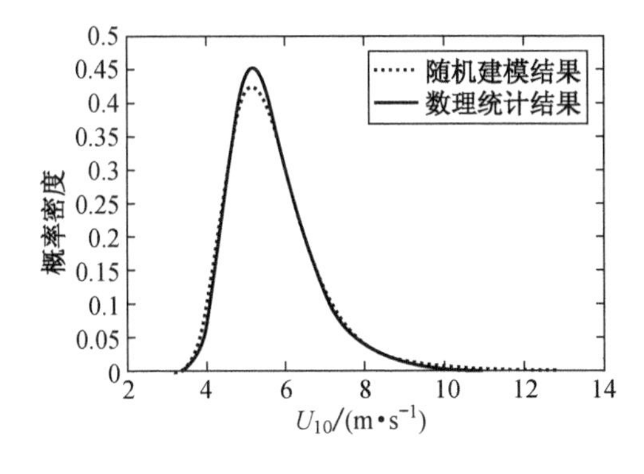

图 7 10 m 高平均风速 U_{10} 概率密度曲线比较

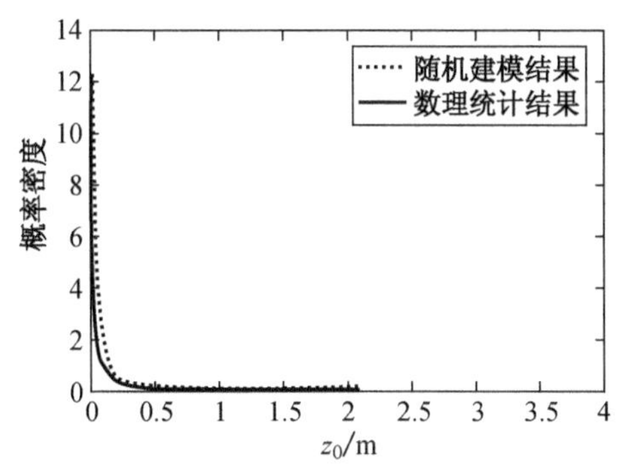

图 8 地面粗糙度 z_0 概率密度曲线比较

5 随机 Fourier 谱对实测资料的表征

通过将随机 Fourier 均值谱以及加、减一倍标准差谱与实测纵向脉动风速

Fourier 谱样本集合相比较，可以证明本文建立的随机 Fourier 谱的正确性. 比较结果如图 9 所示，从图中可以看出，本文建立随机 Fourier 谱可以很好地表征实测资料的随机性.

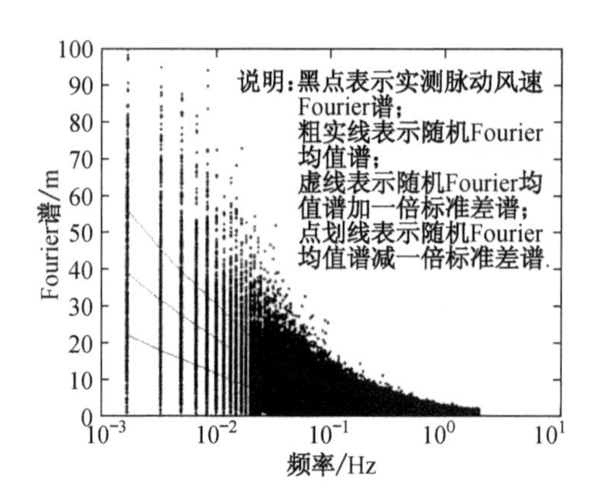

图 9　随机 Fourier 均值谱以及加、减一倍标准差谱与实测脉动风速 Fourier 谱的比较

6　随机 Fourier 谱通用性验证

由建模分析结果发现，随机 Fourier 谱模型中基本随机变量地面粗糙度 z_0 和 10 m 高平均风速 U_{10} 的概率分布基本与实测资料的数理统计结果保持一致. 因此，在实际工程应用中，目标场地随机 Fourier 谱中基本随机变量的概率统计特征值可以取自目标场地地面粗糙度 z_0 和 10 m 高平均风速 U_{10} 的直接统计信息. 为了验证这一想法，本文利用实测资料中不同月份的资料，分别统计相应月份的基本随机变量的数值特征，见表 1.

表 1　1，2 月份基本随机变量数理统计信息

月份	10 m 高平均风速 U_{10}		地面粗糙度 z_0	
	均值/$(\mathrm{m\cdot s^{-1}})$	标准差/$(\mathrm{m\cdot s^{-1}})$	对数均值	对数标准差
1	4.901	1.186	−3.303	4.534
2	5.672	1.004	−5.283	4.276

然后，根据表 1 中数值特征信息，按式(20)及(17)，(18)计算各月份随机 Fourier 谱的均值和标准差，并分别与对应月份实测资料的 Fourier 谱的对应特征值相比较，比较结果见图 10 和图 11.

从图 10 和 11 可以看出：随机 Fourier 谱与实测资料在概率特征值意义上取得了很好的一致，这不仅说明本文建模方法具有很好的通用性，而且提供了在不同风环境中应用本文建议模型的途径.

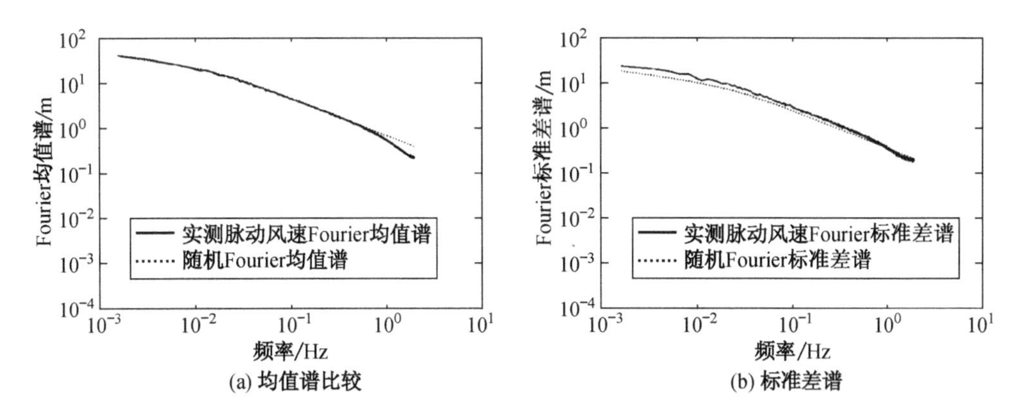

图 10　1 月份实测风速资料与随机 Fourier 谱的均值谱、标准差谱比较

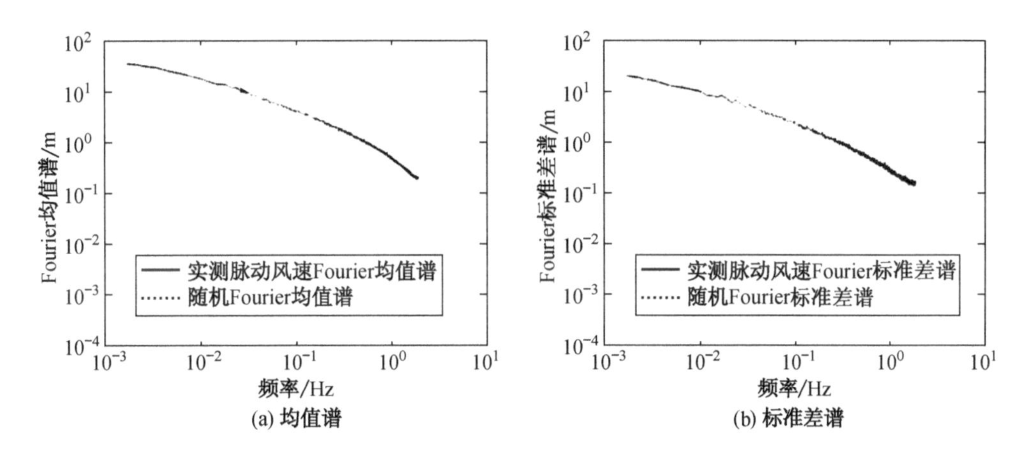

图 11　2 月份实测风速资料与随机 Fourier 谱的均值谱、标准差谱比较

7　结　论

在文献[3]提出的随机 Fourier 谱概念的基础上，本文对国内某大桥桥址处的实测风速进行了分析. 建立了随机 Fourier 谱的函数表达式，同时获得了基本随机变量地面粗糙度 z_0 和 10 m 高平均风速 U_{10} 服从的概率密度函数. 对随机 Fourier 谱的合理性和实用价值进行了验证. 通过与实测资料 Fourier 谱的比较表明，本文建立的随机 Fourier 幅值谱函数可以在概率意义上对实际风场进行很好地表征. 通过与不同实测风速资料的对比证明：只要统计给出指定场地风速的基本随机变量信息，建议模型即可以应用于指定风环境之中.

参考文献

[1] Simiu E, Scanlan R H. Wind Effects on Structures: an Introduction to Wind Engineering

[M]. Wiley, New York, 1978.
[2] 胡晓红,葛耀军,庞加斌.上海"派比安"台风实测结果的二维脉动风谱拟合[J].结构工程师, 2002(2): 41-64.
[3] 李杰,张琳琳.脉动风速功率谱与随机 Fourier 幅值谱的关系研究[J].防灾减灾工程学报, 2004, 24(4): 363-369.
[4] 李杰.随机结构系统——分析与建模[M].北京:科学出版社,1996.
[5] 陈英俊,于希哲.风荷载计算[M].北京:中国铁道出版社,1998.

Research on the Random Fourier Spectrum of Observational Wind

Li Jie　Zhang Lin-lin

Abstract: In this paper, the statistic probabilistic characteristics of the mean wind velocity at 10 m height U_{10} and the roughness length z_0 as well as z_0 the Fourier amplitude curves of longitudinal gust velocity are obtained by measuring wind velocity data at the site of a bridge in China. Based on the Kolmogrov theory, the empirical formula of random Fourier spectrum is presented. Then the stochastic modeling theory and nonlinear optimization technique are applied to determine the random Fourier spectrum function as well as the probability density function of basic random variables. By comparing with the sample set of Fourier amplitude spectrum of the field, it is demonstrated that the proposed random Fourier spectrum can perfectly reflect the random characteristics of the field data.

(本文原载于《振动工程学报》第 20 卷第 1 期,2007 年 2 月)

结构随机动力激励的物理模型：以脉动风速为例

李杰　阎启

摘　要　以脉动风速为背景，展示了基于物理建立结构动力激励模型的基本思想与具体路线. 根据经典湍流理论，阐述了均匀剪切湍流中的惯性子区和剪切子区所服从的物理规律，并根据物理随机系统的基本思想，建立了形式十分简单的标准化随机 Fourier 波数谱模型. 应用概率密度演化方法，得到了剪切子区与惯性子区分界位置 l_c 的概率分布，统计给出了基本随机变量地面粗糙度 z_0 和标准高度 10 min平均风速 $\overline{U}$(h)的概率分布. 研究表明：基于物理的随机 Fourier 波数谱理论预测结果与实测 Fourier 波数谱的均值曲线符合良好，可望为结构抗风设计与可靠度评价提供较为合理的动力输入模型.

作用在土木工程结构上的动力作用(激励)，大多具有随机性的特征，典型的随机动力激励包括地震作用、阵风或风中湍流、海浪等. 在传统的动力作用建模理论中，一般采用随机过程或随机场模型来表述这些动力激励. 沿着传统的功率谱建模途径，人们已经进行了大量的研究. 建立了诸如地震动金井清谱[1]、脉动风速 Davenport 谱[2]、海浪 Neumann 谱等[3]，并在此基础上派生出了大量理论与工程应用研究. 然而，人们仍然不无遗憾地发现，按照上述建模途径，很难正确解决随机动力系统分析的一系列问题，例如：结构非线性随机响应分析、结构动力可靠性评价等.

仔细分析可以发现：在本质上，经典的随机过程建模理论是采用现象学的方式进行模型构建，由于不触及研究对象的物理背景，这类建模原则带来了一系列的局限性[4]：

(1) 虽然在原则上存在有限维概率分布建模和功率谱密度建模的途径，但由于前者在实践意义上的不可行性，多数随机过程建模方法是基于谱分析方法或相关函数分析基础之上的. 这种数值特征意义上的建模，必然难以描述随机过程的细部特征与结构，也在根本上放弃了反映结构随机响应过程细部特征的可能性.

(2) 为了使功率谱密度建模得以实施，引入平稳过程的概念和各态历经假定. 这些带有某种规定性的假定扭曲了真实动力过程的特征. 新近研究表明：即使是在表面上平稳性特征明显的脉动风速,在本质上也具有非平稳性. 而对于一般的非平稳随机过程,甚至其功率谱的物理意义都很难确定. 在另一侧面,各态历经假定所带来的一系列概念混淆,在工程中更是屡见不鲜.

(3) 随机过程与其样本描述之间的关系是不清晰的,在构成随机过程背景的样本集合与随机过程理论描述之间,缺乏自然、明确的逻辑桥梁. 换句话说:在现象学的建模途径中,找不到两者之间的一一对应关系.

基于这些分析,我们认为:将动力激励的物理背景引入到随机系统研究中来,建立基于物理的随机过程(场)模型,有助于克服上述局限性,也有助于解决随机动力系统研究中的一系列难题[5]. 基于这一思想,本文第一作者与他的学生们开展了一系列研究探索,初步建立了工程结构典型动力激励的随机物理模型框架[6-8]. 本文将以脉动风速的物理研究为背景,详细阐述随机动力激励物理模型的建模思想与建模过程.

1 随机 Fourier 函数

经典的随机过程理论,将随机过程定义为在区间 $[0, T]$ 上取值于 Frécher 空间 $L^0(\Omega)$上的抽象函数. 在这一意义中,随机过程 $(x(t), t \in T)$ 是概率空间 $(\Omega, \mathscr{F}, \mathrm{P})$ 上的一簇随机变量,每固定 $t \in T$, 就得到一个随机变量 ζ_t, 全体随机变量所构成的空间是 $L^0(\Omega)$. 为了描述这类随机过程的概率结构,需要有限维概率分布描述,即

$$p_x(x_1, t_1),\ p_x(x_1, t_1; x_2, t_2),\ \cdots,\ p_x(x_1, t_1; x_2, t_2, \cdots, x_n, t_n)$$

在这一描述中,存在高维概率分布建模的巨大实践困难.

事实上,存在另一类随机过程描述——随机函数描述. 在这一描述中,定义过程 $x = \{x(\zeta, t), t \in T\}$, 对于样本空间 Ω, 每固定 $\zeta = \theta \in \Omega$, 即得到一个普通的实函数 $x(\theta, t)$, 称为样本函数. 换句话说, $x(\zeta, t)$ 是一个取值于可测空间 $\mathscr{R}$ 的随机函数. 在这样一个描述中,样本与其解析描述——随机函数——之间存在明晰的逻辑联系. 而样本函数 $x(\theta, t)$, 则揭示着具体物理过程 X 与其原因变量 θ 之间的物理关系! 通过研究这一物理关系并进行建模,可以建立基于物理的随机过程模型.

对于工程结构的典型动力激励,由文献[9]最先提出的随机 Fourier 函数模型,为建立上述随机物理模型提供了一条可行途径.

对于给定的样本时间过程 $\{x(t), 0 \leqslant t \leqslant T\}$, 通过构造截尾函数

$$x_T(t) = \begin{cases} 0, & t > T \\ x(t), & 0 \leqslant t \leqslant T \\ 0, & t < 0 \end{cases} \tag{1}$$

可以将通常的 Fourier 变换定义在时间区段 $(0,T)$ 内,即

$$F(n)=\int_{-\infty}^{\infty}x_T(t)\mathrm{e}^{-\mathrm{i}2\pi nt}\mathrm{d}t=\int_0^T x(t)\mathrm{e}^{-\mathrm{i}2\pi nt}\mathrm{d}t \tag{2}$$

在另一方面,时间过程 $\{x(t),\ 0\leqslant t\leqslant T\}$ 的平均能量可定义为

$$E=\frac{1}{T}\int_0^T x^2(t)\mathrm{d}t \tag{3}$$

根据巴什瓦等式

$$\int_{-\infty}^{\infty}x^2(t)\mathrm{d}t=\frac{1}{2\pi}\int_{-\infty}^{\infty}|F(n)|^2\mathrm{d}n \tag{4}$$

由式(1)—式(4)不难证明,平均能量 E 与 $x(t)$ 的 Fourier 幅值谱 $|F(n)|$ 之间存在下述关系

$$E=\frac{1}{2\pi}\int_{-\infty}^{\infty}\frac{1}{T}|F(n)|^2\mathrm{d}n \tag{5}$$

可见,Fourier 幅值谱 $|F(n)|$ 是关于时间过程平均能量的一类谱分解. 为反映这一事实,定义样本 Fourier 密度谱为

$$F_x(n)=\frac{1}{\sqrt{T}}\int_0^T x(t)\mathrm{e}^{-\mathrm{i}2\pi nt}\mathrm{d}t \tag{6}$$

则易知

$$E=\frac{1}{2\pi}\int_{-\infty}^{\infty}|F_x(n)|^2\mathrm{d}n \tag{7}$$

在另一方面,样本时程 $\{x(t),\ 0\leqslant t\leqslant T\}$ 的功率谱密度 $S_x(n)$ 与其平均能量之间存在如下众所周知的关系

$$E=\frac{1}{2\pi}\int_{-\infty}^{\infty}S_x(n)\mathrm{d}n \tag{8}$$

显然,在样本 Fourier 密度谱与样本功率谱之间存在关系

$$F_x^2(n)=S_x(n) \tag{9}$$

即:在时段 T 内的样本能量密度是其样本 Fourier 密度谱的平方.

引入物理背景反映随机过程,可以首先建立样本时程与其基本影响变量之间的关系,即:通过引入物理关系,建立具体过程的物理模型

$$x(t)=x(\eta,\ t) \tag{10}$$

式中,η 为影响随机激励发展过程且具有物理意义的随机变量或随机向量.

显然,存在

$$F_x(\eta, n) = \frac{1}{\sqrt{T}}\int_0^T x(\eta, t)e^{-i2\pi nt}dt \tag{11}$$

随机过程 $X(t)$ 是样本 $x(t)$ 的集合，因此，Fourier 密度谱中的基本参数是随机变量. 定义随机 Fourier 函数为

$$F_X(\eta, n) = \frac{1}{\sqrt{T}}\int_0^T x(\eta, t)e^{-i2\pi nt}dt \tag{12}$$

不难证明：随机过程 $X(t)$ 的功率谱

$$S_X(n) = E[F_X^2(\eta, n)] = \int_0^\infty F_X^2(z, n)p_\eta(z)dz \tag{13}$$

这里，$E(\cdot)$表示期望算子；$p_\eta(z)$ 为基本随机变量 η 的联合概率分布密度.

当 $F_X(\eta, n)$ 中的 η 取具体样本实现值 z 时，将给出确定的样本函数 $f(z, n)$，这提供了利用观测样本集合进行建模的可能. 基本的建模途径有两类：基于样本的建模和基于样本集合数值特征的建模[5, 10].

对于脉动风速随机过程，基于随机 Fourier 频率谱 $F_X(\eta, n)$，可以定义随机 Fourier 波数谱 $F_X(\eta, k)$. 事实上，根据 Taylor 假定[11]，波数 k 与频率 n 之间的关系为

$$k = \frac{2\pi}{\overline{U}}n \tag{14}$$

其中 $\overline{U}$ 为平均风速.

显然，存在关系 $dk = \frac{2\pi}{\overline{U}}dn$，因此，由

$$\int_0^\infty F_X^2(\eta, n)dn = \int_0^\infty F_X^2(\eta, k)dk = \sigma^2 \tag{15}$$

可以得到随机 Fouirier 波数谱 $F_X(\eta, k)$ 与随机 Fourier 频率谱 $F_X(\eta, n)$ 的关系为

$$F_X(\eta, k) = \sqrt{\frac{\overline{U}}{2\pi}}F_X(\eta, n) \tag{16}$$

2 脉动风速的物理模型

2.1 大气湍流的物理图景

涡旋是湍流的主要特征之一，在大气湍流中充斥着各种尺度的涡旋. 由于非线性相互作用，湍流中存在尺度之间的逐级能量传递，一般是大尺度涡旋向小尺度涡旋输送能量. 科学家们的研究描绘出这样一幅湍流的物理图景：含能尺度附近的大涡在与主流的相互作用之中获得动能，它们包含了湍流大部分的能量；大涡破碎失

稳,生成尺度逐级减小的涡旋并逐级传递能量;在某一个尺度范围,涡旋接受到大涡传递的能量和传递给小涡的能量相等,这便是“平衡范围(惯性子区)”;当动能传递至耗散尺度的涡旋时,由于流体的粘性耗散作用转化为内能[12].

在结构工程所关注的频率范围内,湍流的能谱一般分为三部分,依频率由低到高依次为低频区、剪切(含能)子区和惯性(平衡)子区[13]. 在结构工程中,主要关心后两个子区的能量分布.

2.2 均匀剪切湍流的能谱

均匀剪切湍流是大气边界层中空气流动的主导性表现形式. 设均匀剪切湍流的主流方向及所采取的坐标系如图 1 所示,且为讨论方便起见,仅考虑如下一维流动过程

$$\frac{\mathrm{d}\overline{U}_1}{\mathrm{d}x_2}=Const\,,\ \overline{U}_2=\overline{U}_3=0 \tag{17}$$

这里,$\frac{\mathrm{d}\overline{U}_1}{\mathrm{d}x_2}$ 为均匀剪切湍流的主流剪切率,$\overline{U}_i$ 为平均速度,x_i 为空间坐标,上划线表示对时间平均.

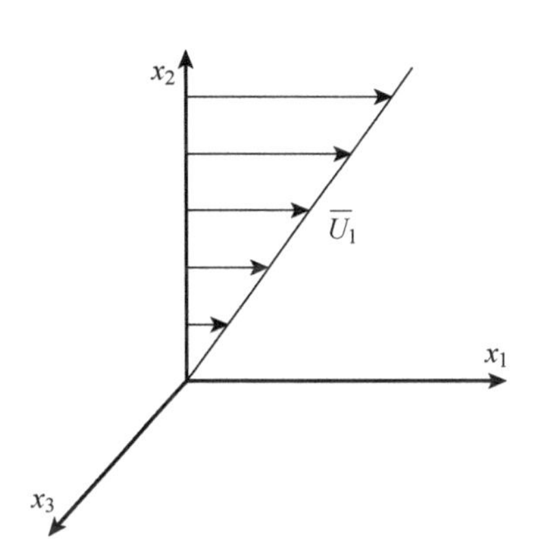

图 1 均匀剪切湍流的坐标系及主流方向

由 Navier-Stokes 方程出发,可以得到描述均匀剪切湍流中质点湍流运动的方程[11]

$$\frac{\partial u_i}{\partial t}+u_k\frac{\partial \overline{U}_i}{\partial x_k}+\overline{U}_k\frac{\partial u_i}{\partial x_k}+\frac{\partial}{\partial x_k}(u_iu_k-\overline{u_iu_k})=-\frac{1}{\rho}\frac{\partial p}{\partial x_i}+\nu\frac{\partial^2 u_i}{\partial x_l\partial x_l} \tag{18}$$

式中,ρ 为流体密度;p 为压强脉动;ν 为流体的运动粘性系数.

考虑流场中任意 A, B 两点,对 A 点的湍流运动方程乘以 B 点的脉动速度 $(u_j)_B$,对 B 点的方程乘以 A 点的脉动速度 $(u_i)_A$,两式相加并对时间取均值,可以得到均匀剪切湍流中两点脉动速度相关 $Q_{i,j}$ 的动力学方程

$$\frac{\partial}{\partial t}Q_{i,i}+\left(2Q_{1,2}+\xi_2\frac{\partial}{\partial \xi_1}Q_{i,i}\right)\frac{\partial \overline{U}_1}{\partial x_2}=S_{i,i}+2\nu\frac{\partial^2}{\partial \xi_l\partial \xi_l}Q_{i,i} \tag{19}$$

其中,$S_{i,i}$ 是三阶速度相关;ξ_i 为 A, B 两点的位置差张量.

引入 Fourier 变换,速度相关的动力学方程可以转化为能量密度谱 $E(k)$ 的动力学方程[11-12]

$$\frac{\partial}{\partial t}E(k)+\zeta(k)\frac{\mathrm{d}\overline{U}_1}{\mathrm{d}x_2}=F(k)-2\nu k^2E(k) \tag{20}$$

其中,$\zeta(k)=2\pi k^2\left[2E_{1,2}(k)-k_1\frac{\partial E_{i,i}(k)}{\partial k_2}\right]$,是由主流剪切引起的波数之间的能

量传递项；$F(k)$ 是三阶速度相关的 Fourier 变换，表示湍流自身变形引起的不同波数之间的能量传递.

考虑对式(20)波数范围 0—k 范围的积分以及 $\int_0^\infty \zeta(k,\ t)\mathrm{d}k = \overline{u_1 u_2}$，$\int_0^\infty F(k,t)\mathrm{d}k = 0$，上述能谱动力学方程可以转化为如下的能量耗散率表达式

$$\varepsilon = 2\nu\int_0^k k^2 E(k)\mathrm{d}k - \frac{\mathrm{d}\overline{U}_1}{\mathrm{d}x_2}\int_k^\infty \zeta(k)\mathrm{d}k - \int_0^k F(k)\mathrm{d}k \tag{21}$$

式中，$2\nu\int_0^k k^2 E(k)\mathrm{d}k$ 是从 0—k 波数范围内湍流的粘性耗散项；$-\frac{\mathrm{d}\overline{U}_1}{\mathrm{d}x_2}\int_k^\infty \zeta(k)\mathrm{d}k$ 为在 k—∞ 波数范围内湍流的生成项；$-\int_0^k F(k)\mathrm{d}k$ 表示在 0—k 范围内的湍流能量向较高波数湍流的传递项.

要得到式(21)的解，需要对 $\int_0^k F(k)\mathrm{d}k$ 和 $-\frac{\mathrm{d}\overline{U}_1}{\mathrm{d}x_2}\int_k^\infty \zeta(k)\mathrm{d}k$ 作出一定的假设，以下分别讨论之[11-12].

1. 惯性子区

根据 Heisenberg 传递谱理论，可设

$$-\int_0^k F(k)\mathrm{d}k = 2\alpha'\int_k^\infty \sqrt{\frac{E(k)}{k^3}}\mathrm{d}k\int_0^k k^2 E(k)\mathrm{d}k = 2K(k)\int_0^k k^2 E(k)\mathrm{d}k \tag{22}$$

式中，α' 为常数.

式(22)的物理含义是波数大于 k 的涡从波数小于 k 的涡中吸取能量，其作用是假设存在某种湍流粘性.

同时，由于主运动涡量与湍流涡量相比较小，可认为两者之间没有相互作用，故可设

$$-\int_k^\infty \zeta(k)\mathrm{d}k = K(k)\frac{\mathrm{d}\overline{U}_1}{\mathrm{d}x_2} \tag{23}$$

将式(23)及式(22)代入式(21)，可得

$$\varepsilon = K(k)\left[2\int_0^k k^2 E(k)\mathrm{d}k + \left(\frac{\mathrm{d}\overline{U}_1}{\mathrm{d}x_2}\right)^2\right] \tag{24}$$

作变换 $\int_k^\infty \sqrt{\frac{E(k)}{k^3}}\mathrm{d}k = y(k)$，则 $E(k) = \left(k^3\frac{\mathrm{d}y}{\mathrm{d}k}\right)^2$，注意到

$$K(k) = \alpha'\int_k^\infty \sqrt{\frac{E(k)}{k^3}}\mathrm{d}k \tag{25}$$

求解式(25)可得 y，而能量谱

$$E(k) = \alpha_1 \varepsilon^{\frac{2}{3}} k^{-\frac{5}{3}} \tag{26}$$

这里,α_1 为一常系数[12].

上式说明:在惯性子区,能量谱分布服从 k 的"$-5/3$"幂次规律.

2. 剪切子区

当剪切率比较高时,均匀剪切主流与湍流之间会有强烈的相互作用.此时可假设

$$-\frac{\mathrm{d}\overline{U}_1}{\mathrm{d}x_2}\int_k^{\infty}\zeta(k)\,\mathrm{d}k = \alpha''\frac{\mathrm{d}\overline{U}_1}{\mathrm{d}x_2}\left[2\int_0^k k^2 E(k)\,\mathrm{d}k\right]^{1/2}\int_k^{\infty}\sqrt{\frac{E(k)}{k^3}}\,\mathrm{d}k \tag{27}$$

式中,α'' 为有别于 α' 的另一常数.考虑式(22),式(27)的假设,式(24)可写为

$$\begin{aligned}\varepsilon = {} & 2\nu\int_0^k k^2 E(k)\,\mathrm{d}k + \alpha''\frac{\mathrm{d}\overline{U}_1}{\mathrm{d}x_2}\left[2\int_0^k k^2 E(k)\,\mathrm{d}k\right]^{1/2}\cdot \\ & \int_k^{\infty}\sqrt{\frac{E(k)}{k^3}}\,\mathrm{d}k + 2\alpha'\int_k^{\infty}\sqrt{\frac{E(k)}{k^3}}\,\mathrm{d}k\int_0^k k^2 E(k)\,\mathrm{d}k\end{aligned} \tag{28}$$

平均运动的剪切率 $\frac{\mathrm{d}\overline{U}_1}{\mathrm{d}x_2}$ 较大时,剪切与湍流的相互作用的影响与粘性耗散和涡传递相比占主导地位,可以认为这种情况会出现在波数不是很大的无粘性波数范围内.因此,只考虑式(28)右边的第二项,而忽略另外两项,可得到近似的能量耗散率表达式

$$\varepsilon = \alpha''\frac{\mathrm{d}\overline{U}_1}{\mathrm{d}x_2}\left[2\int_0^k k^2 E(k)\,\mathrm{d}k\right]^{1/2}\int_k^{\infty}\sqrt{\frac{E(k)}{k^3}}\,\mathrm{d}k \tag{29}$$

解这个方程,可以得到

$$E(k) = \frac{1}{\alpha''}\frac{\varepsilon}{\frac{\mathrm{d}\overline{U}_1}{\mathrm{d}x_2}}k^{-1} \tag{30}$$

这个结果说明:在均匀剪切湍流的含能区范围,能量谱分布服从 k 的"-1"幂次规律[11].

3 脉动风速的随机 Fourier 波数谱

3.1 随机 Fourier 波数谱

在某个具体的大气湍流物理过程当中,各种尺度的涡旋混杂在一起,形成风速时程,对风速时程做 Fourier 变换,可以还原不同尺度、亦即不同频率的涡旋的能量分布.由上节的描述可知,平衡尺度对应的惯性子区符合"$-5/3$"幂次规律,含能尺

度对应的剪切子区符合"-1"幂次规律. 剪切子区与惯性子区的分界位置,不妨称为分界波数 k_c, k_c 的倒数为分界波长 l_c. 在剪切子区和惯性子区分别用前述物理模型描述脉动风速能量谱,并注意到 Fourier 密度谱与能量谱之间的关系,不难得到

$$|F_X(\eta, k)| = \begin{cases} Ak^{-1/2}, & k < k_c \\ Bk^{-5/6}, & k > k_c \end{cases} \tag{31}$$

式中, A, B 为和幅值有关的参数. 由于连续性的要求: $Ak_c^{-1/2} = Bk_c^{-5/6}$, 故存在关系式

$$B = Ak_c^{1/3} \tag{32}$$

即 B 并非独立的参数. 事实上,由于存在式(15) 的约束,在实际计算中 A 也并非独立参数. 因此,公式(31) 中唯一需要确定的参数就是剪切含能子区和惯性子区的近似分界位置 k_c.

为了将总能量大小这一随机因素去除从而只分析随机 Fourier 波数谱的能量分布,将 $F_X(\eta, k)$ 除以 σ, 可得到标准化的随机 Fourier 波数谱

$$F_{nor}(\eta, k) = \frac{1}{\sigma}F(\eta, k) = \frac{1}{\sigma}\sqrt{\frac{\overline{U}}{2\pi}}F(\eta, n) = \frac{1}{\sigma}\sqrt{\frac{\overline{U}}{2\pi T}}\left|\int_0^T u(\eta, t)\mathrm{e}^{-2\pi i n t}\,\mathrm{d}t\right| \tag{33}$$

下标"nor"是 标准化(normalized)的含义. 此时的能量关系为

$$\int_0^{\infty} F_{nor}^2(\eta, k)\,\mathrm{d}k = 1 \tag{34}$$

即标准化的随机 Fourier 波数谱的平方积分值为 1.

在数值计算中,只需要将一点的脉动风速时程做离散 Fourier 变换,取其幅值然后乘以系数 $\frac{1}{\sigma}\sqrt{\frac{\overline{U}}{2\pi T}}$ 便可以得到该段脉动风速时程的标准化随机 Fourier 波数谱,对应的波数由式(14)计算. 本文中的研究,将以脉动风速标准化随机 Fourier 波数谱为基础.

3.2 分界波数的识别

在真实的物理过程中,对应含能范围涡旋和平衡范围涡旋所对应的尺度界限值为 l_c(如图 2 所示). 可以认为,尺度大于 l_c 的涡旋属于含能范围的大尺度涡旋(剪切子区),从主流中获取能量;尺度小于 l_c 的涡旋(但大于耗散尺度) 属于平衡范围(惯性子区),它们从较大涡获取的能量和向较小涡传递的能量相等. 由于湍流过程的复杂性, l_c 必定是一个随机变量,不同的湍流过程会对应不同的 l_c 值. 但对于一个具体的风速时程过程, l_c 为一个确定性值,可以通过实测记

录识别.

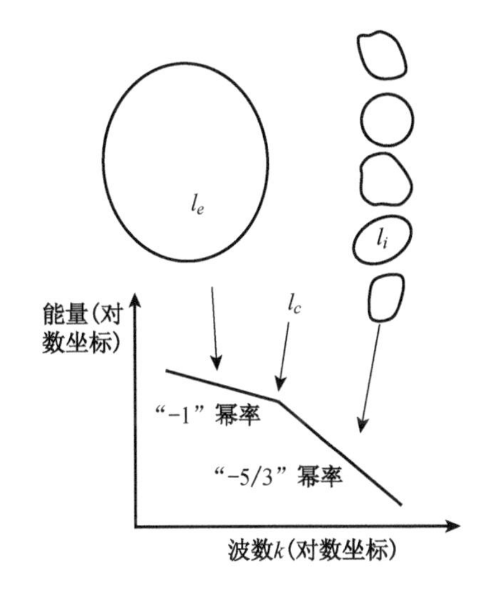

图 2　大气湍流不同尺度涡旋和能谱的对应关系

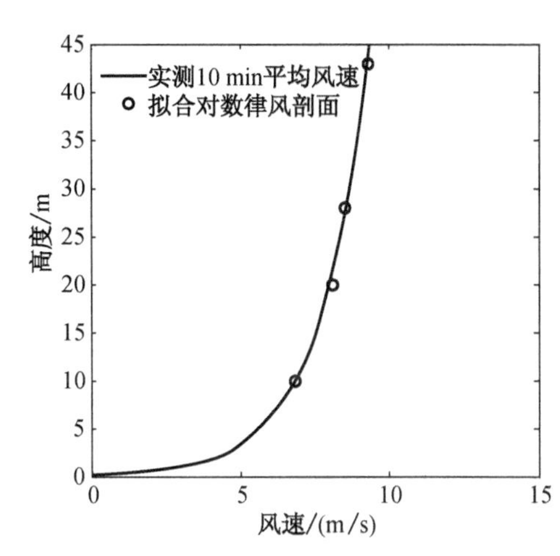

图 3　某 10 min 平均风速风剖面及对数律拟合

本研究小组于 2006 年 9 月在华东某地建立了国内第一个强风观测台阵[14],其中超声风速仪可以得到 10 m, 20 m, 28 m, 43 m 高处的高精度三维风速记录,采样频率为 10 Hz. 观测位置位于大片田野中,符合《建筑结构荷载规范》中的 B 类地貌[15]. 应用这一台阵采集的风速数据,可以得到平均风的风剖面. 这里采用风剖面的对数律公式

$$\overline{U}(z) = \frac{u_*}{\kappa}\ln\frac{z}{z_0} \tag{35}$$

识别其中关键参数. 图 3 给出了某 10 min 平均风速的风剖面,可见:实测的平均风速与对数律符合效果良好. 由之识别得到地面粗糙度 $z_0 = 0.16$ m, 剪切波速 $u_* = 0.66$ m/s.

对于具体的样本风速时程,采用前述物理 Fourier 波数谱建模并与实测结果对比,如图 4 所示,可见:采用上述模型进行脉动风速过程建模是合理的. 建模过程中,采用最小二乘逼近准则识别分界波数,识别参数如表 1 所示. 图 4 右边各图中圆圈即为分界位置的标识.

表 1　样本 Fourier 谱识别参数

位置	10 m 处	20 m 处	28 m 处	43 m 处
k_c/m^{-1}	0.145	0.082	0.037	0.009
l_c/m	6.9	12.2	27.0	111.0
剪切率/s^{-1}	0.165	0.083	0.059	0.038

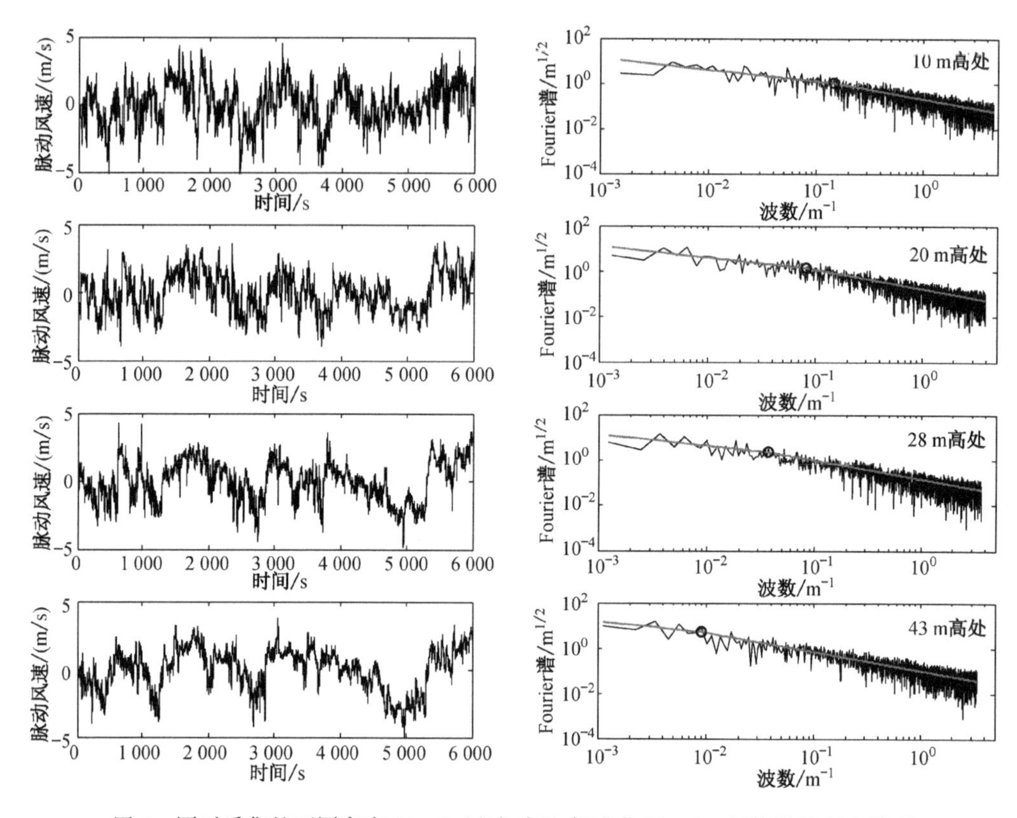

图 4　同时采集的不同高度 10 min 风速时程、标准化 Fourier 幅值谱及理论模型

将风剖面对数律式(35)对高度 z 求导,可得到时距内的主流剪切率

$$\frac{\mathrm{d}\overline{U}(z)}{\mathrm{d}z}=\frac{u_*}{\kappa z} \tag{36}$$

根据图 4 所示的风速时程,可以计算给出不同高度处的主流剪切率,见表 1.

分析可知:k_c 的位置受主流剪切率 $\mathrm{d}\overline{U}/\mathrm{d}z$ 的影响.一般来说,主流剪切率增大时,主流剪切和湍流的相互作用会在更大范围内有效[11],因此剪切含能子区的波数上限也会增大,即 k_c 向高波数移动.

3.3　剪切率和 l_c 关系的概率描述

沿同一风剖面,不同高度处的剪切率不同;同一高度处,不同时刻风剖面的变化也导致剪切率的不同.同时,不同于实验室湍流,大气边界层湍流受到多种因素的影响,诸如地形、温度、大气层结等,因此剪切率 $\frac{\mathrm{d}\overline{U}}{\mathrm{d}z}$ 和 l_c 的关系需要从概率的角度进行描述.

对实测风速时程的研究表明:不同的风速时程所计算得到的地面粗糙度 z_0、剪切波速 u_* 以及 l_c 值都是不同的,即在本质上 z_0,u_* 与 l_c 皆为随机变量.为了得到

剪切率和 l_c 的关系，计算了 450 组、每组 4 段的 10 min 脉动风速标准化 Fourier 谱并进行了双线性拟合，共得到 1 800 个 l_c 值，见图 5. 显然，剪切率和 l_c 具有概率相关关系，因此需要建立剪切率和 l_c 之间关系的概率密度描述.

将剪切率分布较密的0.005 s^{-1}—0.285 s^{-1} 区间每隔 0.01 s^{-1} 分割为一个截口，统计每个截口所对应的 l_c 的数值. 图 5 中实线为各个截口处 l_c 对数值的均值曲线.

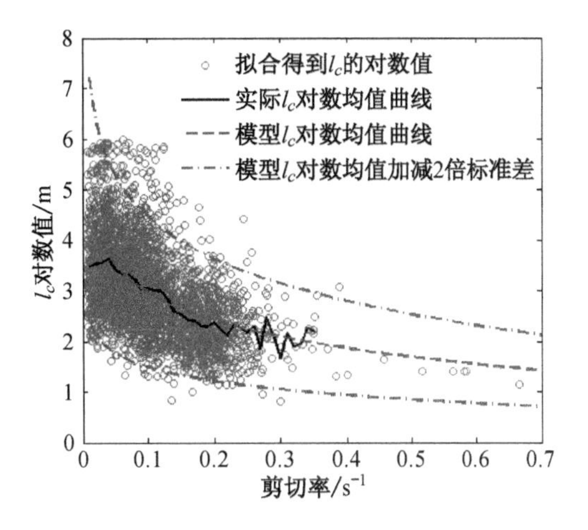

图 5　剪切率与 l_c 对数值的关系

经过试算，形如

$$l_c = \frac{C}{\left(\frac{d\overline{U}}{dz}\right)^D} \tag{37}$$

的曲线可以较好的与实测均值曲线相符合. 拟合得到参数值 $C=3.1$，$D=0.8$. 并且，在各个截口，发现对数标准差与对数均值之比几乎为一常数 0.25，因此，可利用式(37)，简化剪切率与 l_c 概率相关关系的建模过程.

应用概率密度演化方法，计算了各个截口处 l_c 的概率密度（理论与数值实现方法详见参考文献[16]），如图 6 中实线所示. 根据这些结果，可见 l_c 在各个截口的分布符合对数正态分布，概率密度函数为

$$l_c(x \mid \mu_{l_c}, \sigma_{l_c}) = \frac{1}{x\sigma_{l_c}\sqrt{2\pi}}\exp\left(\frac{-(\ln x - \mu_{l_c})^2}{2\sigma_{l_c}^2}\right) \tag{38}$$

其中，μ_{l_c} 按式(37) 取值，标准差与均值的比例设为常数，即 $\sigma_{l_c} = 0.25\mu_{l_c}$.

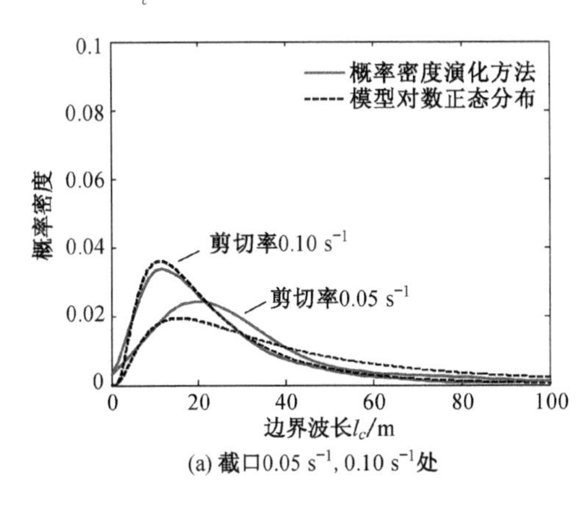

(a) 截口0.05 s^{-1}, 0.10 s^{-1}处

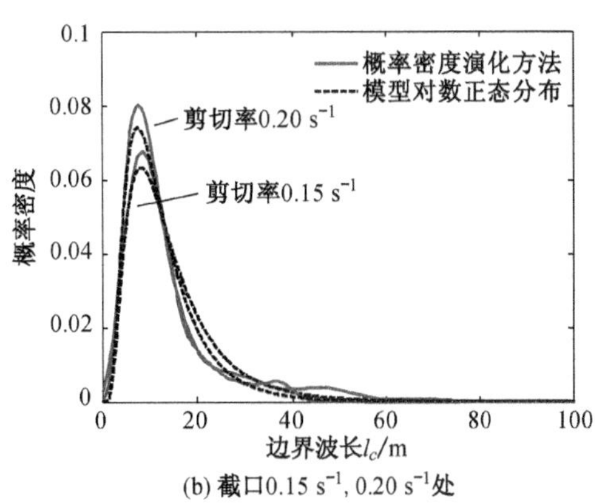

(b) 截口0.15 s^{-1}, 0.20 s^{-1}处

图 6　l_c 模型概率分布与实际概率分布的对比

按照对数正态分布模型与观测分布结果的对比如图 6 所示. 可以看出,在各个截口处,模型概率密度与理论概率密度虽存在一定差异,但仍能较好的反映实际概率密度的特征. 值得指出,传统上多应用直方图进行概率分布的估计,该方法对样本分区数目较为敏感. 本文利用概率密度演化方法计算各个截口处 l_c 分布的概率密度,大大减小了人为因素的影响.

图 5 中的上下两条点划线分别为均值曲线加、减两倍标准差所得结果. 可见:上述建模结果具有较高的可信度.

4 模型验证

若已知 z_0 和 $\overline{U}(h)$ 的概率分布 $p_0(z_0)$ 和 $p(\overline{U}_h)$,代入式(31)和式(37)并考虑 $k_c = 1/l_c$,可以应用下式得到标准化随机 Fourier 波数谱的均值曲线

$$E[|F_{nor}(z_0, \overline{U}_h, k)|] = \iint_{\Omega} F_{nor}(z_0, \overline{U}_h, n) p(\overline{U}_h) p(z_0) \mathrm{d}\overline{U}_h \mathrm{d}z_0 \tag{39}$$

式中,Ω 为 z_0 和 $\overline{U}(h)$ 的积分区域.

对 z_0 和 $\overline{U}(h)$ 的统计仍然先用概率密度演化方法计算其分布的概率密度,然后以此分布曲线为参照,用假设概率分布函数进行拟合. 利用 450 组实测数据,发现地面粗糙度 z_0 取为对数正态分布、10 min 平均风速 $\overline{U}(h)$ 取为极值 I 型分布时,与概率密度演化理论所得概率分布密度曲线符合最好.

为此,取 z_0 为对数正态分布,概率密度函数为

$$p(x \mid \mu_{z_0}, \sigma_{z_0}) = \frac{1}{x\sigma_{z_0}\sqrt{2\pi}} \exp\left(\frac{-(\ln x - \mu_{z_0})^2}{2\sigma_{z_0}^2}\right) \tag{40}$$

式中参数 μ_{z_0} 和 σ_{z_0} 分别为实测地面粗糙度的对数均值和对数标准差.

取 $\overline{U}(h)$ 为极值 I 型分布,概率密度函数为

$$p(x \mid \alpha, \beta) = \frac{1}{\beta} \exp(-(x-\alpha)/\beta) \exp(-\exp(-(x-\alpha)/\beta)) \tag{41}$$

式中,α 为位置参数,β 为尺度参数. α,β 与实测风速数据的均值 $\mu_{\overline{U}}$、标准差 $\sigma_{\overline{U}}$ 之间存在关系

$$\beta = \sigma_{\overline{U}}\sqrt{6}/\pi, \quad \alpha = \mu_{\overline{U}} - \gamma\beta \tag{42}$$

其中 γ 为常数,约为 0.5772.

图 7 为应用上述观测台阵在某月记录中所选取的 187 组 10 min 平均风速计算所得的 z_0 和不同高度处风速的实测概率密度和建议概率密度的比较(为清楚起见,省略 20 m 的情况,实际上符合情况同样良好),对应分布参数列于表 2.

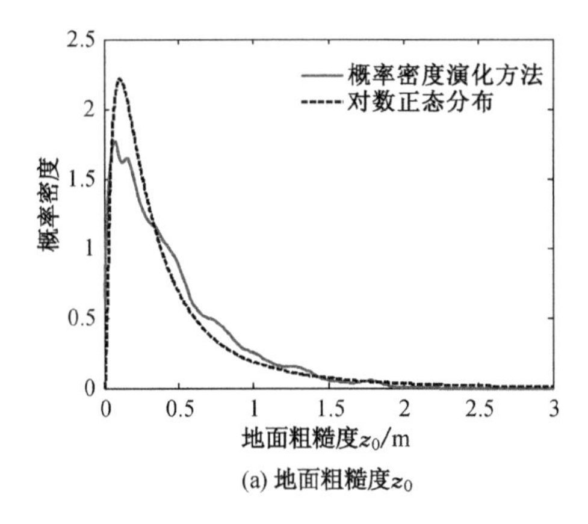

(a) 地面粗糙度z_0

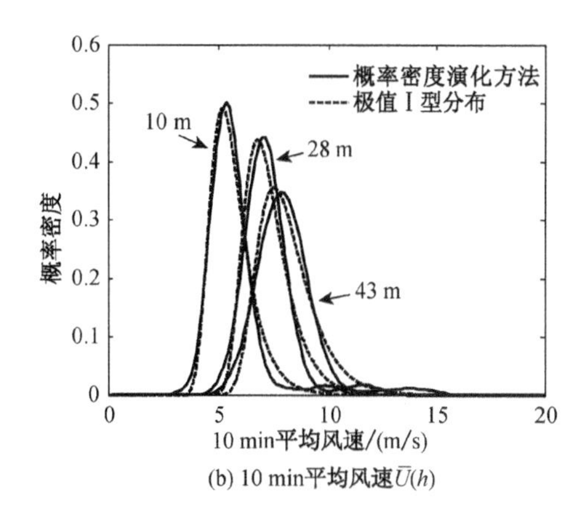

(b) 10 min平均风速$\overline{U}(h)$

图 7　基本随机变量建议概率分布和实测概率分布的对比

表 2　基本随机变量概率分布参数

变量 参数	z_0		$\overline{U}(h)$	
	μ	σ	α	β
10 m	−1.215 5	1.005 2	5.174 6	0.747 5
20 m			6.334 9	0.828 6
28 m			6.771 2	0.840 2
43 m			7.515 1	1.033 7

应用对应图 7 中的 187 组数据,可以得到实测 Fourier 波数谱的均值曲线,利用式(39)并结合 z_0 和 10 m 高处风速的概率分布,可以得到模型谱的均值曲线.不同高度处的实测均值曲线和本文理论模型均值曲线的比较如图 8 所示.可见:在各个高度处,实测与预测结果的符合情况都非常好.为清楚起见,图中 20 m,28 m和 43 m 的曲线分别向上移动了 10 倍、100 倍、1 000 倍.

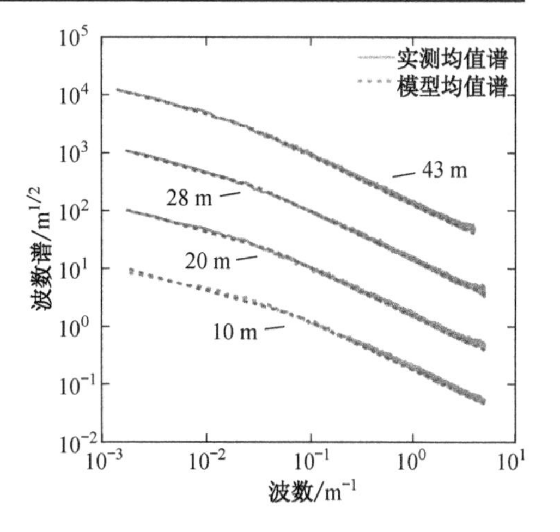

图 8　模型均值谱与实测均值谱的对比

5　结　论

存在两种途径进行结构动力激励的建模:基于现象学的建模方式与基于物理的建模方式.研究表明:基于现象学的建模方式不仅难以揭示动力激励的客观物理过程,也带来了结构随机振动分析的种种局限性.与之相对比,基于物理的建模目标是给出动力激励的物理随机函数模型.这类模型不仅可以给出随机过程或随机场的完整数学描述，而且因其具有物理意义，使得对于随机过程或随机场的实验验证成为可能.

为了展示基于物理建立结构动力激励模型的基本思想与具体路线，本文根据大气边界层湍流理论，阐述了均匀剪切湍流中的惯性子区和剪切子区所服从的物理规律，根据物理随机系统的基本思想，建立了形式十分简单的标准随机 Fourier 波数谱模型. 研究表明：影响剪切子区与惯性子区分界位置 l_c 的主要因素是主流剪切率 $\frac{\mathrm{d}\overline{U}(z)}{\mathrm{d}z}$. 应用概率密度演化方法，得到了不同剪切率对应 l_c 的概率分布，并以此为基准建立了 l_c 的概率分布模型. 与此同时，统计给出了基本随机变量地面粗糙度 z_0 和标准高度 10 min 平均风速 $\overline{U}(h)$ 的概率分布，理论预测结果与实测 Fourier 波数谱的均值曲线符合良好. 显然，按照上述思路建立的脉动风速随机物理模型，具有扎实的物理背景、简单的形式，可望为结构抗风设计与可靠度评价提供了较为合理的动力输入模型.

参考文献

[1] Kanai K. Semi-empirical formula for the seismic characteristics of the ground [R]. University of Tokyo: Bulletin of the Earthquake Research Institute, 1957, 35:309 - 325.

[2] Davenport A G. The spectrum of horizontal gustiness near the ground in high winds [J]. Quarterly Journal of the Royal Meteorological Society, 1961, 372(87): 194 - 211.

[3] Neumann G. On wind generated ocean waves with special reference to the problem of wave forecasting [R]. New York: College of Engineering, Department of Meteorology, New York University, 1952: 136.

[4] 李杰. 工程结构随机动力激励的物理模型[C]//李杰，陈建兵. 随机振动理论与应用进展. 上海：同济大学出版社，2009.

[5] 李杰. 随机动力系统的物理逼近[J]. 中国科技论文在线，2006, 1(2): 95-104.

[6] 李杰，艾晓秋. 基于物理的随机地震动模型研究[J]. 地震工程与工程振动，2006, 26(5): 21-26.

[7] 李杰，张琳琳. 实测风场的随机 Fourier 谱研究[J]. 振动工程学报，2007，20(1): 66-72.

[8] 徐亚洲，李杰. 风浪相互作用的 Stokes 模型[J]. 水科学进展，2009，20(2): 281-286.

[9] 李杰，张琳琳. 脉动风速功率谱与随机 Fourier 幅值谱的关系研究[J]. 防灾减灾工程学报，2004, 24(4): 363-369.

[10] 李杰. 随机结构系统——分析与建模[M]. 北京：科学出版社，1996.

[11] Hinze J Q. Turbulence [M]. New York: McGraw-Hill, 1975.

[12] 胡非. 湍流、间歇性与大气边界层[M]. 北京：科学出版社，1995.

[13] Katul G, Chu C R. A theoretical and experimental investigation of energy-content scales in the dynamic sublayer of boundary-layer flows [J]. Boundary-Layer Meteorology, 1998, 86: 279-312.

[14] 阎启，谢强，李杰. 风场长期观测与数据分析[J]. 建筑科学与工程学报，2009，26(1): 37-42.

[15] GB 50009-2001,建筑结构荷载规范[S].北京:中国标准出版社,2001.
[16] Li Jie, Chen Jianbing. Stochastic dynamics of structures[M]. Singapore: John Wiley & Sons (Asia) Pte Ltd. ,2009.

Physical Models for the Stochastic Dynamic Excitations of Structurex: In the Case of Fluctuating Wind Speed

Li Jie Yan Qi

Abstract: Taking fluctuating wind speed as example, this paper displays the basic method of modeling the structural dynamic excitation based on physical process. According to classic turbulence theory, the physical laws of inertial sub-range and shear sub-range in homogeneous shear turbulence are described. Along with the basic idea of physical stochastic system, a normalized stochastic Fourier wave-number model with simple format is established. The probability distribution of the boundary position of the shear sub-range and inertial sub-range is obtained by the Probability Density Evolution Method (PDEM) and the probability distribution of the basic variables including ground roughness z_0 and 10-min mean wind speed $\overline{U}(h)$ are also obtained. The research shows that the mean spectrum of the theoretical prediction based on the physical process corresponds with the measured Fourier mean wave-number spectrum well. The model proposed here is expected to provide a reasonable excitation model for wind-resistant design and reliability analysis of structures.

(本文原载于《工程力学》第 26 卷增刊,2009 年 12 月)

基于演化相位谱的脉动风速模拟

阎启　李杰

摘　要　基于理性分析,提出了一种演化相位谱模型,并由此发展了脉动风速模拟方法. 根据湍流中不同频率涡旋的特征速度,提出了相位演化速度这一概念,进而说明具体的风速时程可由所有初始相位为零的涡旋经过时间 T_e 演化而来. 通过对实测脉动风速 T_e 值的识别和统计,给出了 T_e 的概率分布. 据此,可以得到演化相位谱的样本,结合 Fourier 幅值谱,应用逆 Fourier 变换便可进行脉动风速模拟. 所建立的演化相位谱模型是对 Fourier 相位谱的一种理性描述,可用于各种结构抗风计算及可靠度分析的风荷载模拟当中.

结构在风荷载作用下的计算一般有频域和时域两种方法. 频域方法速度快,但是只能用于线性阶段的计算;而对于输电线路、大跨桥梁、高层建筑等具有明显非线性特征的结构,时域分析能够更为准确的把握结构响应特征.

时域分析采用的风速时程通常由数字模拟的方法生成[1],其中谱表现法(Spectral representation method)是一种较为成熟的数字模拟方法. 经历了从 1954 年[2]至今的发展,谱表现法从最初只能模拟一维、单变量、平稳的随机过程,已发展为可以广泛的模拟多维、多变量、非平稳随机过程的方法[3-5],并在脉动风场模拟方面得到了广泛的应用[1,6]. 谱表现法的实质,是利用具有随机相位的谐波叠加、对具有目标功率谱的随机过程进行模拟. 但仔细分析发现:谱表现法在基础上至少存在以下三点问题. 首先,谱表现法本质上是基于二阶矩的模拟. 在进行随机过程模拟时,各谐波的幅值是利用功率谱密度进行计算,对目标随机过程的模拟精度也是通过功率谱密度的符合程度来体现. 由于功率谱密度在本质上属于随机过程的二阶数值特征,因此,所模拟随机过程的概率信息不会高于二阶. 其次,谱表现法存在无法重现样本的困难. 由于功率谱本质上属于集合特征[7],因此基于功率谱模拟的随机过程无法重现现实中的随机过程样本. 再次,谱表现方法中需要用到初始相位,通常是在不同频率处取区间[0,2π)内均匀分布并且相互独立的随机变量作为初始相位[3-5]. 这种做法使得在实际风场模拟中随机变量的数目巨大(400～600 个),而不同频率相位之间、相位与能量之间的可能的内在联系并未被考虑. 上述问题带来的后果是:应用谱表现法得到的风速时程进行结构随机响应分析,不仅计算工作量大,也很难得到响应的概率密度信息,进而,造成了结构可靠度分析的困难.

随机 Fourier 函数模型的提出为动力激励的建模与模拟提供了新的途径[8]. 对地震动、脉动风速以及海浪等动力激励的时程,应用 Fourier 变换,可以将其分解为幅值部分和相位部分,称为 Fourier 幅值谱和 Fourier 相位谱. 幅值谱是对动力激励能量的一种谱分解,基于大气湍流的物理机制,可以得到脉动风速随机 Fourier 幅值谱的物理模型[9]. 相位谱则主要控制时程的波形、反映过程的非高斯性[10]. 作为随机 Fourier 谱中十分重要的一部分,建立合理的相位谱模型,对于脉动风速的模拟以及结构抗风可靠度的计算,具有至关重要的意义.

本文首先从概念上明确了相位谱和相位谱主值的区别,基于对风场湍流物理背景的分析,提出了相位演化速度的概念,并由此建立了相位的零点演化时间 T_e 和相位谱一一对应的关系,依据大量实际风速测量数据,建立了 T_e 的概率模型. 结合脉动风速的 Fourier 幅值谱、应用 Fourier 逆变换进行了脉动风速的模拟. 与实测结果的对比,表明了本文建议方法的可行性.

1 相位谱和相位谱主值

设脉动风速时程为 $u(t)$,其离散 Fourier 变换为

$$F(n)=\sqrt{\frac{2}{T}}\int_{0}^{T}u(t)\mathrm{e}^{-\mathrm{i}2\pi nt}\mathrm{d}t \tag{1}$$

其中 n 为自然频率,T 为脉动风速的持时,$\mathrm{d}t$ 为采样间隔,与采样频率 F_s 互为倒数,$F(n)$称为脉动风速时程 $u(t)$的 Fourier 谱. 乘以$\sqrt{2}$是为了取单边谱. $F(n)$是一组复数,可以写为幅值和相位的形式

$$F(n)=|F(n)|\mathrm{e}^{-\mathrm{i}\varphi(n)} \tag{2}$$

其中$|F(n)|$称为 Fourier 幅值谱,$\varphi(n)$称为 Fourier 相位谱.

通常 Fourier 相位的定义区间为$[0, 2\pi)$. 图 1 为本研究小组实测的脉动风速时程及其 Fourier 幅值谱和相位谱. 观察实测 Fourier 相位谱可以发现,相位取值规律性不强,这直接造成了相位谱建模的困难. 与脉动风速相类似的是,地震动时程的 Fourier 相位谱建模也面临这一问题. 考虑到相位角叠加 2π 的倍数后不影响其三角函数值,有学者在研究地震动相位谱时提出,定义相位谱主值的取值区间为$[0, 2\pi)$,而定义相位谱绝对值的取值区间为$[0, +\infty)$,可能使得相位谱的取值有规律可循[11]. 本文参考这一思路,定义脉动风速相位谱主值 $\varphi_m(n)$(下文均以下标“m”表示相位谱主值)的取值范围在$[0, 2\pi)$之间,即与传统的相位谱的取值区间相同; 而定义相位谱绝对值 $\varphi(n)$(以下称为相位谱)的取值区间为$[0, +\infty)$. 任意一个相位谱值都可以通过除以 2π 求余换算成为相位谱主值.

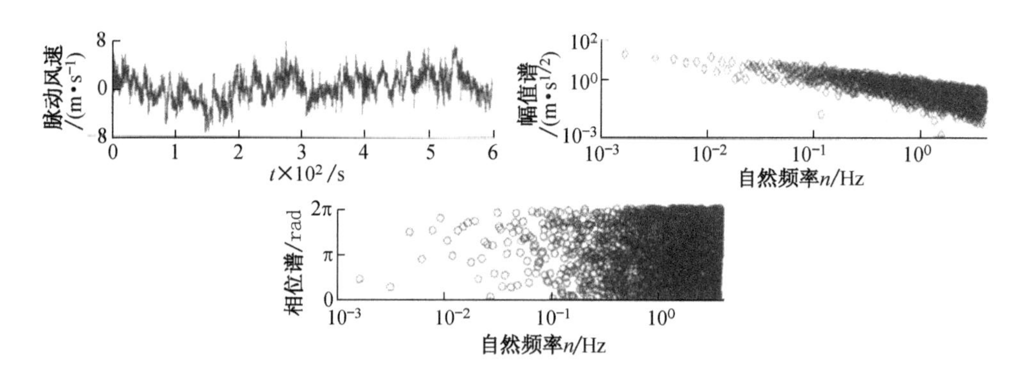

图 1　实测脉动风速时程及其 Fourier 幅值谱和相位谱

2　演化相位谱

2.1　相位的演化速度

由于测量条件的限制，很难得到某一时刻空间中各点的湍流速度. Taylor 冻结假定将以空间变量为背景的湍流假设为空间一点以时间为变量的湍流[12]. 根据这一假定，同一空间点、不同时刻的脉动风速时程（自变量为时间）和同一时刻、不同空间点的脉动风场分布（自变量为位置）是相同的. 这里，不同空间点指沿主风方向长度为 L 的范围，$L=UT$，U 为平均风速，T 是测量脉动风速的时距. 自 Taylor 冻结假定提出后，几乎所有的湍流测量都以此为基础[13].

众所周知，风速仪记录到的是空间一点处不同气体质点的流动速度，风速记录减去平均风速即得到脉动风速时程. 由 Taylor 假定可以推论：如果风速仪以和平均风速同样的速度沿主风方向前进，那么将记录到同一气体质点在空间不同位置的速度，该速度与前述脉动风速时程相同. 此时，脉动风速时程可视为是同一气体质点在一以平均风速值大小前进的参考系内的纵向"振动"速度.

在物理上，这样的空气质点振动速度可视为是一系列不同尺度、不同频率涡旋振动的叠加. 涡旋的特征振动速度可以表示为[14]

$$v(n)=\sqrt{|F(n)|^2\Delta n} \tag{3}$$

对所有频率范围内特征振动速度的平方求和，便得到脉动风速时程的能量总和即方差 σ^2

$$\sum_{n=0}^{\infty}v^2(n)=\sum_{n=0}^{\infty}|F(n)|^2\Delta n=\sigma^2 \tag{4}$$

特征速度为 $v(n)$ 的涡旋从时间 t_0 至 t_1 行进的距离与其波长之比，表征了该时间间隔内涡旋变化的周期数，每个周期对应 2π 的相位变化，如图 2 所示. 不同尺度、即不同频率涡旋在这一时间间隔 τ 内的相位改变 $\Delta\varphi(n)$ 可写为

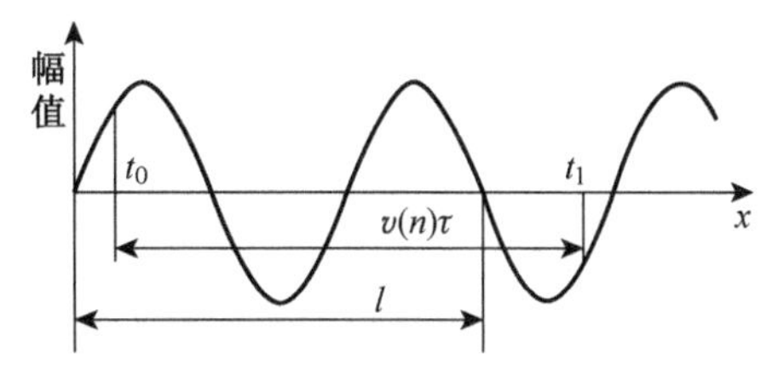

图 2　涡旋相位变化示意图

$$\Delta\varphi(n,\ \tau) = 2\pi \frac{v(n)\tau}{l(n)} = 2\pi v(n)k(n)\tau \tag{5}$$

其中，$\tau = t_1 - t_0$；$l(n)$ 为涡旋的波长，表征了涡旋的尺度大小；$k(n)$ 为波数，与 $l(n)$ 互为倒数；波数与自然频率的关系为

$$k(n) = 2\pi \frac{n}{U} \tag{6}$$

这里 U 为平均风速.

对式(5)关于时间 t 求导，便可得到不同频率涡旋的相位演化速度

$$\Delta\dot{\varphi}(n) = 2\pi v(n)k(n) \tag{7}$$

可以看到，相位演化速度 $\Delta\dot{\varphi}(n)$ 与涡旋的能量高低和尺度大小有关.

2.2　相位的零点演化时间

不同频率涡旋振动速度不同，因而相位演化速度也不同. 一般来说，低频、大尺度的涡旋相位变化慢，高频、小尺度的涡旋相位变化快. 可以设想，真实脉动风速可视为是由一簇具有相同初始相位的涡旋(谐波)经过时间 T_e 的演化后叠加而成的. 最简单的初始相位取值是零相位，如图 3 所示. 记录到的某一段风速时程，可以看作是一批具有相同初始零相位的涡旋经过时间 T_e 演化而来. 我们称 T_e 为零点演化时间，单位为 s.

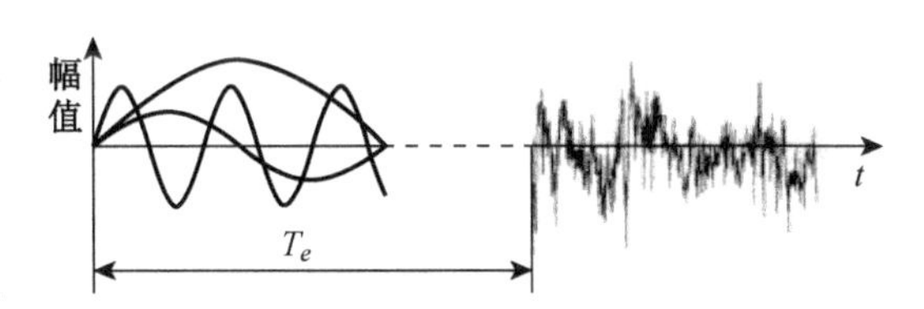

图 3　相位演化时间 T_e 的示意图

应用实测的风速时程，可以识别出 T_e 的具体数值. 本文采用 10 Hz 采样、10 分钟持时的脉动风速样本进行识别，识别原理如下.

首先根据式(1)和(2)求取样本风速时程的 Fourier 幅值谱 $|F(n)|$ 和相位谱 $\varphi(n)$，应用式(7)，可得到不同频率涡旋的相位演化速度 $\Delta\dot{\varphi}(n)$；以时程开始时刻为起点沿时间轴 t 向反方向推进(为计算方便，t 仍取正值)，用下式求各频率涡旋的相位：

$$\varphi(n,\ t) = \varphi(n,\ 0) - 2\pi v(n)k(n)t_0 \tag{8}$$

求得相位 $\varphi(n, t)$后需要换算到$[0, 2\pi)$的主值区间中,得到相位主值 $\varphi_m(n, t)$. 若某一时刻所有涡旋相位主值均为零,则对应此时的 t 值即为所要识别的零点演化时间 T_e.

考虑理论抽象与真实问题背景之间的差距,本文推荐采取下述零点演化时间识别方法.

设最低频涡旋的初始相位为 $\varphi(n_1, 0)$,特征速度为 $v(n_1)$,以时程开始时刻为起点向反方向推进,用下式求得一系列时间点 T_0(T_0 仍为正值),使得此时相位主值 $\varphi_m(n_0, T_0)=0$.

$$T_0 = \frac{\varphi(n_1, 0)}{2\pi v(n_1)k(n_1)} + \frac{p}{v(n_1)k(n_1)} \qquad (9)$$
$$p = 1, 2, 3, \cdots$$

这里 p 为零点个数搜索范围,是自然数的子集,从 1 开始直到一个计算量允许的数,每个 p 值对应一个 T_0. 在各个时间点 T_0,用下式计算前 10 个频率点(对应频率为 1/600 Hz 到 1/60 Hz)的相位值

$$\varphi(n_i, T_0) = \varphi(n_i, 0) - 2\pi v(n_i)k(n_i)T_0 \qquad (10)$$
$$i = 1, 2, \cdots, 10$$

受计算量的限制,搜索范围设置为 $p \leqslant 10^6$. 在所搜索范围内,如果 T_0 满足最大偏差条件

$$\varphi_m(n_i, T_0) < \pi/4 \quad \text{or} \quad \varphi_m(n_i, T_0) > 7\pi/4 \qquad (11)$$
$$i = 1, 2, \cdots, 10$$

以及加权约束条件

$$\min \sum_{i=1}^{100} (100 - i) \mid \varphi_{mc}(n_i, T_0) \mid \qquad (12)$$

那么就认为该 T_0 值为所要识别的 T_e. 其中 $\varphi_{mc}(n_i, T_0)$是为了进行识别而转化到$(-\pi, \pi]$区间的相位谱主值,转化方式如下

$$\varphi_{mc}(n_i, T_0) = \begin{cases} \varphi_m(n_i, T_0) & (0 \leqslant \varphi_m(n_i, T_0) \leqslant \pi) \\ \varphi_m(n_i, T_0) - 2\pi & (\varphi_m(n_i, T_0) > \pi) \end{cases} \qquad (13)$$

得到 T_e后,令所有谐波的初相位为零,从该时刻出发,利用公式(7)的相位演化速度,可以重建经过时间 T_e 后的真实时程起点演化相位谱 $\Phi(n, T_e)$

$$\Phi(n, T_e) = 2\pi v(n)k(n)T_e \qquad (14)$$

进而,结合实测的 Fourier 幅值谱,利用逆 Fourier 变换即可得到重建后的时程.

理论上,重建时程应当和原时程一致,但是由于采用了松弛识别准则,重建时程和原时程在细节上会有一定出入,但基本信息保持一致. 图 4 为一段重建时程和原时程的比较. 可以看到,重建时程与原始时程的波形基本一致,但在高频部分有

一定差别.两段时程的相关系数为 0.81(完全相同时为 1),可以认为基本达到了重建的目标.

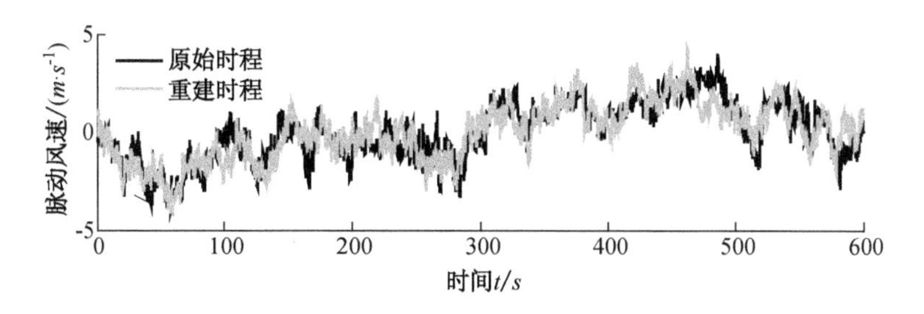

图 4 脉动风速重建时程和原始时程的比较

2.3 零点演化时间的统计建模

由上节可知,任意一个风速时程样本都可以看作是由一簇谐波自零相位出发经过时间 T_e 演化而来.对于脉动风速随机过程,T_e 显然是一个随机变量.若能够统计得到 T_e 的概率分布,结合 Fourier 幅值谱,便可以得到模型脉动风速时程的样本集合,从而,可以用随机 Fourier 函数反映脉动风速过程.

2006 年,本研究小组于江苏某地建立了国内第一座风场观测台阵,经近 5 年观测,得到了大量的风速数据[15,16].采用这一台阵实测的 10 m, 20 m, 28 m 和 43 m高度处各 200 条 10 分钟风速时程,根据上节的识别方法,识别了 800 条样本脉动风速时程的零点演化时间 T_e.对 800 个 T_e 值做统计并用不同概率统计模型进行拟合,发现 Gamma 分布可以很好地对 T_e 的分布进行描述,如图 5(a)所示.

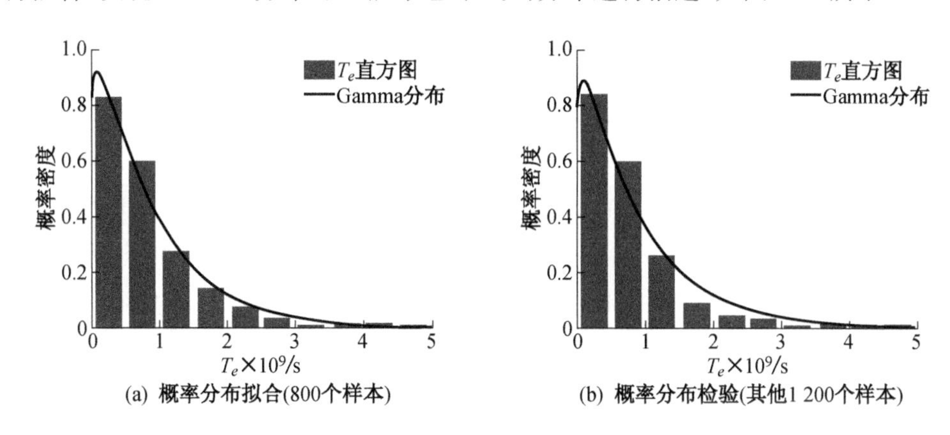

图 5 相位演化时间 T_e 的概率分布拟合

Gamma 分布是一个两参数连续分布函数,一般用来模拟随机事件的等候时间,其概率密度函数为[17]

$$f(x) = x^{k-1}\frac{e^{-x/\theta}}{\theta^k \Gamma(k)} \tag{15}$$

其中，θ 为尺度参数、k 为形状参数，两者都必须为正；Γ 为 Gamma 函数.

应用实测数据做 Gamma 分布的参数估计时，形状参数 k 可用下式估算[17]

$$k \approx \frac{3 - s + \sqrt{(s-3)^2 + 24s}}{12s} \tag{16}$$

其中

$$s = \ln\left(\frac{1}{N}\sum_{i=1}^{N} x_i\right) - \frac{1}{N}\sum_{i=1}^{N} \ln(x_i) \tag{17}$$

即 s 为实测变量均值的对数值与实测变量对数值的均值之差. Gamma 分布的均值为 $k\theta$，因此容易得到尺度参数 θ 的计算公式

$$\theta = \frac{1}{kN}\sum_{i=1}^{N} x_i \tag{18}$$

根据前述 800 个样本统计，得到的模型参数值为：$k \approx 1.1$，$\theta \approx 8.2 \times 10^8$. 进而，应用其他 1 200 条 10 分钟风速记录对该分布参数进行了检验，所得效果仍然非常理想，见图 5(b).

3 脉动风速模拟

3.1 随机 Fourier 函数

前已指出：谱表现法是基于功率谱密度的脉动风速模拟方法. 虽然许多学者提出了不同的脉动风速功率谱密度模型[18]，但从本质上来说，由于功率谱密度是二阶矩，谱表现方法仅适用于平稳随机过程[7]. 针对谱表现方法的固有局限性，我们提出应采用随机函数模型进行风速时程模拟的观点[9]. 随机 Fourier 函数的基本表达式如下式：

$$F(n, \eta, \gamma) = \frac{1}{\sqrt{T}}\int_0^T u(t, \eta, \gamma) e^{-i2\pi nt} dt \tag{19}$$

式中，η 和 γ 为影响脉动风速随机过程的可测物理因素. γ 为确定性变量，η 为随机变量. 当需要计算具体样本时，可取 η 的具体实现值.

前已述及，Fourier 谱可以分解为幅值谱和相位谱，其中 Fourier 幅值谱是对脉动风速能量的一种谱分解，无论对于平稳随机过程或是非平稳随机过程都适用[7]. 根据大气湍流的物理图景和经典湍流理论，我们已经建立了随机 Fourier 幅值谱的双线性模型[9]，其中基本的随机变量为地面粗糙度 z_0 和 10 分钟平均风速$\overline{U}_{10}$. 本文的脉动风速时程模拟中的幅值谱即基于该双线性模型，模型的具体细节请参阅文献[9].

考虑到本文重点在于 Fourier 相位谱，因此进行脉动风速模拟时可给定幅值谱，如图 6 所示. 其中，在剪切含能区满足“-1”幂次规律，惯性子区满足“$-5/3$”幂

次规律，两个子区交点在频率 0.12 Hz. 平均风速取 10 m/s、湍流强度取 0.15.

3.2 演化相位谱检验

由于零点演化时间 T_e 的概率模型是由 800 个时程样本统计得到，为进行集合样本检验，也等概率选取 800 个 T_e 样本值，分别生成演化相位谱. 这里等概率取样的含义是：等间距分割概率分布函数，并取分割位置概率分布函数所对应的样本值. 图 7 为 Gamma 分布的概率分布函数与等概率取值示意.

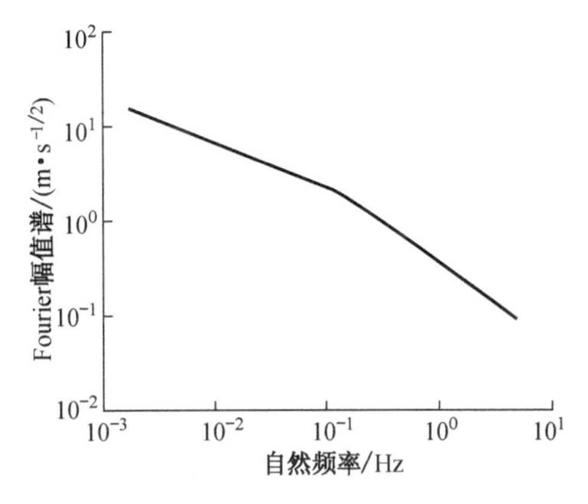

图 6 Fourier 幅值谱双线性模型

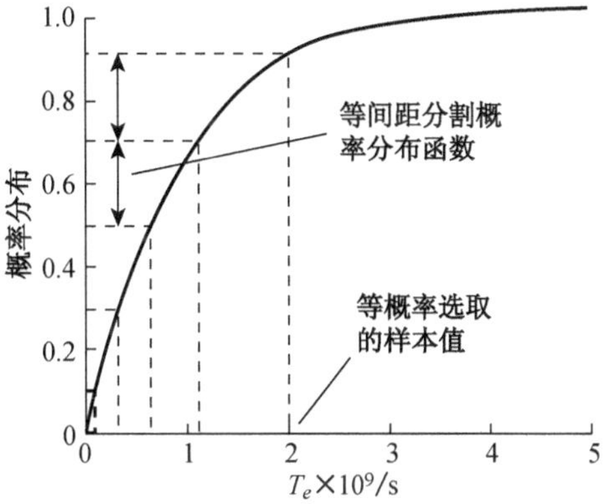

图 7 Gamma 分布概率分布函数与等概率取值示意

对所选取的 800 个 T_e 的样本值，应用式(14)生成演化相位谱并换算到$[0, 2\pi)$ 的主值区间. 图 8 比较了不同频率位置实测的 800 条样本相位谱和所生成的 800 条演化相位谱主值的概率分布直方图，图中直线为均匀分布的概率密度函数. 可以看到，在各个频率点处，实测和演化所得相位谱主值均基本符合$[0, 2\pi)$内均匀分布. 这与已有相关研究结果[10]是相符的.

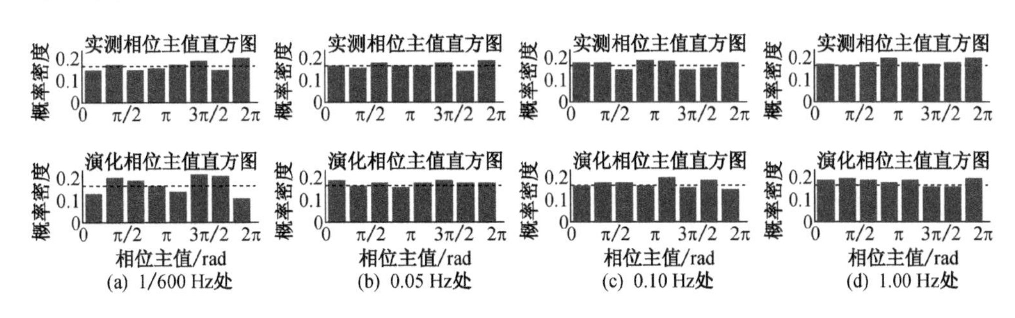

图 8 不同频率处相位谱主值概率分布直方图比较

3.3 脉动风速模拟

综合图 6 所示的 Fourier 幅值谱 $|F(n)|$ 与利用式(14)得到的演化相位谱

$\Phi(n)$，应用式(21)即可以得到样本 Fourier 谱 $F(n)$. 扩展为双边谱并利用离散 Fourier 逆变换，便可得到脉动风速时程

$$u(t)=Re\left(\sqrt{\frac{T}{2}}\int_{0}^{Fs}F(n)e^{i2\pi nt}dn\right) \tag{20}$$

其中，Re 表示取实部，Fs 为采样频率，dn 是频率间隔，与采样持时 T 互为倒数. 除以$\sqrt{2}$是将能量调整至与原单边谱相同.

图 9 为任意选取的四个 T_e 值计算出的演化相位谱主值及其分布，图 10 为用其生成的脉动风速时程. 两图从上到下，T_e 均依次取值为 1.131E8 s，4.036E8 s，7.129E8 s，12.997E8 s. 可见，不仅相位谱主值具有$[0, 2\pi)$内均匀分布的特征，所生成的脉动风速时程也与常见的风速观测结果有很好的相似性.

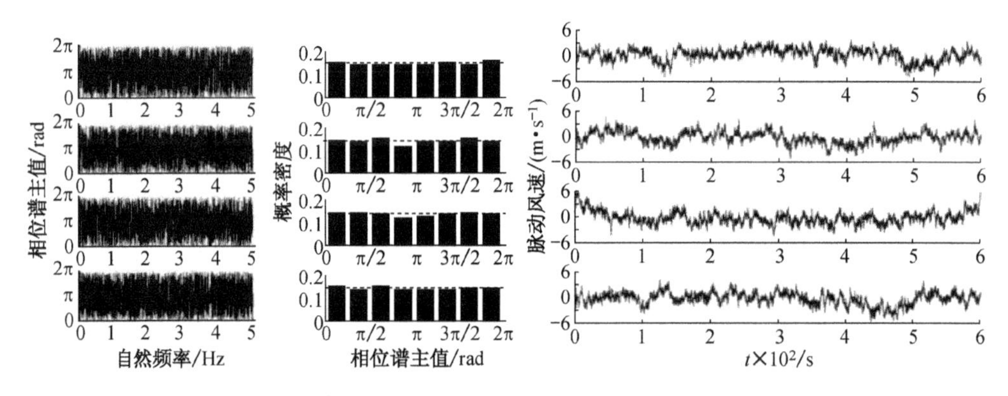

图 9　不同 T_e所生成的相位谱主值及其分布　　图 10　不同 T_e所生成脉动风速时程

3.4　模拟风速的检验

一般认为，良态风主风向脉动速度的概率分布可用正态分布近似描述[19]. 比较两个概率密度函数相近程度的一个有效指标是相对熵[20]. 实际风速样本的概率密度 $p(u)$和其对应正态分布概率密度函数 $f(u)$的相对熵为

$$H(p, f)=-\int_{-\infty}^{\infty}f(u)\ln\frac{f(u)}{p(u)}du \tag{21}$$

实际风速样本的概率密度 $p(u)$用直方图代替. 由于每个时间截口脉动速度 u 的均值为零，因此正态分布的概率密度函数为

$$f(u)=\frac{1}{\sigma\sqrt{2\pi}}\exp\left(\frac{-u^2}{2\sigma^2}\right) \tag{22}$$

其中 σ 为截口样本的标准差. 当两个概率密度函数完全相同时，相对熵为零. 当两个概率密度函数相差越大时，相对熵绝对值越大.

计算得到的相对熵如图 11 所示. 可以看到，相对熵的值较小但不为零，说明各

时间截口的脉动风速分布近似符合正态分布但又略有区别，这也与已有实测结果相吻合[19]. 由此可以判断，本文提出的脉动风速模拟方法是合理的.

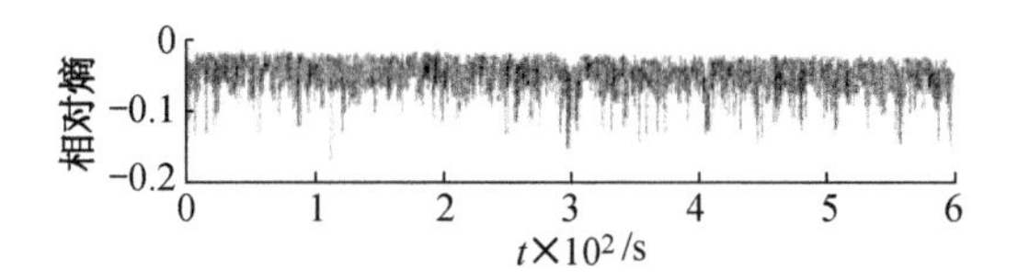

图 11　脉动风速样本概率密度与正态分布的相对熵

4　结　论

依据分析，本文提出任何一段脉动风速时程都可以认为是由一簇具有零相位的谐波经过时间 T_e 演化而来. 根据 800 条实测风速记录统计得到了 T_e 的概率模型. 这一概率模型经 1 200 条实测风速记录检验正确. 结合 Fourier 幅值谱，由 T_e 的样本值可以得到相位谱的样本，进而进行脉动风速模拟.

与传统方法相比，相位零点演化时间 T_e 的概念将原本无规律的各谐波相位联系在一起，且具有物理意义. 演化相位谱的变量仅为 T_e，不仅大幅度减少了变量数目，也使得采用精细化的概率密度分析方法进行结构抗风可靠度的计算成为可能.

参考文献

[1] Kareem A. Numerical simulation of wind effects: A probabilistic perspective [J]. Journal of Wind Engineering and Industrial Aerodynamics, 2008,96:1472－1497.

[2] Rice S O. Mathematical analysis of random noise [C]//Selected Papers on Noise and Stochastic Processes. N. Wax. Dover, 1954:133－294.

[3] Shinozuka M. Simulation of multivariate and multidimensional random process [J]. Journal of the Acoustical Society of America, 1971,49(1):357－367.

[4] Shinozuka M, Jan C M. Digital simulation of random process and its application [J]. Journal of Sound and Vibration, 1972,25(1):111－128.

[5] Shinozuka M, Deodatis G. Simulation of stochastic processes and fields [J]. Probabilistic Engineering Mechanics, 1997,12(4):203－207.

[6] Shinozuka M, Yun C B, Seya H. Stochastic methods in wind engineering [J]. Journal of Wind Engineering and Industrial Aerodynamics, 1990,36:829－843.

[7] Li J, Chen J B. Stochastic dynamics of structures [M]. John Wiley & Sons (Asia) Pte Ltd. 2009.

[8] 李杰. 随机动力系统的物理逼近[J]. 中国科技论文在线，2006,1(2):95－104.

[9] 李杰，阎启. 结构随机动力激励的物理模型——以脉动风速为例[J]. 工程力学，2009,26 Sup II,175－183.

[10] Seong S H, Peterka J A. Experiments on Fourier phases for synthesis of non-Gaussian spikes in turbulence time series [J]. Journal of Wind Engineering and Industrial

Aerodynamics, 2001,89:421-443.
[11] 金星,廖振鹏. 地震动相位特性的研究[J]. 地震工程与工程振动,1993,13(1):7-13.
[12] Taylor G I. The spectrum of turbulence [J]. Proceedings of the Royal Society of London, Series A,1938,164:476.
[13] Bahraminasab A, Niry M D, Davoudi J, et al. Taylor's frozen-flow hypothesis in Burgers turbulence [J]. Physical Review, 2008,E77. 065302(R).
[14] Hinze J Q. Turbulence [M]. New York: McGrawHill,1975.
[15] 阎启,谢强,李杰. 风场长期观测与数据分析[J]. 建筑科学与工程学报,2009,26(1):37-42.
[16] 李杰,阎启,谢强,等. 台风"韦帕"风场实测及风致输电塔振动响应[J]. 建筑科学与工程学报,2009,26(2):1-8.
[17] Choi S C, Wette R. Maximum likelihood estimation of the parameters of the Gamma distribution and their bias [J]. Technometrics, 1969,11(4):683-690.
[18] Dyrbye C, Hansen S O. Wind loads on structures [M]. New York: John Wiley & Sons,1997.
[19] Yim J Z, Chou C R, Huang W P. A study on the distributions of the measured fluctuating wind velocity components [J]. Atmospheric Environment,2000, 34:1583-1590.
[20] Sobezyk K, Trebicki J. Maximum entropy principle in stochastic dynamics[J]. Probabilistic Engineering Mechanics,1990,5(3):102-110.

Evolutionary-phase-spectrum Based Simulation of Fluctuating Wind Speed

Yan Qi　Li Jie

Abstract: Based on rational analysis, an evolutionary-phase-spectrum model which can be used in fluctuating wind speed simulation was proposed. According to the characteristic speed of eddies with different frequencies in turbulence, the concept of phase-evolving speed was put forward. Afterwards, it was illustrated that real wind speed history can be regarded as the evolutionary results of eddies with initial phases of zero after an evolutionary time T_e. The probability distribution of T_e was calculated through statistics of the identified values from measured fluctuating wind speed histories. Then, samples of evolutionary-phase-spectrum were acquired and combining. With Fourier amplitude spectrum, fluctuating wind speed was obtained through inverse Fourier transform. The evolutionary-phase-spectrum model is a rational description of Fourier phase spectrum and is recommended to be used in wind load simulation in wind-resistance calculation and reliability analysis of structures.

(本文原载于《振动与冲击》第 30 卷第 9 期,2012 年 9 月)

随机风场空间相干性研究

阎启　李杰

摘　要　提出了一种描述随机风场空间相干特性的相位差谱模型，可用于大范围随机风场模拟.经典理论中一般采用相干函数来描述空间风场相干特性.研究发现，相干函数只是二阶数值特征，远不能描述两点脉动风速相干特性的丰富概率信息.研究表明，Fourier 相位差谱可以对脉动风速时程的相干特性进行全面的描述.基于对影响相位差主要因素的分析，提出了相位差谱的基本模型.通过与实测相位差谱的比较，验证了所提模型的合理性与适用性.应用该模型进行了风场模拟，效果良好.

风场相干性指两点风速时程在频域上的统计相关性，通常用量纲为 1 的相干函数描述. Davenport 于 1961 年提出了著名的相干函数指数衰减模型[1]，这一模型被沿用至今并被广泛采用[2].指数衰减模型使用方便，但存在固有的问题，即：在零频率时取值始终为 1，当所考虑两点距离较远时这与实测值不符[2]. Harris 根据 von Karman 的理论推导了各向同性湍流当中两点脉动时程的相干函数[3]. Maeda 等认为 Harris 模型可以很好地描述实测脉动风速的相干函数，但由于其中需要用到第二类 Bessel 函数等，对于工程师来说使用不方便，因此基于 Harris 模型提出了简化公式[4]. Krenk 提出了改进的指数衰减函数[5]，具有使用方便、在整个频率范围都可以对实测数据进行较好拟合的特点.

相干函数是空间风场结构的重要表述方式，在风场模拟当中，无论是谱表现方法还是线性滤波方法都需要用到相干函数[6].但是，由于相干函数是两点风速互谱密度幅值与自谱密度幅值的比值[7]，因此它在本质上属于二阶矩统计特征，无法体现两点风速时程在频域内更加本质的概率联系.

本文研究发现：Fourier 相位谱的异同是造成两点脉动风速时程相似而又不同的根本原因，也是决定两点脉动风速时程相干性的决定性因素.由此，引入了 Fourier 相位差谱的概念.通过推导，得到了相位差谱与相干函数之间的联系，初步建立了相位差谱的经验模型.通过与实测数据的对比，验证了该模型的合理性和适用性.最后，应用该模型进行了风场模拟.

1 相位差谱与相干函数的关系

1.1 相干函数的定义

两段主风向脉动风速时程 u_x 和 u_y 的相干函数 γ_u 定义为

$$\gamma_u(n)=\frac{|S_{xy}(n)|}{\sqrt{S_{xx}(n)}\sqrt{S_{yy}(n)}} \tag{1}$$

式中,S_{xy} 为 u_x 和 u_y 的互功率谱密度;S_{xx} 和 S_{yy} 分别为 u_x 和 u_y 的自功率谱密度;n 为自然频率.

Davenport 提出了相干函数的指数模型[1]

$$\gamma_u(r_h, r_v, n)=\exp\left(-\frac{n}{U}\sqrt{(C_h r_h)^2+(C_v r_v)^2}\right) \tag{2}$$

其中,C_h 和 C_v 分别为水平方向和竖直方向量纲为一的衰减系数;r_h 和 r_v 为两点间的水平横风向距离和竖直距离. 当频率为零时,该模型的值总是 1. 事实上,当 r_h 和 r_v 较大时,这一结论与实测相干函数有较大差别. 虽然 Harris, Maeda 和 Krenk 等学者提出了更为合理的相干函数模型[3-5],但 Davenport 的指数衰减模型以其简单的形式得到了更多的应用.

1.2 相干函数的数值计算方法

由周期图法计算脉动风速谱密度的方法如下[7]:将脉动风速时程 $u_x(t)$ 和 $u_y(t)$ 分为 N 段:$u_{x1}(t)$, …, $u_{xN}(t)$ 和 $u_{y1}(t)$, …, $u_{yN}(t)$,每段 D 个点;采样频率为 F_s,则采样间隔 $\Delta t=1/F_s$,每段持时 $T=D/F_s$;计算每段脉动风速时程的离散 Fourier 变换 $F_{x_1}(n)$, …, $F_{xN}(n)$ 和 $F_{y_1}(n)$, …, $F_{yN}(n)$,即

$$\begin{aligned} \mathrm{F}_{xj}(n)&=\frac{1}{\sqrt{T}}\sum_{k=1}^{D}u_{xj}(k/F_s)\mathrm{e}^{-\mathrm{i}2\pi(k-1)(nT-1)}\Delta t,\ j=1,2,\cdots,N \\ F_{yj}(n)&=\frac{1}{\sqrt{T}}\sum_{k=1}^{D}u_{yj}(k/F_s)\mathrm{e}^{-\mathrm{i}2\pi(k-1)(nT-1)}\Delta t,\ j=1,2,\cdots,N \end{aligned} \tag{3}$$

如果取单边谱,需要再乘以$\sqrt{2}$.

自谱的计算公式为

$$\begin{aligned} S_{xx}(n)&=\sum_{j=1}^{N}\frac{1}{N}F_{xj}(n)F_{xj}^{*}(n)=\sum_{j=1}^{N}\frac{1}{N}|F_{xj}(n)|^2=E[|F_{xj}(n)|^2] \\ S_{yy}(n)&=\sum_{j=1}^{N}\frac{1}{N}F_{yj}(n)F_{yj}^{*}(n)=\sum_{j=1}^{N}\frac{1}{N}|F_{yj}(n)|^2=E[|F_{yj}(n)|^2] \end{aligned} \tag{4}$$

式中,$E[\ \ ]$表示求期望.

互谱的计算公式为

$$S_{xy}(n)=\sum_{j=1}^{N}\frac{1}{N}F_{xj}(n)F_{yj}^{*}(n)=E[F_{xj}(n)F_{yj}^{*}(n)] \tag{5}$$

将式(4)和式(5)代入式(1),即得到相干函数的数值计算公式

$$\gamma_u(n)=\frac{|E[F_{xj}(n)F_{yj}^{*}(n)]|}{\sqrt{E[|F_{xj}(n)|^2]}\sqrt{E[|F_{yj}(n)|^2]}} \tag{6}$$

1.3 相干函数和 Fourier 谱的关系

式(3)所示的离散 Fourier 变换得到的一组复数谱可以表示为幅值和相位的形式

$$\begin{aligned}F_{xj}(n)&=|F_{xj}(n)|\,e^{i\phi_{xj}(n)}\\F_{yj}(n)&=|F_{yj}(n)|\,e^{i\phi_{yj}(n)}\end{aligned} \tag{7}$$

式中,$|F_{xj}(n)|$和$|F_{yj}(n)|$为 Fourier 幅值谱;$\phi_{xj}(n)$和$\phi_{yj}(n)$为 Fourier 相位谱. Fourier 谱的共轭谱可表示为

$$F_{yj}^{*}(n)=|F_{yj}(n)|\,e^{-i\phi_{yj}(n)} \tag{8}$$

结合式(7)和式(8),式(5)中互谱的计算转换为

$$S_{xy}(n)=E[F_{xj}(n)F_{yj}^{*}(n)]=E[|F_{xj}(n)|\cdot|F_{yj}(n)|\,e^{i[\phi_{xj}(n)-\phi_{yj}(n)]}] \tag{9}$$

将式(9)代入式(6),得到

$$\gamma_u(n)=\frac{|E[|F_{xj}(n)||F_{yj}(n)|\,e^{i[\phi_{xj}(n)-\phi_{yj}(n)]}]|}{\sqrt{E[|F_{xj}(n)|^2]}\sqrt{E[|F_{yj}(n)|^2]}} \tag{10}$$

定义

$$\Delta\phi_j(n)=\phi_{xj}(n)-\phi_{yj}(n) \tag{11}$$

为两点的相位差谱.

假设$|F_{xj}(n)|$和$|F_{yj}(n)|$与$\Delta\phi_j(n)$在各频率点处为相互独立的随机变量,则式(10)可简化为

$$\gamma_u(n)=\frac{|E[e^{i\Delta\phi_j(n)}]|}{\sqrt{1+\frac{D^2[|F_{xj}(n)|]}{E^2[|F_{xj}(n)|]}}\sqrt{1+\frac{D^2[|F_{yj}(n)|]}{E^2[|F_{yj}(n)|]}}} \tag{12}$$

式中,$D[\ \ ]$表示求标准差. 实测 Fourier 谱显示,标准差谱大小约为均值谱的10%～30%,因此,式(12)的分母约为 1.01～1.09. 因此,可将式(12)简化为

$$\gamma_u(n)=|E[e^{i\Delta\phi_j(n)}]|=|E[\cos(\Delta\phi_j(n))+i\sin(\Delta\phi_j(n))]| \tag{13}$$

该简化引入的误差在10%以内.

式(13)表明,相干函数上是由相位差谱所决定的.本质上,两点脉动风速时程之间差别与联系的决定性因素是其相位差谱.

若定义记录脉动风速时程 u_y 的点为基准位置,则可称 $\phi_{yj}(n)$ 为基准相位谱.此时若知道 x 点关于 y 点的相位差谱 $\Delta\phi_j(n)$,便可由式(11)得到空间任意 x 点的脉动风速时程相位谱.结合脉动风速Fourier幅值谱[8],代入式(7),进行逆Fourier变换,就可以得到重建的脉动风速时程.由之,可以构造空间风场.

定义相位差谱 $\Delta\phi(n)$ 的取值范围为[0, ∞],同时规定相位差谱主值 $\Delta\phi_m(n)$ 定义在区间[0, 2π]内且始终为正,如图1所示.任意相位差谱可以通过对2π求余而转化到主值区间中.

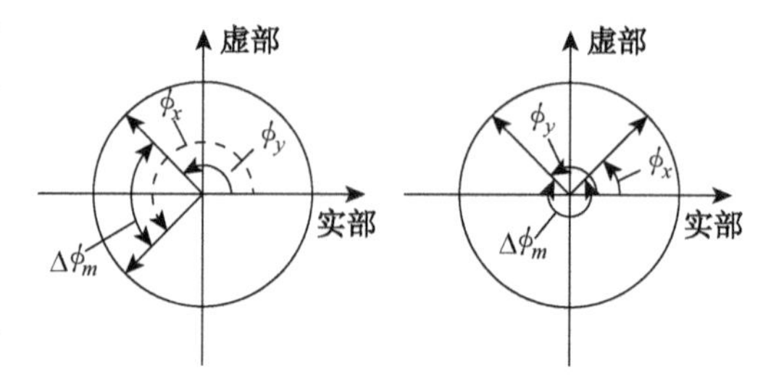

图1 相位差主值的定义

2 相位差谱模型

2.1 影响相位差谱的主要因素

既有的研究表明,影响一段风速时程波形的主要因素为其Fourier相位谱[9],而Fourier幅值谱虽然影响能量分布,但对波形不起主导控制作用.对于同时采集的风速时程,距离越近的两点,其波形的相似程度越高,反之亦然,由此可以判断,距离较近两点风速时程的Fourier相位谱的相近程度要比较远两点Fourier相位谱的相近程度高,换句话说,对于如式(11)所定义的相位差谱,距离较近两点风速的相位差应较小.

事实上,详细分析可知,影响相位差谱的主要因素如下:① 自然频率 n,随 n 增大相位差增大;② 两点距离 r_h 和 r_v,随距离增大相位差增大;③ 平均风速 $\overline{U}$,随风速增大相位差减小;④ 剪切率 $\mathrm{d}\overline{U}/\mathrm{d}z$,随剪切率增大相位差增大.其中,前3个因素在相干函数指数衰减模型中也有所考虑,而本文则进一步考虑了剪切率的影响.事实上,高空中的气流受到地面剪切的影响较小,更为接近各向同性湍流;越接近地面,气流受到地面的剪切作用越强,受到的"干扰"越大.r_h 或 r_v 相同的空间两点,距离地面较近时风速的波形会比处于高空时差别更大.因此,将主流的剪切率作为相位差谱的影响因素考虑进来是合理的.

2.2 相位差谱模型

4种影响相位差的因素都应该体现在相位差谱的模型当中.相位差本身量纲为一,可通过对上述影响因素进行量纲组合来表示相位差谱.考虑相位差随4个参数的变化规律，平均风速应放在分母的位置，其余 3 个参数应放在分子位置. 频率的量纲$[T^{-1}]$与距离的量纲$[L]$组合后，等于速度的量纲$[LT^{-1}]$. 由于自然频率 n 和剪切率 $\mathrm{d}\overline{U}/\mathrm{d}z$ 都具有频率的量纲并都在组合模型中分子的位置，因此其乘积需要再开方. 根据这样的分析，推荐采用式(14)和式(15)表示相位差谱，即

$$\Delta\phi_h(n)=\beta_h r_h\left(n\frac{\mathrm{d}\overline{U}}{\mathrm{d}z}\right)^{0.5}\Big/\overline{U} \tag{14}$$

$$\Delta\phi_v(n)=\beta_v r_v\left(n\frac{\mathrm{d}\overline{U}}{\mathrm{d}z}\right)^{0.5}\Big/\overline{U} \tag{15}$$

其中，β_h和β_v分别为水平和竖直相位差放大系数. 通过调整 β_h和β_v，可以得到不同大小的相位差谱.

式(14)和式(15)各代表一簇相位差谱，基本变量为平均风速$\overline{U}$和地面粗糙度z_0. 众所周知，风剖面对数律公式为

$$\overline{U}(z)=\frac{u_*}{\kappa}\ln\frac{z}{z_0} \tag{16}$$

将式(16)对高度 z 求导便可得到时距内的主流剪切率

$$\frac{\mathrm{d}\overline{U}(z)}{\mathrm{d}z}=\frac{u_*}{\kappa z} \tag{17}$$

在应用式(14)和式(15)时，$\overline{U}$和 $\mathrm{d}\overline{U}(z)/\mathrm{d}z$ 可取所研究两点风速及剪切率的平均值.

2.3 模型的验证

2.3.1 基本随机变量的概率分布

基本随机变量的概率分布需要由实测来统计. 2006 年，本研究小组在华东某地建立了国内第一个强风观测台阵. 台阵由 240 m 范围内 P_1 至 P_4 四基观测塔组成，P_1 位于一基输电塔上，在其竖向可以不间断的同时采集 10，20，28 以及 43 m 高度处的风速记录；P_2，P_3 和 P_4 为三基自立式测风塔，在其 10 m 和 20 m 高度处各安装一台三维超声风速仪[10-11]. 采样频率均为 10 Hz. 风速仪的具体位置见图 2.

应用 200 组同时采集于 P_1 点 4 个高度处的 10 min 风速时程，可以识别地面粗糙度 z_0，统计 10 m 高度处平均风速$\overline{U}(10)$的概率分布. 通过拟合，发现地面粗糙度 z_0 取为对数正态分布，10 min平均风速$\overline{U}(10)$取为极值 I 型分布时，与统计结果符合最好[8]. 统计得到的参数如表 1 所示.

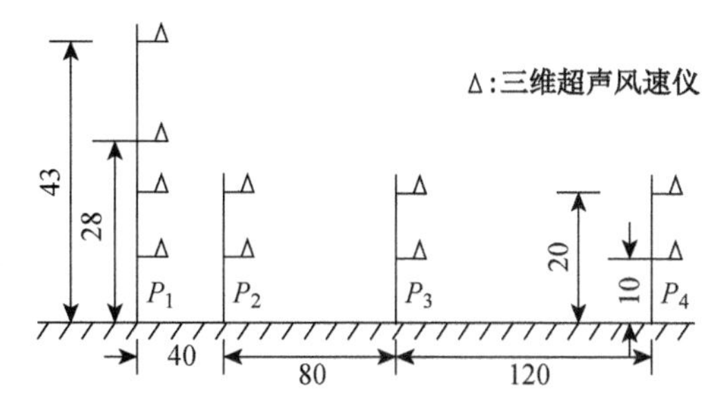

图 2　风速仪安装位置示意图(单位:m)

表 1　基本随机变量概率分布参数

变量	z_0		$\overline{U}(10)$	
	μ	σ	α	β
取值	−1.2155	1.0052	5.1746	0.7475

地面粗糙度 z_0 的对数正态分布概率密度函数为

$$p_{z_0}(x)=\frac{1}{x\sigma_{z_0}\sqrt{2\pi}}\exp\left(\frac{-(\ln x-\mu_{z_0})^2}{2\sigma_{z_0}^2}\right) \tag{18}$$

式中,参数 μ_{z_0} 和 σ_{z_0} 分别为实测地面粗糙度的对数均值和对数标准差.

10 m 高度处 10 min 平均风速的极值Ⅰ型分布概率密度函数为

$$p_{\overline{U}_{10}}(x)=\frac{1}{\beta}\exp(-(x-\alpha)/\beta)\times\exp(-\exp(-(x-\alpha)/\beta)) \tag{19}$$

式中,α 为位置参数;β 为尺度参数. α 和 β 与实测风速数据的均值 $\mu_{\overline{U}}$ 和标准差 $\sigma_{\overline{U}}$ 之间存在关系

$$\beta=\sigma_{\overline{U}}\sqrt{6}/\pi \tag{20}$$

$$\alpha=\mu_{\overline{U}}-\gamma\beta \tag{21}$$

式中,γ 为常数,约为 0.577 2.

2.3.2　竖向模型的验证

根据表 1 的参数,等概率的选取 z_0 和 $\overline{U}(10)$ 各 20 个样本值. 等概率选取是指将概率分布函数[0,1]范围均匀划分为 20 个区间,取各个区间中点对应的样本值. 为能够与实测数据进行对比,以 10 m 高度处为基准点,考虑高度 20, 28 和 43 m,代入式(15)共可得 3 簇模型相位差谱,每簇 400 条. 调整相位差放大系数 β_v 后,典型的相位差谱及主值如图 3 所示.

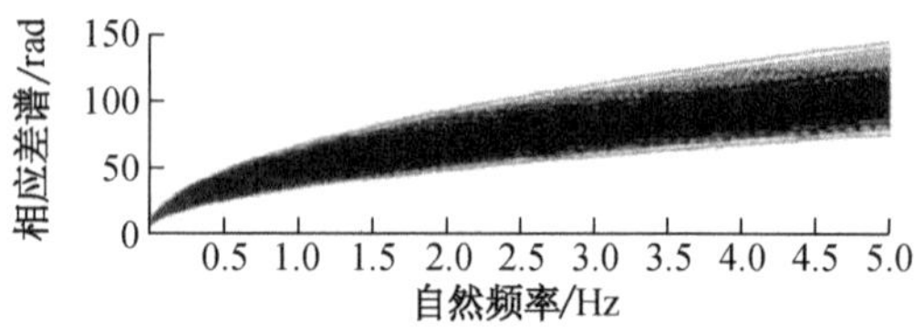

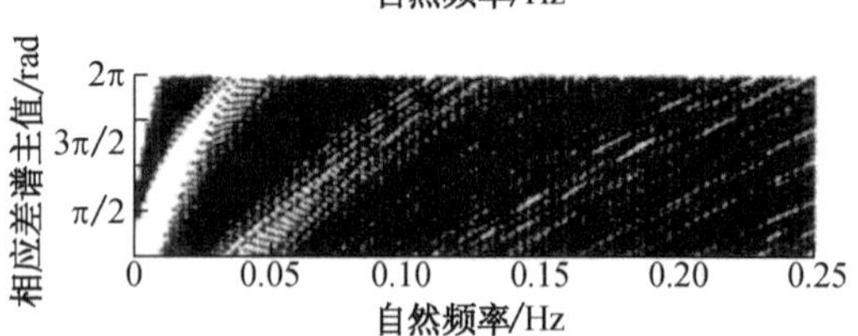

图 3　10 m 与 20 m 高度模型相位差谱及主值

应用所得相位差谱,可由式(13)计算出相干函数,与实测相干函数的比较如图 4 所示.

可以看到,通过调整相位差放大系数 β_v,由式(13)得到的模型相干函数与实测相干函数符合良好.

分析可知,式(13)仅表示了相位差谱复指数值在复平面内均值意义上的统计特征. 可用式(22)进一步定义相位差谱复指数值的标准差谱

$$\begin{aligned}\delta_u(n)&=\left|D\left[e^{i[\phi_{xj}(n)-\phi_{yj}(n)]}\right]\right|\\&=\left|D[\cos(\phi_{xj}(n)-\phi_{yj}(n))+i\sin(\phi_{xj}(n)-\phi_{yj}(n))]\right|\end{aligned} \tag{22}$$

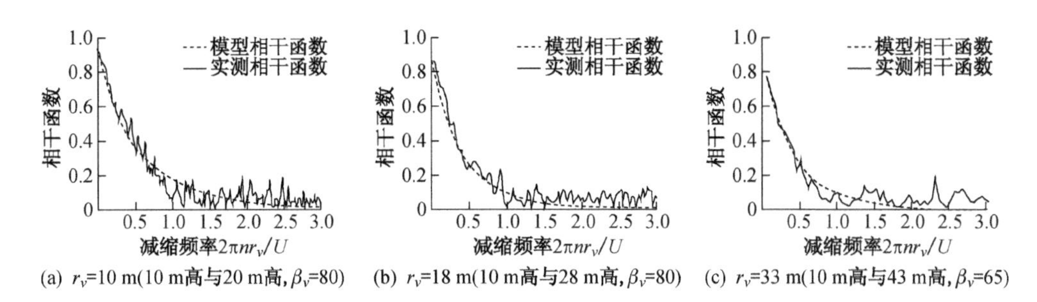

(a) r_v=10 m(10 m高与20 m高, β_v=80)　(b) r_v=18 m(10 m高与28 m高, β_v=80)　(c) r_v=33 m(10 m高与43 m高, β_v=65)

图 4　竖向实测相干函数与模型相干函数的对比

其中,$D[\quad]$表示求标准差. 图 5 对比了理论模型与实测数据的标准差谱.

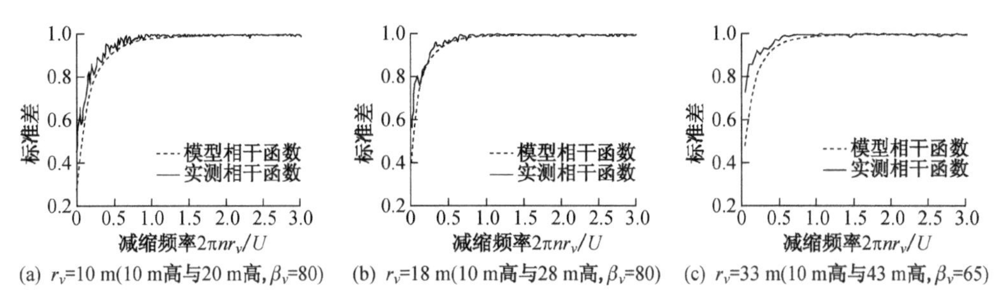

(a) r_v=10 m(10 m高与20 m高, β_v=80)　(b) r_v=18 m(10 m高与28 m高, β_v=80)　(c) r_v=33 m(10 m高与43 m高, β_v=65)

图 5　竖向实测标准差谱与模型标准差谱的对比

可以看到:实测相位差复指数值的标准差谱比模型标准差谱在低频范围略大,说明实测的相位差在复平面内的分布范围稍大一些;当频率增大时,无论是实测谱还是模型谱都趋近于 1.

2.3.3　水平模型的验证

当风向不垂直于线路时,各点之间的水平距离并不等于横风向距离,具体如图 6 所示,横风向距离 r_v 等于水平距离与夹角正弦的乘积.

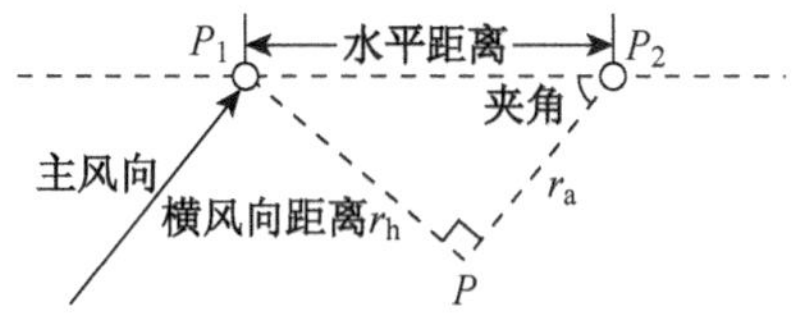

图 6　水平距离和横风向距离的关系示意图

需要注意,此时式(14)描述的是垂足 P 点相对 P_1 点的相位差. 要表示 P_2 点相对 P_1 点的相位差,还需要叠加 P_2 点相对于 P 点的顺风向相位差. 顺风向距离为 r_a,顺风向相位差 $\Delta\phi_a$可表示为

$$\Delta\phi_a(n) = 2\pi \frac{r_a}{U} n \tag{23}$$

式(23)的含义为,r_a与波长之比乘以 2π 即为顺风向两点相位差.

选择了 66 组风向与线路夹角约为 30°(±5°)的风速时程,计算了实测的相干函数和标准差谱. 应用同上节相同的参数,调整水平相位差放大系数 β_h 并考虑式(23)后,得到了 20 m 高度处水平各点的相位差谱,计算了模型相干函数和标准差谱. 与实测值的比较如图 7 和图 8 所示. 由于风向与线路夹角约为 30°,因此横风向距离恰好等于水平距离的一半. 以 P_1 为基准点,可以得到横风向距离分别为 20,60 和120 m的相位差谱;以 P_2 为基准点,考虑 P_3 的数据,还可以得到横风向距离为 40 m 的相位差谱.

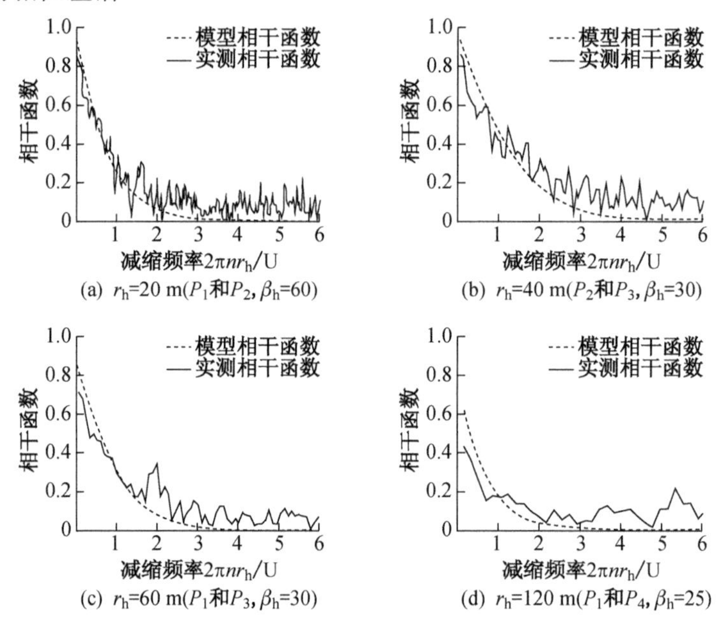

图 7　水平实测相干函数与模型相干函数的对比

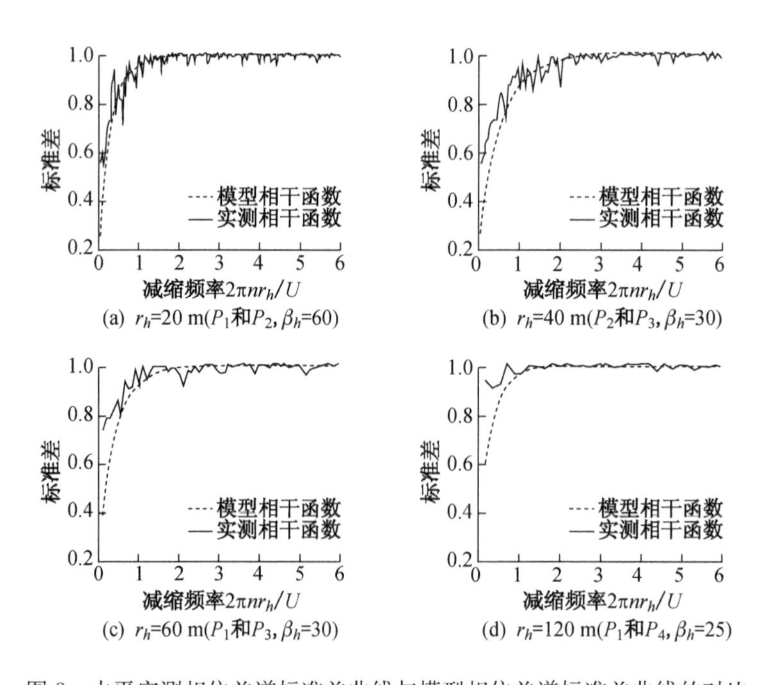

图 8　水平实测相位差谱标准差曲线与模型相位差谱标准差曲线的对比

可以看到，应用模型相位差谱得到的相干函数可以较好地描述实测水平相干函数，并且与实测相位差谱的标准差曲线也吻合较好. 通过比较，可以认为式(14)和式(15)所提出的相位差谱模型合理.

3 脉动风速模拟

相位差谱模型非常适合进行大范围风场模拟. 首先，生成一基准点脉动风速时程；选择合适的相位差放大系数 β_h 和 β_v，应用式(14)和式(15)以及式(23)生成空间各点相对基准点的相位差谱；通过与基准点脉动风速相位谱的叠加，可得到各目标点的相位谱；结合各点的 Fourier 幅值谱，进行逆 Fourier 变换，取实部后便得到各点的脉动风速时程. 应用上述思路，以 P_1 点 10 m 高度处为基准位置，对 P_1 点 20，28 和 43 m 位置以及 P_2，P_3 和 P_4 的 20 m 位置的脉动风速进行了模拟，并与实测数据进行了比较.

在生成相位谱时，在竖向，以 P_1 的 10 m 高度处为基准点，取其实测脉动风速时程的相位谱为竖向基准相位谱；在水平向，以 P_1 的 20 m 位置为基准点，取该位置相对竖向基准点叠加相位差谱后得到的相位谱为基准. 相位差放大系数，β_h 取 35，β_v 取 80. 假设风向与线路夹角为 30°，因此计算水平相位差谱时横风向距离取两点水平距离的一半. 各点的 Fourier 幅值谱取实测谱，地面粗糙度 z_0 和 10 m 高度处 10 min 平均风速均取实测值. 与实测脉动风速的比较如图 9 所示. 可以看到，模拟生成的脉动风速时程大部分与原时程非常接近. P_1 点 28 m 处与 P_4 点20 m处模拟脉动风速时程与原时程略有出入，这可能是因为在模拟时采用了相同的相位差放大系数. 如果对每个点分别取值，可能得到与原时程更为接近的结果.

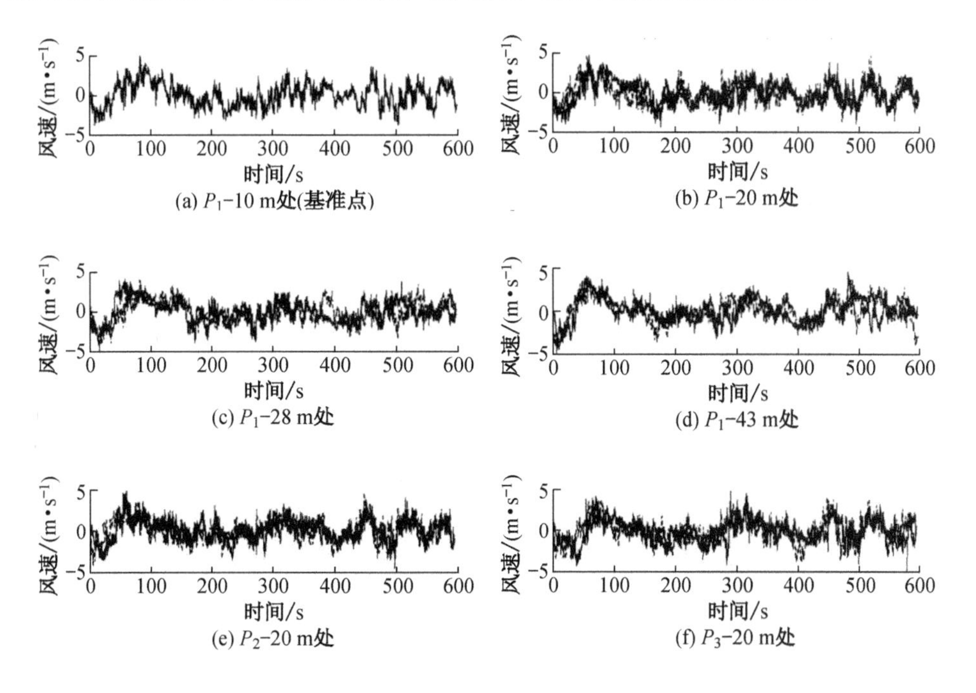

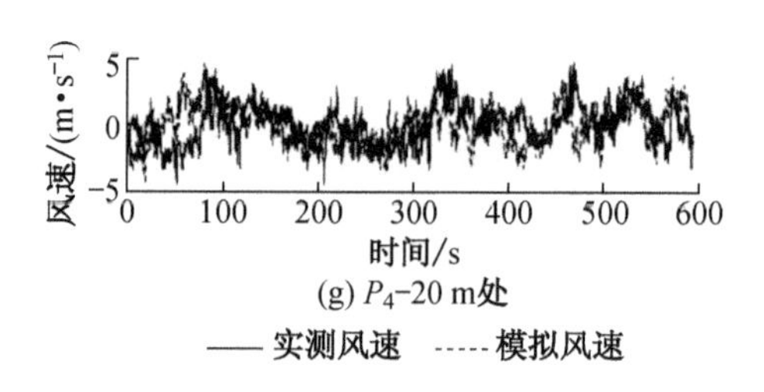

图9　模拟脉动风速与实测脉动风速的比较

4　结　语

提出了脉动风速相位差谱模型的基本公式，利用实测风场观测记录，证实了该模型的合理性和适用性. 相位差谱是用来描述空间两点脉动风速时程之间的"相似"和"差异"的本质因素. 通过对相位差谱求期望，可以得到近似相干函数. 在进行空间风场模拟时，设定一点具有为基准相位谱，空间各点脉动风速的相位谱都可以通过叠加相位差谱而得到. . 结合脉动风速的随机 Fourier 幅值谱，便可生成脉动风速时程. 本文所提出的模型可应用于高层、大跨结构风振分析的风场模拟当中.

参考文献

[1] Davenport A G. The spectrum of horizontal gustiness near the ground in high winds [J]. Quarterly Journal of the Royal Meteorological Society, 1961, 87:194.

[2] Dyrbye C, Hansen S O. Wind loads on structures [M]. New York: John Wiley & Sons, 1997.

[3] Harris R I. The nature of wind [C]//The Modern Design of Wind-Sensitive Structures. London: Construction Industry Research and Information Association, 1971:30 - 55.

[4] Maeda J, Makino M. Classification of customary proposed equations related to the component of the mean wind direction in the structure of atmospheric turbulence and these fundamental properties [J]. Transactions of Architecture Institute, 1980,287:77.

[5] Krenk S. Wind filed coherence and dynamic wind forces [C]//IUTAM Symposium on the Advances in Nonlinear Stochastic Mechanics, Dordrecht: Kluwer Academic Publishers, 1996:180 - 186.

[6] Shinozuka M, Jan C M. Digital simulation of random processed and its applications [J]. Journal of Soundand Vibration, 1972,25:111.

[7] Welch P D. The use of fast fourier trans form for the estimation of power spectra: a method based on time averaging over short, modified periodograms [J]. IEEE Tran sactions on Audio and Electroacoustics, 1967,AU-15:17.

[8] 李杰,阎启. 结构随机动力激励的物理模型:以脉动风速为例[J]. 工程力学,2009,26(SⅡ):175.

[9] Seong S H, Peterka J A. Experiments on Fourier phases for synthesis of non-Gaussian

spikes in turbulence time series [J]. Journal of Wing Engineering and Industrial Aerodynamics, 2001, 89: 421.

[10] 阎启,谢强,李杰. 风场长期观测与数据分析[J]. 建筑科学与工程学报, 2009, 26(1): 37.

[11] 李杰,阎启,谢强,等. 台风"韦帕"风场实测及风致输电塔振动响应[J]. 建筑科学与工程学报, 2009, 26(2): 1.

Research on Spatial Coherence of Stochastic Wind Field

Yan Qi　Li Jie

Abstract: This paper presents a phase-delay spectrum model to describe the spatial coherence of stochastic wind field, which can beused in large-scale stochastic wind field simulation. Coherence function is usually adopted to describe the spatial coherence in classic theory. It is found that coherence function is only second-order numerical characteristics and is far from describing the abundant probabilistic information of coherence of fluctuating wind speed. This study shows that Fourier phase-delay spectrum can give a comprehensive description of the coherence of fluctuating wind speed. Based on the analysis of primary factors affecting phase-delay, a basic model of phase-delay spectrum is presented. By a comparison with the measured phase-delay spectrum, the rationality and applicability of the model are verified. Finally, wind field simulation with this model obtains a good effect.

(本文原载于《同济大学学报》第 39 卷第 3 期,2011 年 3 月)

基于拟层流风波生成机制的海浪谱模型

徐亚洲　李杰

摘　要　海浪谱的能量可以视为由具有不同相速度的谐波携带的能量所组成. 基于对风波形成、发展过程的认识,认为各组成谐波的能量由谐波自平均风摄取而来,由此根据拟层流模型推导出谐波能量密度的计算公式,建立以等效风速和峰值频率等为基本参数的海浪谱模型——随机 Fourier 函数模型,并给出了确定谐波频率、波长、相速度、振幅以及等效风速等模型参数的原则和计算方法. 在 59 个实测样本谱基础上,采用随机建模方法确定模型参数的取值及其概率分布. 结果表明,海浪谱模型可以很好地预测谱能,所计算的物理谱与实测谱均值吻合良好.

研究波浪的理论可以分为水波理论和随机波浪理论,前者以确定性的观点研究水质点的空间和时间变化规律,后者则将海浪视为随机过程,侧重于统计特性的研究. 经典的随机波浪理论包括波浪要素分布理论和波浪谱分析. 20 世纪 50 年代初,Pierson[1]最早将处理无线电中噪声的理论[2]引入随机海浪理论的研究中,将海浪视为平稳随机过程,并假定它由无穷多个具有随机初相位的谐波叠加而成,由此给出波高分布[3]、波高极值分布[4]、波高-周期的联合分布[5-6]等波浪要素. 与之相适应,随机过程的谱模型贯穿于整个随机波浪理论的发展历程,如:Neumann 谱[7],P-M 谱[8],JONSWAP 谱[9],文氏谱[10]等. 根据实测资料统计、量纲分析等手段,虽已获得不少关于波浪谱的重要认识,但有关海浪能量构成的物理机制却是一个一直没有得到很好解决的难题.

风波生成物理机制研究的主要进展包括"遮拦"理论[11-12]、共振机制[13]、拟层流模型[14]、非线性平行流模型[15-17]、CFD 模型[18-20]等. 其中,Miles[14]基于平行流线性稳定理论提出的模型在风波生成机制研究中具有十分重要的意义和广泛的影响. 研究表明:风-波的能量交换是通过气流中雷诺应力自平均风的"临界层"传递的[21],由此导出的波数谱随时间呈指数增长. 拟层流模型虽然没有包括粘性和湍流的影响,但由于其数学推导严密,且部分得到实验验证,所以在此模型的基础上发展了包括粘性、湍流、非线性效应的风波生成物理模型[22-25].

具有平行流特征的风剖面受到海浪扰动后,气流场中将产生扰动速度和压力. 反过来,扰动压力会在波面上做功,此即风-浪能量传递的定性物理解释. 基于这一解释,认为海浪谱的总能量可由若干个具有不同相速度的谐波携带的能量组成. 通过拟层流模型，可计算给出风-波能量传递系数，由此确定各谐波自海面上平均风中汲取的能量，从而建立特征风速与谐波能量以及海浪谱能间的联系. 进而，利用时间过程能量密度与 Fourier 谱之间的联系，可以建立随机 Fourier 谱. 在此基础上，通过引入坐标偏移变换和峰值调整因子，建立了基于拟层流风波生成机制的海浪谱模型. 这一模型，不仅可望反映风浪谱的基本物理机制，而且可以反映风浪过程的随机性特征.

1　拟层流模型

不计体力的二维无粘流体基本控制方程为

$$\begin{cases}\dfrac{\partial(\rho\boldsymbol{u})}{\partial t}+\boldsymbol{u}\cdot\nabla(\rho\boldsymbol{u})+\nabla P=0\\ \nabla\cdot\boldsymbol{u}=0\end{cases}\tag{1}$$

式中，$\boldsymbol{u}=\{u,\ w\}^{\mathrm{T}}$，$u$，$w$ 分别为水平方向 x 和竖直方向 z 的速度，t 为时间，P 为压力，ρ 是流体介质密度，∇ 是二维梯度算子. 显然，式中第一个方程是动量平衡方程，第二个为连续方程.

在具有平均速度为 $\bar{u}(z)$ 的风剖面（平行流）下边界引入小振幅扰动波面 $\boldsymbol{\eta}=\{\eta_1,\ \eta_2,\ \cdots,\ \eta_j\}^{\mathrm{T}}$（图 1），其中 $\eta_j=A_j\mathrm{e}^{\mathrm{i}k_j(x-c_jt)}$ 为具有不同相速度的谐波，A_j 为谐波振幅，k_j 是波数，c_j 是相速度，$i=\sqrt{-1}$. 受波面 η_j 扰动后，气流中的速度和压力可以分解为平均值 $\overline{\boldsymbol{\Gamma}}_j=\{\bar{\boldsymbol{u}}_j,\ \overline{P}_j\}^{\mathrm{T}}$ 和扰动值 $\widetilde{\boldsymbol{\Gamma}}_j=\{\widetilde{\boldsymbol{u}}_j,\ \widetilde{P}_j\}^{\mathrm{T}}$ 之和，即有

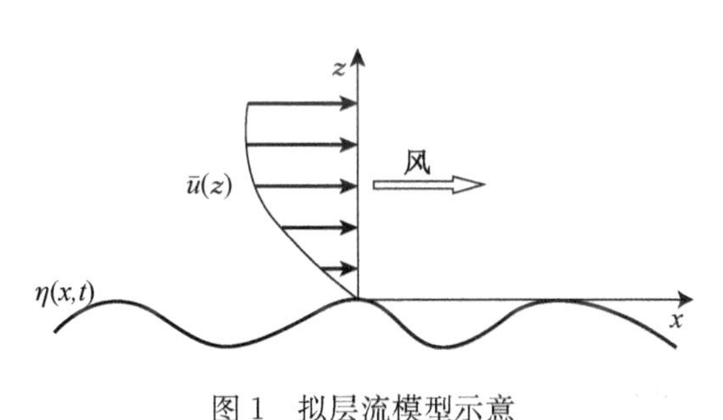

图 1　拟层流模型示意

$$\boldsymbol{\Gamma}_j=\{\boldsymbol{u}_j,\ P_j\}^{\mathrm{T}}=\overline{\boldsymbol{\Gamma}}_j+\widetilde{\boldsymbol{\Gamma}}_j\tag{2}$$

其中，波浪号代表扰动量，横线指的是平均量.

考虑到上述谐波的振幅是微小的，将式(2)代入式(1)，略去高阶小量并引入流函数 $\tilde{u}_j=-\Psi_{j,z}$，$\tilde{w}_j=\Psi_{j,x}$，且假定流函数和压力在水平向 x 以及随时间 t 的变化规律均与扰动波面相同，则流函数沿 z 方向的变化 $\Psi_j(z)$ 为[26]

$$(\bar{u}-c_j)(\Psi_{j,\,zz}-k^2\Psi_j)-\bar{u}_{zz}\Psi_j=0\tag{3}$$

压力

$$P_j=\rho_{\mathrm{a}}[(\bar{u}-c_j)\Psi_{j,\,z}-\bar{u}_z\Psi_j]\tag{4}$$

其中，ρ_{a} 为空气密度. 通常，称式(3)为无粘 Orr-Sommerfeld 方程[14].

对方程(3)引入如下坐标变换

$$\xi = k_j z, \quad \bar{u} - c_j = U_1 w(\xi), \ \Psi_j = U_1 \phi(\xi) \eta_j \tag{5}$$

其中,$U_1 = U_* / \kappa$, U_*为气流的摩擦速度,$\kappa \approx 0.4$是Karman常数.给定边界条件,无粘Orr-Sommerfeld方程(3)将变为如下标准形式[27]

$$\begin{cases} w(\phi_{\xi\xi} - \phi) - w_{\xi\xi}\phi = 0 \\ \phi_0 = w_0 \quad (\xi = \xi_0) \\ \dfrac{\mathrm{d}\phi}{\mathrm{d}\xi} + \phi = 0 \quad (\xi \to \infty) \end{cases} \tag{6}$$

式中,$\phi_0 = \phi\ (\xi = \xi_0)$, $w_0 = w\ (\xi = \xi_0)$,第一个边界条件表示在交界处波面即为流线,第二个边界条件表示在无穷远处扰动消失.

考虑坐标变换式(5)和边界条件式(6),可推导出作用在波面上的压力为[27]

$$P_{j0} = \rho_a U_1^2 k_j w_0 (\phi_0' - w_0') \eta_j \tag{7}$$

这里右上标撇号表示对ξ求导,左下标0表示$\xi = \xi_0$时的取值.

引入两个与流函数ϕ有关的无量纲系数α,β,并记作用在波面上的压力为

$$P_{j0} = (\alpha_j + \mathrm{i}\beta_j) \rho_a U_1^2 k \eta_j \tag{8}$$

比较式(7)和(8)可得

$$\alpha_j + \mathrm{i}\beta_j = w_0 (\phi_0' - w_0') \tag{9}$$

其中,β_j为能量传递系数,其详细数值求解过程及结果可见文献[26-27].

2 基于拟层流模型的海浪谱

基于上述拟层流模型,可以假定波面能量谱密度所包含的能量由具有不同相速度的谐波自平均风中吸取的能量构成,而各个组成波携带的能量则可通过拟层流风波生成机制计算得到.通过引入谐波振幅与平均波高之比和等效风速的关系,以等效风速为基本参数可以很好地预测物理波谱的能量,进而通过引入坐标偏移变换和峰值调整因子,可望建立物理海浪谱模型.谱模型中的参数通过优化算法由实测记录谱识别确定.

对于给定的频率ω_j,根据波面功率谱密度函数的定义可知单位面积下水体具有的能量密度为$\rho_w g S(\omega_j)$,其中ρ_w, g, $S(\omega_j)$分别是水密度、重力加速度和波面功率谱密度函数值.

由频率为ω_j的谐波扰动对数剖面的气流,基于平行流稳定理论的拟层流模型可以推导得气流在单位面积水面上、单位时间内对谐波波面的功[21]:

$$E_j = \overline{P_{j0} \frac{\partial \eta_j}{\partial t}} \tag{10}$$

式中,上划线表示时间平均.分析表明:仅与波面正交的压力分量才对上式定义的能量有贡献,即与波面正交的式(8)中虚部

$$\mathrm{Im}(P_{j0}) = \beta_j \rho_a U_1^2 k_j \eta_j \tag{11}$$

与风浪能量传递相关.将式(11)代入式(10)中并考虑 $\eta_j = A_j \mathrm{e}^{\mathrm{i}k_j(x-c_j t)}$,可得

$$E_j = \frac{1}{2}\beta_j \rho_a U_1^2 k_j^2 c_j A_j^2 \tag{12}$$

另一方面,对于给定的时间过程 $X(t)$,其平均能量可定义为

$$W = \frac{1}{T}\int_0^T X^2(t)\mathrm{d}t \tag{13}$$

不难证明,W 与 $X(t)$ 的 Fourier 幅值谱 $|F(\omega)|$ 及样本功率谱 $S_X(\omega)$ 之间存在下述关系

$$W = \frac{1}{2\pi}\int_{-\infty}^{\infty} \frac{1}{T} \mid F(\omega) \mid^2 \mathrm{d}\omega = \frac{1}{2\pi}\int_{-\infty}^{\infty} S_X(\omega)\mathrm{d}\omega \tag{14}$$

定义样本 Fourier 密度谱为

$$F_X(\omega) = \frac{1}{\sqrt{T}}\left|\int_0^T X(t)\mathrm{e}^{-\mathrm{i}\omega t}\mathrm{d}t\right| \tag{15}$$

则有

$$F_X^2(\omega) = S_X(\omega) \tag{16}$$

可见,在一个周期 T 内的能量密度与其 Fourier 密度谱之间存在平方关系.

与某一特定周期谐波对应的能量密度为 $E_j(2\pi/\omega_j)(1/\omega_j)$,考虑 ω_j 处的海浪谱能量密度由谐波自气流中汲取而得(图 2),由此可建立 Fourier 密度谱、波面能量谱密度与气流对波面做功之间的联系,即

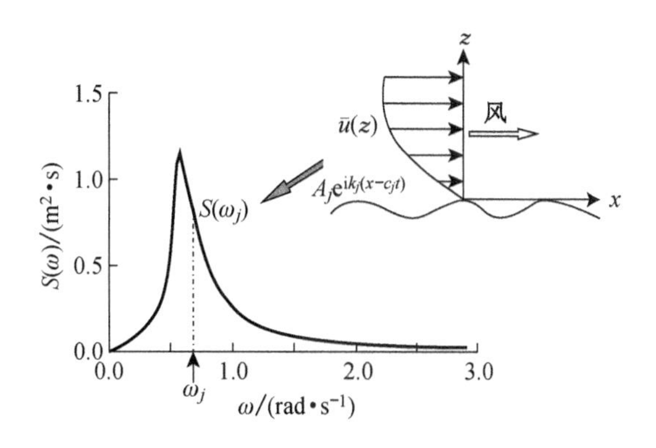

图 2　能量构成机制示意

$$\rho_w g F_X^2(\omega_j) = \rho_w g S_X(\omega_j) = E_j(2\pi/\omega_j)(1/\omega_j) = 2\pi E_j/\omega_j^2 \tag{17}$$

因此,有

$$F_X(\omega_j) = \sqrt{\frac{2\pi}{\rho_w g}}\frac{E_j^{1/2}}{\omega_j} \tag{18}$$

考虑相速度的定义并代入深水波色散关系 $c_j^2=g/k_j$,可得

$$F_X(\omega_j)=\alpha U_1\cdot\beta^{\frac{1}{2}}(\omega_j)\cdot\omega_j^{\frac{1}{2}}\cdot A(\omega_j)\tag{19}$$

式中,$\alpha=\sqrt{\dfrac{\pi\rho_a}{\rho_w g^2}}$.

为了保证式(17)中能量密度传递关系的物理意义,量纲必须保持一致.分析如下:波面功率谱密度函数 $S_X(\omega)$描述单位质量力波面能量密度在频域的分布,其量纲为 $L^2\cdot T$,式中 L 和 T 分别表示长度和时间量纲,质量的量纲符号采用 M.单位面积下水体具有的能量为 $\rho_w gS(\omega)$,其量纲为

$$\mathrm{Dim}[\rho_w gS(\omega)]=\frac{M}{L^3}\cdot\frac{L}{T^2}\cdot L^2T=\frac{M}{T}\tag{20}$$

此处 Dim(…)表示量纲.

基于平行流稳定理论的拟层流模型,一个周期内谐波贡献的能量密度的量纲为

$$\begin{aligned}\mathrm{Dim}[2\pi E/\omega^2]&=\mathrm{Dim}[(\frac{1}{2}\beta\rho_a U_1^2k^2cA^2)\cdot(2\pi/\omega)\cdot(1/\omega)]\\&=(\frac{L}{T})^2\cdot L^2\cdot\frac{M}{L^3}\cdot(\frac{1}{L})^2\cdot\frac{L}{T}\cdot T\cdot T=\frac{M}{T}\end{aligned}\tag{21}$$

式中,能量传递系数 β 为无量纲量.显然,谐波自风中汲取的能量密度与一般风浪谱能量密度的量纲相同,将其视为风浪谱密度构成的来源在物理上是有意义的.

上述模型尚没有考虑各个谐波之间非线性相互作用引起的谱能重分布、能量集聚效应以及其他影响海浪谱形成的因素.基于现有的知识(如四波共振机制[28-29]、波浪破碎机制等)考虑这些效应仍具有相当的难度.如引入基于波-波相互作用理论推导的相互作用系数[28-29],则必将导致模型过于复杂而失去实用性.此外,能量传递、波能耗散等现象本身的物理机制仍需要进一步研究.为此,通过偏移算子考虑能量在各频率分量间的重分布等作用(图 3).此处理方式类似于 JONSWAP 谱在 P-M 谱的基础上引入算子考虑谱峰升高因素,而坐标变换后的原始海浪谱则与 P-M 谱的作用相似.

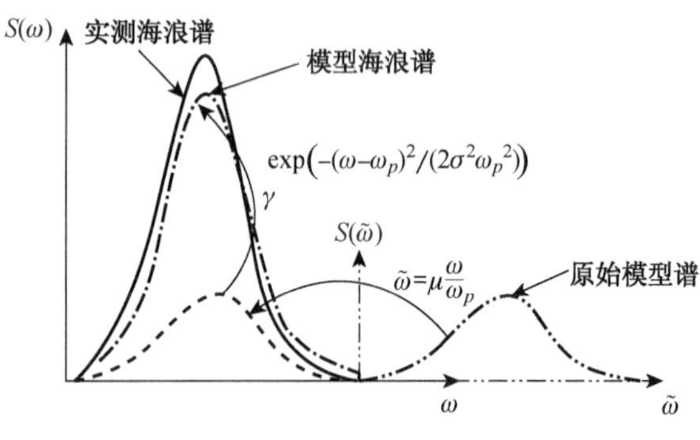

图 3　坐标变换及窗函数示意

引入偏移坐标变换 $\omega_j=\mu\dfrac{\widetilde{\omega}_j}{\omega_p}$和窗函数 $W(\omega_j)$

$$W(\omega_j)=\frac{\omega_j^2}{2\pi}\gamma^{\exp[-(\widetilde{\omega}_j-\omega_p)^2/(2\sigma^2\omega_p^2)]}\tag{22}$$

式中,γ 为谱峰值调整系数,$\sigma=\sigma_L(\omega<\omega_p)$ 和 $\sigma=\sigma_R(\omega>\omega_p)$ 是谱形参数,ω_p 为峰值频率.

记 10 m 高 10 min 平均风速 U_1 为等效风速 U,连续化$\tilde{\omega}_j$并记为ω,ω_j记为$\tilde{\omega}$,结合式(17)、(19)和(22),即可建立基于拟层流风波生成机制的海浪谱,这类谱可由 Fourier 密度谱 $F(\omega)$或样本功率谱 $S_X(\omega)$表示

$$F(\omega)=\sqrt{\frac{\rho_a}{2\rho_w g^2}}\cdot U\cdot\beta^{1/2}(\tilde{\omega})\cdot\tilde{\omega}^{3/2}\cdot A(\tilde{\omega})\cdot\gamma^{\frac{1}{2}\exp[-(\omega-\omega_p)^2/(2\sigma^2\omega_p^2)]}\tag{23}$$

$$S_X(\omega)=\frac{\rho_a U^2}{2\rho_w g^2}\beta(\tilde{\omega})\cdot\tilde{\omega}^3\cdot A^2(\tilde{\omega})\cdot\gamma^{\exp[-(\omega-\omega_p)^2/(2\sigma^2\omega_p^2)]}\tag{24}$$

式中,$\tilde{\omega}=\mu\dfrac{\omega}{\omega_p}$; $\beta(\tilde{\omega})$是能量传递系数,其求解可参见文献[26-27];$A(\tilde{\omega})$为波幅,U 为等效风速,ρ_a 为空气密度,ρ_w 是水密度,g 为重力加速度,μ 是谱峰频率调整系数.

随机海浪谱是大量样本的集合,因此,Fourier 谱中的基本参数 U, ω_p, γ, σ_L, σ_R, μ 是随机变量,其中基本物理参数是等效风速 U 和谱峰频率 ω_p. 依据实测波的 Fourier 谱或样本功率谱,采用最佳逼近准则,不难识别给出每一个实测样本时程的 U, ω_p 以及其余参数 γ, σ_L, σ_R, μ. 并称这些随机变量所确定的随机函数为随机 Fourier 函数,它描述了海浪谱的随机性. 因此,海浪随机 Fourier 函数模型为

$$F(\omega,\zeta)=\sqrt{\frac{\rho_a}{2\rho_w g^2}}\cdot U\cdot\beta(\tilde{\omega})^{1/2}\cdot(\tilde{\omega})^{3/2}\cdot A(\tilde{\omega})\cdot\gamma^{\frac{1}{2}\exp[-(\omega-\omega_p)^2/(2\sigma^2\omega_p^2)]}\tag{25}$$

式中,符号含义同前,$\zeta=\{U,\omega_p,\gamma,\mu,\sigma_L,\sigma_R\}^T$为基本随机变量集,其概率分布由随机建模方法给出.

值得指出的是:尽管也可将 $S_X(\omega)$定义为随机函数,但这样可能导致与经典随机过程理论中的功率谱密度概念的混淆. 因此定义式(25)为基本的样本海浪谱模型. 可以证明随机过程 $X(t)$的功率谱[30]

$$S(\omega)=E[F^2(\omega)]\tag{26}$$

这里 $E(\cdot)$表示集合期望算子.

3 模型参数计算

由实测海浪,可以确定模型参数 ω_p, γ, μ, σ_L, σ_R. 首先给出等效风速 U 和谐波振幅 A 的确定方法.

3.1 等效风速 U

等效风速 U 是模型中的主要参数,一般根据实测资料确定. 当缺乏可靠的实

测记录时,可以采用风时、风距与特征波高及特征峰值频率之间的无量纲统计关系来换算需要的模型参数.

定义无量纲风时 θ 和无量纲风距 ξ 以及无量纲峰值频率 ν

$$\theta=\frac{g}{u_{10}}T \tag{27}$$

$$\xi=\frac{g}{u_{10}^2}x \tag{28}$$

$$\nu=\frac{\omega_p}{2\pi}\cdot\frac{u_{10}}{g} \tag{29}$$

式中,g 是重力加速度,u_{10}为海面上 10 m 高处 1 小时平均风速,T, x 分别是有量纲风时和风距.

实测资料分析发现:无量纲峰值频率 ν 与 θ, ξ 的统计关系为[31]

$$\nu=\max\{0.16,\ 2.84\xi^{-0.3},\ 16.8\theta^{-3/7}\} \tag{30}$$

且特征波高与无量纲频率之间存在关系[31]

$$H_S=0.0094\frac{u_{10}^2}{g}\nu^{-5/3} \tag{31}$$

取 $u_{10}=0.91U$,对于充分发展的海浪谱,可得

$$U=\sqrt{59.367H_S} \tag{32}$$

3.2 谐波振幅 $A(\omega)$

计算各个谐波自平均风中汲取的能量需要确定其振幅,受水波色散关系及波浪破碎等因素影响,各谐波的波幅不能是任意的.根据流体理论定量计算波面在风作用下的演化规律还十分困难.此处采用 Крылов 的研究结果,即平均波高与平均周期及 10 m 高风速之间存在如下关系 [21]

$$\begin{cases}\overline{H}=0.059\,\overline{T}^2, & \overline{T}<0.32U\\ \overline{H}=0.019U\,\overline{T}, & \overline{T}>0.32U\end{cases} \tag{33}$$

式中,$\overline{H}$为平均波高,$\overline{T}$是平均周期,U 是 10 m 高风速.

研究表明:采用平均波高作为谐波振幅尚不足以估计该谱频率对应的实际波谱能量,而采用经典随机波浪理论推导的最大波高作为振幅预测的谱能同样偏小.为了更准确地计算谱能,定义谐波振幅 A 与平均波高之比为

$$\bar{\lambda}=A/\overline{H} \tag{34}$$

取给定海浪谱频率对应的周期为相应的平均周期,利用式(33)获得平均波高,由 $A=\bar{\lambda}\cdot\overline{H}$可计算谐波振幅.

事实上，根据随机波浪理论可知$\bar{\lambda}$是一个随机变量，其取值包含了风速、最大波高、波浪个数、极值波高等相关因素的影响. 由于当前模型与原始的P-M谱类似，均是基于风速建立的海浪谱. 且JONSWAP谱又是在P-M谱基础上考虑了谱峰放大效应，模型谱也做了类似处理. 故此处以P-M谱为一类均值目标谱，按照总谱能相等的原则，用以拟合风速与系数$\bar{\lambda}$均值的关系. 结果表明，二者在很大范围内稳定地满足线性关系. 由此，在给定特征风速后可以很好地预测物理谱模型的能量，图4是等效风速与系数$\bar{\lambda}$均值的拟合结果.

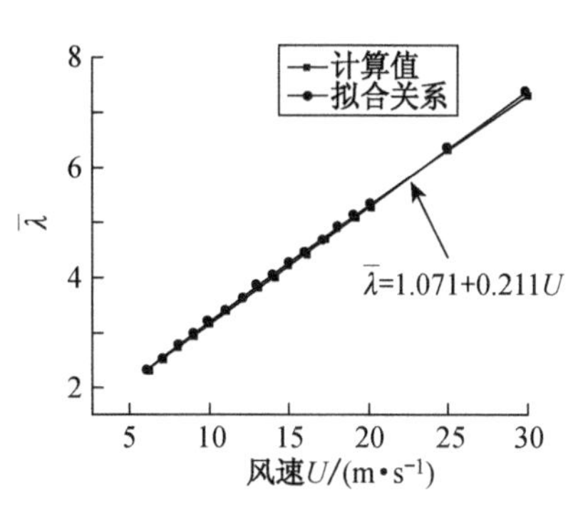

图4　系数$\bar{\lambda}$的拟合结果

4　海浪谱的建模

为确定海浪谱的基本参数及其概率结构，需利用实测海浪波面时程或波谱进行建模. 建模的两条基本途径分别是基于样本的统计建模和基于样本集合数值特征的建模[26]. 前者针对每一条实测样本识别出模型的参数，再用数理统计方法给出基本随机变量的概率分布密度. 后者通过直接调整基本随机变量的分布类型和特征参数使得模型预测的数值特征与样本集合的数值特征相吻合，由此确定随机变量的概率结构. 为了避免与经典随机过程理论中集合功率谱概念的混淆，这里采用样本建模方法，利用优化算法，并以最佳一致逼近为识别准则，即取：

$$J_1 = \min\{F^2(\omega,\ X) - \widetilde{F}^2(\omega)\} \tag{35}$$

式中，$\widetilde{F}(\omega)$是实测函数值，$F(\omega,\ X)$为理论样本函数值，X是随机变量集的样本实现值.

物理谱模型中的参数既可以采用实测海浪记录的Fourier谱识别，也可由实测波面记录的功率谱来确定. 通过英国NODC(National Oceanographic Data Center)记录的某测站59个样本功率谱记录及相应的特征波高、谱峰频率(June 1,00：00：00～June 4,15：00：00,1984)进行随机建模，实测功率谱详见图5.

通过各样本给出的特征波高计算等效风速，由峰值识别程序确定实测样本谱的峰值频率，根据优化算法识别出其他参数γ，σ_L，σ_R，μ的取值，某典型样本的拟合结果见图6.

对59个实测谱记录进行常用概率分布模型识别及检验，依据识别结果偏差较小的原则确定各基本随机变量的概率分布模型. 可发现：

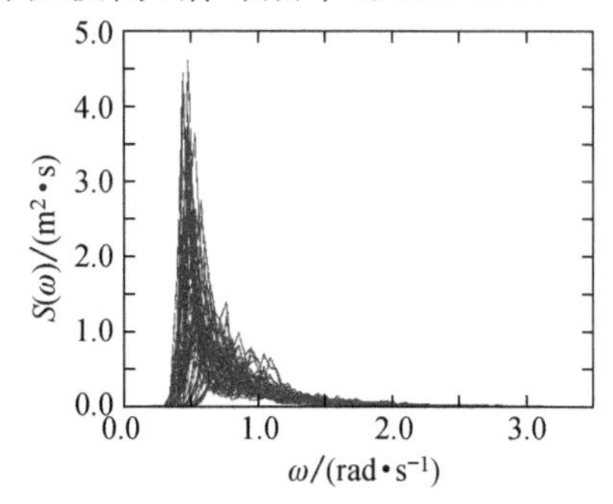

图5　59个实测波面功率谱

γ, μ, σ_L, σ_R 均服从对数正态，H_S服从正态分布，ω_p 服从第Ⅱ类极值分布(Frechet 分布). 各参数均值及标准差见表 1. 基于拟层流机制的海浪谱考虑谱能由不同频率的谐波自气流中汲取而来，波高识别结果采用正态分布与线性随机波浪理论中具有随机相位的谐波波幅为正态分布的假设一致. 但与包络线理论推导的波高服从瑞利分布有差别，可能与建模采用实测记录本身的特征有关.

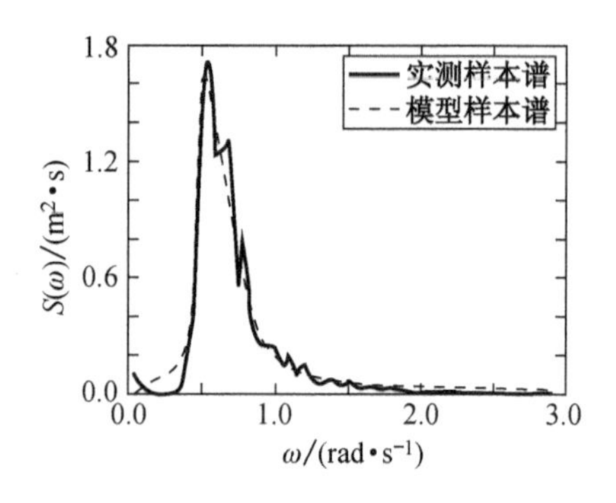

图 6　典型实测谱与模型谱识别结果对比

表 1　随机 Fourier 谱参数均值、标准差识别结果

参数	H_S	ω_p	γ	μ	σ_L	σ_R
均值	2.679	0.566	7.912	1.620	0.240	0.732
标准差	0.689	0.117	2.900	0.375	0.196	0.632

按照上述识别结果可以计算随机 Fourier 函数的均值 $F(\omega, \zeta)_{\text{Mean}}$

$$F(\omega, \zeta)_{\text{Mean}} = \int_{\Omega=\zeta} F(\omega, \zeta) p_\zeta(\zeta) \mathrm{d}\zeta \tag{36}$$

式中，$\zeta = \{U, \omega_p, \gamma, \mu, \sigma_L, \sigma_R\}^{\mathrm{T}}$ 是基本随机变量集，$p_\zeta(\zeta)$ 为其联合概率密度函数.

图 7 为 Fourier 函数实测样本集合均值与模型 Fourier 函数值的比较. 从中可见，所建立的理论模型均值在峰值频率、谱峰值及主要频段的 Fourier 函数值均与实测结果吻合良好.

如前所述，随机 Fourier 函数平方的均值即为该随机过程的功率谱，根据基本随机变量的统计结果，按照式(26)计算的海浪功率谱见图 8. 与实测样本功率谱均值 $S(\omega)$ 的比较可以发现：两者吻合良好.

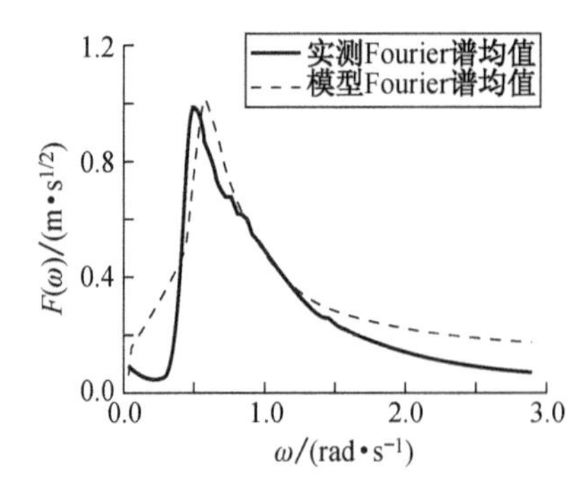

图 7　随机 Fourier 谱均值与实测值对比

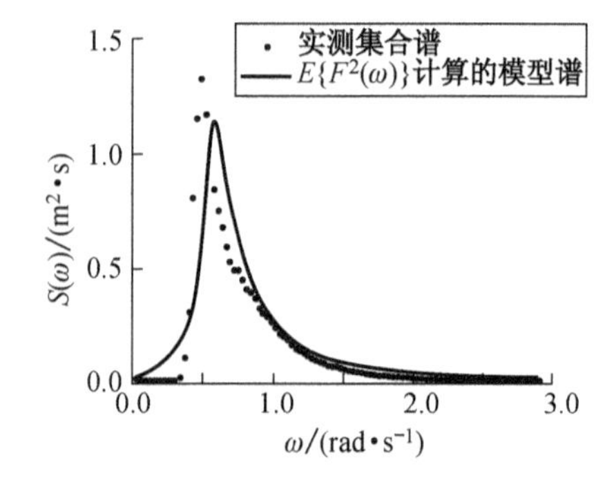

图 8　实测集合功率谱与 Fourier 函数计算的功率谱比较

5 模型独立性验证

为了进一步验证模型的适用性，此处采用与前述模型参数识别波谱无关的两组资料进行独立验证，结果见图 9. 可以发现，由于当前模型的参数识别过程中没有包括这两组波谱，因此模型谱与实测谱的吻合程度较前节结果有所降低. 但有效波高较小时，吻合程度仍比较好. 如采用大量实测波谱资料对当前模型的参数进行校准，有望在更大范围内对波谱进行有效地预测.

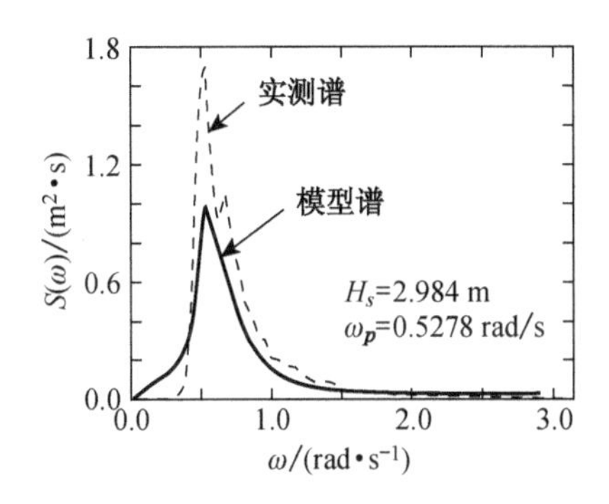

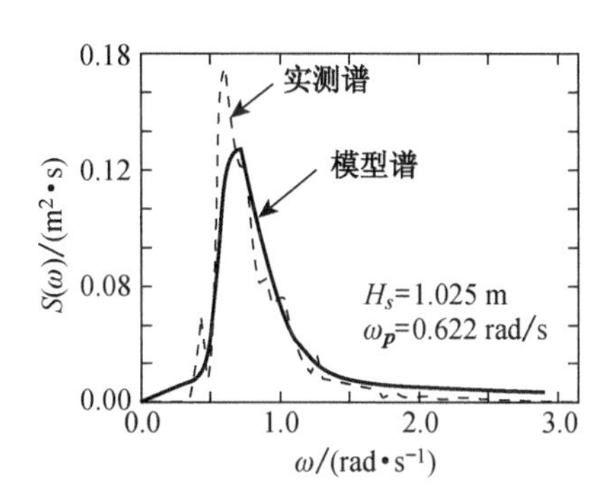

图 9 模型谱与独立实测谱比较

6 结 语

海浪谱可以视为相速度不同的谐波自海面上平均风中汲取的能量所构成，由此可以建立以等效风速和峰值频率为基本参数的物理海浪谱模型. 谐波携带的能量通过拟层流模型确定，数值求解无粘 Orr-Sommer-feld 方程可以获得能量传递系数. 利用波浪要素与风距、风时之间的无量纲关系可确定各个谐波频率对应的平均波高，进而计算各谐波的振幅. 引入随机建模方法，可给出海浪谱中各基本随机变量的概率结构，特征波高 H_S服从正态分布，ω_p 服从第Ⅱ类极值分布，γ，μ，σ_L，σ_R服从对数正态分布.

基于拟层流风波生成机制的海浪谱模型，初步揭示了波浪谱能量的来源. 研究结果表明，不论在样本层次还是集合层次，此模型均可以较好地预测海浪谱，更加全面地反映了海浪谱的随机性. 但如何采用更物理的方式考虑谱能在不同频率之间的交换、耗散等机制仍需进一步的深入研究.

参考文献

[1] Pierson W J. A unified mathematical theory for the analysis, propagation and refraction of storm generated ocean surface waves [R]. New York: New York University, College of Engineering, Dept. Meteorology, 1952.

[2] Rice S O. Mathematical analysis of random noise [J]. Bell Systems Tech. J., 1944, 23: 282-332.
[3] Longuet-Higgins M S. On the statistical distribution of the height of sea waves [J]. J. Mar. Res., 1952, 11: 245-266.
[4] Cartwright D E, Longuet-Higgins M S. The statistical distribution of the maxima of a random function [J]. Proc. Roy. Soc., 1956, 237(1209): 212-232.
[5] Longuet-Higgins M S. On the joint distribution of the periods and amplitudes in a random wave field [J]. J. Mar. Res., 1952, 389: 241-258.
[6] Longuet-Higgins M S. On the joint distribution of the periods and amplitudes of sea waves [J]. J. Geophys. Res., 1975, 80: 2688-2694.
[7] Neumann G. On ocean wave spectra and a new method of forecasting wind-generated sea [M]. New York: United states Beach Erosion Board, 1953.
[8] Pierson W J, Moscowitz L. A proposed spectral form for fully developed wind seas based on the similarity theory of S. A. Kitaig-orodskii [J]. J. Geophys. Res., 1964, 69(24): 5181-5190.
[9] Hasselmann K, Barnett T P, Bouws E, et al. Measurements of wind-wave growth and swell decay during the Joint North Sea Wave Project (JONSWAP) [M]. Deutsches Hydrograph. Inst., 1973.
[10] Wen S C, Zhang D C, Sun S C, et al. Form of deep-water wind-wave frequency spectrum (I)—Derivation of spectrum [J]. Progress in Natural Science, 1994, 4(4): 407-427.
[11] Jeffreys H. On the formation of water waves by wind [J]. Proc. Roy. Soc. 1925, 107 (742): 189-206.
[12] Jeffreys H. On the formation of water waves by wind. II [J]. Proc. Roy. Soc., 1926, 110 (754): 341-347.
[13] Phillips O M. On the generation of waves by turbulent wind [J]. J. Fluid Mech., 1957, 3 (2): 417-445.
[14] Miles J W. On the generation of surface waves by shear flows [J]. J. Fluid Mech., 1957, 3: 185-204.
[15] Gent P R, Taylor P A. A numerical model of the air flow above water waves [J]. J. Fluid Mech., 1976, 77 (1): 105-128.
[16] Gent P R. A numerical model of the air flow above water waves, Part 2 [J]. J. Fluid Mech., 1977, 82(2): 349-369.
[17] Chalikov D V. The numerical simulation of wind-wave interaction [J]. J. Fluid Mech., 1978, 87(3): 561-582.
[18] Maass C, Schumann U. Numerical simulation of turbulent flow over a wavy boundary [J]. Fluid Mechanics and its Applications, 1994, 26: 287-297.
[19] Lombardi P, De Angelis V, Banerjee S. Direct numerical simulation of near-interface turbulence in coupled gas-liquid flow [J]. Phys. Fluids, 1996, 8: 1643.
[20] Cherukat P, Na Y, Hanratty T J, et al. Direct numerical simulation of a fully developed turbulent flow over a wavy wall [J]. Theoret. Comput. Fluid Dyn., 1998, 11: 109.
[21] 文圣常,余宙文. 海浪理论与计算原理[M]. 北京:海洋出版社,1984.

[22] Miles J W. On the generation of surface waves by shear flows, part 2 [J]. J. Fluid Mech., 1959,6:568 - 582.
[23] Benjamin T B. Shearing flow over a wavy boundary [J]. J. Fluid Mech. ,1959,6(2):161 - 205.
[24] Davis R E. On the turbulent flow over a wavy boundary [J]. J. Fluid Mech. ,1970,6(2): 161 - 205.
[25] Townsend A A. Flow in a deep turbulent boundary over a surface distorted by water waves [J]. J. Fluid Mech,1972,55(4):719 - 735.
[26] 徐亚洲,李杰. 风浪相互作用 Stokes 模型 [J]. 水科学进展,2009,20(2):281 - 286.
[27] Conte S D, Miles J W. On the integration of the Orr-Sommerfeld equation [J]. J. Soc. Indust. Appl. Math. ,1959,7:361 - 369.
[28] Hasselmann K. On the non-linear energy transfer in a gravity wave spectrum, Part 1 [J]. J. Fluid Mech. ,1962,12:481 - 500.
[29] Hasselmann K. On the non-linear energy transfer in a gravity wave spectrum, Part 2 [J]. J. Fluid Mech. ,1963,15:273 - 281.
[30] 李杰. 随机结构系统——分析与建模[M]. 北京:科学出版社,1996.
[31] Söding H, Bertram V. Ship in a Seaway [M]. Handbuch der Werften XXIV. Band,1998.

An Ocean Wave Spectrum Model Based on Quasi-laminar Wind-induced Wave Generation Mechanism

Xu Ya-zhou　Li Jie

Abstract: In this paper a wave spectrum is considered consisting of energy drawn from wind by a series of harmonic waves with different phase speeds. Based on this assumption, a stochastic Fourier function model is proposed, in which the equivalent wind speed and peak frequency are chosen as the basic parameters. The formulas of energy density transferred from wind to wave are derived in terms of the quasi-laminar model. The computation principles and methods for deriving the harmonic wave's frequency, wave length, phase velocity, wave amplitude and equivalent wind speed are introduced. Based on 59 recorded samples of ocean wave spectra, parameters of the stochastic Fourier function model are determined by the stochastic modeling principle. The simulation results indicate that the physical model presented in this paper can estimate the spectrum energy well. The mean spectrum of the stochastic Fourier function and the power spectrum calculated by the theoretical model have a good agreement with records.

(本文原载于《海洋工程》第 30 卷第 1 期,2012 年 12 月)

第二篇　混凝土随机损伤力学

混凝土随机损伤本构关系

李 杰 张其云

摘 要 结合破坏力学和统计力学的思想,研究了基于损伤随机演化观点的混凝土本构关系和混凝土受拉损伤发展随机演化规律.根据混凝土微细观材料破坏的声发射试验,确定了混凝土微单元破坏应变的随机分布特征.通过对混凝土受拉试件细观物理机制的分析,揭示了混凝土轴心受拉应力-应变关系中的应力跌落现象,并建立了跌落后的应力表达式.

在外荷载或环境作用下,由于细观结构的缺陷(如微空洞、微裂纹等)所引起的材料或结构的劣化过程称为损伤[1].混凝土材料的显著特点是非均质性和多相多孔性,反映在力学性能的明显特征是宏观力学指标的离散性.混凝土材料受力全过程试验结果表明[2]:混凝土材料破坏过程与其内部损伤的发展密切相关.混凝土应力-应变全过程曲线具有明显的非线性和离散性特点.

在使用过程中,混凝土材料内部不同层次、不同尺度的微损伤(微裂纹、微缺陷和微空洞)的萌生、扩展和连接,将导致混凝土宏观力学性能的劣化.在此过程中,由于初始损伤的随机性和损伤的随机演化,使得材料宏观的力学效应具有很强的离散性.在反映混凝土材料的这一特征方面,传统的确定性损伤力学具有明显不足[3].因此,发展反映混凝土损伤本质特征的混凝土随机损伤本构理论具有重要的意义.

与混凝土的确定性损伤本构关系的研究相比较,混凝土随机损伤的概念提出较晚,有关这方面的研究尚处于初步探索阶段.基于早期 Danies 在研究纤维束的强度和破坏时提出的弹簧模型[4],Krajcinovic[5]通过假设单个弹簧破坏强度为服从相同分布的随机变量,首先将概率引入损伤的定义,部分地摸拟了混凝土材料的破坏机理,但 Krajcinovic 所定义的损伤为弹簧的破坏概率,在给定弹簧分布的情况下是一均值意义的损伤,因而不能确定损伤演化的变异信息. Kandarpa[6]等通过对 Krajcinovic 模型的扩展,假定混凝土破坏强度为一连续的破坏随机场,导出受压混凝土破坏的应力-应变关系以及损伤的统计特征,但模型的建模依据为受拉破坏机理而结论验证却采用受压实验结果,同时模型不能解释受拉实验过程中的应力跌落现象,从机理意义上难以将模型向复杂应力状态推广.针对上述问题,本文对 Kandarpa[6]模型进行了三点改进:①在经典损伤定义基础上,建立了混凝土受拉随机损伤本构模型,通过实验初步确定了模型特征参数,从而为利用此模型研究混凝土复杂受力条件下的随机损伤本构模型打下了基础;②引入特征高度以考虑受拉构件的应力跌落;③通过声发射实验来确定混凝土破坏随机场的分布特征.

1 混凝土受拉随机本构模型的建立

基于混凝土受拉的声发射和应力应变全过程破坏特征,引入如下假定:①混凝土受拉试件由一系列串联的损伤体连接而成,损伤体高度称为材料的特征高度.各损伤体由相互平行,等间距分布的弹脆性弹簧束构成.在各损伤内部假设只有一个损伤破坏面,在特征高度内,材料在宏观受拉破坏过程中损伤具有连续性.②在宏观裂缝出现之前各个损伤体都发生损伤,损伤产生的位置是随机的,各损伤体之间内力处于平衡状态.宏观裂缝出现之后,损伤集中于主裂面.在上述假定中,弹簧束的单个弹簧代表该损伤体内的混凝土微单元体,弹簧的破坏表示微损伤的产生.由模型假设,这样包括两端固定于刚性板的一个并联弹簧束就构成了只含有一个损伤体的典型单元(图 1c),不同弹簧束通过刚性板串联表示受拉试件(图 1b).用 E_i 表示典型单元弹簧束中第 i 个弹簧的刚度,A_i 表示每个弹簧的面积,在每一平面弹簧束中的弹簧刚度和面积是相同的;用 Δ_i 表示第 i 个弹簧破坏时的极限应变,不同弹簧破坏时的极限应变为服从同一分布的随机变量,该随机变量考虑了混凝土由于非均匀、初始微缺陷等因素所导致的混凝土性能离散性.由于假设各弹簧两端固定了刚性板,因此单个弹簧破坏后释放的应力由未破坏弹簧均匀分担.

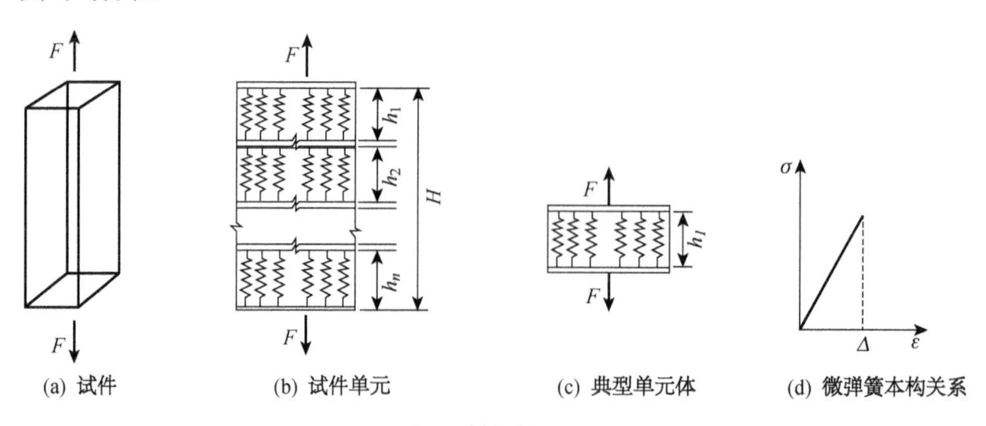

图 1 混凝土单轴受拉模型示意图

1.1 典型单元随机损伤分析

典型单元的破坏特征为混凝土损伤产生、扩展到宏观裂纹的出现,主裂面的形状可以是平面的也可以是三维的.在典型单元中,微弹簧断裂为脆性断裂,断裂后该弹簧退出工作，当某一部位弹簧断裂应变为零时表示该部位存在混凝土微空洞.混凝土内部受拉破坏的不同断裂强度用相同刚度的微弹簧破坏对应极限应变的不同来模拟.

对于上述典型单元，由弹簧断裂引起损伤而导致材料退出工作的面积为

$$A_{\omega}(\varepsilon)=\sum_{i=1}^{Q}H(\varepsilon-\Delta_i)\mathrm{d}A_i \tag{1}$$

式中 $H(\cdot)$ 为 Heaviside 函数，满足

$$H(\varepsilon-\Delta_i)=\begin{cases}0, & \varepsilon\leqslant\Delta_i\\ 1, & \varepsilon>\Delta_i\end{cases} \tag{2}$$

其中，ε 为典型单元的拉伸应变；Q 为典型单元中微弹簧数量；Δ_i 为典型单元中弹簧破坏的极限应变，是服从某一分布的独立随机变量.当典型单元体在整个应力-应变破坏过程中处于拟静力状态时，单元宏观外力与细观微单元集合内力平衡，并由假定 $E_1=E_2=\cdots=E_i=E$，得

$$\begin{aligned}F_{\mathrm{m}}(\varepsilon)=\sigma_{\mathrm{m}}(\varepsilon)A&=\sum_{i=1}^{Q}E_i\varepsilon H(\Delta_i-\varepsilon_1)\mathrm{d}A_i=E\varepsilon\sum_{i=1}^{Q}H(\Delta_i-\varepsilon)\mathrm{d}A_i\\&=E\varepsilon[A-A_{\omega}(\varepsilon)]\end{aligned} \tag{3}$$

式中，E 为典型单元刚度；$F_{\mathrm{m}}(\varepsilon)$ 为单元宏观外力.所以，典型单元的名义应力为

$$\sigma_{\mathrm{m}}(\varepsilon)=E\varepsilon(A-A_{\omega}(\varepsilon))/A \tag{4}$$

定义 $D(\varepsilon)=A_{\omega}(\varepsilon)/A$ 为典型单元破坏面的损伤变量(该定义与经典损伤力学的定义相同)，则

$$\sigma_{\mathrm{m}}(\varepsilon)=E\varepsilon(1-D(\varepsilon)) \tag{5}$$

当 $Q\to\infty$ 时，典型单元为一连续体，损伤变量为

$$\begin{aligned}D(\varepsilon)=\frac{A_{\omega}(\varepsilon)}{A}&=\frac{1}{A}\int_0^A H(\varepsilon-\Delta(x))\mathrm{d}x=\int_0^1 H(\varepsilon-\Delta(x/A))\mathrm{d}(x/A)\\&=\int_0^1 H(\varepsilon-\Delta(y))\mathrm{d}(y)\end{aligned} \tag{6}$$

式中，y 为典型单元中微弹簧截面位置指标值；$\Delta(y)$ 为位置指标 y 处的破坏应变随机变量.损伤变量的统计均值、方差分别为

$$M[D(\varepsilon)]=\int_0^{\infty}\int_0^1 H(\varepsilon-\delta(y))f_{\Delta}(\delta;\ y)\mathrm{d}y\mathrm{d}\delta \tag{7}$$

$$\upsilon^2[D(\varepsilon)]=M[D(\varepsilon)^2]-M[D^2(\varepsilon)] \tag{8}$$

式中，$f_{\Delta}(\delta;\ y)$ 为随机变量 $\Delta(y)$ 的分布密度函数.由式(4)可得应力的均值、方差为

$$M[\sigma(\varepsilon)] = E\varepsilon(1 - M[D(\varepsilon)]) \tag{9}$$

$$\upsilon^2[\sigma(\varepsilon)] = M[\sigma(\varepsilon)^2] - M[\sigma^2(\varepsilon)] = E^2\varepsilon^2[M(D(\varepsilon)^2) - (M(D(\varepsilon)))^2] \tag{10}$$

1.2 轴心受拉试件的损伤发展与稳定阶段的随机损伤本构关系

实际混凝土试件在单轴受拉试验中，由于尺度效应以及在损伤随机演化过程中的内力重分布，在损伤发展后期当内能释放和系统损伤发展所需要的能量不平衡时，造成宏观单轴受拉后期可能出现失稳现象. 试件从开始受拉到破坏的过程中，开始阶段损伤在整个试件内“均匀”发展，后期则产生损伤向具有薄弱面的损伤体局部集中，导致在该损伤体内产生受拉主裂面. 当主裂面出现后，其他损伤体在试件宏观变形继续增加过程中损伤不再发展，且这些损伤体弹性应变能逐渐释放，而主裂面损伤却迅速发展，系统达到新的平衡状态. 由于破坏后期的损伤局部化原因，以主裂面的损伤发展作为衡量构件力学性能劣化的标志将比用整个试件的“平均”损伤更为合理，即在损伤发展后期，应以最弱截面的损伤发展作为衡量试件损伤的标志. 该截面的失效意味着试件破坏.

在混凝土受载初期的应力应变稳定阶段，损伤在各个损伤体平面内同时发展. 此过程中，若宏观应变不再增加，则损伤停止发展. 设临界应变为 ε_{cr}，当宏观应变满足 $0<\varepsilon<\varepsilon_{cr}$时，有

$$\varepsilon = \varepsilon_1 = \varepsilon_2 = \cdots = \varepsilon_n \quad (i = 1,\ 2,\ \cdots,\ n) \tag{11}$$

式中，ε 为试件宏观应变；ε_n 为 n 个损伤体应变. 由试件宏观损伤典型单元中关于损伤定义可得

$$D(\varepsilon_m) = \sum_{i=1}^{n} A_{\omega i}(\varepsilon_i) / \sum_{i=1}^{n} A_i \tag{12a}$$

由于 $A=A_1=A_2=\cdots=A_n$ 为单元损伤体投影面积，上式整理得

$$D(\varepsilon_m) = \sum_{i=1}^{n} A_{\omega i}(\varepsilon_i) / nA = \frac{1}{nA}\sum_{i=1}^{n}\int_0^{A_i} H(\varepsilon_i - \Delta(x))\mathrm{d}x \tag{12b}$$

上式可写成

$$D(\varepsilon_m) = \frac{1}{n}\sum_{i=1}^{n}\int_0^{1} H(\varepsilon_i - \Delta(x/A))\mathrm{d}(x/A) \tag{13}$$

式中 n 为串联典型单元体数量. 当 $\Delta(x)$ 为服从相同分布的随机变量时，由式(13)得

$$D(\varepsilon) = \int_0^{1} H(\varepsilon - \Delta(x))\mathrm{d}x \tag{14}$$

由此可见，损伤在达到临界应变之前的演化过程与典型单元是完全相同的. 此时由于构件处于稳定状态，混凝土受拉试件的损伤也可以用典型单元的损伤表示.

1.3 单轴受拉临界状态物理描述

混凝土试件单轴受拉临界状态是指混凝土脆性材料在受力过程中损伤开始局部发展的状态. 在此状态之前混凝土中损伤“均匀”发展. 达到该临界状态后，当宏观应变 $\varepsilon=\varepsilon_{cr}$时，其他损伤体弹性变形恢复(应变回弹)释放的能量用来提供主裂面损伤扩展所耗散的能量，并达到新的平衡状态. 新平衡状态对应宏观应力为跌落后的临界应力值. 注意到，由于主裂面损伤发展的随机性，宏观外力与主裂面内力处于随机平衡状态. 宏观应力 $\sigma(\varepsilon)$、主裂面应力 $\sigma(\varepsilon_m)$ 与应变的关系以及混凝土破坏应变分布 $f_\Delta(\varepsilon_m)$示意于图 2、图 3.

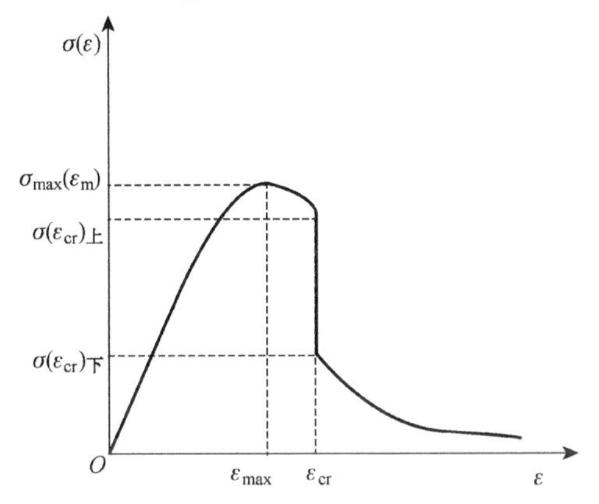

图 2 宏观实验应力-应变曲线

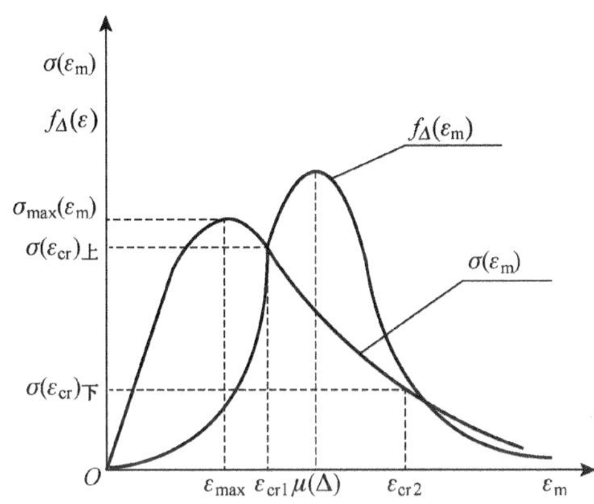

图 3 主裂面应力、应变与损伤破坏应变分布示意

在试件受力的初始阶段，应力应变曲线近似呈直线，此时破坏应变随机变量的概率分布密度较小，模型中弹簧破坏数量很少. 随应变增大，微弹簧破坏概率增大，所耗散的能量也不断增加，宏观混凝土应力应变曲线出现非线性软化现象. 当弹簧破坏概率达到一定程度后，受拉试件出现宏观失稳破坏. 此时在宏观应变基本不变的情况下，内部损伤急剧发展，在极短时间内，混凝土达到新的稳定临界应变，宏观试验中表现为应力跌落. 判断主裂面临界应变 ε_{cr}满足的条件，可由下述推理求得.

对于任意宏观应变 ε，施加一微小扰动 $\delta\varepsilon$，系统耗散的能量为

$$\begin{aligned}\mathrm{d}W(\varepsilon) = {} & \frac{1}{2}A(n-1)hE\left[\left(\varepsilon-\frac{\delta\varepsilon}{n-1}\right)^2-\varepsilon^2\right]\left(1-\int_0^1 H(\varepsilon-\Delta(x))\mathrm{d}x\right)+ \\ & \frac{1}{2}AhE\left[\int_0^1 \Delta^2 H(\varepsilon+\delta\varepsilon-\Delta(x))\mathrm{d}x-\int_0^1 \Delta^2\, H(\varepsilon-\Delta(x))\mathrm{d}x\right]+ \\ & \frac{1}{2}AhE\left[\int_0^1(\varepsilon+\delta\varepsilon)^2(1-H(\varepsilon+\delta\varepsilon-\Delta(x)))\mathrm{d}x-\right. \\ & \left.\int_0^1 \varepsilon^2(1-H(\varepsilon-\Delta(x)))\mathrm{d}x\right]\end{aligned} \tag{15}$$

上式整理得

$$\begin{aligned}\mathrm{d}W(\varepsilon) = \frac{1}{2}AhE\Big[&\Big(-2\varepsilon\,\delta\varepsilon + \frac{(\delta\varepsilon)^2}{n-1}\Big)\Big(1-\int_0^1 H(\varepsilon-\Delta(x))\mathrm{d}x\Big) + \\ &\int_0^1 \Delta^2 H(\varepsilon+\delta\varepsilon-\Delta(x))\mathrm{d}x - \int_0^1 \Delta^2 H(\varepsilon-\Delta(x))\mathrm{d}x + \\ &\int_0^1 (\varepsilon+\delta\varepsilon)^2(1-H(\varepsilon+\delta\varepsilon-\Delta(x)))\mathrm{d}x - \\ &\int_0^1 \varepsilon^2(1-H(\varepsilon-\Delta(x)))\mathrm{d}x\Big]\end{aligned} \tag{16}$$

两边取数学期望得

$$\begin{aligned}M(\mathrm{d}W) = \frac{1}{2}AhE\Big[&\Big(-2\varepsilon\delta\varepsilon + \frac{(\delta\varepsilon)^2}{n-1}\Big)(1-M(D(\varepsilon))) + \int_0^{\varepsilon+\delta\varepsilon} x^2 f_\Delta(x)\mathrm{d}x - \\ &\int_0^{\varepsilon} x^2 f_\Delta(x)\mathrm{d}x + (\varepsilon+\delta\varepsilon)^2(1-M(D(\varepsilon+\delta\varepsilon))) - \varepsilon^2(1-M(D(\varepsilon)))\Big]\end{aligned} \tag{17}$$

当 $\mathrm{d}W>0$ 时，系统处于稳定状态，内部任意截面应力平衡. 当 $\mathrm{d}W<0$ 时，受拉试件宏观出现应力跌落，损伤集中在主裂面发展，非主裂面损伤受到抑制. 由式(17)知，对应混凝土受拉由稳定到失稳的临界状态为 $M(\mathrm{d}W)=0$. 由此可解得 ε_{cr1} 和 ε_{cr2}，且 $\varepsilon_{cr1}<\varepsilon_{cr2}$. 其中 ε_{cr1} 为构件宏观应力跌落起始点对应临界应变，ε_{cr2} 为达到新平衡时主裂面损伤体应变，即应力跌落后终止点的主裂面损伤体应变. 在此过程中对应的宏观应变临界应变 $\varepsilon_{cr}=\varepsilon_{cr1}$. 对应临界应力上、下界限值为

$$\sigma(\varepsilon_{cr})_{上} = \sigma(\varepsilon_{cr1}) = E\varepsilon_{cr1}(1-D(\varepsilon_{cr1})) \tag{18}$$

$$\sigma(\varepsilon_{cr})_{下} = \sigma(\varepsilon_{cr2}) = E\varepsilon_{cr2}(1-D(\varepsilon_{cr2})) \tag{19}$$

其均值、方差为

$$M[\sigma(\varepsilon_{cr})_{上}] = E\varepsilon_{cr1}(1-M[D(\varepsilon_{cr1})]) \tag{20}$$

$$\upsilon^2[\sigma(\varepsilon_{cr})_{上}] = E^2\varepsilon_{cr1}^2(M(D(\varepsilon_{cr1})^2)-(M(D(\varepsilon_{cr1})))) \tag{21}$$

$$M[\sigma(\varepsilon_{cr})_{下}] = E\varepsilon_{cr2}(1-M[D(\varepsilon_{cr2})]) \tag{22}$$

$$\upsilon^2[\sigma(\varepsilon_{cr})_{下}] = E^2\varepsilon_{cr2}^2(M(D(\varepsilon_{cr2})^2)-(M(D(\varepsilon_{cr2})))) \tag{23}$$

上式表明混凝土宏观受拉应力应变曲线中存在的应力跌落现象是由材料本身物理与几何特征所决定的，在跌落过程中对应于宏观应变相同时在混凝土内部主裂面损伤体与非主裂面损伤体之间发生应变重分布和宏观应力失稳下降，达到新的稳定平衡. 若该平衡状态无法满足下一过程损伤局部发展主裂面损伤体与非主裂面损伤体之间的能量交换平衡，则在单轴受拉实验中就无法形成稳定的失稳后下降段曲线.

1.4 应力跌落后混凝土损伤本构关系

假定主裂面发生在第 m 个损伤体中，该损伤体拉应力为 ε_m，非主裂面损伤体应变仍保持相等 $\varepsilon_1=\varepsilon_2=\cdots=\varepsilon_j=\hat{\varepsilon}\ (j\neq m)$. 由变形协调条件可知，宏观变形为各损伤单元变形之和，即

$$\varepsilon l=\sum_{j=1}^{n-1}\varepsilon_i h_i+\varepsilon_m h_m \tag{24}$$

式中，$h_1=h_2=\cdots=h_j=H/n$，为材料特征高度，H 为试件高度. 由上式得到

$$n\varepsilon=(n-1)\ \hat{\varepsilon}+\varepsilon_m \tag{25}$$

所以

$$n\mathrm{d}\varepsilon=(n-1)\mathrm{d}\hat{\varepsilon}+\mathrm{d}\varepsilon_m \tag{26}$$

进入主裂面损伤不稳定发展状态，即宏观应变 $\varepsilon=\varepsilon_{\mathrm{cr1}}$，此时对应主裂面应变 $\varepsilon_{\mathrm{cr1}}<\varepsilon_m<\varepsilon_{\mathrm{cr2}}$，其他损伤体损伤受到抑制，而主裂面损伤急剧发展，使得宏观名义应力迅速下降. 与此同时，非主裂面应变回弹. 在新的平衡状态形成之后（即 $\varepsilon_m>\varepsilon_{\mathrm{cr2}}$，$\varepsilon>\varepsilon_{\mathrm{cr1}}$），可以认为宏观应变由主裂面损伤体变形引起. 即

$$n\mathrm{d}\varepsilon=\mathrm{d}\varepsilon_m \tag{27}$$

所以宏观应变 $\varepsilon>\varepsilon_{\mathrm{cr1}}$ 后，应力

$$\sigma(\varepsilon+\mathrm{d}\varepsilon)=\sigma(\varepsilon_{\mathrm{cr2}}+n\mathrm{d}\varepsilon)=E(\varepsilon_{\mathrm{cr2}}+n\mathrm{d}\varepsilon)(1-D((\varepsilon_{\mathrm{cr2}}+n\mathrm{d}\varepsilon))) \tag{28}$$

上式即为宏观混凝土受拉失稳后的下降段本构方程. 在新平衡条件下的下降段应力均值与方差方程为

$$M[\sigma(\varepsilon+\mathrm{d}\varepsilon)]=E\sigma(\varepsilon_{\mathrm{cr2}}+n\mathrm{d}\varepsilon)\{1-M[D(\sigma(\varepsilon_{\mathrm{cr2}}+n\mathrm{d}\varepsilon))]\} \tag{29}$$

$$\begin{aligned}\upsilon^2[\sigma(\varepsilon+\mathrm{d}\varepsilon)]&=M[\sigma(\varepsilon_{\mathrm{cr2}}+n\mathrm{d}\varepsilon)^2]-M^2[\sigma(\varepsilon_{\mathrm{cr2}}+n\mathrm{d}\varepsilon)]\\&=E^2(\varepsilon_{\mathrm{cr2}}+n\mathrm{d}\varepsilon)^2[M^2(1-D(\varepsilon_{\mathrm{cr2}}+n\mathrm{d}\varepsilon))]-\\&\quad M(1-D^2(\varepsilon_{\mathrm{cr2}}+n\mathrm{d}\varepsilon)]\end{aligned} \tag{30}$$

在已知参数 h，E 及破坏随机场分布特征的情况下，式(12)，(13)，(17)，(29)，(30)即给出反映宏观轴拉应力跌落后的混凝土随机损伤本构方程.

2 典型单元破坏应变分布特征的试验确定

为了测试混凝土单轴受拉过程中典型单元破坏应变合理的分布形式和分布参数，采用立方体试件的劈拉和轴拉声发射实验对混凝土开裂过程中的声发射能量信号进行了记录与声发射分析. 信号的强弱反应了材料内部由于微裂纹产生、扩展过程中所释放的能量速率，表征着材料内部损伤发展的快慢[2]. 混凝土声发射单轴

受拉试验(图 4)表明,在应变很小时,声发射信号非常微弱,甚至不发生信号,表明此时能量释放很小,损伤发展缓慢. 随着受拉应变的增加,声发射能量率逐渐增强,此时混凝土宏观应力应变曲线出现软化段. 随软化段曲率增大,声发射能量迅速增大到峰值,之后能量率进入衰减期,混凝土受拉曲线在此期间达到峰值强度并进入了下降段. 混凝土宏观应力-应变曲线与声发射能量率-应变曲线之间对应关系见图 5. 由声发射产生的条件,在一个变形过程中释放的能量 E_g 大部分转化为声能 E_A[8]. 若取 $E_g \approx E_A$,则可以用声发射过程中记录的能量率分布来描述典型受拉单元模型中的微弹簧的破坏过程[9].

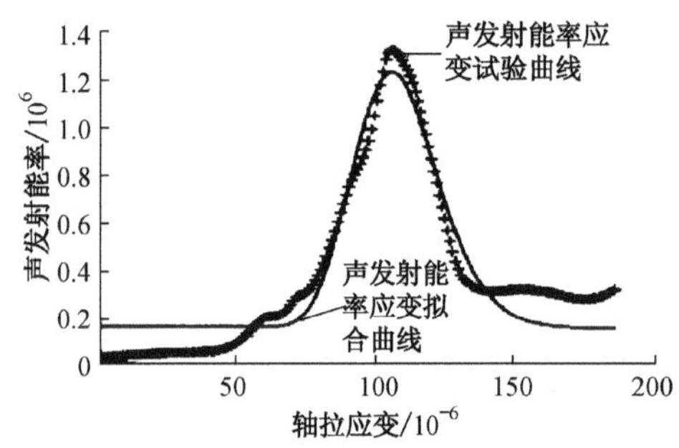

图 4　典型混凝土单轴受拉声发射能量率-应变图

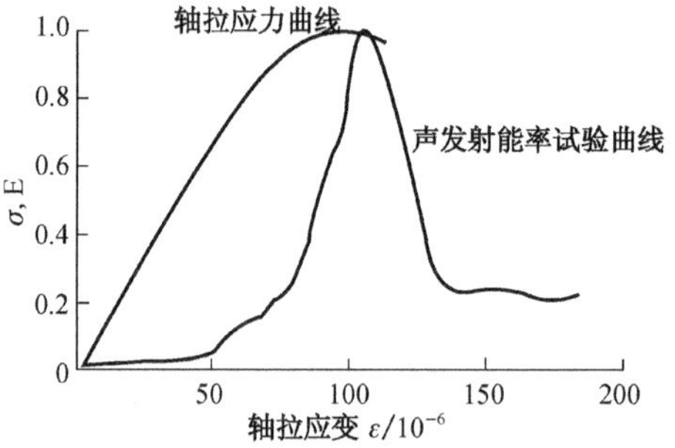

图 5　归一化后声发射能量率、应力应变图

在典型受拉单元模型中,由于假设各微弹簧具有相同的弹性模量,而微单元弹簧的断裂所释放的能量是以声能的形式被释放出来,因此宏观声发射试验能量的大小应该与断开弹簧的数量成比例关系. 模型中弹簧断裂所释放的能量为

$$E_g(x) = N(x)\partial_1 a_0 = E_A(x) \tag{31}$$

由上式得到

$$E_A(x)/N(x) = \partial_1 a_0 \tag{32}$$

式中, $N(x)$为对应于应变 x 时微弹簧断裂破坏数量; ∂_1 为材料常数; a_0 为典型微弹簧代表面积.

在 a_0 为一定值情况下,声发射能量与典型单元模型微弹簧断裂数量成比例关系,具有相同的分布形式. 换言之,弹脆性微弹簧的破坏应变 $\Delta(x)$的概率分布密度应与声发射能量具有相同的分布形式.

根据上述分析,假定 $\Delta(x)$服从对数正态分布,对声发射实验能量分布进行最小二乘拟合后,可以得到关于破坏随机场的样本分布函数统计特征值,即

$$f_{\Delta}(\varepsilon) = \frac{1}{\beta\varepsilon\sqrt{2\pi}}\exp\left(-\frac{(\ln(\varepsilon)-\lambda)^2}{2\beta^2}\right) \tag{33}$$

$$f_{\Delta}(x_1, x_2, \gamma) = \frac{1}{2\pi\, x_1 x_2 \sqrt{1-\rho_z^2(\gamma)}} \exp\left\{-\frac{1}{2\beta^2(1-\rho_z^2(\gamma))}[\ln(x_1-\lambda)^2 - 2\rho_c(\gamma)\ln(x_1-\lambda)(\ln x_2-\lambda)+(\ln x_2-\lambda)^2]\right\} \tag{34}$$

式中，$\lambda=E[\ln \Delta(x)]=\ln(u_{\Delta}/(\sqrt{1+\sigma_{\Delta}^2/\ u_{\Delta}^2}))$；$\beta^2=\mathrm{Var}[\ln \Delta(x)]=\ln(1+\sigma_{\Delta}^2/u_{\Delta}^2)$；$\rho_z(x)=\exp(-\xi\gamma)$，其中 ξ 为相关参数.

利用上述对数正态分布函数，通过对归一化后受拉试件声发射能量率—应变曲线拟合，得到破坏应变随机变量分布的一、二阶统计矩为 $u_{\Delta}=145.38$，$\sigma_{\Delta}=50.75$，相关参数 $\xi=23.5$. 混凝土特征高度取骨料最大尺寸的 3 倍，由前述混凝土受拉随机损伤本构方程可以计算出混凝土应力应变曲线以及伴随此过程的损伤演化过程. 理论计算结果与实验结果对比如图 6 所示. 图 6 表明，本文建议的模型能够准确地预测混凝土受拉强度，并给出了混凝土下降段，而且给出了混凝土下降段的应力应变曲线随机变化范围. 图 7 则给出混凝土受拉应力应变过程中的损伤均值曲线和随机变化范围. 由此可以看出混凝土损伤在失稳过程的宏观表现不是连续的，而是发生局部的跳跃.

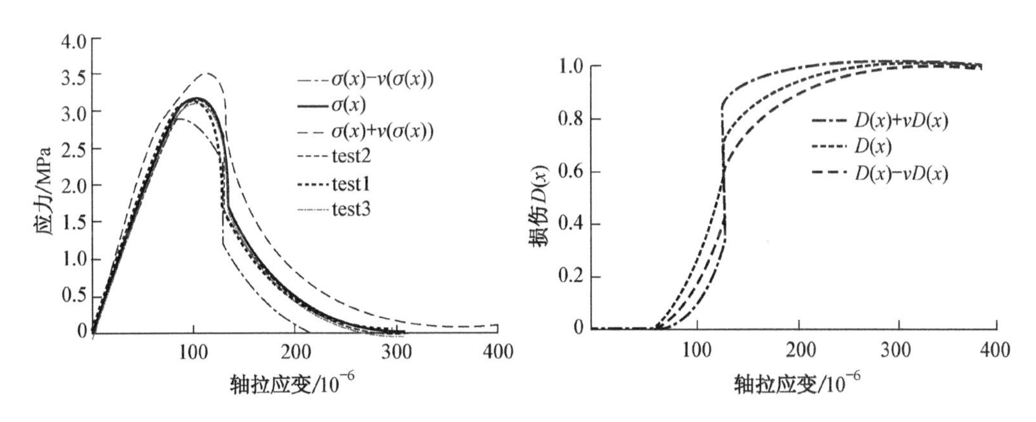

图 6 混凝土应力-应变本构曲线与实验对比图　　图 7 受拉破坏过程中的损伤演化曲线

3 结 语

通过机理分析，本文得出了轴心受拉破坏的失稳应变和应力跌落值表达式. 反映了混凝土在此过程中的损伤随机演化特征，显示了混凝土单轴受拉过程中损伤在宏观失稳所表现的不连续性. 由于在模型中引入了材料的特征尺度，在不同高度试件的轴拉试验中，通过改变尺度参数变量可以导出混凝土失稳的应变范围.

混凝土的随机损伤本构方程能够较为合理地反映混凝土在破坏过程中的损伤演化过程以及试验结果的离散性，从而可以对混凝土的破坏损伤演化有一个概率的把握.同时,本文将由声发射试验确定的混凝土微单元极限破坏应变随机变量的分布特征与混凝土内部的破坏机理及本构关系联系起来,实现了对本构关系进行机理性研究的转变.

参考文献

[1] Kachanov L M. Introduction to continum damage mechanics[M]. Dordrecht: Martinus Nijhoff Publishers,1986.

[2] 过镇海.混凝土的强度和变形——实验基础和本构关系[M].北京:清华大学出版社,1997.

[3] de Sciarra F M. Theory of damage elastoplastic models[J]. Journal of Engineering Mechanics,1997,123:1003-1011.

[4] Desayi P. A model to simulate the strength of concrete in compression[J]. Marerian et Constructions,1968,1(1):49-56.

[5] Krajcinovic D, Manuel A G S. Statistical aspects of the continuous damage theory[J]. J Solids Structures,1982,18:551-562.

[6] Kandarpa S, Kirkner D J, Spencer B F. Stochastic damage model for brittle materials subjected to monotonic loading[J]. Journal of Engineering Mechanics,1996,(8):788-795.

[7] 陈颙.声发射在岩石力学中的应用[J].地球物理学报,1977,20(4):312-321.

[8] 秦四清,李造鼎,姚宝魁,等.岩石声发射力学模型及其应用[J].应用声学,1993,1(1):1-4.

[9] 董毓利,谢和平,赵鹏.砼受压全过程损伤的实验研究[J].实验力学,1995,1(2):95-102.

Study of Stochastic Damage Constitutive Relationship for Concrete Material

Li Jie　Zhang Qi-yun

Abstract: In the paper, a new stochastic constitutive model was proposed, which can demonstrate the rendom damage evolution law of concrete material under Uni-axial tension stress. Based on the Acoustics Emission character during the strain-stress history test, a traditional spring model was renewed to explain the damage mechanism. In the model, by establishing the relationship of the distribute character and AE energy emission rate, the strain stochastic failure field(SSFF) is formed. So the course of damage development is simulated with the SSFF. Within the frame of energy equivalence law, the critical valve strain which began to be unstable and again to stable were concluded in mean level, so the macro strain-stress history curve was redisplayed by the failure mechanism model. The reason for brittleness for concrete material can also be explained by comparing the ideal representative element with the general element. In order to testify the validity of the model, the calculated result was compared with the test result. It shows that the model forecasted strength is quite near the test value. And the model can also forecast the scatters of concrete in probability means.

(本文原载于《同济大学学报》第29卷第10期,2001年10月)

混凝土随机损伤本构关系——单轴受压分析

李杰　卢朝辉　张其云

摘　要　在混凝土受拉随机损伤本构关系研究基础上，进一步研究了混凝土单轴受压随机损伤本构关系.通过考虑混凝土内部各组项的影响，建立了混凝土单轴受压损伤机理模型.通过引入混凝土细观单元受拉破坏应变分布随机场，根据混凝土破坏过程的能量守恒原理，导出了混凝土受压破坏的随机损伤本构方程.将导出的理论结果与试验研究进行了对比，效果良好.

从材料的组成特征来看，混凝土材料是多组分、多相和非均质的复合材料，其内部组织结构包含了水泥石，不同形状、大小的集料以及在混凝土制备过程中形成的各种毛细管——空隙结构等.因此，混凝土强度理论要从细观的层次，综合物理、力学的基本理论进行研究.人们认为：混凝土材料科学比金属或有机高分子材料科学研究的难度更大[1-4].

由于这种背景，混凝土材料本构关系的研究一直进展缓慢.直到近 20 年才初步得到了比较一致的见解[5-7]：混凝土材料的破坏主要由两个因素引起，即断裂(由于拉伸作用)与滑移(由于剪切作用).新近研究表明[8]，若不考虑长期荷载效应，就单轴受压而言，材料破坏主要由拉应力引起，而与剪应力关系不甚密切.

本文试图以作者所建立的受拉随机损伤本构关系为基础[9]，考虑混凝土材料组分影响及横向变形特点，建立混凝土单轴受压随机损伤本构关系.这一研究的基本目的，是将确定性的本构关系模型扩展为概率型的本构关系，以反映混凝土材料及其破坏进程中的非确定性因素.同时，这一研究也为进一步研究混凝土多轴应力状态下的本构关系提供一个方面的基础.

1　破坏力学对混凝土受压破坏过程的描述

在经典混凝土破坏力学中，将混凝土视为一种均匀材料进行研究.这种研究不考虑混凝土内部多组相分的影响，而是从宏观试验现象中通过统计手段提炼破坏的力学模型.随着现代混凝土的发展，这种模型的局限性越来越明显.因此，一些学者转而从复合材料力学的角度对混凝土进行研究.目前，各种理论对混凝土受压破损过程与机理的基本概念业已达成的共识是[5,10,11]：①混凝土的破损起始于混凝土在受荷载前已存在的初始损伤——裂隙或微裂缝.②混凝土在外荷载作用下,内部的微裂缝或微损伤,不论其所在的部位处于粗集料与水泥石结合面(界面)或是在水泥石基材中,都会由于应力集中的作用而不断扩展.微裂缝或微损伤不断扩展的结果,导致了混凝土材料宏观力学性能的劣化.③混凝土在承受轴向(纵向)受压载荷后,其横向将产生拉应力和拉应变,当拉应变达到极限拉应变时即引起材料的破坏.④混凝土在轴压荷载作用下,从混凝土的纵、横向应力-应变曲线与体积膨胀来分析混凝土的弹性与非弹性变形,对了解混凝土受压破坏过程具有重要的意义.

2 混凝土单轴受压损伤机理研究

相对于单轴受拉而言,混凝土受压条件下的受力性能与破坏机理要复杂得多.混凝土宏观破坏试验特征表明:在混凝土受压过程中一般不形成单一的主裂面,而呈柱状开裂.在两端受到约束的情况(有摩擦)下,损伤破坏过程中损伤的演化由平行于压应力方向的外表面向核心处发展,这表现为侧边效应,侧边距轴心位置愈远,相邻点的变形愈大.而在采取减摩措施的试验中,侧边效应减轻乃至消失[5].

在不受端部约束的情况下,由泊松效应产生的自由变形不产生内应力,但由骨料与水泥砂浆基体两相材料组成的混凝土在受压产生横向变形时,由于两相材料泊松比的不同,材料内部将产生横向受拉的应力.当该应力大于混凝土内砂浆基体(或过渡区)的抗拉强度时产生损伤,同时应力得到释放.因此,在具体研究损伤发展过程时,需要对泊松应力的大小作一细观的考察.在本文中,首先忽略混凝土内部各种次要的和在混凝土材料制备过程中造成的特殊缺陷,假设混凝土骨料在水泥砂浆基体内均匀分布,可将混凝土分为两相材料,即硬化水泥砂浆体和骨料,其物理性质参数为硬化水泥砂浆:弹性模量 E_m,泊松比 ν_m,应变 ε_m,截面面积 A_m;骨料:弹性模量 E_a,泊松比 ν_a,应变 ε_a,截面面积 A_a.

假设在理想单元中硬化水泥浆体只包含一球体骨料(图1),在轴向压应力作用下宏观平均应变为 ε_1,即

$$\varepsilon_1 = \varepsilon_{1a} = \varepsilon_{1m} \tag{1}$$

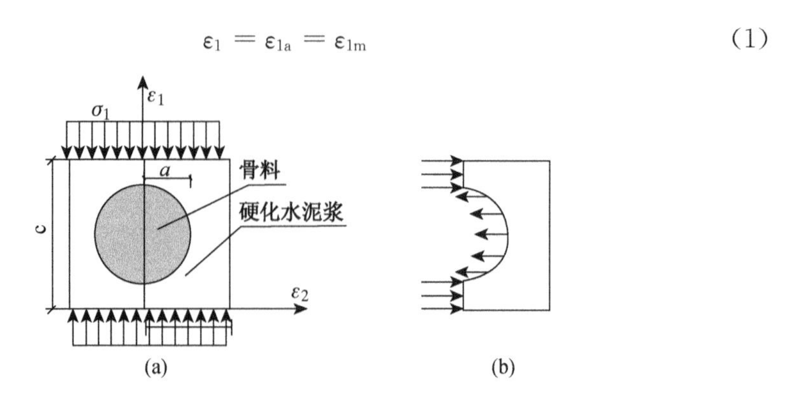

图1 球型骨料受力分析

由此，当轴压应变 ε_1 时，在无侧向约束的条件下有

$$d\varepsilon_a^{ps} = -\nu_a d\varepsilon_1, \quad d\varepsilon_m^{ps} = -\nu_m d\varepsilon_1 \tag{2}$$

式中，ε^{ps}为横向泊松自由应变. 对于一般碎石硬骨料混凝土，骨料与水泥砂浆的泊松比关系为 $\nu_a < \nu_m$，因此，存在$|d\varepsilon_a^{ps}| < |d\varepsilon_m^{ps}|$，即由骨料与水泥砂浆侧向泊松效应引起的变形不一致，由此产生水平向的拉应力，在混凝土未开裂之前，假定不发生沿受压方向的剪切滑移，由变形协调条件：

$$d\varepsilon_a^{ps} + d\varepsilon_a^* = d\varepsilon_m^{ps} + d\varepsilon_m^* \tag{3}$$

式中，ε^* 为由于泊松梯度效应引起的界面横向约束应变；ε_a^* 为因两相材料协调变形在骨料中引起的横向约束应变；ε_m^* 为水泥砂浆横向约束应变.

如图 1，在通过具有一平均粒径尺度 a 骨料球心的截面，由水平方向材料内力平衡条件：

$$dF_a + dF_m = 0, \quad dF_a = A_a E_a d\varepsilon_a^*, \quad dF_m = A_m E_m d\varepsilon_m^* \tag{4}$$

式中，A_a 为上述截面处骨料面积；A_m 为上述截面处水泥砂浆基体面积，由此得到

$$d\varepsilon_m^* = -A_a E_a d\varepsilon_a^* / A_m E_m \tag{5}$$

令

$$\rho_0 = A_a E_a / A_m E_m \tag{6}$$

式中，ρ_0 为单元体混凝土材料配合比所决定的硬化水泥砂浆和骨料的刚度比，由式(2)，(3)，得

$$-\nu_a d\varepsilon_1 + d\varepsilon_a^* = -\nu_m d\varepsilon_1 + d\varepsilon_m^* \tag{7}$$

即

$$d\varepsilon_a^* = d\varepsilon_1(\nu_a - \nu_m)/(1+\rho_0) \tag{8}$$

式(8)给出未开裂时的混凝土骨料沿 ε_2 方向的约束应变与 ε_1 轴压方向的应变关系. 显然，当 $\nu_a < \nu_m$ 时，骨料受到受拉约束应变，内部产生附加约束拉力，反之产生约束压力. 泊松效应应力为

$$d\sigma_a^* = E_a d\varepsilon_a^* = \frac{(\nu_a - \nu_m)}{1+\rho_0} E_a d\varepsilon_1 \tag{9}$$

式(9)对 ε_1 积分可得对应于 ε_1 时轴向压应变骨料内部应力为

$$\sigma_a^*(\varepsilon_1) = E_a \varepsilon_1 (\nu_a - \nu_m)/(1+\rho_0) \tag{10}$$

同理，水泥砂浆基体内部应力为

$$\sigma_m^*(\varepsilon_1) = -E_m \varepsilon_1 (\nu_a - \nu_m)\rho_0/(1+\rho_0) \tag{11}$$

当 $\nu_a < \nu_m$ 时，在骨料内产生拉应力，而在砂浆基体内产生压应力. 在这一组应力作

用下，将在骨料内或骨料与砂浆界面处产生材料损伤.

实际上，混凝土内部骨料在硬化水泥砂浆中的分布极为复杂. 骨料粒径尺度远小于混凝土试件的尺寸，各骨料在砂浆中的位置、方向是随机的，因此前述混凝土受压微单元模型，可以近似认为是混凝土试件中包含单一骨料的某一质点，由该点产生的侧向应力，可以认为仅具有破坏机理分析的意义，即当某处的局部拉应力大于混凝土的抗拉强度时，产生损伤. 而在宏观意义上，则应从统计平均的意义上加以分析. 因此，在受压损伤本构关系分析中，可以直接以平均泊松系数 ν 为基础进行研究.

3 混凝土单轴受压随机损伤本构关系

文献[9]建立了在单轴受拉时混凝土破坏的细观弹簧模型. 在这一模型中，同一损伤体中应变相同. 在受压情况下，注意到前述对宏观试验现象的总结，可以假设在垂直于受压方向仍然存在相互平行的受拉损伤体，混凝土受压时的损伤可以用受拉方向已开裂的微单元面积与试件横截面积的比值来表示. 由于单轴受压所引起混凝土另外两个方向(ε_2，ε_3)的拉应力在宏观上是相同的(这表现在混凝土试件侧向破坏的对称性)，可以结合图 2 所示模型，以其中一个方向的损伤来说明混凝土受压破坏的过程.

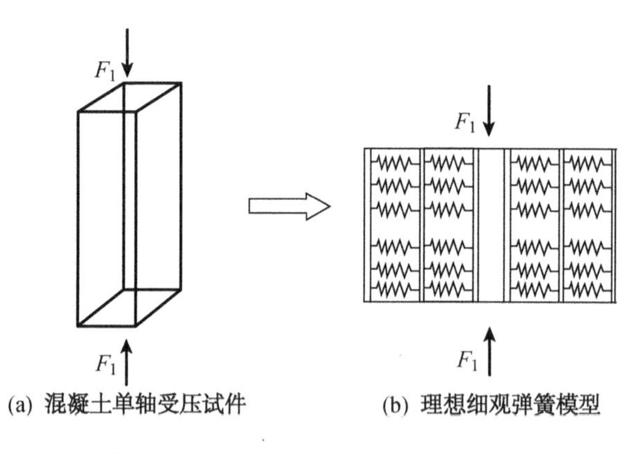

图 2 混凝土单轴受压理想细观模型

依据单轴受拉随机损伤分析中对损伤的定义[9]，沿坐标 ε_2 方向的损伤为

$$D_2(\varepsilon_2) = \left(\sum_{i=1}^{Q} A_w(\varepsilon_2)\right)/QA = \int_0^1 H(\varepsilon_2 - \Delta_c(y))\mathrm{d}y \tag{12}$$

式中，Q 表示单轴受压单元平行损伤体的数量；A_w 为横向材料损伤面积；ε_2 为横向平均拉应变，$\varepsilon_2 = \gamma\varepsilon_1$；$\Delta_c(y)$为混凝土细观损伤单元受拉破坏应变随机场，服从混凝土单轴受拉时的破坏分布；$H(\cdot)$为 Heaviside 函数，

$$H(\varepsilon - \Delta) = \begin{cases} 0, & \varepsilon \leqslant \Delta \\ 1, & \varepsilon > \Delta \end{cases} \tag{13}$$

在混凝土受压损伤过程中，外力对材料所做的功一部分作为材料的弹性能被贮存；另一部分为由于材料内部损伤的发展而消耗掉的能量. 由能量守恒原理：

$$\int_0^{\varepsilon_1} \sigma_1(x)\mathrm{d}x = W_{\mathrm{e}}(\varepsilon_1) - W_D(\varepsilon_1) \tag{14}$$

式中，$W_{\mathrm{e}}(\varepsilon_1)=\sigma_1\varepsilon_1^2/2$；$W_D(\varepsilon_1)$为材料形成损伤破坏面所耗散的能量密度. 根据图2所示模型及损伤分析的基本原理，沿 ε_2 方向的损伤能量密度为

$$W_{D_2}(\varepsilon_1) = \int_0^{\gamma\varepsilon_1} ExD_2(x)\mathrm{d}x \tag{15}$$

在单轴受压过程中，可能存在不规则的开裂面，即在 ε_2，ε_3 方向之外可以存在斜开裂，引入 α 以考虑这一因素，所以总损伤耗散能为

$$W_D(\varepsilon_1) = 2\alpha W_{D_2}(\varepsilon_1) \tag{16}$$

综合式(13)，(15)及(16)有

$$\int_0^{\varepsilon_1} \sigma_1(x)\mathrm{d}x = \frac{1}{2}E\varepsilon_1^2 - 2\alpha\int_0^{\gamma\varepsilon_1} ExD_2(x)\mathrm{d}x \tag{17}$$

式(17)两边关于 ε_1 求导有

$$\sigma_1(\varepsilon_1) = E\varepsilon_1 - 2\alpha\,\nu^2 D(\nu\,\varepsilon_1)E\varepsilon_1 \tag{18}$$

令 $\eta=2\alpha\nu^2$，上式可简化为

$$\sigma_1(\varepsilon_1) = E\varepsilon_1(1-\eta D(\nu\,\varepsilon_1)) \tag{19}$$

式(19)即为本文建议的受压随机损伤本构关系. 显然，η 与损伤 D 的演化发展密切相关，可近似取 $\eta=\mu_D(\varepsilon_2)$，即取损伤均值变化过程为 η[12].

在上述的单轴受压随机损伤本构关系中，弹性模量 E、损伤变量 $D(\nu\varepsilon_1)$均为随机变量. 则单轴受压随机本构关系的均值表达式为

$$\mu_{\sigma_1}(\varepsilon_1) = \mu_E\,\varepsilon_1(1-\eta\,\mu_D(\nu\,\varepsilon_1)) \tag{20}$$

上述表达式的方差为

$$\begin{aligned} \mathrm{var}\,\sigma_1(\varepsilon_1) &= M[\sigma_1(\varepsilon_1)]^2 - M^2[\sigma_1(\varepsilon_1)] \\ &= \varepsilon_1^2\{\eta\sigma_D^2(\nu\,\varepsilon_1)(\sigma_E^2+\mu_E^2)+\sigma_E^2(1-\eta\,\mu_D(\nu\,\varepsilon_1))^2\} \end{aligned} \tag{21}$$

显然，与常规确定性受压本构关系相比较，这里不仅给出了本构关系的均值变化过程，而且给出了这一变化过程的可能离散范围. 这正是研究随机损伤本构关系的目的之一.

4　混凝土单轴受压随机损伤本构关系的试验验证

为了验证所建立的混凝土受压随机损伤本构关系，作者采用 C30 和 C50 混凝土立方体试件进行了混凝土受压全过程实验. 根据以往的实验测试经验[5]，在试件

受压端采用三铝三油减磨层，以消除两受压端的摩擦约束作用. 加载速率为 $3\times 10^{-4}\ \mathrm{min}^{-1}$，并记录该过程的应力、应变全过程实验曲线.

根据前述理论模型，计算了混凝土在单轴受压时的应力-应变关系的均值曲线与均方差. 计算中对混凝土受拉微单元破坏应变的分布参数取自同批混凝土受拉试件的试验分析结果[9]，弹性模量 E 取自同批试件受压试验结果. 显然，这种验证方式增加了对理论分析考核效果的难度与可信度. 理论计算结果与混凝土单轴受压试件实验曲线对比如图 3 和图 4 所示.

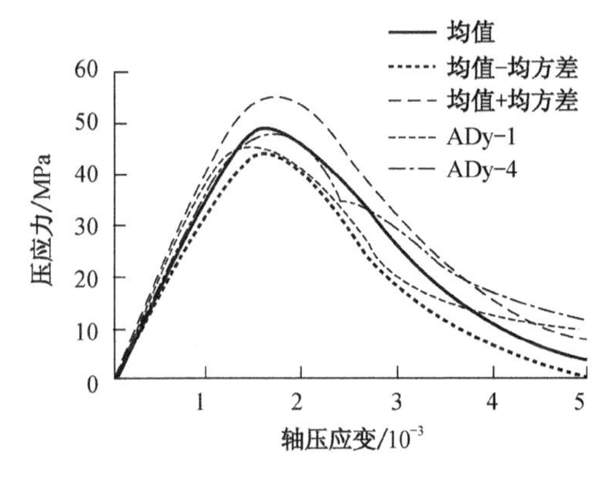

图 3　C30 混凝土受压应力-应变本构曲线与实验对比

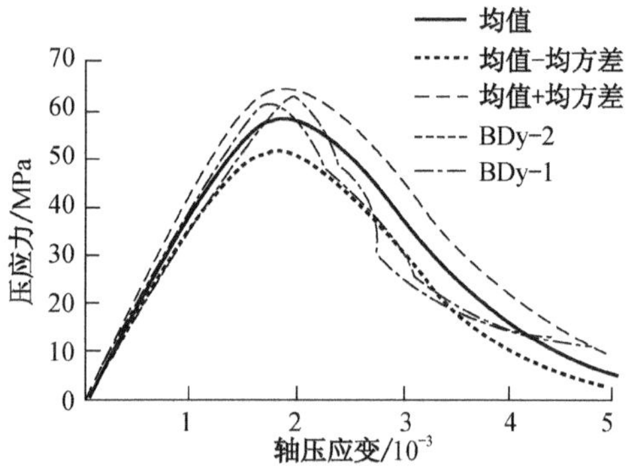

图 4　C50 混凝土受压应力-应变本构曲线与实验对比

图 3 与图 4 中，不仅给出了理论计算均值曲线，而且给出了混凝土受压本构关系在一倍均方差意义上的离散范围. 考察图中结果可见：本文建议的混凝土受压随机损伤本构模型不仅在均值意义上较好地预测了混凝土试件受压变形全过程，而且可以合理地预测混凝土本构关系由于材性复杂性所引起的离散性，而这一点，恰恰是研究混凝土随机损伤本构关系的重要目的之一. 在文献[13]中，详细分析了本构关系随机性对结构非线性反应的显著影响.

图 5 给出了混凝土受压试件破坏过程中损伤均值的演化曲线，这一结果有助于人们从细观上理解混凝土破坏过程中损伤的演化态势. 由图可见，损伤迅速增加的区间在 $\varepsilon=10^{-3}\sim 3\times 10^{-3}$之间，这就定量地说明了不稳定裂缝出现的区间，而在应变大于 3×10^{-3}之后，损伤已达稳定值，即基本不再增加. 事实上，此后混凝土已经处于压溃阶段，试件承载力主要由破碎后的混凝土块体之间的机械咬合力提供，在实际应用中已

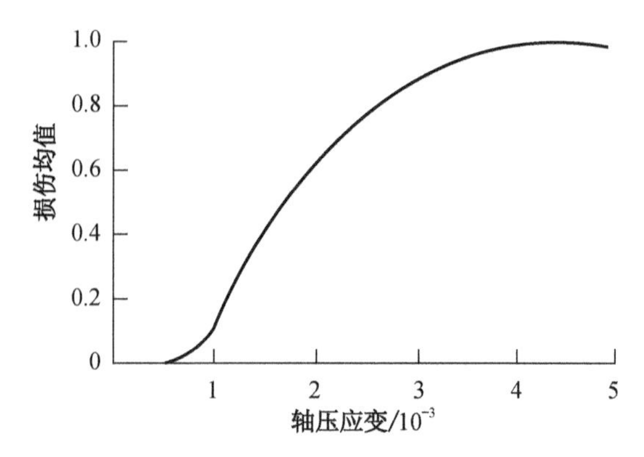

图 5　C30 混凝土随机损伤演化均值曲线

经没有意义.

5 结　论

从混凝土组成材性物理力学机制出发，研究了混凝土受压破坏机理，指出在混凝土单轴压力作用下，由压应力引起的混凝土内部拉应力(或拉应变)是材料内部损伤发展的本质原因. 利用受拉破坏机理，建立了混凝土单轴受压随机损伤本构模型. 这一模型不仅可以在均值意义上预测混凝土受压应力-应变关系全过程曲线，而且可以反映这一曲线的离散范围，从而较之传统模型更合理地反映了混凝土受力本构关系的本质特征. 利用上述模型建模的基本思想，可以建立在多轴应力条件下的随机损伤本构关系，这也是从事本文研究的基本目的之一. 理论计算与实验结果对比表明，作者建议的模型是合理、可信的.

参考文献

[1] 蔡四维，蔡敏. 混凝土的损伤断裂[M]. 北京：人民交通出版社，1999.

[2] 黄克智，肖纪美. 材料的损伤断裂机理和宏微观力学理论[M]. 北京：清华大学出版社，1999.

[3] 董毓利. 混凝土非线性力学基础[M]. 北京：中国建筑工业出版社，1997.

[4] 郭少华. 混凝土破坏理论研究进展[J]. 力学进展，1993，23(4)：520-527.

[5] 过镇海. 混凝土的强度和变形[M]. 北京：清华大学出版社，1997.

[6] Blechman I. Brittle solid under compression. Part Ⅰ：Gradient mechanisms of microcraking[J]. Int J Solids Structures，1997，34(20)：2563-2581.

[7] Blechman I. Brittle solid under compression. Part Ⅱ：The problem of macro to micro linkage[J]. Int J Solids Structures，1997，34(20)：2583-2594.

[8] 朱万成. 混凝土断裂的细观数值模型及应用[D]. 沈阳：东北大学土木工程系，2000.

[9] 李杰，张其云. 混凝土单轴受拉随机损伤本构关系研究[J]. 同济大学学报：自然科学版，2001，29(10)：1135-1141.

[10] 李杰，张其云. 混凝土随机损伤本构关系研究进展[J]. 结构工程师，2000，(54)：54-61.

[11] 梅泰 P. 混凝土的结构、性能与材料[M]. 祝永年，译. 上海：同济大学出版社，1991.

[12] 张其云. 混凝土随机损伤本构关系研究[D]. 上海：同济大学建筑工程系，2001.

[13] 卢朝辉. 混凝土随机损伤本构关系建模理论与试验研究[D]. 上海：同济大学建筑工程系，2002.

Study on Stochastic Damage Constitutive Law for Concrete Material Subjected to Uniaxial Compressive Stress

Li Jie　Lu Zhao-hui　Zhang Qi-yun

Abstract: Based on the study of the stochastic damage constitutive of concrete material subjected to uniaxial tensile stress, this paper studies further the stochastic damage constitutive of concrete material subjected to uniaxial compressive stress. The mechanic model of concrete material subjected to uniaxial compressive stress is established by considering the effect of each composition in the concrete material. Through the introduction of the failure strain stochastic field of concrete material subjected to uniaxial tensile stress, and in the light of the energy conservation during the process of damage failure, the stochastic damage constitutive equation of concrete material subjected to uniaxial compressive stress is derived. In order to testify the validity of the model, the calculated result is compared with the experiment data. It is shown that the model fits well with the experiment data.

（本文原载于《同济大学学报》第 31 卷第 5 期，2003 年 5 月）

混凝土弹塑性损伤本构模型研究
Ⅰ:基本公式

李杰　吴建营

摘　要　从分析混凝土材料的基本损伤机制出发,本文采用受拉损伤变量和受剪损伤变量反映微观损伤对混凝土材料宏观力学性能劣化的影响,建议了一类基于能量的弹塑性损伤本构模型.该模型基于有效应力张量分解定义材料的弹性Helmholtz自由能,并根据有效应力空间塑性力学确定了塑性变形的演化法则和塑性Helmholtz自由能.由此给出了材料的总Helmholtz自由能和弹塑性损伤能释放率,建立了符合热动力学基本原理的损伤准则,并根据正交法则得到了损伤变量的演化法则.对Kupfer双轴试验的数值模拟结果初步说明了模型的有效性.文中涉及到的数值算法及进一步的试验验证将在本文第Ⅱ部分给出.

引　言

混凝土本构关系的研究在混凝土结构科学研究中具有基础性的地位与意义.由于同时包含了微裂缝(微缺陷)扩展和塑性流动这两种破坏机制的影响,混凝土材料具有以下典型非线性特性:(1)单边效应:受拉和受压应力作用下材料强度和变形特性明显不同;荷载反向后受拉裂缝闭合导致材料刚度全部或部分恢复;(2)峰值应力后存在明显的刚度退化和强度软化;(3)双轴受压应力状态时材料强度和延性明显增大;双轴拉压应力下受压强度降低[1](即所谓的拉压软化效应[2]);(4)超过一定阀值后,完全卸载后存在不可恢复变形等.

采用损伤力学的基本观点研究混凝土本构关系,有助于正确理解与反映混凝土材料的上述非线性特性.研究表明[3],经典的单标量损伤本构模型很难准确地描述单边效应和混凝土多维本构关系.采用合理的双标量损伤变量虽可以较为有效地解决上述单边效应问题,但仍然难以给出合理、有效的混凝土多维本构关系.问题的关键在于难以确立理论上合理、与试验吻合较好的损伤准则及相应的损伤演化法则.

按照不可逆热力学的基本原理,应该采用与损伤变量功共轭的热力学广义力——损伤能释放率建立损伤准则[4-7].然而,此类损伤本构模型在多维应力状态下的分析结果均与试验数据存在相当的差距. 为吻合试验结果，部分损伤本构模型[8-12]不得不放弃上述热力学基础，而采用依据经验给定损伤准则的方法.

本文作者认为：导致上述两难的主要原因在于未能在物理本质上考虑塑性变形特性对损伤演化的影响，将材料的弹性自由能和弹塑性 Helmhotlz 自由能相互混淆. 事实上，试验表明[13]：塑性变形对裂缝的萌生和演化会产生较大的影响，不考虑塑性 Helmhotlz 自由能在物理意义上是不正确的.

从分析混凝土材料的基本损伤机制出发，本文采用受拉损伤变量和受剪损伤变量反映微观损伤对混凝土材料宏观力学性能劣化的影响，建议了一类基于能量的弹塑性损伤本构模型. 该模型基于有效应力张量分解定义材料的弹性 Helmholtz 自由能，并根据有效应力空间塑性力学确定塑性变形的演化法则和塑性 Helmholtz 自由能. 由此给出了材料的总 Helmholtz 自由能和弹塑性损伤能释放率，建立了符合热动力学基本原理的损伤准则，并根据正交法则得到了损伤变量的演化法则. 对 Kupfer 双轴试验的数值模拟结果初步说明了模型的有效性. 本文的第Ⅰ部分将详细介绍建议模型的基本公式，相应的数值算法和进一步模型验证，将在第Ⅱ部分中给出.

1　弹塑性损伤本构关系

1.1　损伤机制和损伤变量

混凝土的损伤破坏形态一般可概括为三种[14,15]：受拉损伤破坏、受剪损伤破坏以及高静水压力下的压碎破坏. 受拉损伤破坏面由Ⅰ型张开裂缝发展形成；受剪损伤破坏面由Ⅱ型滑移裂缝发展形成；而压碎性破坏则是在高静水压力作用下材料组份破碎或者大量的剪切型裂缝贯通构成，没有明显的破坏面.

受拉损伤代表材料各相组分之间的受拉分离. 试验结果表明，裂缝面通常发生在垂直于最大拉应力的方向上，最大拉应力(拉应变)准则即认为材料破坏是由于受拉损伤机制所致. 受剪损伤则表征各相组分之间内粘接力的退化[7]. Mohr-Coulomb 模型和 Drucker-Prager 模型即认为材料破坏主要是由于受剪损伤机制控制.

不同的混凝土多维应力试验结果表明[14-17]：在拉应力作用下，由于受拉损伤机制的影响，偏量空间和球量空间都呈现宏观应变软化现象；在压应力作用下，受剪损伤机制使得偏量空间表现出明显的宏观应变软化，而由于静水压力的影响，球量空间将发生宏观体积强化，没有明显的损伤特征.

基于上述事实，在不考虑高静水压力导致的应变强化的前提下，混凝土材料的损伤和破坏主要源于两种不同的微观物理机制，即受拉损伤和受剪损伤机制. 并可以采用受拉损伤变量 d^+ 和受剪损伤变量 d^- 来描述上述两种基本机制对材料宏观力学性能的影响.

1.2 弹性 Helmholtz 自由能和损伤本构关系

根据损伤力学基本理论[4,18]，定义有效应力张量 $\bar{\sigma}$ 满足无损伤材料的弹塑性本构关系，即

$$\bar{\sigma} = \boldsymbol{C}_0 : \varepsilon^e = \boldsymbol{C}_0 : (\varepsilon - \varepsilon^p) \tag{1a}$$

或者写为

$$\varepsilon^e = \varepsilon - \varepsilon^p = \Lambda_0 : \bar{\sigma} \tag{1b}$$

式中，标记"："为二阶缩并积；ε 为总变形张量，一般分解为弹性应变张量 ε^e 和塑性应变张量 ε^p 两部分即 $\varepsilon = \varepsilon^e + \varepsilon^p$；$\boldsymbol{C}_0$ 为材料的初始刚度张量；$\Lambda_0 = \boldsymbol{C}_0^{-1}$ 为初始柔度张量.

为了反映拉应力和压应力对混凝土材料的不同影响，将上述有效应力张量 $\bar{\sigma}$ 分解为正、负分量（$\bar{\sigma}^+$，$\bar{\sigma}^-$）之和的形式[4,5,10,19]

$$\bar{\sigma}^+ = \boldsymbol{P}^+ : \bar{\sigma}; \quad \bar{\sigma}^- = \bar{\sigma} - \bar{\sigma}^+ = \boldsymbol{P}^- : \bar{\sigma} \tag{2a,b}$$

式中，四阶对称张量 $\boldsymbol{P}^+$ 和 $\boldsymbol{P}^-$ 称为 $\bar{\sigma}$ 的正、负投影张量，表示为 $\bar{\sigma}$ 的特征值 $\hat{\bar{\sigma}}_i$ 和特征向量 $\boldsymbol{p}_i$ 的函数

$$\boldsymbol{P}^+ = \sum_i H(\hat{\bar{\sigma}}_i)(\boldsymbol{P}_{ii} \otimes \boldsymbol{P}_{ii}); \quad \boldsymbol{P}^- = \boldsymbol{I} - \boldsymbol{P}^+ \tag{3a,b}$$

其中，标记"$\otimes$"为张量积；$H(x)$为 Heaviside 函数；$\boldsymbol{P}_{ii} = \boldsymbol{p}_i \otimes \boldsymbol{p}_i$ 为二阶对称张量；$\boldsymbol{I}$ 为四阶一致性张量.

同样，考虑到拉、压应力状态下受拉损伤机制和受剪损伤机制对材料弹性自由能退化的不同影响，材料的初始弹性 Helmholtz 自由能 Ψ_0^e 可以分解为

$$\Psi_0^e(\varepsilon^e) = \frac{1}{2}\bar{\sigma} : \varepsilon^e = \Psi_0^{e+}(\varepsilon^e) + \Psi_0^{e-}(\varepsilon^e) \tag{4}$$

式中，Ψ_0^{e+} 和 Ψ_0^{e-} 为 Ψ_0^e 的正、负分量，分别表示为

$$\Psi_0^{e+}(\varepsilon^e) = \frac{1}{2}\bar{\sigma}^+ : \varepsilon^e; \quad \Psi_0^{e-}(\varepsilon^e) = \frac{1}{2}\bar{\sigma}^- : \varepsilon^e \tag{5a,b}$$

于是，材料损伤后的弹性 Helmholtz 自由能 Ψ^e 表示为其正、负分量（Ψ^{e+}，Ψ^{e-}）之和的形式即

$$\Psi^e(\varepsilon^e, d^+, d^-) = \Psi^{e+}(\varepsilon^e, d^+) + \Psi^{e-}(\varepsilon^e, d^-) \tag{6}$$

式中，Ψ^{e+} 和 Ψ^{e-} 分别表示为

$$\Psi^{e+}(\varepsilon^e, d^+) = (1 - d^+)\Psi_0^{e+} = \frac{1}{2}(1 - d^+)\bar{\sigma}^+ : \varepsilon^e \tag{7a}$$

$$\Psi^{e-}(\varepsilon^e,\ d^-) = (1-d^-)\Psi_0^{e-} = \frac{1}{2}(1-d^-)\bar{\sigma}^- : \varepsilon^e \tag{7b}$$

在等温绝热状态下，通常可以（虽然不一定必要）假定材料的弹性自由能和塑性能自由势不耦合. 此时，根据不可逆热力学基本公式[4,18]，可以得到如下含内变量的弹塑性损伤应力-应变本构关系[20]：

$$\sigma = \frac{\partial \Psi^e}{\partial \varepsilon^e} = (1-d^+)\bar{\sigma}^+ + (1-d^-)\bar{\sigma}^- = (\boldsymbol{I}-\boldsymbol{D}) : \bar{\sigma} \tag{8}$$

式中，四阶对称张量 $\boldsymbol{D}$ 为损伤张量，其表达式为

$$\boldsymbol{D} = d^+\boldsymbol{P}^+ + d^-\boldsymbol{P}^- \tag{9}$$

可以明显看出，式(8)和损伤力学的基础——有效应力概念的表达式[4,18]是完全一致的. 这也表明，本文建议的弹塑性损伤本构模型实际上是一类张量损伤模型，这和文献[3]的研究结论是一致的：即使是各向同性损伤也应该采用损伤张量而不是单标量损伤变量来描述.

在单轴受拉和单轴受压应力状态下，式(8)退化为通常的单标量各向同性弹塑性损伤表示，即

$$\sigma = (1-d^+)\bar{\sigma} = (1-d^+)E_0(\varepsilon-\varepsilon^p) \tag{10a}$$

$$\sigma = (1-d^-)\bar{\sigma} = (1-d^-)E_0(\varepsilon-\varepsilon^p) \tag{10b}$$

由于引入了两类内变量即塑性变形 ε^p 和损伤变量 d^+，d^-，因此式(8)尚不能构成完整的混凝土本构关系，还必须建立内变量的演化法则，这将在下面两节中给出.

2 塑性变形

2.1 有效应力空间中的塑性变形

根据损伤力学原理，应该在有效应力空间考虑塑性问题[4]，相应的流动准则、塑性硬化法则、屈服条件和加卸载条件分别为

$$\varepsilon^p = \dot{\lambda}^p \partial_{\bar{\sigma}} F^p(\bar{\sigma},\ \kappa) \quad \text{（非相关流动准则）} \tag{11a}$$

$$\kappa = \dot{\lambda}^p \boldsymbol{H}(\bar{\sigma},\ \kappa) \quad \text{（塑性硬化法则）} \tag{11b}$$

$$F(\bar{\sigma},\ \kappa) \leqslant 0 \quad \text{（屈服准则）} \tag{11c}$$

$$F(\bar{\sigma},\ \kappa) \leqslant 0,\ \dot{\lambda}^p \geqslant 0,\ \dot{\lambda}^p F(\bar{\sigma},\ \kappa) \geqslant 0 \quad \text{（加卸载条件）} \tag{11d}$$

式中，F 和 F^p 分别为塑性屈服函数和塑性势函数；$\boldsymbol{H}$ 为硬化函数向量；κ 为硬化参数向量；$\dot{\lambda}^p$ 为塑性流动因子，可以根据塑性一致性条件求出.

对有效应力张量(1)式两边微分，并考虑到(11a)，可以得到

$$\dot{\bar{\sigma}} = \boldsymbol{C}^{ep} : \varepsilon \tag{12}$$

式中，$\boldsymbol{C}^{ep}$ 为有效弹塑性切线刚度张量，其表达式为

$$\boldsymbol{C}^{ep} = \boldsymbol{C}_0 - \frac{(\boldsymbol{C}_0 : \partial_{\bar{\sigma}} F^p) \otimes (\boldsymbol{C}_0 : \partial_{\bar{\sigma}} F)}{\partial_{\bar{\sigma}} F : \boldsymbol{C}_0 : \partial_{\bar{\sigma}} F^p - \partial_{\kappa} F^p \cdot \boldsymbol{H}} \tag{13}$$

在建议模型中，采用的塑性屈服函数 F 和塑性势函数 F^p 分别为[21,22]

$$F(\bar{\sigma}, \kappa) = (\alpha \bar{I}_1 + \sqrt{3\bar{J}_2} + \beta \langle \hat{\bar{\sigma}}_{\max} \rangle) - (1-\alpha)c \tag{14a}$$

$$F^p = \alpha^p \bar{I}_1 + \sqrt{2\bar{J}_2} \tag{14b}$$

式中，$\bar{I}_1$ 和 $\bar{J}_2$ 分别为有效应力张量 $\bar{\sigma}$ 的第一不变量和第二偏量不变量；$\bar{\sigma}_{\max}$ 为 $\bar{\sigma}$ 的最大有效主应力；$\langle x \rangle = xH(x) = (x + |x|)/2$ 为 Macaulay 函数；$\alpha^p \geqslant 0$ 为反映混凝土材料膨胀的剪胀系数，一般取为 0.2～0.3，建议模型中取为 $\alpha^p = 0.20$；参数 α 表示为等双轴受压屈服强度 f_{by}^- 与单轴受压屈服强度 f_y^- 之比 $\vartheta_y = f_{by}^-/f_y^-$ 的函数

$$\alpha = (\vartheta_y - 1)/(2\vartheta_y - 1) \tag{15}$$

ϑ_y 的取值范围一般为 1.10～1.20 之间[1]，如取为 1.16，则有 $\alpha = 0.121\,2$；参数 β 和 c 分别为硬化参数向量 κ 的函数，表示为[22]

$$\beta(\kappa) = \frac{\bar{f}^-(\kappa)}{\bar{f}^+(\kappa)}(1-\alpha) - (1+\alpha) \tag{16a}$$

$$c(\kappa) = \bar{f}^-(\kappa) \tag{16b}$$

其中 $\bar{f}^+(\kappa)$ 和 $\bar{f}^-(\kappa)$ 分别为单轴受拉和单轴受压下的有效应力.

式(11)中的硬化参数向量 κ 的演化法则为

$$\kappa = (w\kappa^+, (1-w)\kappa^-)^{\mathrm{T}} = (w\dot{\varepsilon}^p_{\max}, -(1-w)\dot{\varepsilon}^p_{\min})^{\mathrm{T}} \tag{17}$$

式中，$\dot{\varepsilon}^p_{\max}$ 和 $\dot{\varepsilon}^p_{\min}$ 分别为塑性变形率张量 $\dot{\varepsilon}^p$ 的最大和最小特征值；κ^+ 和 κ^- 分别等效为单轴受拉和单轴受压应力状态下的累积塑性变形，即

$$\kappa^+ = \int \sqrt{\dot{\varepsilon}^p_{\max}\dot{\varepsilon}^p_{\max}}; \quad \kappa^- = \int \sqrt{\dot{\varepsilon}^p_{\min}\dot{\varepsilon}^p_{\min}} \tag{18a,b}$$

权重系数 w 定义为有效应力张量特征值 $\hat{\bar{\sigma}}_i$ 的函数

$$w = \sum_{i=1}^{3} (\hat{\bar{\sigma}}_i) \Big/ \sum_{i=1}^{3} |\hat{\bar{\sigma}}_i| \tag{19}$$

于是，(11b)式中的硬化函数向量 $\boldsymbol{H}$ 为

$$\boldsymbol{H} = (H^+, H^-)^{\mathrm{T}} = \left\{ \omega \frac{\partial F^p}{\partial \hat{\bar{\sigma}}_{\max}}, -(1-\omega) \frac{\partial F^p}{\partial \hat{\bar{\sigma}}_{\min}} \right\}^{\mathrm{T}} \tag{20}$$

式中，$\hat{\bar{\sigma}}_{\min}$ 为 $\bar{\sigma}$ 的最小有效主应力.

尽管建议模型可以考虑更为复杂的硬化法则，为简单起见，本文模型将 $\bar{f}^{+}$ 和 $\bar{f}^{-}$ 表示为硬化参数的线性函数，即

$$\bar{f}^{\pm}(\kappa) = \bar{f}_{y}^{\pm} + E^{p\pm}\kappa^{\pm} \tag{21}$$

式中，$\bar{f}_{y}^{+}$ 和 $\bar{f}_{y}^{+}$ 分别为单轴受拉和单轴受压的有效屈服应力，一般可取为单轴受拉和单轴受压强度即 $\bar{f}_{y}^{+} = f_{t}$ 和 $\bar{f}_{y}^{-} = f_{c}$；E^{p+} 和 E^{p-} 为单轴受拉和单轴受压时的有效塑性模量，与有效弹塑性切线模量 $E^{Ep^{\pm}}$ 和初始弹性模量 E_{0} 的关系为

$$E^{ep^{\pm}} = \frac{E_{0}E^{p^{\pm}}}{E_{0} + E^{p^{\pm}}} = \left(1 - \frac{1}{1 + \alpha_{E}^{\pm}}\right)E_{0} \tag{22}$$

其中，参数 $\alpha_{E}^{\pm} = E^{p^{\pm}}/E_{0}$ 反映了材料塑性硬化的程度.

2.2 弹塑性 Helmholtz 自由能

类似于式(4)，无损材料的塑性 Helmholtz 自由能 Ψ_{0}^{p} 可以分解为

$$\Psi_{0}^{p}(\varepsilon^{p}) = \int_{0}^{\varepsilon^{p}} \bar{\sigma} : \mathrm{d}\varepsilon^{p} = \Psi_{0}^{p^{+}}(\varepsilon^{p}) + \Psi_{0}^{p^{-}}(\varepsilon^{p}) \tag{23}$$

式中，$\Psi_{0}^{p^{+}}$ 和 $\Psi_{0}^{p^{-}}$ 为 Ψ_{0}^{p} 的正、负分量，分别表示为

$$\Psi_{0}^{p^{+}}(\varepsilon^{p}) = \int_{0}^{\varepsilon^{p}} \bar{\sigma}^{+} : \mathrm{d}\varepsilon^{p} \tag{24a}$$

$$\Psi_{0}^{p^{-}}(\varepsilon^{p}) = \int_{0}^{\varepsilon^{p}} \bar{\sigma}^{-} : \mathrm{d}\varepsilon^{p} \tag{24b}$$

同样，考虑到受拉损伤机制和受剪损伤机制对塑性自由能退化的不同影响，材料损伤后塑性 Helmholtz 自由能 Ψ^{p} 及其正、负分量（$\Psi^{p^{+}}$，$\Psi^{p^{-}}$）分别表示为

$$\Psi^{p}(\varepsilon^{p}, d^{+}, d^{-}) = \Psi^{p^{+}}(\varepsilon^{p}, d^{+}) + \Psi^{p^{-}}(\varepsilon^{p}, d^{-}) \tag{25}$$

$$\Psi^{p+}(\varepsilon^{p}, d^{+}) = (1 - d^{+})\Psi_{0}^{p^{+}} = (1 - d^{+})\int_{0}^{\varepsilon^{p}} \bar{\sigma}^{+} : \mathrm{d}\varepsilon^{p} \tag{26a}$$

$$\Psi^{p^{-}}(\varepsilon^{p}, d^{-}) = (1 - d^{-})\Psi_{0}^{p^{-}} = (1 - d^{-})\int_{0}^{\varepsilon^{p}} \bar{\sigma}^{-} : \mathrm{d}\varepsilon^{p} \tag{26b}$$

试验表明，相对于受压应力作用下表现出来的塑性特性，受拉应力作用下混凝土材料表现出明显的准脆性，卸载后塑性变形相对较小，为了减少计算的复杂性，建议模型不考虑其塑性 Helmholtz 自由能影响，即假定 $\Psi^{p^{+}} = 0$.

于是，由式(4)和(25)，可以得到材料的弹塑性 Helmholtz 自由能 Ψ 为

$$\Psi(\varepsilon^{e}, \varepsilon^{p}, d^{+}, d^{-}) = \Psi^{+}(\varepsilon^{e}, \varepsilon^{p}, d^{+}) + \Psi^{-}(\varepsilon^{e}, \varepsilon^{p}, d^{-}) \tag{27}$$

式中，Ψ^{+} 和 Ψ^{-} 为弹塑性 Helmholtz 自由能 Ψ 的正、负分量，分别可以表示为[23]

$$\Psi^{+}=\Psi^{e^{+}}+\Psi^{p^{+}}=(1-d^{+})\Psi_{0}^{e^{+}}=\frac{1}{2}(1-d^{+})(\bar{\sigma}^{+}:\Lambda_{0}:\bar{\sigma}) \tag{28a}$$

$$\Psi^{-}=\Psi^{e^{-}}+\Psi^{p^{-}}=(1-d^{-})\Psi_{0}^{-}=b_{0}(1-d^{-})(\alpha\bar{I}_{1}+\sqrt{3\bar{J}_{2}})^{2} \tag{28b}$$

其中，$b_0\geqslant 0$ 为材料参数，从后文可以看出，b_0 值对模型结果影响很小.

由上述弹塑性自由能，结合热力学第二定律，即可建立基于能量的损伤准则，然后根据正交流动法则建立损伤变量的演化法则.

3 损伤变量及其演化法则

3.1 损伤准则和线性区域

根据损伤能释放率的定义，由式(27)和式(28)可以得到与损伤变量 d^{+} 和 d^{-} 功共轭的受拉损伤能释放率 Y^{+} 和受剪损伤能释放率 Y^{-} 分别为

$$Y^{+}=-\frac{\partial\Psi^{+}}{\partial d^{+}}=\Psi_{0}^{e^{+}} \tag{29a}$$

$$Y^{-}=-\frac{\partial\Psi^{-}}{\partial d^{-}}=\Psi_{0}^{-} \tag{29b}$$

对于任意有意义的单调增函数 $G(x)$，基于上述损伤能释放率，可以建立如下完全等价的损伤准则

$$g^{\pm}(Y^{\pm},r^{\pm})=Y^{\pm}-r^{\pm}\leqslant 0\Leftrightarrow g^{\pm}(Y^{\pm},r^{\pm})=G^{\pm}(Y^{\pm})-G^{\pm}(r^{\pm})\leqslant 0 \tag{30}$$

式中，上标“±”分别对应于受拉和受剪；$r^{\pm}$ 为损伤能释放率阀值，用于控制损伤面的发展.

因此，受拉损伤能释放率 Y^{+} 和受剪损伤能释放率 Y^{-} 可重新定义为

$$Y^{+}=\sqrt{2E_{0}\cdot\Psi_{0}^{+}}=\sqrt{E_{0}(\bar{\sigma}^{+}:\Lambda_{0}:\bar{\sigma})} \tag{31a}$$

$$Y^{-}=\sqrt{\Psi_{0}^{-}/b_{0}}=\alpha\bar{I}_{0}+\sqrt{3\bar{J}_{2}} \tag{31b}$$

由式(31)可以得到混凝土的受拉和受剪损伤能释放率阀值的初始值 $r_0^{\pm}$ 分别为

$$r_{0}^{+}=f_{0}^{+};\quad r_{0}^{-}=(1-\alpha)f_{0}^{-} \tag{32a,b}$$

式中，f_0^{+} 为单轴受拉状态下的线性极限强度，一般取为材料的单轴抗拉强度，即 $f_0^{+}=f_t$；f_0^{-} 为单轴受压应力状态下的线性极限强度，一般取为 $f_0^{-}=(0.3\sim0.5)f_c$.

式(30)的损伤准则表明，只有当损伤能释放率 $Y^{\pm}$ 超过材料的初始损伤能释放

率阈值 $r_0^{\pm}$，材料才开始出现损伤. 据此，混凝土材料的线性区域范围 $L(\bar{\sigma})$ 是以下两个集合的交集

$$L(\bar{\sigma}) = L^{+}(\bar{\sigma}) \cap L^{-}(\bar{\sigma}) \tag{33}$$

其中，集合 $L^{+}(\bar{\sigma})$ 和 $L^{-}(\bar{\sigma})$ 分别对应受拉线性区域和受剪线性区域，其表达式分别为

$$L^{\pm}(\bar{\sigma}) = \{\bar{\sigma} \mid \bar{g}_0^{\pm}(\bar{\sigma}) = Y^{\pm} - r_0^{\pm} \leqslant 0\} \tag{34}$$

需要指出的是，式(31b)给出的受剪损伤能释放率正好是 Drucker-Prager 型函数. 在经典弹塑性力学中，该函数是对反映材料剪切破坏准则的 Mohr-Coulomb 模型的光滑近似和二维应力状态下的修正. 这一事实也从一个侧面说明了本模型中弹塑性 Helmholtz 自由能的定义是合理的，得到的受剪损伤能释放率以及由此建立的受剪损伤准则也是符合客观物理事实的.

以双轴应力状态为例，假设 $\bar{\sigma}_1 \neq 0$，$\bar{\sigma}_2 \neq 0$，$\bar{\sigma}_3 \equiv 0$，可以得到混凝土双轴受压应力状态下的线性区域包络线如图 1 所示.

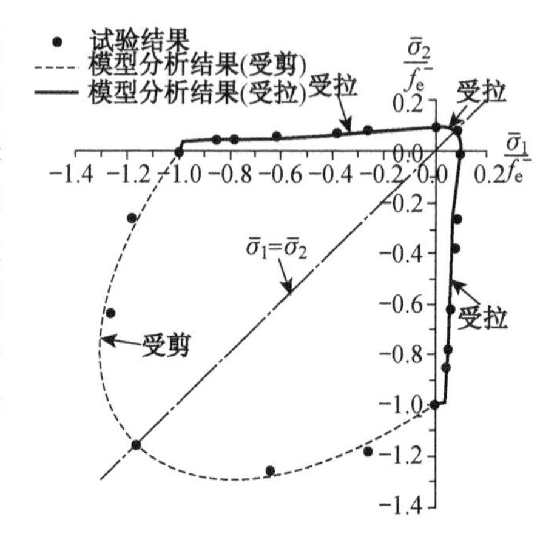

图 1　混凝土双轴应力状态下的线性区域

3.2　损伤变量及其演化法则

由上述损伤准则，根据正交流动法则，可以得到损伤变量的演化法则为[4,10]

$$\dot{d}^{\pm} = \dot{\lambda}^{d^{\pm}} \frac{\partial g^{\pm}}{\partial Y^{\pm}}; \quad \dot{r}^{\pm} = \dot{\lambda}^{d^{\pm}} \tag{35}$$

损伤加卸载条件即 Kuhn-Tucker 关系为

$$\dot{\lambda}^{d^{\pm}} \geqslant 0, \ g^{\pm} \leqslant 0, \ \dot{\lambda}^{d^{\pm}} g^{\pm} = 0 \tag{36}$$

当 $g^{\pm} < 0$ 时，可以得到 $\dot{\lambda}^{d^{\pm}} = 0$，$\dot{d}^{\pm} = 0$，此时处于损伤卸载或者中性变载阶段，损伤不进一步发展；当处于损伤加载状态时，有 $\dot{\lambda}^{d^{\pm}} > 0$，则 $g^{\pm} = 0$，可以通过损伤一致性条件求出 $\dot{\lambda}^{d^{\pm}}$：

$$g^{\pm}(Y^{\pm}, r^{\pm}) = \dot{g}^{\pm}(Y^{\pm}, r^{\pm}) = 0 \Rightarrow r^{\pm} = Y^{\pm}; \quad \dot{\lambda}^{d^{\pm}} = \dot{r}^{\pm} = \dot{Y}^{\pm} \geqslant 0 \tag{37}$$

将式(37)代入到式(35)中，有

$$\dot{d}^{\pm} = \dot{Y} \frac{\partial G^{\pm}(Y^{\pm})}{\partial Y^{\pm}} = \dot{G}^{\pm}(Y^{\pm}) = \dot{G}^{\pm}(r^{\pm}) \Leftrightarrow d^{\pm} = G^{\pm}(r^{\pm}) \tag{38}$$

式中考虑了初始条件 $d_0^{\pm}=0$.

因此，只要给定函数 $G^{\pm}$ 的具体形式，损伤变量 $d^{\pm}$ 即可根据式(38)得到. 在建议模型中，单调增函数 $G^{\pm}$ 分别取为[24,10]

$$d^{+}=G^{+}(r^{+})=1-\frac{r_0^{+}}{r^{+}}\left((1-A^{+})\exp\left[B^{+}\left(1-\frac{r^{+}}{r_0^{+}}\right)\right]+A^{+}\right)\quad(r^{+}\geqslant r_0^{+}) \tag{39a}$$

$$d^{-}=G^{-}(r_n^{-})=1-\frac{r_0^{-}}{r^{-}}(1-A^{-})-A^{-}\exp\left[B^{-}\left(1-\frac{r^{-}}{r_0^{-}}\right)\right]\quad(r^{-}\geqslant r_0^{-}) \tag{39b}$$

式中，A^{+} 和 B^{+}、A^{-} 和 B^{-} 分别为模型参数，可以根据试验得到的单轴受拉和单轴受压应力-应变曲线加以标定[24]. 式(39)不仅适用于素混凝土材料，还可以考虑钢筋混凝土结构中钢筋直径及配筋率的影响.

4 模型初步验证

根据建议的基于能量的混凝土弹塑性损伤本构模型，作者发展了一类无条件稳定、收敛速度有保证的非线性有限元实现算法，编制了相应的 FORTRAN 程序，对混凝土材料在单调和低周反复荷载作用下的试验进行了数值模拟，分析结果验证了模型的正确性和有效性. 这部分内容将在本文的第Ⅱ部分中详细给出，本部分仅给出 Kupfer 双轴应力试验[1]数值分析结果.

该试验的实测材料参数为：弹性模量 $E_0=3.1\times10^4$ MPa，泊松比 $\nu_0=0.20$，双轴等压强度和单轴抗压强度比为 1.16，单轴受拉和单轴受压强度分别为 $f_t=3.0$ MPa 和 $f_c=32$ MPa. 除文中已给出的模型参数外，在数值模拟中，首先对单轴受拉和单轴受压应力状态进行分析，标定得到的其他模型参数分别为：$f_0^{+}=3.0$ MPa，$f_0^{-}=15.0$ MPa，$A^{+}=0.0$，$B^{+}=0.20$，$A^{-}=1.0$，$B^{-}=0.213$，$\alpha_E^{+}=\alpha_E^{-}=9.0$.

从图 2(a)可以看出，采用上述模型参数能够很好地描述单轴受压状态下的试验结果，包括单轴抗压强度、峰值点压应变以及软化段等. 在其他应力状态下，尽管混凝土试件会有所差异，然而，从材料随机性的角度考虑，较之不同批次的混凝土材料试验，由于其配合比、浇筑方法及养护条件均相同，同一批次浇筑试件的材料参数的变异性无疑小得多. 因此，在进行 Kupfer et al. 的双轴应力(双轴拉压)试验数值模拟时，均采用上述利用单轴受压标定的统一模型参数.

应力比 $\sigma_1/\sigma_2=(-1):(-1)$时的数值模拟结果和试验结果的对比如图 2(b)所示，得到的双轴等压强度为 $\sigma_{1c}=37.19$ MPa，和单轴抗压强度 $f_c=32.06$ MPa的比值为 1.16. 应力比 $\sigma_1/\sigma_2=(-1):(-0.52)$时的数值模拟结果和试验结果的对比如图 2(c)所示，得到的抗压强度为 $\sigma_{1c}=41.31$ MPa，和单轴抗压强度 $f_c=32.06$ MPa的比值为 1.29. 同时，还计算了双轴受压应力状态其他应力组合以及双轴拉压应力状态下混凝土的抗压强度，并作出图 3 所示的强度包络线.

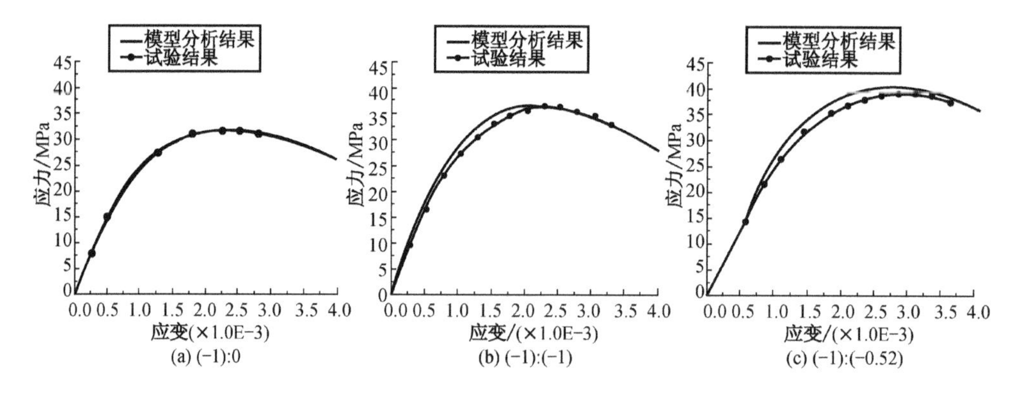

图 2　Kupfer 双轴试验应力-应变数值模拟全过程曲线

上述比较分析表明，在双轴应力状态下，无需引入“拉压软化系数”和“强度包络线”等经验参数[2]，数值模拟得到的强度包络线和 Kupfer 试验结果吻合良好：能够同时很好地模拟混凝土双轴受压强度的提高和双轴拉压应力状态下的“拉压软化效应”. 这一结论对混凝土结构的非线性分析是非常重要的，本文第Ⅱ部分更进一步的数值分析结果及结构非线性分析应用将更充分地表明这一点.

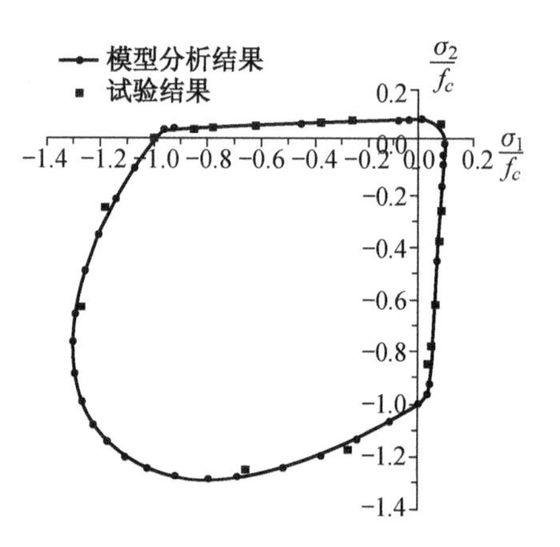

图 3　双轴应力状态下的强度包络线

5　结　语

本文在混凝土材料的物理损伤机制分析的基础上，基于有效应力张量分解并采用受拉损伤变量和受剪损伤变量，定义了弹性 Helmholtz 自由能，得到了含内变量的混凝土弹塑性损伤本构关系. 进而，通过有效应力空间塑性力学，确定塑性变形的演化法则和塑性 Helmholtz 自由能. 由此给出了弹塑性 Helmholtz 自由能和弹塑性损伤能释放率，建立了符合热动力学基本原理的损伤准则，并根据正交法则得到了损伤变量的演化法则. 从而，形成了一类完善的混凝土理论弹塑性损伤本构模型.

对 Kupfer 双轴应力试验的数值模拟表明，本文提出的本构模型不仅具有较好的理论基础，而且和试验结果吻合良好.

本文的第Ⅱ部分中将详细给出弹塑性损伤本构模型涉及到的数值实现算法，以及模型的进一步数值验证和在结构非线性分析中的应用.

参考文献

[1] Kupfer H, Hilsdorf H K, Rusch H. Behavior of concrete under biaxial stress[J]. ACI

Journals，1969，66(8)：656-666.

[2] Vecchio F J，Collins M P. The modified compression-field theory for reinforced concrete elements subjected to shear[J]. ACI Structureal Journal，1986，83(2)：219-231.

[3] Ju J W. Isotropic and anisotropic damage variables in continuum damage mechanics[J]. Journal of Engineering Mechanics，ASCE，1990，116(12)：2764-2770.

[4] Ju J W. On energy-based coupled elastoplastic damage theories：Constitutive modeling and computational aspects[J]. International Journal of Solids Structures，1989，25(7)：803-833.

[5] Simo J C，Ju J W. Strain and stress-based continuum damage models-I. Formulation[J]. International Journal of Solids Structures，1987，23(7)：821-840.

[6] Mazars J. A description of micro and macro-scale damage of concrete structures[J]. Engineering Fracture Mechanics，1986，25：729-737.

[7] Mazars J，Pijaudier-Cabot. Continuum damage theory：Application to concrete. Journal of Engineering Mechanics，ASCE，1989，115(2)：345-365.

[8] Resende L. A damage mechanics constitutive theory for the inelastic behavior of concrete [J]. Computer Methods in Applied Mechanics and Engineering，1987，60：57-93.

[9] Yazdani S，Schreyer H L. Combined plasticity and damage mechanics model for plain concrete[J]. Journal of Engineering Mechanics，ASCE，1990，116：1435-1450.

[10] Faria R，Oliver J，Cervera M. A strain-based plastic viscous-damage model for massive concrete structures[J]. International Journal of Solids Structures，1998，35(14)：1533-1558.

[11] Hatzigeorgioiu G，et al. A simple concrete damage model for dynamic Fem applications[M]. International Journal of Computational Engineering Science，2001，2(2)：267-286.

[12] Comi C，Perego U. Fracture energy based bi-dissipative damage model for concrete[J]. International Journal of Solids Structures，2001，38：6427-6454.

[13] Chow CL，Wang J. An anisotropic theory of continuum damage mechanics for ductile fracture [J]. Engineering Fracture Mechanics，1987，27：547-558.

[14] Van Mier J G M. Strain softening of concrete under multiaxial loading conditions[D]. Doctoral dissertation，Eindhoven University of Technology，The Netherlands，1984.

[15] Van Mier J G M. Fracture of concrete under complex stress [A]. HERON，1986，31(3).

[16] 过镇海. 混凝土的强度与变形[M]. 北京：清华大学出版社，1996.

[17] 董毓利. 混凝土非线性力学基础[M]. 北京：中国建筑工业出版社，1997.

[18] Lemaitre J. Coupled elasto-plasticity and damage constitutive equation[J]. Computer Methods in Applied Mechanics and Engineering，1985，51：31-49.

[19] Ortiz M. A constitutive theory for inelastic behavior of concrete[J]. Mechanics of Materials，1985，4：67-93.

[20] Wu J Y，Li J. A new energy-based elastoplastic damage model for concrete[A]. Proc. of XXI International Conference of Theoretical and Applied Mechanics (ICTAM). Netherland，Kluwer Academic Publishers，2004：234-235.

[21] Lubliner J，Oliver S，Onage E. A plastic-damage model for concrete[J]. International Journal of Solids Structures. 1989，25(2)：299-326.

[22] Lee J, Fenves G L. Plastic-damage model for cyclic loading of concrete structures[J]. Journal of Engineering Mechanics Division, ASCE,1998, 124: 892-900.
[23] 吴建营.基于损伤能释放率的混凝土弹塑性损伤本构模型及其在结构非线性分析中的应用[D].上海:同济大学,2004.
[24] 吴建营,李杰.钢筋混凝土结构的损伤非线性分析[A].第八届全国混凝土结构基本理论及工程应用学术会议论文集,重庆, 2004: 166-172.

Elastoplastic Damage Constitutive Model for Concrete Based on Damage Energy Release Rates, Part I: Basic Formulations

Li Jie   Wu Jian-Ying

Abstract: In this paper, starting from an analysis of basic damage mechanisms leading to the failure of concrete materials, a tensile damage variable and a shear damage variable are adopted to describe the influence of micro-defects on the degrading of macromechanical properties. Based on the decomposition of the effective stress tensor, the elastic Helmhotlz free energy is defined, from which the elastoplastic damage constitutive relation with internal variables is derived, and based on the effective stress space plasticity, the evolution law for the plastic strains and the plastic Helmhotlz free energy are determined. The total elastoplastic Helmhotlz free energy and the damage energy release rates are employed to establish the damage criteria in accordance with the thermodynamics principle, and the evolution laws for damage variables are established in accordance with the normal rule. Finally, the model is applied to simulate the tests of Kupfer et al. The agreement between the predictive results and the test data shows the correctness and validity of the present model. The numerical algorithm and further verifications of the model are provided in Part Ⅱ of this paper series.

(本文原载于《土木工程学报》第 38 卷第 9 期,2005 年 9 月)

混凝土弹塑性损伤本构模型研究 Ⅱ：数值计算和试验验证

吴建营　李杰

摘　要　针对建议的基于能量的混凝土弹塑性损伤本构模型[1]，将损伤演化和塑性变形解耦，本文建立了模型的弹性预测—塑性修正—损伤修正数值分析框架，给出了无条件稳定的应力更新算法和相应的算法一致性切线模量. 在弹性预测—塑性修正过程中，利用谱分解回映算法建立了塑性流动因子和硬化参数的统一迭代格式，减小了有效应力更新的计算量. 根据上述数值算法，编制非线性有限元分析程序，对单调和低周反复荷载作用下的混凝土材料和结构试验进行数值模拟，分析结果表明建议的弹塑性损伤本构模型可以较好地描述混凝土材料的典型非线性行为，其数值方法是有效的，为进一步的结构非线性分析应用奠定了基础.

引　言

对于实际存在的大量复杂非线性问题，获取精确解析解几乎是不可能的，而只能借助计算机技术和完善的数值计算方法(如有限元技术)寻求其近似解. 因此，数值算法是本构模型的重要组成部分，其计算效率的高低极大地影响着本构模型的应用. 在非线性有限元分析中，应力和应变之间的非线性关系导致平衡方程是应变(因而也是节点位移)的非线性方程，一般需要采用迭代法[2]加以求解.

同时，由于变形历史取决于材料的非线性本构关系，应采用增量分析方法以跟踪位移、应变和外部作用引起的应力的发展. 利用增量法求解问题一般采取三种方式[3]：Newton-Raphson 方法、修正 Newton-Raphson 方法和准 Newton-Raphson 方法. 对于存在严重非线性特别是经常涉及材料软化段处理的结构非线性分析，采用切线刚度矩阵的 Newton-Raphson 方法仍然是最为有效的数值方法.

因此，材料非线性本构关系的数值实现实际上包括两方面的内容，即应力更新算法以及非线性方程组的求解算法. 为保证计算结果的可信性，迭代过程中采用的应力更新算法必须是无条件稳定的. 考虑到不同的计算目的需要，求解非线性方程组宜于采用 Newton-Raphson 方法，因此，一般还需要给出和应力更新算法一致的切线模量(即算法一致性切线模量[4]).

针对本文第一部分建议的基于能量的混凝土弹塑性损伤本构模型[1]，通过将损伤演化和塑性变形解耦，本文建立了该模型的弹性预测—塑性修正—损伤修正数值分析框架，给出了无条件稳定的应力更新算法和相应的算法一致性切线模量.在弹性预测—塑性修正过程中，利用谱分解回映算法建立了塑性流动因子和硬化参数的统一迭代格式，大大减小了有效应力更新的计算量.根据上述数值算法，作者编制了非线性有限元分析程序，对单调和低周反复荷载作用下的混凝土材料和结构试验进行了数值模拟，分析结果表明：建议的弹塑性损伤本构模型可以较好地描述混凝土材料的典型非线性行为，其数值方法是有效的.上述结论为进一步在结构非线性分析中应用本文建议模型奠定了基础.

1 应力更新算法

根据初边值问题的数值解法[4]，所建议本构模型的数值实现需要将时间离散为一系列的增量步$[t_n,\ t_{n+1}]\in R_+$ $(n=0,\ 1,\ 2,\ \cdots)$进行，即在应变历史 $t\rightarrow\varepsilon\equiv\nabla_{\boldsymbol{u}}^{s}(t)$及增量步 n 的$\{\sigma_n,\ d_n^{\pm},\ \varepsilon_n^p,\ \kappa_n\}$的值已知的条件下，更新增量步 $n+1$ 的状态变量$\{\sigma_{n+1},\ d_{n+1}^{\pm},\ \varepsilon_{n+1}^p,\ \kappa_{n+1}\}$.根据运算符分解的概念[4,5]，模型的应力更新过程可以分为如下弹性预测、塑性修正和损伤修正三个步骤，即

(a) 弹性预测

(Ⅰ) 应变更新：在应变场 $\boldsymbol{u}_{n+1}$给定的情况下，Gauss 积分点处的应变相应更新为

$$\varepsilon_{n+1}=\varepsilon_n+\Delta\varepsilon \tag{1}$$

(Ⅱ) 弹性试算应力

$$\varepsilon_{n+1}^{p,\mathrm{trial}}=\varepsilon_n^p;\quad \kappa_{n+1}^{\mathrm{trial}}=\kappa_n;\quad \bar{\sigma}_{n+1}^{\mathrm{trial}}=\boldsymbol{C}_0:(\varepsilon_{n+1}-\varepsilon_n^p),\quad d_{n+1}^{\mathrm{trial}\pm}=d_n^{\pm} \tag{2}$$

(b) 塑性修正

(Ⅲ) 检查屈服条件

$$F(\bar{\sigma}_{n+1}^{\mathrm{trial}},\ \kappa_n)\begin{cases}<0, & \text{elastic}\Rightarrow\bar{\sigma}_{n+1}^{\mathrm{trial}}=\bar{\sigma}_{n+1}\text{，转步骤(Ⅴ)}\\ >0, & \text{plastic}\Rightarrow\text{回映修正}\end{cases} \tag{3}$$

(Ⅳ) 塑性回映修正：当有效应力处于塑性加载状态，弹性试算应力和塑性硬化函数都必须“回映”到屈服面上，常用的方法是最近点投影或者截平面算法[4].一旦加上有效应力空间的塑性一致性条件限制后，状态变量将修正为

$$\{\bar{\sigma}_{n+1},\ d_n^{\pm},\ \varepsilon_{n+1}^p,\ \kappa_{n+1}\} \tag{4}$$

(c) 损伤修正

(Ⅴ) 计算损伤能释放率：将有效应力张量$\bar{\sigma}_{n+1}$分解为$\bar{\sigma}_{n+1}^{+}$和$\bar{\sigma}_{n+1}^{-}$，然后根据以下计算损伤能释放率

$$Y_{n+1}^{+}=\sqrt{E_0(\bar{\sigma}_{n+1}^{+}:\Lambda_0:\bar{\sigma}_{n+1})} \tag{5a}$$

$$Y_{n+1}^{-}=\alpha(\bar{I}_1)_{n+1}+\sqrt{3(\bar{J}_2)_{n+1}} \tag{5b}$$

损伤变量 $d_{n+1}^{\pm}$ 更新为

$$d_{n+1}^{\pm}=\begin{cases}d_n^{\pm}, & 若\ Y_{n+1}^{\pm}\leqslant r_n^{\pm}\\ G^{\pm}(r_{n+1}^{\pm}), & 其他\end{cases} \tag{6}$$

相应的，损伤阀值 $r_{n+1}^{\pm}$ 更新为

$$r_{n+1}^{\pm}=\max\{r_0^{\pm},\ \max_{\tau\in[0,n+1]}Y_\tau^{\pm}\} \tag{7}$$

（Ⅵ）应力张量 σ_{n+1} 更新为

$$\sigma_{n+1}=(1-d_{n+1}^{+})\bar{\sigma}_{n+1}^{+}+(1-d_{n+1}^{-})\bar{\sigma}_{n+1}^{-} \tag{8}$$

可以看出，建议模型中的损伤变量仅为有效应力的函数，因此上述应力更新可以解耦为弹性预测—塑性修正步中更新 $\{\bar{\sigma},\ \varepsilon^p,\ \kappa\}$（此时，损伤变量 d_{n+1}^{n} 保持上一步的值 $d_n^{\pm}$ 不变）和损伤修正步中更新 σ 两步来进行. 后者较为直接简单，故本文中将主要给出有效应力张量的更新算法.

2　有效应力空间的谱分解

非线性计算力学中，一般采用回映算法更新 $\{\bar{\sigma}_{n+1},\ \varepsilon_{n+1}^p,\ \kappa_{n+1}\}$. 已经有专著介绍采用 J_2 塑性屈服准则的径向回映算法[4]，采用其他屈服准则的塑性力学模型数值算法也已经发展得比较完善[6]. 对于本文建议模型中采用的屈服准则，Lee 和 Fenves 在其塑性—损伤模型[7]中给出了谱分解格式的回映算法. 然而，对于平面应力状态，在求解塑性流动因子的迭代过程中，该方法需要插入一级非常复杂的迭代步骤以求解中间变量，大大地增加了数值计算工作量，其算法稳定性和收敛性也无法完全得到保障. 同时，在塑性硬化参数的迭代求解过程中，并未考虑塑性一致性函数残量的影响，这可能存在一定问题.

针对屈服函数是主应力函数的特点，通过对初始体积模量的简单修正，本文发展了一类适用于任意应力状态的统一谱分解格式回映算法. 利用偏量空间和球量空间力学性能的解耦，可以推导证明更新后的有效应力张量 $\bar{\sigma}\boldsymbol{D}_{n+1}$ 和试算有效应力张量 $\bar{\sigma}_{n+1}^{\text{trial}}$ 具有以下简单关系[8]

$$\bar{\sigma}_{n+1}=c_1\bar{\sigma}_{n+1}^{\text{trial}}+c_2\mathbf{1} \tag{9}$$

式中，$\mathbf{1}$ 为二阶单位张量；系数 c_1 和 c_2 分别表示为塑性流动因子增量 $\Delta\lambda^p$ 的函数

$$c_1=\mathbf{1}-\Delta\lambda^p\frac{2G_0}{\|\bar{\boldsymbol{s}}_{n+1}^{\text{trial}}\|} \tag{10a}$$

$$c_2=\Delta\lambda^p\left(\frac{(\bar{I}_1)_{n+1}^{\text{trial}}}{3\|\bar{\boldsymbol{s}}_{n+1}^{\text{trial}}\|}G_0-3\alpha^pK_0\right) \tag{10b}$$

其中，$\bar{s}$ 为有效应力张量 $\bar{\sigma}$ 的偏量部分；K_0 和 G_0 分别为材料的初始体积模量和剪切模量；对于平面应力状态，K_0 与弹性模量 E_0 和泊松比 ν_0 之间的关系为

$$K_0 = \frac{1+2\nu_0}{3(1-\nu_0^2)}E_0 \tag{11}$$

于是，如下关系式成立

$$\bar{\sigma}_{n+1}^{\text{trial}}\bar{\sigma}_{n+1} = (c_1\bar{\sigma}_{n+1}^{\text{trial}} + c_2\mathbf{1})\bar{\sigma}_{n+1} = \bar{\sigma}_{n+1}(c_1\bar{\sigma}_{n+1}^{\text{trial}} + c_2\mathbf{1}) = \bar{\sigma}_{n+1}\bar{\sigma}_{n+1}^{\text{trial}} \tag{12}$$

根据张量和矩阵运算基本原理，式(12)表明对称张量 $\bar{\sigma}_{n+1}^{\text{trial}}$ 和 $\bar{\sigma}_{n+1}$ 具有相同的特征向量；同时，其特征值矩阵(或有效主应力张量)之间的关系为

$$\hat{\bar{\sigma}}_{n+1} = c_1\hat{\bar{\sigma}}_{n+1}^{\text{trial}} + c_2\mathbf{1} \tag{13}$$

由于上述特征值矩阵之间的简单关系，基于后退欧拉法，可以在有效主应力空间内建立塑性流动因子和硬化参数的 Newton-Raphson 迭代格式[8]，以确定有效应力张量和塑性变形，可以看出，上述谱分解回映算法无需每次重新计算有效应力张量的特征向量，而仅需根据式(13)更新其特征值，大大减少了计算量，提高了建议模型的计算效率.

3 算法一致性切线模量

$n+1$ 增量步的应力 σ(除标明外，本节所有物理量均为增量步 $n+1$ 更新后的值，为书写简便，省略下标 $n+1$)更新完成后，可以给出与连续体有效切线刚度 $\boldsymbol{C}^{ep}$ 相对应的算法一致性有效切线模量 $\bar{\boldsymbol{C}}^{\text{alg}} = \frac{\mathrm{d}\bar{\sigma}}{\mathrm{d}\varepsilon}$[8]. 建议模型的算法一致性切线模量按照如下方法得到.

应力更新式(8)两边对应变微分可以得到

$$\frac{\mathrm{d}\sigma}{\mathrm{d}\varepsilon} = (\boldsymbol{I}-\omega) : \boldsymbol{C}^{\text{alg}} - \left[\bar{\sigma}^+\frac{\mathrm{d}(d^+)}{\mathrm{d}\varepsilon} + \bar{\sigma}^-\frac{\mathrm{d}(d^-)}{\mathrm{d}\varepsilon}\right] \tag{14}$$

式中，四阶对称张量 ω 为损伤演化引起的有效切线刚度退化张量

$$\omega = d^+\boldsymbol{Q}^+ + d^-\boldsymbol{Q}^- \tag{15}$$

$\boldsymbol{Q}^+$ 和 $\boldsymbol{Q}^-$ 为有效应力率张量 $\dot{\bar{\sigma}}$ 的正、负投影张量，为 $\bar{\sigma}$ 的特征值 $\hat{\bar{\sigma}}_i$ 和特征向量 $\boldsymbol{p}_i$ 的函数[8,9]

$$\boldsymbol{Q}^+ = \sum_i H(\hat{\bar{\sigma}}_i)(\boldsymbol{P}_{ii}\otimes\boldsymbol{P}_{ii}) + 2\sum_{i,j>1}^{3}\frac{\langle\hat{\bar{\sigma}}_i\rangle - \langle\hat{\bar{\sigma}}_j\rangle}{\hat{\bar{\sigma}}_i - \hat{\bar{\sigma}}_j}(\boldsymbol{P}_{ij}\otimes\boldsymbol{P}_{ij}) \tag{16a}$$

$$\boldsymbol{Q}^- = \boldsymbol{I} - \boldsymbol{Q}^+ \tag{16b}$$

其中，$H(x)$为 Heaviside 函数；$\langle x\rangle = xH(x) = (x+|x|)/2$ 为 Macaulay 函数；

$\boldsymbol{P}_{ij}$为二阶对称张量，表示为

$$\boldsymbol{P}_{ij}=\frac{1}{2}(\boldsymbol{p}_i\otimes\boldsymbol{p}_j+\boldsymbol{p}_j\otimes\boldsymbol{p}_i) \tag{17}$$

注意到$\dot{r}^{\pm}=Y^{\pm}$，根据损伤变量的表达式（见文献[1]中式(39)）可以得到

$$\frac{\mathrm{d}(d^{\pm})}{\mathrm{d}\varepsilon}=h^{\pm}\frac{\mathrm{d}r^{\pm}}{\mathrm{d}\varepsilon}=h^{\pm}\frac{\mathrm{d}Y^{\pm}}{\mathrm{d}\varepsilon} \tag{18}$$

式中，$h^{\pm}$称为损伤演化函数，表示为

$$h^{+}=(1-A^{+})\frac{B^{+}r^{+}+r_0^{+}}{(r^{+})^2}\exp\left[B^{+}\left(1-\frac{r^{+}}{r_0^{+}}\right)\right]+A^{+}\frac{r_0^{+}}{(r^{+})^2} \tag{19a}$$

$$h^{-}=\frac{r_0^{-}}{(r^{-})^2}(1-A^{-})+\frac{A^{-}B^{-}}{r_0^{-}}\exp\left[B^{-}\left(1-\frac{r^{-}}{r_0^{-}}\right)\right] \tag{19b}$$

由式(5)可知如下关系成立

$$\bar{\sigma}^{+}\frac{\mathrm{d}(d^{+})}{\mathrm{d}\varepsilon}=\boldsymbol{R}^{+}:\bar{\boldsymbol{C}}^{\mathrm{alg}} \tag{20a}$$

$$\bar{\sigma}^{-}\frac{\mathrm{d}(d^{-})}{\mathrm{d}\varepsilon}=\boldsymbol{R}^{-}:\bar{\boldsymbol{C}}^{\mathrm{alg}} \tag{20b}$$

式中，$\boldsymbol{R}^{+}$和$\boldsymbol{R}^{-}$为四阶张量，分别表示为

$$\boldsymbol{R}^{+}=h^{+}\frac{E_0}{2Y^{+}}\bar{\sigma}^{+}\otimes[\bar{\sigma}:\Lambda_0:\boldsymbol{Q}^{+}+\bar{\sigma}^{+}:\Lambda_0] \tag{21a}$$

$$\boldsymbol{R}^{-}=h^{-}\left[\bar{\sigma}\otimes\left(\alpha\boldsymbol{1}+\frac{3}{2\sqrt{3\bar{J}_2}}\bar{\boldsymbol{s}}\right)\right] \tag{21b}$$

于是，将式(20)代入到式(14)中，可以给出建议模型的算法一致性切线模量为

$$\frac{\mathrm{d}\sigma}{\mathrm{d}\varepsilon}=(\boldsymbol{I}-\omega-\boldsymbol{R}):\bar{\boldsymbol{C}}^{\mathrm{alg}} \tag{22}$$

式中，$\boldsymbol{R}=\boldsymbol{R}^{+}+\boldsymbol{R}^{-}$.

4　模型试验验证

为验证建议模型及其数值算法的有效性，作者编写了相应的非线性有限元分析程序，对单调和反复加载情况下的普通素混凝土和高强素混凝土试验进行了数值模拟，并通过一个三点缺口素混凝土简支梁的数值分析说明了建议模型在混凝土结构非线性分析中的应用.

除非特别指明，在所有的数值模拟中，均采用二维平面应力等参单元；加载方式按照试验原型施加. 混凝土的通用材料参数分别取为：$\nu_0=0.20$，$f_{b0}^{-}/f_0^{-}=1.16$，

$\alpha^p=0.20$，$f_y^+=f_t$，$f_y^-=f_c$.

4.1 单轴受拉试验

4.1.1 高性能混凝土

文献[10]进行了混凝土的单轴受拉试验，得到了应力-应变曲线的下降段. 试验实测弹性模量为 $E_0=3.8\times10^4$ MPa，抗拉强度 $f_t=3.40$ MPa. 在数值模拟过程中，模型参数分别取为：$E_0=3.8\times10^4$ MPa，$f_0^+=3.68$ MPa，$A^+=0.0$，$B^+=0.683$，$\alpha_E^+=19.0$. 数值模拟应力-应变曲线和试验结果对比如图 1(a)所示.

4.1.2 普通混凝土

第二个单轴受拉对比试验是 Gopalarantam-Shah 试验[11]. 该试验实测混凝土的弹性模量为 $E_0=3.1\times10^4$ MPa，抗拉强度 $f_t=3.48$ MPa. 在数值模拟过程中，模型参数分别取为：$E_0=3.1\times10^4$ MPa，$f_0^+=3.57$ MPa，$A^+=0.0$，$B^+=0.518$，$\alpha_E^+=19.0$. 数值模拟应力-应变曲线和试验结果对比如图 1(b)所示.

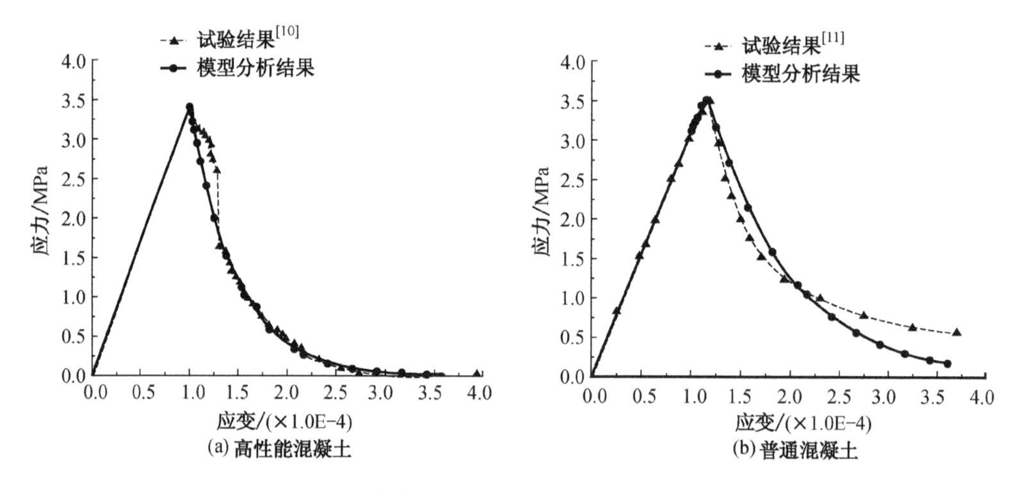

图 1 单轴受拉数值模拟和试验结果对比

从图 1 可以看出，建议模型可以很好地描述混凝土材料在单轴受拉应力状态下包括软化段在内的应力-应变全过程曲线.

4.2 单轴受压

4.2.1 高性能混凝土

文献[12]进行了两批高强混凝土的单轴受压试验，其中，A 类试件的抗压强度稍低，实测弹性模量 $E_0=3.8\times10^4$ MPa；B 类试件的抗压强度稍高，实测弹性模量 $E_0=3.9\times10^4$ MPa.

在数值模拟过程中，A 类试件模型参数分别取为：$E_0=3.8\times10^4$ MPa；$f_0^-=43.0$ MPa；$A^-=1.8$；$B^-=0.75$；$\alpha_E^-=19.0$；B 类试件模型参数分别取为：$E_0=$

3.9×10^4 MPa，$f_0^-=62.0$ MPa；$A^-=2.0$，$B^-=1.10$；$\alpha_E^-=19.0$. 数值模拟应力-应变曲线和试验结果对比如图 2(a)和 2(b)所示.

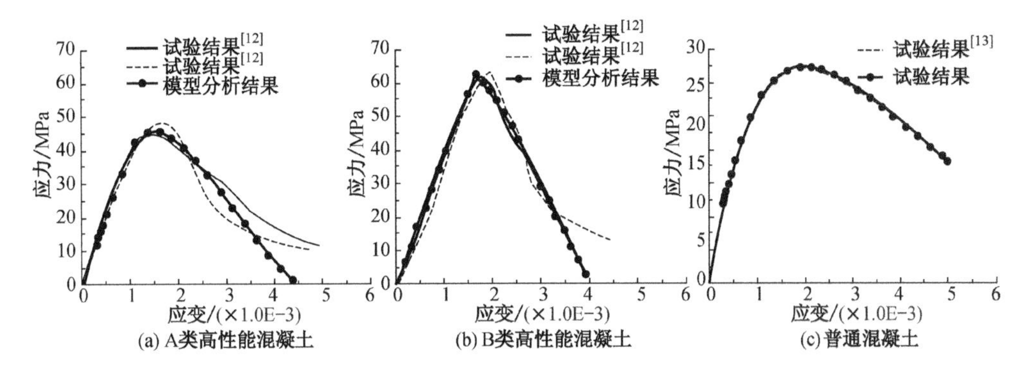

图 2　混凝土单轴受压数值模拟和试验结果的对比

4.2.2　普通混凝土

Karsan 和 Jirsa[13]进行了普通混凝土的单轴受压试验，实测弹性模量为 $E_0=3.17\times10^4$ MPa，抗压强度为 $f_c=27.6$ MPa. 在数值模拟过程中，模型参数分别取为：$E_0=3.17\times10^4$ MPa；$f_0^-=10.2$ MPa；$A^-=1.0$；$B^-=0.16$；$\alpha_E^-=19.0$. 数值模拟应力-应变曲线和试验结果对比如图 2(c)所示.

从图 2 可以看出，无论是对于普通混凝土或是高强混凝土，建议模型均能很好的模拟单轴受压应力状态下包括软化段在内的应力-应变全过程曲线：在确定性本构意义上说，其吻合程度是令人满意的.

4.3　双轴应力状态

利用建议模型对著名的 Kupfer et al.[14]的双轴试验进行了数值分析，给出了三种应力状态下[应力比分别为(−1)：0，(−1)：(−1)和(−1)：(−0.52)]的应力-应变全过程曲线[1]，其他双轴应力组合下计算得到的混凝土抗压强度结果如表 1 所示.

表 1　Kupfer et al. 双轴试验数值模拟结果

σ_1/σ_2	σ_{1c}	σ_{2c}	σ_{1c}/f_c	σ_{2c}/f_c
−1：−1.00	−37.19	−37.19	−1.160	−1.160
−1：−0.90	−38.93	−35.04	−1.214	−1.093
−1：−0.80	−40.34	−32.27	−1.258	−1.007
−1：−0.70	−41.26	−28.88	−1.287	−0.901
−1：−0.60	−41.55	−24.93	−1.296	−0.778
−1：−0.52	−41.31	−21.48	−1.289	−0.670
−1：−0.40	−40.12	−16.05	−1.251	−0.501

续表

σ_1/σ_2	σ_{1c}	σ_{2c}	σ_{1c}/f_c	σ_{2c}/f_c
−1：−0.30	−38.52	−11.56	−1.201	−0.361
−1：−0.20	−36.53	−7.31	−1.139	−0.228
−1：−0.10	−34.33	−3.43	−1.071	−0.107
−1： 0.00	−32.06	0	−1.000	0.000
−1：0.020	−31.84	0.64	−0.993	0.020
−1：0.030	31.52	0.95	−0.983	0.0296
−1：0.040	−30.95	1.24	−0.965	0.039
−1：0.052	−29.66	1.54	−0.925	0.048
−1：0.103	−20.14	2.07	−0.628	0.065
−1：0.156	−14.52	2.27	−0.453	0.071
−1：0.200	−11.80	2.36	−0.368	0.074
−1：0.500	−5.21	2.61	−0.163	0.081
−1：1.000	−2.74	2.74	−0.085	0.085
−1：2.000	−1.40	2.80	−0.044	0.087
−1：10.00	−0.292	2.92	−0.0091	0.091
0：1.00	0	2.97	0.000	0.093
1：1	2.365	2.365	0.074	0.074

注：σ_{1c}为 x 方向的最大压应力；σ_{2c}为 y 方向的最大压应力；f_c 为混凝土的单轴抗压强度.

正如已经指出的：无需引入“强度包络线”、“拉压软化系数”等经验型参数，本文建议模型即可很好的模拟双轴受压强度提高和“拉压软化效应”.

4.4 低周反复荷载

4.4.1 重复受拉

Taylor[15]在其单轴重复受拉试验中的实测弹性模量为 $E_0=3.17\times10^4$ Mpa，受拉强度 $f_t=3.47$ MPa. 数值模拟中的模型参数分别取为：$E_0=3.17\times10^4$ MPa，$f_0^+=3.50$ MPa；$A^+=0.0$；$B^+=8.5$；$\alpha_E^+=0.1$. 数值模拟应力-应变曲线和试验结果对比如图 3(a)所示.

4.4.2 重复受压

Karsan 和 Jirsa[13]单轴重复受压试验的实测弹性模量 $E_0=3.0\times10^4$ MPa，单轴受压强度 $f_c=27.6$ MPa. 数值模拟过程中模型参数分别取为：$E_0=3.0\times10^4$ MPa，$f_0^-=15.0$ MPa，$A^-=2.1$，$B^-=0.395$，$\alpha_E^-=1.0$. 图 3(b)给出了数值模拟应力-应变曲线和试验结果对比.

从图 3 可以看出，无论是受拉还是受压情况下，建议模型可以很好的描述塑性变形的影响，刚度退化以及峰值点后的强度软化也与试验结果吻合良好. 但需要指

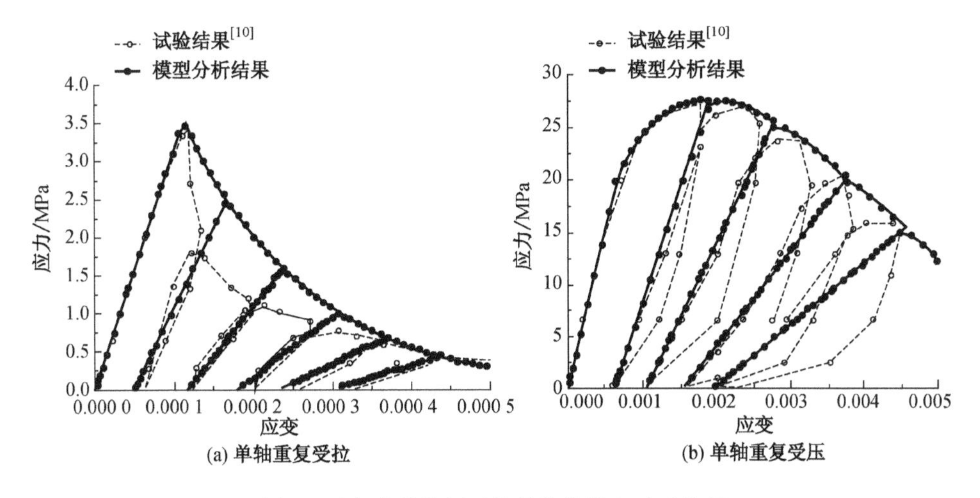

图 3　重复荷载作用下的数值模拟和试验结果

出的是，由于弹性卸载-再加载假定，建议模型不能模拟试验中出现的卸载-再加载次滞回环，对于地震动等动力作用下的耗能计算，这将导致一定的局限性.

4.4.3　反复拉压(先拉后压)

图 4 给出了混凝土在单轴低周反复作用下的数值模拟结果：先受拉至超过混凝土单轴抗拉强度后(OAB)卸载(BC)，然后重新受压加载后(CDE)卸载(EF)，然后进行第二次受拉加载后(FGH)卸载(HI)，最后进行第二次受压加载后(IJK)卸载(KL).

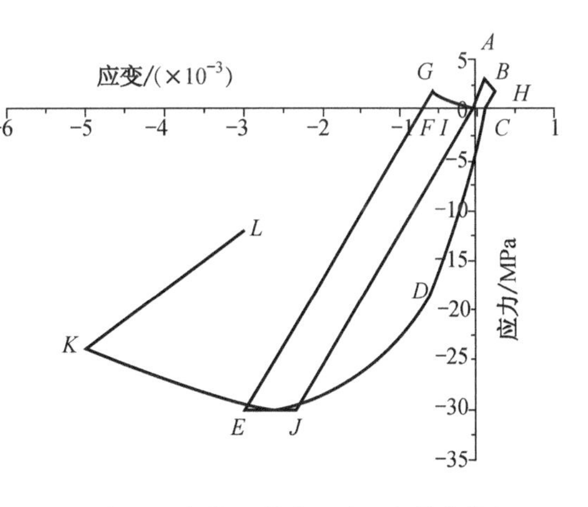

图 4　低周反复拉压荷载试验下的数值模拟

在数值模拟过程中，模型参数分别取为：$E_0=3.0\times10^4$ MPa；$f_0^+=f_t=3.0$ MPa，$A^+=0.0$，$B^+=1.0$，$\alpha_E^+=0.5$，$f_c=30$ MPa，$f_0^-=13.3$ MPa，$A^-=1.0$，$B^-=0.20$，$\alpha_E^-=2.0$.

图 4 中受拉卸载后受压加载(B—C—D—E 和 H—I—J—K)曲线表明建议模型可以很好地描述受压后由于受拉裂缝闭合导致的刚度恢复(即单边效应)，这对于混凝土结构在地震动作用等反复荷载作用下的非线性分析是相当重要的. 同时，卸载(BC 和 EF)段刚度小于材料的初始刚度(OA)表明建议模型可以较好地描述损伤引起的刚度退化. 同样，无论是受拉还是受压，建议模型均可以较好的模拟卸载后可能存在的不可恢复变形.

4.5 三点弯曲简支缺口梁

Peterson[16]曾对集中荷载作用下的素混凝土缺口简支梁进行了详细的试验研究,实测材料属性分别为:弹性模量 $E_0 = 30$ GPa,泊松比 $\nu_0 = 0.2$,密度为 $\rho_0 = 2\,400$ kg/m^3,单轴受拉强度 $f_t = 3.33$ MPa. 该试验的典型特征是材料的非线性行为主要由Ⅰ型受拉裂缝控制,为建议本构模型的结构非线性分析提供了很好的验证标准,不同的研究者对此试验也进行了广泛的理论研究[17,18].

由于结构和荷载对称性,取半边结构进行非线性分析. 经过网格收敛性分析,整个结构共划分为 280 个四节点、一次减缩积分、平面应力等参单元. 考虑到混凝土开裂后可能出现的不稳定现象,采用梁中点位移控制加载至0.001 5 m.

数值模拟中采用的模型参数分别为:$f_0^+ = f_t = 3.33$ MPa,$A^+ = 0.0$,$B^+ = 0.03$,$\alpha_E^+ = 19.0$;其他参数对分析结果影响很小,分别取为:$f_0^- = 12.0$ MPa,$A^- = 1.0$,$B^- = 0.17$. 数值分析得到的中点集中力-中点位移全过程曲线和试验结果对比如图 5 所示.

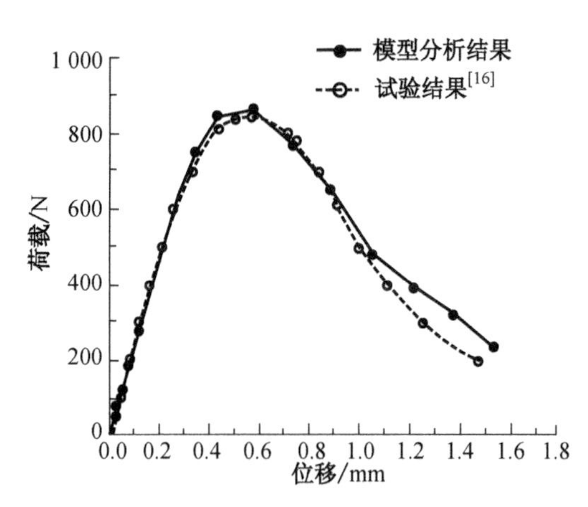

图 5　Peterson 缺口梁数值模拟和试验结果对比

从图 5 可以看出,无论是混凝土的开裂、结构的极限承载力和相应的位移以及软化段,建议本构模型得到的分析结果和试验结果均吻合良好.

5 结　语

通过对上述混凝土材料和结构试验进行数值模拟,可以得到如下结论:

(1) 建议模型及本文建立的弹性预测—塑性修正—损伤修正数值系统是稳定、高效的. 本文所发展的谱分解格式的回映算法在迭代过程无需每次重新计算有效应力张量的特征向量,而仅需计算特征值,大大提高了建议本构模型的计算效率;

(2) 只要根据单轴受拉和单轴受压试验结果标定参数 A^+ 和 B^+、A^- 和 B^-,即可根据本文建议模型计算任意应力状态下的材料本构关系;

(3) 建议模型和相应的数值算法能够很好的描述混凝土材料的典型非线性行为:峰值应力后发生的强度软化;超过一定阀值后存在的刚度退化和不可恢复塑性变形;有侧限时的抗压强度和延性提高;拉压应力状态下的“拉压软化效应”;以及反复荷载作用下的单边效应等.

6 致 谢

在本文研究期间中，与葡萄牙 Faculdade de Engenharia da Universidade do Porto 的 Rui Faria 教授进行了多次有益的讨论，在此表示感谢.

参考文献

[1] 李杰，吴建营. 混凝土弹塑性损伤本构模型研究Ⅰ：基本公式[J]. 土木工程学报，2005，38(9)：14-20.

[2] Zienkiewicz O C, Tylor R. The Finite Element Method [M]. 5th edition. Oxford: Butterworth-Heinemann, 2000.

[3] Chen W F. Constitutive equations for engineering materials Plasticity and modeling[M]. Vol. 2. Amsterdam: Elsevier, 1994.

[4] Simo J C, Hughes T J R. Computational Inelasticity [M]. New York: Springer-Verlag. 1998.

[5] Ju J W. On energy-based coupled elastoplastic damage theories: Constitutive modeling and computational aspects [J]. International Journal of Solids Structures, 1989, 25(7): 803-833.

[6] Belytschko T, Liu W K, Moran B. Nonlinear Finite Elements for Continua and Structures [M]. New York: John Wiley and Sons, 2000.

[7] Lee J, Fenves G L. Plastic-damage model for cyclic loading of concrete structures[J]. Journal of Engineering Mechanics, ASCE, 1998, 124: 892-900.

[8] 吴建营. 基于损伤能释放率的混凝土弹塑性损伤本构模型及其在结构非线性分析中的应用[D]. 上海：同济大学，2004.

[9] Faria R, Oliver J, Cervera M. 2000. On isotropic scalar damage models for the numerical analysis of concrete structures [A]. CIMNE Monograph, No. 198, Barcelona, Spain.

[10] 李杰，张其云. 混凝土随机损伤本构关系[J]. 同济大学学报，2001，29(10)：1135-1141.

[11] Gopalaratnam V S, Shah S P. Softening response of plain concrete in direct tension[J]. ACI Journal, 1985, 82(3): 310-323.

[12] 李杰，卢朝晖，张其云. 混凝土随机损伤本构关系——单轴受压分析[J]. 同济大学学报，2003，31(5)：505-509.

[13] Karsan I D, Jorsa J O. Behavior of concrete under compressive loadings[J]. Journal of Structureal Division, ASCE, 1969, 95(12): 2535-2563.

[14] Kupfer H, Hilsdorf H K, Rusch H. Behavior of concrete under biaxial stress[J]. ACI Journals, 1969, 66(8): 656-666.

[15] Taylor R L. FEAP: A finite element analysis program for engineering workstation[M]. Rep. No. UCB/SEMM-92(Draft Version), Department of Civil Engineering, University of California, Berkeley, Calif., 1992.

[16] Peterson P E. Crack Growth and Development of Fracture Zones in Plain Concrete and Similar Materials[M]. Report No. TVBM-1006, Division of Building Materials, University

of Lund, Sweden, 1981.

[17] Rots J G, Kusters G M A, Blaauwendraad J. The need for fracture mechanics options in finite element models for concrete structures[J]. Computer-Aided Analysis and Design of Concrete Structures, 1984, Pineridge Press, Swansea, United Kingdom: 19-32.

[18] Meyer R, Ahrens H, Duddeck H. Material model for concrete in cracked and uncracked states[J]. Journal of Engineering Mechanics Division, ASCE, 1994, 120(9): 1877-1895.

Elastoplastic Damage Constitutive Model for Concrete Based of Damage Energy Release Rates, Part Ⅱ: Numerical Algorithm and Verifications

Wu Jian-Ying　Li Jie

Abstract: With regard to the energy-based elastoplastic damage model presented in the previous paper[1], by decoupling plastic strains and damage evolutions, the three-step numerical framework, i.e., elastic predictor-plastic corrector-damage corrector, and the algorithm for updating the stress and the corresponding algorithm consistent tangent modulus, are provided in this paper. In the procedure of updating the effective stress, the unified Newton-Raphson iterative formulation of the plastic consistent parameter and the hardening parameters is established by using spectral decomposition in the effective stresses space. In accordance with the above algorithm, a nonlinear finite element analysis program is developed, and tests of concrete under monotonic and cyclic loadings are simulated. The predictive results show that the suggested model and corresponding algorithm can describe the typical nonlinear behaviors of concrete materials.

（本文原载于《土木工程学报》第 38 卷第 9 期，2005 年 9 月）

混凝土随机损伤力学的初步研究

李 杰

摘 要 阐述了混凝土随机损伤力学研究的基本学术观点，系统介绍了确定性的混凝土弹塑性损伤本构关系、混凝土随机损伤本构关系、结构非线性反应分析的密度演化理论等内容，由此构成了混凝土随机损伤力学研究的基本框架.

混凝土是土木工程中应用最广泛的工程材料. 据统计，2003 年我国水泥产量达到了创记录的 8.3 亿吨，占世界总产量的 40%. 根据经验折算，2003 年我国混凝土工程用量应为 40 亿～45 亿吨，相当于每人每年 3.0～3.5 吨. 这不能不说是一个惊人的数字.

与混凝土工程应用繁荣兴旺的背景相比较，关于混凝土科学、尤其是混凝土结构学的研究，明显赶不上发展的需要. 一些关键的科学与技术问题，仍然处于悬而未决的境地. 混凝土的受力本构关系与结构非线性分析，就是其中较为突出的两个问题. 尽管国内外学者在过去的数十年中付出了大量的努力[1-4]，然而，由于混凝土材料本身的高度复杂性，使得众多开始得到应用的研究成果至多只能达到差强人意的程度. 如何科学地反映混凝土材料与结构受力全过程乃至工程结构寿命全过程中的非线性行为本质，并应用这一关于本质的认识去有效地设计与控制工程结构的行为，仍然是凸现在研究工作者与工程师们面前的巨大挑战.

在过去的 10 年间，本文作者和他的研究梯队对上述关键科学问题展开了新的探索与研究. 从混凝土材料与混凝土结构的破坏特征入手，逐步深入地探索了混凝土材料受力本构关系、细观破坏模型、结构非线性反应的概率密度演化规律等. 由于这一研究的核心是混凝土的随机损伤、损伤的演化进程及演化所形成的结构力学效应，不妨称其为“混凝土随机损伤力学”. 本文，拟就这一分支学科研究的基本观点、主要研究进展加以概括性地介绍.

1 基本观点

众所周知，混凝土是由水泥，粗、细集料，各类掺和料组成的多相复合材料. 在形成之初,混凝土内部就具有微孔洞、微裂缝等初始缺陷.在外力作用下,这些初始损伤会逐渐发展,从而导致材料单元的应力-应变关系逐步地偏离线性关系,呈现出非线性的基本特征.同时,由于混凝土材料各组分具有随机分布性质,无论是初始的损伤分布还是后续的损伤演化进程,都不可避免地具备随机性的特征.换句话说,混凝土材料构成的随机分布性质,必然导致损伤具有随机演化性质.随机的损伤演化,必然导致随机的强度表现、随机的本构关系.因此,采用概率论的观点,才能更为客观地反映混凝土材料的受力本构行为.

采用概率论反映客观现象,根本的原因在于被观察对象具有非完备观测与非完全控制性质[5].换句话说,应采用反映论的观点来考察随机性及其演化过程.构成随机现象内在本质的,则是确定性的物理、力学规律.在一定范围内,这种本质可以在观察样本点上得到实证,也可以在统计平均意义上加以揭示.因此,确定性物理、力学规律的研究,对于随机演化规律的研究是不可或缺的基础.

对于混凝土随机损伤力学而言,首要问题便是对确定性应力-应变本构关系的研究.考察国内外在这一方向的研究进展可知,几乎在固体力学领域里每一个获得应用的建模理论,都曾被尝试性地应用于混凝土本构关系研究中,如线弹性理论、非线性弹性理论、塑性力学理论、断裂力学理论、经典损伤力学理论……不幸的是,由于混凝土材料构成的复杂性,其受力非线性行为表现出高度的复杂性,这使得多数已有的建模理论难以完美地反映混凝土材料的受力非线性行为.事实上,一个“好的”混凝土本构模型,应该具备两方面的基本特征:其一是理论上的合理性.不仅能够反映混凝土受力非线性行为的主要特征(如强度软化、刚度退化、拉压软化、单边效应……),而且在逻辑上是自洽的;其二是应用上的简明性.本构关系的理论表述是简单明了的,可以方便地应用于工程结构的分析之中,并且,本构关系的主要参数能通过简单的力学试验方法获取.从这两个方面考察,将宏、细观损伤力学结合起来,并在细观层次引入随机性的描述,有希望达到上述基本目的.

损伤导致非线性,混凝土材料的损伤不可避免地具有随机性.这一背景使非线性与随机性密切地耦合起来.这种耦合效应与确定性物理力学规律相结合,构成了混凝土受力行为从材料到结构、从简单到复杂的丰富演化进程,正是这种演化进程导致混凝土从材料到结构受力非线性行为的多样性与不可精确预测性质.非线性造成关于线性应力-应变状态的偏离(应力重分布),随机性使这种偏离带有不能被确定性跟踪的特征.这样的一种演化进程,不仅可以使非线性效应得到增强或削弱(涨落),也可以使结构行为的变异性特征得到放大或缩小(另一种意义的涨落).换句话说,随机损伤及其演化必然导致涨落.可以合理地猜测:结构越复杂,涨落越显著.而结构关于外力作用效应的涨落,则直接联系于结构的安全与否.

随机损伤及其演化的规律建立于对于确定性物理、力学规律的研究之上,这并不意味着可以用确定性物理—力学规律替代随机的物理力学演化规律.事实上，仅在比较简单或特殊的场合，确定性物理力学规律才具有对实验观察现象的准确预测能力. 为了在复杂的结构层次上反映随机损伤及其结构力学效应的演化进程，应研究结构反应的随机演化规律. 从随机性与确定性的辨证关系研究中，我们发现：可以从概率密度演化的角度反映结构随机反应的基本规律. 利用这一思想，不仅可以在总体上把握结构非线性随机反应的基本趋势，也可以考察结构非线性损伤进程中的细部构造. 较之简单的随机取样方法或较为粗略的数值特征传递求解方案，密度演化理论更具有合理性、现实性与吸引力. 实际上，利用结构反应概率密度演化规律，可以方便地给出混凝土结构在各种复杂条件下的受力可靠度.

采用损伤力学的基本观点反映混凝土的非线性行为，通过细观损伤的研究建立损伤随机演化的基本法则，从随机性与非线性耦合的角度认识混凝土结构损伤演化进程所导致的非线性及随机性的涨落，发展密度演化理论实现对随机演化规律“从本构到结构”的反映，在所有这些研究的基础上，发展现代混凝土结构的精细化设计理论与智能控制理论. 这些，就是本文作者在混凝土随机损伤力学研究中所持的基本观点，也是在研究进程中一直坚持把握的基本发展路线.

2 确定性弹塑性损伤本构模型的研究

大量的试验观察与理论研究表明，混凝土的非线性变形来源于两种基本的物理机制：微裂缝（微缺陷）的扩展和水泥浆体的塑性滑移. 因此，正确的混凝土本构关系必须对这两种基本的物理变形机制作出合理的反映. 弹塑性损伤本构模型，作为对于经典损伤力学和经典塑性力学的综合与发展，为这种反映途径的开辟提供了一个合乎理性的基础. 然而，尽管此前已经进行了大量的研究[6-10]，但由于在基本损伤变量的选取、损伤与塑性耦合效应的考虑、损伤准则的确立等一系列问题上存在不同的选择，使得既有的弹塑性损伤模型很难既具有完备的热力学基础，又能与实验结果取得良好的符合. 在本文作者及其学生近年来的研究工作中，建立了一类新的弹塑性损伤本构模型[11,12]，其基本建模原则是：

(1) 采用受拉损伤变量与受剪损伤变量反映混凝土受力变形时的弹性损伤机制. 在此基础上，利用有效应力张量分解的概念，导出混凝土材料受力变形的弹性自由能势.

(2) 考虑材料损伤与塑性变形的耦合效应，确立混凝土材料受力变形的塑性自由能势.

(3) 综合弹性自由能势与塑性自由能势，利用不可逆热力学基本原理，给出混凝土弹塑性本构关系和损伤、塑性发展所应满足的基本原则（损伤耗散不等式与塑性耗散不等式）.

(4) 基于损伤能释放率给出损伤准则，基于正交流动法则确定损伤演化法则和塑性变形演化法则.

混凝土材料的有效应力张量 $\bar{\sigma}$ 定义为

$$\bar{\sigma}=\boldsymbol{C}_0:\varepsilon^{\mathrm{e}}=\boldsymbol{C}_0:(\varepsilon-\varepsilon^{\mathrm{p}}) \tag{1}$$

式中，$\boldsymbol{C}_0$ 为材料初始弹性刚度张量；ε^{e} 为弹性应变张量；ε 为应变张量；ε^{p} 为塑性应变张量.

采用应力张量的特征向量分解方法，不难将有效应力张量分解为主要与受拉变形相关的正张量 $\bar{\sigma}^{+}$ 和主要与受剪变形相关的负张量 $\bar{\sigma}^{-}$，在此基础上，可以将混凝土的弹性 Helmholtz 自由能势分解为受拉自由能 $\Psi^{\mathrm{e}+}$ 与受剪自由能 $\Psi^{\mathrm{e}-}$ 两个部分，并分别定义为

$$\Psi^{\mathrm{e}+}(\varepsilon^{\mathrm{e}},\ d^{+})=(1-d^{+})\Psi_0^{\mathrm{e}+}(\varepsilon^{\mathrm{e}})=\frac{1}{2}(1-d^{+})\bar{\sigma}^{+}:\varepsilon^{\mathrm{e}} \tag{2}$$

$$\Psi^{\mathrm{e}-}(\varepsilon^{\mathrm{e}},\ d^{-})=(1-d^{-})\Psi_0^{\mathrm{e}-}(\varepsilon^{\mathrm{e}})=\frac{1}{2}(1-d^{-})\bar{\sigma}^{-}:\varepsilon^{\mathrm{e}} \tag{3}$$

式中，d^{+} 为受拉损伤变量；d^{-} 为受剪损伤变量；$\Psi_0^{\mathrm{e}+}$ 为初始受拉弹性自由能；$\Psi_0^{\mathrm{e}-}$ 为初始受剪弹性自由能.

另一方面，考虑塑性变形和损伤的耦合效应，可给出混凝土材料的塑性 Helmholtz 自由能势为

$$\Psi^{\mathrm{p}}(\varepsilon^{\mathrm{p}},\ d^{-})=(1-d^{-})\Psi_0^{\mathrm{p}}(\varepsilon^{\mathrm{p}})=(1-d^{-})\int_0^{\varepsilon^{\mathrm{p}}}\bar{\sigma}^{-}:\mathrm{d}\varepsilon^{\mathrm{p}} \tag{4}$$

式中，ε^{p} 为描述材料塑性变形的内变量；Ψ_0^{p}为材料的初始塑性自由能势. 由于混凝土在受拉应力作用下发生的塑性变形很小，因此，可以不考虑混凝土材料的受拉塑性变形能.

在式(2)～(4)的基础上，混凝土材料的总弹塑性 Helmholtz 的自由能势为

$$\Psi(\varepsilon,\ \varepsilon^{\mathrm{p}},\ d^{+},\ d^{-})=\Psi^{\mathrm{e}+}(\varepsilon^{\mathrm{e}},\ d^{+})+\Psi^{\mathrm{e}-}(\varepsilon^{\mathrm{e}},\ d^{-})+\Psi^{\mathrm{p}}(\varepsilon^{\mathrm{p}},\ d^{-}) \tag{5}$$

根据表述热力学第二定律的 Clausius-Duhem 不等式，由上式容易给出如下应力-应变关系：

$$\sigma=\frac{\partial\Psi^{\mathrm{e}+}}{\partial\varepsilon^{\mathrm{e}}}+\frac{\partial\Psi^{\mathrm{e}-}}{\partial\varepsilon^{\mathrm{e}}}=(1-d^{+})\bar{\sigma}^{+}+(1-d^{-})\bar{\sigma}^{-}=(\boldsymbol{I}-\boldsymbol{D}):\boldsymbol{C}_0:(\varepsilon-\varepsilon^{p}) \tag{6}$$

其中 $\boldsymbol{D}$ 为 4 阶损伤张量，表达式为

$$\boldsymbol{D}=d^{+}\boldsymbol{P}^{+}+d^{-}\boldsymbol{P}^{-} \tag{7}$$

式中，$\boldsymbol{P}^{+}$ 和 $\boldsymbol{P}^{-}$ 为有效应力张量 $\bar{\sigma}$ 投影到 $\bar{\sigma}^{+}$ 和 $\bar{\sigma}^{-}$ 的投影张量.

同理，由 Clausius-Duhem 不等式可给出损伤耗散不等式与塑性耗散不等式

$$Y^{+}\dot{d}^{+}+Y^{-}\dot{d}^{-}\geqslant 0 \tag{8}$$

$$\sigma : \dot{\varepsilon}^{p} - (\partial \Psi^{p} / \partial \varepsilon^{p}) : \dot{\varepsilon}^{p} \geqslant 0 \tag{9}$$

这两个不等式给出了损伤、塑性变形发展应满足的基本原则. 根据式(8),损伤能释放率 Y^{+} 与 Y^{-} 为

$$Y^{+} = -\partial \Psi / \partial d^{+} = \Psi_{0}^{e+}(\varepsilon^{e}) \tag{10}$$

$$Y^{-} = -\partial \Psi / \partial d^{-} = \Psi_{0}^{e-}(\varepsilon^{e}) + \Psi_{0}^{p}(\varepsilon^{p}) \tag{11}$$

按照上述损伤能释放率,可以建立混凝土受拉损伤准则与受剪损伤准则,分别为

$$Y_{n}^{+} - r_{n}^{+} \leqslant 0 \tag{12}$$

$$Y_{n}^{-} - r_{n}^{-} \leqslant 0 \tag{13}$$

式中, $r_{n}^{\pm}$ 为当前时刻 n 对应的损伤阀值. 设材料的初始损伤界限为 $r_{0}^{\pm}$,则对于任意时刻 n,有 $r_{n}^{\pm} \geqslant r_{0}^{\pm}$.

通过合理地选取塑性势函数,用上述表达式可给出理想的混凝土破坏强度(图1). 进而,基于正交流动法则,分别确定损伤与塑性变形的演化法则.

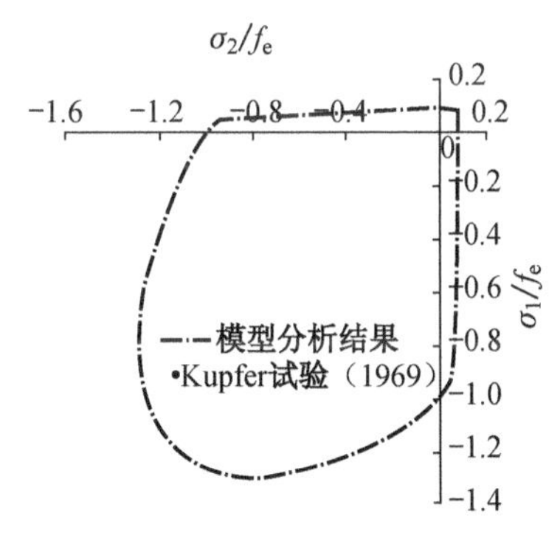

图 1　Kupfer 双轴应力试验和分析结果的对比

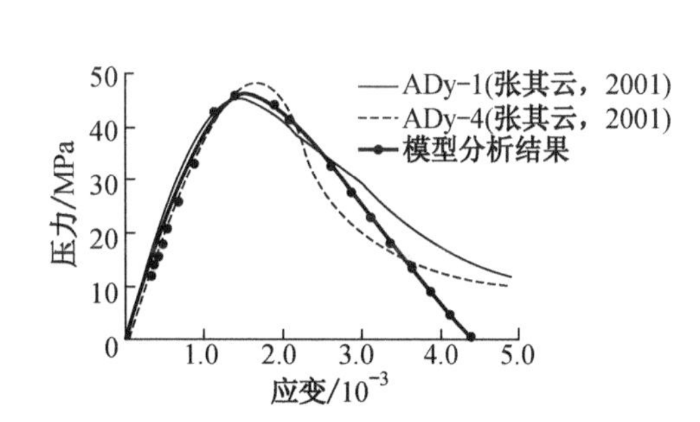

图 2　单轴受压试验和分析结果的对比

值得指出的是:运用上述弹塑性本构关系,原则上只要给出混凝土单轴受拉与单轴受压的应力-应变关系曲线,便可以通过数值计算,给出多维应力条件下的混凝土本构关系. 这类本构关系,可以理想地反映混凝土材料所特有的强度软化、刚度退化、单边效应、拉压软化、有侧压时的强度增长等一系列特殊行为. 并且,这类模型可以退化为经典的非线性弹性本构模型和经典塑性力学模型. 图 2、图 3 给出了部分关于本构行为的理论-试验比较结果. 图 4 则给出了将建议模型嵌入通用有限元程序,应用于结构构件分析的若干结果[11]. 显然,新的弹-塑性本构模型不仅具有基本参数易于通过简单试验获取的优势,在试验研究层面上也取得了理想的验证效果.

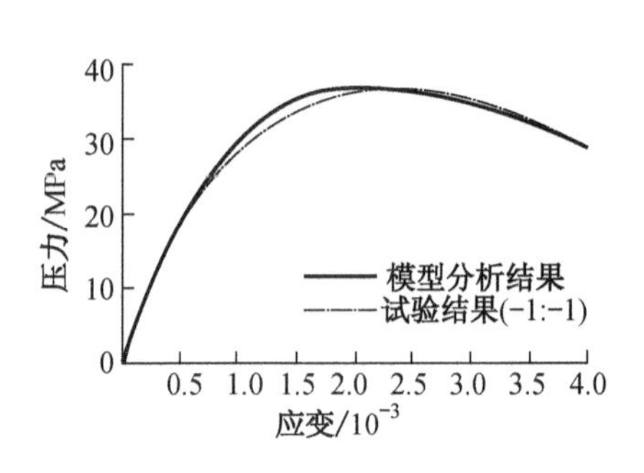

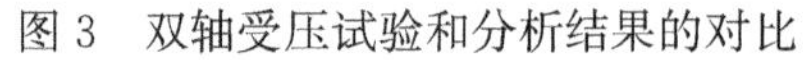

图 3　双轴受压试验和分析结果的对比

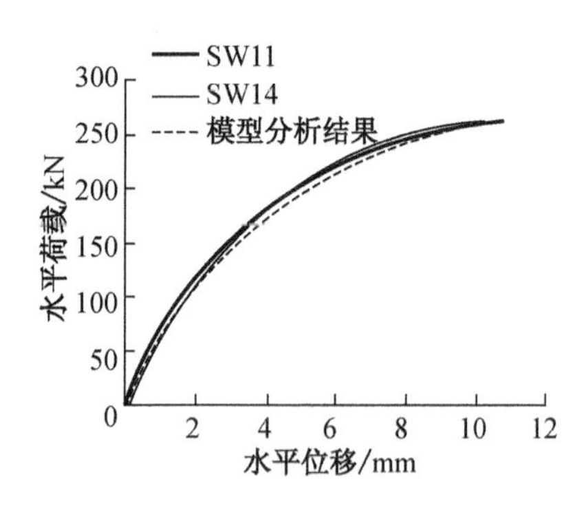

图 4　混凝土剪力墙试验和分析结果的对比

3　细观随机损伤模型与随机损伤本构关系

确定性弹塑性损伤模型的研究，在宏观的现象学层面建立了混凝土本构模型的统一理论框架. 然而，诚如本文第 1 节所述，确定性物理力学规律并不能全面地反映混凝土材料的本构行为. 换句话说，上述确定性本构模型仅仅反映了混凝土受力行为的非线性，并没有反映混凝土强度表现与本构行为中存在的随机性. 事实上，由于从宏观现象学的层面上考察，上述弹塑性损伤模型在确定混凝土损伤的演化法则时，只能应用由大量试验所总结给出的单轴应力-应变经验均值关系，这种均值关系很难回答"损伤为什么沿这样的路径发生而不沿别的路径演化"之类的问题. 笔者认为：混凝土本构行为的随机性，必须从细观层次加以揭示. 而对于细观层次随机性的概率性把握，则可以建立损伤演化从细观到宏观的桥梁. 从而，不仅可以从根本上解决混凝土非线性与随机性的综合反映问题，也在物理机制上给混凝土材料的损伤演化规律一个合理的解释. 基于这一观点，从细观损伤模型研究入手，进行了混凝土随机损伤本构关系的研究[13-15].

如图 5 所示的串、并联弹簧模型，其中的每一个微弹簧用于模拟混凝土细观受拉损伤单元. 在外力作用下，这些细观单元因应力达到其强度而退出工作. 与通常的确定性模型不同，这里取各弹簧的断裂应变（图 6）为随机物理量. 在外力作用下，弹簧的随机断裂形成损伤的随机发展进程. 由于损伤，导致单轴受拉 $\sigma-\varepsilon$ 关系出现非线性，当微弹簧断裂造成的平均应力降低大于因外力增长导致的平均应力增长时，$\sigma-\varepsilon$ 关系出现软化段（事实上，详细分析表明，在临界点会出现应力突降即跌落现象[13]）. 这样，就不仅解释了损伤导致非线性的细观本质，而且，也给出了受拉损伤的随机演化进程.

根据上述模型，定义受拉损伤变量为

$$d^{+}=A_w/A \tag{14}$$

式中，A_w 为因细观单元断裂而导致材料退出工作的面积；A 为材料的总面积，对受拉试件，即试件横截面积.

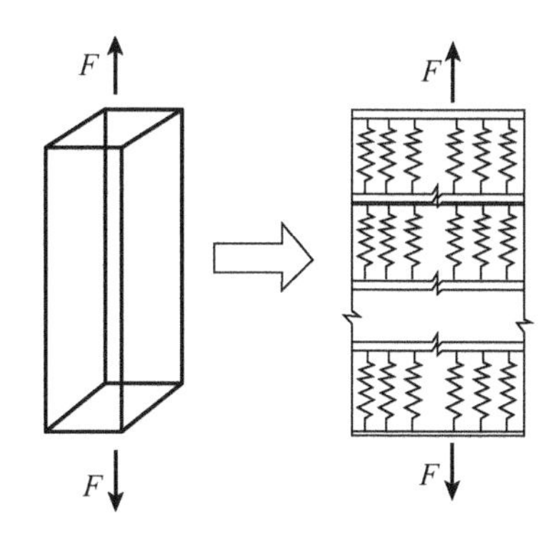

图 5 受拉单元与串、并联模型

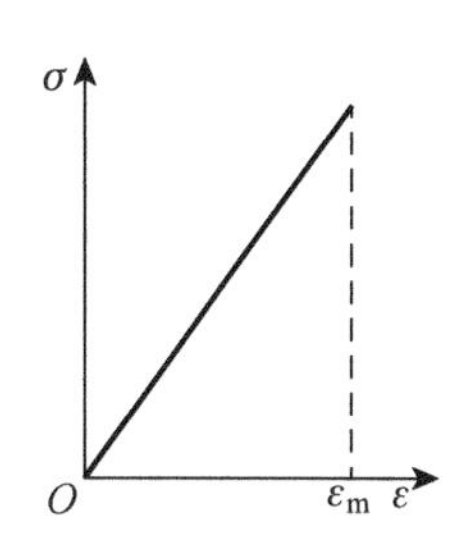

图 6 微弹簧应力-应变关系

在任一拉应变状态，由于试件均匀受拉，有

$$A_w(\varepsilon) = \sum_{i=1}^{Q} H(\varepsilon - \Delta_i) A_i \tag{15}$$

式中，A_i 为微弹簧元的面积；Q 为微弹簧总数量；Δ_i 为微弹簧元的极限破坏应变，为服从某一分布的随机变量. $H(\cdot)$为 Heaviside 函数.

以式(15)代入式(14)并考虑 $Q\to\infty$，有

$$d^{+}(\varepsilon) = \int_0^1 H(\varepsilon - \Delta(y))\mathrm{d}y \tag{16}$$

式(16)事实上给出了受拉损伤变量的演化法则. 由于 $\Delta(y)$ 的随机场性质，$d^{+}(\varepsilon)$为一随机变量. 按照概率论的运算法则，不难给出 d^{+} 的均值演化进程与其他概率信息. 类似地，可以给出受剪损伤变量的随机演化表述.

将上述随机损伤变量的均值与前面的确定性弹塑性损伤模型相结合，将给出具有均值意义的弹塑性损伤本构模型. 进而，直接以随机损伤演化法则代入前述弹塑性损伤模型，将给出随机损伤本构关系模型. 关于后者，可以采用本文后述的概率密度演化思想给出应力概率密度关于应变的演化进程，也可以简单地采用求取数值特征的方式给出本构模型的均值关系与方差表达. 值得注意的是，在这里，隐含性地引入了这样的假定：混凝土材料受力行为的随机性主要源于弹性损伤的随机性. 事实上，这一假定也可以去除，这只要在塑性变形方面同时引入随机性的考虑即可. 显然，这尚有待于进一步的研究.

图 7 示出了按照随机损伤本构模型计算给出的若干实例. 图中，同时给出了一批混凝土本构试验的结果[14]. 显然，大部分试验结果落在均值加、减 1 倍均方差的范围之内，这正是随机损伤本构关系研究所期望的结果：不仅可以反映混凝土的均值 σ-ε 关系，也能在概率意义上预测其离散范围，从而，更为合理地反映混凝土的本质及其行为的离散性.

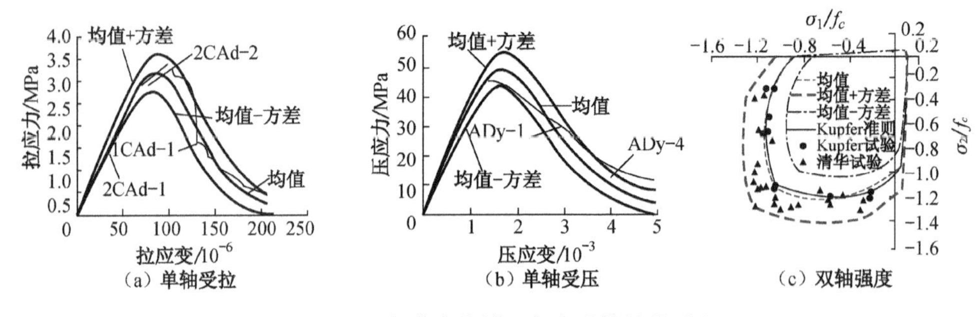

图 7 随机损伤本构模型与实验结果的对比

4 混凝土结构非线性反应的概率密度演化

由于损伤路径的不确定性,混凝土材料的力学行为在本构层次上呈现随机性.一个自然的问题便是:这种随机性对于结构层次的非线性反应有什么影响?换句话说,当结构分析模型中的物理关系(或物理参数)存在随机性时,怎样进行结构层次的非线性分析?在研究进程中,经过长期探索,发展了概率密度演化理论,基本解决了上述问题[16-18].

由于静力分析可视为动力分析的特例,不失一般性,考虑结构的非线性动力反应分析问题.设一般多自由度非线性反应控制方程为

$$\boldsymbol{M}\ddot{X}+\boldsymbol{C}\dot{X}+f(\xi,\ X)=F(t) \tag{17}$$

式中,$\boldsymbol{M}$, $\boldsymbol{C}$ 分别为结构质量矩阵和阻尼矩阵;$\ddot{X}$, $\dot{X}$ 与 X 分别为结构加速度、速度与位移反应;$f(\xi,\ X)$为因随机本构反应关系导致的结构非线性恢复力,ξ 为随机本构关系中的随机参数;$F(t)$为动力荷载.

实际工程中的结构动力学问题一般是适定的,即其解答存在且唯一.设在给定初始条件下,式(17)的解答为

$$X=X(\xi,\ t) \tag{18}$$

其任一分量为

$$X_l=\varphi_l(\xi,\ t) \tag{19}$$

由于 ξ 的随机变量性质,X_l 与 ξ 的联合概率密度可以表示为

$$p_{X_l\xi}(x,\ x_\xi,\ t)=p_{X_l\xi}(x,\ t\mid\xi=x_\xi)p_\xi(x_\xi)=\delta(x-\varphi_l(x_\xi,\ t))p_\xi(x_\xi) \tag{20}$$

式中,x, x_ξ 分别对应于 x_l 与 ξ 的实现值;δ 为 Dirac 符号;$p_\xi(x_\xi)$为 ξ 的概率密度分布函数.

将式(20)两边关于 t 求导,可得

$$\frac{\partial p_{x_l\xi}(x, x_\xi, t)}{\partial t}=\frac{\partial}{\partial t}[\delta(x-\varphi_l(x_\xi, t))p_\xi(x_\xi)]=-\dot{x}_l(x_\xi, t)\frac{\partial p_{x_l\xi}(x, x_\xi, t)}{\partial x}$$

亦即

$$\frac{\partial p_{x_l\xi}(x, x_\xi, t)}{\partial t}+\dot{x}_l(x_\xi, t)\frac{\partial p_{x_l\xi}(x, x_\xi, t)}{\partial x}=0 \tag{21}$$

称式(21)为广义概率密度演化方程."广义"二字意味着 x_l 可以是任何设定的状态量(如位移、变形、内力、应变、应力等).

采用差分方法,可以求解上述概率密度演化方程[17].而结构反应的概率密度,可以由下式给出

$$p_{x_l}(x, t)=\int_{\Omega_\xi} p_{x_l\xi}(x, x_\xi, t)\mathrm{d}x_\xi \tag{22}$$

式中,Ω_ξ 为关于 ξ 的积分区域.

利用上述概率密度解答,容易给出结构反应的均值解答与方差范围.

比较一下经典的确定性结构反应分析与上述概率性结构反应分析的基本思想是有意义的.在经典确定性结构非线性反应分析中,采用确定性的本构关系.在常用的增量变刚度方法中,采用当前点的应力或应变决定下一步分析用的刚度矩阵,由此跟踪结构的非线性反应,这就好比是按照确定性的本构关系"图"去寻找结构非线性反应的轨迹(按图索骥).当本构关系、结构形式、外力作用确定时,结构非线性变形在分析之前已"确定性"地存在在那里,人们要做的工作仅仅是按图索骥.遗憾的是,由于材料在细观层次上损伤路径的不确定性,使得不仅在本构层次、而且必然在结构层次上存在非线性与随机性的耦合效应.因此,结构真实的非线性演化进程是"歧路亡羊":在每一个进化的岔路口都存在不确定性.这一背景,是迄今为止的结构非线性反应分析难以理想地与结构实验观察数据相符合的重要原因.对于不可精确预测的结构非线性反应,采用演化的概率密度加以"覆盖",是一种智慧的选择.由于可以给出概率密度分布,便给出了结构非线性反应的精细化描述.由此,不难给出结构可靠度的准确刻划.非常有意义的是,上述概率密度演化分析方法恰恰是建立在确定性结构非线性分析基础上的.事实上,式(21)中的 $\dot{x}_l(x\xi, t)$ 的求取,正是通过经典确定性结构非线性分析获得的.从一定意义上说,概率性非线性反应分析的结果,可以视为是确定性非线性分析结果的某种综合结果.将这种理性总结与结构线性

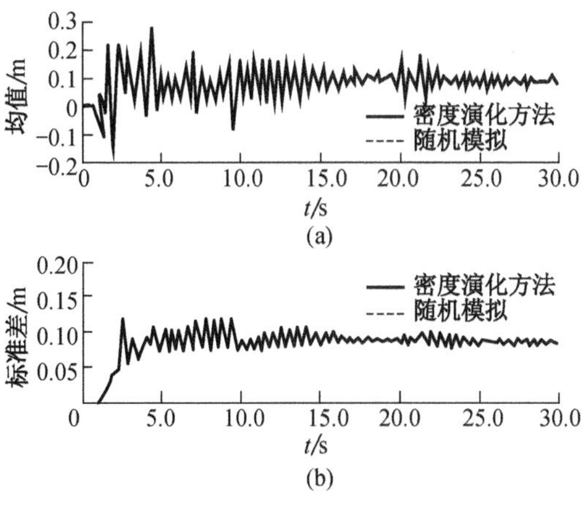

图 8 结构地震反应均值与方差

分析和非线性分析、结构静力分析和动力分析在方法论上的联系相类比，不难发现其中深有意味的相似之处.

图 8 与图 9 分别示出了一个 2 跨 8 层结构考虑随机本构关系所进行的非线性反应分析结果. 这一实例表明：结构非线性反应的概率密度具有复杂的演化进程. 结构反应的随机性涨落，正是隐含在这种复杂的演化进程之中.

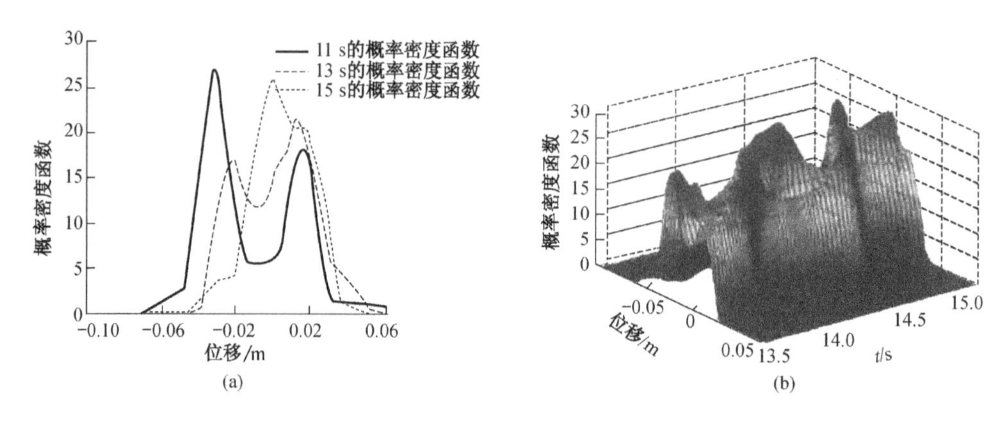

图 9　结构地震反应概率密度曲线与曲面

5　尚需研究的问题

上述研究工作，大体上形成了混凝土随机损伤力学的基本框架. 然而，正如许多分支学科在初创时那样，在核心思想基本合理的前提下，现有研究必然存在诸多有待于深入研究的问题. 在本文作者的思考中，下述问题具有当务之急的研究价值：

(1) 混凝土细观随机损伤的精细化模型；

(2) 对混凝土塑性变形细观机理的研究；

(3) 在本构、构件、结构层次的深入对比试验研究；

(4) 非单纯荷载因素的损伤及其演化；

(5) 基于密度演化分析的结构可靠度分析理论；

(6) 随机荷载与荷载组合问题等.

即使上述问题得到完满解决之后，混凝土随机损伤力学仍然有着广阔的研究前景. 事实上，一切工程力学研究的归结点是工程结构的合理设计与控制. 从这一意义上考察，在混凝土结构的精细化设计与智能控制理论体系中，混凝土随机损伤力学的研究，仅仅是一个起点. 而在此过程中所生发出来的一些新概念、新观点，也必然可以借鉴于其他物理与工程问题研究中. 密度演化理论关于一般物理随机系统的推广，即构成一个潜在的领域.

参考文献

[1] Chen Hui-fa. Plasticity in reinforced concrete[M]. [s. l.]:McGraw-Hill, 1982.

[2] 陈惠发. 土木工程材料的本构方程[M]. 武汉:华中科技大学出版社,2001.

[3] 过镇海. 混凝土的强度和变形[M]. 北京:清华大学出版社,1997.

[4] 宋玉普. 多种混凝土材料的本构关系和破坏准则[M]. 北京:中国水利水电出版社,2002.

[5] 李杰. 随机结构系统——分析与建模[M]. 北京:科学出版社,1996.

[6] Mazars, J. A description of micro-and macro-scale damage of concrete structure [J]. Engineering Fracture Mechanics,1986,25:729-737.

[7] Resende L. A damage mechanics constitutive theory for the inelastic behavior of concrete [J]. Computer Methods in Applied Mechanics and Engineering,1987,60:57-93.

[8] Ju J W. On energy-based coupled elastoplastic damage theories, constitutive modeling and computational aspects[J]. International Journal of Solids Structures,1989,25:803-833.

[9] Faria R, Oliver J, Cervera M. A strain-based plastic micro-damage model for massive concrete structures[J]. International Journal of Solids and Structures,1998,35:1533-1558.

[10] Corni C, Rerego U. Fracture energy based bi-dissipative damage model for concrete[J]. International Journal of Solids and Structures,2001,38:6427-6454.

[11] Li Jie, Wu Jian-ying. Energy-based CDM model for nonlinear analysis of confined concrete structures [Z]. Keynote on the International Symposium on Confined Concrete, Changsha,2004.

[12] Wu Jian-ying, Li Jie. A new energy-based elastoplastic damage model for concrete[A]. XXI ITCAM[C]. Warsaw:IPPT PAN,2004. 234.

[13] 李杰,张其云. 混凝土随机损伤本构关系[J]. 同济大学学报(自然科学版),2001,29(10):1135-1141.

[14] 李杰. 混凝土随机损伤本构关系研究进展[J]. 东南大学学报,2002,32(5):750-755.

[15] Li Jie, Lu Zhao-hui, Zhang Qi-yun. A research on the stochastic damage constitutive model of concrete materials[A]. Proceeding of International Conferece on Advances in Concrete and Structures[C]. Bagneux:RILEM Publications,2003. 44-51.

[16] 李杰,陈建兵. 随机结构动力反应分析的概率密度演化方法[J]. 力学学报,2003,35(4):437-442.

[17] 李杰,陈建兵. 随机结构非线性动力反应分析的概率密度演化分析[J]. 力学学报,2003,35(6):716-722.

[18] Li Jie, Chen Jian-bing. Probability density evolution method for dynamic response analysis of structures with uncertain parameters[J]. Computational Mechanics,2004,34:400-409.

Research on the Stochastic Damage Mechanics for Concrete Materials and Structures

Li Jie

Abstract: Three problems related to concrete mechanics are investigated. They are, respectively, the deterministic elastoplastic damage constitutive relationship, the stochastic damage constitutive model for concrete materials, and the probability density evolution theory for the nonlinear response analysis of concrete structures. The basic modelling principle and the main formula are presented. Some potential research subjects are discussed as well.

（本文原载于《同济大学学报》第 32 卷第 10 期，2004 年 10 月）

混凝土二维本构关系试验研究

李 杰　任晓丹　杨卫忠

摘 要　本文采用 Instron-8506 四立柱液压伺服试验机对混凝土二维本构关系进行了系统的试验研究. 在应变控制加载的条件下测得了混凝土板式试件在二轴压—压区和拉—压区的双轴应力应变全曲线. 分析了试件的破坏特点，讨论了不同应变组合条件下试件的破坏模式. 提取全曲线的特征参数，建立了应力空间和应变空间的强度包络线，并与经典试验结果进行了对比. 研究表明双轴应变比例控制加载条件下可以测得混凝土板式试件的二轴应力应变全曲线，所得曲线具有一定的精度和可信性. 本文得到的应力应变全曲线和包络线为多轴本构关系的研究以及复杂结构设计提供了依据.

混凝土是土木工程中应用最多也是最重要的建筑材料，但是一直以来，由于混凝土材料内秉的复杂性，使得人们对于混凝土结构的分析设计长期停留在比较粗略的水平. 近二十年来，随着计算机和数值计算技术的迅速发展，混凝土结构的分析和设计水平有了长足的提高，常规结构的线弹性分析已不存在关键性障碍. 但是，对于混凝土结构非线性分析，虽然国内外研究者进行了大量的努力，但取得的结果却差强人意. 在研究的过程中人们逐渐意识到，混凝土非线性分析研究的核心是混凝土本构关系的研究[1].

同其他物理研究一样，混凝土本构关系的研究也分为理论和试验两个方面. 在理论研究方面，国内外研究者基于不同的力学理论和试验结果建立起了一系列混凝土本构模型，并且应用于混凝土结构非线性的分析实践之中[2-4]. 在试验研究方面，以 Kupfer 试验为代表的双轴、多轴强度试验技术已趋于成熟[5-8]，但是对于混凝土在多轴加载条件下受力全过程的试验研究，尚缺乏足够的试验数据. 事实上，单单依靠强度试验数据，很难对本构模型的预测结果给予有力的支撑或修正，这也在一定程度上导致了上述建立起的一系列混凝土本构模型很难进一步完善并应用于工程实际. 鉴于此，我们对混凝土板式试件在二维加载条件下受力全过程的性能进行了较为系统的试验研究，整理得到了混凝土二维本构关系试验全曲线，并根据全曲线建立了应力空间和应变空间的混凝土二维强度包络图.

1 试验概述

1.1 试件制备

试件材料为高性能混凝土，设计强度等级为 C50. 混凝土制备采用了双掺工艺，胶凝材料中除水泥外还掺有一定量的粉煤灰和矿渣粉，骨料采用粒径 5～15 mm碎石. 每 m^3 高性能混凝土的配合比（重量比）为：水∶水泥∶矿粉∶粉煤灰∶砂∶石∶减水剂＝175∶204∶204∶102∶175∶640∶1 100∶15.5(kg). 制备过程中先将试件浇筑成 520 mm×520 mm×50 mm 的方板，采用木模成型，机械振捣，人工浇注，24 h 拆模，标准养护 28 d. 然后采用红外线自动桥式切割机将养护好的方板切割成 150 mm×150 mm×50 mm 的小试件进行试验. 切割所得小试件表面光滑平整，易于同加载钢板接合，并且试件几何尺寸也具有很高的精度.

1.2 试验设备

加载设备采用清华大学高坝大型实验室 INSTRON8506 四立柱液压伺服试验机. 双向加载系统为分离式，竖向为四立柱试验机，水平为封闭加力框架，两个方向可以互不干扰的实现力的输出. 在水平和竖直方向上分别安装高精度应变测量装置（这里采用引伸仪）并将测得的应变实时传回试验机，即构成以应变为控制参数的闭环控制（closed loop）加载系统，实现各自方向上的应变输出. 此时根据设计应变比和加载速率计算出各个时刻的控制应变，再以加载控制文件的形式输入试验机，即可以实现应变比例加载.

1.3 加载制度和应变比

根据 Krajcinovic 的讨论[9]和以往的试验[5]，在应力控制加载制度下加载到达峰值点后就会进入非稳定阶段，试件将瞬间发生破坏，此时不能测得应力应变曲线的下降段，而在应变控制加载制度下试件在加载全过程都处于稳定状态，可以测得应力应变全曲线，所以本次试验采用应变控制加载制度. 如图 1 所示，试验机记录并用于控制的应变值是加载板之间的变形与试件原始尺寸的比值，这个应变包含了试件变形以及试件与加载板之间界面层的变形，定义为名义应变 E. 本文规定：竖向加载轴名义应变为 E_1，水平加载轴名义应变为

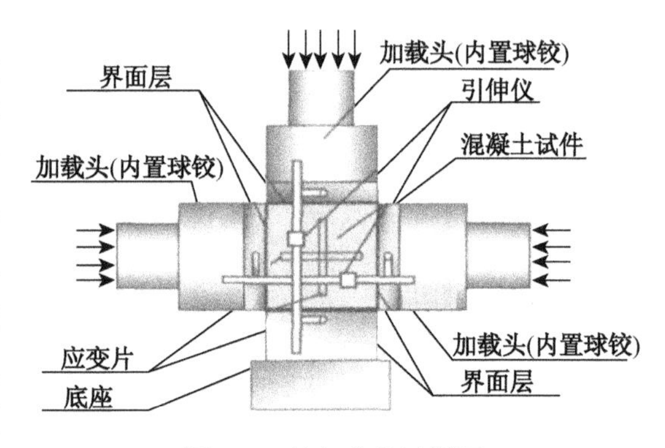

图 1　双轴加载装置详图

E_2，以拉应变为正，压应变为负. 两个加载轴名义应变的比值定义为名义应变比 $\alpha=E_2/E_1$，加载过程中保持名义应变比不变，并且根据名义应变比的不同将所有试件分为 8 组. 压-压区 4 组，名义应变比分别为 $\alpha=1$, 0.3, 0.1 和 0；拉-压区 4 组，名义应变比分别为 $\alpha=-0.167$, -0.25, -0.5, $-\infty$；由于试验条件的限制，没有进行双向受拉区的试验.

1.4 界面层

在受压加载过程中，由于泊松效应的影响，混凝土试件和钢制加载板都会发生侧向膨胀，又由于二者的泊松比不同，使得加载板对试件产生侧向约束效应，试件的抗压强度会因此而大大增加，此时测得的抗压强度和全曲线都会失真. 解决这个问题最常用的方法就是在加载板和试件之间设置减摩层. 本次试验中采用两层 0.2 mm 聚四氟乙烯（Teflon）作为减摩层，试验证明效果较好. 减摩层厚度虽然不大，但是由于其本身刚度比较小，所以在加载过程中也会产生一定的变形，为了便于后期数据处理，试验中实测了减摩层的应力-变形关系，如图 2 所示.

在受拉加载过程中，需要用结构胶将加载板和试件粘结起来以传递拉应力，实际上在加载的过程中结构胶涂层也会发生一定的变形，以往的试验中往往认为结构胶的变形很小对总体影响不大可以忽略. 本次试验中实测了结构胶的应力-变形关系（图 3），发现结构胶的变形也具有一定的量值，后期数据处理的过程中应予以考虑.

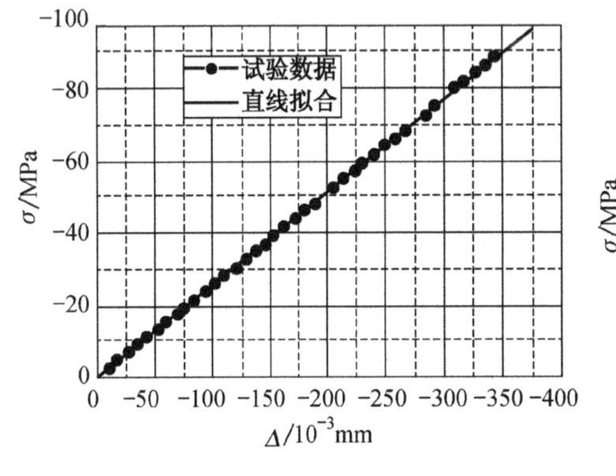

图 2　Teflon 应力-变形曲线

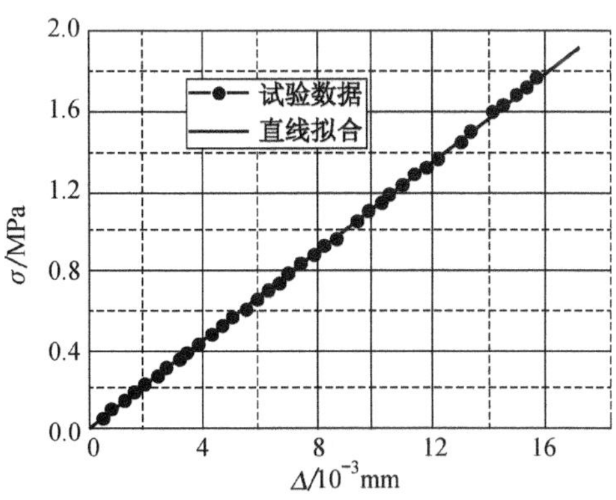

图 3　结构胶应力-变形曲线

这里将减摩层和结构胶涂层统称为界面层. 前已述及，试验机在试验过程中记录并作为控制参数的是包含了试件以及界面层变形的名义应变，而建立混凝土应力-应变关系曲线时应该考虑的是混凝土试件的真实应变，这就需要在试验机数据的基础上扣除界面层的变形部分，在本文试验数据的处理过程中，根据上述两条试验曲线将界面层的变形按照线性变形关系予以扣除，详见本文 2.2 节.

2 试验结果及数据处理

2.1 破坏模式

混凝土损伤和破坏的过程是异常复杂的，在不同的应力状态和边界条件作用下其破坏模式和形态都有显著的差别，即便是相同的应力状态下其破坏形态也不尽相同.试验过程中详细记录试件的破坏模式对研究混凝土的破坏机理、理解混凝土材料力学性能的本质以及解释试件和结构的损伤破坏现象都具有重要的意义.

2.1.1 双向受压区

首先讨论双向受压区的破坏形态. Van Mier(1986)将混凝土试件在多轴受压应力状态下的破坏形态分为平面式破坏和圆柱式破坏两类[6]；杨雪松、刘西拉(1989)将混凝土多轴受力的破坏形态分为四类，其中与双轴受压相对应的破坏形态有单向受剪破坏和双向受剪破坏两类[10].本次试验中双向受压试件的破坏形态也与上述讨论相符，包括下述两类：

(1) 单向受剪破坏(图 4).试件在其中一对受压面上形成相互平行的斜裂缝，在另一对受压面上形成平行于自由面的裂缝,将试件分割成两个甚至若干个楔形体,并最终发生楔形体相互滑移并伴随边缘局部压碎的破坏,这种破坏多见于双向不等压试件.

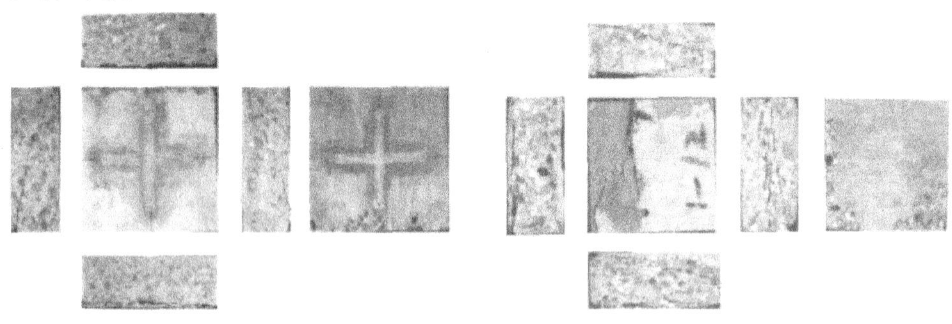

图 4 单向受剪破坏　　　图 5 双向受剪破坏

(2) 双向受剪破坏(图 5).试件在两对受压面上均出现斜向裂缝.斜裂缝相互交结,将试件分割成若干角锥体,最终发生角锥体相互滑移并伴随尖角局部压碎的破坏.这种破坏多见于双向等压试件.

2.1.2 双向拉压区

对于双向拉压区,本次试验测得的试件破坏模式比较简单，只有单向受拉破坏一种模式，加载过程中垂直于拉应变方向出现一条受拉裂缝，裂缝逐渐扩展直至将试件分割为两段最终破坏(图 6).

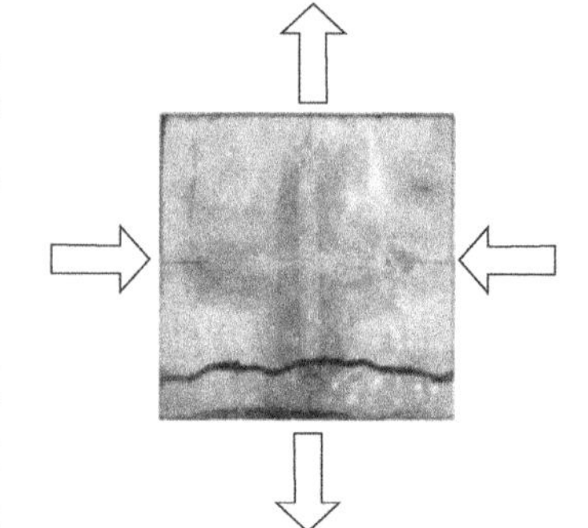

图 6 双向拉压试件破坏模式

2.2 应力应变全曲线

混凝土试件的应力应变全曲线能够全面地体现混凝土加载全过程的力学性能，是研究混凝土强度和变形特性最有力的工具，特别是应力应变曲线的下降段（软化段），在混凝土构件和结构的全过程分析、抗震结构的延性和恢复力特性研究以及结构极限分析等方面都有着重要的意义.

2.2.1 双轴全曲线的表述

双轴全曲线实际上是描述混凝土试件的主应力（σ_1，σ_2）与主应变（ε_1，ε_2）之间的对应关系，对于单调加载情况，理论上二者的关系可以表示为下述函数形式：

$$\sigma_1 = f(\varepsilon_1, \varepsilon_2) \tag{1}$$

$$\sigma_2 = g(\varepsilon_1, \varepsilon_2) \tag{2}$$

上述表达式中两个主应变（ε_1，ε_2）之间并不是相互独立的，二者之间满足一定的函数关系. 前已述及，加载过程中两个加载轴的名义应变比始终保持不变，可以表示为

$$E_2/E_1 = \alpha \tag{3}$$

名义应变 E_1 和 E_2 可以表示为混凝土试块实际应变与界面层变形的和，如下：

$$\begin{cases} E_1 = \varepsilon_1 + \dfrac{\Delta_1}{L} \\ E_2 = \varepsilon_2 + \dfrac{\Delta_2}{L} \end{cases} \tag{4}$$

其中，L 表示试件长度，Δ_1，Δ_2 分别表示 1，2 方向上界面层的变形，根据本文1.4节的论述，界面层变形与界面层应力之间满足线性关系，可以表示为

$$\begin{cases} \Delta_1 = k_1\sigma_1 \\ \Delta_2 = k_2\sigma_2 \end{cases} \tag{5}$$

其中，k_1、k_2 表示对应加载方向上界面层的柔度. 将式(1)，(2)，(4) 和 (5) 代入式(3)，有：

$$\frac{\varepsilon_1 L + k_1 f(\varepsilon_1, \varepsilon_2)}{\varepsilon_2 L + k_2 g(\varepsilon_1, \varepsilon_2)} = \alpha \tag{6}$$

上式建立了两个方向主应变之间的函数关系，可以表示为

$$\phi(\varepsilon_1, \varepsilon_2) = 0 \tag{7}$$

分别联立式 (1)，(7) 和 (2)，(7) 可得三维空间 $\sigma - \varepsilon_1 - \varepsilon_2$ 内的两条曲线. 根

据画法几何理论，空间曲线可以用其在两个坐标平面内的投影曲线也就是两视图表示. 基于此，本文将试验数据表示为坐标平面 $\sigma-\varepsilon_1$ 和 $\varepsilon_1-\varepsilon_2$ 平面内的两视图，用以表示实测主应力与主应变之间的函数关系.

2.2.2 双轴受压全曲线

试验中对每个应变比均进行了若干组试验，这里仅给出典型试验曲线（图7). 在多数情况下，双轴全曲线和单轴全曲线的形状类似，都包含初始上升段和后续下降段，可以按照经典试验描述分为线性段、裂缝稳定发展段、裂缝非稳定发展段以及收敛段. 不同应变比试验曲线虽然各不相同，但是彼此之间保持着渐进式的连续变化关系. 实际上，由于减摩层的影响，在一些应变比条件下试件的实际应变并不保持比例(图7(c)).

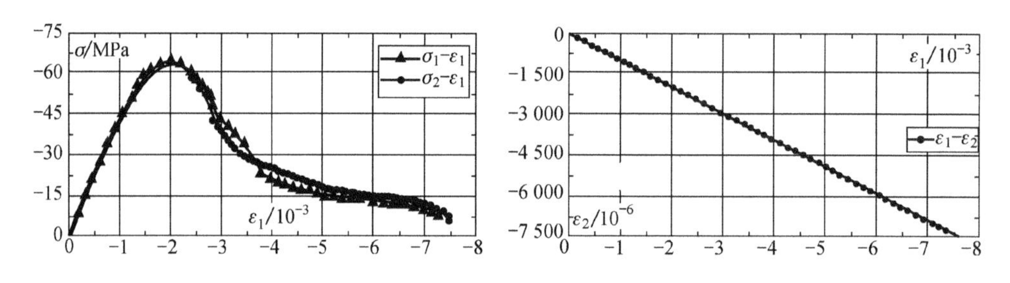

(a) 名义应变比 $E_2/E_1=1$

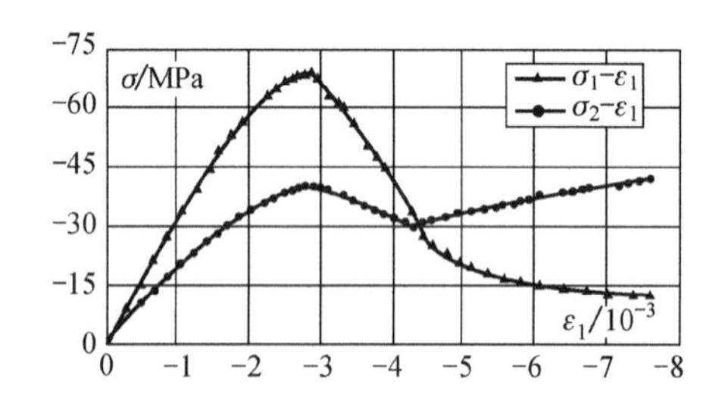

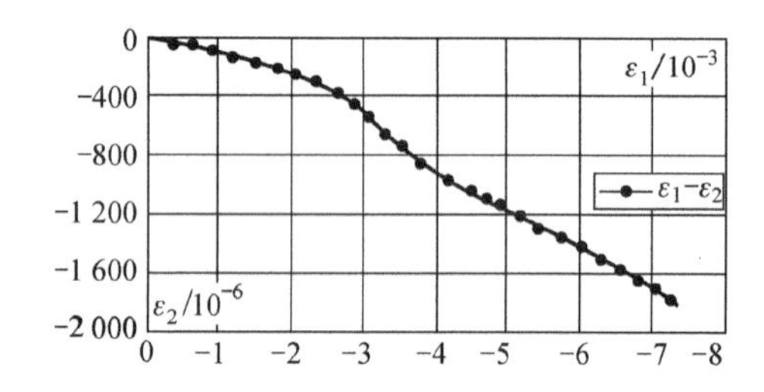

(b) 名义应变比 $E_2/E_1=0.3$

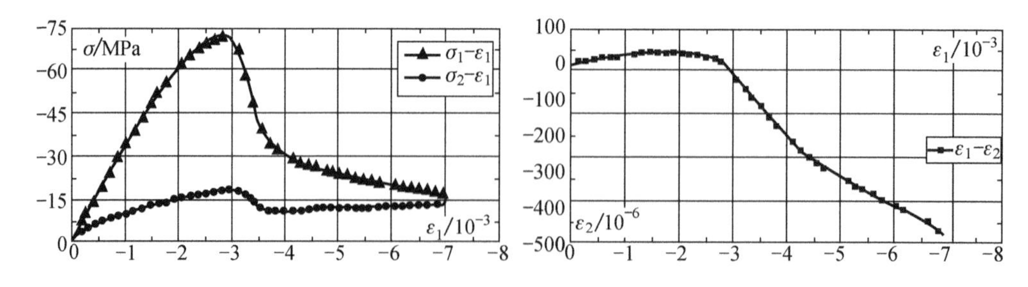

(c) 名义应变比 $E_2/E_1=0.1$

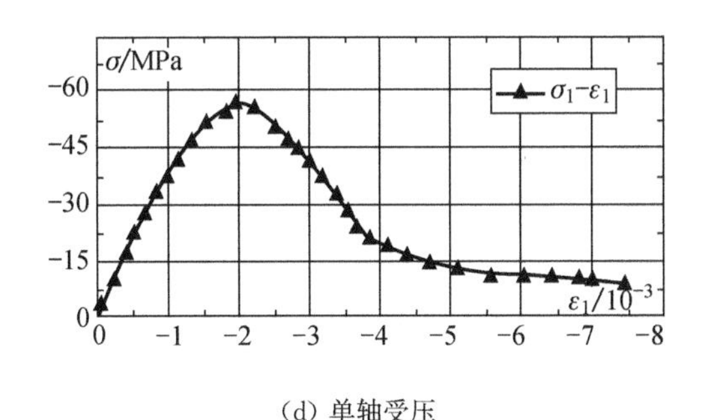

(d) 单轴受压

图 7　双向受压区应力-应变全曲线

上述试验曲线中也包含了某些“反常”的结果. 如图 7(b)中，副加载轴的应力应变曲线在经历了初始上升和后续下降段后又呈现出了明显的上升趋势，最终甚至穿过了主轴曲线，这种现象在以往的文献中尚没有提及. 本文经过初步分析认为，可以结合混凝土材料剪胀效应来定性解释这种现象. 混凝土在压应力作用下，初始弹性阶段的侧向应变等于轴向应变乘以泊松比，初始泊松比约为 0.2. 随着加载的进行，混凝土试件的非线性趋于明显，泊松比迅速增大，呈现出明显的体积膨胀，这种现象称作混凝土的剪胀效应. 在双轴不等压加载初期，两个受压加载轴引起的剪胀效应都主要集中在自由面方向，两个方向的受压损伤也与自由面变形直接联系，两个加载轴几乎同时达到峰值应力. 进入下降段后，压力较大的主加载方向引起的剪胀效应迅速增大，向垂直于主受压加载方向的自由面方向以及副加载方向产生膨胀趋势，这种膨胀趋势推压副加载板，从而使得副加载板的压力在经历了一定程度的下降之后又产生了上升的趋势. 在实际的大体积混凝土中是否会出现上述情况尚需要进一步研究.

2.2.3　双轴拉压全曲线

对于双轴拉压试验，这里也仅列出各个应变比对应的典型曲线(图 8). 由上述全曲线可以看出：受拉加载方向可以测得包含上升段和下降段的全曲线，而受压加载方向测得的应力应变曲线尚未进入非线性区段试件就已经断裂破坏，测得曲线基本呈线性上升趋势；其次，受拉加载方向测得的全曲线与单向受拉状态下测得的全曲线形状类似，但是随着受压应变与受拉应变比值绝对值的增加，受拉曲线逐渐变得平缓光滑，说明由泊松效应引起的拉应变在整个拉应变中的比例逐渐增加；第三，应变控制加载条件下拉压试验试件从初始加载到破坏的过程中受压损伤并不明显，主要发生受拉损伤. 这是应变控制加载本身的局限性所决定的. 要使试件发生受压破坏，受拉加载轴的应变必须远小于受压加载轴，此时由受压加载轴泊松效应引起的侧向受拉应变就会大于受拉加载轴的控制应变，从而使得受拉加载轴承受压应力，加载控制设备就会出现错误警告而终止试验，所以，在应变控制条件下，拉应变与压应变比值的绝对值不能太小.

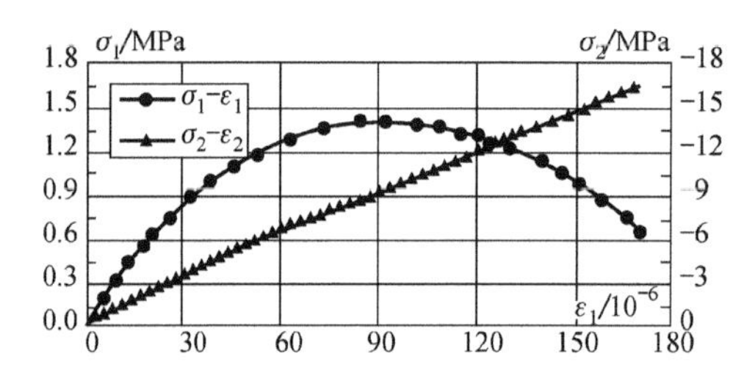

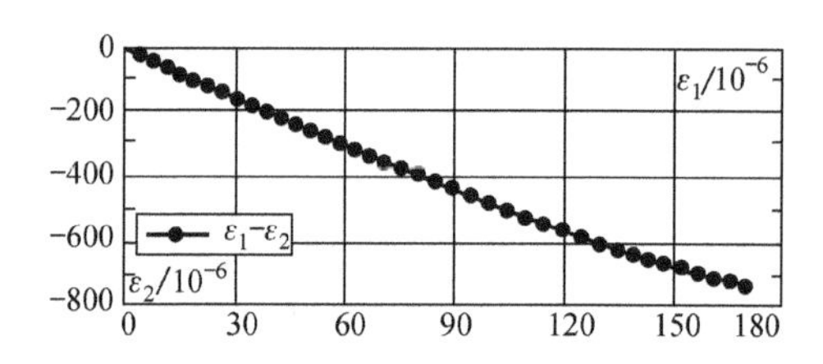

(a) 名义应变比 $E_2/E_1=-0.167$

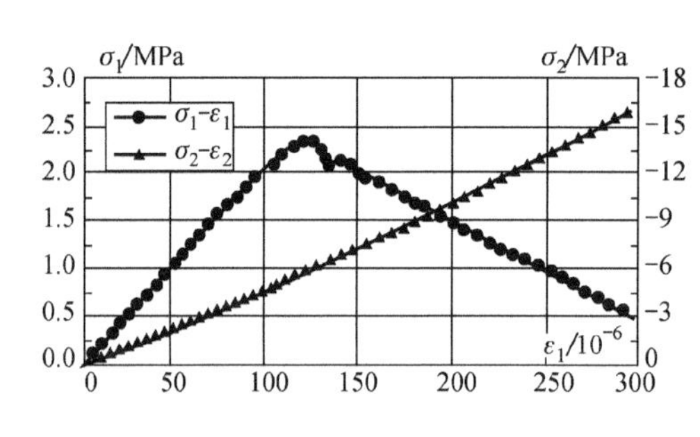

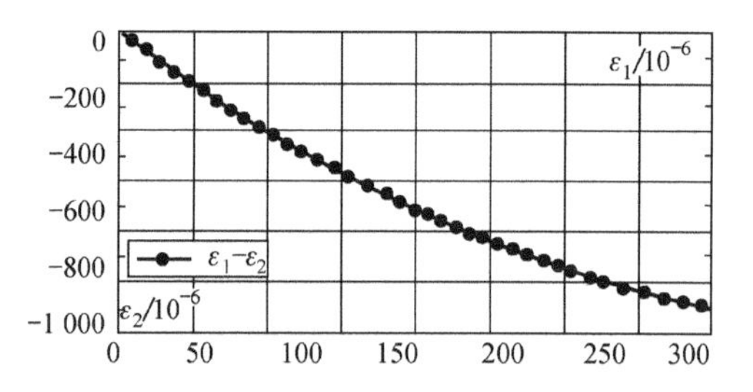

(b) 名义应变比 $E_2/E_1=-0.25$

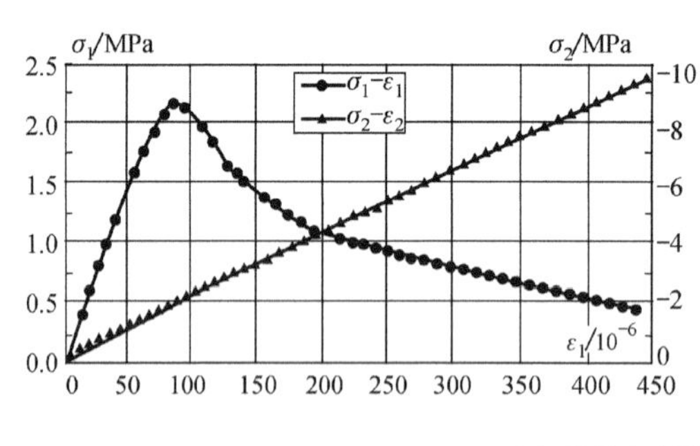

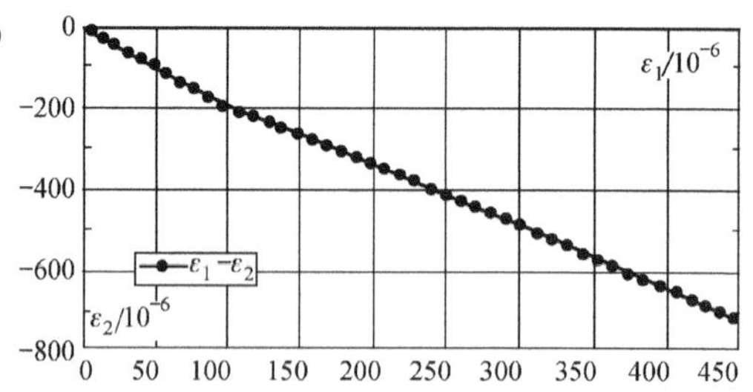

(c) 名义应变比 $E_2/E_1=-0.5$

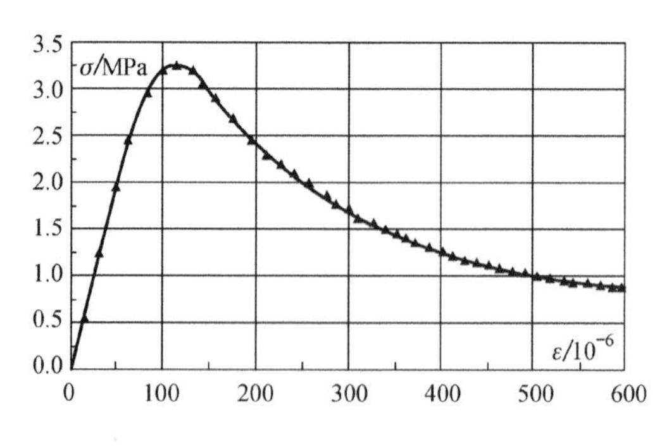

(d) 单轴受拉

图 8　双向拉压区应力-应变全曲线

2.3 强度包络线

混凝土的多轴强度和强度包络曲线是混凝土极其重要的性质，在经典混凝土力学理论中占有重要的地位. 事实上，经典的应力控制加载试验旨在测量混凝土的多轴强度及强度包络线. 虽然本试验的最终目的在于得到混凝土的多轴全曲线而不是强度包络线，但是通过试验测得的多轴全曲线可以识别出多轴强度并且得到混凝土的强度包络线. 由于应变控制条件下拉应变与压应变比值的绝对值不能太小，所以拉—压区二轴强度试验点就集中于应力轴一侧很小的区域内，拟合所得强度包络线不具有代表性. 因此这里仅列出双轴受压区强度包络图.

2.3.1 应力空间强度包络线

提取各组曲线的峰值应力均值，可以绘制双轴压-压区的强度包络线，并可以给出强度包络线一倍方差的分布范围(图 9). 图 10 则同时给出了本试验结果以及部分其他试验结果[5-8]的比较.

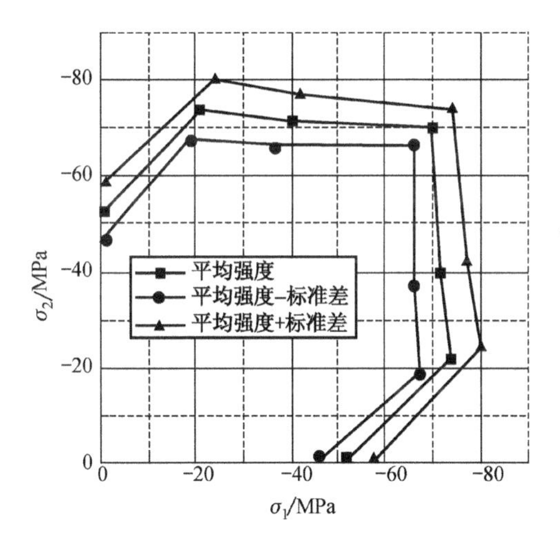

图 9 应力空间二轴强度包络图

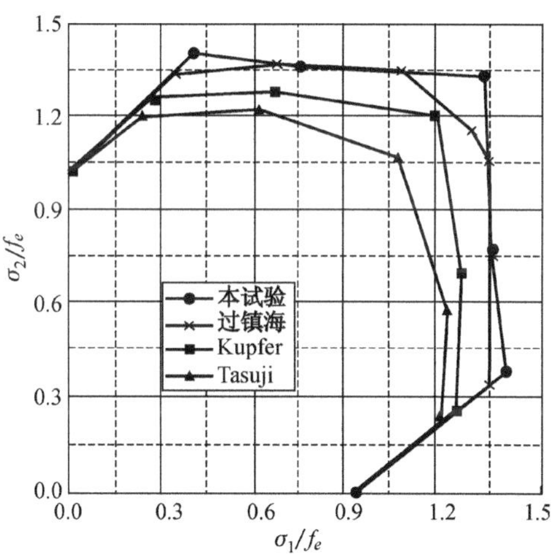

图 10 应力空间双轴相对强度包络图

分析图 10 可知，本次试验所得相对峰值强度结果与过镇海的试验结果比较接近，得到的峰值强度包络图比 Kupfer 和 Tasuji 的破坏包络图丰满. 原因是在精细应变控制加载的条件下，混凝土的强度发挥得很充分. 作者认为：这里得到的全曲线的峰值强度才真正是混凝土的多轴强度. 在传统试验方法中，由于应力控制加载内在的非稳定性以及试验机精度等原因，常常还未等加载到峰值应力试件就发生非稳定破坏，因此，所记录的强度值一般小于应变控制加载条件下测得的稳定强度值.

2.3.2 峰值应变包络线

应变空间的强度准则（峰值应变包络线）在理论和应用中也具有十分重要的意义. 由于本试验采用了应变控制加载方式并且应变采集系统具有相当高的精度，

所以通过多轴应力应变全曲线识别出的峰值应变波动较小，具有相当好的可信度. 将上述峰值强度对应的峰值应变绘制成图线，可得应变空间峰值应变包络图.

由图 11 可以看出，应变空间峰值应变包络图虽然也保持外凸，但是明显不如应力空间中强度包络图丰满，双向受压不会明显提高试件的峰值应变，相反，大部分情况下试件的峰值应变都有明显的减小. 分析可知：试件双向受压时的强度高于单轴受压时的强度，主要是由于双轴加载时试件刚度的提高. 这说明在应变空间中混凝土的塑性对强度包络图的影响较应力空间中有所减小，而同时弹性损伤的影响更加明显. 关于应变空间峰值应变包络图可靠的试验结果还比较少，并且也没有建立起具有代表性的理论，所以这个问题有待于进一步的探索.

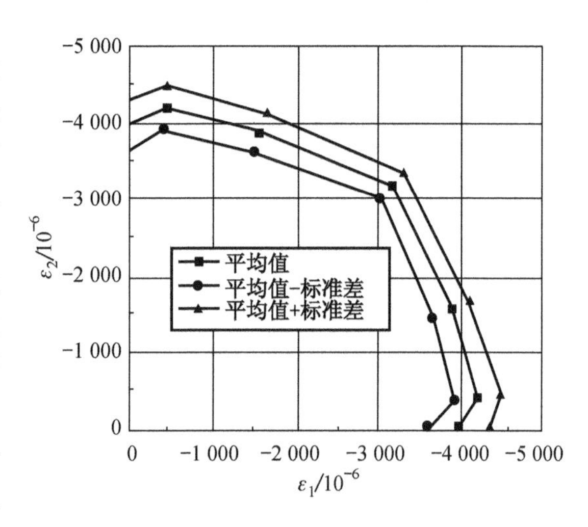

图 11　峰值应变包络图

3　结　论

(1) 在应变比例加载的条件下，借助于高精度试验机并注意试验细节，可以得到混凝土试件单轴和多轴受力的应力应变全曲线. 本文试验所得曲线光滑完整，具有可信性.

(2) 从实测双向受压全曲线知：两个受压方向的损伤具有强烈的相关性. 在双轴不等压情况下，由于主加载轴后期剪胀效应的影响，副轴应力应变曲线可能存在第二个上升段.

(3) 应变控制加载条件下，双轴拉压区试件只发生受拉加载方向的受拉损伤，受压加载方向应力应变曲线始终为直线，受压损伤不明显.

(4) 识别全曲线代表参数可得二轴峰值应力包络图与峰值应变包络图. 从二轴峰值应力包络图可以看出：本次试验测得的二轴强度提高略高于传统试验结果；从二轴峰值应变包络图可以看出：多数情况下二轴峰值应变低于单轴峰值应变.

致谢：本试验在清华大学高坝大型实验室完成，在本文成文过程中，苏小卒教授提出了有益的建议，在此谨向上述支持与帮助表示最诚挚的谢意！

参考文献

[1] 李杰. 混凝土随机损伤力学的初步研究[J]. 同济大学学报,2004,32 (10): 1270-1277.

[2] Chen W F. Plasticity in Reinforced Concrete[M]. New York:McGrawHill Book Company, 1982.

[3] Bazant Z P, Prat P C. Microplane model for brittle-plastic material: I theory [J]. Journal of Engineering Mechnics,ASCE,1988,114 (10):1672-1688.

[4] Wu J Y, Li J, Faria R. An energy release rate-based plasticdamage model for concrete [J]. International Journal of Solids and Structures, 2006, 43 (3-4) : 583-612.

[5] Kupfer H, Hilsdorf H K, Rüsch H. Behavior of concrete under biaxial stresses [J]. ACI Journal, 1969, 66 (8):656-666.

[6] Van Mier J G M, Fracture of concrete under complex stress[C]. HERON, 1986, 31 (3).

[7] Tasuji M E, Slate F O, Nilson A H. Stress-strain response and fracture of concrete in biaxial loading[J]. ACI Journal, 1978: 75 (7): 306-312.

[8] 李伟政,过镇海. 二轴拉压应力状态下混凝土的强度和变形试验研究[J]. 水利学报. 1991 (8): 51-56.

[9] Krajcinnovic D. Damage mechanics. Second edition[M]. Elsevier B. V., 1996.

[10] 杨雪松. 三轴应力作用下混凝土应变软化模型[D]. 北京:清华大学硕士学位论文.

Experimental Study on 2-D Constitutive Relationship for Concrete

Li Jie　Ren Xiao-dan　Yang Wei-zhong

Abstract: Systematic experimental studies were carried out on an Instron-8506 hydraulic servo test machine to investigate the 2-D constitutive law for plain concrete. Biaxial stress-strain curves of biaxial compression and compression-tension were obtained under biaxial strain-controlled loading condition. Based on observations of specimens, failure modes in different loading combinations were discussed. The ultimate strength envelopes in both stress space and strain space were developed by analysis of the experimental data and compared with the results of some classical experiments. It is concluded that biaxial full process strain-stress curves of concrete specimen can be obtained under biaxial proportional strain-controlled loading condition. This study laid a solid foundation for the further research on multi-axial constitutive laws of concrete.

(本文原载于《土木工程学报》第 40 卷第 4 期,2007 年 4 月)

混凝土弹塑性随机损伤本构关系研究

李杰　杨卫忠

摘　要　结合混凝土组成特点和破坏特性分析，从细观层次上定义了受拉损伤变量和受剪损伤变量. 以材料细观极限破坏应变为基本随机变量，通过引入能量等效应变，得到多轴受力时的随机损伤演化规律. 结合作者提出的混凝土确定性多轴弹塑性损伤本构关系，发展了混凝土弹塑性随机损伤本构关系模型，推导给出主方向应力的均值和方差. 建议模型中的参数可根据混凝土单轴受力时的应力-应变曲线试验结果，结合随机建模原理和优化算法确定. 将分析得出的应力-应变关系与试验结果比较，符合良好.

引　言

近 30 年来，连续介质损伤力学在混凝土破坏理论研究中取得了显著的进展[1-5]. 它利用热力学和一般力学原理，建立包含损伤变量的材料确定性本构方程. 在此基础上，混凝土随机损伤本构关系是指基于上述原理和概率论建立起来的本构关系模型. 其基本观点是[6]：混凝土的组分及各组分的物理力学性质具有随机分布特征，混凝土材料内部存在具有随机分布特征的微裂纹、微孔洞. 这些微观特征，必然影响混凝土损伤—破坏的演化进程. 表现在宏观上就是混凝土力学性能具有明显的随机性. 合理的混凝土本构关系研究，应该考虑随机性的影响，应用物理随机系统的基本思想，研究混凝土材料在外界环境作用下内部损伤的随机演化特征及其受力、破坏的全过程，以期客观地反映混凝土材料破坏的离散特征、更本质地理解与把握混凝土的本构关系.

与混凝土确定性损伤本构关系的研究相比较，混凝土随机损伤的概念提出较晚，有关研究尚处于探索阶段. 在有限的研究工作中，可以看出两类基本思路[7]：一类是建立在连续介质损伤力学基础之上的研究. 利用连续介质损伤力学基本原理导出确定性损伤演化的动态方程，再在材料损伤本构关系中引入随机变量或随机场等随机性表述，从而给出概率性损伤演化方程. 此类研究多集中在金属合金材料的研究中[8-10]，而有关混凝土材料的研究仅见于个别文献[11]，且缺乏必要的理论基础和试验验证. 另一类基于早期 Danies 在研究纤维束的强度和破坏时提出的弹簧模型. 通过引入损伤的概率定义，使得模型可以反映混凝土材料在外部荷载作用下力学性能的劣化过程. 其中，Krajcinovic (1982)[12]，Breysse (1990)[13]等模型在本质上属于确定性损伤模型，仅 Kandarpa(1996)[14]模型符合随机损伤的基本观念. 迄今为止，这些模型还主要局限于单轴受力情况.

1999 年以来，本文第一作者及合作者从细观损伤力学的基本观点出发，系统研究了细观弹簧模型,将细观单元破坏应变视为一维均匀随机场，基于细观单元损伤分析，确定了基本损伤变量在一维受力情况下的随机演化规律. 在此基础上，初步建立了混凝土弹性损伤随机本构关系模型[15-17]. 2005 年，我们进一步提出了反映混凝土弹塑性损伤的确定性本构关系模型[18-20]. 在此基础上，本文试图结合细观损伤模型和宏观损伤力学模型，建立宏观混凝土弹塑性随机损伤本构关系模型. 通过引入能量等效应变，建立单轴损伤演化规律与多轴损伤演化规律的内在联系，由此形成一般的多轴混凝土弹塑性随机损伤本构关系模型. 推导给出了混凝土在双轴受力状态下应力与损伤均值与标准差. 利用我们进行的混凝土多轴本构关系试验，进行了理论模型预测与试验结果的对比研究.

1 损伤变量

1.1 损伤变量的定义

混凝土在复杂应力作用下的破坏形态一般可概括为三种[21]：拉伸破坏、剪切破坏以及高静水压力下的压碎破坏. 在不考虑高静水压力导致的应变强化的前提下，混凝土材料的损伤和破坏主要源于两种不同的物理机制：受拉损伤机制和受剪损伤机制[6]. 可以分别采用受拉损伤变量 D_t 和受剪损伤变量 D_s 来描述上述两种机制对混凝土材料宏观力学性能的影响.

基于上述破坏机制分析，笔者发展了两种细观单元，即拉伸单元和剪切单元，如图 1 所示. 图 1 中，拉伸(或剪切)微弹簧假定为理想弹脆性材料，其断裂极限应变为一随机变量. 细观单元的总应变 ε 由微弹簧产生的拉伸或压缩应变 ε_e 和微裂缝面产生的应变 ε_p 组成，即 $\varepsilon=\varepsilon_e+\varepsilon_p$. 两种单元分别对应受拉损伤破坏机制和受剪损伤破坏机制，混凝土可以离散为由上述两种基本单元串并联组成的细观损伤物理模型[16,22].

由于细观受拉单元与受剪单元受力机制上的类似性，可以采用统一描述的方式给出其数学描述. 引用 Rabotnov 的经典损伤定义损伤变量[23]，即

$$D_i = \frac{A_D}{A} \quad (i = t,\ s) \tag{1}$$

式中，A_D 为因细观拉伸（或剪切）损伤单元破坏而导致混凝土退出工作的面积；A 为无损混凝土的截面积，即试件的横截面积.

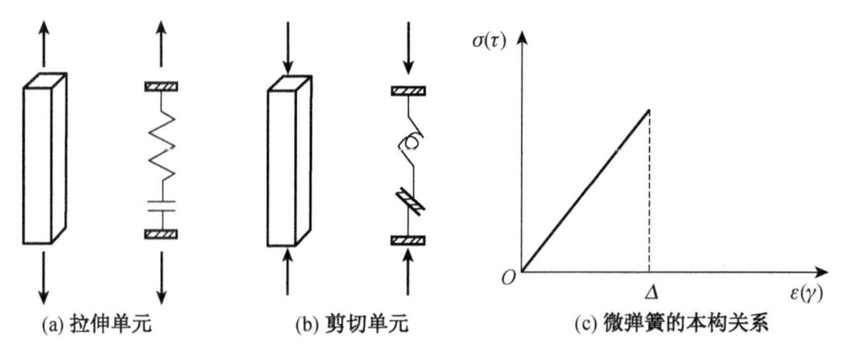

图 1　单元细观物理模型

假设离散后模型中细观单元的截面积均相等，式(1)可变换为

$$D_i(\varepsilon_e)=\frac{1}{M}\sum_{i=1}^{M}(\varepsilon_e-\Delta_i) \tag{2}$$

式中，Δ_i 为第 i 个细观单元发生拉伸或剪切破坏时相应的应变，可视为服从某一分布的随机变量；$H(\cdot)$为 Heaviside 函数，即

$$H(\varepsilon_e-\Delta_i)=\begin{cases}0, & \varepsilon_e\leqslant\Delta_i\\ 1, & \varepsilon_e>\Delta_i\end{cases} \tag{3}$$

当模型中细观单元的数目 M 趋向于无穷大时，则在宏观横截面上的细观单元体可以看作一维连续体. 若 $M\to\infty$时，式(2)极限存在，则细观单元破坏时的应变为一连续随机场 $\Delta(x)$. 不失一般性，x 可认为介于 0 和 1 之间，即，$x\in[0,1]$. 相应地，式(2)可以表示为如下形式：

$$D_i(\varepsilon_e)=\int_0^1 H[\varepsilon_e-\Delta(x)]\mathrm{d}x \tag{4}$$

式中，$\Delta(x)$为在位置 x 处的随机破坏应变，考虑数学上的处理方便，可假定为一维均匀随机场.

由于 Δ_i 的随机场性质，$D_i(\varepsilon_e)$为一随机函数.

1.2　损伤变量的概率分布

若 $\Delta(x)$的一维、二维分布密度函数均存在，利用概率论中随机变量函数的均值和方差的计算方法，可得到受拉（或受剪）损伤变量的均值和方差为

$$\mu_D(\varepsilon_e)=\int_0^{\infty}\int_0^1 H(\varepsilon_e-\delta)f_\Delta(\delta;\ x)\mathrm{d}x\mathrm{d}\delta]=F(\varepsilon_e) \tag{5}$$

$$V_D^2(\varepsilon_e)=\left[2\int_0^1(1-\gamma)F_\Delta(\varepsilon_e,\ \varepsilon_e;\ \gamma)\mathrm{d}\gamma\right]-F^2(\varepsilon_e) \tag{6}$$

式中，$f_\Delta(\delta;x)$为破坏极限应变在位置 x 处的一维概率分布密度函数；$F_\Delta(\varepsilon_e,\ \varepsilon_e;\ \gamma)$为在两个截面处的随机变量的联合概率分布函数，$\gamma=|i-j|$，为两

截口处距离.

为了满足极限应变非负的要求以及考虑到数学处理上的方便，可假定混凝土细观单元发生拉伸或剪切破坏时的应变 Δ_i 为各向同性、数学期望和标准差分别为 μ_Δ 和 σ_Δ、一维与二维分布服从对数正态分布的均匀随机场. 定义随机场参数 λ 和 ζ 为

$$\lambda = E[\ln \Delta(x)] = \ln\left(\frac{\mu_\Delta}{\sqrt{1+\sigma_\Delta^2/\mu_\Delta^2}}\right) \tag{7}$$

$$\zeta^2 = \mathrm{Var}[\ln \Delta(x)] = \ln(1+\sigma_\Delta^2/\mu_\Delta^2) \tag{8}$$

设随机场 $Z(x)=\ln \Delta(x)$ 的相关性呈指数衰减，其相关系数函数为

$$\rho_z(\gamma) = \exp(-\xi\gamma) \tag{9}$$

式中，ξ 是相关参数.

则随机场 $\Delta(x)$ 的相关系数函数为

$$\rho_\Delta(\xi) = \frac{\Gamma_{\Delta\Delta}}{\mathrm{Var}[\Delta(x)]} = \frac{\mu_\Delta^2\{\exp[\zeta^2\exp(-\xi\gamma)]-1\}}{\sigma_\Delta^2} \tag{10}$$

于是，极限应变 Δx 的一维概率分布函数 $F_\Delta(\varepsilon_e)$为

$$F_\Delta(\varepsilon_\Delta) = \Phi\left[\frac{\ln(\varepsilon_\Delta)-\lambda}{\zeta}\right] \tag{11}$$

式中，$\Phi(\cdot)$ 是标准正态分布函数.

二维概率联合分布函数 $F_\Delta(\varepsilon_e,\varepsilon_e;\gamma)$为

$$F_\Delta(\varepsilon_e,\varepsilon_e;\gamma) = \int_0^{\varepsilon_e}\int_0^{\varepsilon_e} \frac{1}{2\pi\alpha\beta\zeta^2\sqrt{1-\rho_z^2(\gamma)}} \cdot \exp\left\{\begin{matrix} -\dfrac{1}{2\zeta^2(1-\rho_z^2(\gamma))} \\ (\ln\alpha-\lambda)^2-2\rho_z(\gamma)(\ln\alpha-\lambda) \\ (\ln\beta-\lambda)+(\ln\beta-\lambda)^2 \end{matrix}\right\} \mathrm{d}\alpha\mathrm{d}\beta \tag{12}$$

可见，在各向同性均匀随机场条件下，参数 λ，ζ，ξ 可唯一确定随机场破坏应变 Δx 的一维概率分布.

2 多轴弹塑性损伤本构关系

2.1 确定性弹塑性损伤本构关系

根据损伤力学基本原理，采用确定性受拉损伤变量（D_t）和受剪损伤变量（D_s），在压应力为主的应力空间分别考虑弹性和塑性自由能势，而在拉应力为主的应力空间仅考虑弹性自由能势，可得到确定性混凝土多轴弹塑性损伤本构关系

模型[18-20]. 即

$$\boldsymbol{\sigma} = (1 - D_t)\,\bar{\boldsymbol{\sigma}}^{+} + (1 - D_s)\,\bar{\boldsymbol{\sigma}}^{-} \tag{13}$$

混凝土材料的有效应力张量（$\bar{\boldsymbol{\sigma}}$）和弹性应变张量（$\boldsymbol{\varepsilon}_e$）的关系为

$$\bar{\boldsymbol{\sigma}} = \boldsymbol{\Lambda}_0 : \boldsymbol{\varepsilon}_e \tag{14a}$$

或

$$\boldsymbol{\varepsilon}_e = \boldsymbol{\Lambda}_0^{-1} : \bar{\boldsymbol{\sigma}} \tag{14b}$$

式中，$\bar{\boldsymbol{\sigma}} = \{\bar{\sigma}_1, \bar{\sigma}_2, \bar{\sigma}_3\}$，$\boldsymbol{\varepsilon}_e = \{\varepsilon_{e1}, \varepsilon_{e2}, \varepsilon_{e3}\}$；$\boldsymbol{\Lambda}_0$，$\boldsymbol{\Lambda}_0^{-1}$ 分别为材料的初始刚度张量和初始柔度张量，对三维受力情况，其一般形式为

$$\boldsymbol{\Lambda}_{0ijkl} = \frac{1}{E_0}\left[\frac{1+\upsilon_0}{2}(\delta_{ik}\delta_{jl} + \delta_{il}\delta_{jk}) - \upsilon_0\delta_{ij}\delta_{kl}\right] \tag{15a}$$

$$\boldsymbol{\Lambda}_{0ijkl}^{-1} = \frac{\upsilon_0 E_0}{(1+\upsilon_0)(1-2\upsilon_0)}\delta_{ij}\delta_{kl} + \frac{E_0}{2(1+\upsilon_0)}(\delta_{ik}\delta_{jl} + \delta_{il}\delta_{jk}) \tag{15b}$$

对平面应力情况，式 (15) 退化为

$$\boldsymbol{\Lambda}_0 = \frac{E_0}{1-\upsilon_0^2}\begin{bmatrix} 1 & \upsilon_0 \\ \upsilon_0 & 1 \end{bmatrix} \tag{16a}$$

$$\boldsymbol{\Lambda}_0^{-1} = \frac{1}{E_0}\begin{bmatrix} 1 & -\upsilon_0 \\ -\upsilon_0 & 1 \end{bmatrix} \tag{16b}$$

式中，E_0，υ_0 分别为混凝土的初始弹性模量和泊松比.

应变张量（$\boldsymbol{\varepsilon}$）、弹性应变张量（$\boldsymbol{\varepsilon}_e$）和塑性应变张量（$\boldsymbol{\varepsilon}_p$）的关系为

$$\boldsymbol{\varepsilon} = \boldsymbol{\varepsilon}_e + \boldsymbol{\varepsilon}_p \tag{17}$$

显然，由式 (13)、式 (14)、式 (17) 所示的本构关系模型可退化为单轴受力损伤本构关系. 事实上，在一维受力条件下，有

$$\sigma_t = (1 - D_t)E\varepsilon_t \tag{18a}$$

$$\sigma_s = (1 - D_s)E\varepsilon_s \tag{18b}$$

2.2 能量等效应变与随机损伤演化

损伤本构关系属于确定性本构关系还是随机本构关系模型，关键在对于损伤变量及其演化规律的理解与反映方式. 若视损伤变量为确定性变量，相应的损伤演化规律取为确定性演化规律，则由之决定的本构关系模型即为确定性本构关系模型. 现有的多数损伤本构理论研究，包括我们在文献[18-20] 中采用的研究方法均属于这类模型. 反之，如果认为损伤在本质上具有随机性，并对其演化规律采用概率论的反映方式，即将损伤变量取为随机变量，相应的损伤演化过程用随

机演化规律加以反映，则对应的损伤本构关系模型即为随机损伤本构关系模型. 根据物理随机系统的基本原理，在物理本质上，确定性损伤模型与随机性损伤模型具有完全相同的表述方式，只要区分基本的损伤变量性质即可. 换句话说，式(13)、式(14)、式(17)所建立的模型应当完全适用于随机损伤本构关系模型，只要将其中的损伤变量换为随机描述即可. 显然，在这里，随机损伤演化规律的确定是问题的核心与关键. 根据前述建立在细观损伤模型和随机场理论基础上的损伤演化方程，我们希望建立多轴应力条件下的损伤演化方程. 为简明计，这里以二维应力状态为例推证之.

(1) 二轴受压

二轴受压应力状态属于压应力为主的应力空间，以受剪损伤为主. 引入应力比 $\rho_s=\sigma_2/\sigma_3$，由式(13)～(16)有 $\bar{\sigma}_2/\bar{\sigma}_3=\rho_s$. 考虑塑性自由能势[18]，可求得以有效应力表示时的剪切损伤能释放率为[22]

$$Y_s=\frac{b_0}{(1+\alpha)^2}\left[(1+\alpha)\sqrt{1+\rho_s^2-\rho_s}-\alpha(1+\rho_s)\right]^2\bar{\sigma}_3^2 \tag{19}$$

式中，$\alpha=1-f_{c,0}/f_{bc,0}$ 为剪切损伤系数.

同时，主应力 σ_3 方向的有效应力为

$$\bar{\sigma}_3=\frac{E_0}{1-\rho_s\upsilon_0}\cdot\varepsilon_{e3} \tag{20}$$

将式(20)代入(19)，有

$$Y_s=\frac{b_0}{(1+\alpha)^2}E_0^2(\theta_s\varepsilon_{e3})^2 \tag{21}$$

式中，

$$\theta_s=\frac{(1+\alpha)\sqrt{1+\rho_s^2-\rho_s}-\alpha(1+\rho_s)}{1-\rho_s\upsilon_0} \tag{22}$$

而在单轴受压时的损伤能释放率为

$$Y_{s,0}=\frac{b_0}{(1+\alpha)^2}E_0^2\varepsilon_{e3}^2 \tag{23}$$

对比式(21)与式(23)可知，将单轴受压时的弹性应变放大 θ_s 倍，则单轴受压与双轴受压的损伤能释放率具有相同的表达式，称 $\bar{\varepsilon}_{e3}=\theta_s\varepsilon_{e3}$ 为能量等效应变.

根据损伤演化的特性可知，对同一材料而言，当两种受力状态的损伤能释放率相同且初始损伤相同，相应的损伤也应相等. 换句话说，二轴受压时的损伤可以方便地通过单轴受压时的随机场参数计算得到.

(2) 二轴受拉

二轴受拉应力状态属于拉应力为主的应力空间，以拉伸损伤为主. 引入应力

比 $\rho_t = \sigma_2/\sigma_1$，也存在 $\bar{\sigma}_2/\bar{\sigma}_1 = \rho_t$. 用有效应力表达的损伤能释放率为[22]：

$$Y_t = \frac{1}{2E_0}[(1+\upsilon_0)\bar{\boldsymbol{\sigma}}^+ : \bar{\boldsymbol{\sigma}}^+ - \upsilon_0 \mathrm{tr}(\bar{\boldsymbol{\sigma}}^+) \cdot \mathrm{tr}(\bar{\boldsymbol{\sigma}}^-)] = \frac{\bar{\sigma}_1^2}{2E_0}[1+\rho_t^2 - 2\upsilon_0\rho_t] \quad (24)$$

采用与二轴受压相同的推导方法，并引用能量等效应变 $\bar{\varepsilon}_{e1} = \theta_t \varepsilon_{e1}$，可得到

$$Y_t = \frac{1}{2}E_0(\theta_t \varepsilon_{e1})^2 \quad (25)$$

式中，

$$\theta_t = \frac{\sqrt{1+\rho_t^2 - 2\rho_t\upsilon_0}}{1-\rho_t\upsilon_0} \quad (26)$$

即二轴受拉时的损伤也可以方便地通过单轴受拉时的随机场参数计算得到.

(3) 二轴拉压

此时，拉伸和剪切损伤能释放率为[22]

$$Y_t = \frac{\bar{\sigma}_1^2}{2E_0}[1-\upsilon_0\bar{\rho}] \quad (27)$$

$$Y_s = \frac{\bar{\sigma}_3^2}{2E_0}[1-\upsilon_0/\bar{\rho}] \quad (28)$$

式中，$\bar{\rho} = \bar{\sigma}_3/\bar{\sigma}_1$.

采用与二轴受压和受拉应力状态相同的处理方法，式(27)、式(28)可变换为

$$Y_t = \frac{1}{2}E_0(\theta_t \varepsilon_{e1})^2 \quad (29)$$

$$Y_s = \frac{1}{2}E_0(\theta_s \varepsilon_{e3})^2 \quad (30)$$

式中，

$$\theta_t = \frac{1}{\sqrt{1-\bar{\rho}\,\upsilon_0}} \quad (31)$$

$$\theta_s = \frac{1}{\sqrt{1-\upsilon_0/\bar{\rho}}} \quad (32)$$

因此，可采用单轴受拉与单轴受压参数计算二轴拉压时的损伤，但需将 θ_t，θ_s 分别取为式(31)和式(32)的形式.

(4) 损伤均值和方差

基于上述结论，结合损伤均值和方差的表达，在多轴应力状态下损伤的均值可统一表述为

$$\mu_{D_t} = F_\Delta(\theta_t \varepsilon_{e1}) \tag{33}$$

$$\mu_{D_s} = F_\Delta(\theta_s \varepsilon_{e3}) \tag{34}$$

而损伤的方差分别为

$$V_{D_t}^2(\theta_i \varepsilon_{ei}) = \left[2\int_0^1 (1-\gamma) F_\Delta(\theta_t \varepsilon_{e1}, \theta_t \varepsilon_{e1}; \gamma) \mathrm{d}\gamma\right] - F_\Delta^2(\theta_t \varepsilon_{e1}) \tag{35}$$

$$V_{D_s}^2(\theta_i \varepsilon_{ei}) = \left[2\int_0^1 (1-\gamma) F_\Delta(\theta_s \varepsilon_{e3}, \theta_s \varepsilon_{e3}; \gamma) \mathrm{d}\gamma\right] - F_\Delta^2(\theta_s \varepsilon_{e3}) \tag{36}$$

2.3 塑性变形计算

经典塑性力学理论需要在经验屈服面的基础上，利用流动法则、强化法则和一致性条件来求解塑性变形的发展，计算较复杂. 这里，结合细观层次上的分析，建议拉伸与剪切单元中微裂缝面的变形计算模式统一采用下式表述[22]，即

$$\varepsilon_{pj} = \frac{\delta_j}{1-D_j}\varepsilon_{ej} = \frac{\delta_j}{1-D_j+\delta_j}\varepsilon_j \quad (j = t, s) \tag{37}$$

式中，δ_j 为微裂缝面变形系数，它反映微裂缝面张开或滑移变形的程度.

在应用式 (37) 计算塑性变形时，需根据弹性变形的符号不同分别采用受拉或受剪损伤变量，即该方向弹性应变为拉伸应变时，用受拉损伤变量，反之,则采用受剪损伤变量.

3 随机损伤本构关系的均值与方差

利用前面的结果，可方便地计算多轴应力状态下主应力的均值和方差. 这里，以二维受力状态为例给出结果. 在下面的推导中，变量为弹性应变，总变形包括塑性变形. 且考虑弹性模量也为一随机变量，其均值和方差分别为 μ_E，V_E^2，且与损伤变量相互独立. 利用式(13)～(16)，可求得相应主方向应力的均值和方差.

(1) 二轴受拉

σ_1 方向的应力均值和方差为

$$\begin{aligned}\mu_{\sigma_1}(\varepsilon_1) &= \frac{\mu_E}{1-\upsilon_0^2}\cdot(\varepsilon_{e1}+\upsilon_0\varepsilon_{e2})\cdot[1-\mu_{D_t}(\theta_t\varepsilon_{e1})] \\ &= \frac{\mu_E \varepsilon_{e1}}{1-\upsilon_0\rho_t}\cdot[1-\mu_{D_t}(\theta_t\varepsilon_{1e})]\end{aligned} \tag{38}$$

$$V_{\sigma 1}^2(\varepsilon_1) = \left(\frac{\varepsilon_{e1}}{1-\upsilon_0\rho_t}\right)^2 \cdot \{(\mu_E^2+V_E^2)\cdot V_{D_t}^2(\theta_t\varepsilon_{e1}) + V_E^2[1-\mu_{D_t}(\theta_t\varepsilon_{e1})]^2\} \tag{39}$$

σ_2 方向的应力均值和方差为

$$\mu_{\sigma_2}(\varepsilon_2)=\frac{\mu_E}{1-\upsilon_0^2}\cdot(\varepsilon_{e2}+\upsilon_0\varepsilon_{e1})\cdot[1-\mu_{D_t}(\theta_t\varepsilon_{e1})]=\rho_t\cdot\mu_{\sigma_1}(\varepsilon_1) \tag{40}$$

$$V_{\sigma_2}^2(\varepsilon_2)=\rho_t^2\cdot V_{\sigma_1}^2(\varepsilon_1) \tag{41}$$

(2) 二轴受压

σ_3 方向的应力均值和方差为

$$\mu_{\sigma_3}(\varepsilon_3)=\frac{\mu_E}{1-\upsilon_0^2}\cdot(\varepsilon_{e3}+\upsilon_0\varepsilon_{e2})\cdot[1-\mu_{D_s}(\theta_s\varepsilon_{e3})]=\frac{\mu_E\,\varepsilon_{e3}}{1-\upsilon_0\rho_s}\cdot[1-\mu_{D_s}(\theta_s\varepsilon_{3e})] \tag{42}$$

$$V_{\sigma_3}^2(\varepsilon_3)=\left(\frac{\varepsilon_{e3}}{1-\upsilon_0\rho_s}\right)^2\cdot\{(\mu_E^2+V_E^2)\cdot V_{D_s}^2(\theta_s\varepsilon_{e3})+V_E^2[1-\mu_{D_s}(\theta_s\varepsilon_{e3})]^2\} \tag{43}$$

σ_2 方向的应力均值和方差为：

$$\mu_{\sigma_2}(\varepsilon_2)=\frac{\mu_E}{1-\upsilon_0^2}\cdot(\varepsilon_{e2}+\upsilon_0\varepsilon_{e3})\cdot[1-\mu_{D_s}(\theta_s\varepsilon_{e3})]=\rho_s\cdot\mu_{\sigma_3}(\varepsilon_3) \tag{44}$$

$$V_{\sigma_2}^2(\varepsilon_2)=\rho_s^2\cdot V_{\sigma_3}^2(\varepsilon_3) \tag{45}$$

(3) 二轴拉压

σ_1 方向的应力均值和方差为

$$\mu_{\sigma_1}(\varepsilon_1)=\frac{\mu_E}{1-\upsilon_0^2}\cdot(\varepsilon_{e1}+\upsilon_0\varepsilon_{e3})\cdot[1-\mu_{D_t}(\theta_t\varepsilon_{e1})]=\frac{\mu_E\,\varepsilon_{e1}}{1-\upsilon_0\bar{\rho}}\cdot[1-\mu_{D_t}(\theta_t\varepsilon_{e1})] \tag{46}$$

$$V_{\sigma_1}^2(\varepsilon_1)=\left(\frac{\varepsilon_{e1}}{1-\upsilon_0\bar{\rho}}\right)^2\cdot\{(\mu_E^2+V_E^2)\cdot V_{D_t}^2(\theta_t\varepsilon_{e1})+V_E^2[1-\mu_{D_t}(\theta_t\varepsilon_{e1})]^2\} \tag{47}$$

σ_3 方向的应力均值和方差为：

$$\mu_{\sigma_3}(\varepsilon_3)=\frac{\mu_E}{1-\upsilon_0^2}\cdot(\varepsilon_{e3}+\upsilon_0\varepsilon_{e1})\cdot[1-\mu_{D_s}(\theta_s\varepsilon_{e3})]=\frac{\mu_E\,\varepsilon_{e3}}{1-\upsilon_0/\bar{\rho}}\cdot[1-\mu_{D_s}(\theta_s\varepsilon_{e3})] \tag{48}$$

$$V_{\sigma_3}^2(\varepsilon_3)=\left(\frac{\varepsilon_{e3}}{1-\upsilon_0/\bar{\rho}}\right)^2\cdot\{(\mu_E^2+V_E^2)\cdot V_{D_s}^2(\theta_s\varepsilon_{e3})+V_E^2[1-\mu_{D_s}(\theta_s\varepsilon_{e3})]^2\} \tag{49}$$

值得指出：上述表述尚属矩函数意义上的随机本构关系. 作为一类完整描述，可以采用概率密度演化分析理论[24]给出主应力的概率分布描述.

4 随机建模

上述分析表明，只要确定受拉与受剪单元的破坏应变分布参数 λ，ζ，ξ，材料

参数 μ_E 和 V_E^2 微裂缝面变形系数 δ，即可确定混凝土单轴和双轴受力过程中不同应变时的损伤状态及应力响应.

上述参数需要通过试验来确定，即通过试验来确定混凝土破坏过程中细观单元破坏的概率分布形式和分布参数. 为此，我们进行了一批混凝土单轴受拉与受压时的应力-应变全曲线试验，利用随机建模原理[25]，借助于 Powell 优化算法可方便地识别出随机场参数 λ，ζ，ξ 和弹性模量的均值、方差及微裂缝面变形系数.

在建模中，关于应力均值与方差的建模准则分别为

$$J_m = \min\{[E(\bar{x}) - E(x)]^{\mathrm{T}}[E(\bar{x}) - E(x)]\} \tag{50}$$

$$J_V = \min\{[\mathrm{Var}(\bar{x}) - \mathrm{Var}(x)]^{\mathrm{T}}[\mathrm{Var}(\bar{x}) - \mathrm{Var}(x)]\} \tag{51}$$

式中，$E(\cdot)$，$\mathrm{Var}(\cdot)$分别表示均值和方差；$\bar{x}$，x 分别表示试验观测值和理论预测值.

5 试验验证

为了验证本文建议方法的正确性，我们进行了系列的试验研究[26]. 限于篇幅，这里仅给出部分必要的结果.

5.1 损伤参数的识别

为了获取模型基本参数，作者进行了一批 C50 级双掺粉煤灰和矿粉高性能混凝土的单轴受拉与受压的全曲线试验[22,26]，试件为 150 mm×150 mm×50 mm 的方板，采用刚性试验机，等应变控制加载. 根据试验结果，利用本文方法编制 Powell 优化算法程序，识别出的材料参数、受拉与受剪损伤变量随机场分布参数列于表 1.

表 1　参数识别结果

试件组别	$\mu_E(V_E)$/MPa	λ_t	ζ_t	ξ_t	δ_t
2AT	37 599(1 031)	4.981 4	0.443 8	70.4	0.056 1
试件组别	$\mu_E(V_E)$/MPa	λ_s	ζ_s	ξ_s	δ_s
2ACH	35 922(4 356)	7.734 8	0.326 8	177.0	0.043 1

5.2 与二轴受力全曲线的对比分析

根据本文建议模型，利用单轴受力时的参数识别结果，可计算混凝土二维受力随机损伤本构关系. 这表明了这样一种物理机制：混凝土在单轴受力状态下的损伤与多轴受力状态下的损伤机理是相同的. 为了验证这一机制，作者进行了与单轴受力试件相同尺寸的同类高性能混凝土的双轴受压与拉压的全曲线试验[29]. 采用刚性试验机等应变控制加载，获取了完整的应力-应变全曲线. 利用前述本构关系进行预测，并与试验结果进行了比较研究. 图 2—图 4 给出了部分试件的理

论均值应力-应变曲线、应力均值±标准差-应变曲线与试验结果的比较.

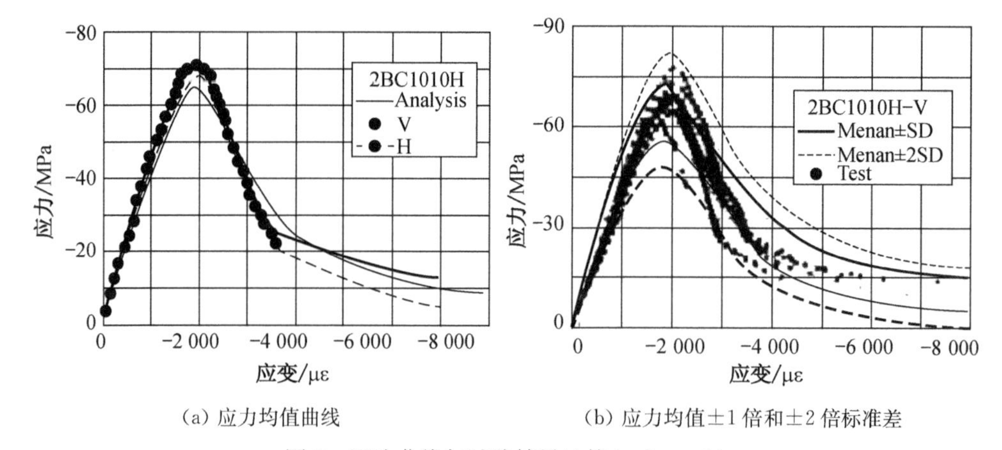

(a) 应力均值曲线　　(b) 应力均值±1 倍和±2 倍标准差

图 2　理论曲线与试验结果比较(—1∶—1)

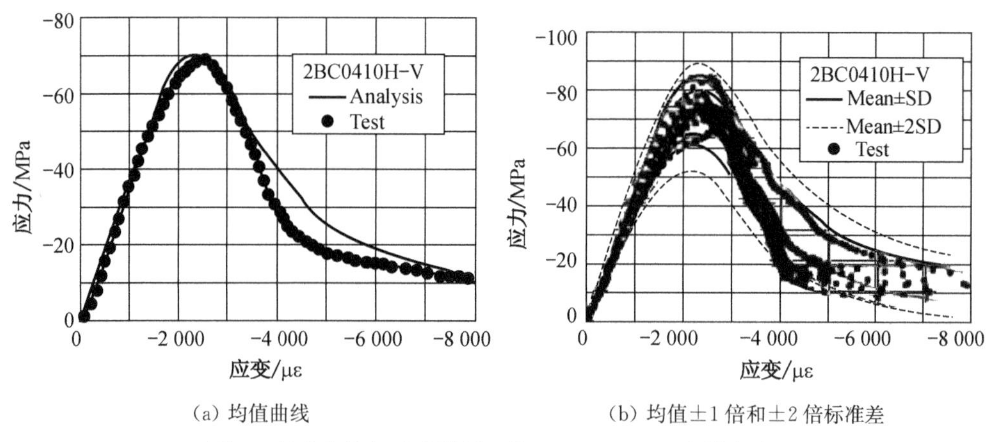

(a) 均值曲线　　(b) 均值±1 倍和±2 倍标准差

图 3　理论曲线与试验结果比较（—0.4∶—1,主轴方向）

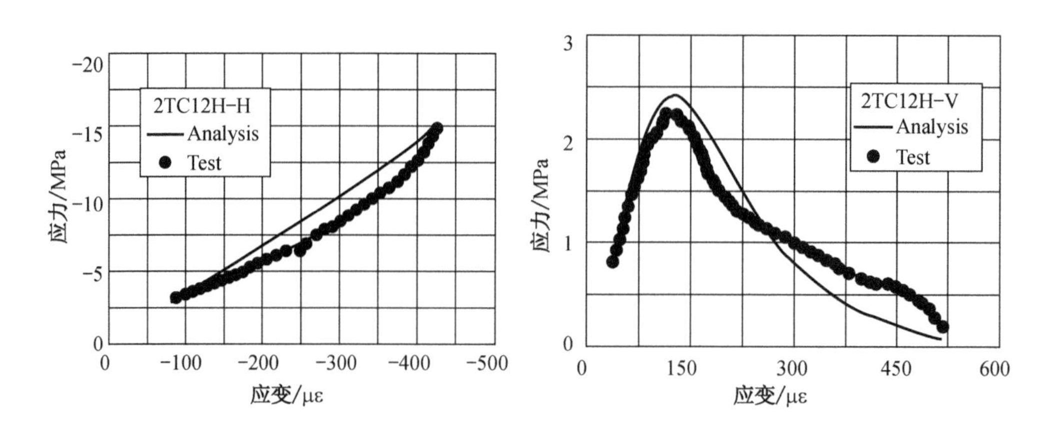

图 4　理论曲线与试验结果比较（—2∶1）

观察图 2～图 3 的双轴受压结果可知：理论计算值与试验结果符合良好，试验值大多数在±2 倍标准差的离散范围之内，少部分超出±2 倍标准差离散范围.

观察图 4 的双轴拉压结果可知：在受拉和受压方向应力响应的理论计算值与试验结果基本符合.

5.3 双轴强度包络图及其方差

利用上述本构关系，还可以计算给出二维峰值应力(即应力强度) 及其方差. 与试验结果的比较见图 5 (图中同时列出了 Kupfer，Lee，过镇海等研究者的试验结果).

从图 5 可见：多数试验点落在均值加减一倍均方差之内，显示了建议模型的合理性.

上述对比分析表明：利用本文发展的方法，结合混凝土单轴受力试验，能较好地预测混凝土二轴受压和拉压时全过程的应力响应，并能反映它们的离散范围，说明了本文所建立随机损伤本构关系模型的合理性.

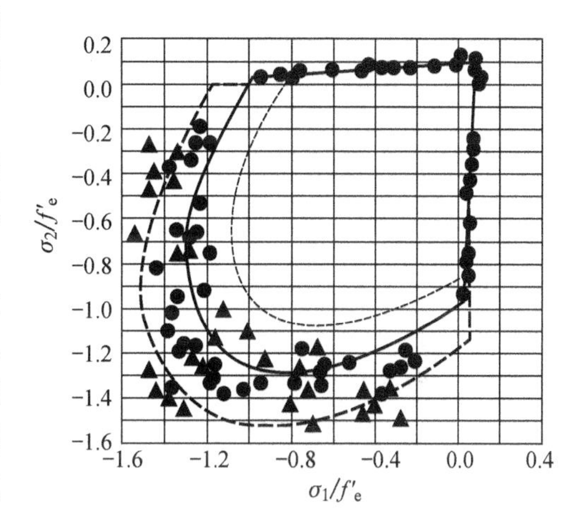

图 5 二维强度比较图

6 结 语

针对混凝土材料的特点，可以从细观层次上建立基本损伤变量的随机模型并考察其演化规律. 将这种细观层次上的考察和我们此前建立的弹塑性损伤本构关系模型相结合，可以建立起一般的混凝土多轴弹塑性随机损伤本构模型. 本文基于损伤能释放率的研究，提出了能量等效应变的概念. 在此基础上，得到了多轴受力状态下主方向应力的均值描述和方差描述.

相对于确定性弹塑性损伤本构关系模型，基于细观损伤物理模型和随机场理论建立的随机损伤本构关系不仅在细观层次上的损伤演化规律具有明确物理意义，而且宏观上的应力预测值也与试验结果吻合，且能反映混凝土力学特征在本质上的离散性. 同时，模型的数值计算也较为简便. 实现了从单轴损伤本构关系到多轴损伤本构关系的研究构想.

参考文献

[1] Mazars J. A description of micro-and macro-scale damage of concrete structures[J]. Engineering Fracture Mechanics, 1986, 25: 729-737.

[2] Resende L. A damage mechanics constitutive theory for the inelastic behavior of concrete

[J]. Computer Methods in Applied Mechanics and Engineering, 1987, 60(1): 57-93.
[3] Lubliner J, Oliver J, Oliver S, et al. A plastic-damage model for concrete [J]. International Journal of Solids and Structures, 1989, 25(3): 299-326.
[4] Faria R, Oliver J, Cervera M. Modeling material failure in concrete structures under cyclic actions [J]. Journal of Structural Engineering, ASCE, 2004, 130(2): 1997-2005.
[5] Lemaitre J, Rodrigue D. Engineering Damage Mechanics: Ductile, Creep, Fatigue and Brittle Failures [M]. Springer, 2005.
[6] 李杰. 混凝土随机损伤力学初步研究[J]. 同济大学学报,2004,32 (1): 75-85.
[7] 李杰,张其云. 混凝土随机损伤本构关系研究进展[J]. 结构工程师,2000,54(增刊):54-61.
[8] Woo C W, Li D L. A general stochastic dynamic model of continuum damage mechanics [J]. International Journal of Solids and Structures, 1992, 29(23): 2921-2932.
[9] Bhattacharya B, Ellingwood B. Continuum damage mechanics-based model of stochastic damage growth [J]. Journal of Engineering Mechanics, ASCE, 1998, 124(9):1000-1009.
[10] Diao X. A statistical equation damage evolution [J]. Engineering Fracture Mechanics, 1995, 52(1): 33-42 .
[11] Carmeliet J, Hens H. Probable nonlocal damage model for continue with random field properties [J]. Journal of Engineering Mechanics, ASCE, 1994, 120 (10): 2013-2027.
[12] Krajcinovic D, Silva M A G. Statistical aspects of the continuous damage theory [J]. International Journal of Solids and Structures, 1982, 18(17): 557-562.
[13] Breysse D. Probabilistic formulation of Damage-Evolution law of cementers composites [J]. Journal of Engineering Mechanics, ASCE, 1990, 116(7):1489-1511.
[14] Kandarpa S, Kirkner D J, Spencer B F Jr. Stochastic damage model for brittle materials subjected to monotonic loading[J]. Journal of Engineering Mechanic, ASCE, 1996, 122 (8):788-795.
[15] 李杰, 张其云. 混凝土随机损伤本构关系[J]. 同济大学学报, 2001,29(10):1135-1141.
[16] 张其云. 混凝土随机损伤本构关系研究[D]. 上海: 同济大学, 2001.
[17] Li Jie, Lu Zhaohui, Zhang Qiyun. A research on the stochastic damage constitutive model of concrete materials [C]// Proceeding of International Conference Advances in concrete and Structures, 2003.
[18] Li J, Wu J Y. Energy－based CDM model for nonlinear analysis of confined concrete structures [C]// Proc. of ISCC－2004(No. Key－9). Changsha, China, 2004.
[19] 李杰, 吴建营. 混凝土弹塑性损伤本构模型研究[J]. 土木工程学报, 2005, 38(9):14-27.
[20] Wu J Y, Li J, Faria R. An energy release-based plastic-damage model for concrete [J]. International Journal of Solids and Structures, 2006, 43(3-4):583-612.
[21] Van Mier J G M. Fracture of Concrete under complex stress[C]. Heron, 1986, 31(3).
[22] 杨卫忠. 混凝土弹塑性随机损伤本构关系理论与试验研究[D]. 上海: 同济大学, 2007.
[23] Robotnov Y N. Creep rupture[C]// Applied Mechanics, Proceedings of ICAM－12 , 1968: 342-349.
[24] 李杰, 陈建兵. 随机动力系统中的广义密度演化方程[J]. 自然科学进展, 2006, 16(6): 712-719.

[25] 李杰. 随机结构系统——分析与建模[M]. 北京：科学出版社，1996.
[26] 李杰，任晓丹，杨卫忠. 混凝土二维本构关系试验研究[J]. 土木工程学报，2007，40（4）：6-14.

Elastoplastic Stochastic Damage Constitutive Law for Concrete

Li Jie　Yang Wei-zhong

Abstract: Based on the composition and failure mechanism of concrete, two types of damage variables, named tensile damage variable and shear damage variable, are defined at the mesoscopic scale. Based on a previously established elatoplastic damage constitutive law and the principle of damage mechanics, a new elastoplastic stochastic damage constitutive law is proposed. By introducing the concept of energy equivalent stain, it is demonstrated that the multi－axial damage evaluation is the same as those in uniaxial stress state. The mean value and variance of stress under biaxial loading are derived. The analytical results are in good agreement with those from experiments.

（本文原载于《土木工程学报》第 42 卷第 2 期，2009 年 2 月）

混凝土随机损伤力学——背景、意义与研究进展

李　杰

摘　要　混凝土结构非线性行为研究的核心和灵魂是关于混凝土本构关系的研究. 20 世纪 80 年代中期以来,混凝土损伤力学的研究为混凝土本构关系的研究开辟了新的道路. 然而,经典连续介质损伤力学在本质上属于唯象学的研究框架,对于带有根本性的损伤演化法则,在逻辑上只能采用经验归纳或理论假设的方式给出,而难以说明损伤演化的内在物理机制. 缘于此,从对混凝土材料构成性质的随机性和受力行为非线性的考察入手,我们从随机损伤及其演化的角度对混凝土本构关系的形成机理进行了系列的研究,初步形成了混凝土随机损伤力学的新型研究框架. 本文对这一方面的研究进展做出了阶段性总结.

研究表明:损伤演化的非线性源于细观层次断裂应变分布的随机性. 利用作者提出的细观随机断裂—滑移模型,可以建立细观损伤与宏观损伤之间的物理桥梁、合理反映基本的损伤演化规律. 在此基础上,通过引入能量等效应变,可以将随机损伤演化法则推广于多维受力状态,从而建立起应用于结构分析的混凝土随机损伤本构模型. 通过引入非线性有限元法与概率密度演化分析原理,可以实现结构随机非线性反应的分析. 在上述理论框架中,确定性损伤本构关系与随机损伤本构关系可以互相转化;在细观—宏观、本构—结构等不同分析尺度上,随机要素的传递与演化、演化过程中随机涨落,也可以得到合理的反映.

上述理论框架的提出,为合理地实现基于可靠性的混凝土结构设计与控制提供了基础.

1　研究背景

在我国工程建设中,混凝土结构是应用最为广泛的一类结构. 2006 年,我国水泥产量再次刷新世界记录,达到 9.4 亿吨,占世界水泥产量的 45%. 根据经验折算,2006 年我国混凝土工程用量已达到 45 亿～52 亿吨,相当于每人每年 4 吨的水平.

与工程建设繁荣兴旺的背景相适应,我国在混凝土科学方面的研究也得到长足进步. 据初步统计,1997 至 2007 年我国在土木工程领域发表刊物研究论文约

66 100篇,其中,涉及混凝土材料、混凝土结构和混凝土力学的研究达29 600篇,占上述研究论文总数的45%.

混凝土结构研究的终极目的,是建立合理的、可以客观反映结构受力机理与破坏机制、有效控制结构性态的工程结构设计理论.在这一意义上,混凝土结构研究的核心和灵魂是关于结构非线性性态和演化机理的研究,其基础,则是混凝土本构关系的研究.令人遗憾的是,在国际范围内,在长达40余年的时间里,尽管先后引入了非线性弹性理论、经典塑性力学理论、断裂力学等,试图为混凝土本构关系的研究建立合理的理论框架,但由于问题的高度复杂性,仍然没有形成可以较好地反映混凝土材料在多维空间中非线性受力机制的基础理论.20世纪80年代中期以来,这种局面开始出现转机.伴随着损伤力学登上混凝土研究的历史舞台、非线性随机系统研究的重要进步,混凝土本构关系研究与结构非线性分析研究均开始出现一系列观念上的变化.

一般认为,最早将损伤力学的基本概念应用于描述混凝土非线性特性的是Dougill(1976).但是,混凝土损伤力学理论研究中第一个具有开创意义的工作是Ladeveze和Mazars作出的(Ladeveze, 1983; Mazars, 1984,1986).众所周知:混凝土最典型的性质是其在拉应力和压应力作用下表现出迥异的强度与刚度特性.基于此,1983年,Ladeveze首先引入应力张量的正负分解,并假设正应力引起受拉损伤,负应力引起受压损伤,在复杂加载时,损伤为受拉损伤和受压损伤的组合.这种损伤变量的表达形式,后来被证明普遍适用于混凝土材料.1986年,Mazars基于应力张量分解的思路,引入弹性损伤能释放率建立损伤准则,为混凝土损伤力学的进一步发展奠定了热力学基础.Ladeveze-Mazars损伤本构模型能够很好地模拟混凝土材料在低周反复荷载作用下的刚度退化,分析结果与单轴试验结果的吻合程度也令人满意,但是,它不能很好地反映双轴受压应力状态下混凝土强度和延性的提高.

此后,不少研究者试图在弹性损伤的框架内修正和完善Ladeveze-Mazars模型,其中代表性的工作包括Mazars & Pijaudier-Cabot(1989), Lubarda et al.(1994)以及Comi & Perego(2001)等.由于弹性损伤框架的局限性,上述模型并没有在Ladeveze-Mazars模型的基础上取得实质性进展,所建立的模型均不能很好地反映混凝土多轴非线性行为的机理和特性,尤其是在多轴受压区,模型预测结果与试验结果存在显著差距.

弹性损伤模型的根本缺陷在于没有反映混凝土受力非线性发展过程中部分存在塑性变形这一事实.缘于此,自20世纪80年代中期以来,一批研究者试图突破弹性损伤的理论框架,将塑性应变及其演化规律引入到损伤本构关系的建模过程中,以期能够反映混凝土材料的残余变形.在此方向,研究工作大体上沿着两个侧面展开.其一是在Cauchy应力空间建立塑性应变的演化方程,如Ortiz(1985)、Simo-Ju(1987), Lubliner et al.(1989), Abu-Lebdeh & Voyiadjis(1993), Prisco-Mazars(1995), Carol et al.(2001)以及Ananiev & Ozbolt(2004)等.Cauchy应力表征宏观水平的表观应力,材料进入软化段后,宏观应力会产生下降,基于 Cauchy 应力空间建立的弹塑性损伤模型必然涉及屈服面收缩问题,因此会出现数值收敛和稳定性等一系列问题. 在另一侧面,在有效应力空间建立塑性应变演化方程,则不会出现这些问题. 事实上,在加载过程中,有效应力空间内的屈服面一直处于膨胀状态而不存在收缩,因此可以避免软化段的复杂处理问题. 在此侧面的典型研究见于 Ju(1989)、Lee-Fenves(1998)和 Jason(2006)等. 考虑到直接运用塑性力学方法在屈服状态判断时需要进行迭代,出于大型结构非线性分析时的计算效率考虑,也有不少学者采用经验表达的方法来考虑塑性变形,如 Resende(1987), Faria et al. (1998, 2004), Valliappan et al. (1999)和 Hatzigeorgioiu et al. (2001)等.

在上述背景下,基于对混凝土材料构成性质的随机性和受力行为非线性的考察,我们从随机损伤及其演化的角度对混凝土本构关系的形成机理进行了较为系列的研究,初步形成了混凝土随机损伤力学的新型研究框架. 本文试图对此方面的研究进展做一阶段性的总结.

2 混凝土的非线性与随机性

众所周知,混凝土是具有高度非线性力学行为的材料. 图 1 是典型的混凝土单轴受拉应力-应变曲线. 一般认为:造成这种非线性特征的本质原因,在于混凝土内部存在初始微裂缝与微孔洞. 在外力作用下,在这些内部缺陷附近将产生应力集中,从而导致裂缝进一步扩展. 这种细观的非均匀受力及其演化过程是形成非线性的本质原因.

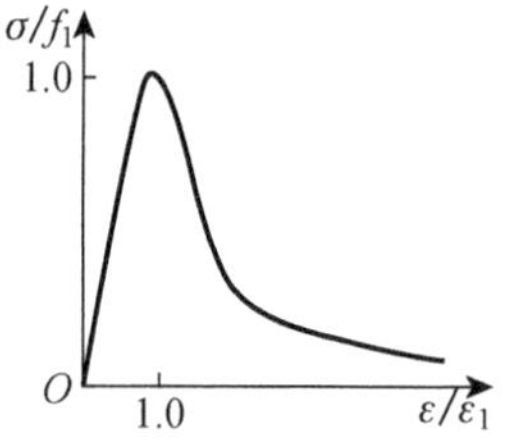

图 1 混凝土单轴受拉应力-应变曲线

在另一方面,混凝土是一类多相复合材料. 其构成组分及各组分强度都具有随机分布特征. 初始微缺陷或损伤的随机性,势必导致后续的损伤演化路径具有随机性. 在本质上,这种随机性与前述非线性是天然地耦合在一起的. 由此导致混凝土本构关系及强度表现具有不可避免的随机性(李杰,2004). 图 2 是作者所带领研究梯队的一组单轴受力混凝土应力-应变曲线试验结果. 在材料基本配比、制作工艺和试验方法完全一致的条件下,出现这样的离散性在定量上是正常的,在概念上也是合理的:随机的初始损伤必然导致损伤的随机演化,随机的损伤演化,必然导致随机的强度表现和随机的本构关系.

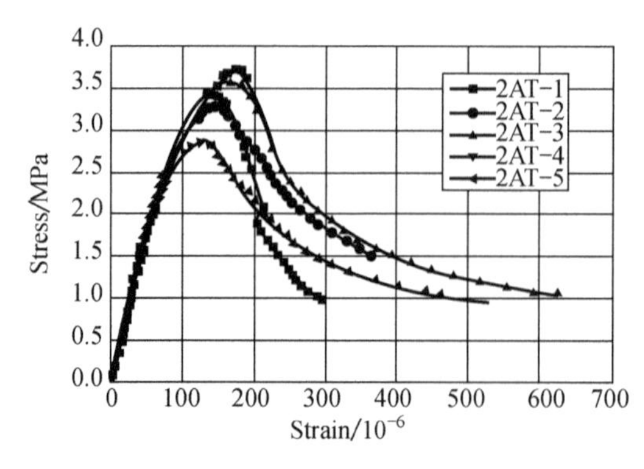

图 2 混凝土单轴受拉应力-应变试验曲线

与非线性弹性理论、经典塑性理

论相比较，损伤力学对混凝土非线性形成机制的解释更为符合于真实背景：非线性源于损伤的逐步累积. 1976 年，Dougill 首先将损伤力学的基本概念应用于描述混凝土的非线性. 他认为：混凝土材料的非线性是由渐进断裂（损伤发展）所引起的刚度衰减造成的. 尽管 Dougill 仅研究了弹性断裂问题，完全忽略了塑性应变对非线性的贡献，但将损伤力学引入到混凝土力学研究中，是 Dougill 的一个重要贡献，从此，混凝土力学研究进入到了一个新纪元.

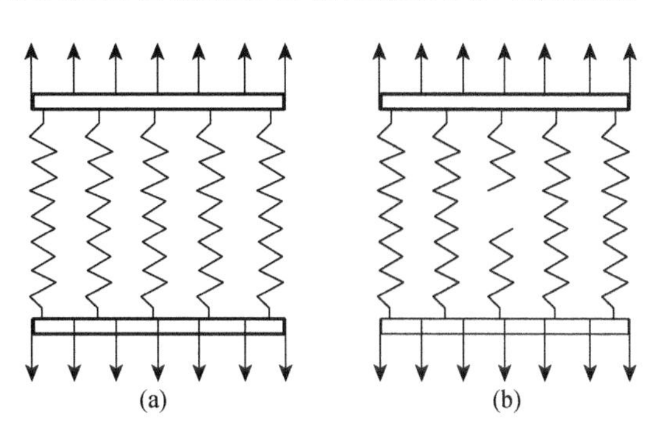

图 3　弹簧模型及其断裂

图 3 的简化模型可用之考察混凝土单轴受力的非线性力学行为. 当图 3(a) 因受力致使其中某根弹簧断裂形成图 3(b) 时，因弹簧束中内力重分布形成新的内力分配格局. 与之相适应，应力-应变曲线出现刚度折减，表现出非线性的特征（图 4(a)）. 显然，当弹簧个数趋于无穷时，这一断裂—内力重分布—刚度折减的过程将形成光滑的非线性应力-应变曲线（图 4(b)）.

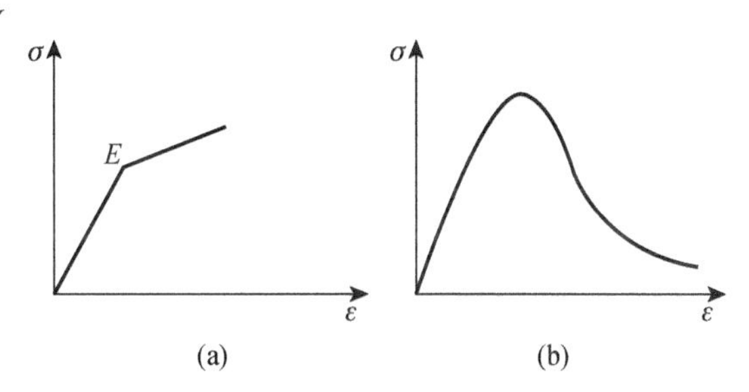

图 4　损伤导致非线性

经典损伤力学对于非线性形成机理的上述出色解释，使人们有理由相信损伤力学是研究混凝土本构关系的合理工具. 但由于损伤力学在本质上是具有内变量的理论，随着研究工作的深入，人们发现：关于损伤变量演化规律的研究构成了研究进程中的主要障碍. 在 20 世纪 90 年代中期之前，一般从两条途径反映损伤变量的演化规律.

其一，是通过经验总结的方式给出损伤变量演化规律，其典型表述形式是（Mazars，1984）

$$d = 1 - \frac{(1-A)\varepsilon_0}{\varepsilon_{eq}} - \frac{A}{\exp[B(\varepsilon_{eq} - \varepsilon_0)]} \tag{1}$$

式中，ε_{eq} 为一类反映三轴应力状态的等效单轴应变，A，B，ε_0 则为由实验数据确定的材料常数.

其二，是利用不可逆热力学基本原理，由损伤正交流动法则给出损伤变量演化法则，即

$$\dot{d} = \dot{\lambda}_d \frac{\partial g(Y_n, r_n)}{\partial Y_n} \tag{2}$$

其中，Y_n 为时刻 n 的损伤能释放率；r_n 为时刻 n 的损伤能释放率阈值，$g(x)$为变量 x 的任意递增标量函数，λ_d 为标量比例因子.

经过近二十年的研究，人们已经找到了基本合理的损伤能释放率表达形式(Ju，1989；李杰，吴建营，2005). 但是，决定上述演化准则的核心——$g(\cdot)$的具体形式——仍然不得不通过理论假设给出. 事实上，经典连续介质损伤力学在本质上属于唯象学的研究框架. 因此，对于带有根本性的、具有物理内涵的损伤演化法则，在逻辑上只能采用经验归纳或理论假设(猜想)的方式给出. 换句话说，在唯象学的研究框架里，是难以说明损伤演化的内在物理机制的.

然而，人们研究实践的总结也揭示了一个十分有趣的现象：不同的研究者，无论从经验归纳角度、还是理论假设的途径，其损伤演化规律都殊途同归：大体具有类似于图 5 所示的基本形式. 从这一图示中，我们自然可以提出这样的问题：损伤为何不是线性发展、而是具有某种非线性特征呢？换句话说，在损伤发展过程中，为什么同样的应变增量会导致不同的损伤增量？在不同的损伤阶段，为什么会出现能量的非均匀耗散？

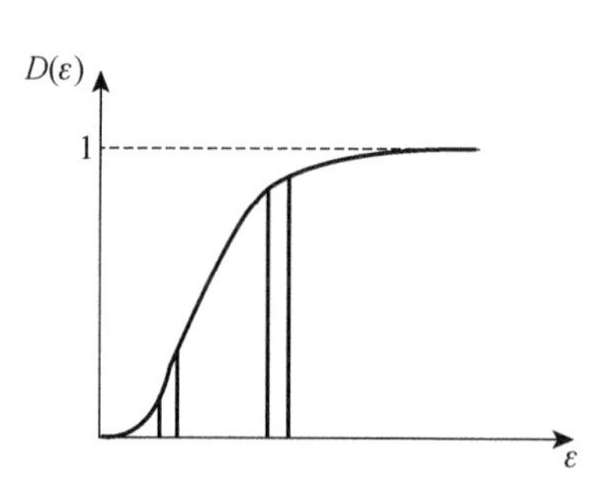

图 5　典型损伤演化曲线

在本文作者看来：是随机性导致了损伤发展的非线性.

仍以图 3 所示模型为例，若将细观弹簧的断裂应变视为随机变量，则不难推断：在均值意义上，仅当随机变量的概率密度服从均匀分布时，损伤演化才服从线性分布(图 6(a)). 而在随机变量服从非均匀概率密度分布时，损伤演化必然具有非线性发展态势(图 6(b)). 一个单轴拉伸试件，可以视为一个关于细观断裂应变变化的集合样本，根据作者在文献[34]中阐述的随机建模原理，可以完整地解释经验的损伤演化规律赖以产生的物理原因. 事实上，作为一个集合样本，其中断裂应变集合具有随机变量的经验分布性质. 若这一分布具有非均匀分布性质，则在受力断裂过程中，不同时刻的相同应变增量必然导致不同的细观单元断裂数量，从而导致非线性的损伤演化特征.

上述分析告诉我们：损伤演化的非线性源于细观层次断裂应变分布的随机性，宏观的损伤演化规律，应该在细观层次的物理分析中寻求其内在机理与建模途径. 细观物理分析与宏观唯象分析的联系途径，可以采用基于自洽理论的期望平均方式，更为合理的，则是利用物理随机系统的基本思想，建立集合意义上的矩演化或概率密度演化途径(李杰，2006).

基于这样的基本认识和理念，本文作者和他的学生们系统展开了混凝土细观随机损伤模型和宏观弹塑性损伤力学模型的研究. 在这些研究基础上，建立了混凝土随机损伤本构理论的基本构架.

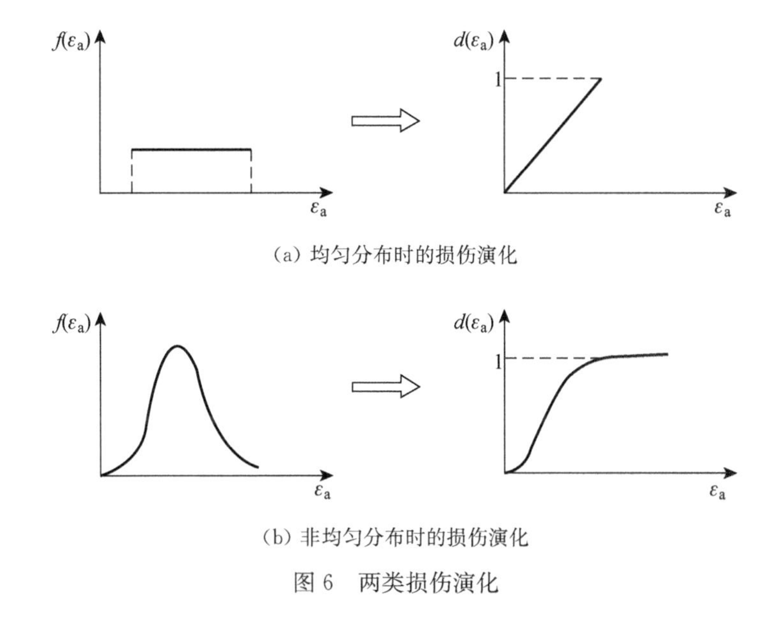

(a) 均匀分布时的损伤演化

(b) 非均匀分布时的损伤演化

图 6　两类损伤演化

3　细观随机损伤模型

大量的试验观察表明，混凝土的非线性变形来源于两种基本的物理机制：微裂缝（微缺陷）的扩展和水泥浆体的塑性滑移. 在变形过程中，损伤演化与塑性滑移之间相互影响、相互耦合. 任何正确的混凝土本构关系，必须对这两种基本的物理变形机制作出合理的反映. 一般说来，混凝土在复杂应力作用下的破坏形态可概括为三种基本形式：拉伸破坏、剪切破坏以及高静水压力下的压碎破坏. 在不考虑高静水压力导致的应变强化的前提下，混凝土材料的损伤和破坏主要源于两种不同的物理机制：受拉损伤机制和受剪损伤机制. 相应地，混凝土的细观损伤也可分为受拉损伤和受剪损伤，前者受最大拉应变控制，而后者则由于剪应变引起. 可以分别采用受拉损伤变量 D_t 和受剪损伤变量 D_s 来描述上述两种机制对混凝土材料宏观力学性能的影响.

为在细观上反映这两种破坏机制，我们采用在细观尺度意义上其断裂应变服从某一概率分布的微弹簧来表征细观单元，发展了两类细观随机断裂—滑移模型（李杰，张其云，2001；李杰，杨卫忠，2007），如图 7 所示. 两类单元分别对应受拉损伤破坏机制和受剪损伤破坏机制. 在建议模型中，在细观层次上将混凝土离散为具有一定特征高度和截面积的小柱体，并用微弹簧加以表示. 拉伸（或剪切）微弹簧均假定为理想弹脆性材料，其极限应变为一随机变量.

在受拉伸破坏机制中，小柱体的破坏是由于骨料和水泥砂浆之间界面被拉开或集料及凝胶体中初始微缺陷扩展而产生，表现为细观受拉弹簧的随机断裂. 而在以压应力为主的受剪破坏机制中，小柱体破坏起源于骨料和水泥砂浆之间界面或初始微缺陷因剪应力作用导致的界面拉开，在模型中表现为受剪弹簧的随机断裂.为了反映水泥砂浆内部以及砂浆、骨料界面间塑性滑移的影响，分别引入细观拉伸塑性变形元件和细观剪切塑性变形元件.基本的受拉损伤单元或受剪损伤单元分别由拉伸微弹簧和拉伸塑性变形元件或剪切微弹簧和剪切塑性变形元件串联组成.

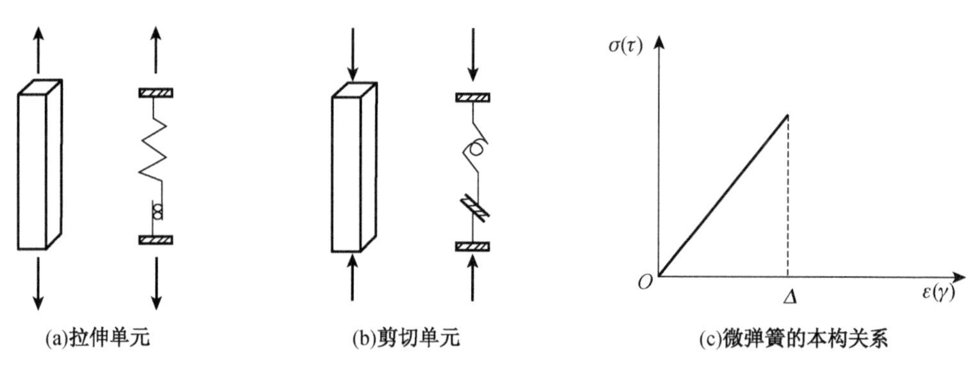

图 7　细观物理模型

由于细观受拉单元与受剪单元受力机制上的类似性，可以采用统一的方式给出其数学描述.

引用 Rabotnov 的经典损伤定义损伤变量(Krajcinovic, 1996)，即

$$D_i = \frac{A_D}{A} \quad (i = t,\ s) \tag{3}$$

式中，A_D 为因细观拉伸(或剪切)损伤单元破坏而导致混凝土退出工作的面积；A 为无损混凝土的截面积，即试件的横截面积.

假设离散后模型中细观单元的截面积均相等，式(3)可变换为

$$D_i(\varepsilon_e) = \frac{1}{M}\sum_{i=1}^{M} H(\varepsilon_e - \Delta_i) \tag{4}$$

式中，Δ_i 为第 i 个细观单元发生拉伸或剪切破坏时相应的应变，可视为服从某一分布的随机变量；$H(\cdot)$为 Heaviside 函数，即

$$H(\varepsilon_e - \Delta_i) = \begin{cases} 0, & \varepsilon_e \leqslant \Delta_i \\ 1, & \varepsilon_e > \Delta_i \end{cases} \tag{5}$$

当模型中细观单元的数目 M 趋向于无穷大时，则在宏观横截面上的细观单元体可以看作一维连续体.若 $M \to +\infty$时式(4)的极限存在，则细观单元破坏时的应变为一连续随机场 $\Delta(x)$.不失一般性，x 可认为介于 0 和 1 之间，即，$x \in [0,\ 1]$.相应地，式(4)可以表示为如下形式(Kandarpa & Kirkner, 1996)

$$D_i(\varepsilon_e) = \int_0^1 H[\varepsilon_e - \Delta(x)]\mathrm{d}x \tag{6}$$

式中，$\Delta(x)$为在位置x处的随机破坏应变，考虑数学上的处理方便，可假定为一维均匀随机场.

由于Δ_i的随机场性质，$D_i(\varepsilon_e)$为一随机函数. 若$\Delta(x)$的一维、二维分布密度函数均存在，利用概率论中随机变量函数的均值和方差的计算方法，可得到受拉(或受剪)损伤变量的均值和方差，分别为

$$\mu_D(\varepsilon_e) = \int_0^\infty \int_0^1 H(\varepsilon_e - \delta) f_\Delta(\delta;\ x)\mathrm{d}x\mathrm{d}\delta = F(\varepsilon_e) \tag{7}$$

$$V_D^2(\varepsilon_e) = [2\int_0^1 (1-\gamma) F_\Delta(\varepsilon_e,\ \varepsilon_e;\ \gamma)\mathrm{d}\gamma] - F^2(\varepsilon_e) \tag{8}$$

式中，$f_\Delta(\delta;\ x)$为破坏极限应变在位置x处的一维概率分布密度函数；$F_\Delta(\varepsilon_e,\ \varepsilon_e;\ \gamma)$为在两个截面处的随机变量的联合概率分布函数，$\gamma = |i-j|$，为两截口处距离.

引入塑性变形元件后，拉(压)应力在单元内产生的总应变ε由微弹簧产生的拉伸(或压缩)应变ε_e和微裂缝面产生的塑性应变ε_p组成，即

$$\varepsilon = \varepsilon_e + \varepsilon_p \tag{9}$$

在弹性应变ε_e分别取受拉应变或受压应变前提下，拉伸塑性变形元件和剪切塑性变形元件的变形计算模式可以统一采用下式

$$\varepsilon_p = \frac{\delta}{1-D}\varepsilon_e \tag{10}$$

式中，δ为塑性变形系数.

细观随机断裂-滑移模型的本质，是将材料细观物理性质的随机性作为损伤演化的依据之一，这就自然而然地将混凝土材料内秉的非线性与随机性以及两者的耦合作用纳入到一个统一的模型中来，从而实现了非线性与随机性的综合反映.

4 弹塑性随机损伤本构关系

根据损伤力学基本理论(Lemaitre & Rodrigue, 2005)，定义有效应力张量$\bar{\boldsymbol{\sigma}}$满足无损伤材料的弹塑性本构关系，即

$$\bar{\boldsymbol{\sigma}} = \boldsymbol{C}_0 : \boldsymbol{\varepsilon}^e = \boldsymbol{C}_0 : (\boldsymbol{\varepsilon} - \boldsymbol{\varepsilon}^p) \tag{11}$$

式中，标记“：”为二阶缩并积；$\boldsymbol{\varepsilon}$为总应变张量，一般分解为弹性应变张量$\boldsymbol{\varepsilon}^e$和塑性应变张量$\boldsymbol{\varepsilon}^p$两部分，即$\boldsymbol{\varepsilon} = \boldsymbol{\varepsilon}^e + \boldsymbol{\varepsilon}^p$；$\boldsymbol{C}_0$为材料的初始刚度张量.

为了反映拉应力和压应力对混凝土材料的不同影响，将上述有效应力张量$\bar{\boldsymbol{\sigma}}$分解为正、负分量($\bar{\boldsymbol{\sigma}}^+$, $\bar{\boldsymbol{\sigma}}^-$)之和的形式

$$\bar{\boldsymbol{\sigma}}^+ = \boldsymbol{P}^+ : \bar{\boldsymbol{\sigma}} \tag{12a}$$

$$\bar{\boldsymbol{\sigma}}^{-}=\bar{\boldsymbol{\sigma}}-\bar{\boldsymbol{\sigma}}^{+}=\boldsymbol{P}^{-}:\bar{\boldsymbol{\sigma}} \tag{12b}$$

式中，四阶对称张量 $\boldsymbol{P}^{+}$ 和 $\boldsymbol{P}^{-}$ 称为 $\bar{\boldsymbol{\sigma}}$ 的正、负投影张量，表示为 $\bar{\boldsymbol{\sigma}}$ 的特征值 $\hat{\bar{\sigma}}_i$ 和特征向量 $\boldsymbol{p}_i$ 的函数

$$\boldsymbol{P}^{+}=\sum_{i}H(\hat{\bar{\sigma}}_i)(\boldsymbol{P}_{ii}\otimes\boldsymbol{P}_{ii}) \tag{13a}$$

$$\boldsymbol{P}^{-}=\boldsymbol{I}-\boldsymbol{P}^{+} \tag{13b}$$

其中，标记"$\otimes$"为张量积；$H(\cdot)$ 为 Heaviside 函数；$\boldsymbol{P}_{ii}=\boldsymbol{p}_i\otimes\boldsymbol{p}_i$ 为二阶对称张量；$\boldsymbol{I}$ 为四阶一致性张量.

在等温绝热状态下，通常可以假定材料的弹性 Helmholtz 自由能势和塑性 Helmholtz 自由能势不耦合. 在此前提下，材料的总弹塑性 Helmholtz 自由能势可表示为弹性部分 ψ^{e} 和塑性部分 ψ^{p} 之和的形式，即(李杰，吴建营，2005；Li & Wu, 2006)

$$\psi(\boldsymbol{\varepsilon}^{e},\boldsymbol{q}^{p},d^{+},d^{-})=\psi^{e}(\boldsymbol{\varepsilon}^{e},d^{+},d^{-})+\psi^{p}(\boldsymbol{q}^{p},d^{+},d^{-}) \tag{14}$$

式中，$\boldsymbol{q}^{p}$ 为描述材料塑性特性的内变量；d^{+}，d^{-} 分别表示受拉损伤变量和受剪损伤变量，采用小写符号的原因将会在下文中得到解释；ψ^{e} 为材料的弹性 Helmholtz 自由能势

$$\psi^{e}(\boldsymbol{\varepsilon}^{e},d^{+},d^{-})=\psi^{e+}(\boldsymbol{\varepsilon}^{e},d^{+})+\psi^{e-}(\boldsymbol{\varepsilon}^{e},d^{-}) \tag{15}$$

$$\psi^{e+}(\boldsymbol{\varepsilon}^{e},d^{+})=(1-d^{+})\psi_{0}^{e+}(\boldsymbol{\varepsilon}^{e})=\frac{1}{2}(1-d^{+})\bar{\boldsymbol{\sigma}}^{+}:\boldsymbol{\varepsilon}^{e} \tag{16a}$$

$$\psi^{e-}(\boldsymbol{\varepsilon}^{e},d^{-})=(1-d^{-})\psi_{0}^{e-}(\boldsymbol{\varepsilon}^{e})=\frac{1}{2}(1-d^{-})\bar{\boldsymbol{\sigma}}^{-}:\boldsymbol{\varepsilon}^{e} \tag{16b}$$

ψ^{p} 为材料的塑性 Helmholtz 自由能势

$$\psi^{p}(\boldsymbol{q}^{p},d^{+},d^{-})=\psi^{p+}(\boldsymbol{q}^{p},d^{+})+\psi^{p-}(\boldsymbol{q}^{p},\mathrm{d}^{-}) \tag{17}$$

$$\psi^{p+}(\boldsymbol{q}^{p},d^{+})=(1-d^{+})\psi_{0}^{p+}(\boldsymbol{q}^{p})=(1-d^{+})\int_{0}^{\boldsymbol{\varepsilon}^{p}}\bar{\boldsymbol{\sigma}}^{+}:\mathrm{d}\boldsymbol{\varepsilon}^{p} \tag{18a}$$

$$\psi^{p-}(\boldsymbol{q}^{p},d^{-})=(1-d^{-})\psi_{0}^{p-}(\boldsymbol{q}^{p})=(1-d^{-})\int_{0}^{\boldsymbol{\varepsilon}^{p}}\bar{\boldsymbol{\sigma}}^{-}:\mathrm{d}\boldsymbol{\varepsilon}^{p} \tag{18b}$$

材料的损伤过程和塑性流动过程都是不可逆热力学过程，由热力学第二定律可知，其能量耗散应为非负值，且必须满足热力学的不可逆条件，即 Clausius-Duhem 不等式. 在等温绝热条件下，该不等式为

$$\dot{\gamma}=\boldsymbol{\sigma}:\boldsymbol{\varepsilon}-\psi\geqslant 0 \tag{19}$$

将式(14)微分并代入上式，将有

$$\left(\boldsymbol{\sigma}-\frac{\partial\psi^{\mathrm{e}}}{\partial\boldsymbol{\varepsilon}^{\mathrm{e}}}\right):\dot{\boldsymbol{\varepsilon}}^{\mathrm{e}}+\left(-\frac{\partial\psi}{\partial d^{+}}\right)\dot{d}^{+}+\left(-\frac{\partial\psi}{\partial d^{-}}\right)\dot{d}^{-}+\left(\boldsymbol{\sigma}:\dot{\boldsymbol{\varepsilon}}^{\mathrm{p}}-\frac{\partial\psi^{\mathrm{p}}}{\partial\boldsymbol{q}^{\mathrm{p}}}\dot{\boldsymbol{q}}^{\mathrm{p}}\right)\geqslant 0 \tag{20}$$

由于 $\dot{\boldsymbol{\varepsilon}}_{\mathrm{e}}$ 的任意性，要满足上述不等式要求，应有

$$\boldsymbol{\sigma}=\frac{\partial\psi^{\mathrm{e}}(\boldsymbol{\varepsilon}^{\mathrm{e}},d^{+},d^{-})}{\partial\boldsymbol{\varepsilon}^{\mathrm{e}}} \tag{21}$$

将式(15)定义的材料弹性 Helmholtz 自由能势代入式(21)可以得到

$$\boldsymbol{\sigma}=(1-d^{+})\frac{\partial\psi_{0}^{\mathrm{e}+}(\boldsymbol{\varepsilon}^{\mathrm{e}})}{\partial\boldsymbol{\varepsilon}^{\mathrm{e}}}+(1-d^{-})\frac{\partial\psi_{0}^{\mathrm{e}-}(\boldsymbol{\varepsilon}^{\mathrm{e}})}{\partial\boldsymbol{\varepsilon}^{\mathrm{e}}} \tag{22}$$

由式(16)、(12)可以得到如下关系式

$$\frac{\partial\psi_{0}^{\mathrm{e}+}(\boldsymbol{\varepsilon}^{\mathrm{e}})}{\partial\boldsymbol{\varepsilon}^{\mathrm{e}}}=\boldsymbol{P}^{+}:\bar{\boldsymbol{\sigma}}=\bar{\boldsymbol{\sigma}}^{+} \tag{23a}$$

$$\frac{\partial\psi_{0}^{\mathrm{e}-}(\boldsymbol{\varepsilon}^{\mathrm{e}})}{\partial\boldsymbol{\varepsilon}^{\mathrm{e}}}=\boldsymbol{P}^{-}:\bar{\boldsymbol{\sigma}}=\bar{\boldsymbol{\sigma}}^{-} \tag{23b}$$

于是，弹塑性损伤本构关系可以表示为

$$\boldsymbol{\sigma}=(1-d^{+})\bar{\boldsymbol{\sigma}}^{+}+(1-d^{-})\bar{\boldsymbol{\sigma}}^{-}=(\boldsymbol{I}-\boldsymbol{D}):\bar{\boldsymbol{\sigma}}=(\boldsymbol{I}-\boldsymbol{D}):\boldsymbol{C}_{0}:\boldsymbol{\varepsilon}^{\mathrm{e}} \tag{24}$$

式中，$\boldsymbol{D}$ 为四阶损伤张量，其表达式为

$$\boldsymbol{D}=d^{+}\boldsymbol{P}^{+}+d^{-}\boldsymbol{P}^{-} \tag{25}$$

上式表明：上述弹塑性损伤本构模型实际上是一类张量损伤模型.

由于引入了两类内变量即损伤变量 d^{+}，d^{-} 和塑性变形 $\boldsymbol{\varepsilon}^{\mathrm{p}}$，因此式(24)尚不能构成完整的混凝土本构关系，还必须建立内变量的演化法则. 这里，首先要求从不可逆热力学的基本原理出发，基于损伤能释放率建立损伤准则(李杰，吴建营，2005). 其次，关于塑性变形 $\boldsymbol{\varepsilon}^{\mathrm{p}}$，原则上可以采用在有效应力空间建立塑性应变演化方程：

$$\dot{\boldsymbol{\varepsilon}}^{\mathrm{p}}=\dot{\lambda}^{\mathrm{p}}\left(\frac{\bar{\boldsymbol{s}}}{\|\bar{\boldsymbol{s}}\|}+\alpha^{\mathrm{p}}\boldsymbol{1}\right)=\dot{\lambda}^{\mathrm{p}}(\boldsymbol{1}_{\bar{s}}+\alpha^{\mathrm{p}}\boldsymbol{1}) \tag{26}$$

但考虑到直接运用塑性力学方法在屈服状态判断时需要进行迭代，从而使大型结构非线性分析时的计算效率严重下降，采用经验表达的方法来考虑塑性变形更为可取，如式(10).

而对于损伤变量 d^{+}，d^{-} 的演化法则，则需要根据能量耗散原理和细观机制分析给出. 由式(20)可知，损伤演化过程中的能量耗散 $\dot{\gamma}^{\mathrm{d}}$ 应该满足

$$\dot{\gamma}^{\mathrm{d}}=Y^{+}\dot{d}^{+}+Y^{-}\dot{d}^{-}\geqslant 0 \tag{27}$$

式中，Y^{+} 和 Y^{-} 为与受拉损伤变量 d^{+} 和受剪损伤变量 d^{-} 功共轭的热力学广义力，即受拉损伤能释放率和受剪损伤能释放率，分别表示为

$$Y^{+}=-\frac{\partial \psi}{\partial d^{+}}=-\frac{\partial \psi^{+}}{\partial d^{+}}=\psi_{0}^{\mathrm{e}+}(\boldsymbol{\varepsilon}^{\mathrm{e}}) \tag{28a}$$

$$Y^{-}=-\frac{\partial \psi}{\partial d^{-}}=-\frac{\partial \psi^{-}}{\partial d^{-}}=\psi_{0}^{-}(\boldsymbol{\varepsilon}^{\mathrm{e}},\boldsymbol{q}^{\mathrm{p}})=\psi_{0}^{\mathrm{e}-}(\boldsymbol{\varepsilon}^{\mathrm{e}})+\psi_{0}^{\mathrm{p}-}(\boldsymbol{q}^{\mathrm{p}}) \tag{28b}$$

根据上式和前述弹、塑性 Helmholtz 自由能势表达式，可以给出

$$Y^{+}=\frac{1}{2E_{0}}\left\{\frac{2(1+v_{0})}{3}3\bar{J}_{2}^{+}+\frac{1-2v_{0}}{3}(\bar{I}_{1}^{+})^{2}-v_{0}\bar{I}_{1}^{+}\bar{I}_{1}^{-}\right\} \tag{29a}$$

$$Y^{-}=b_{0}\left[aI+\sqrt{3J}\right]^{2} \tag{29b}$$

基于上述损伤能释放率，可以建立受拉损伤准则和受剪损伤准则，分别为

$$\bar{g}^{+}(Y_{n}^{+},\ r_{n}^{+})=Y_{n}^{+}-r_{n}^{+}\leqslant 0 \tag{30a}$$

$$\bar{g}^{-}(Y_{n}^{-},\ r_{n}^{-})=Y_{n}^{-}-r_{n}^{-}\leqslant 0 \tag{30b}$$

式中，r^{+}，r^{-}分别为受拉和受剪损伤能释放率阈值，用于控制损伤的发展.

对于一维受力状态，可由式(29)导出

$$Y_{1}^{+}=\frac{E_{0}}{2}(\varepsilon^{\mathrm{e}+})^{2} \tag{31a}$$

$$Y_{1}^{-}=b_{0}\left[(\alpha+\sqrt{3})E_{0}\varepsilon^{\mathrm{e}-}\right]^{2} \tag{31b}$$

对于一般的多维受力状态，不妨假设存在

$$\varepsilon_{\mathrm{eq}}^{\mathrm{e}+}=\sqrt{\frac{2Y^{+}}{E_{0}}} \tag{32a}$$

$$\varepsilon_{\mathrm{eq}}^{\mathrm{e}-}=\frac{1}{(\alpha+\sqrt{3})}\sqrt{\frac{Y^{-}}{b_{0}}} \tag{32b}$$

不难证明：

$$\varepsilon_{\mathrm{eq}}^{\mathrm{e}+}=\sqrt{\frac{Y^{+}}{Y_{1}^{+}}}\varepsilon^{\mathrm{e}+}=\theta^{+}\varepsilon^{\mathrm{e}+} \tag{33a}$$

$$\varepsilon_{\mathrm{eq}}^{\mathrm{e}-}=\sqrt{\frac{Y^{-}}{Y_{1}^{-}}}\varepsilon^{\mathrm{e}-}=\theta^{-}\varepsilon^{\mathrm{e}-} \tag{33b}$$

上述两式说明：将一维受力损伤能释放率中的弹性应变放大θ倍，即可得到多维受力状态的损伤能释放率，称$\varepsilon_{\mathrm{eq}}$为能量等效应变. 根据损伤一致性条件：对于初始损伤相同的两种受力状态，若损伤能释放率相同，则相应损伤相等. 因此，通过引入能量等效应变，可以将一维受力状态的损伤演化法则，应用于多维受力状态.

前已指出：在唯象学的意义上，是难以从本质上反映损伤演化的内在物理机制

的. 要实现这一目的，必须引入多尺度分析的基本思想，从细观损伤的角度建立损伤演化的基本模型. 前述细观随机断裂-滑移模型，恰恰满足了这一目的. 根据损伤一致性条件和能量等效应变概念，可知在一般意义上存在如下损伤演化规律

$$D^{+}(\varepsilon^{e+}) = \int_0^1 H[\varepsilon_{eq}^{+} - \Delta^{+}(x)]\mathrm{d}x \tag{34a}$$

$$D^{-}(\varepsilon^{e-}) = \int_0^1 H[\varepsilon_{eq}^{-} - \Delta^{-}(x)]\mathrm{d}x \tag{34b}$$

由于$\Delta(x)$的随机场性质，$D(\varepsilon_e)$为一随机函数.

事实上，确定性损伤本构关系与随机损伤本构关系所反映的是同一个物理规律，其间唯一的区别在于损伤变量是取确定性变量还是随机变量. 当以上述两式作为损伤演化准则代入式(24)，得到的是一般意义上的弹塑性随机损伤本构关系. 而当采用统计平均方式、以 D 的均值作为损伤演化准则代入式(24)时，我们将得到确定性弹塑性损伤本构关系. 注意到式(7)，有确定性损伤演化准则

$$d^{+} = E(D^{+}) = \int_0^{\varepsilon_{eq}^{+}} \frac{1}{\sqrt{2\pi}\zeta_t x} \cdot \exp\left[-\frac{(\ln x - \lambda_t)^2}{2\zeta_t^2}\right]\mathrm{d}x \tag{35a}$$

$$d^{-} = E(D^{-}) = \int_0^{\varepsilon_{eq}^{-}} \frac{1}{\sqrt{2\pi}\zeta_s x} \cdot \exp\left[-\frac{(\ln x - \lambda_s)^2}{2\zeta_s^2}\right]\mathrm{d}x \tag{35b}$$

式中，λ，ζ，ξ 是确定破坏应变随机场$\Delta(x)$的概率分布参数，可以由单轴受力全过程实验结合随机建模准则确定.

显然，均值意义上的损伤演化准则是真实损伤演化过程的一种近似. 在结构非线性分析中引用此类准则仅能给出具有某种均值意义的结构反应，而不能反映因初始随机性造成的结构响应涨落. 在另一方面，如果选择唯象学意义上的损伤演化准则、并视其中物理参数为随机变量，也可以得到随机损伤本构关系，只是如此得到的本构关系，其损伤演化缺乏细观的物理机制解释，因而，也难以在本质上正确地把握或确立随机变量.

值得指出：在具体工程应用中，根据需要，完全可以依据具体情况、选取确定性损伤本构关系或随机损伤本构关系应用于不同的工程对象.

图 8 和图 9 分别给出了按上述随机损伤本构模型给出的单轴受拉和单轴受压计算结果，图中同时给出了我们进行的混凝土单轴受力应力-应变全曲线的部分试验结果. 显然，主要试验点落在应力均值加、减一倍均方差的范围之内. 这

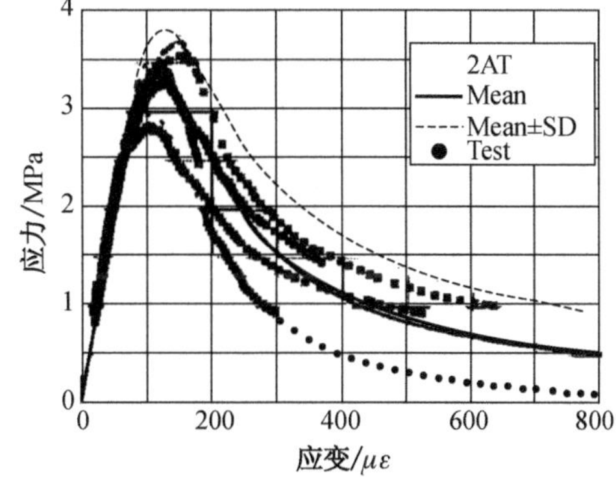

图 8　单轴受拉随机损伤本构模型与实验结果的对比

正是随机损伤模型的优势所在：不仅可以在均值意义上反映混凝土 $\sigma-\varepsilon$ 关系，也能在概率意义上预测其离散范围，从而，更为全面地反映混凝土材料受力行为的本质非线性与随机性.

图 10 给出利用上述随机损伤本构模型计算得出的二维峰值应力（即应力强度）与我们所进行的混凝土双轴受力试验结果（李杰，任晓丹，杨卫忠，2007）的比较，为证实可信性，图中同时列出了 Kupfer、Lee、过镇海等研究者的试验结果. 显然，建议模型不仅可以给出主应力强度均值，也可以给出其方差，从而可以衡量应力强度变异性的大小. 从图 10 可见，多数试验点落在均值加减一倍均方差之内，显示了建议模型的合理性.

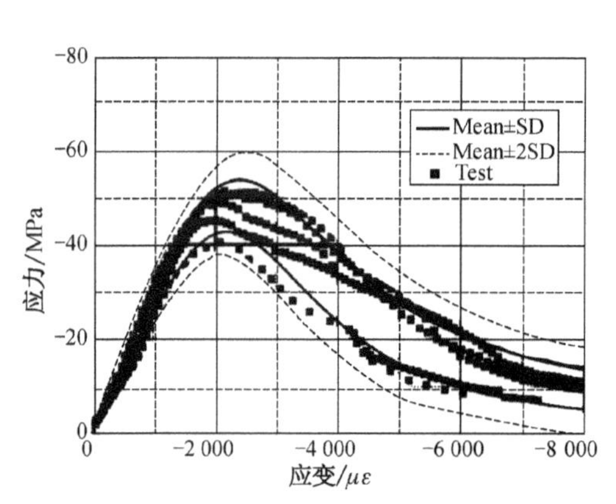

图 9　单轴受压随机损伤本构模型与实验结果的对比

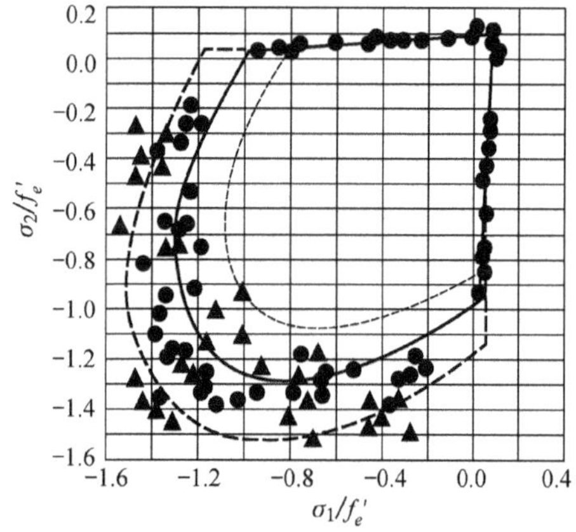

图 10　二维强度比较图

5　混凝土结构的随机非线性分析

利用上述弹塑性随机损伤本构关系并结合概率密度演化方法（李杰，陈建兵，2003；Li & Chen，2006，2007），可以进行混凝土结构的随机非线性分析. 为此，我们设计进行了混凝土双连梁短肢剪力墙结构实验研究. 在研究中，为了反映真实的混凝土性质，将混凝土强度和弹性模量作为基本的随机变量，其参数均值采用试验实测平均值：轴心抗压强度 42.9 MPa，弹性模量 39 705 MPa，变异系数为 10%. 为了研究混凝土随机性与非线性对结构反应的影响，进行了 4 片相同的双连梁短肢剪力墙结构静力全过程试验. 为保证 4 片墙体的一致性，在结构设计、材料配制、模型施工以及加载制度上进行了严格的控制. 双连梁短肢剪力墙结构形式与配筋如图 11(a)所示. 试验设备采用了同济大学建工系试验室的 10 000 kN 大型多功能结构试验机系统. 在有限元分析过程中，采用四边形 8 节点二次等参平面单元，并使用 4 个积分点的减缩积分，非线性反应求解采用改进弧长法. 具体计算在大型通用有限元软件 ABAQUS 的二次开发平台上完成. 有限元模型见图 11(b)所示.

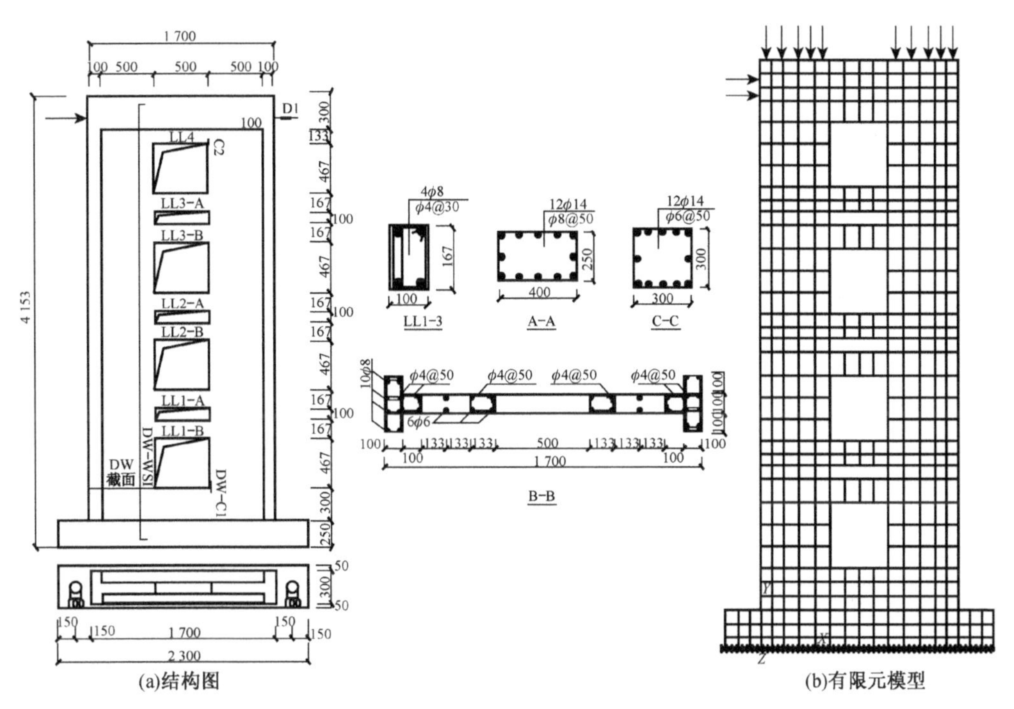

图 11　双连梁短肢剪力墙结构图及有限元模型图

结构荷载-位移曲线分析结果如图 12(a)所示. 可见，试验的荷载-位移曲线均落在理论分析均值加减一倍标准差的范围内，在结构宏观层次反应上，计算结果与试验结果在二阶统计量上符合良好，证明了基于随机性和非线性耦合这一物理背景开展研究工作的正确性.

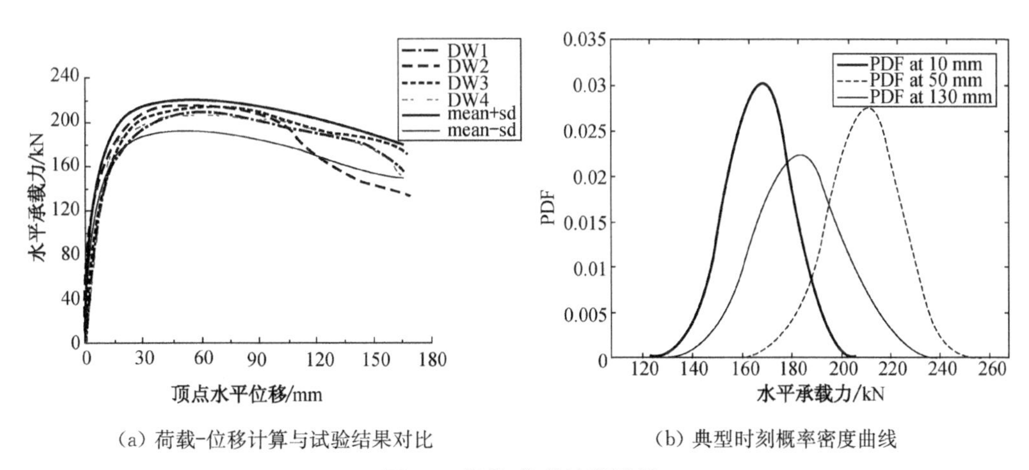

(a) 荷载-位移计算与试验结果对比　　(b) 典型时刻概率密度曲线

图 12　荷载-位移计算结果

顶点位移在 10 mm，50 mm 和 130 mm 的时刻、水平承载力的概率密度曲线如图 12(b)所示. 可见，概率密度曲线经历了一个不断变化的过程.

结构典型截面处的混凝土和钢筋试验应变曲线及相应理论分析结果如图 13(a)和图 14(a)所示. 可见:试验应变曲线均基本落在理论分析均值加减二倍标准差范围内. 在应变层次上计算结果也与试验结果在二阶统计量上吻合理想,进一步证明了我们所发展的弹塑性损伤本构模型的正确性. 从图 13(a)和图 14(b)所示的典型概率密度曲线可见:在反应后期,概率密度曲线明显不再是通常见到的单峰光滑曲线,而可能是多峰曲线. 说明混凝土细观的非线性演化路径十分复杂:随机性影响非线性的发展路径、非线性的发展又对随机损伤的演化起到反作用,随机性与非线性耦合,构成了丰富多彩的非线性随机演化过程.

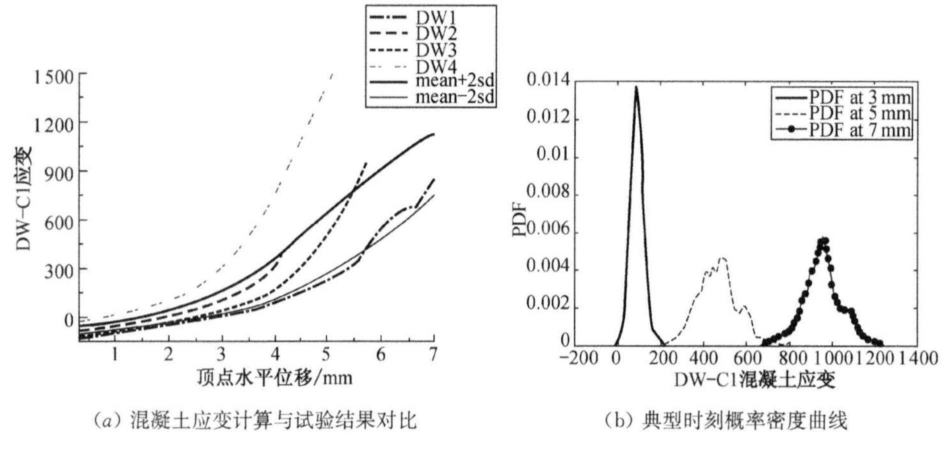

(a) 混凝土应变计算与试验结果对比

(b) 典型时刻概率密度曲线

图 13　混凝土应变计算结果

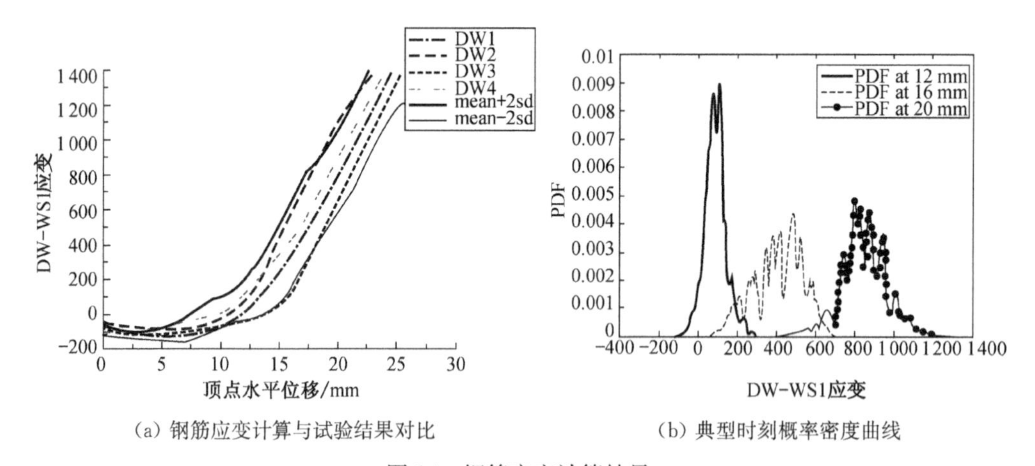

(a) 钢筋应变计算与试验结果对比

(b) 典型时刻概率密度曲线

图 14　钢筋应变计算结果

6　结　语

损伤(以及塑性滑移)导致混凝土应力-应变本构关系的非线性;混凝土初始损

伤及损伤发展过程的随机性导致损伤演化规律的非线性；利用细观随机损伤模型，可以反映基本的损伤演化规律；基于宏观连续介质损伤力学原理，可以建立应用于结构分析的混凝土随机损伤本构模型；确定性损伤本构关系与随机损伤本构关系可以互相转化；通过引入有限单元法或宏单元力学模型，可以实现从本构到结构的分析；在这三个不同分析尺度的联系途径上，应强调随机要素的传递与演化；基于对演化过程中随机涨落的分析，可望更为合理地实现对结构可靠性的设计与控制.这些，便是混凝土随机损伤力学研究的出发点、基本途径和主要目标.既有的研究工作，还仅仅是建立了一个基本完整的理论构架——我们还在路上.因此，需要同志者的扶持、批评、帮助和共同努力.

参考文献

[1] Ananiev S, Ozbolt J. Plastic-damage model for concrete in principal directions[DB/OL]. 2004. http://arxiv.org/pdf/0704.2662.

[2] Abu-Lebdeh T M, Voyiadjis G Z. Plasticity-damage model for concrete under cyclic multiaxial loading [J]. Journal of Engineering Mechanics, ASCE. 1993, 119 (7): 1465-1484.

[3] Carol I, Bazant Z P. Damage and plasticity in microplane theory[J]. International Journal of Solids and Structures. 1997, 4(29):3807-3835.

[4] Carol I, Rizzi E, Willam K. On the formulation of anisotropic elastic degradation. Ⅰ: Theory based on a pseudo-logarithmic damage tensor rate; Ⅱ: Generalized pseudo-Rankine model for tensile damage[J]. International Journal of Solids and Structures. 2001, 38(4): 491-546.

[5] Carmeliet J, Hens H. Probabilistic nonlocal damage model for continua with random field properties[J]. Journal of Engineering Mechanics, ASCE. 1994, 120(10):2013-2027.

[6] Comi C, Perego U. Fracture energy based bi-dissipative damage model for concrete[J]. International Journal of Solids and Structures. 2001, 38:6427-6454.

[7] Dougill J W. On Stable Progressively Fracturing Solids. ZAAM P. 1976, (27):432-437.

[8] Faria R, Oliver J, Cervera M. A strain-based plastic viscous-damage model for massive concrete structures [J]. International Journal of Solids Structures. 1998, 35 (14): 1533-1558.

[9] Faria R, Oliver J, Cervera M. Modeling material failure in concrete structures under cyclic actions[J]. Journal of Structural Engineering, ASCE. 2004, 130(2):1997-2005.

[10] Hatzigeosgioriu G, et al. A simple concrete damage model for dynamic Fem applications [J]. International Journal of Computational Engineering Science. 2001, 2(2):267-286.

[11] Jason L, Huerta A, Pijaudier-Cabot G, et al. An elastic plastic damage formulation for concrete: Application to elementary tests and comparison with an isotropic damage model [J]. Computational Modeling of Concrete. 2006, 195(52):7077-7092.

[12] Ju J W. On energy-based coupled elastoplastic damage theories: constitutive modeling and computational aspects [J]. International Journal of Solids Structures, 1989, 25 (7): 803-833.

[13] Kandarpa S, Kirkner D J. Stochastic damage model for brittle materiel subjected to monotonic loading[J]. Journal of Engineering Mechanics, ASCE. 1996, 126(8):788-795.

[14] Krajcinovic D. Damage mechanics[M]. Second edition. Elsevier B. V. , 1996.

[15] Lee J, Fenves G L. Plastic-damage model for cyclic loading of concrete structures[J]. Journal of Engineering Mechanics Division, ASCE. 1998, 124:892-900.

[16] Lemaitre J. Rodrigue D. Engineering Damage Mechanics: Ductile. Creep, Fatigue and Brittle Failures. Springer, 2005.

[17] Li J, Chen J B. The probability density evolution method for dynamic response analysis of non-linear stochastic structures [J]. International Journal for Numerical Methods in Engineering. 2006, 65:882-903.

[18] Li J, Chen J B. The principle of preservation of probability and the generalized density evolution equation[J]. Structural Safety. 2008, 30:65-77.

[19] Li J, Wu J Y. Energy-based CDM model for nonlinear analysis of confined concrete structures[J]. American Concrete Institute. 2006, SP-238:209-221.

[20] Lubarda V A, Krajcinovia D, Mastilovic S. Damage model for brittle elastic solids with unequal tensile and compressive strengths[J]. Engineering Fracture mechanics. 1994, 49: 681-697.

[21] Lubliner J, Oliver J, Oliver S, et al. A plastic-damage model for concrete[J]. International Journal of Solids Structures. 1989, 25(3):299-326.

[22] Mazars J. Application de la mecanique de lendommangement au comportement non lineaire et a la rupture du beton de structure[D]. These de Doctorate dlEtat, L. M. T. , Universite Paris, France, 1984.

[23] Mazars J. A description of micro-and macro-scale damage of concrete structures[J]. Engineering Fracture Mechanics. 1986, 25:729-737.

[24] Mazars J, Pijaudier-Cabot G. Continuum damage theory: Application to concrete[J]. Journal of Engineering Mechanics, ASCE. 1989, 115(2):345-365.

[25] Ortiz M A. Constitutive theory for inelastic behavior of concrete[J]. Mechanics of Material. 1985, 4:67-93.

[26] Prisco M, Mazars J. Crush-crack a non-local damage model for concrete[J]. Mechanics of Cohesive-frictional Materials. 1996: 321-347.

[27] Resende L. A damage mechanics constitutive theory for the inelastic behavior of concrete [J]. Computer Methods in Applied Mechanics and Engineering. 1987, 60(1):57-93.

[28] Simo J C, Ju J W. Strain-and stress-based continuum damage models-I. Formulation[J]. International Journal of Solids Structures. 1987, 23(7):821-840.

[29] Vallinppan S, Yazdchi M, Khalili N. Seismic analysis of arch dams: a continuum damage mechanics approach[J]. International Journal for Numerical Methods in Engineering. 1999, 45(11):1695-1724.

[30] Wu J Y, Li J, Faira R. An energy release rate-based plastic-damage model for concrete[J]. International Journal of Solids and Structures. 2006, 43(3-4):583-612.

[31] Wu J Y, Li J. Unified plastic-damage model for concrete and its applications to dynamic

nonlinear analysis of structures[J]. Structural Engineering and Mechanics, 2007, 23(5).
[32] Wu J Y, Li J. On the mathematic and thermodynamic aspects of strain equivalence based anisotropic damage model[J]. Mechanics of Materials. 2008, 40(4):337-400.
[33] 江见鲸,李杰,金伟良. 高等混凝土结构理论[M]. 北京:中国建筑工业出版社,2007.
[34] 李杰. 随机结构系统——分析与建模[M]. 北京:科学出版社,1996.
[35] 李杰. 混凝土随机损伤力学的初步研究[J]. 同济大学学报. 2004, 32(10):1270-1277.
[36] 李杰. 随机动力系统的物理逼近[J]. 中国科技论文在线, 2009, 1(9),95-104.
[37] 李杰,陈建兵. 随机结构非线性动力响应的概率密度演化方法[J]. 力学学报. 2003, 35(6): 716-722.
[38] 李杰,卢朝辉,张其云. 混凝土随机损伤本构关系——单轴受压分析[J]. 同济大学学报. 2003, 31(5):505-509.
[39] 李杰,吴建营. 混凝土弹塑性损伤本构模型研究 I:基本公式[J]. 土木工程学报. 2005, 38(9):14-20.
[40] 李杰,任晓丹,杨卫忠. 混凝土二维本构关系试验研究[J]. 土木工程学报. 2007, 40(4): 6-14.
[41] 李杰,张其云. 混凝土随机损伤本构关系研究进展[J]. 结构工程师, 2000, 54:54-61.
[42] 李杰,张其云. 混凝土随机损伤本构关系研究[J]. 同济大学学报. 2001, 29(10):1-8.
[43] 宋玉普. 多种混凝土材料的本构关系和破坏准则[M]. 北京:中国水利水电出版社,2002.
[44] 吴建营. 基于损伤能释放率的混凝土弹塑性损伤本构模型及其在结构非线性分析中的应用[D]. 上海:同济大学博士学位论文. 指导教师:李杰.
[45] 吴建营,李杰. 反映阻尼影响的混凝土弹塑性损伤本构模型[J]. 工程力学. 2006, 23(11): 116-121.
[46] 吴建营,李杰. 考虑应变率效应的混凝土动力弹塑性损伤本构关系[J]. 同济大学学报. 2006, 34(11):1427-1430.
[47] 杨卫忠. 混凝土弹塑性随机损伤本构关系理论与试验研究[D]. 上海:同济大学博士学位论文,2007. 指导教师:李杰.
[48] 张其云. 混凝土随机损伤本构关系研究[D]. 上海:同济大学博士学位论文,2001. 指导教师:李杰.

Stochastic Damage Mechanics of Concrete Structures

Li Jie

Abstract: Research on the damage mechanics is a modern development trend of concrete mechanics. However, despite the celebrated works of early researchers and the substantial research efforts, secrete of damage evaluation remains somewhat challenging. Starting from the analysis of lonstitutive structures of concrete materials, two micro stochastic damage models are proposed in our works. Based on the irreversible thermodynamics, a class of elastoplastic damage model of concrete is developed. Then the concept of energy equivalent strain is derived to bridge the gap between micro stochastic damage model and continuum damage model. On the basis of traditional finite element method and the general probability density evaluation equation developed by author in recent years, a complete frame for stochastic nonlinear response analysis of concrete structures is established. Several numerieal simulations are presented whose results allow for validating the capability of the proposed theory for reproducing the typical nonlinear stochastic performance of concrete materials and structures.

（本文为第二届结构工程新进展论坛特邀报告，原载于《结构防灾、监测与控制》，中国建筑工业出版社，2008 年 10 月）

混凝土单轴受压本构关系的概率密度描述

曾莎洁　李杰

摘　要　利用混凝土材料的细观随机损伤物理模型获取混凝土应力-应变关系的概率密度描述.以细观物理模型为基础,利用 K-L(Karhunen-Loeve)正交分解和密度演化方法得到了单轴受力状态任意应变处应力的概率密度函数估计.将数值计算结果与试验结果进行概率密度层次的对比.研究证实:可以采用这一方法描述混凝土受力本构关系的概率密度演化过程.

众所周知,混凝土是由水泥、粗骨料、细骨料、各种掺和料组成的多相复合材料.在其形成之初,混凝土内部就具有微孔洞、微裂缝等初始缺陷.在外部作用下,这些初始损伤因应力集中而进一步发展,导致材料的应力-应变关系逐渐偏离线性,呈现出非线性的基本特性.同时,混凝土材料的各组分又具有随机分布的特征,这必然导致初始的损伤分布与后续的损伤演化都具有随机性的特征.非线性与随机性是混凝土本构关系的 2 个基本特征[1].

直至 20 世纪 90 年代初,混凝土力学特性的随机性才开始得到了一些学者的注意和认真的研究[2-5].1990 年,在 Krajcinovic 模型[6]的基础上,Breysse 结合连续介质损伤力学,导出了一类损伤力学本构模型[3].由于采用了细观单元断裂概率定义损伤变量, Breysse 模型与 Krajcinovic 模型一样,在本质上属于确定性本构关系模型.1994 年,Carmeliet 和 Hens 采用 2 维 Nataf 随机场表示材料参数,首次引入了真正意义上的随机损伤本构关系.1996 年,Kandarpa 等对 Krajcinovic 模型作出进一步扩展,将弹簧的破坏强度用连续随机变量表示,并且通过随机场的相关结构考虑相邻缺陷之间的相互影响,建立了基于弹簧模型的混凝土单轴受压随机损伤本构模型.1998 年,Frantziskonis 对非均质材料随机模型进行了研究,其研究思路与 Carmeliet 和 Hens 的思路相类似[7].1999 年,Augusti 等研究了连续体内微裂缝的随机演化问题,将微裂缝的密度变化视为随机过程,通过损伤熵流动的引入和位形熵的定义,将损伤准则引入到不等式中,描述了能量的耗散过程[8].1999 年以来,李杰等对经典弹簧模型作出实质性改进,明确引入细观断裂应变作为基本的随机变量,提出了细观随机断裂模型,分别建立了混凝土单轴受拉和单轴受压随机损伤本构关系[9-11],科学解释了细观损伤随机性导致损伤过程非线性的本质原因[12].与此同时,李杰等将双标量弹塑性损伤模型与单轴受力随机损伤本构模型相结合,通过引入等效能量应变的概念，在细观随机断裂模型的基础上建立了混凝土多轴随机损伤本构模型[1,11,13]，并进行了系列的试验研究以对理论模型加以验证[14].

在这一背景下，本文试图利用概率密度演化方法，对混凝土随机损伤本构关系作出概率密度演化的描述，进行这一工作的目的意在说明随机损伤本构关系具有物理实证性.

1　随机损伤模型

经过近 10 年的探索，本研究梯队对李杰等提出的随机损伤本构模型进行了不断的改进，发展了一类用于描述混凝土材料单轴受力条件下的细观随机损伤模型. 这里，以单轴受压模型(图 1，图中 σ 为应力，ε 为应变，Δ_i 为断裂应变.)为例展开研究. 在以压应力为主的受剪破坏机制中，小柱体破坏起源于骨料和水泥砂浆之间界面或初始微缺陷因剪应力作用导致的界面拉开，在模型中表现为受剪弹簧的随机断裂[12].

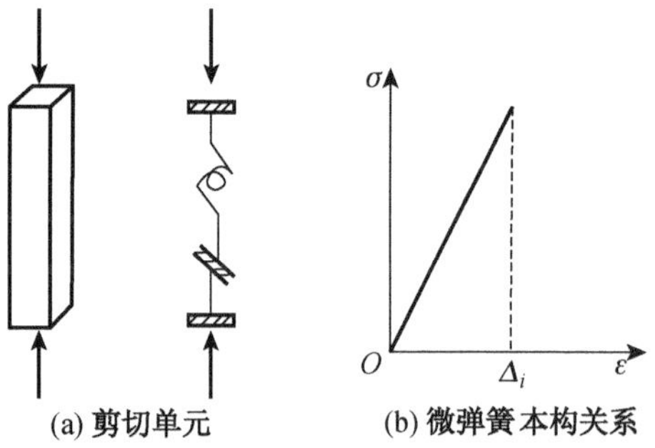

(a) 剪切单元　　(b) 微弹簧本构关系

图 1　细观物理模型

根据 Robotnov 的损伤定义[15]，混凝土材料的损伤描述可以采用如下公式：

$$D = \frac{A_{\mathrm{d}}}{A} \tag{1}$$

式中，A_{d} 表示因细观剪切单元破坏而导致材料退出工作的面积；A 为受压试件的横截面面积.

假定材料离散后模型中的细观单元截面积均相等，受剪损伤变量则可以定义为

$$D_{\mathrm{s}} = \frac{1}{A}\sum_{i=1}^{N} H(\varepsilon - \Delta_i) A_i \tag{2}$$

式中，A_i 为第 i 个细观单元截面积；N 为细观单元的总数量；Δ_i 为第 i 个细观单元发生剪切破坏时的断裂应变，是服从一定概率分布的随机变量；$H(\cdot)$ 为 Heaviside 函数，即

$$H(\varepsilon - \Delta_i) = \begin{cases} 0, & \varepsilon - \Delta_i \leqslant 0 \\ 1, & \varepsilon - \Delta_i > 0 \end{cases} \tag{3}$$

当模型中细观单元总数 N 趋于无穷大时，上述细观模型可以看作是 1 维连续体，则受剪损伤变量可以改写为

$$D_{\mathrm{s}}(\varepsilon) = \int_0^1 H[\varepsilon - \Delta(x)]\mathrm{d}x \tag{4}$$

其中,1维随机场$\Delta(x)$反映了细观单元的断裂应变沿x方向的随机分布性质.

同时,定义随机场的1维、2维分布函数分别为$F(\varepsilon)$和$F(\varepsilon, \varepsilon; \eta)$,其中$\eta=|x_1-x_2|$.利用期望算子与积分算子的可交换性,可得损伤变量$D$的均值函数和方差函数分别为

$$\begin{aligned}\mu_{D_s}(\varepsilon) &= E\left[\int_0^1 H[\varepsilon-\Delta(x)]\mathrm{d}x\right]=\int_0^1 E[H[\varepsilon-\Delta(x)]]\mathrm{d}x \\ &= \int_0^1 F(\varepsilon)\mathrm{d}x = F(\varepsilon)\end{aligned} \tag{5}$$

$$V_{D_s}^2 = 2\int_0^1 (1-\eta)F(\varepsilon, \varepsilon; \eta)\mathrm{d}\eta-[\mu_{D_s}(\varepsilon)]^2 \tag{6}$$

根据受力平衡原理,得到混凝土在单轴受压情况下的随机损伤本构关系为

$$\sigma = (1-D_s)E(\varepsilon-\varepsilon_p) \tag{7}$$

式中,塑性应变ε_p采用表达式$\delta/(1-D_s+\delta)$计算,用δ反映微裂缝面张开或滑移变形的程度[11].

假定随机场$\Delta(x)$是满足对数正态分布的1维随机场,具有2阶平稳性,且其数学期望和标准差分别为μ_Δ和σ_Δ,则$Z(x)=\ln\Delta(x)$服从正态分布.假定$Z(x)$的数学期望和标准差分别为λ和ζ,可得

$$\lambda = E[\ln\Delta(x)] = \ln\left(\frac{\mu_\Delta}{\sqrt{1+\sigma_\Delta^2/\mu_\Delta^2}}\right) \tag{8}$$

$$\zeta^2 = \mathrm{Var}[\ln\Delta(x)] = \ln(1+\sigma_\Delta^2/\mu_\Delta^2) \tag{9}$$

显然,随机场$\Delta(x)$的1维、2维分布函数可以表示为

$$F_\Delta(\varepsilon) = \Phi\left[\frac{\ln\varepsilon-\lambda}{\zeta}\right]= \Phi(\alpha) \tag{10}$$

$$F(\varepsilon, \varepsilon; \eta) = \Phi\left[\frac{\ln\varepsilon-\lambda}{\zeta}, \frac{\ln\varepsilon-\lambda}{\zeta}\middle|\rho_z\right]= \Phi(\alpha, \alpha \mid \rho_z) \tag{11}$$

式中,$\Phi(\alpha)$为1维标准正态分布函数;$\Phi(\alpha, \alpha|\rho_z)$为2维标准正态分布函数.

设$Z(x)$的自相关系数为

$$\rho_Z(\eta) = \exp(-c\eta) \tag{12}$$

则其自相关函数和自协方差函数分别为

$$R_Z = \zeta^2\exp(-c\eta)+\lambda^2 \tag{13}$$

$$\Gamma_Z(\eta) = \zeta^2\exp(-c\eta) \tag{14}$$

综上可见,利用上述细观模型,只需引入λ, ζ, c参数,即可完整描述损伤变量的分布特性.在这一模型中,定义了单轴损伤演化方式,实现了损伤演化规律的细观物理解释.

2 细观断裂应变随机场的 K-L 正交分解

Karhunen-Loeve 分解可以将随机场描述为由互不相关的随机系数所调制的确定性函数的线性组合，从而提供了从随机变量集合的角度研究随机场主要概率特征的可能性[16].

引入 K-L 分解，随机场 $\Delta(x, \theta)$ 可以展开为[17]

$$\Delta(x, \theta)=\bar{\Delta}(x)+\sum_{n=1}^{\infty}\sqrt{\lambda_n}\xi_n(\theta)f_n(x) \tag{15}$$

式中，$\bar{\Delta}(x)$ 为随机场 $\Delta(x, \theta)$ 的均值函数，不失一般性，可假定其值为 0；ξ_n 是一组互不相关的标准随机变量，且满足

$$E[\xi_n(\theta)]=0 \tag{16}$$

$$E[\xi_m(\theta)\xi_n(\theta)]=\delta_{mn} \tag{17}$$

λ_n 和 $f_n(x)$ 分别是自相关函数的特征值和特征函数，一般可以通过求解下述 Fredholm 积分方程获得，即

$$\int_D \rho(x_1, x_2)f_n(x_1)\mathrm{d}x_1=\lambda_n f_n(x_2) \tag{18}$$

式中，$\rho(x_1, x_2)$ 即为随机场的自相关函数，本文中采用式(12).

对于 1 维随机场，若其定义域为 $[-a, a]$，则 Fredholm 积分方程可以写为

$$\int_{-a}^{a}\exp(-c\mid x_1-x_2\mid)f_n(x_2)\mathrm{d}x_2=\lambda_n f_n(x_1) \tag{19}$$

通过求解上述方程，可得特征值和特征函数的解分别为

$$\begin{cases}\lambda_n=2c/(c^2+b_n^2)\\ \lambda_n^*=2c/(c^2+b_n^{2*})\end{cases} \tag{20}$$

$$\begin{cases}f_n(x)=\dfrac{\cos(b_n x)}{\sqrt{a+\dfrac{\sin(2ab_n)}{2b_n}}}\\ f_n^*(x)=\dfrac{\sin(b_n^* x)}{\sqrt{a+\dfrac{\sin(2ab_n^*)}{2b_n^*}}}\end{cases} \tag{21}$$

其中，b_n 和 b_n^* 是通过求解下面的方程获得的：

$$\begin{cases}b-c\tan(ab)=0\\ c+b^*\tan(ab^*)=0\end{cases} \tag{22}$$

因此，针对前述随机损伤模型，其细观断裂应变随机场可以分解为

$$\Delta(x,\theta)=\sum_{i=1}^{\infty}\sqrt{\lambda_i}\xi_i(\theta)f_i(x)+\sum_{j=1}^{\infty}\sqrt{\lambda_j^*}\xi_j^*(\theta)f_j^*(x) \tag{23}$$

以单轴受压为例，取式(12)中的相关参数 $c=1/80$，随机场的定义域为[−0.5，0.5]，可给出细观断裂应变随机场的 K-L 分解数值结果如图 2—图 4 所示.

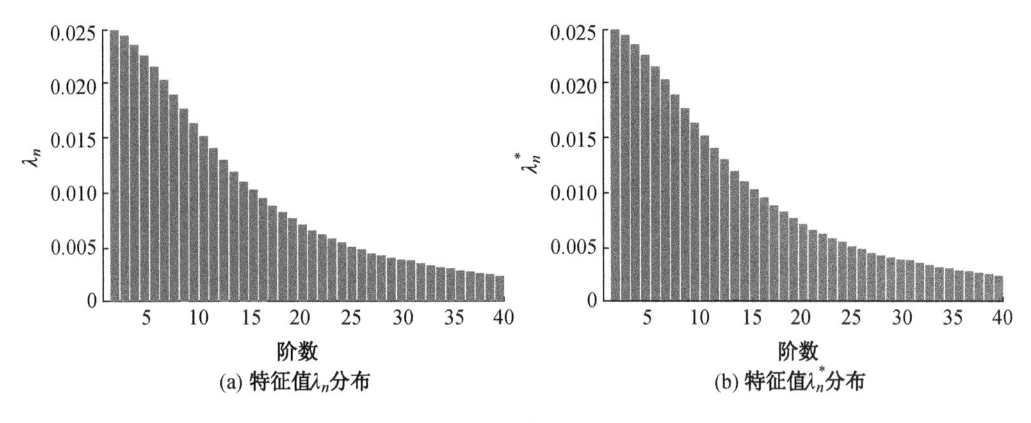

图 2　特征值分布图

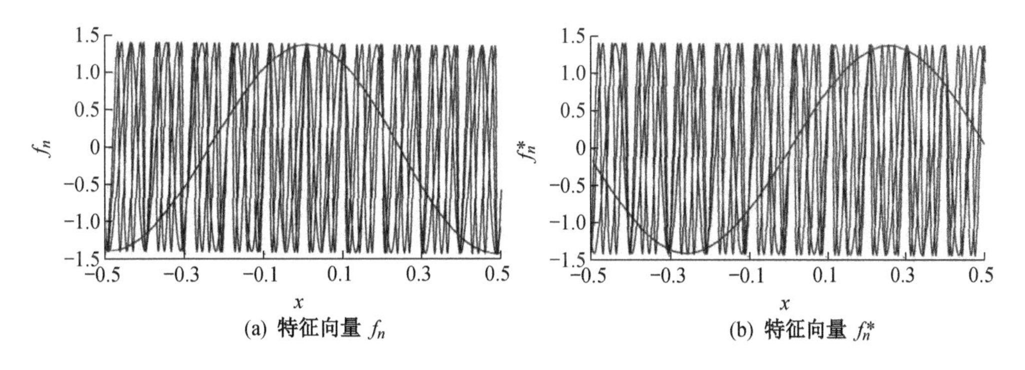

图 3　特征向量曲线

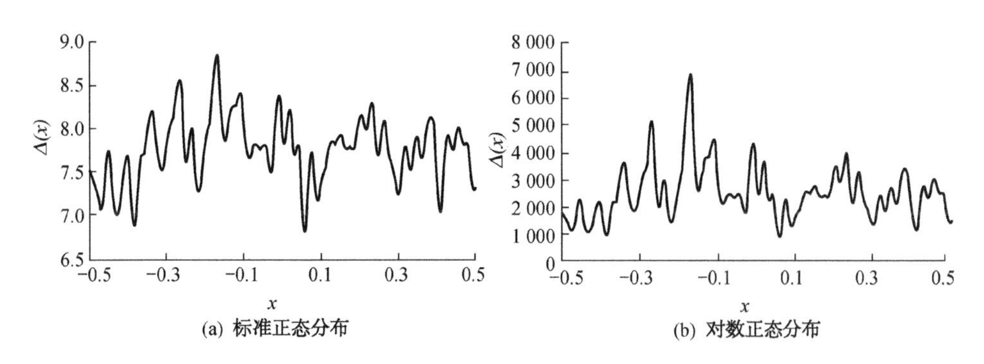

图 4　随机场 K-L 正交分解样本

3 混凝土单轴应力-应变关系的概率密度演化

3.1 广义概率密度演化方程

不失一般性,取应变 ε 为广义时间参数,设随机系统为

$$\sigma = f(\Theta, \varepsilon), \quad \sigma(\varepsilon_0) = \sigma_0 \tag{24}$$

式中,应力 σ 为状态变量; Θ 为随机参数,其概率密度函数为 $p_\Theta(\theta)$; ε 为广义时间参数.

σ 关于 ε 的导数记为

$$\dot{\sigma} = \frac{\partial f(\Theta, \varepsilon)}{\partial \varepsilon} = h(\Theta, \varepsilon) \tag{25}$$

记 $\{\Theta=\theta\}$ 的条件下, $\sigma(\varepsilon)$ 的条件概率密度函数为 $p_{\sigma|\Theta}(\sigma, \varepsilon|\theta)$,根据概率相容原理,有

$$\int_{-\infty}^{\infty} p_{\sigma|\Theta}(\sigma, \varepsilon \mid \theta) \mathrm{d}\sigma = 1 \tag{26}$$

同时, $\{\Theta=\theta\}$ 条件下必有 $\sigma(\varepsilon)=f(\theta, \varepsilon)$,则有

$$p_{\sigma|\Theta}(\sigma, \varepsilon \mid \theta) = 0, \quad \sigma \neq f(\theta, \varepsilon) \tag{27}$$

$$p_{\sigma|\Theta}(\sigma, \varepsilon \mid \theta) \to \infty, \quad \sigma = f(\theta, \varepsilon) \tag{28}$$

综合式(25)—式(28),可得该条件概率密度函数为

$$p_{\sigma|\Theta}(\sigma, \varepsilon \mid \theta) = \delta(\sigma - f(\theta, \varepsilon)) \tag{29}$$

其中, $\delta(\cdot)$ 为 Dirac 函数.

对式(29)两边求导,有

$$\begin{aligned} \frac{\partial p_{\sigma|\Theta}(\sigma, \varepsilon \mid \theta)}{\partial \varepsilon} &= \frac{\partial \delta(\sigma - f(\theta, \varepsilon))}{\partial \varepsilon} = \left[\frac{\partial \delta(y)}{\partial y}\right]_{y=\sigma-f(\theta,\varepsilon)} \cdot \frac{\partial(\sigma - f(\theta, \varepsilon))}{\partial \varepsilon} \\ &= -\frac{\partial f(\theta, \varepsilon)}{\partial \varepsilon} \frac{\partial \delta(\sigma - f(\theta, \varepsilon))}{\partial \sigma} \\ &= -h(\theta, \varepsilon) \frac{\partial p_{\sigma|\Theta}(\sigma, \varepsilon \mid \theta)}{\partial \sigma} \end{aligned} \tag{30}$$

式中, $h(\theta, \varepsilon)=\dfrac{\partial f(\theta, \varepsilon)}{\partial \varepsilon}$.

根据条件概率公式, (σ, θ) 的联合概率密度函数 $p_{\sigma\Theta}(\sigma, \theta, \varepsilon)$ 为

$$p_{\sigma\Theta}(\sigma, \theta, \varepsilon) = p_{\sigma|\Theta}(\sigma, \varepsilon \mid \theta) p_\Theta(\theta) \tag{31}$$

将式(30)两边同时乘以 $p_{\Theta}(\theta)$，并结合式(25)，可得

$$\frac{\partial p_{\sigma\Theta}(\sigma,\ \theta,\ \varepsilon)}{\partial\varepsilon}+\dot{\sigma}(\theta,\ \varepsilon)\frac{\partial p_{\sigma\Theta}(\sigma,\ \theta,\ \varepsilon)}{\partial\sigma}=0 \tag{32}$$

称式(32)为广义概率密度演化方程[18-19].

3.2 混凝土应力-应变概率密度演化过程的计算

从上述推导过程可以看出，状态方程和概率密度演化方程构成了概率密度演化分析理论的基本框架. 分析过程的核心则是解答概率密度演化方程式(32). 根据概率密度演化分析各控制方程中信息传递的顺序，可给出概率密度演化方程的数值求解的基本步骤：

(1) 离散选点. 利用 K-L 分解将随机场 $\Delta(x,\ \theta)$ 在其分布区域 Ω_{Θ} 离散为一系列的独立随机变量，即方程(15)，再利用均匀选点策略选出代表点 $\theta_q(q=1,\ 2,\ \cdots,\ N_{\mathrm{sel}})$. 其中 N_{sel} 为选点总数.

(2) 计算目标量. 对于每一组代表点 θ_{q}，利用物理方程计算其相应的目标物理量. 在本文中，目标量分别为损伤量 D_{s} 和应力 σ，它们是通过随机损伤模型的物理方程(4)和(7)确定的.

(3) 求解概率密度. 根据概率密度演化方程(32)的数值解法，计算出相应的概率密度数值解. 本文中，需要计算的是混凝土应力-应变关系中给定应变处所对应应力的概率密度演化和损伤的概率密度演化.

4 实例分析

采用本研究小组对混凝土本构关系的系统试验研究结果进行实例分析. 为简单计，本文仅采用单轴受压条件下的试验结果进行对比. 典型试验情况和相关曲线见图 5 和图 6(图 6 中 2AC－2 至 2AC－12 均为板式试件编号).

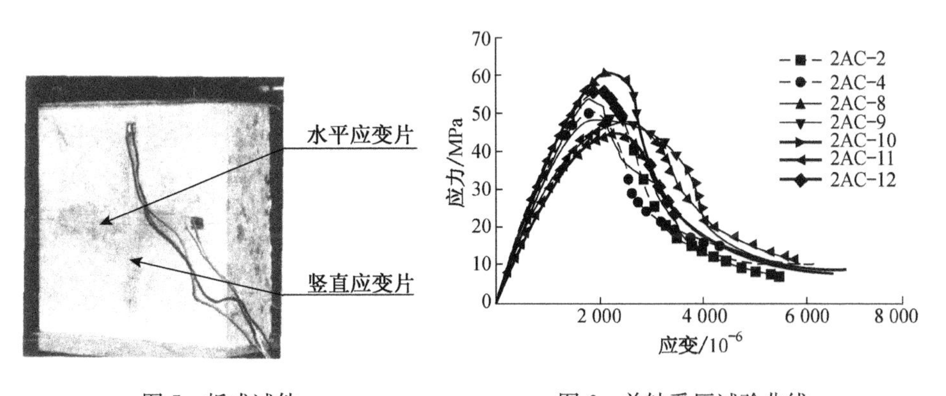

图 5　板式试件　　　　图 6　单轴受压试验曲线

依据上述方法对单轴受压条件下的混凝土随机损伤本构模型进行数值计算，

其中参数的选择如下：分布参数 $\lambda=7.95$，$\zeta=0.47$；相关参数 $c=1/80$；弹性模量 E 服从正态分布，其均值和标准差分别为 37 101 MPa，4 181 MPa. 基于上述参数的计算结果如图 7 和图 8 所示.

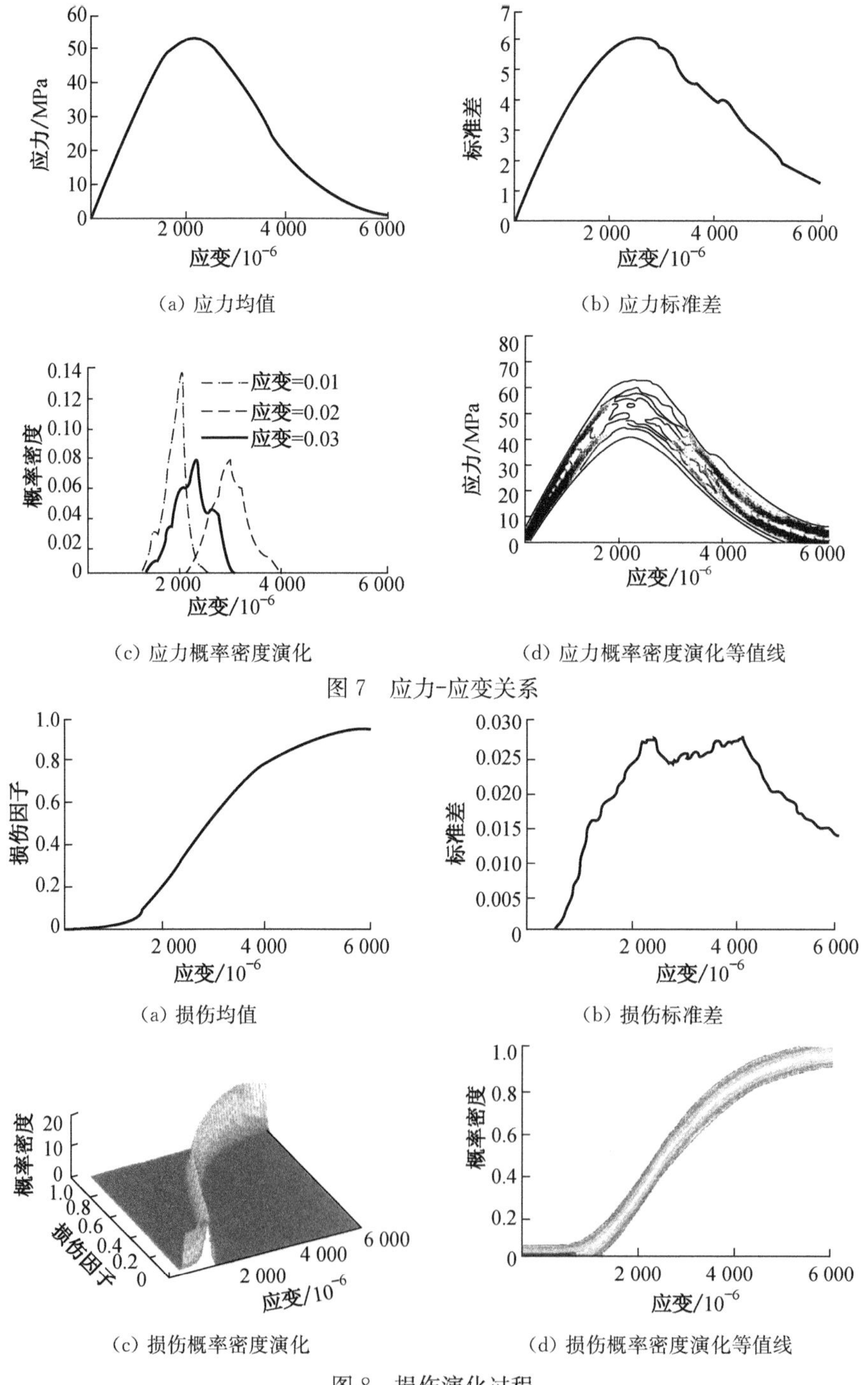

(a) 应力均值　(b) 应力标准差

(c) 应力概率密度演化　(d) 应力概率密度演化等值线

图 7　应力-应变关系

(a) 损伤均值　(b) 损伤标准差

(c) 损伤概率密度演化　(d) 损伤概率密度演化等值线

图 8　损伤演化过程

为了印证试验结果与数值计算结果之间的一致性，本文对图 6 所示试验数据进行进一步统计分析，给出了典型应变时的统计直方图分布，见图 9. 图中，曲线表示基于随机损伤模型和概率密度演化算法计算得到的给定应变处应力的概率密度曲线. 可以清晰地看到：理论结果与试验结果吻合良好，充分体现了随机损伤本构模型的物理实证性.

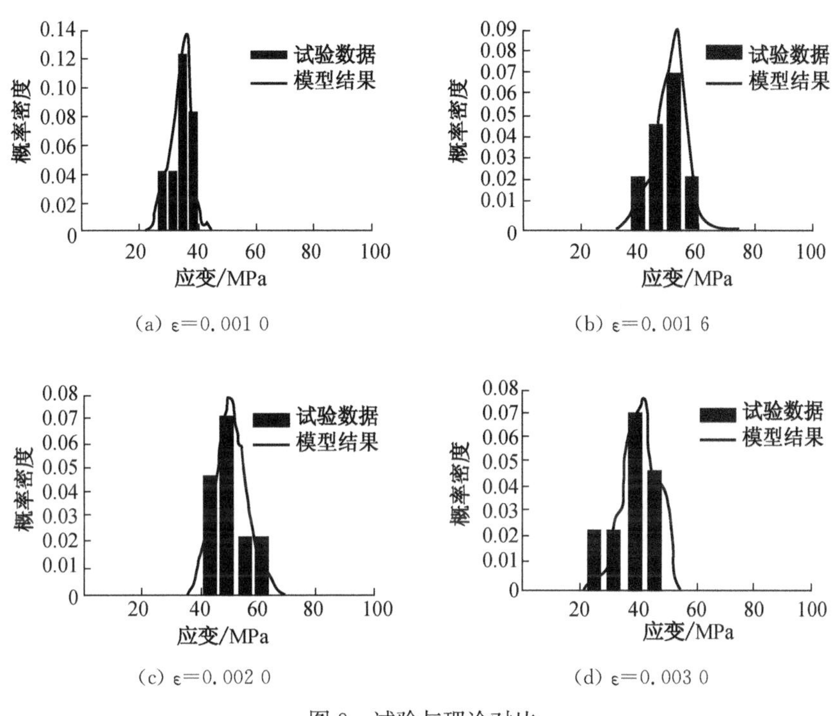

(a) ε=0.001 0　　(b) ε=0.001 6

(c) ε=0.002 0　　(d) ε=0.003 0

图 9　试验与理论对比

5　结　论

在混凝土本构关系的研究中，非线性、随机性及其耦合作用一直都是一个较难解决的问题. 随机损伤本构模型从细观破坏机制入手，可以实现对混凝土材料随机损伤及其演化规律的物理解释. 本文借助 K-L 分解，将细观断裂应变随机场分解为由互不相关的随机系数所调制的确定性函数的线性组合，利用概率密度演化方法，得到了单轴受力状态任意应变处应力的概率密度函数估计. 将数值计算结果与试验结果进行了统计层次的对比，证实了随机损伤本构模型的物理实证性. 同时，这一研究进展表明：可以采用概率密度演化方法描述混凝土受力本构行为的概率密度演化过程，从而为在结构层次上进行精细的结构非线性随机反应分析提供了基础.

参考文献

[1] 李杰. 混凝土随机损伤力学的初步研究[J]. 同济大学学报：自然科学版，2004，32(10)：1270.

[2] Krajcinovic D, Stojimirovic A. Deformation processes in semibrittle polycrystalline ceramics [J]. International Journal of Fracture, 1990, 42: 73.

[3] Breysse D. Probabilistic formulation of damage-evolution law of cementers composites[J]. Journal of Engineering Mechanics: ASCE, 1990, 116(7): 1489.

[4] Carmeliet J, Hens H. Probable nonlocal damage model for continue with random field properties[J]. Journal of Engineering Mechanics: ASCE, 1994, 120(10): 2013.

[5] Kandarpa S, Kirkner D J, Spencer B F. Stochastic damage model for brittle materiel subjected to monotonic loading[J]. Journal of Engineering Mechanics, 1996, 126(8): 788.

[6] Krajcinovic D, Silva M A G. Statistical aspects of the continuous damage theory[J]. International Journal of Solids and Structures, 1982, 7(18): 551.

[7] Frantziskonis G N. Stochastic modeling of heterogeneous materials——a process for the analysis and evaluation of alternative formulations[J]. Mechanics of Materials, 1998, 27: 165.

[8] Augusti G, Mariano P M. Stochastic evolution of microcracks in continua[J]. Computer Methods in Applied Mechanics and Engineering, 1999, 168: 155.

[9] 李杰，张其云. 混凝土随机损伤本构关系[J]. 同济大学学报：自然科学版，2001，29(10)：1135.

[10] 李杰，卢朝辉，张其云. 混凝土随机损伤本构关系——单轴受压分析[J]. 同济大学学报：自然科学版，2003，31(6)：505.

[11] 李杰，杨卫忠. 混凝土弹塑性随机损伤本构关系研究[J]. 土木工程学报，2009，42(2)：31.

[12] 李杰. 混凝土随机损伤力学——背景、意义与研究进展[M]. 李宏男，伊廷华. 结构防灾、监测与控制. 北京：中国建筑工业出版社，2008：70-86.

[13] Li Jie, Ren Xiaodan. Stochastic damage model for concrete based on energy equivalent strain [J]. International Journal of Solids and Structures, 2009, 46: 2407.

[14] 李杰，任晓丹，杨卫忠. 混凝土二维本构关系试验研究[J]. 土木工程学报，2007，40(4)：6.

[15] Knajcinovic D. Damage mechanics[M]. Amsterdam: Elsevier BV, 1996.

[16] 李杰. 随机结构系统——分析与建模[M]. 北京：科学出版社，1996.

[17] 刘章军. 工程随机动力作用的正交展开理论及其应用研究[D]. 上海：同济大学土木工程学院，2007.

[18] Li Jie, Chen Jianbing. The principle of preservation of probability and the generalized density evolution equation[J]. Structural Safety, 2008, 30: 65.

[19] 李杰，陈建兵. 概率密度演化方程——历史、进展与应用[C]//李杰，陈建兵. 随机振动理论与应用新进展. 上海：同济大学出版社，2009：60-103.

Analysis on Constitutive Law of Plain Concrete Subjected to Uniaxial Compressive Stress Based on Generalized Probability Density Evolution Method

Zeng Sha-jie　Li Jie

Abstract: Efforts are made to grasp the probability information of the stress strain relationship. Firstly, a class of mesoscopic damage mechanics models of concrete is listed to understand the mesoscopic damage evolution characteristics of concrete material. Then the Karhunen-Loeve orthogonal decomposition is adopted to simulate the stochastic field mentioned in the former model. Based on the generalized probability density evolution method (PDEM), probability density function (PDF) of stress strain relationship in unaxial loading condition and its evolution are provided. In the end, the comparison between the theoretical and experimental results verifies that the probability density evolution process of constitutive relationship for concrete material can be obtained from this method.

（本文原载于《同济大学学报》第 38 卷第 6 期，2010 年 6 月）

混凝土单轴受压动力全曲线试验研究

曾莎洁　李　杰

摘　要　采用 MTS 815.04 岩石力学试验机对混凝土单轴受压动力本构关系进行系统试验研究.考虑五种不同加载速度,在位移和应变率双重控制下,得到动力加载条件下单轴受压应力-应变全曲线.根据试件的破坏特点,讨论动力加载与静载条件下试件破坏形态的区别,分析峰值应力、峰值应变以及弹性模量等力学参数的应变率效应,并与已有试验结果进行对比.结果表明:本次试验得到的结果揭示了混凝土在单轴受压条件下动力加载全过程的非线性性能,为正确理解混凝土在动力加载条件下的破坏机理提供了试验依据.

混凝土是一种率敏感性材料,在诸如地震、强风等动力荷载作用下,混凝土表现出典型的非线性、随机性以及明显的率相关特性.因此,对上述三个特性的合理描述,构成了混凝土动力本构关系的研究核心.然而,作为混凝土动力本构关系研究的重要基础,混凝土动力加载试验仍处于强度参数的研究层面[1],对于混凝土在动力加载条件下全过程性质的考察尚缺乏足够的试验数据基础.

本文针对混凝土单轴受压动力本构关系进行系统的试验研究,得到混凝土在动力荷载作用下应力-应变全曲线,定量反映动力荷载作用下混凝土材料的非线性特性,为建立考虑动力损伤的混凝土弹塑性本构关系模型提供试验基础.

1　试验概况

1.1　试件制备

试件设计强度等级为 C40,采用普通硅酸盐混凝土材料,骨料选用最大粒径 25 mm 的连续级配卵石,试验配比为水泥∶水∶砂∶石=1.00∶0.42∶1.41∶2.62.根据国际通用试件标准,并为了与后续考虑围压的约束混凝土动力试验进行对比,试件设计为圆柱体,其设计尺寸为 ϕ100 mm×200 mm.混凝土采用人工浇注,机械振捣,钢模成型,24 h 后拆模,标准养护 28 d.

1.2 试验设备

本次试验采用一套加载系统和两套测量系统.加载系统采用MTS 815.04岩石力学试验机,试验机自带高精度荷载传感器和高精度位移传感器,其作用在于构成闭环控制加载系统和本试验的主要测量系统,测量数据由试验机配套程序自动记录.另一套测量系统则由附加引伸计采集系统构成(图1).

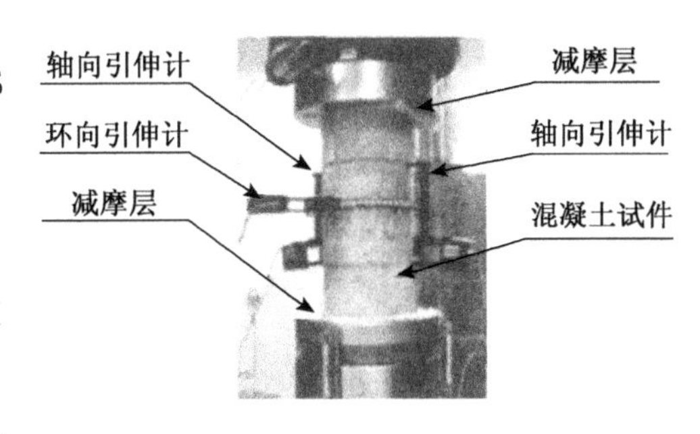

图1 加载示意图

1.3 附加变形标定

在混凝土受压试验中,混凝土试件和钢制加载板都会发生侧向变形.同时,由于两者泊松比的不同,加载板对试件会产生侧向约束效应,使试件的抗压强度大大增加.为消除侧向约束的影响,本次试验采用两层0.1 mm厚聚四氟乙烯薄膜作为减摩层,经试验证明效果较好.但由于减摩层本身刚度较小,在加载过程中会产生一定变形,并累加到最终的试验结果中.同时,由于试验机加载压盘由螺钉连接组成,其连接空隙在加载过程中会发生一定程度的变形,因而最终影响试验的测量结果.因此,为保证后期的试验数据处理精度,试验中统一标定了上述两种附加变形的力 F 和变形 Δ 之间的关系,如图2所示.

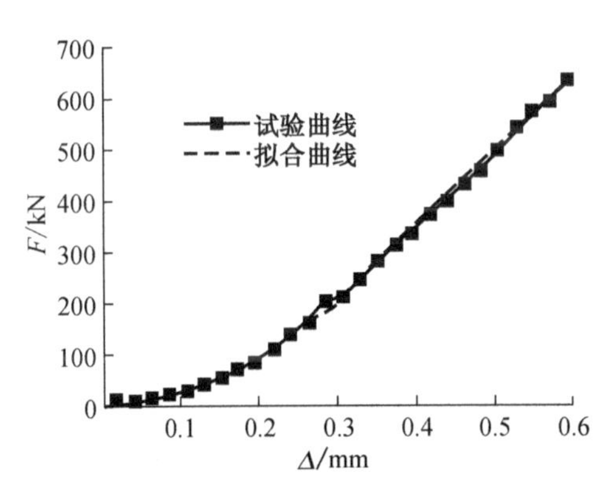

图2 附加变形测量曲线

2 试验结果及分析

对强度等级为C40的混凝土试件在单轴静力和动力轴向压缩作用下的应力-应变全过程进行了系统的试验研究.本次试验共采用了五种加载速度,分别为0.002,0.020,0.200,1.000和7.000 mm·s^{-1},其对应的应变率 $\dot{\varepsilon}$ 分别为 1.0×10^{-5},1.0×10^{-4},1.0×10^{-3},5.0×10^{-3} 和 3.5×10^{-2} s^{-1}.相对于应变率为 1.0×10^{-5} s^{-1} 的静力加载而言,动力加载主要考虑地震作用量级的加载速度,即应变率范围为 $10^{-4}\sim10^{-2}$ s^{-1},并根据加载速度将试验分为五组,详见表1.

表 1　试件汇总表

试件编号	应变率/s^{-1}	受力状态	试件个数
SPC401	1.0×10^{-5}	单轴受压	9
SPC402	1.0×10^{-4}	单轴受压	9
SPC403	1.0×10^{-3}	单轴受压	9
SPC404	5.0×10^{-3}	单轴受压	9
SPC405	3.5×10^{-2}	单轴受压	9

2.1　应力-应变全曲线

应力-应变(σ-ε)全曲线能够全面地体现混凝土材料在加载过程中的力学性能，是进行其他力学参数分析的基础.将每组试验结果的平均值列于同一坐标系中，得到不同应变率作用下的混凝土应力-应变全曲线均值曲线，如图 3 所示.

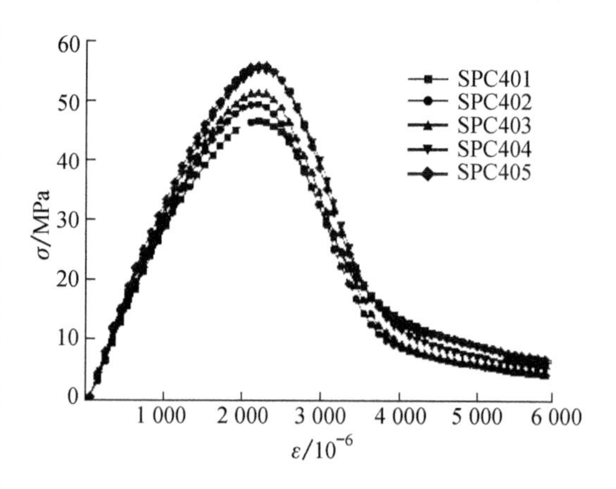

图 3　不同应变率下应力-应变均值曲线

从图 3 可以看出：①动力加载条件下的单轴受压应力-应变曲线形状仍然符合经典单轴受压试验的基本描述；②试验数据的均值曲线具有较好的连续性和光滑性，说明试验曲线具有内在的一致性；③动力加载条件对试验结果的影响主要体现在混凝土抗压强度以及变形特性方面；④随着应变率的增加，混凝土吸能能力增加；⑤试件进入下降段后，尤其是裂缝发展较为充分以后(即拐点以后)，应变率对曲线的影响规律不明显.本文经过初步分析认为，进入该区域以后，曲线发展主要是由试件裂缝的发展情况决定，而裂缝的发展又具有较大的随机性，从而导致该区域的规律不明显.

2.2　抗压强度

抗压强度是描述混凝土力学性能的重要力学参数，根据试验测得的全曲线数据，取在不同应变率条件下应力最大值为其对应的试件抗压强度值.从图 3 所示的不同应变率下应力-应变均值曲线可以发现：应变率对混凝土抗压强度的影响最为突出显著.为了进一步研究抗压强度的应变率效应，本文分别计算了不同加载条件下的动力提高系数(dynamic increase factor，DIF)随应变率的变化情况.

定义动力提高系数[1]

$$\alpha_{\mathrm{DIF}} = \sigma_{\mathrm{d}}/\sigma_{\mathrm{s}} \tag{1}$$

式中,σ_d 为动力加载条件下的峰值应力,本文中对应的应变率分别为 1.0×10^{-4},1.0×10^{-3},5.0×10^{-3},$3.5\times10^{-2}\ s^{-1}$;σ_s 为静力加载条件下的峰值应力,本文中对应的应变率为 $1.0\times10^{-5}s^{-1}$.

将上式计算结果与已有试验结果[2-7]绘于同一坐标系中,如图 4 所示.

从图 4 可以看出,随着应变率的增加,抗压强度呈明显增加趋势,这与其他研究者的结论基本一致[2-7],并且材料随机性引起的峰值强度随机性会覆盖掉一部分应变率效应.

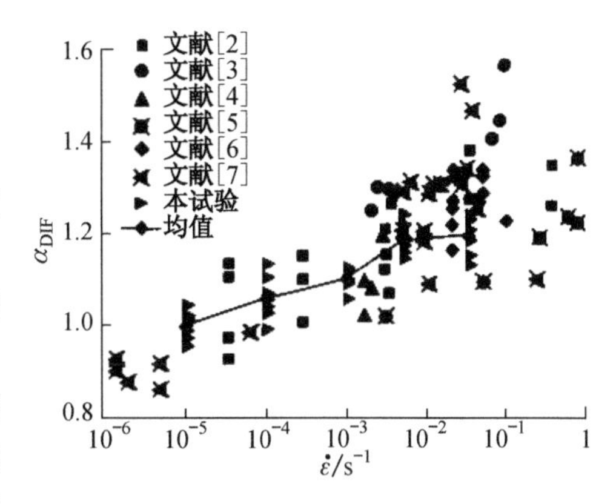

图 4　强度提高系数随应变率变化情况

2.3　变形特性

应变率对混凝土性能的影响不仅体现在混凝土的抗压强度方面,对混凝土的变形特性也有着重要的影响.

2.3.1　弹性模量

弹性模量是描述混凝土材料本构特性的又一重要参数,且其值随着应变率的增加而增加的结论已经被广大研究者们所接受,但其增长趋势低于抗压强度的增长[4,6,8-10].

为了定量地描述弹性模量随应变率的变化情况,本文采用 45%峰值应力处的割线模量作为弹性模量的代表值

$$E=\frac{\sigma_{0.45}-\sigma_0}{\varepsilon_{0.45}-\varepsilon_0} \tag{2}$$

式中,E 为 45%峰值应力处的割线模量,$\sigma_{0.45}$ 为 45%峰值应力处的应力,σ_0 为初始应力值,$\varepsilon_{0.45}$ 为 $\sigma_{0.45}$ 所对应的应变值,ε_0 为初始应变值.

计算结果表明,弹性模量随应变率的增加呈增加趋势(表 2).

表 2　弹性模量试验结果

试件编号	应变率/s^{-1}	弹性模量均值/MPa	相对增量/%
SPC401	1.0×10^{-5}	32 253	
SPC402	1.0×10^{-4}	32 514	0.8
SPC403	1.0×10^{-3}	32 772	1.6
SPC404	5.0×10^{-3}	34 438	6.8
SPC405	3.5×10^{-2}	35 829	11.1

2.3.2　峰值应变

对受压试验而言,应变率对峰值应变的影响一直没有明确的结论,主要存在三

种观点:①随应变率增加,峰值应变减小[11-12];②混凝土的峰值应变基本不变[3,5,13-14];③随应变率增加,峰值应变增加[15-16].一般情况下,在 $10^{-1}\ s^{-1}$ 的应变率作用下,混凝土的峰值应变在减少30%到增加40%之间变化.

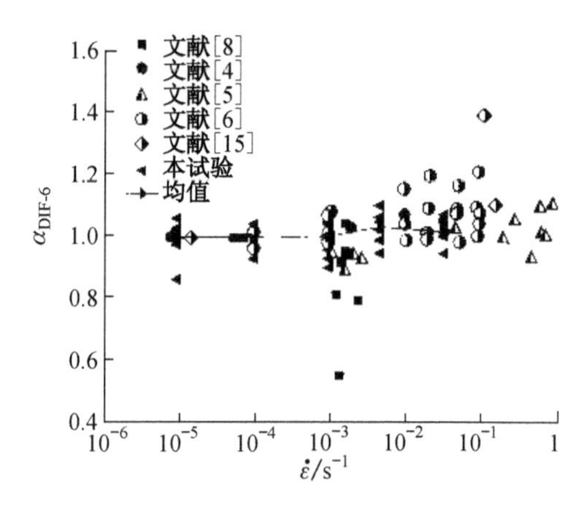

图5 峰值应变随应变率变化情况

鉴于此,本次试验也重点对峰值应变随应变率的变化情况(应变提高系数,$\alpha_{DIF-\varepsilon}$)进行了系列对比研究,并将对比结果绘于图5中.本文试验结果表明,峰值应变随应变率的变化可以忽略不计,即随着应变率的增加,混凝土的峰值应变基本不变.同时,样本试验结果也表明,峰值应变的随机性掩盖了部分材料本身的率相关性.因此,不能忽略随机性与率相关性间的耦合效应.

2.4 破坏形态

混凝土在不同应力状态和加载条件下的破坏形态有着显著的差别,而其破坏过程及形态对理解混凝土损伤和破坏机理有着指导性意义.

在单轴静载条件下,裂缝大部分沿粗骨料与砂浆之间的界面层发展,即黏结破坏,少量粗骨料被整齐地劈开.相对于不同的应变率,试件的破坏形态存在以下区别:①静力加载条件下,裂缝多沿试件中部均匀分布;②动力加载条件下,试件的竖向裂缝基本上下贯通,并且一般有1~2条主裂缝;③随着应变率的增加,试件受压裂缝扩展速度增快,且裂缝逐步发展为斜向裂缝.经初步分析认为,在快速加载条件下,试验持续时间较短,试件内无法形成均匀的应力分布,裂缝得不到充分的发展,从而导致了不同应变率下破坏形态的区别.

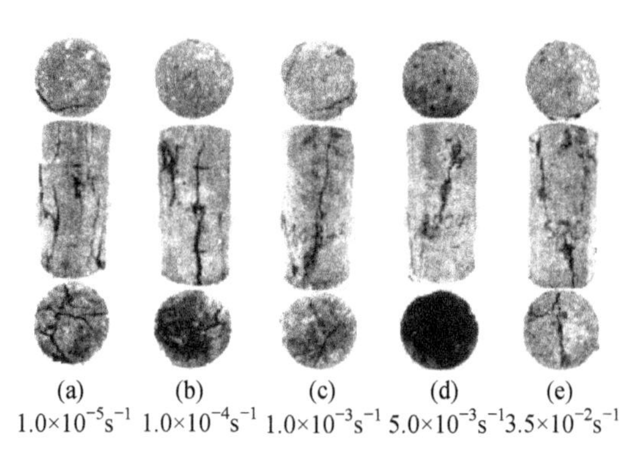

图6 不同应变率下单轴受压试件破坏形态

3 结论

(1) 应力-应变全曲线的应变率效应主要表现在开始加载至裂缝充分发展阶段,裂缝发展较为充分以后(即下降段拐点以后),应变率对曲线的影响规律不明显.

(2) 材料本身的随机性会覆盖掉一部分应变率效应,因此,在混凝土材料动力本构关系的研究中,需考虑非线性、随机性和率相关性的相互耦合.

(3) 随着应变率的增加,混凝土强度呈明显增加趋势,峰值应变基本不变,弹性模量增加,吸能能力增强.

(4) 随着应变率的增加,试件受压裂缝扩展速度增快,且裂缝由竖向裂缝逐步发展成为斜向裂缝.

参考文献

[1] Biscoff P H, Perry S H. Compression behaviour of concrete at high strain rates [J]. Material and Structures,1991,144(24):425.

[2] 董毓利,谢和平,赵鹏.不同应变率下混凝土受压全过程的实验研究及其本构模型[J].水利学报,1997(7):72.

[3] Hatano T, Tsutsumi H. Dynamical compressive deformation and failure of concrete under earthquake load [C]//Proceedings of Second World Conference on Earthquake Engineering. Tokyo:Science Council of Japan,1960:1963 - 1978.

[4] Takeda J, Tachikawa H. The mechanical properties of several kinds of concrete at compressive,tensile, and flexural tests in high rates of loading [J]. Transactions of the Architectural Institute of Japan,1962,77:1.

[5] Cowell W L. Dynamic properties of plain Portland cement concrete[R]. Port Hueneme:US Naval Civil Engineering Laboratory,1966.

[6] Bresler B,Bertero V V. Influence of high strain rate and cyclic loading of unconfined and confined concrete in compression [C]//Proceedings of Second Canadian Conference on Earthquake Engineering. Hamilton: McMaster University, 1975:1 - 13.

[7] Kvirikadze O P. Determination of the ultimate strength and modulus of deformation of concrete at different rates of loading [C]//Proceedings of International Symposium on Testing In Situ Concrete Structures. Budapest:RILEM,1977:109 - 117.

[8] Ban S, Muguruma H. Behaviour of plain concrete under dynamic loading with straining rate comparable to earthquake loading [C]//Proceedings of Second World Conference on Earthquake Engineering. Tokyo:Science Council of Japan, 1960:1979 - 1993.

[9] Mainstone R J. Properties of materials at high rates of straining or loading [J]. Materials and Structures,1975,8(44):102.

[10] 肖诗云,林皋,逯静洲,等.应变率对混凝土抗压特性的影响[J].哈尔滨建筑大学学报,2002,35(5):35.

[11] Hughes B P, Gregory R. Concrete subjected to high rates of loading in compression[J]. Magazine of Concrete Research, 1972,24(78):25.

[12] Dilger W H, Koch R, Kowalczyk R. Ductility of plain and confined concrete under different strain rates[J]. ACI Journal,1984,81(1):73.

[13] 吕培印,宋玉普.混凝土动态压缩试验及其本构模型[J].海洋工程,2002,20(2):43.

[14] 闫东明,林皋.混凝土单轴动态压缩特性试验研究[J].水利学与工程技术,2005(6):8.

[15] Rostasy F S, Hartwich K. Compressive strength and deformation of steel fiber reinforced

concrete under high rate of strain[J]. International Journal of Cement Composites and Lightweight Concrete, 1985, 7(1): 21.

[16] Ahmad S H, Shah S P. Behaviour of hoop confined concrete under high strain rates[J]. ACI Journal, 1985, 82(5): 634.

Experimental Study on Uniaxial Compression Behavior of Concrete Under Dynamic Loading

Zeng Sha-jie　Li Jie

Abstract: A systematic experimental investigation was carried out on dynamic mechanical behaviors of concrete material subjected to uniaxial compression. The cylindrical specimens were tested with a hydraulic test machine named MTS Model 815. 04 Rock and Concrete Mechanics Testing System. In the controlled condition of the displacement and the strain-rate, the dynamic fully stress-strain curves were obtained with five different loading rates. The difference of the failure modes between static loading condition and the dynamic loading conditions is also discussed. Strain-rate effects on the compressive strength, the peak strain, the elastic modulus and the fully stress-strain curves were investigated based on the experimental results. The study results reveal the nonlinear property of concrete material under uniaxial dynamic compression loading and provid a test basis for an understanding of the physical mechanisms during dynamic loading.

（本文原载于《同济大学学报》第 41 卷第 1 期，2013 年 1 月）

混凝土动力随机损伤本构关系

李 杰　曾莎洁　任晓丹

摘　要　考虑混凝土中的水对材料率敏感性的影响，引入包含黏性元件和弹性元件的细观模型，推导建立了混凝土动力损伤模型. 将动力损伤模型引入到随机损伤理论的框架内，建立了能够描述单调加载与反复加载条件下混凝土力学行为的一维随机动力损伤本构关系. 基于实验结果，对模型进行了系统的验证. 结果表明，模型能够较好地再现混凝土的典型非线性特性，包括软化、残余应变以及率敏感性，可以应用于实际结构的非线性全过程分析.

混凝土结构的非线性分析与设计的核心之一，在于混凝土材料本构关系的研究. 一般而言，混凝土的本构关系是指在外部作用下混凝土内部应力与应变之间的物理关系. 这一关系描述了混凝土受力力学行为的本质，构成了研究混凝土构件和结构在外部作用下的变形及运动的基础[1-2].

由于混凝土的高度复杂性，基于经典力学理论建立起来的混凝土本构关系很难客观、全面地反映混凝土受力力学行为. 最近 30 年发展起来的混凝土损伤力学，为混凝土本构关系的研究提供了一条可行的途径. 通过引入损伤变量，混凝土力学性质的典型特征可以得到清晰的表达. 由于混凝土在卸载后存在残余变形，而塑性应变对于混凝土本构关系的影响亦不可忽略，所以能够较为全面地描述混凝土的各种非线性行为的混凝土弹塑性损伤本构关系模型，现已得到越来越多的关注和应用[3-4].

作为一种多相复合材料，由于存在诸多不可控制因素，混凝土的物理力学性质不可避免地带有显著的随机性. 事实上，混凝土的随机性与非线性相互影响，关系复杂. 混凝土在损伤和破坏过程中表现出的渐进性，在很大程度上来源于随机性造成的材料性质的非均匀性；而混凝土微结构的随机性影响，又可能被非线性效应所放大或者缩小，使混凝土结构受力力学行为呈现出多样的随机非线性特征. 在混凝土本构关系的建模过程中，应该充分地考虑随机性如何正确地反映问题[5-6].

在总结和研究已有研究的基础上，本文将在以下几个方面展开工作：其一，为动力加载条件下材料率相关效应引入合理的物理机制；其二，基于材料率效应的物理机制建立混凝土动力随机损伤本构关系；其三，将动力损伤模型的结果与已有实验数据进行对比研究.

1 单轴拉压本构关系

混凝土在受拉和受压的条件下表现出迥异的特性，称为单边效应. 为了描述单边效应的影响，可以引入两个损伤变量 D^{+} 与 D^{-}，分别表示受拉与受压时材料的软化和弱化. 采用有效应力正-负分解的方式，可以将本构关系表示为如下形式：

$$\begin{aligned}\sigma &= (1-D^{+})\bar{\sigma}^{+} + (1-D^{-})\bar{\sigma}^{-} \\ &= [(1-D^{+})H(\bar{\sigma}) + (1-D^{-})H(-\bar{\sigma})]\bar{\sigma}\end{aligned} \tag{1}$$

式中，σ 表示单轴应力；而有效应力 $\bar{\sigma}$ 及其正分量 $\bar{\sigma}^{+}$ 和负分量 $\bar{\sigma}^{-}$ 定义为

$$\begin{cases}\bar{\sigma} = E(\varepsilon - \varepsilon^{\mathrm{p}}) = E\varepsilon^{\mathrm{e}} \\ \bar{\sigma}^{+} = H(\bar{\sigma})\bar{\sigma} \\ \bar{\sigma}^{-} = H(-\bar{\sigma})\bar{\sigma}\end{cases} \tag{2}$$

式中，E 为初始未损伤材料的弹性模量；ε，ε^{p} 和 ε^{e} 分别为总应变、塑性应变和弹性应变；$H(\cdot)$为 Heaviside 函数

$$H(x) = \begin{cases}1 & x > 0 \\ 0 & x \leqslant 0\end{cases} \tag{3}$$

同样，弹性应变也存在如下分解：

$$\begin{cases}\varepsilon^{\mathrm{e}} = \varepsilon - \varepsilon^{\mathrm{p}} = \dfrac{\bar{\sigma}}{E} \\ \varepsilon^{\mathrm{e}+} = H(\varepsilon^{\mathrm{e}})\varepsilon^{\mathrm{e}} = \dfrac{\bar{\sigma}^{+}}{E} \\ \varepsilon^{\mathrm{e}-} = H(-\varepsilon^{\mathrm{e}})\varepsilon^{\mathrm{e}} = \dfrac{\bar{\sigma}^{-}}{E}\end{cases} \tag{4}$$

对于损伤变量的演化，一般将其定义为弹性应变的函数，即

$$D^{\pm} = G^{\pm}(\varepsilon^{\mathrm{e}\pm}) \tag{5}$$

式中，"±"表示分别考虑受拉和受压两种情况. 损伤演化函数 $G^{\pm}$ 应根据具体物理机理分析确定，见后续讨论.

在本文中，采用大写的 $D^{\pm}$ 表示随机损伤变量，$G^{\pm}$ 表示随机损伤演化函数. 对应地，采用小写字母表示确定性损伤及其演化，即

$$d^{\pm} = g^{\pm}(\varepsilon^{\mathrm{e}\pm}) \tag{6}$$

确定性损伤可以由随机损伤变量的样本实现值获得，也可以由一类特定样本如均值加以表示，即

$$d^{\pm} = \mu(D^{\pm}) \tag{7}$$

考虑到塑性与损伤在演化过程中不可避免的耦合效应,同时也考虑受拉与受压条件下塑性与损伤发展机理的差异,可以将塑性应变 ε^{p} 分解为正负两个部分,分别考虑其演化,即

$$\varepsilon^{p} = \varepsilon^{p+} + \varepsilon^{p-} \tag{8}$$

对应塑性演化

$$\begin{cases} \varepsilon^{p+} = f_{p}^{+}(D^{+}, \varepsilon^{e+}) \\ \varepsilon^{p-} = f_{p}^{-}(D^{-}, \varepsilon^{e-}) \end{cases} \tag{9}$$

函数 $f_{p}^{\pm}(\cdot)$ 的表达式将在本文第 3 节给出.

2 动力损伤模型

混凝土的率敏感性已被大量实验与理论工作所证实. 早期的研究中,Reinhardt 等[7]发现,在中低应变率条件下,混凝土的含水率对其率敏感效应有着显著的影响. 后来 Rossi 等[8]通过系统的实验研究,确认了混凝土中的水(包括自由水和结晶水)对率敏感效应的影响,并研究了混凝土孔隙水的黏性机制,为建立动力损伤的物理模型开辟了道路.

一般将孔隙水引起的材料整体的黏性效应称为 Stefan 效应,采用图 1 所示模型描述. 按照这一模型可得黏性应力 σ_{v} 与应变率 $\dot{\varepsilon}$ 的关系[8]

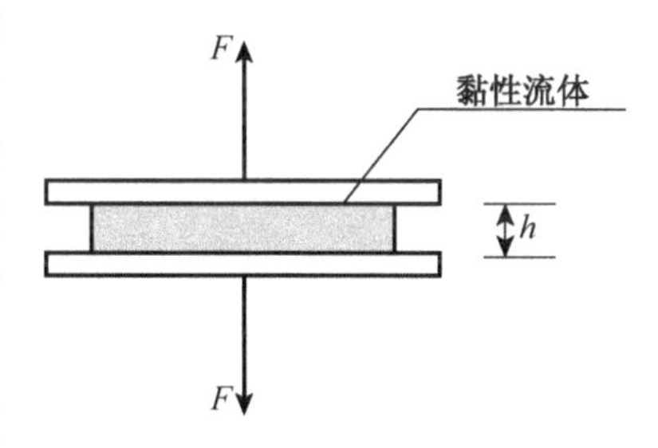

图 1　Stefan 效应模型

$$\sigma_{v} = A\dot{\varepsilon} \tag{10}$$

式中,A 为黏性系数,与材料性质、空隙形状等有关.

为了在静力损伤演化基础上构造动力损伤演化方程,进而合理地考虑应变率效应的影响,需要引入动力弹性应变 $\varepsilon_{r}^{e\pm}$. 不失一般性,可将损伤演化表示为如下形式:

$$\begin{cases} D^{\pm} = G^{\pm}(\varepsilon_{r}^{e\pm}) \\ \boldsymbol{\Psi}_{r}(\dot{\varepsilon}_{r}^{e\pm}, \varepsilon_{r}^{e\pm}, \dot{\varepsilon}^{e\pm}, \varepsilon^{e\pm}) = 0 \end{cases} \tag{11}$$

先将静力弹性应变 $\varepsilon^{e\pm}$ 代入式(11)所示微分系统,求解动力弹性应变 $\varepsilon_{r}^{e\pm}$,再将动力弹性应变代入损伤演化方程,即可求解损伤变量. 式(11)以抽象函数的形式定义了一类动力损伤模型,这类模型的特点在于定义静力弹性应变 $\varepsilon^{e\pm}$ 与动力弹性应变 $\varepsilon_{r}^{e\pm}$ 的关系时不考虑损伤的影响,关于这类简化动力损伤模型的研究可以追溯到文献[9].

从 Stefan 效应出发，建立动力系统 $\boldsymbol{\Psi}_r$ 的具体表达式，可引入图 2 所示细观单元模型. 其中：第Ⅰ段仅包含一个弹性元件，用以描述材料的弹性变形；第Ⅱ段包含一个弹性元件和一个黏性元件，以同时考虑弹性变形与应变率效应的影响.

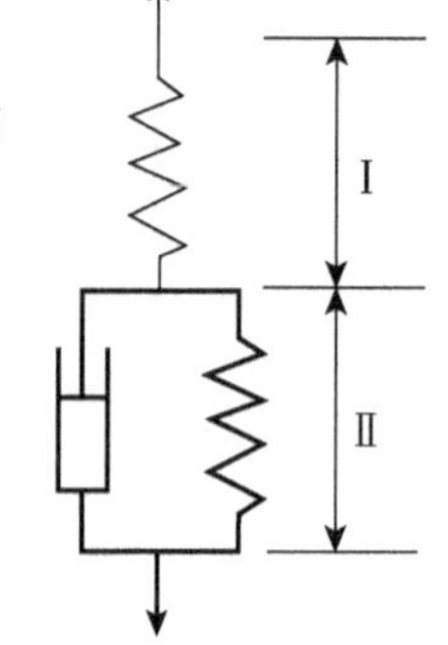

图 2　动力系统 Ψ_r

根据上述模型，可得到如下控制方程：

$$\begin{cases} \varepsilon_{\mathrm{I}} = \dfrac{\sigma}{E_{\mathrm{I}}} \\ \varepsilon_{\mathrm{II}} = \dfrac{\sigma - \sigma_v}{E_{\mathrm{II}}} \end{cases} \tag{12}$$

式中，ε_{I} 与 $\varepsilon_{\mathrm{II}}$ 分别表示第Ⅰ段与第Ⅱ段的应变；E_{I} 与 E_{II} 分别表示第Ⅰ段与第Ⅱ段中弹性元件的弹性刚度.

黏性元件的应力采用 Stefan 效应表达式，即

$$\sigma_v = A\dot{\varepsilon}_{\mathrm{II}} \tag{13}$$

动力作用下，整个体系的总应变为

$$\varepsilon_r = \varepsilon_{\mathrm{I}} + \varepsilon_{\mathrm{II}} = \sigma\left(\frac{1}{E_{\mathrm{I}}} + \frac{1}{E_{\mathrm{II}}}\right) - \frac{\sigma_v}{E_{\mathrm{II}}} \tag{14}$$

静力作用下，体系中黏性元件的应力 σ_v 松弛为零，整个体系应变为

$$\varepsilon = \frac{\sigma}{E} \tag{15}$$

系统的等效静力弹性刚度为

$$\frac{1}{E} = \frac{1}{E_{\mathrm{I}}} + \frac{1}{E_{\mathrm{II}}} \tag{16}$$

将式(13)～(16)代入式(12)，经过化简，可得

$$\begin{cases} \gamma\dot{\varepsilon}_{\mathrm{II}} + (\alpha + \beta)\varepsilon_{\mathrm{II}} = \alpha\,\varepsilon_r \\ \gamma\dot{\varepsilon}_{\mathrm{II}} + \beta\varepsilon_r = \beta\varepsilon \end{cases} \tag{17}$$

$$\begin{cases} \gamma = \dfrac{A}{E} \\ \alpha = 1 + n \\ \beta = \dfrac{1 + n}{n} \\ n = \dfrac{E_{\mathrm{I}}}{E_{\mathrm{II}}} \end{cases} \tag{18}$$

显然，式(17)为线性微分方程，其解析解可以表示为

$$\begin{cases}\varepsilon_{\mathrm{II}} = \varepsilon_{\mathrm{r}} - \dfrac{\beta\varepsilon}{\alpha+\beta} \\ \varepsilon_{\mathrm{r}} = \dfrac{\beta\,\mathrm{e}^{-\beta t/\gamma}}{\gamma(\alpha+\beta)}\displaystyle\int \mathrm{e}^{-\beta t/\gamma}[\gamma\dot{\varepsilon} + (\alpha+\beta)\varepsilon]\mathrm{d}\,t + C_1\mathrm{e}^{-\beta t/\gamma}\end{cases} \tag{19}$$

式中，C_1 为积分常数，与初始条件有关.

解析表达式(19)的数值计算过程仍然较为复杂，实际中可应用差分算法直接构造式(17)的数值解.

若考虑匀速加载($\varepsilon=\dot{\varepsilon}t$)和 0 初始条件($\varepsilon(0)=0$，$\varepsilon_{\mathrm{r}}(0)=0$)，可将式(19)进一步简化为

$$\varepsilon_{\mathrm{r}} = \alpha_{\mathrm{d}}\,\varepsilon \tag{20}$$

其中动力影响因子

$$\alpha_{\mathrm{d}} = 1 - \frac{\alpha}{\alpha+\beta}\frac{\gamma}{\beta\,t}(1-\mathrm{e}^{-\beta t/\gamma}) \tag{21}$$

α_{d}的极限值为

$$\begin{cases}\lim\limits_{t\to 0}\alpha_{\mathrm{d}} = \dfrac{\beta}{\alpha+\beta} \\ \lim\limits_{t\to+\infty}\alpha_{\mathrm{d}} = 1\end{cases} \tag{22}$$

假定损伤演化只与弹性应变有关，将静力弹性应变代入式(17)，可得动力弹性应变演化的控制微分方程

$$\boldsymbol{\Psi}_{\mathrm{r}} = \begin{cases}\gamma\dot{\varepsilon}_{\mathrm{II}}^{\mathrm{e}\pm} + (\alpha+\beta)\varepsilon_{\mathrm{II}}^{\mathrm{e}\pm} = \alpha\,\varepsilon_{\mathrm{r}}^{\mathrm{e}\pm} \\ \gamma\dot{\varepsilon}_{\mathrm{II}}^{\mathrm{e}\pm} + \beta\varepsilon_{\mathrm{r}} = \alpha\,\varepsilon^{\mathrm{e}\pm}\end{cases} \tag{23}$$

在匀速加载条件下，同样可以解得

$$\varepsilon_{\mathrm{r}}^{\mathrm{e}\pm} = \alpha_{\mathrm{d}}\varepsilon^{\mathrm{e}\pm} \tag{24}$$

α_{d}的表达式仍为式(21).

根据本文之前的研究结果，混凝土静力随机损伤演化方程可以表示为

$$D^{\pm} = \int_0^1 H[\varepsilon^{\mathrm{e}\pm} - \Delta^{\pm}(x)]\mathrm{d}x \tag{25}$$

式中，$\Delta^{\pm}$ 为一维随机场.

因此，只需要将式(25)的静力弹性应变替换为动力弹性应变，即可建立混凝土动力随机损伤演化方程

$$D^{\pm} = \int_0^1 H[\varepsilon_{\mathrm{r}}^{\mathrm{e}\pm} - \Delta^{\pm}(x)]\mathrm{d}x \tag{26}$$

若考虑对数正态随机场，指数型相关结构，可得如下损伤的均值与方差的

演化：

$$\mu_{D^{\pm}}=d^{\pm}=\Phi(z^{\pm}) \tag{27}$$

$$V_{D}^{2}=2\int_{0}^{1}\Phi_{2D}(z^{\pm},\ z^{\pm}\mid\rho_{z}^{\pm}(y))\mathrm{d}y-\mu_{D^{\pm}}^{2} \tag{28}$$

$$z=\frac{\ln\varepsilon^{e\pm}-\lambda^{\pm}}{\zeta^{\pm}} \tag{29}$$

$$\rho_{z}^{\pm}(y)=\mathrm{e}^{-\xi^{\pm}|y|} \tag{30}$$

式(27)～(30)中：$\Phi(\cdot)$为正态分布函数；$\lambda^{\pm}$，$\zeta^{\pm}$为随机场的均值参数，与材料的强度等级等物理性质直接相关；$\xi^{\pm}$为方差参数，反映损伤演化过程中的离散性.

3 经验塑性模型

塑性变形对混凝土本构关系的建模有不可忽略的影响. 考虑到在初始加载阶段，塑性应变占总应变的比例较小；而在后续加载阶段，塑性应变所占比例虽然不断增加，但其极限值为总应变的某个固定比例. 因此，本文建议取混凝土塑性应变表达式为[10]

$$\begin{cases}\varepsilon^{p\pm}=\xi_{p}^{\pm}[D^{\pm}]^{n_{p}^{\pm}}\varepsilon^{e\pm}\\ \varepsilon^{p}=\varepsilon^{p+}+\varepsilon^{p-}\end{cases} \tag{31}$$

式中分别考虑受拉与受压的贡献，总塑性应变考虑为二者的迭加. $\xi_{p}^{\pm}$ 与 $n_{p}^{\pm}$ 为控制塑性演化的参数.

将式(31)代入有效应力表达式(2)，可得弹塑性本构关系的全量表达式如下：

$$\bar{\sigma}=E^{ep}\varepsilon \tag{32}$$

其中弹塑性割线模量

$$E^{ep}=\frac{E}{1+\xi_{p}^{+}[D^{+}]^{n_{p}^{+}}H(\bar{\sigma})+\xi_{p}^{-}[D^{-}]^{n_{p}^{-}}H(-\bar{\sigma})} \tag{33}$$

将式(32)代入损伤本构关系表达式(1)，可得

$$\sigma=E^{epd}\varepsilon \tag{34}$$

其中弹塑性损伤割线模量

$$E^{epd}=[(1-D^{+})H(\bar{\sigma})+(1-D^{-})H(-\bar{\sigma})]E^{ep} \tag{35}$$

4 本构关系的均值与方差

对一维本构关系式两边取均值，可得本构关系的均值表达式

$$\mu(\sigma) = [1-\mu(D^+)]\bar{\sigma}^+ + [1-\mu(D^-)]\bar{\sigma}^- = (1-d^+)\bar{\sigma}^+ + (1-d^-)\bar{\sigma}^- \\ = [(1-d^+)H(\bar{\sigma}) + (1-d^-)H(-\bar{\sigma})]\bar{\sigma} \tag{36}$$

进而可求出弹塑性损伤割线模量的均值表达式

$$\mu(E^{\mathrm{epd}}) = \frac{(1-d^+)H(\bar{\sigma}) + (1-d^-)H(-\bar{\sigma})}{1+\xi_{\mathrm{p}}^+[d^+]^{n_{\mathrm{p}}^+}H(\bar{\sigma}) + \xi_{\mathrm{p}}^-[d^-]^{n_{\mathrm{p}}^-}H(-\bar{\sigma})}E \tag{37}$$

上述本构关系的均值表达式可以作为确定性本构关系应用到结构分析和设计中.

下面考虑本构关系的方差.式(1)两边取平方,可得

$$\sigma^2 = [(1-D^+)\bar{\sigma}^+]^2 + [(1-D^-)\bar{\sigma}^-]^2 + 2(1-D^+)(1-D^-)\bar{\sigma}^-\bar{\sigma}^+ \tag{38}$$

考虑到 $\bar{\sigma}^-\bar{\sigma}^+=0$,对式两边取均值,有

$$\mu(\sigma^2) = [1-2d^+ + \mu(D^+)^2](\bar{\sigma}^+)^2 + [1-2d^- + \mu(D^-)^2](\bar{\sigma}^-)^2 \tag{39}$$

结合式(36),可得本构关系方差

$$V^2(\sigma) = \mu(\sigma^2) - \mu^2(\sigma) = V_{D^+}^2(\bar{\sigma}^+)^2 + V_{D^-}^2(\bar{\sigma}^-)^2 \\ = [V_{D^+}^2 H(\bar{\sigma}) + V_{D^-}^2 H(-\bar{\sigma})]\bar{\sigma}^2 \tag{40}$$

损伤的方差 $V_{D^+}^2$ 与 $V_{D^-}^2$ 可由式(28)结合相关参数求出.

结合李杰、陈建兵提出的概率密度演化方法[11],还可以求出损伤与应力的概率密度的演化过程.基于概率密度演化的分析,将在作者另外的文章中详细讨论.

5 算例与验证

为了应用的方便,表1将计算中需要用到的参数分类列出.按照受拉性能参数与受压性能参数,将所有的参数纵向分为2类.按照弹性参数、静力损伤演化参数、动力损伤演化参数与塑性演化参数,将所有的参数横向分为4类.

表1　模型参数分类列表

参　数	符　号	
	受　拉	受　压
弹性模量	E	E
静力随机损伤演化参数	λ^+, ζ^+, ξ^+	λ^-, ζ^-, ξ^-
动力损伤演化参数	γ^+, n^+	γ^-, n^-
塑性演化参数	ξ_{p}^+, n_{p}^+	ξ_{p}^-, n_{p}^-

5.1 塑性(残余)应变

图3给出了本文第3节提出的经验塑性模型($\xi_p^-=0.6$, $n_p^-=0.07$)与实验结果的对比. 可以看出本文提出模型与实验结果符合较好.

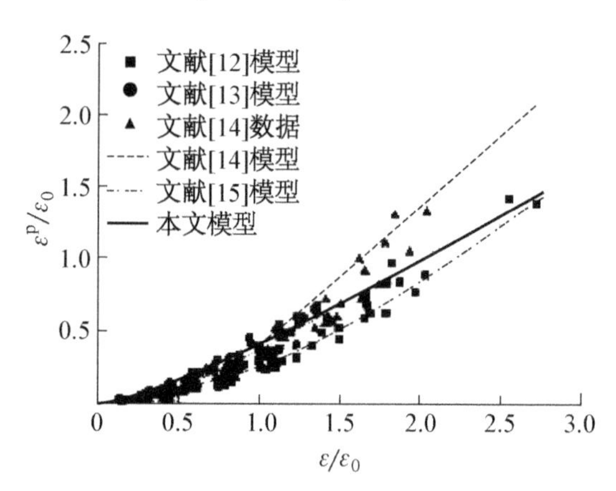

图3 塑性应变[12-15]

5.2 单调加载全曲线

针对混凝土单轴受力的应力应变全曲线,特别是应力应变发展的全过程以及随机特性,作者所在研究梯队近年来进行了系统的实验研究,并得到了丰富的实验结果,这里仅采用两组结果验证本文提出的本构关系模型的静力单轴性能.

图4和图5分别给出了静力加载条件下单轴受拉与单轴受压实验结果(C40混凝土)的均值(Mean)曲线和标准差(STD)曲线与模型结果的对比. 其中受拉曲线所采用参数:$E=45$ GPa, $\lambda^+=4.50$, $\zeta^+=0.5$, $\xi^+=20$, $\xi_p^+=0.6$, $n_p^+=0.1$. 受压曲线所采用模型参数:$E=30$ GPa, $\lambda^-=7.56$, $\zeta^-=0.3$, $\xi^-=10$, $\xi_p^-=0.6$, $n_p^-=0.07$. 由对比结果可以看出,本文模型与实验结果的均值符合较好,能够较好地反映材料的软化和弱化特性. 模型所得方差与实验测得方差有一定程度的吻合性,能够反映混凝土的随机非线性特性. 根据目前的结果,不论是实验结果还是模型,关于方差演化的结果还值得进一步在研究中完善和改进.

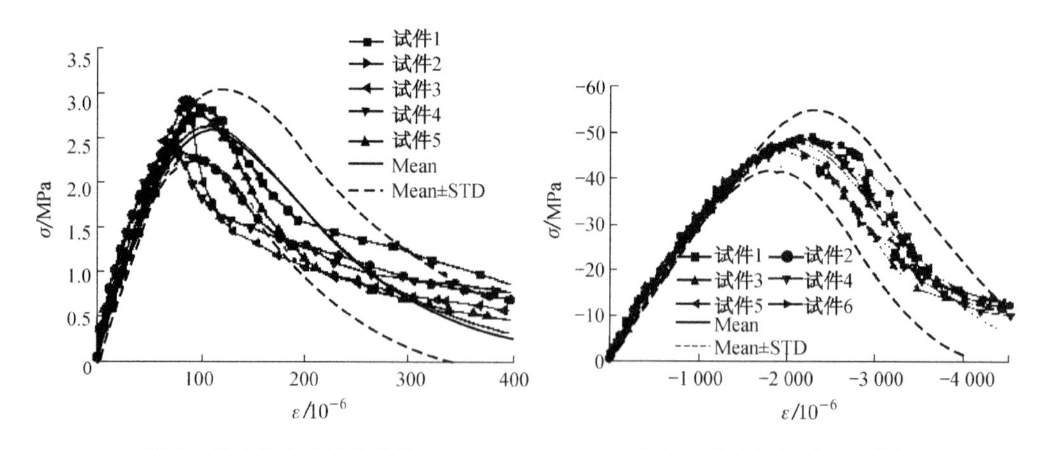

图4 单轴静力受拉全曲线

图5 单轴静力受压全曲线

下面给出动力加载条件下模型结果与实验结果的对比. 由于采用了与静力实验不同的实验结果,所以其静力损伤与塑性演化的模型参数亦略有差别,同时还要确定动力损伤演化参数描述材料的率效应.其中受拉曲线所采用参数:$E = 45\,\text{GPa}$,$\lambda^+ = 5.40$,$\zeta^+ = 0.45$,$\xi^+ = 20$,$\xi_p^+ = 0.6$,$n_p^+ = 0.1$,$\gamma^+ = 0.05$,$n^+ = 1.2$.受压曲线所采用模型参数:$E = 30\,\text{GPa}$,$\lambda^- = 7.40$,$\zeta^- = 0.30$,$\xi^- = 10$,$\xi_p^- = 0.6$,$n_p^- = 0.07$,$\gamma^- = 0.4$,$n^- = 1.0$.图6和图7分别给出了模型结果与文献中实验结果[16-17]的对比.可以看出,本文模型对混凝土在动力加载全过程的非线性行为具有一定的描述能力.

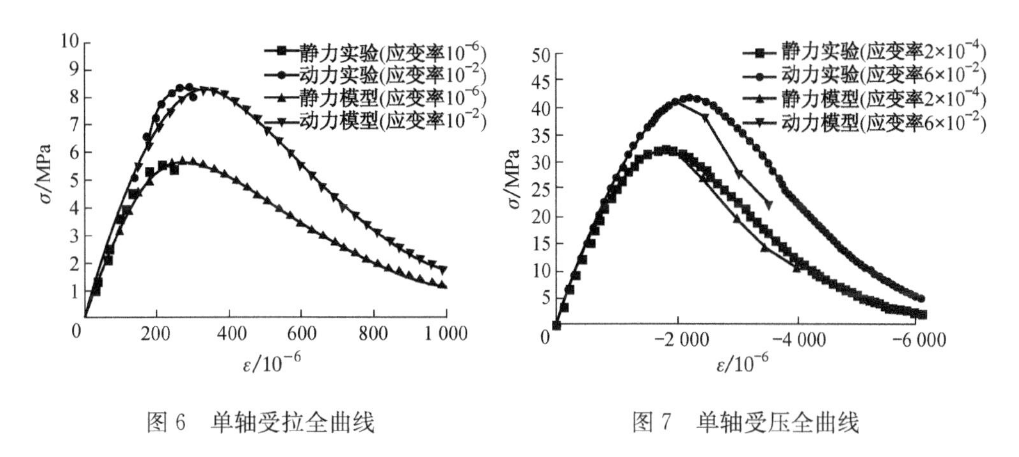

图6　单轴受拉全曲线　　　　图7　单轴受压全曲线

5.3　动力强度提高因子

混凝土材料在动力荷载作用下,其强度会显著提高.对于动力强度提高最直观的描述可采用动力强度提高因子(即动力强度与静力强度之比).本文在整理经典实验结果[18-27]的基础上,对模型进行验证.

图8和图9分别给出了单轴受拉与单轴受压加载条件下动力强度提高因子(DIF)的实验结果与理论结果的对比.其中受拉动力损伤演化参数取值:$\gamma^+ = 0.05$,$n^+ = 1.0$.受压动力损伤演化参数取值:$\gamma^- = 0.60$,$n^- = 1.0$.

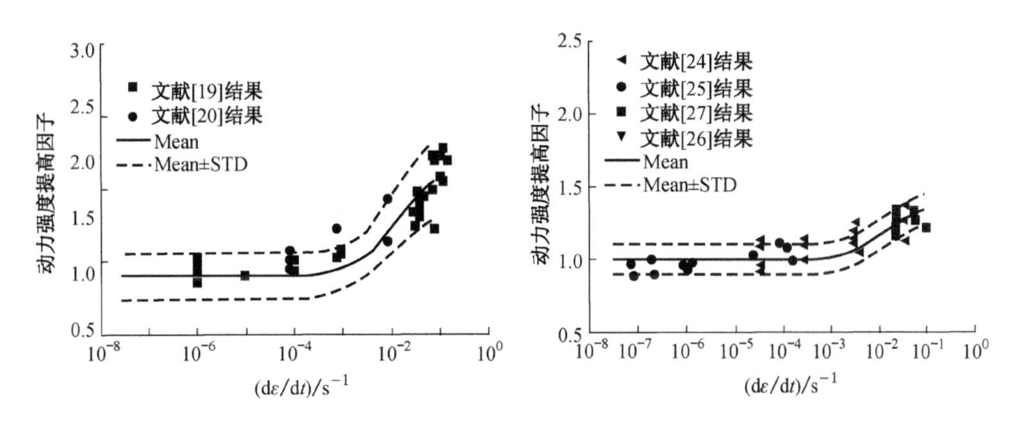

图8　受拉动力强度提高因子[18-20]　　　　图9　受压动力强度提高因子[24-27]

可见,本文模型在均值(Mean)意义上能够反映动力作用下材料强度提高的整体趋势，同时均值±标准差(Mean±STD)曲线能够包络大多数实验点. 即本文模型能够反映材料的动力强度提高及动力作用下的变异性.

5.4 反复加载曲线

基于上述材料参数，本文还计算了混凝土在反复荷载作用下的应力、应变曲线，并将静力(率无关)模型与动力(率敏感)模型的结果同时绘制在图 10 中. 可见，塑性应变的存在使得反复荷载作用下的应力应变曲线具有一定的滞回耗能能力. 在动力加载作用下，材料的率敏感性不仅提高了材料的强度，还对其受力全过程产生了影响：由于率敏感性的作用，应力应变曲线的折角变得圆滑，材料的滞回耗能能力也有所提高.

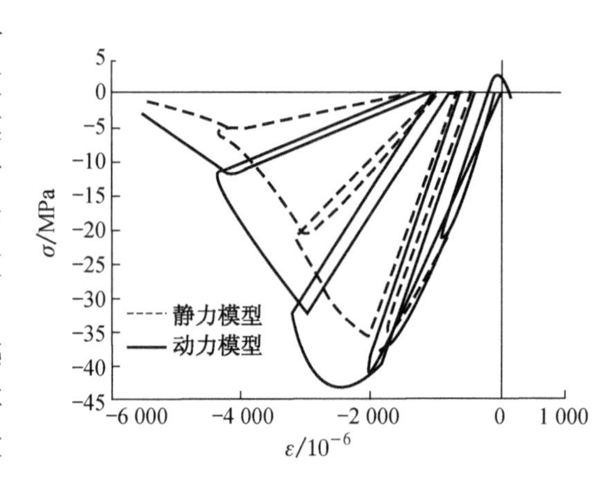

图 10 反复加载曲线

6 结 论

通过本文研究，可以得到如下结论：

(1) 本文所建立的随机动力损伤本构关系，具有比较清晰的物理背景，能够较为完备地描述单调与反复荷载作用下混凝土的受力力学行为.

(2) 动力损伤演化不但能够描述应变率引起的材料强度和耗能能力的提高，同时可以光滑反复加载作用下混凝土的应力应变曲线，这种光滑作用有利于结构整体分析的稳定性.

(3) 本文建议的模型实质是一个线性率敏感模型. 由于塑性应变与损伤之间具有非线性关系，模型在总体上表现出了强烈的非线性率敏感性. 关于材料非线性率敏感效应的产生机理与描述，还值得进一步研究.

参考文献

[1] 李杰. 混凝土随机损伤力学的初步研究[J]. 同济大学学报：自然科学版，2004，32(10)：1270.

[2] 李杰，任晓丹. 混凝土静力与动力损伤本构模型研究进展述评[J]. 力学进展，2010，40(3)：284.

[3] 李杰，吴建营. 混凝土弹塑性损伤本构模型研究 I：基本公式[J]. 土木工程学报，2005，38(9)：14.

[4] Wu J Y，Li J，Faria R. An energy release rate-based plastic-damage model for concrete[J].

International Journal of Solids and Structures, 2006, 43(3/4): 583.

[5] 李杰，杨卫忠. 混凝土弹塑性随机损伤本构关系研究[J]. 土木工程学报，2009，42(2)：31.

[6] Li J, Ren X D. Stochastic damage model of concrete based on energy equivalent strain[J]. International Journal of Solids and Structures, 2009, 46(11/12): 2407.

[7] Reinhardt H W, Rossi P, Van Mier J G M. Joint investigation of concrete at high rates of loading[J]. Materials and Structures, 1990, 23(3): 213.

[8] Rossi P, Van Mier J G M, Boulay C. The dynamic behavior of concrete: influence of free water[J]. Materials and Structures, 1992, 25(9): 509.

[9] Cervera M, Oliver J, Manzoli O. A rate-dependent isotropic damage model for the seismic analysis of concrete dams[J]. Earthquake Engineering and Structure Dynamics, 1996, 25: 987.

[10] 曾莎洁. 混凝土随机损伤本构模型与试验研究[D]. 上海：同济大学，2012.

[11] Li J, Chen J B. Stochastic dynamics of structures[M]. Singapore: John Wiley & Sons, 2009.

[12] Karsan I K, Jirsa J O. Behavior of concrete under compressive loadings[J]. Journal of Structural Division, ASCE, 1969, 95(12): 2543.

[13] Buyukozturk O, Tseng T M. Concrete in biaxial cyclic compression[J]. Journal of Structural Engineering, ASCE, 1984, 110(3): 461.

[14] Palermo D. Behavior and analysis of reinforced concret walls subjected to reversed cyclic loading[D]. Houston: University of Houston, 2002.

[15] Mander J B, Priestley M J N, Park R. Theoretical stress-strain model for confined concrete [J]. Journal of Structural Engineering, ASCE, 1988, 114(8): 1804.

[16] Suaris W, Shah S. Rate-sensitive damage theory for brittle solids[J]. Journal of Engineering Mechanics, ASCE, 1984, 110(6): 985.

[17] Dube J F, Pijaudier-Cabot G, La Borderie C. Rate dependent damage for concrete in dynamics [J]. Journal of Engineering Mechanics, 1996, 10: 939.

[18] Klepaczko J R, Brara A. An experimental method for dynamic tensile testing of concrete by spalling [J]. International Journal of Impact Engineering, 2001, 25(4): 378.

[19] Toutlemonde F. Impact resistance of concrete structures[D]. Paris: Laboratory of Bridges and Roads, 1995.

[20] Yan D M, Lin G. Dynamic properties of concrete in direct tension[J]. Cement and Concrete Research, 2006, 36(7): 1371.

[21] 肖诗云，林皋，王哲，等. 应变率对混凝土抗拉特性影响[J]. 大连理工大学学报，2001，41(6)：721.

[22] 肖诗云，林皋，逯静洲，等. 应变率对混凝土抗压特性影响[J]. 哈尔滨建筑大学学报，2002，35(5)：35.

[23] Malvar L J, Ross C A. Review of strain rate effects for concrete in tension[J]. ACI Materials Journal, 1998, 95(6): 735.

[24] 董毓利，谢和平，赵鹏. 不同应变率下混凝土受压全过程的实验研究及其本构模型[J]. 水利学报，1997(7)：72.

[25] Sparks P R, Menzies J B. The effect of the rate of the loading upon the static fatigue strength of plain concrete in compression[J]. Magazine of Concrete Research, 1973, 25(83):

73.
[26] Popp C. A study of the behaviour of concrete under impact loading[D]. Stuttgart: Deutsche Ausschuss für Stahlbeton, 1977.
[27] Bresler B, Bertero V V. Influence of high strain rate and cyclic loading of unconfined and confined concrete in compression [C] // Proceedings of the 2nd Canadian Conference on Earthquake Engineering. Hamilton: Macmaster University, 1975: 1-13.

A Stochastic Rate-dependent Damage Model for Concrete

Li Jie　Zeng Sha-jie　Ren Xiao-dan

Abstract: By considering the strain rate effect of concrete induced by the pore water, a mesoscopic rate-dependent damage model was developed based on a compound system made up of a series of elastic elements and viscous elements. Then by introducing the developed rate-dependent damage model to describe the damage evolution, the stochastic damage model was proposed to model the nonlinear behaviors of concrete under monotonic and hysteretic uniaxial loading. Based on the experimental data, the proposed stochastic damage model of concrete was systematically verified. The simulation results indicate that the typical nonlinear behaviors of concrete, including the softening, the residual strain and the rate-dependency, can be well described by the proposed model. The developed model offeres a good choice for the nonlinear simulation of concrete structures.

（本文原载于《同济大学学报》第 42 卷第 12 期，2014 年 12 月）

基于微-细观机理的混凝土疲劳损伤本构模型

丁兆东　李杰

摘　要　该文致力于混凝土疲劳损伤发展机理的微细观解释. 以速率过程理论为基础,通过考虑裂纹断裂过程区中的水分子动力作用,在细观尺度上建立了具有物理机理的疲劳损伤能量耗散表达式. 结合细观随机断裂模型,以宏观损伤力学为框架,建立了疲劳损伤演化方程. 通过数值模拟,计算了单轴受拉时的疲劳损伤演化以及不同加载幅度下的疲劳寿命. 与相关试验结果的对比显示出该文模型能够很好地表现混凝土材料的疲劳损伤演化过程.

引　言

混凝土疲劳问题的研究虽然已有一百多年历史,但今天用于设计的主要方法仍然是基于试验的经验方法,即:通过试验获得 $S-N$ 疲劳寿命曲线并结合 Miner 疲劳损伤累积准则进行设计. 这种方法既不能反映混凝土结构疲劳损伤之后的内部应力重分布,也难以反映疲劳问题中显著的离散性. 因此需要建立基于物理机理分析的混凝土疲劳本构模型,从而使得分析结构整个寿命周期内的疲劳损伤演化和疲劳可靠度成为可能.

回顾关于混凝土疲劳机理的研究历史,可以发现 3 个层次的递进脉络:试验的研究、基于断裂力学的疲劳研究以及基于损伤力学的研究. 在试验研究中,比较有代表性的是 Holmen 的研究[1]. 他的研究不仅给出了混凝土在受压疲劳载荷作用下的疲劳寿命、不可逆应变发展等工程中比较关心的问题的答案,而且由于试验样本量大还能给出在不同概率水平下对应的疲劳寿命的结果. 后继的研究者们对于混凝土受压疲劳相关问题也做了大量的试验研究[2-6],但大体上未超过 Holmen 工作的范畴. 由于混凝土材料受拉和受压时的力学性能显著不同,研究者们也在受拉及弯曲疲劳方面进行了大量的试验研究[7-9]. 但从认识论的角度考察这些研究,可见仍然只是对经验现象的总结,因此适用性有限. 对于具体的问题,往往需要重新通过大量的试验获得比较可靠的经验结果.

从物理的角度考察,疲劳损伤的发展实际上对应着微裂纹和微缺陷的发展. 由于准脆性材料的裂纹尖端有着显著的非线性特征,因此非线性断裂力学成为研究准脆性材料疲劳问题的一个主要工具. 在各类非线性断裂力学模型中，黏聚裂缝模型(cohesive crack model)获得了长足的发展和较为普遍的认同. 这一模型是Hillerborg等[10]首先提出的，而将其应用于混凝土疲劳裂缝扩展问题上的则是Hordijk等[11]. Hordijk工作的主要成果是根据黏聚裂缝模型建立了疲劳裂纹的σ-w曲线(即应力-裂纹累积张开位移)，并将其与有限元模拟结合起来. 基于黏聚裂缝模型，后继的研究者纷纷从数值模拟的角度研究混凝土中单个疲劳裂纹的扩展问题，其重点在于引入不同的退化模型以更好地模拟试验结果[12-13]. 令人遗憾的是，这些研究中采用的退化模型大多是经验性的、且难以模拟大量裂缝存在的情况. 而混凝土的疲劳破坏，恰恰是大量细、微裂纹不断发展、综合作用的结果.

为了反映大量疲劳裂纹引起的材料性能退化，损伤力学给出了一条可能解决问题的途径. 在损伤力学中，把由于不同尺度下裂纹扩展引起的材料性能退化通过损伤变量引入到材料的本构关系当中，这也使得损伤变量的演化成为损伤力学的核心问题. 在唯象的损伤力学模型中，通常类比于塑性力学中的塑性势函数建立损伤势函数，再通过正交流动法则获得损伤演化. 由于猜测损伤演化方向应该使某种自由能减少最快，所以引入Kuhn-Tucker条件作为约束. 这样损伤演化必须发生于某种规范函数(gauge function)定义的损伤边界上. 而对于疲劳问题而言，材料的状态往往处于损伤边界以内，所以上述唯象的损伤演化法则无法反映疲劳损伤过程. 为了考虑疲劳损伤，Marigo[14]最早提出取消Kuhn-Tucker条件中损伤边界面的限制，代之以材料状态距损伤边界的距离来衡量疲劳损伤的快慢. 后来的研究大体上都是按照这样的模式来处理疲劳损伤的演化问题. 不同研究者的区别主要在两点：一是规范函数的形式，二是具体的投影空间(应变空间或应力空间). 如Papa等[15]采用了一个稍微复杂的规范函数，并且在分解成球量和偏量的应变空间中处理问题；Alliche[16]则将规范函数表述为受拉损伤能释放率的第二不变量的函数并在应变空间来处理问题. Mai等[17]为了获得非线性的疲劳寿命曲线，引入了更为复杂的损伤演化表达式，但其本质仍是经验的.

唯象的损伤力学模型，不论是损伤面还是边界面[18-20]，本质都是通过类比塑性力学中屈服面的概念引入的，并没有物理上的意义. 而且归根结底，唯象学的损伤力学模型并没有回答损伤力学的核心问题：损伤内变量如何演化？无论经过如何繁复的推导，唯象的损伤力学模型最终都不得不面临这样的困境：只能通过试验数据经验地给出损伤的演化法则. 因此连续损伤疲劳本构模型在本质上仍然是经验性的结果.

基于上述认识，本文目标在于给疲劳损伤的演化建立一个具有细观物理机理的模型. 从微观尺度出发，着重考察微裂纹尖端断裂时局部能量的变化，结合速率过程理论(rate process theory)[21-23]给出疲劳载荷作用下混凝土材料中的能量耗散关系. 基于这种物理机制，利用能量等效的原则将微观断裂的物理图景通过损伤概念表示，结合抽象细观随机断裂模型，建立了混凝土的疲劳损伤演化方程.

1　纳米级颗粒间断裂的混凝土疲劳损伤

1.1　混凝土材料纳观裂纹尖端扩展的能量分析

在纳米尺度，水泥砂浆主要由水化硅酸钙颗粒(C-S-H solid)组成[24-25]. 在裂纹尖端的纳米颗粒分布是杂乱的. 在裂纹的尖端部分，由于分子热运动的影响，纳米微颗粒之间的联系可能会由于距离的扩大而被切断. 反过来，这种相互之间联系已切断的微颗粒也有可能由于分子热运动而重新建立联系. 若将这种联系用微弹簧比拟，上述情景可表示为弹簧的断裂与愈合. 在没有外部作用施加于材料的情况下，这种断裂与愈合的可能性是相同的，因此大量微颗粒的总体表现处于稳定的状态. 而当有外部载荷作用于材料时，这种稳定状态就会被打破. 从能量的角度考察，由于颗粒之间的引力作用，两个颗粒之间想要分离就必须越过某个能量势垒(activated energy barrier)Q_0. 发生断裂的过程相当于材料的势能 Π 越过能量势垒 Q_0. 在越过这个能量势垒之后总势能有一个微小的下降 ΔQ，如图 1 所示. 这个 ΔQ 就是外部作用的影响.

微颗粒间联系断裂后势能的变化 ΔQ 可以通过力学分析获得，而整个体系能够越过断裂过程中的能量势垒 Q_0 则依赖于微颗粒的分子热运动，否则材料中的微裂缝想要扩展就必须提供非常大的外部作用. 因此，材料内部微裂纹的扩展不仅取决于外部作用引起的势能差 ΔQ，而且更依赖于微颗粒的分子热运动跨过局部的能量势垒 Q_0. 换句话说，在裂纹的尖端分子热运动造成的波动既会使得微颗粒间联系发生断裂、也可以使已断裂的联系重新愈合，而外部作用引起的势能差改变了断裂和愈合所需要跨越的能量势垒，使得断裂的频率大于愈合的频率，从而决定了净断裂过程的速度. 下面通过断裂力学分析获得这个过程的定量关系：

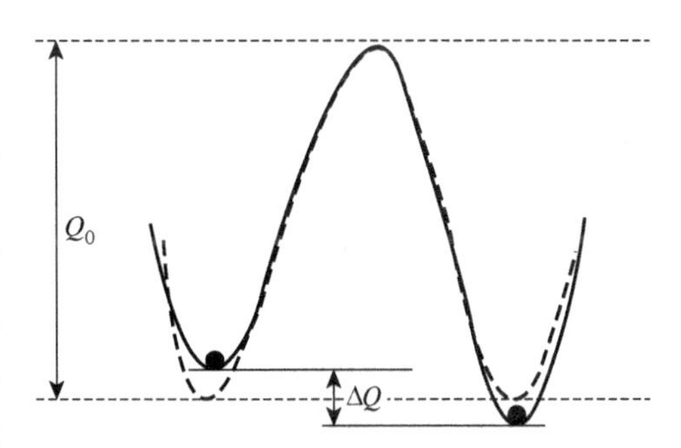

图 1　微颗粒间联系断裂时越过的能量势垒

为了简便起见，考察三维情况下理想的圆盘状裂纹. 根据线弹性断裂力学，在纳米层级的裂缝尖端，应力强度因子可表示为：$K_a = \sigma_a \sqrt{l_a} k_a(\alpha)$，其中 σ_a 为施加于纳米颗粒层次的应力，它与宏观应力 σ 通过纳米-宏观应力集中因子 c 联系在一起：$\sigma_a = c\sigma$；l_a 为纳米颗粒的特征尺寸；$\alpha = a/l_a$ 为裂纹相对尺寸，a 为裂纹半径；$k_a(\alpha)$ 为无量纲的应力强度因子，对于圆盘状裂纹，$k_a(\alpha) = 2\sqrt{\alpha/\pi}$. 因此，单位宽度裂纹扩展时的能量释放率为

$$G(\alpha) = \frac{K_a^2}{E_a} = \frac{k_a^2(\alpha) l_a c^2 \sigma^2}{E_a} \tag{1}$$

其中 E_a 为纳米尺度的弹性模量(比材料的宏观弹性模量大).

令 η 为几何常数使得 ηa 为裂纹尖端的宽度,则当裂纹扩展一个纳米微颗粒间间距 δ_a 时,释放的能量为

$$\Delta Q_f = \delta_a(\eta \alpha l_a)G(\alpha) = V_a(\alpha)\frac{c^2\sigma^2}{E_a} \tag{2}$$

其中 $V_a(\alpha) = \delta_a \eta \alpha l_a^2 k_a^2(\alpha)$ 为激活体积.

根据 Griffith 的断裂理论[26],当裂纹尖端的微颗粒间联系破裂时,除了断裂能的释放外,还对应着新表面产生所引起的表面能增加. 记裂纹扩展一个纳米微颗粒间间距 δ_a 时增加的表面能为 γ_0,则在微裂纹扩展 δ_a 的过程中释放的净能量为

$$\Delta Q_{\text{net}} = \Delta Q_f - \gamma_0 \tag{3}$$

根据经典的速率过程理论[22-23],2 个亚稳态之间的迁移速率取决于 2 个亚稳态之间的能量差异、能量壁垒以及外力作用等,可表示为

$$\begin{aligned} f &= \nu(\mathrm{e}^{[-Q_0+(\Delta Q_f-\gamma_0)/2]/(kT)} - \mathrm{e}^{[-Q_0-(\Delta Q_f-\gamma_0)/2]/(kT)}) \\ &= 2\nu \mathrm{e}^{-Q_0/(kT)}\sinh\left(\frac{\Delta Q_f-\gamma_0}{kT}\right) \end{aligned} \tag{4}$$

其中,ν 为特征频率,$\nu = kT/h$;k,T 和 h 分别是 Boltz-mann 常数、绝对温度和 Plank 常数.

令 $\Delta Q/(kT)=V_a(\alpha)/V_T$, $V_T = 2E_a kT/(c^2\sigma^2)$. 对于激活体积 V_a,由于纳米微颗粒的距离一般在 10^{-10}尺度,根据前文中 V_a 的表达式可知其约为 10^{-26} m^3. V_T 是 E_a 和 $\sigma_a = c\sigma$ 的函数. 一般地,应力集中系数 $c>10$,纳米尺度的弹性模量 E_a 约大于宏观的弹性模量 E 一个数量级. 对于水泥凝胶体的纳米结构而言,若宏观应力在数十兆帕的水平,则 V_T 约为 1×10^{-25} m^3. 因此 $V_a/V_T<0.1$. 注意到当 x 较小时有 $\sinh(x)\approx x$,则式(4)可以简化为

$$f = 2\nu \mathrm{e}^{-Q_0/(kT)}\frac{\Delta Q_f-\gamma_0}{kT} \tag{5}$$

式中,f 反映的是裂纹尖端分子键的净破裂频率(即 2 个亚稳态之间的迁移速率),而纳米层级的裂纹扩展速率则可以表示为裂纹尖端粒子的漂移,即

$$\dot{a} = \delta_a f \tag{6}$$

式(6)即为静力加载条件下混凝土材料微裂纹尖端扩展速率的基本表达式.

对于疲劳加载,实际情况与静力加载又有所不同. 这种不同表现在宏观上,就是疲劳问题中材料的损伤发展比相应的静态载荷作用下要快. 典型的例子是:材料在从 $P_{\max}$ 到 $P_{\min}$ 变化的动态载荷作用下,其疲劳损伤发展要比在以 $P_{\max}$ 为恒载作用下引起的徐变损伤发展快[27].

对于这个问题，通常唯象的解释是疲劳加载下裂纹尖端的某些指标量具有累积性，从而造成疲劳损伤的持续发展(loading-unloading irreversibility). 如在黏聚裂纹模型中，裂纹尖端累积张开位移(the accumulation of crack opening displacement)就是这样一个指标量. 但是这些模型都难以解释这种指标量是如何具体地起作用的. 在这里尝试引入裂纹断裂过程区中的分子动力作用，给出上述问题的物理解释.

一些相关研究表明：由于周边环境影响引起的裂纹尖端物理化学反应会使裂纹扩展速率发生变化[28-32]. 但将其引入疲劳问题解释疲劳作用与静态作用的区别则尚未见诸于文献. 本文认为：正是由于环境介质的参与，才导致疲劳载荷作用下微裂纹尖端的扩展速率相对静力加载情况要快. 事实上，在混凝土中存在着大量水分，因而在缺陷处也存在着大量的自由水分子. 在裂纹尖端处水分子的存在，使得在疲劳加载情况下裂纹尖端的局部自由能处于一个不稳定的振荡状态，进而影响到裂纹的开展. 换句话说，水分子进入裂纹尖端黏聚区，改变了正在发生断裂的那部分混凝土的表面能，从而也影响到微裂纹尖端纳米微颗粒间的愈合(图 2 和图 3).

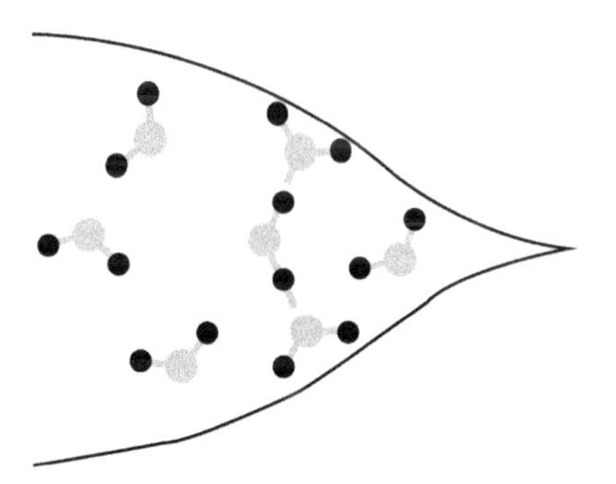

图 2　水分子在裂纹尖端与材料结合示意图

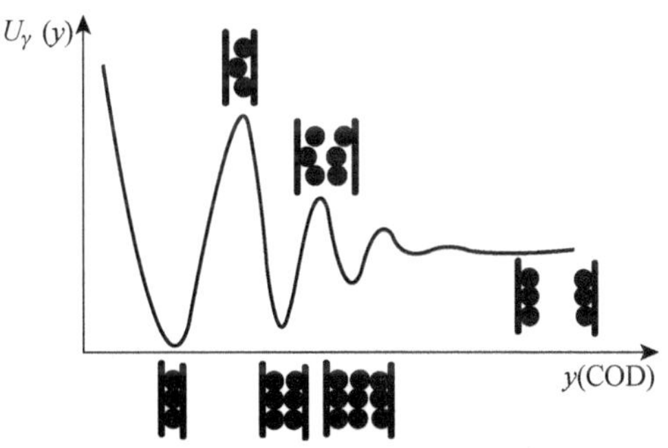

图 3　水分子在裂纹尖端的分布对局部能量分布的影响[30-31]

在图 3 中，横坐标表示尖端张开位移，纵坐标表示尖端部分的表面能. 当张开位移为水分子直径的整数倍时，水分子可以形成规律的排列，使得微裂纹尖端局部材料整体能量处于能量谷处；当张开位移不是水分子直径的整数倍时，水分子间无法形成规律的排列，使得局部能量处于能量峰处[29]. 在能量峰处，材料之间的连接更容易发生断裂，从而使得局部材料总能量降低. 而在能量谷处时，局部材料处于比较稳定的状态，所以不容易发生断裂.

在静力作用情况下，裂纹尖端断裂过程区尾部将相对稳定地处于能量谷(若加载时其张开位移不是水分子的整数倍而处于能量峰处，这部分纳米微颗粒的连接会很快断裂). 它的断裂就会耗时长，所以断裂过程相对变慢. 而在疲劳载荷作用下，裂纹尖端断裂过程区纳米颗粒之间的连接会一直经历能量谷—能量峰—能量谷……这样的循环往复过程，而不会长时间停留在能量谷处. 在这样的循环过程中，当处于能量峰处时相对容易发生断裂. 因此在疲劳载荷作用下，微裂纹黏聚区尾部总是会经历能量峰，从而更容易发生断裂. 这就是静力蠕变损伤和动态循环疲劳损伤过程不同的物理细观机理. 值得指出的是，分子热运动的频率约为 $1\times10^{14}\,\mathrm{s}^{-1}$，所以在疲劳载荷作用下裂纹尖端的运动相对于分子来说可以看作准静态过程，因而水分子有充分的时间自由排列.

考虑这种效应，式(3)中的表面能 γ_0 实际上受裂纹断裂过程区尾部张开-闭合过程的影响. 疲劳过程引起的微裂纹张开-闭合过程越快，单位时间内断裂过程区经历的能量峰就越多，其断裂速率就越快. 根据文献[28,31]的研究，脆性材料在分离时其表面力的振荡过程峰值可以用一个指数衰减函数拟合，相应的能量积分也是相应的振荡形式. 考虑局部应变率的影响，它从总体上对应着各个微裂纹的张开闭合过程. 因此，表面能在疲劳循环载荷作用下的变化也采用一个指数衰减函数形式表征，即

$$\gamma^*(\dot{\varepsilon}) = \gamma_0 \mathrm{e}^{-\beta|\dot{\varepsilon}|} \tag{7}$$

式中 β 为一常系数.

这样，在疲劳过程中微裂纹尖端扩展 δ_a 时相应的净能量的释放可表示为

$$\Delta Q_{\mathrm{net}} = \Delta Q_f - \gamma^*(\dot{\varepsilon}) = \Delta Q_f - \gamma_0 \mathrm{e}^{-\beta|\dot{\varepsilon}|} \tag{8}$$

相应地，微裂纹扩展速率可以表示为

$$\dot{a} = \delta_a f = 2\delta_a \nu \mathrm{e}^{-Q_0/(kT)} \frac{\Delta Q_f - \gamma_0 \mathrm{e}^{-\beta|\dot{\varepsilon}|}}{kT} \tag{9}$$

虽然混凝土中每个微裂纹局部的张开位移都各不相同，但从宏观上看其总体趋势是与宏观应变成正比，因此相应的能量的变化必然与宏观应变率有关系. 为此，可以定义如下的能量等效应变，并以它的应变率作为微裂纹张开位移变化速率的度量

$$\varepsilon_{\mathrm{eq}} = \sqrt{\frac{2Y}{E_0}} \tag{10}$$

式中，Y 为损伤能释放率，E_0 为混凝土的初始弹性模量.

1.2 疲劳损伤发展过程中的能量耗散

在其发展过程中，纳米尺度微裂纹不是演化成更高尺度的裂纹，就是处于更高层级裂纹引起的应力卸载区内. 而在同一层级，则大量存在，且其尺度在同一量纲尺度范围内. 因此，可以用统计平均量来表征低层的纳米尺度微裂纹，而不用考虑其个体的差异. 假定微裂纹平均的初始尺寸和最终尺寸分别为 a_0 和 a_c，则在其寿命期间释放的断裂能平均值为

$$\Delta\widetilde{Q}_f = \frac{\int_{a_0}^{a_c} \Delta Q_f \mathrm{d}a}{a_c - a_0} = \widetilde{V}_{\mathrm{a}} \frac{c^2\sigma^2}{E_{\mathrm{a}}} \tag{11}$$

式中,符号"～"表示相关物理量的平均值,$\widetilde{V}_{\mathrm{a}}$ 表示纳米层级微裂纹在其寿命期内的平均激活体积.

由于已经将纳米尺度微裂纹扩展过程中释放的断裂能在时间上平均化了,所以从损伤力学的角度看,当纳米层次的裂纹向前扩展 δ_a 时(对于混凝土来说就是 2 个纳米微颗粒间的间距),宏观损伤微小的增加 δ_d 就是一个固定值. 这意味着虽然在连续损伤力学中损伤变量是连续的,但考虑到物理背景,实际的损伤存在这样一个最小的损伤步. 在这个过程中损伤能的释放为

$$\Delta Q_d = V\int_{d_0}^{d_0+\delta_d} Y \mathrm{d}d \tag{12}$$

式中,ΔQ_d 表示损伤能的变化,d_0 表示初始损伤,V 表示损伤影响的体积,可视为经典损伤力学中被称为代表体积元的特征体积.

由于纳米微颗粒间破裂过程所经历的时间很短,因此可以认为在此期间损伤能释放率不变. 而且,由于损伤和断裂都是描述同一个能量耗散过程,造成裂纹持续发展的能量差从损伤的角度可以表示为

$$\Delta\widetilde{Q}_f = \widetilde{V}_{\mathrm{a}} \frac{c^2\sigma^2}{E_{\mathrm{a}}} = \Delta Q_d \approx Y\delta_d V \tag{13}$$

因此,可以将式(9)中的纳米裂纹扩展速率的平均值通过损伤能释放率表示

$$\begin{aligned}\dot{a} = \delta_a\widetilde{f} &= 2\delta_a\nu \mathrm{e}^{-Q_0/(kT)} \frac{\Delta\widetilde{Q}_f - \gamma^*(\dot{\varepsilon}_{\mathrm{eq}})}{kT} \\ &= 2\frac{\delta_a\delta_d V}{h}(Y - \gamma(\dot{\varepsilon}_{\mathrm{eq}}))\mathrm{e}^{-Q_0/(kT)}\end{aligned} \tag{14}$$

式中,$\gamma(\dot{\varepsilon}_{\mathrm{eq}}) = \gamma^*(\dot{\varepsilon}_{\mathrm{eq}})/(V\delta_d)$ 为均匀化表面能.

相应的,平均能量释放率可表示为

$$G = \frac{\Delta\widetilde{Q}_f}{\delta_a\eta a_{\mathrm{m}}} = \frac{Y\delta_d V}{\delta_a\eta a_{\mathrm{m}}} \tag{15}$$

式中,a_{m} 表示纳米微裂纹的平均尺寸.

单个纳米微裂纹扩展引起的能量耗散为

$$G\dot{a} = \frac{2\delta_d^2 V^2}{h\eta a_{\mathrm{m}}} Y(Y - \gamma(\dot{\varepsilon}_{\mathrm{eq}}))\mathrm{e}^{-Q_0/(kT)} \tag{16}$$

纳米级微裂纹的扩展如何发展为宏观裂纹的扩展,是一个很复杂的问题,它涉及多尺度问题的物理本质. Bazant 等[23]给出一个较为简单的模型来考虑这一问题:裂纹的层级模型. 这一模型认为:一个宏观裂纹的尖端断裂过程区内包含着大

量低一级尺度的次级裂纹,而在这个次级裂纹的尖端存在着类似的断裂过程区与更次级的裂纹,以此类推直至纳米尺度(如图 4 所示).

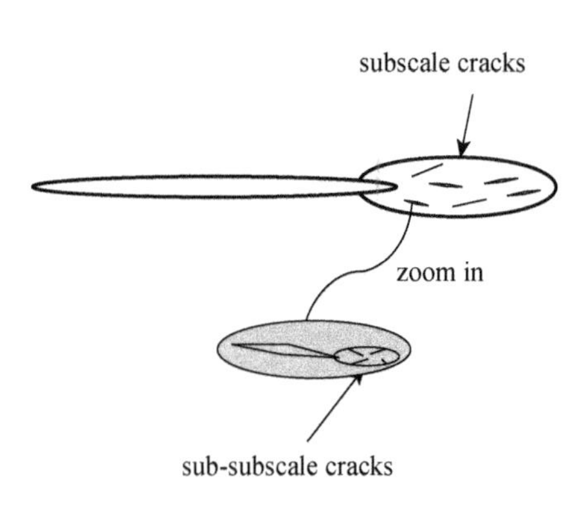

图 4　裂纹的层级分布系统

在图 4 的裂纹分布模型中,宏观裂缝的断裂过程区中含有 n_1 个次级裂纹,而每个次级裂纹下的断裂过程区又有 n_2 个次次级裂纹,以此类推直至纳米尺度的微裂纹. 设其中有 p 个层次,则微裂纹总数可表示为

$$N = n_1 n_2 \cdots n_{\mathrm{p}} \tag{17}$$

在每个尺度上,裂纹的数量应该与这个尺度上相应的裂纹驱动力有关. 显然,这个驱动力就是损伤能释放率 Y. 另一方面,材料的固有表面能起着阻碍裂纹生成和扩展的作用. 不妨假定各个尺度被激活的裂纹数量与损伤能释放率成正比、与表面能成反比,即

$$n_i = f\left(\frac{k_i Y}{\gamma(\dot{\varepsilon}_{\mathrm{eq}})}\right) \tag{18}$$

其中,f 为单调增函数,k_i 为各个层级的常系数.

进一步根据前述层级模型及损伤的分形特征[33],可认为各层级裂纹具有统计自相似的特征,即

$$n_i = f\left(\frac{k_i Y}{\gamma(\dot{\varepsilon}_{\mathrm{eq}})}\right) = \left(\frac{k_i Y}{\gamma(\dot{\varepsilon}_{\mathrm{eq}})}\right)^{q_i} \tag{19}$$

式中,q_i 为第 i 个尺度的分形指数.

于是,微裂纹总数可以表示为

$$N = n_1 n_2 \cdots n_p = \left(\prod_{i=1}^{p} k_i\right)\left(\frac{Y}{\gamma(\dot{\varepsilon}_{\mathrm{eq}})}\right)^{q_1+q_2+\cdots+q_p} \tag{20}$$

而总的能量耗散为

$$\begin{aligned}\dot{E}_f &= 2N\frac{\delta_d^2 V^2}{h\eta a_m} Y(Y-\gamma(\dot{\varepsilon}_{\mathrm{eq}}))\mathrm{e}^{-Q_0/(kT)} \\ &= C_0 Y(Y-\gamma(\dot{\varepsilon}_{\mathrm{eq}}))\left(\frac{Y}{\gamma(\dot{\varepsilon}_{\mathrm{eq}})}\right)^m \mathrm{e}^{-Q_0/(kT)}\end{aligned} \tag{21}$$

式中,$C_0 = \dfrac{2\delta_d^2 V^2\left(\prod_{i=1}^{p} k_i\right)}{h\eta a_m}$,$m = q_1 + q_2 + \cdots + q_p$,均为材料常数.

显然这样的能量耗散表达式实际上综合了多尺度的特征. 而每一层级的能量耗散是在相应层级上的各裂纹尖端发生的.

式(20)是在所考虑体积内宏观裂纹密度一定的情况下得到的结果.但实际情况是在一定体积内的裂纹数量会随着损伤的发展发生变化,这是因为存在应力屏蔽效应(屏蔽区裂纹上的应力卸载)以及裂纹群的发展会导致裂纹间的贯通(减少裂纹尖端效应,也可视为另一种意义上的应力屏蔽效应).若不考虑这些效应,会导致损伤发展过快的问题.

为了定量地考虑上述效应,设想高密度的微裂纹应力屏蔽效应会引起活动微裂纹的减少,微裂纹的数量越多、因应力屏蔽而失活的微裂纹也就越多.这种设想类似于塑性材料中高密度位错的闭锁效应[34].

以损伤变量表征当前阶段的裂纹总量,则因损伤增加而引起的活动微裂纹减少可以用下式表示

$$\frac{\partial N}{\partial d}=-\kappa N \tag{22}$$

上式的解为

$$N=N_0\mathrm{e}^{-\kappa d} \tag{23}$$

式中,N_0 表示当前总的微裂纹数量,可根据式(20)获得;N 表示活动微裂纹的数量,d 是当前损伤水平,而 κ 为材料常数.

考虑上式的修正,可得最终的疲劳过程能量耗散表达式为

$$\dot{E}_f=C_0\mathrm{e}^{-Q_0/(kT)}\mathrm{e}^{-\kappa d}Y(Y-\gamma(\dot{\varepsilon}_{\mathrm{eq}})\left(\frac{Y}{\gamma(\dot{\varepsilon}_{\mathrm{eq}})}\right)^m \tag{24}$$

2 混凝土疲劳损伤的细观随机断裂模型

在唯象的损伤力学理论中,损伤演化律必然是通过试验拟合的经验函数.针对这一问题,在过去十余年中,本研究小组从损伤细观物理研究入手,逐步发展了一类细观随机断裂模型[35-38].本文试图将上节分析结果与这类模型相结合,以期建立完整的疲劳损伤演化模型.为此,首先简单介绍这类模型.

以单轴受拉为例,首先将一维受力试件简化成一组串并联弹簧系统,如图5所示(图中 σ 为应力,ε 为应变,Δ_i 为断裂应变).其中每个弹簧代表一个次级的微观损伤单元,可以用一并联微弹簧系统表示,这个次级系统中的微弹簧具有线弹性-断裂特性,且断裂应变是随机的.

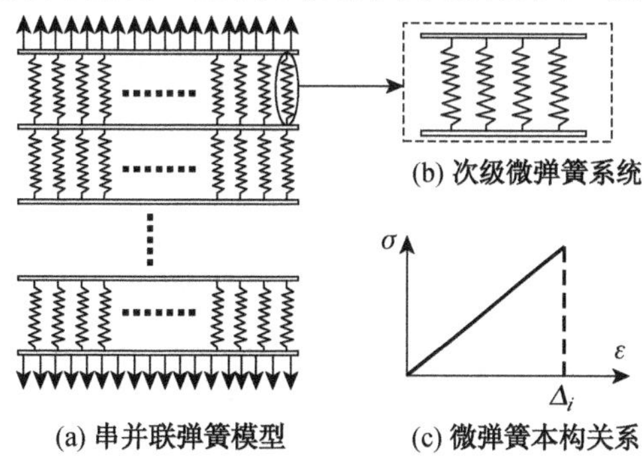

图5 细观物理模型

对于基本的损伤单元令微弹簧总数 N 趋于无穷,可将损伤变量表示为如下的随机积分形式

$$d = \int_0^1 H(\mathrm{c} - \Delta(x))\,\mathrm{d}x \tag{25}$$

其中，$\Delta(x)$为一维断裂应变随机场，x 为微弹簧所在随机场的空间坐标，$H(x)$表示 Heaviside 函数. 微弹簧的断裂应变或其等效断裂能的分布可取对数正态分布形式，即断裂应变场 $\Delta(x)$为对数正态随机场.

在上述细观随机断裂模型中，微弹簧的断裂阈值对应于代表体积元中有一条或几条主要裂纹发生动态失稳而瞬间贯穿那部分材料. 而对于疲劳问题，外界载荷提供的能量不足以引发主要裂纹的瞬间动态失稳，而只是引起主要裂纹尖端断裂过程区中的纳米层级微裂纹发生扩展，从而使得主要的裂纹处于亚稳态. 换句话说，前文所获得的能量耗散表达式实际上是一个代表性体积元内的不同尺度微裂纹扩展而导致的能量耗散. 因此，将前文获得的疲劳过程能量耗散表达式引入上述细观随机断裂模型中，损伤表达式(25)应改写成如下形式

$$\left.\begin{aligned} d &= \int_0^1 H(E_f - E_s)\,\mathrm{d}x \\ E_f &= \int_0^t C_0 \mathrm{e}^{-Q_0/(kT)} \mathrm{e}^{-\kappa d} Y(Y - \gamma(\dot{\varepsilon}_{\mathrm{eq}})) \left(\frac{Y}{\gamma(\dot{\varepsilon}_{\mathrm{eq}})}\right)^m \mathrm{d}t \\ E_s &= \frac{1}{2} E_0 \Delta^2(x) \end{aligned}\right\} \tag{26}$$

式中，Heaviside 函数说明在疲劳载荷作用下，当不同层级微裂纹的累积能量耗散超过了代表性体积元所保有的固有能量 E_s 时，将导致疲劳损伤的发展.

3 模型的初步验证

考虑单轴受拉状态、在等幅疲劳载荷作用下的情况. 受拉损伤能释放率(弹性自由能部分)为

$$Y^+ = \frac{(\bar{\sigma}^+)^2}{2E_0} = \frac{1}{2E_0}\left(\frac{\sigma}{1-d^+}\right)^2 \tag{27}$$

式中，“+”表示受拉作用，$\bar{\sigma}$ 表示有效应力.

在常温条件下，根据文献[22]的试验结果混凝土中 $\mathrm{e}^{-Q_0/(kT)} \approx 3.75 \times 10^{-18}$. 疲劳模型中各参数通过识别获得的取值如表 1 所示 (其中均匀化表面能的数量级参考文献[39]).

表 1　疲劳损伤模型参数

$C_0/(\mathrm{J}^{-1} \cdot \mathrm{m} \cdot \mathrm{s}^{-1})$	$\gamma/(\mathrm{J} \cdot \mathrm{m}^{-3})$	β	m	κ
1.2×10^{-3}	0.155	0.006	10.5	25

为了便于与有关文献中内容比较，本文选取 C30 混凝土，初始弹性模量 $E=34.7$ GPa.

模型中微弹簧断裂应变随机场为对数正态随机场,设其均值和方差为(λ, ζ^2),而断裂应变场的空间相关性可用下式表示

$$\rho_Z(\mid x_2 - x_1 \mid) = \mathrm{e}^{-\xi\mid x_2 - x_1\mid} \tag{28}$$

式中 ξ 为材料的相关长度.

通过静力试验可以识别得到随机场各参数,表 2 给出了文献[40]的试验识别结果.

表 2　单轴受拉模型参数

Concrete type	Tensile strength/MPa	Parameter of mean λ	Parameter of variance ζ	Parameter of correlation ξ
C30	2.21	4.753 6	0.656 0	0.027 0

图 6 为利用本文模型获得的 C30 混凝土在整个寿命周期内疲劳损伤演化的发展过程.

从图 6 可以看出:疲劳损伤具有明显的 3 个阶段,即初始阶段的较快发展、中间阶段相对稳定平缓的发展以及最后阶段的迅速发展直至破坏.

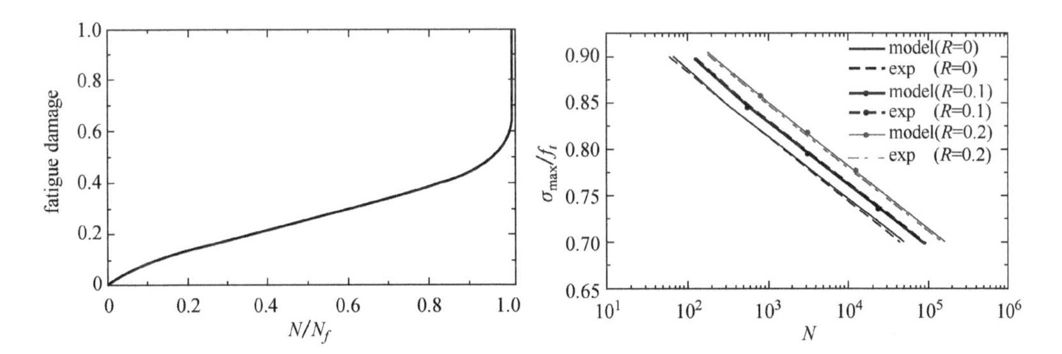

图 6　单轴受拉情况下疲劳损伤的演化　　图 7　不同应力幅作用下的受拉疲劳 $S-N$ 曲线

对于混凝土疲劳寿命的预测,关系到实际工程的寿命预测的准确性. 图 7 给出了按照本文模型计算出的不同应力幅作用下的混凝土疲劳寿命(图中 $R=\sigma_{\min}/f_t$). 作为对比,图中同时依据 Cornelissen[7]的试验结果,给出了试验结果的均值. 可见:本模型的结果能较好地与试验回归的均值结果吻合. 这说明模型在主要方面把握了混凝土的疲劳机理,能够反映其主要的疲劳特性.

4　结　论

本文从纳米层级的裂纹扩展出发,给出了混凝土微观断裂过程的物理解释. 将纳米层级的裂纹扩展表示成以损伤能释放率为驱动力的形式,在损伤力学框架下建立了混凝土的疲劳损伤演化公式. 通过引入断裂过程区中的水分子动力作用,解释了静

态作用与疲劳作用下损伤演化速率不同的原因，从而可以在统一的框架下考虑疲劳和徐变问题. 相应地，也可以获得在不同疲劳加载幅度下的混凝土疲劳寿命.

实际上，混凝土的疲劳损伤发展也表现出极大的随机性，这表现在各种试验结果极大的离散性上. 所以，对于混凝土疲劳问题必须考虑随机性的影响，这也构成了下一步的研究方向.

参考文献

[1] Holmen J. Fatigue of concrete by constant and variable amplitude loading[J]. ACI Special Publication, 1982, 75:71-110.

[2] Hsu T. Fatigue of plain concrete[J]. ACI Journal, 1981, 78 (4): 292-305.

[3] Kim J, Kim Y. Experimental study of the fatigue behavior of high strength concrete[J]. Cement and Concrete Research, 1996, 26(10):1513-1523.

[4] Gao L, Hsu C T T. Fatigue of concrete under uniaxial compression cyclic loading[J]. ACI Materials Journal, 1998, 95(5): 575-581.

[5] Breitenbücher R, Ibuk H. Experimentally based investigations on the degradation-process of concrete under cyclic load[J]. Materials and Structures, 2006, 39(7): 717-724.

[6] Breitenbücher R, Ibuk H, Alawieh H. Influence of cyclic loading on the degradation of mechanical concrete properties [J]. Advances in Construction Materials, 2007, 2007: 317-324.

[7] Cornelissen H. Fatigue failure of concrete in tension[J]. Heron, 1984, 29(4): 1-68.

[8] Bazant Z P, Xu K. Size effect in fatigue fracture of concrete[J]. ACI Materials Journal, 1991, 88(4): 390-399.

[9] Oh B. Fatigue life distributions of concrete for various stress levels[J]. ACI Materials Journal, 1991, 88(2): 122-128.

[10] Hillerborg A, Modeer M, Petersson P E. Analysis of crack formation and crack growth in concrete by means of fracture mechanics and finite elements[J]. Cement and Concrete Research, 1976, 6(6):773-781.

[11] Hordijk D. Local approach to fatigue of concrete [D]. Delft: Delft University of Technology, 1991.

[12] Nguyen O, Repetto E, Ortiz M, et al. A cohesive model of fatigue crack growth[J]. International Journal of Fracture, 2001, 110(4): 351-369.

[13] Yang B, Mall S, Ravi-Chandar K. A cohesive zone model for fatigue crack growth in quasibrittle materials[J]. International Journal of Solids and Structures, 2001, 38(22-23): 3927-3944.

[14] Marigo J. Modelling of brittle and fatigue damage for elastic material by growth of microvoids[J]. Engineering Fracture Mechanics, 1985, 21(4): 861-874.

[15] Papa E, Taliercio A. Anisotropic damage model for the multiaxial static and fatigue behaviour of plain concrete[J]. Engineering Fracture Mechanics, 1996, 55(2): 163-179.

[16] Alliche A. Damage model for fatigue loading of concrete[J]. International Journal of Fatigue, 2004, 26(9): 915-921.

[17] Mai S H, Le-Corre F, Foret G, et al. A continuum damage modeling of quasi-static fatigue strength of plain concrete[J]. International Journal of Fatigue,2012, 37: 79-85.

[18] Suaris W, Ouyang C, Fernando V. Damage model for cyclic loading of concrete[J]. Journal of Engineering Mechanics, 1990, 116(5):1020-1035.

[19] Al-Gadhib A, Baluch M, Shaalan A, et al. Damage model for monotonic and fatigue response of high strength concrete[J]. International Journal of Damage Mechanics, 2000, 9(1): 57.

[20] Lü P, Li Q, Song Y. Damage constitutive of concrete under uniaxial alternate tension-compression fatigue loading based on double bounding surfaces[J]. International journal of solids and structures, 2004, 41(11-12): 3151-3166.

[21] Tobolsky A, Eyring H. Mechanical properties of polymeric materials[J]. The Journal of Chemical Physics, 1943, 11: 125-134.

[22] Krausz A S, Krausz K. Fracture Kinetics of Crack Growth. Dordrecht: Springer, 1988.

[23] Le J L, Bažant Z P, Bazant M Z. Unified nano-mechanics based probabilistic theory of quasibrittle and brittle structures: I. Strength, static crack growth, lifetime and scaling. Journal of the Mechanics and Physics of Solids, 2011, 59(7): 1291-1321.

[24] Mondal P. Nanomechanical properties of cementitious materials. [PhD Thesis]. Evanston: Northwestern University, 2008.

[25] Ulm F J, Constantinides G, Heukamp F H. Is concrete a poromechanics materials? —A multiscale investigation of poroelastic properties[J]. Materials and Structures, 2004, 37(1): 43-58.

[26] Griffth A A. The phenomena of rupture and flow in solids[J]. Philosophical Transactions of the Royal Society of London. Series A, Containing Papers of a Mathematical or Physical Character, 1921, 221: 163-198.

[27] Suresh S. Fatigue of Materials[M]. Cambridge: Cambridge University Press, 1998.

[28] Horn R G, Israelachvili J N. Direct measurement of structural forces between two surfaces in a nonpolar liquid[J]. The Journal of Chemical Physics, 1981, 75(3): 1400-1411.

[29] Horn R G. Surface forces and their action in ceramic materials[J]. Journal of the American Ceramic Society, 1990, 73(5): 1117-1135.

[30] Lawn B. Fracture of Brittle Solids[M]. Cambridge: Cambridge University Press, 1993.

[31] Maali A, Cohen-Bouhacina T, Couturier G, et al. Oscillatory dissipation of a simple confined liquid[J]. Physical Review Letters, 2006, 96(8): 086105.

[32] Christov N C, Danov K D, Zeng Y, et al. Oscillatory structural forces due to nonionic surfactant micelles: Data by colloidal-probe AFM vs theory[J]. Langmuir, 2009, 26(2): 915-923.

[33] 谢和平. 分形-岩石力学导论. 北京:科学出版社,1996.

[34] Johnston W G, Gilman J J. Dislocation velocities, dislocation densities, and plastic flow in lithium fluoride crystals[J]. Journal of Applied Physics, 1959, 30(2): 129-144.

[35] 李杰. 混凝土随机损伤本构关系研究新进展[J]. 东南大学学报(自然科学版),2002,32(5):750-755.

[36] 李杰. 混凝土随机损伤力学的初步研究[J]. 同济大学学报(自然科学版),2004,32(10):

1270-1277.

[37] 李杰，卢朝辉，张其云. 混凝土随机损伤本构关系 —— 单轴受压分析[J]. 同济大学学报(自然科学版)，2003，31(5)：505-509.

[38] 李杰，张其云. 混凝土随机损伤本构关系[J]. 同济大学学报(自然科学版)，2001，29(10)：1135-1141.

[39] Mehta P K，Monteiro P J. Concrete：Microstructure，Properties，and Materials[M]. New York：McGraw-Hill，2006.

[40] 曾莎洁. 混凝土随机损伤本构模型与试验研究[D]. 上海：同济大学，2012.

The Fatigue Constitutive Model of Concrete Based on Micro-Meso Mechanics

Ding Zhao-dong　Li Jie

Abstract：In this paper we focus on the explanation of concrete fatigue damage on micro-meso-scales. Base on the rate process theory，the physical meaningful expression of fatigue damage energy dissipation is built on meso-scale with considering the dynamic effect of water molecules in the fracture process zone. Combing with meso-stochastic fracture model，the fatigue damage evolution equation is acquired under the framework of macro-damage mechanics. The fatigue damage evolution curve and fatigue life under various loading levels in uniaxial tension are computed with numerical simulation and the comparisons with test results show that the model proposed here gives a correct description of fatigue damage evolution process of concrete.

(本文原载于《力学学报》第 46 卷第 6 期，2014 年 12 月)

基于摄动方法的多尺度损伤表示理论

李杰　任晓丹

摘　要　结构和材料的损伤破坏包含多个尺度，单独一个尺度的分析很难正确地反映结构和材料的非线性行为.我们从摄动均匀化理论出发，基于不可逆热力学理论，建立了联系细观尺度与宏观尺度的多尺度能量积分，再结合经典连续损伤理论，建立了基于细观微结构计算宏观连续损伤变量的一般方法体系，即为多尺度损伤表示理论.该理论将多尺度分析方法与传统连续损伤力学紧密结合在一起，在此基础上建立的数值算法既能够从细观和宏观两个尺度上反映整体结构的损伤和破坏过程，同时数值模拟的计算量也能够控制在合理的范围内.最后的数值算例表明了理论的正确性和有效性.

材料的损伤和破坏问题是固体力学研究的核心.从最早的弹脆性-破坏理论，到后来的塑性理论和断裂理论，人们的认识逐步深入，形成了从极限状态分析到全过程分析，从一维理论到三维理论，从现象学到物理学的发展脉络.科学思想的汇集，催生了损伤力学.20世纪80年代以来，损伤力学引起了各国学者的广泛兴趣，得以迅速发展，逐渐形成了比较完善的连续损伤理论体系[1-9]，损伤力学也已经成为结构非线性分析的标准工具，并在实际工程中得到越来越广泛的运用.当然，连续损伤力学在其发展的过程中也表现出了不可避免的局限性，其中最典型的就是在连续损伤的框架内无法得到损伤演化方程.现有的理论，大多直接采用试验拟合曲线或根据经验假定来描述损伤的演化，这一方面破坏了理论的严密性和完整性，另一方面也局限了理论的适用范围.近年来，多尺度理论和数值模拟技术的蓬勃发展，为这一问题的解决带来了契机.

对于混凝土、岩石等脆性材料组成的结构，其损伤和破坏的过程至少包含两个尺度.在细观尺度上，材料内部包含的大量微裂缝决定了材料的非线性行为.细观尺度的模型需要精细考虑微裂缝及其扩展对材料性能的影响.在宏观尺度上，我们更关心结构整体的宏观响应，就视材料为连续体，微裂缝和孔洞的作用可以平均化为对材料宏观力学性质的影响.两尺度分析的思想将结构非线性分析问题分解为三个部分，即细观材料分析、宏观结构模拟和两尺度的耦合分析.对于细观材料分析，早期的研究大多基于解析方法，而近年来，一系列有效的数值方法相继提出并得到了长足的发展，也为细观材料分析提供了广阔的发展前景.对于宏观结构分析，经典的非线性有限元理论已经发展得相当成熟，在非线性有限元列式的基础上结合显式、隐式及弧长等方法，一般结构的连续非线性分析都可以得到较好的分析结果.

对于结构多尺度分析问题，经典研究包含两类方法，即串行多尺度方法和并行多尺度方法. 对于串行方法，一般首先建立细观代表性单元的数值模型，然后在细观数值结果的基础上采用多尺度理论估计宏观结构参数，最后将得到的参数用于宏观结构模拟. 最典型的串联方法就是所谓的"均匀化"方法[10-14]，即在周期性或者统计均匀性微结构假定的基础上，采用摄动理论计算均匀化材料参数的方法. 这类方法一般只用于线性结构多尺度分析，算法效率较高；对于非线性体系，由于在加载过程中材料的性质发生了不可逆变化，这类方法很难直接应用. 对于并行算法，一般需要同时建立宏观结构数值模型和细观数值模型，以多尺度理论作为纽带在宏观和细观模型之间实时传递数据. 这类算法可用于结构线性或非线性多尺度分析，宏观和细观的耦合效应被实时考虑，算法精度较高，当然所耗费计算量亦很大. 常用的并联多尺度方法有 MAAD 方法[15]、准连续体方法[16] 和大分子动力学方法[17].

在前述研究的基础上，本文试图基于能量的表达式建立一种能够有效考虑材料非线性的串行多尺度模型. 具体思路是：首先从材料的细观模拟出发，基于摄动多尺度理论和连续损伤理论框架，通过多尺度分析建立损伤演化的多尺度表示理论，即通过数值模型，计算得到材料的宏观损伤演化规律，然后结合宏观连续损伤理论，对结构进行非线性分析和模拟. 较之传统的串行与并行多尺度研究，这一研究一方面可望为连续损伤理论中的损伤演化规律建立严格的理论基础，另一方面又大大降低了材料多尺度非线性模拟的计算量，可以方便地应用于实际结构的模拟.

1 摄动均匀化理论

考虑具有周期性微结构材料的二维弹性结构分析问题，如图 1 所示. 首先在整体结构上定义宏观坐标系 $\boldsymbol{x}=(x_1, x_2, x_3)$，结构所在区域记为 Ω，边界记为 Γ. 位移边界条件 $u_i=\bar{u}_i$ 作用在边界 Γ_u 上，而面力 t 作用在边界 Γ_t 上. 另一方面，由于材料具有周期性微结构，考虑最小周期性单元，定义为单胞(Unit Cell). 在单胞上定义微观坐标系 $\boldsymbol{y}=(y_1, y_2, y_3)$，单胞所在区域记为 Ω_y，而单胞内部的所有空洞和裂缝定义为内边界 CY，而内边界上的面力表示为 p. 建模过程暂不考虑体力的影响.

宏观坐标系 $\boldsymbol{x}$ 与微观坐标系 $\boldsymbol{y}$ 之间的换算可以借助尺度参数 λ 表示如下：

$$\boldsymbol{y}=\frac{\boldsymbol{x}}{\lambda} \tag{1}$$

对于定义在宏观结构域内并包含细观结构的函数，可以用两个尺度的坐标表示如下：

$$\boldsymbol{\Phi}^{\lambda}(\boldsymbol{x}) = \boldsymbol{\Phi}(\boldsymbol{x},\ \boldsymbol{y}) \tag{2}$$

上标 λ 表示宏观函数中的细观结构尺度，即两尺度函数可由尺度参数变换到统一尺度. 后面分析中将以尺度参数为小参数对状态量做摄动展开并截断，为了保证摄动方法的精度，尺度参数 λ 应该取足够小；换言之，单胞较之宏观结构要足够小，即所谓"宏观足够小". 那么结合式(1)，函数对空间坐标的偏导数可以表示为

$$\frac{\partial \boldsymbol{\Phi}^{\lambda}(\boldsymbol{x})}{\partial x_i} = \frac{\partial \boldsymbol{\Phi}(\boldsymbol{x},\ \boldsymbol{y})}{\partial x_i} = \frac{\partial \boldsymbol{\Phi}}{\partial x_i} + \frac{1}{\lambda}\frac{\partial \boldsymbol{\Phi}}{\partial y_i} \tag{3}$$

对于图 1 中的宏观材料结构，建立考虑细观结构的平衡方程如下：

$$\frac{\partial \sigma_{ij}^{\lambda}}{\partial x_j} = 0 \tag{4}$$

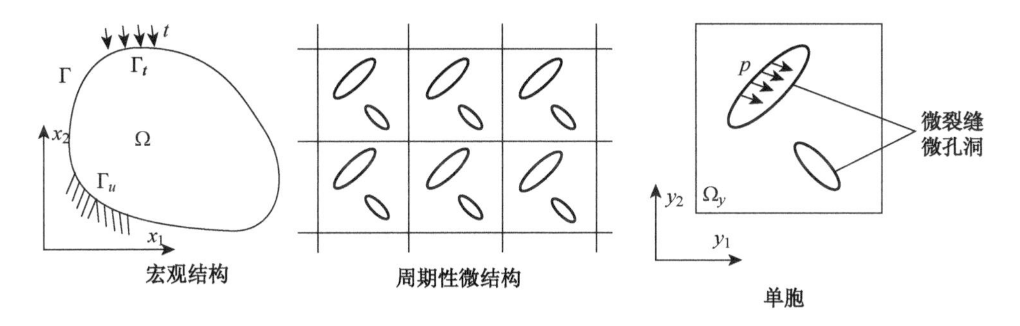

图 1　宏观结构和微观结构

其中 σ_{ij}^{λ} 包含微空洞的复合材料结构中任意点的应力. 平衡方程对应的边界条件为

$$u_i^{\lambda} = \bar{u}_i,\quad 在边界\ \Gamma_u\ 上 \tag{5}$$

$$\sigma_{ij}^{\lambda} n_j = t_i,\quad 在边界\ \Gamma_t \tag{6}$$

弹性应力应变关系表示为

$$\sigma_{ij}^{\lambda} = C_{ijkl}\varepsilon_{kl}^{\lambda} \tag{7}$$

其中应变定义为

$$\varepsilon_{kl}^{\lambda} = \frac{1}{2}\left(\frac{\partial u_k^{\lambda}}{\partial x_l} + \frac{\partial u_l^{\lambda}}{\partial x_k}\right) \tag{8}$$

而 u_i^{λ} 是复合材料结构任意一点的位移.

上述方程中的场函数 $\boldsymbol{u}^{\lambda}$，$\boldsymbol{\varepsilon}^{\lambda}$和$\boldsymbol{\sigma}^{\lambda}$ 中均完整的考虑了微观结构的信息，针对上述方程的数值求解必须对微观结构进行精细的建模，如此巨大的计算量是一般数值模拟不能够承受的. 同时空间尺度的差异也极容易导致微分方程数值求解的奇

异和发散. 为了减小数值模拟的计算量,同时为了避免数值奇异,就需要从两个尺度上分别求解方程.

考虑到位移场$\boldsymbol{u}^{\lambda}$包含的尺度参数λ为小参数,那么可以对位移场做下述摄动展开:

$$\boldsymbol{u}^{\lambda}(\boldsymbol{x})=\sum_{n=0}^{\infty}\lambda^{n}\boldsymbol{u}^{[n]}(\boldsymbol{x},\ \boldsymbol{y}) \tag{9}$$

其中$\boldsymbol{u}^{[n]}(\boldsymbol{x},\ \boldsymbol{y})$为$\boldsymbol{u}^{\lambda}$的第$n$阶摄动函数. 考虑应变的定义式(8)以及函数的空间偏导数(3),可得下述应变摄动展开:

$$\varepsilon_{kl}^{\lambda}=\frac{1}{2}\left(\frac{\partial u_{k}^{\lambda}}{\partial x_{l}}+\frac{\partial u_{l}^{\lambda}}{\partial x_{k}}\right)=\sum_{n=-1}^{\infty}\lambda^{n}\varepsilon_{kl}^{[n]} \tag{10}$$

其中应变$\varepsilon_{kl}^{\lambda}$的各阶摄动函数$\varepsilon_{kl}^{[n]}(\boldsymbol{x},\ \boldsymbol{y})$为

$$\begin{aligned}&\varepsilon_{kl}^{[-1]}=\varepsilon_{kl}^{y}(\boldsymbol{u}^{[0]}),\\&\varepsilon_{kl}^{[n]}=\varepsilon_{kl}^{x}(\boldsymbol{u}^{[n]})+\varepsilon_{kl}^{y}(\boldsymbol{u}^{[n+1]}),\quad n\geqslant 0\end{aligned} \tag{11}$$

其中应变算符定义为

$$\begin{cases}\boldsymbol{\varepsilon}^{x}(\boldsymbol{u})=\varepsilon_{kl}^{x}(\boldsymbol{u})=\dfrac{1}{2}\left(\dfrac{\partial u_{k}}{\partial x_{l}}+\dfrac{\partial u_{l}}{\partial x_{k}}\right)\\ \boldsymbol{\varepsilon}^{y}(\boldsymbol{u})=\varepsilon_{kl}^{y}(\boldsymbol{u})=\dfrac{1}{2}\left(\dfrac{\partial u_{k}}{\partial y_{l}}+\dfrac{\partial u_{l}}{\partial y_{k}}\right)\end{cases} \tag{12}$$

将应变摄动展开(10)代入应力应变关系式(7),可得下述应力的摄动展开:

$$\sigma_{ij}^{\lambda}=\sum_{n=-1}^{\infty}\lambda^{n}\sigma_{ij}^{[n]} \tag{13}$$

其中应力各阶摄动函数$\sigma_{ij}^{[n]}$为

$$\sigma_{ij}^{[n]}=C_{ijkl}\varepsilon_{kl}^{[n]} \tag{14}$$

将应力的摄动展开代入平衡方程(4)并整理,可得

$$\frac{1}{\lambda^{2}}\frac{\partial\sigma_{ij}^{[-1]}}{\partial y_{j}}+\sum_{n=-1}^{\infty}\lambda^{n}\left(\frac{\partial\sigma_{ij}^{[n]}}{\partial x_{j}}+\frac{\partial\sigma_{ij}^{[n+1]}}{\partial y_{j}}\right)=0 \tag{15}$$

由于λ的任意性,式(15)恒成立的条件是λ的各阶系数等于0,因此可得下述各阶平衡方程:

$$\begin{cases}\dfrac{\partial\sigma_{ij}^{[-1]}}{\partial y_{j}}=0\\ \dfrac{\partial\sigma_{ij}^{[n]}}{\partial x_{j}}+\dfrac{\partial\sigma_{ij}^{[n+1]}}{\partial y_{j}}=0,\quad n\geqslant -1\end{cases} \tag{16}$$

下面我们求解上述得到的摄动方程组,求解过程中只考虑位移场$\boldsymbol{u}^{\lambda}$的0阶和1阶摄动项,对高阶摄动项实施截断.

考虑式(9)～(16)中的第 1 阶项,可得下述平衡方程:

$$\frac{\partial \sigma_{ij}^{[-1]}}{\partial y_j} = \frac{\partial C_{ijkl}\varepsilon_{kl}^{y}(\boldsymbol{u}^{[0]})}{\partial y_j} = 0 \tag{17}$$

根据 Bakhvalov 和 Panasenko[10] 的讨论,上述方程的解与细观坐标 $\boldsymbol{y}$ 无关,只是宏观坐标 $\boldsymbol{x}$ 的函数,表示为

$$\boldsymbol{u}^{[0]}(\boldsymbol{x},\ \boldsymbol{y}) = \boldsymbol{v}^{[0]}(\boldsymbol{x}) \tag{18}$$

可知位移场 $\boldsymbol{u}^{\lambda}$ 的零阶摄动函数 $\boldsymbol{u}^{[0]}$ 表示宏观结构的平均化位移场.

考虑式(9)～(16)中的第 2 阶项并结合式(18),可得下述平衡方程:

$$\frac{\partial \sigma_{ij}^{[-1]}}{\partial x_j} + \frac{\partial \sigma_{ij}^{[0]}}{\partial y_j} = \frac{\partial}{\partial x_j}\left[C_{ijkl}\varepsilon_{kl}^{y}(\boldsymbol{v}^{[0]})\right] + \frac{\partial}{\partial y_j}\left[C_{ijkl}\varepsilon_{kl}^{x}(\boldsymbol{v}^{[0]}) + C_{ijkl}\varepsilon_{kl}^{y}(\boldsymbol{u}^{[1]})\right] = 0 \tag{19}$$

考虑到方程(19)是 $\boldsymbol{u}^{[1]}$ 的线性方程,它的解可以表示为下述分离变量的形式[10]:

$$\boldsymbol{u}^{[1]}(\boldsymbol{x},\ \boldsymbol{y}) = \boldsymbol{v}^{[1]}(\boldsymbol{x}) + \boldsymbol{\chi}(\boldsymbol{y}) : \boldsymbol{\varepsilon}^{x}\left[\boldsymbol{v}^{[0]}(\boldsymbol{x})\right] \tag{20}$$

其中 $\boldsymbol{\chi}$ 是微观坐标 $\boldsymbol{y}$ 的 3 阶张量函数.

在推导上述两个基本解的过程中需用到周期性条件,即要求单胞在宏观上具有周期对称性,当然,后来的研究中又将这种周期对称性弱化为统计均匀性[14]. 在实际应用过程中,上述周期性条件要求单胞单元要足够大,包含足够的微观结构信息,代表微观结构的行为,即所谓"微观足够大".

将式(20)代入平衡方程(19),可得下述关于 $\boldsymbol{\chi}$ 的方程

$$\frac{\partial}{\partial y_j}\{C_{ijpq} + C_{ijkl}\varepsilon_{kl}^{y}[\boldsymbol{\chi}_{pq}(\boldsymbol{y})]\} = 0 \tag{21}$$

再结合单胞的内边界条件

$$\sigma_{ij}^{[0]} n_j = p_i \tag{22}$$

有

$$\{C_{ijpq} + C_{ijkl}\varepsilon_{kl}^{y}[\boldsymbol{\chi}_{pq}(\boldsymbol{y})]\} n_j = p_i \tag{23}$$

其中 $\boldsymbol{n}$ 表示单胞内边界的外法向量. 结合式(21)与(23)即可求解出 3 阶张量函数 $\boldsymbol{\chi}$.

考虑应力摄动展开,并截断了高阶摄动项,可得应力近似表示如下:

$$\begin{aligned}\sigma_{ij}^{\lambda} &= \frac{1}{\lambda}\sigma_{ij}^{[-1]} + \sigma_{ij}^{[0]} + \lambda\sigma_{ij}^{[1]} + \cdots \approx \frac{1}{\lambda}\sigma_{ij}^{[-1]} + \sigma_{ij}^{[0]} \\ &= \frac{1}{\lambda}C_{ijkl}\varepsilon_{kl}^{y}(\boldsymbol{v}^{[0]}) + \{C_{ijkl}\varepsilon_{kl}^{x}(\boldsymbol{v}^{[0]}) + C_{ijkl}\varepsilon_{kl}^{y}(\boldsymbol{u}^{[1]})\} \\ &= C_{ijkl}\varepsilon_{kl}^{x}(\boldsymbol{v}^{[0]}) + C_{ijkl}\varepsilon_{kl}^{y}[\boldsymbol{\chi}_{pq}(\boldsymbol{y})]\varepsilon_{pq}^{x}(\boldsymbol{v}^{[0]}) \\ &= \{C_{ijpq} + C_{ijkl}\varepsilon_{kl}^{y}[\boldsymbol{\chi}_{pq}(\boldsymbol{y})]\}\varepsilon_{pq}^{x}(\boldsymbol{v}^{[0]})\end{aligned} \tag{24}$$

定义平均化算符

$$\langle \quad \rangle = \frac{1}{V_y}\int_{\Omega_y} \mathrm{d}\Omega \tag{25}$$

其中 V_y 表示单胞的体积. 式(24)两边作用平均化算符,有

$$\begin{aligned}\sigma_{ij} &= \langle \sigma_{ij}^{\lambda} \rangle = \langle C_{ijpq} + C_{ijkl}\varepsilon_{kl}^{y}[\boldsymbol{\chi}_{pq}(\boldsymbol{y})] \rangle \varepsilon_{pq}^{x}(\boldsymbol{v}^{[0]}) \\ &= \{C_{ijpq} + C_{ijkl}\langle \varepsilon_{kl}^{y}[\boldsymbol{\chi}_{pq}(\boldsymbol{y})] \rangle\}\varepsilon_{pq}^{x}(\boldsymbol{v}^{[0]})\end{aligned} \tag{26}$$

式(26)给出了平均化应力应变关系,显然其系数张量

$$\overline{C}_{ijpq} = C_{ijpq} + C_{ijkl}\langle \varepsilon_{kl}^{y}[\boldsymbol{\chi}_{pq}(\boldsymbol{y})] \rangle = \{I_{klpq} + \langle \varepsilon_{kl}^{y}[\boldsymbol{\chi}_{pq}(\boldsymbol{y})] \rangle\}C_{ijkl} \tag{27}$$

就是基于微观结构得到的宏观平均化弹性张量. 其中 I_{klpq} 为 4 阶单位张量.

至此我们得到了微缺陷作用下材料的宏观均匀化弹性张量,从理论上建立了材料多尺度分析的基本框架. 但是,3 阶张量 $\boldsymbol{\chi}$ 的求解和积分都非常的复杂,需要耗费大量的计算量. 为了建立更为实用的多尺度材料模型,本文试图以连续损伤理论作为支撑,建立多尺度损伤表示理论.

2 连续损伤理论框架

连续损伤力学的发展也经历了由直观到抽象的过程. 最初损伤大都直观的定义为损伤材料与未损材料的刚度比[1]或者面积比[2]. 后来为了同时考虑塑性和损伤等多种非线性因素的影响,研究者将不同非线性机制的作用统一定义为能量,然后在不可逆热力学的基础上建立了完整的理论体系[5,7,8].

根据应变等效假定,有效应力可以定义为作用在材料未损伤面积上的应力(图 2)

$$\bar{\sigma}_{ij} = C_{ijkl}\varepsilon_{kl}^{e} \tag{28}$$

其中 C_{ijkl} 为材料初始弹性刚度.

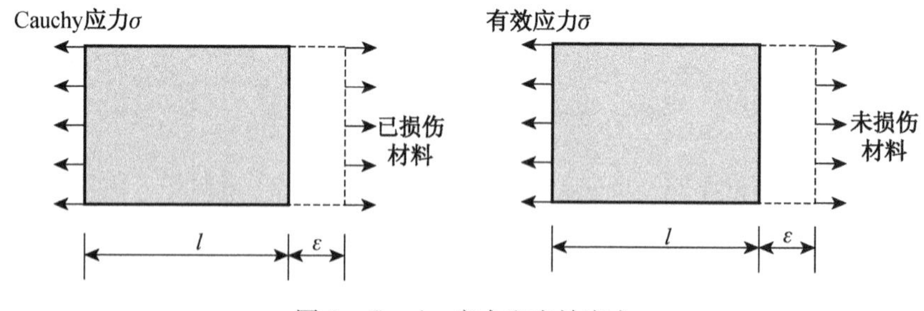

图 2 Cauchy 应力和有效应力

为了考虑塑性应变的影响,定义如下应变分解:

$$\boldsymbol{\varepsilon} = \boldsymbol{\varepsilon}^{e} + \boldsymbol{\varepsilon}^{p} \tag{29}$$

式中,$\boldsymbol{\varepsilon}^{e}$ 表示弹性应变;$\boldsymbol{\varepsilon}^{p}$ 表示塑性应变.

定义 Helmholtz 自由能势

$$\Psi(\bar{\boldsymbol{\sigma}}, \boldsymbol{\kappa}, d) \equiv (1-d)\Psi_0(\bar{\boldsymbol{\sigma}}, \boldsymbol{\kappa}) = (1-d)\{\Psi_0^e(\bar{\boldsymbol{\sigma}}) + \Psi_0^p(\bar{\boldsymbol{\sigma}}, \boldsymbol{\kappa})\} \tag{30}$$

其中 Ψ 表示 Helmholtz 自由能势；d 为损伤标量；$\boldsymbol{\kappa}$ 表示塑性变量；下标"0"表示初始未损伤状态.那么初始弹性和塑性 Helmholtz 自由能势分别为

$$\Psi_0^e(\bar{\boldsymbol{\sigma}}) = \frac{1}{2}\bar{\sigma}_{ij}\Lambda_{ijkl}\bar{\sigma}_{kl} = \frac{1}{2}\varepsilon_{ij}^e C_{ijkl}\varepsilon_{kl}^e \tag{31}$$

$$\Psi_0^p(\boldsymbol{\kappa}) = \int_0^{\varepsilon^p}\bar{\sigma}_{ij}d\varepsilon_{ij}^p \tag{32}$$

其中 Λ_{ijkl} 为材料的初始弹性柔度张量.

将不可逆热力学中的 Clausius-Duhem 不等式应用到上述力学过程，有

$$-\dot{\Psi} + \sigma_{ij}\dot{\varepsilon}_{ij} \geqslant 0 \tag{33}$$

将前述 Helmholtz 自由能势定义代入不等式(33)，可得下述一个等式和两个不等式

$$\sigma_{ij} = \frac{\partial\Psi}{\partial\varepsilon_{ij}^e} = (1-d)\frac{\partial\Psi_0}{\partial\varepsilon_{ij}^e} \equiv (1-d)C_{ijkl}\varepsilon_{kl}^e = (1-d)\bar{\sigma}_{ij} \tag{34}$$

$$-\frac{\partial\Psi}{\partial d}\dot{d} \equiv Y\dot{d} \geqslant 0 \tag{35}$$

$$\frac{\partial\Psi_0}{\partial\boldsymbol{\varepsilon}^e} : \dot{\boldsymbol{\varepsilon}}^p - \frac{\partial\Psi_0}{\partial\boldsymbol{\kappa}} \cdot \boldsymbol{\kappa} \geqslant 0 \tag{36}$$

其中

$$Y \equiv -\frac{\partial\Psi}{\partial d} = \Psi_0(\boldsymbol{\varepsilon}^e, \boldsymbol{\kappa}) \tag{37}$$

定义为损伤能释放率.

根据不可逆热力学理论，若要求不等式(35)恒成立，则损伤变量的演化应当由其热力学对偶力 Y 控制. 可得损伤演化方程为

$$d = g(Y) \tag{38}$$

3 多尺度损伤表示理论

根据前述损伤力学的理论框架可知，损伤的演化与 Helmholtz 自由能势的演化是等价的. 因此可以通过求解自由能势得到损伤及其演化. 本文基于摄动均匀化理论建立了基于细观单胞模拟结果的宏观 Helmholtz 自由能势的表示方法，进而利用自由能势表示材料的宏观损伤.

3.1 多尺度能量积分

直观考察，给定细观单胞模拟的结果以后，在单胞范围内积分应变能，得到的

就应该是宏观的自由能，这是由能量守恒定律所决定的. 但是我们在建立多尺度平均化方法的过程中引入了摄动展开的截断，细观单胞模拟所采用的边界条件和得到的计算结果都表示截断后的场函数，此时细观和宏观尺度之间能量是否守恒就需要进行细致的讨论. 下面我们将证明截断后的应力应变场依旧在宏观和细观尺度上保持能量守恒.

微观尺度上，由于只考虑弹性变形，材料的 Helmholtz 自由能势就是材料的弹性能密度，定义如下：

$$\Psi^{\lambda}=\frac{1}{2}\sigma_{ij}^{\lambda}\varepsilon_{ij}^{\lambda} \tag{39}$$

对应变的摄动展开(10)进行截断，并利用结论(18)，可得

$$\boldsymbol{\varepsilon}^{\lambda}=\varepsilon_{kl}^{\lambda}=\frac{1}{\lambda}\varepsilon_{kl}^{[-1]}+\varepsilon_{kl}^{[0]}+\lambda\varepsilon_{kl}^{[1]}+\cdots\approx\varepsilon_{kl}^{[0]} \tag{40}$$

考虑式(11)，可得

$$\varepsilon_{kl}^{\lambda}\approx\varepsilon_{kl}^{x}(\boldsymbol{u}^{[0]})+\varepsilon_{kl}^{y}(\boldsymbol{u}^{[1]}) \tag{41}$$

式(41)第一项只与宏观坐标 $\boldsymbol{x}$ 有关，表示宏观应变；第二项与细观坐标 $\boldsymbol{y}$ 有关，表示细观应变. 至此我们得出，结构的总应变是宏观应变与微观应变的直接加和. 对于应力也容易推出类似的表达式

$$\sigma_{ij}^{\lambda}\approx\sigma_{ij}^{x}(\boldsymbol{u}^{[0]})+\sigma_{ij}^{y}(\boldsymbol{u}^{[1]})=C_{ijkl}\varepsilon_{kl}^{x}(\boldsymbol{u}^{[0]})+C_{ijkl}\varepsilon_{kl}^{y}(\boldsymbol{u}^{[1]}), \tag{42}$$

将式(41)和式(42)代入式(39)，可得

$$\begin{aligned}\Psi^{\lambda}&=\frac{1}{2}\sigma_{ij}^{\lambda}\varepsilon_{ij}^{\lambda}\\&=\frac{1}{2}\left[\varepsilon_{ij}^{x}(\boldsymbol{u}^{[0]})+\varepsilon_{ij}^{y}(\boldsymbol{u}^{[1]})\right]C_{ijkl}\left[\varepsilon_{kl}^{x}(\boldsymbol{u}^{[0]})+\varepsilon_{kl}^{y}(\boldsymbol{u}^{[1]})\right]\\&=\frac{1}{2}\varepsilon_{ij}^{x}(\boldsymbol{u}^{[0]})C_{ijkl}\varepsilon_{kl}^{x}(\boldsymbol{u}^{[0]})+\varepsilon_{ij}^{x}(u^{[0]})C_{ijkl}\varepsilon_{ij}^{y}(\boldsymbol{u}^{[1]})+\frac{1}{2}\varepsilon_{ij}^{y}(\boldsymbol{u}^{[1]})C_{ijkl}\varepsilon_{ij}^{y}(\boldsymbol{u}^{[1]})\end{aligned} \tag{43}$$

将上式两端在单胞内积分，可得

$$\int_{\Omega_y}\Psi^{\lambda}\mathrm{d}\Omega=\frac{1}{2}\Psi_{xx}+\Psi_{xy}+\frac{1}{2}\Psi_{yy} \tag{44}$$

其中，

$$\begin{cases}\Psi_{xx}=\int_{\Omega_y}\varepsilon_{ij}^{x}(\boldsymbol{u}^{[0]})C_{ijkl}\varepsilon_{kl}^{x}(\boldsymbol{u}^{[0]})\mathrm{d}\Omega\\\Psi_{xy}=\int_{\Omega_y}\varepsilon_{ij}^{x}(\boldsymbol{u}^{[0]})C_{ijkl}\varepsilon_{kl}^{y}(\boldsymbol{u}^{[1]})\mathrm{d}\Omega\\\Psi_{yy}=\int_{\Omega_y}\varepsilon_{ij}^{y}(\boldsymbol{u}^{[1]})C_{ijkl}\varepsilon_{kl}^{y}(\boldsymbol{u}^{[1]})\mathrm{d}\Omega\end{cases} \tag{45}$$

下面分别求取上述三个积分项. 对于第一项 Ψ_{xx}，由于其中 $\boldsymbol{u}^{[0]}$ 与微观坐标 y 无关，易求得

$$\Psi_{xx}=\int_{\Omega_y}\varepsilon_{ij}^{x}(\boldsymbol{u}^{[0]})C_{ijkl}\varepsilon_{kl}^{x}(\boldsymbol{u}^{[0]})\mathrm{d}\Omega=V_y\varepsilon_{ij}^{x}(\boldsymbol{u}^{[0]})C_{ijkl}\varepsilon_{kl}^{x}(\boldsymbol{u}^{[0]})\tag{46}$$

对于第二项 Ψ_{xy}，有

$$\begin{aligned}\Psi_{xy}&=\int_{\Omega_y}\varepsilon_{ij}^{x}(\boldsymbol{u}^{[0]})C_{ijkl}\varepsilon_{kl}^{y}(\boldsymbol{u}^{[1]})\mathrm{d}\Omega=\varepsilon_{ij}^{x}(\boldsymbol{u}^{[0]})\int_{\Omega_y}C_{ijkl}\varepsilon_{kl}^{y}(\boldsymbol{u}^{[1]})\mathrm{d}\Omega\\&=\varepsilon_{ij}^{x}(\boldsymbol{u}^{[0]})\left\{\int_{\Omega_y}C_{ijpq}\varepsilon_{pq}^{y}[\boldsymbol{\chi}_{kl}(\boldsymbol{y})]\mathrm{d}\Omega\right\}\varepsilon_{kl}^{x}(\boldsymbol{u}^{[0]})\\&=V_y\varepsilon_{ij}^{x}(\boldsymbol{u}^{[0]})(\overline{C}_{ijkl}-C_{ijkl})\varepsilon_{kl}^{x}(\boldsymbol{u}^{[0]})\end{aligned}\tag{47}$$

对于第三项 Ψ_{yy} 的求解需要借助下列平衡方程(16)，如下：

$$\frac{\partial\sigma_{ij}^{[-1]}}{\partial x_j}+\frac{\partial\sigma_{ij}^{[0]}}{\partial y_j}=\frac{\partial\sigma_{ij}^{[0]}}{\partial y_j}=0\tag{48}$$

对应边界条件为

$$\sigma_{ij}^{[0]}n_j=p_i\tag{49}$$

将等式(48)两侧同乘以 $u_i^{[1]}$ 并在单胞内积分，可得

$$\int_{\Omega_y}u_i^{[1]}\frac{\partial\sigma_{ij}^{[0]}}{\partial y_j}\mathrm{d}\Omega=0\tag{50}$$

分步积分，有

$$\sum_l\oint_{\Gamma_l}u_i^{[1]}\sigma_{ij}^{[0]}n_j\mathrm{d}\Gamma-\int_{\Omega_y}\sigma_{ij}^{[0]}\frac{\partial u_i^{[1]}}{\partial y_j}\mathrm{d}\Omega=0\tag{51}$$

其中 Γ_l 表示元胞中的第 l 个孔洞所形成的内边界. 考虑应力张量 $\sigma_{ij}^{[1]}$ 的对称性，同时考虑边界条件(49)，可得

$$-\sum_l\oint_{\Gamma_l}u_i^{[1]}p_i\mathrm{d}\Gamma-\int_{\Omega_y}\sigma_{ij}^{[0]}\varepsilon_{ij}^{y}(\boldsymbol{u}^{[1]})\mathrm{d}\Omega=0\tag{52}$$

最后将 $\sigma_{ij}^{[0]}$ 的表达式(14)代入式(52)可得

$$\begin{aligned}&\int_{\Omega_y}\varepsilon_{ij}^{x}(\boldsymbol{u}^{[0]})C_{ijkl}\varepsilon_{kl}^{y}(\boldsymbol{u}^{[1]})\mathrm{d}\Omega+\int_{\Omega_y}\varepsilon_{ij}^{y}(\boldsymbol{u}^{[1]})C_{ijkl}\varepsilon_{kl}^{y}(\boldsymbol{u}^{[1]})\mathrm{d}\Omega\\&=\Psi_{xy}+\Psi_{yy}=\sum_l\oint_{\Gamma_l}u_i^{[1]}p_i\mathrm{d}\Gamma\end{aligned}\tag{53}$$

将式(46)，(47)和(53)代入多尺度能量积分式(44)，整理得

$$\frac{1}{V_y}\left(\int_{\Omega_y}\Psi^{\lambda}\mathrm{d}\Omega+\frac{1}{2}\sum_l\oint_{\Gamma_l}u_i^{[1]}p_i\mathrm{d}\Gamma\right)=\frac{1}{2}\varepsilon_{ij}^{x}(\boldsymbol{u}^{[0]})\overline{C}_{ijkl}\varepsilon_{kl}^{x}(\boldsymbol{u}^{[0]})\tag{54}$$

观察式(54)右端项，实际上表示宏观应变作用下“平均化”连续材料的应变能，正好

符合宏观 Helmholtz 自由能势的定义，于是有

$$\Psi=\frac{1}{V_y}\left(\int_{\Omega_y}\Psi^{\lambda}\mathrm{d}\Omega+\frac{1}{2}\sum_l\oint_{\Gamma_l}u_i^{[1]}p_i\mathrm{d}\Gamma\right) \tag{55}$$

称式(55)为多尺度能量积分，它给出了宏观自由能与微观势能的积分关系. 在给定了微观单胞的分析结果之后，可以通过上述积分得到宏观自由能，进而得到宏观的损伤演化.

3.2 基于能量积分的损伤表示

基于多尺度能量积分很容易表示出损伤变量. 根据定义，初始 Helmholtz 自由能势即为无损伤固体的弹性应变能，我们有

$$\Psi_0=\frac{1}{2}\varepsilon_{ij}^x(\boldsymbol{u}^{[0]})C_{ijkl}\varepsilon_{kl}^x(\boldsymbol{u}^{[0]}) \tag{56}$$

而根据式(30)，损伤变量为

$$d=1-\frac{\Psi}{\Psi_0} \tag{57}$$

其中，Ψ 可根据单胞计算结果由式(55)计算得到；Ψ_0 由式(56)直接计算得出.

4 模型验证

根据本文的多尺度损伤表示理论，可以将串行方法应用于结构非线性多尺度分析. 其数值分析的基本过程为：首先是前处理，在单胞数值模型的基础上，根据多尺度损伤表示理论，计算得到宏观损伤演化，然后结合连续损伤模型，就可以进行宏观结构模拟. 宏观结构模拟可以采用目前已经发展得较为成熟的非线性有限元方法. 最后是后处理，将宏观结构模拟得到的结构应变作用到单胞模型上，再求解单胞数值模型，就可以求得结构局部的微裂缝分布.

为了验证本文提出的多尺度损伤表示理论，我们基于上述解耦多尺度分析流程模拟了若干混凝土构件的经典实验结果. 下文中的参考结果均引自文献[18].

4.1 单胞数值模拟

对于混凝土材料，其微观单元体的选取可根据前面提到的“宏观足够小，微观足够大”的原则确定. 本文作者建议：代表性单元体宏观上一般小于结构的 1/5，而微观上一般大于两倍骨料粒径.

单胞数值模拟注重的是材料非线性产生的原因和机理. 而我们知道，混凝土的非线性来源于其内部的微裂缝及其扩展. 所以这里以混凝土中的微裂缝为分析核心建立了数值模型. 另一方面，由于裂缝端部非线性区域的影响，线弹性断裂力学并不适合于混凝土材料的建模，所以这里采用 Hillerborg 等人[19]的黏聚裂缝模型

(Cohesive Crack Model)描述混凝土中的裂缝. 如图 3 所示,真实的裂缝端部定义为物理裂缝端部,裂缝端部材料存在一个非线性区域,在此区域内的材料进入非线性阶段;非线性区域的边缘定义为数值裂缝端部,数值建模过程中将裂缝端部设置在数值裂缝端部,而在两类裂缝端部之间施加一个内聚应力近似模拟非线性材料的作用. 内聚应力一般定义为裂缝张开位移(COD)的函数(图 4). 黏聚曲线与坐标轴围成区域的面积是黏聚裂缝模型的重要参数,定义为黏聚裂缝的断裂能,对于张开型裂缝用 G_I 表示.

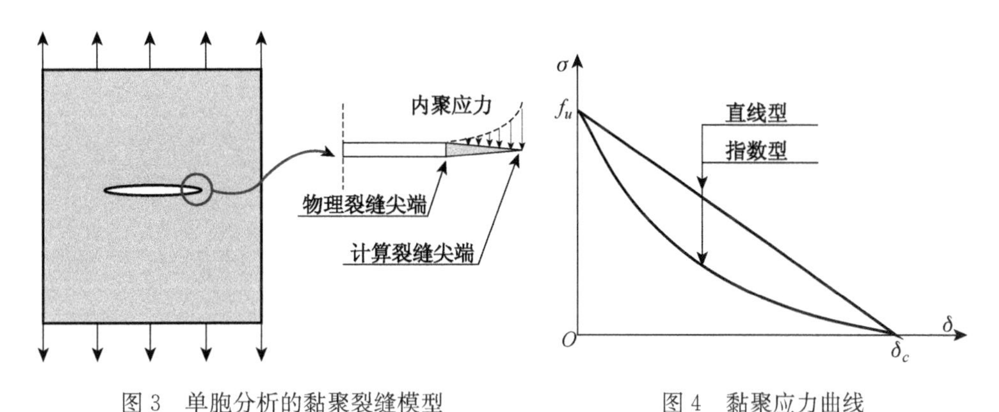

图 3　单胞分析的黏聚裂缝模型　　图 4　黏聚应力曲线

建立单胞精细有限元模型,引入黏聚裂缝模型并考虑上述线性黏聚应力曲线,可得裂缝扩展过程中单胞内的应力应变分布. 计算中黏聚应力取为 $f_u = 3.19$ MPa,断裂能 $G_I = 2.09 \times 10^{-5}$. 根据图 5 中不同阶段单胞的应力分布可以清楚的看到单胞内裂缝端部的应力集中. 由于黏聚裂缝的扩展,裂缝端部应力集中区域发生明显的平移和扩张. 对单胞计算结果施行前文中推导得到的能量积分,便可以最终得到宏观损伤演化曲线(图 6). 将得到的宏观损伤演化曲线代入连续损伤模型,就可以进行宏观结构的数值模拟.

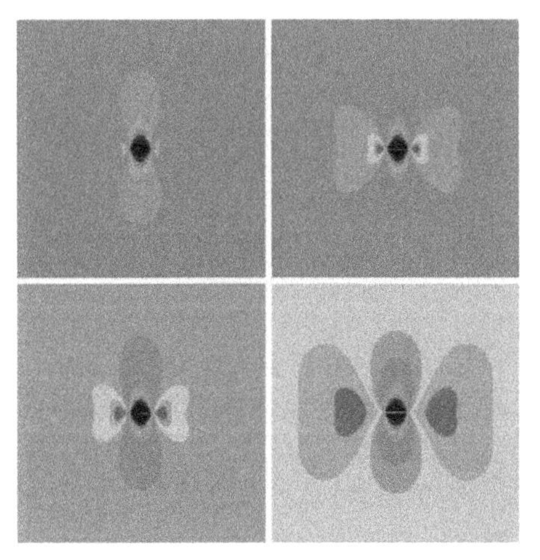

图 5　裂缝扩展过程中的应力分布

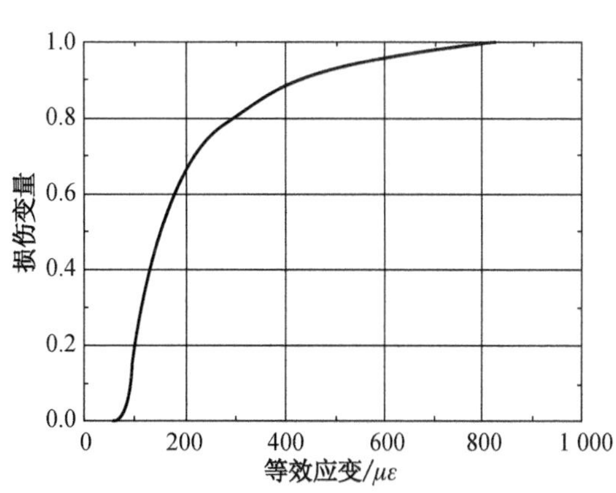

图 6　等效宏观损伤演化曲线

4.2 结构数值模拟

考虑如图 7 的缺口简支梁结构. 简支梁高度 $b=0.15\ \mathrm{m}$,长度 $l=4b$,厚度 $t=b$,初始裂缝高度 $a=0.3b$. 对上述缺口简支梁建立非线性有限元模型. 采用连续损伤本构关系,损伤演化曲线采用前一小结模拟得到的曲线,可得如图 8 和 9 的模拟结果.

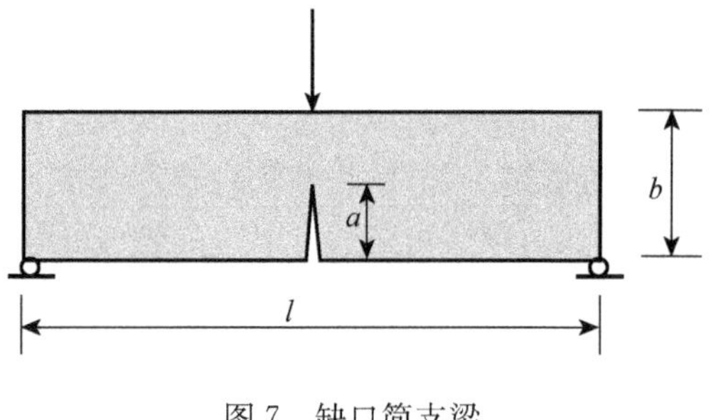

图 7　缺口简支梁

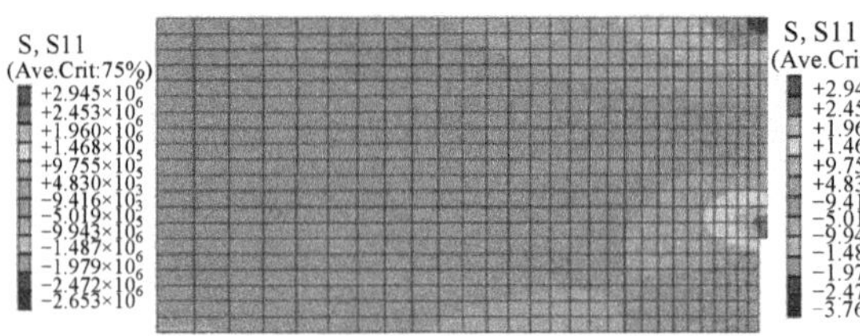

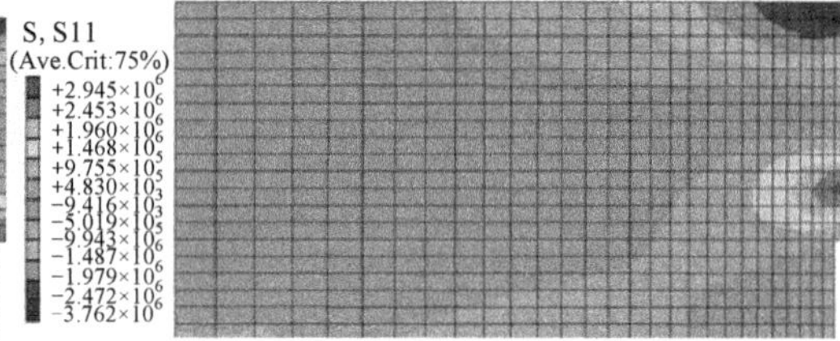

图 8　轴线应力分布

图 8 中,裂缝端部的应力集中区域发生了明显的上移. 可知虽然本文采用了连续模型进行结构模拟,但由于合理的考虑了材料的软化和损伤,构件内部裂缝扩展的物理过程也得到了合理的再现. 图 9 中,本文基于多尺度损伤理论计算得到的缺口简支梁荷载位移曲线与文献[18]中采用直接宏观黏聚裂缝模型得到的曲线较为一致,验证了本文理论的正确性和有效性.

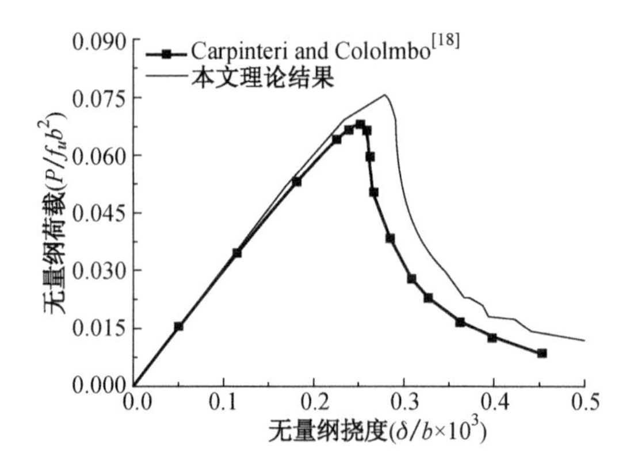

图 9　荷载位移曲线

5　结　论

根据前述理论研究和数值模拟,可以得到如下结论:

(1) 材料的损伤和破坏包含多个尺度,宏观构件的损伤演化来源于材料微观结构的不可逆变化;

(2) 利用本文提出的多尺度能量积分公式,可以将细观微结构与宏观损伤直接联系起来,根据细观单元的数值模拟结果直接计算宏观连续损伤演化;

(3) 将基于多尺度损伤表示理论得到的损伤演化曲线植入宏观连续损伤模型,就能够进行有效的宏观结构的非线性数值模拟;

(4) 本文方法既能够有效地提高结构多尺度模拟的计算效率,同时又弥补了连续损伤模型的理论缺陷,具有通用性和实用性.

数值模拟的结果表明,本文方法不但宏观上能够比较准确地模拟结构的非线性行为,同时也能够合理地再现构件内部的非线性物理过程.

参考文献

[1] Kachanov L M. On creep rupture time. Izv Akad Nauk, 1958, 8: 26-31.

[2] Robotnov Y N. Creep rupture. In: 12th International Congress on Theoretical and Applied Mechanics (ICTAM). Berlin: Springer-Verlag, 1968. 342-349.

[3] Ortiz M A. Constitutive theory for inelastic behavior of concrete. Mech Mater, 1985, 4: 67-93.

[4] Simo J C, Ju J W. Strain and stress-based continuum damage models-I. Formulation. Int J Solids Struct, 1987, 23(7): 821-840.

[5] Ju J W. On energy-based coupled elastoplastic damage theories: Constitutive modeling and computational aspects. Int J Solids Struct, 1989, 25(7): 803-833.

[6] Lee J, Fenves G L. Plastic-damage model for cyclic loading of concrete structures. ASCE J Eng Mech Div, 1998, 124: 892-900.

[7] Faria R, Oliver J, Cervera M. A strain-based plastic viscous-damage model for massive concrete structures. Int J Solids Struct, 1998, 35(14): 1533-1558.

[8] Li J, Wu J Y. Energy-based CDM model for nonlinear analysis of confined concrete structures. Am Concr Inst, 2006, SP-238: 209-221.

[9] Li J, Ren X D. Stochastic damage model of concrete based on energy equivalent strain. Int J Solids Struct, 2009, 46: 2407-2419.

[10] Bakhvalov N, Panasenko G. Homogenization: Averaging Processes in Periodic Media. Dordrecht: Kluwer Academic Publishers Group, 1989.

[11] Benssousan A, Lions J L, Papanicolaou G. Asymptotic Analysis for Periodic Media. Armsterdam: North-Holland Publishing Company, 1978.

[12] Guedes J M, Kikuchi N. Preprocessing and postprocessing for materials based on the homogenization method with adaptive finite element methods. Comput Meth Appl Mech Eng, 1990, 83(2): 143-198.

[13] Cao L Q, Cui J Z, Zhu D C. Multiscale Asymptotic Analysis and Numerical Simulation for the Second Order Helmholtz Equations with Rapidly Oscillating Coefficients over General Convex Domains. SIAM J Numer Anal, 2003, 40(2): 543-577.

[14] Bourgeat A, Piatnitski A. Approximations of effective coefficients in stochastic homogenization. Ann I Poincare, 2004, 40: 153-165.

[15] Broughton J Q, Abraham F F, Bernstein N, et al. Concurrent coupling of length scales: Methodology and application. Phys Rev B, 1999, 60(4): 2391-2403.

[16] Tadmor E B, Ortiz M, Phillips R. Quasicontinuum analysis of defects in solids. Philos

Mag A, 1996, 73(6): 1529-1563.
[17] Rudd R E, Broughton J Q. Coarse-grained molecular dynamics and the atomic limit of finite elements. Phys Rev B, 1998, 58(10): 5893-5896.
[18] Carpinteri A, Colombo G. Numerical analysis of catastrophic softening behavior (snap-back instability). Comput Struct, 1989, 31: 607-636.
[19] Hillerborg A, Modeer M, Petersson P E. Analysis of crack formation and crack growth in concrete by means of finite elements. Cem Concr Res, 1976, 6(6): 163-168.

Homogenization Based Multi-scale Damage Theory

Li Jie　Ren Xiao-dan

Abstract: The researches of modern mechanics reveal that the damage and failure of structures should be considered in different scales. The present paper is dedicated to establish the multi-scale damage theory for the nonlinear structural analysis. Starting from the asymptotic based homogenization theory, the multi-scale energy integration is proposed to bridge the micro and macro scales. Then by recalling the Helmholtz free energy based damage definition, the damage variable is represented by the multi-scale energy integration. Hence the damage evolution could be numerically simulated on the basis of the unit cell analysis rather than the experimental data identification. Finally the framework of the multi-scale damage theory is established by implementing the multi-scale damage evolution into the conventional continuum damage mechanics. The agreement between the simulated results and the benchmark results illustrates the validity and effectiveness of the proposed theory.

(本文原载于《中国科学:物理学、力学、天文学》第 40 卷第 3 期,2010 年 3 月)

混凝土破坏过程模拟的随机介质模型

梁诗雪　任晓丹　李 杰

摘　要　本文将混凝土视为含有微裂缝的单相随机介质，给出了混凝土破坏的全过程模拟. 首先划分不规则的有限元单元并在相邻有限单元之间设置内聚单元用以将裂缝不连续场引入有限单元. 进而考虑混凝土材料细观性质的随机性，采用新近发展的随机谐和函数方法，对混凝土断裂过程中断裂能随机场进行模拟. 通过数值算例给出了混凝土单轴受拉试件不同破坏模式的模拟. 引入概率密度演化方法，给出了混凝土应力应变曲线的概率密度演化过程.

混凝土由于其多相组分和微缺陷（微裂缝、微孔洞等）分布的随机性，导致其应力-应变关系不可避免地呈现非线性和随机性的特征[1]. 考察国内外的研究进展，为了描述混凝土力学行为的发展变化直至破坏的非线性过程，现有研究可以分为两大类，基于连续介质损伤理论的模型和基于裂纹不连续场模拟的模型.

在连续介质损伤理论的框架下，研究者倾向于将所有引起混凝土材料受力力学性能劣化的因素（微裂缝、微孔洞及其扩展）统称为损伤，并且采用连续损伤变量对其进行表示[2-5]. 同时，基于广义的损伤定义（避免对裂缝和孔洞进行显式求解），连续损伤理论能够将力学模型引入不可逆热力学原理中，用以模拟包括混凝土在内的一系列软化材料. 然而，由于损伤演化法则的经验性，此类模型大多难于在物理本质上揭示损伤演化规律. 同时，由于采用连续损伤的观念，难以对混凝土裂缝何时开展、如何开展等与材料破坏息息相关的问题进行描述和揭示.

另一方面，许多学者试图直接通过细观模拟反映混凝土由于细观缺陷的形成与发展导致的材料非线性行为. 对于单一裂缝采用经典断裂力学方法，可以得到问题的解析解[6]. 为了考虑裂缝间的相互作用，各国学者也做了大量的工作，如微分方法、Mori-Tanaka 方法等[7]. 令人遗憾的是，这些方法大多只能描述稀疏裂缝之间较弱的相互作用. 对于复杂裂缝群以及其发展、交错甚至合并之类的问题，采用理论研究获得精确解析解，仍是固体力学中的难题. 可能是因为这一背景，研究者转而采用数值方法，逐步形成了扩展有限元、界面有限元等一系列热点研究领域. 从数学的观点来看，微裂缝的实质是在连续的应力、应变场中引入了不连续面. 因此，基于单位分解条件，将某些特定的不连续的加强函数引入连续的基函数中，就形成了扩展有限元方法[8](X-FEM)；而若基于相同的位移场和试函数场对固态介质和裂纹边界分别建立泛函，并将非线性区域的内聚应力以外力的形式作用于裂纹尖端，则得到内聚裂缝模型(cohesive crack model)[9]，从而则形成运用广泛的界面有限元方法. Dugdale[9]最早采用内聚裂缝模型给出了金属材料的内聚力表达式，同时解出了裂纹长度与等效强度因子. 而Barenblatt[10]和Hillerborg等人[11]分别对内聚应力的性质和材料内聚应力的分布形式进行了卓有成效的研究. 基于有限单元和内聚裂缝单元，Xu和Needleman[12]对固体中裂纹的扩展做出了令人信服的模拟.

同时，对于混凝土、岩石等工程材料，由于初始随机元(微裂缝、微孔洞等)和随机组份(骨料分布等)的存在，导致其裂缝分布、断裂能、弹性模量、强度等具有明显的随机性. 因此将混凝土视为随机介质，将材料性质的随机场模拟与材料断裂分析相结合，有助于更为科学、细致地反映随机材料的受力行为[1].

基于这一观点，本文首先采用随机点集生成随机有限元网格，以考虑裂纹分布的随机性. 进而，将有限元与内聚单元组合，形成混凝土材料破坏分析的数值模型. 为了反映混凝土力学性质的本质随机性，引入随机介质的概念，并采用随机谐和函数描述混凝土断裂能随机场. 通过数值算例在样本层面上给出了能够与实验结果基本特征吻合良好的混凝土试块的裂缝发展与形态模拟. 通过引入概率密度演化方法，获得混凝土应力-应变关系的概率分布信息.

1　基于内聚单元的数值模型

1.1　内聚单元方法

对于含有裂缝或者是剪切带的厚度相对基体可以忽略的固体 Ω，可以用 S 表示其中界面(图1(a)). 界面 S 将固体 Ω，分为两个部分，其中界面分别写为 S^+ 和 S^-，同时固体 Ω 成为 Ω^+ 和 Ω^-.

对于图1(b)所示“+”，“-”两部分，分别建立固体问题的泛函，有

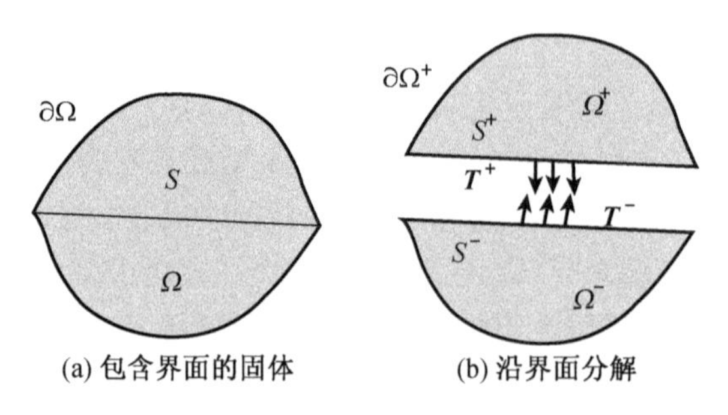

(a) 包含界面的固体　　(b) 沿界面分解

图1　固体受力分析

$$\int_{\Omega^+}\boldsymbol{\sigma}(\boldsymbol{u}):\boldsymbol{\varepsilon}(\boldsymbol{v})\mathrm{d}\Omega=\int_{\partial\Omega^+}\boldsymbol{t}\cdot\boldsymbol{v}\mathrm{d}\Gamma+\int_{S^+}\boldsymbol{T}^+\cdot\boldsymbol{v}^+\mathrm{d}\Gamma \tag{1}$$

$$\int_{\Omega^-}\boldsymbol{\sigma}(\boldsymbol{u}):\boldsymbol{\varepsilon}(\boldsymbol{v})\mathrm{d}\Omega=\int_{\partial\Omega^-}\boldsymbol{t}\cdot\boldsymbol{v}\mathrm{d}\Gamma+\int_{S^+}\boldsymbol{T}^-\cdot\boldsymbol{v}^-\mathrm{d}\Gamma \tag{2}$$

在界面层,有 $\boldsymbol{T}=\boldsymbol{T}^+=-\boldsymbol{T}^-$. 将式(1)和(2)相加可以写为

$$\int_{\Omega}\boldsymbol{\sigma}(\boldsymbol{u}):\boldsymbol{\varepsilon}(\boldsymbol{v})\mathrm{d}\Omega+\int_{S}\boldsymbol{T}\cdot(\boldsymbol{v}^--\boldsymbol{v}^+)\mathrm{d}\Gamma=\int_{\partial\Omega}\boldsymbol{t}\cdot\boldsymbol{v}\mathrm{d}\Gamma \tag{3}$$

为了对界面层应力 $\boldsymbol{T}$ 进行描述,可以在裂纹张开区域和未开裂的线弹性固体区域之间引入一个非线性区域[9]. 由于此非线性区域的存在,材料在裂纹尖端的应力将不会出现经典断裂力学的无穷大结果,而是减低到与材料强度相应的合理值. Hillerborg 认为:裂纹尖端的内聚应力不会超过混凝土的受拉强度,因而到达混凝土受拉强度后裂纹将会开展. 而在裂纹开展后,内聚应力不会马上降至零,而是沿着裂纹宽度 w 逐渐减少. 将内聚应力 $\boldsymbol{T}$ 作用于裂纹尖端,就成为内聚裂缝模型(cohesive crack model,图 2)[9, 10].

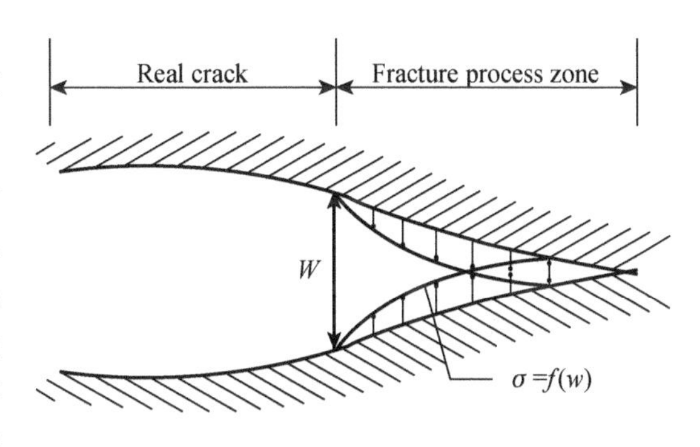

图 2　内聚裂缝模型

内聚裂缝模型中,内聚应力一般为裂纹张开位移(COD)的函数:

$$\boldsymbol{T}=\boldsymbol{T}[\boldsymbol{w}(\boldsymbol{u})] \tag{4}$$

事实上,内聚裂缝处的应力分布函数可以采用多种形式[11],对于单轴受拉状态下混凝土张开型裂纹(Ⅰ型裂纹),本文采用如下形式

$$f=f_t-kw \tag{5}$$

其中 $f=\boldsymbol{T}\cdot\boldsymbol{n}$ 为法相内聚应力; $w=\boldsymbol{w}\cdot\boldsymbol{n}$ 为裂纹张开位移;k 为强度因子; $\boldsymbol{n}$ 为法向单位向量.

对于混凝土等脆性材料,Hillerborg 等人[11]将断裂能作为一种材料性质引入内聚裂缝单元中,并定义混凝土断裂能:

$$G_c=\int_0^{w_1}f\mathrm{d}w \tag{6}$$

其中 w_1 是裂纹开展宽度. 显然,这一表达式将断裂能定义为混凝土内聚应力和裂纹张开位移的关系曲线的下包面积.

因此,对于如图 3(a)所示的 f-w 关系,断裂能表达式为

$$\int_0^{w_1}f\mathrm{d}w=f_t\cdot w_1/2 \tag{7}$$

对于混凝土材料，Hillerborg 建议在达到混凝土强度之前，材料服从线弹性关系. 由此，对于单轴受拉状态，可以采用 3 个参数 E, f_t, G_c 确定混凝土内聚裂缝处应力应变关系(图 3(b)).

对于混凝土剪切型裂纹(Ⅱ型裂纹)，内聚应力可以表示为裂纹剪切位移(CSD)的函数. 同时，出于数值计算简便性的考虑，可以定义剪切断裂能 G_s 并采用与Ⅰ型裂纹相同的方式对其进行求解[13](图 3). 本文模型中，Ⅰ型裂纹对材料破坏的贡献远大于Ⅱ型裂缝. 鉴于模型的完整性，此处仍考虑了剪切型断裂.

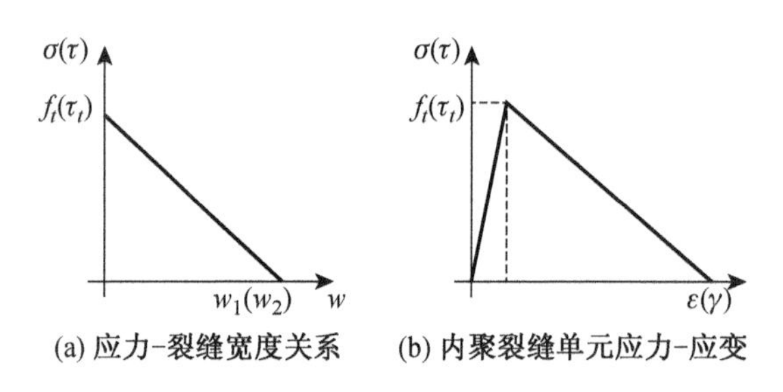

图 3　内聚裂缝单元应力关系曲线

将内聚应力形式代入到式(3)所给出的泛函方程，并记 $\boldsymbol{w}(\boldsymbol{v}) = \boldsymbol{v}^{-} - \boldsymbol{v}^{+}$，有

$$\begin{aligned} &\int_{\Omega} \boldsymbol{\sigma}(\boldsymbol{u}) : \boldsymbol{\varepsilon}(\boldsymbol{v}) \mathrm{d}\Omega + \int_{S} \boldsymbol{T}[\boldsymbol{w}(\boldsymbol{u})] \cdot \boldsymbol{w}(\boldsymbol{v}) \mathrm{d}\Gamma \\ =& \int_{\partial\Omega} \boldsymbol{t} \cdot \boldsymbol{v} \mathrm{d}\Gamma \end{aligned} \tag{8}$$

由式(8)可知，内聚裂缝单元和有限单元具有相同的位移场 $\boldsymbol{u}$ 和试函数场 $\boldsymbol{v}$，同时固体部分和裂缝部分的积分区域不重合，因此可以采用统一划分的网格. 对于固体部分的网格，采用式(8)等号左边第 1 项积分进行计算；对于界面部分的网格，采用式(8)等号左边第 2 项积分进行计算. 并且对于有限单元可以采用与材料相应的本构关系，而内聚裂缝单元部分，可以采用上述建议的本构关系. 由于采用细观力学观点研究混凝土材料破坏问题，本文中基本内聚单元的平均宽度是 100 μm.

1.2　随机内聚单元生成

内聚单元作为有限单元的连接，给出了混凝土内部裂缝扩展的可能路径. 因而，引入非规则单元能够更好地反映混凝土微裂缝初始分布的随机性. 本文建议的非规则内聚裂缝单元[14]建立过程如下：

(1) 确定二维固体所在区域；

(2) 采用在固体边界和内部随机生成随机点集；

(3) 基于随机点集，引入 Delauney 三角分割，同时生成有限单元和内聚单元.

上述建模过程如图 4 所示.

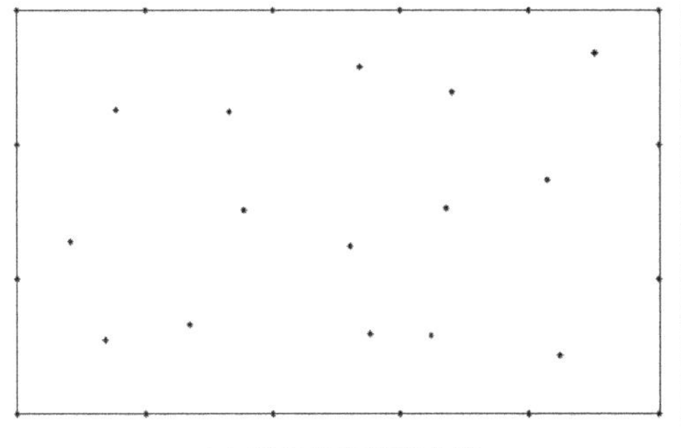

(a) 随机分布代表点集

(b) Delauney 三角分割

(c) 有限单元与内聚单元生成

图 4　非规则内聚单元生成

2　随机谐和函数与断裂能随机场

经典的内聚裂缝模型,在本质上是将混凝土材料的断裂能或强度的均值作为材料属性,虽然能够使数值计算得到简化,但却不能反映混凝土材料参数的本质随机性,因此很难反映混凝土在受力过程中裂缝发展的随机性与破坏形式的多样性. 我们认为:将混凝土材料视为随机介质,并用随机场对其性质进行描述,才能够更加本质地反映对混凝土材料的随机断裂性质,进而反映混凝土受力行为的本质随机性[1].

陈建兵和李杰[15]给出了随机过程的随机谐和函数表达,用以模拟强震作用和风场等. 梁诗雪等人[16]将随机谐和函数表达扩展至多维随机场. 本文采用随机谐和函数方法模拟随机场. 不失一般性,二维单位 ($\mu = 0$, $\sigma = 1$) 平稳随机场的随机谐和函数形式为

$$f(x,\ y) = \sqrt{2}\sum_{n_1=1}^{N_1}\sum_{n_2=1}^{N_2}\left[A_{n_1 n_2}\cos(K_{1n_1}x + K_{2n_2}y + \Phi_{n_1 n_2}^{(1)}) + \widetilde{A}_{n_1 n_2}\cos(K_{1n_1}x - K_{2n_2}y + \Phi_{n_1 n_2}^{(2)})\right] \tag{9}$$

其中 $A_{n_1 n_2}$, $\widetilde{A}_{n_1 n_2}$, K_{1n_1}, K_{2n_2}, $\Phi_{n_1 n_2}^{(1)}$, $\Phi_{n_1 n_2}^{(2)}$ 分别为随机场第 n_1, n_2 个谐和分量的幅

值、波数和相位. $\Phi_{n_1n_2}^{(1)}$, $\Phi_{n_1n_2}^{(2)}$, $n_1=1, 2, \cdots, N_1$, $n_2=1, 2, \cdots, N_2$ 为相互独立的随机变量,服从$[0, 2\pi]$的均匀分布;K_{1n_1}, K_{2n_2}, $n_1=1, 2, \cdots, N_1$, $n_2=1, 2, \cdots, N_2$ 为相互独立的随机变量,分别服从$(K_{1n_1-1}^p, K_{1n_1}^p]$和$(K_{2n_2-1}^p, K_{2n_2}^p]$区间内的均匀分布,即

$$p_{K_{jn_j}}(K_j)=\begin{cases}\dfrac{1}{K_{jn_j}^p-K_{jn_j-1}^p}=\dfrac{1}{\Delta K_{jn_j}}, & K\in(K_{jn_j-1}^p, K_{jn_j}^p], j=1, 2\\ 0, & \text{其他}\end{cases} \tag{10}$$

$A_{n_1n_2}$, $\widetilde{A}_{n_1n_2}$ 为随机波数的函数:

$$A_{n_1n_2}=\sqrt{2S_{f_0f_0}(K_{1n_1}, K_{2n_2})\Delta K_{1n_1}\Delta K_{2n_2}} \tag{11}$$

$$\widetilde{A}_{n_1n_2}=\sqrt{2S_{f_0f_0}(K_{1n_1}, -K_{2n_2})\Delta K_{1n_1}\Delta K_{2n_2}} \tag{12}$$

由式(11)和(12)可知,若已知目标功率谱函数,随机场可以完全由随机谐和函数表示. 可以证明,采用此类形式生成的随机场的功率谱密度函数精确地等于目标功率谱密度函数,而其一维概率分布密度随 N_1 和 N_2 增大渐近于正态分布.

由式(5)和(8)可知,细观断裂能不仅与材料强度密切相关,而且对材料应力应变曲线下降段形式有重要影响. 因此,本文取细观断裂能分布作为基本随机场.

随机场相关函数形式可以取为[17]

$$R(\xi_1, \xi_2)=\exp\left(-\left(\frac{\xi_1}{b_1}\right)^2-\left(\frac{\xi_2}{b_2}\right)^2\right) \tag{13}$$

其中,$\xi_1=x_2-x_1$, $\xi_2=y_2-y_1$; b_1, b_2 分别为 x, y 方向的相关长度. 上述自相关函数的 Fourier 变换给出断裂能随机场的功率谱密度函数:

$$S_{f_0f_0}(K_1, K_2)=\frac{b_1b_2}{4\pi}\exp\left[-\left(\frac{b_1K_1}{2}\right)^2-\left(\frac{b_2K_2}{2}\right)^2\right] \tag{14}$$

$$-K_{1u}\leqslant K_1\leqslant K_{1u}, -K_{2u}\leqslant K_2\leqslant K_{2u}$$

将式(14)代入式(11),(12)即可由式(9)给出随机谐和函数形式的随机场表述.

对于均值为 μ_{G_c}, 标准差为 σ_{G_c} 的非零均值随机场 $f_1(x, y)$, 存在以下关系:

$$f_1(x, y)=\mu_{G_c}+\sigma_{G_c}^2f(x, y) \tag{15}$$

3 混凝土单轴受拉破坏过程模拟

3.1 数值模型

采用本文建议方法模拟了混凝土单轴受拉试验的裂缝开展过程和应力应变关

系. 所采用的试件几何尺寸为: $b=150$ mm, $h=150$ mm. 根据 Ren 等人[18]的实验结果, 混凝土材料参数为: $E=37\ 559$ MPa, $\nu=0.2$, 混凝土抗拉强度均值 $f_t=3.28$ MPa. 采用有限元软件 ABAQUS 进行建模, 混凝土试块以及其边界如图 5, 模型单元总数约为 5 万个, 其中线弹性有限单元数量为 2 万个, 内聚单元 3 万个.

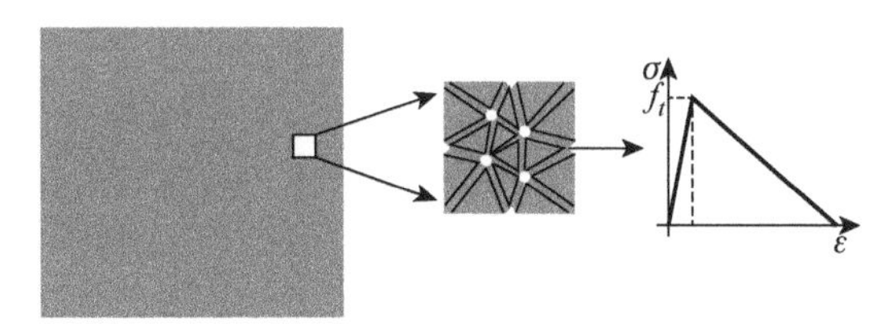

图 5　数值模拟模型与内聚裂缝单元本构关系

3.2　断裂能随机场建模

对于(12)式所给出的相关函数形式, Bazant 和 Pfeiffer[19]通过相同尺寸的混凝土梁和缺口梁的对比试验, 获得混凝土材料参数相关长度 b_1, b_2 定义为混凝土 3 倍平均最大骨料粒径 $d_{\max}$. 本文取 $d_{\max}$ 长度为 8 mm, 对应 $b_1=b_2=3d_{\max}=24$ mm.

Carpinteri 和 Chiaia 等人[20, 21]基于大量的混凝土缺口板式试块和梁的试验结果, 对混凝土材料断裂能的尺寸效应进行了讨论, 拟合出同时适用于混凝土试块和构件的断裂能公式. 对于张开型裂纹, 断裂能

$$G_c = G_c^{\infty}\left(1+\frac{l_{ch}}{b}\right)^{-1/2} \tag{16}$$

$$l_{ch} = \alpha d_{\max} \tag{17}$$

其中, 参数 b 为试件宽度; G_c^{∞} 结构趋于无穷大($b\to\infty$)时断裂能; α 为试验模型参数; l_{ch} 为断裂特征长度; 本文采用 150 mm×150 mm 板式构件, $b=150$ mm; 同时 $G_c^{\infty}=160$ N/m; $\alpha=30$. 因此, 取断裂能均值为 $\mu_{G_c}=100$ N/m, 断裂能标准差为 $\sigma_{G_c}=0.1\mu_{G_c}=10$ N/m. 将以上参数代入式(15), 可获得混凝土断裂能随机场.

图 6 给出了目标功率谱函数, 图 7 给出了采用随机谐和分量 $N_1\times N_2=8\times 8$ 的模型功率谱密度函数, 图 8 给出了两者在特定波数处的对比. 图 9 给出了采用随机谐和函数所生成的断裂能随机场样本.

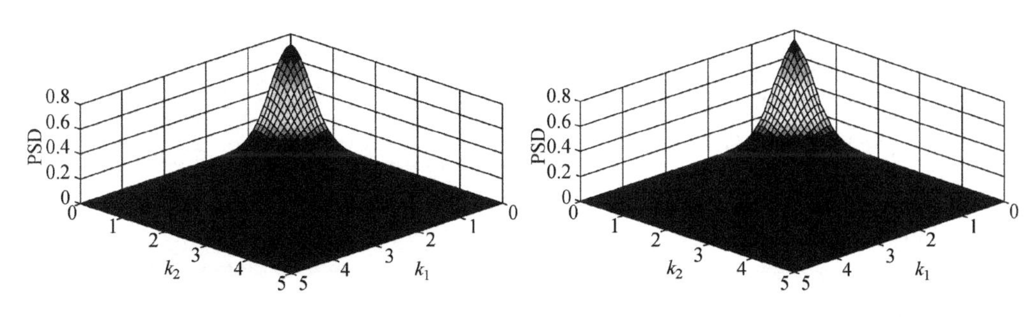

图 6　目标功率谱密度　　　　图 7　随机谐和函数建模功率谱密度

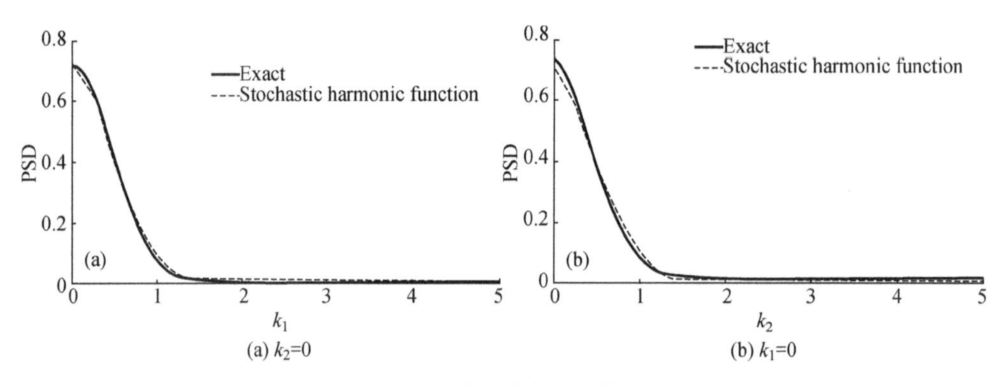

(a) $k_2=0$　(b) $k_1=0$

图 8　功率谱密度函数

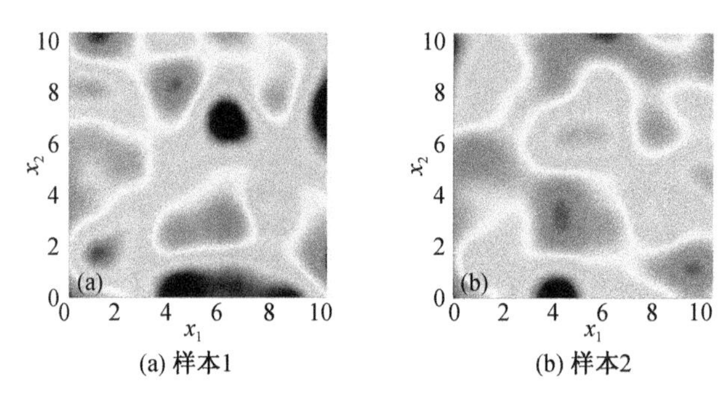

(a) 样本1　(b) 样本2

图 9　混凝土断裂能样本

3.3　破坏过程模拟结果

依据本文模型，采用非线性数值分析方法模拟混凝土单轴受拉试验. 模拟分析结果给出了混凝土材料的破坏过程(图 10 和 11). 分析整个非线性发展过程可见：在加载初期，混凝土试块应力分布较为均匀，应变随着应力的增长而呈现线性增加；随着应力的继续增大，混凝土试块内部开始出现随机的微小裂缝，此时应力分布显示出细微的非均匀性，在微小裂纹附近形成应力集中；在非线性发展后期，出现典型的应变局部化现象，多数试件在端部或者中部出现一条垂直于受拉方向的主裂缝，而其他裂缝并没有明显的产生和发展. 图 10 和 11 分别给出

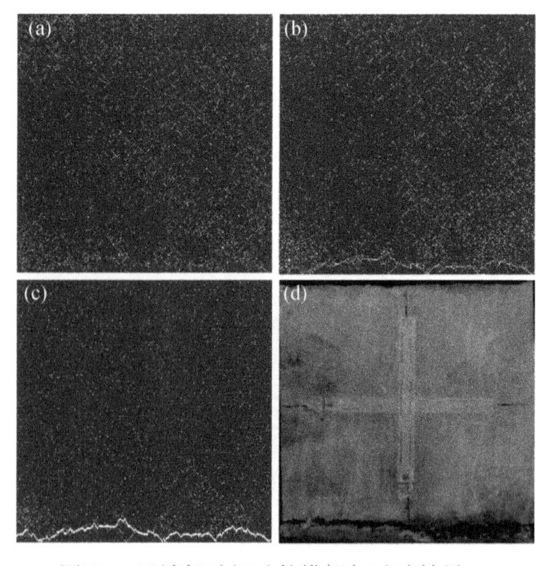

图 10　近端部破坏试件模拟与试验结果

ε_u 为极限受拉应变；(a) $\varepsilon=0.2\varepsilon_u$；(b) $\varepsilon=0.7\varepsilon_u$；(c) $\varepsilon=\varepsilon_u$；(d)近端部破坏试验结果

了混凝土试块单轴受拉状态下近端部破坏与远端部的模拟结果与试验结果[18]的对比.

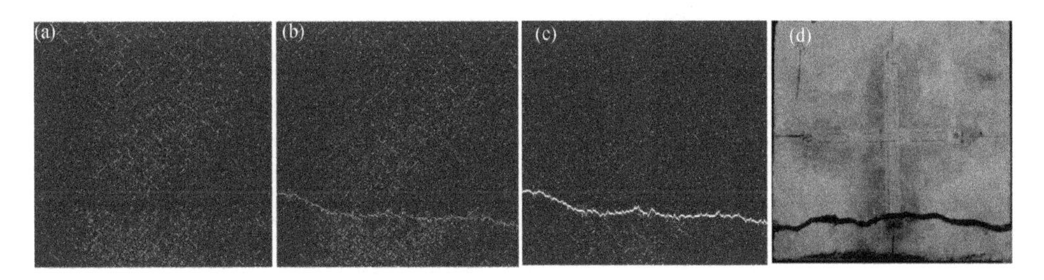

图 11　远端部破坏试件模拟与试验结果

ε_u 为极限受拉应变;(a) $\varepsilon=0.2\varepsilon_u$;(b) $\varepsilon=0.7\varepsilon_u$;(c) $\varepsilon=\varepsilon_u$;(d) 远端部破坏试验结果

4　混凝土受拉应力应变关系的概率密度描述

上述模拟,是在样本层次上的考察.为了研究集合意义上的混凝土受力力学行为,需要引入应力-应变的概率描述.这可以借助于近年来发展起来的广义概率密度演化方程[22].事实上,在一般意义上,混凝土应力-应变关系可以表述为

$$\sigma = f(\Theta, \varepsilon) \tag{18}$$

其中,应力 σ 为状态变量;Θ 为表征随机性的参数,概率密度函数为 $p_{\Theta}(\theta)$.当取如式(9)所示的断裂能随机场表述时,基本随机变量为波数与相位.

取应变为广义时间参数,有关于应力的概率密度演化方程为[23]

$$\frac{\partial p_{\sigma\Theta}(\sigma, \theta, \varepsilon)}{\partial \varepsilon} + \dot{\sigma}(\theta, \varepsilon)\frac{\partial p_{\sigma\Theta}(\sigma, \theta, \varepsilon)}{\partial \sigma} = 0 \tag{19}$$

其中,$\dot{\sigma}$ 为应力的一阶导数.

依据初始条件求解上述方程,可以获得应力关于应变的概率密度演化过程,步骤如下:

(1) 对由随机波数和随机相位构成的概率空间进行剖分.获取代表点 φ_q($q=1, 2, \cdots, N_{sel}$),N_{sel} 为概率空间剖分单元数;

(2) 对于每一代表点,采用内聚裂缝模型进行确定性数值模拟;

(3) 采用有限差分法[24],计算联合概率分布 $p_{\sigma\Theta}(\sigma, \theta, \varepsilon)$;

(4) 对联合概率分布关于 q 积分,给出应力概率分布.

对第 3 节所示的混凝土单轴受力构件,在本例分析中,取 $N_1=N_2=8$(这时,基本随机变量数目为 32 个),采用拟对称点法[25]进行概率空间剖分,获得总代表点数为 300 个.混凝土单轴受拉板式试件[18]数为 8 个.图 12 给出了模型均值与标准差与试验对比,图 13 给出了采用本文建议模型的应力-应变概率密度等值曲线,图

14 给出了本文建议模型在给定应变处应力的概率密度曲线与试验统计值的对比.

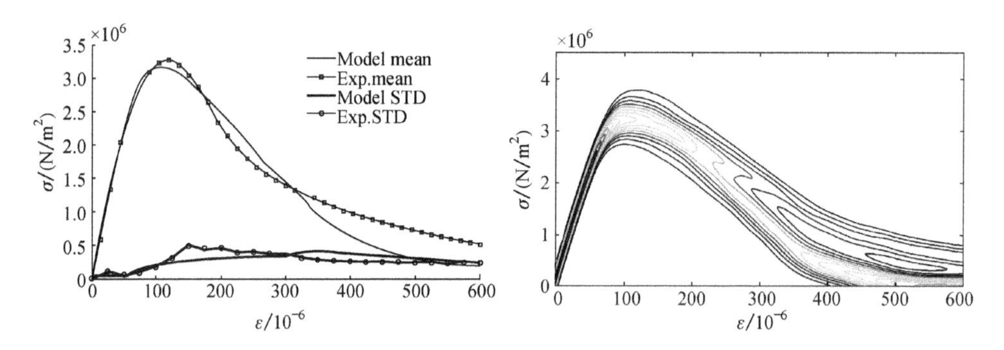

图 12　应力-应变均值与标准差曲线　　图 13　单轴应力-应变概率密度等值曲线

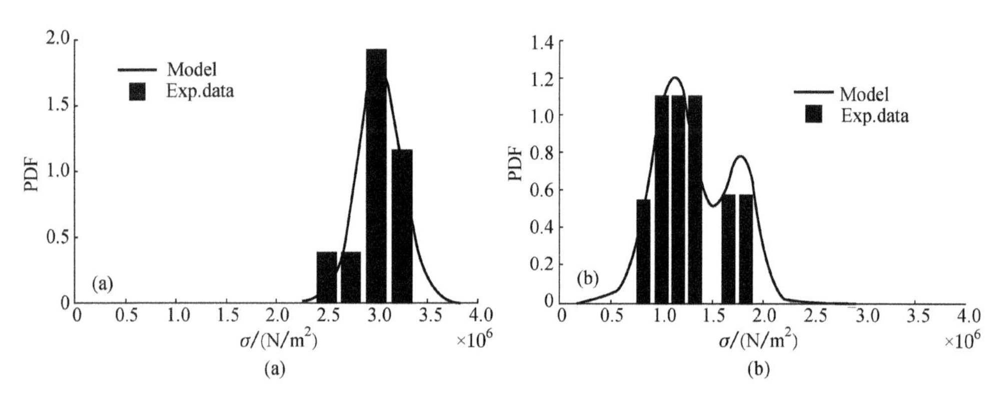

图 14　数值模拟概率密度与试验结果直方图对比

单轴受拉试件数:8 个;(a) ε=0.000 1; (b) ε=0.000 3

由式(19)可以看出概率密度演化公式所揭示的物理意义:在混凝土应力-应变关系系统的概率密度演化过程中,应力的概率密度将会受到参数随机性与复杂模型的影响. 作者认为,概率的转移与流动将会导致混凝土数值试块裂纹开展和破坏形式的不同(300 组数值试验中,其中 187 组样本呈现近端部破坏,113 组样本呈现远端部破坏). 而正是破坏形式的不同,导致了图 13 和 14 中混凝土应力双峰分布的出现. 可见:应力-应变关系的概率密度可以很好地反映试件受力行为的随机分布特征.

5　结　论

基于随机介质模型给出了混凝土破坏的全过程模拟. 考虑裂缝分布的随机性,引入随机有限元网格并将有限单元与内聚单元组合、进行裂缝开展直至破坏的精确模拟. 考虑材料力学性质的随机性,引入随机谐和函数对细观断裂能随机场进行模拟,从而建立了较为完整的混凝土随机介质数值分析模型,较好地反映了受拉混凝土试件不同的破坏模式. 进而,引入概率密度演化方法,给出了混凝土应力应变曲线的概率密度演化过程,为科学反映混凝土受力力学行为的非线性与本质随机性提供了基础.

参考文献

[1] 李杰. 混凝土随机损伤力学的初步研究[J]. 同济大学学报(自然科学版),2004, 32: 1270-1277.

[2] Mazars J. A description of micro-and macroscale damage of concrete structures[J]. Eng Fract Mech,1986,25:729-737.

[3] Simo J C, Ju J W. Strain-and stress-based continuum damage models—I. Formulation[J]. Int J Solids Struct, 1987, 23: 821-840.

[4] Lubliner J, Oliver J, Oller S, et al. A plastic-damage model for concrete[J]. Int J Solids Struct, 1989, 25: 299-326.

[5] Wu J Y, Li J, Faria R. An energy release rate-based plastic-damage model for concrete[J]. Int J Solids Struct, 2006, 43: 583-612.

[6] Nemat-Nasser S, Hori M. Micromechanics: overall properties of heterogeneous materials [J]. North-Holland: Elsevier Amsterdam, 1999.

[7] Gross D, Seelig T. Fracture mechanics: With an introduction to micromechanics[M]. Heidelberg: Springer, 2011.

[8] Moës N, Belytschko T. Extended finite element method for cohesive crack growth[J]. Eng Fract Mech, 2002, 69: 813-833.

[9] Dugdale D S. Yielding of steel sheets containing slits[J]. J Mech Phys Solids, 1960, 8: 100-104.

[10] Barenblatt G I. The mathematical theory of equilibrium cracks in brittle fracture[J]. Adv Appl Mech, 1962, 7: 104-108.

[11] Hillerborg A, Modeer M, Petersson P E. Analysis of crack formation and crack growth in concrete by means of fracture mechanics and finite elements[J]. Cement Concrete Res, 1976, 6: 773-781.

[12] Xu X P, Needleman A. Numerical simulations of fast crack growth in brittle solids[J]. J Mech Phys Solids, 1994, 42: 1397-1434.

[13] Rots J G, de Borst R. Analysis of mixed-mode fracture in concrete[J]. J Eng Mech, 1987, 113: 1739-1758.

[14] Ren X, Li J. Dynamic fracture in irregularly structured systems[J]. Phys Rev E, 2012, 85: 55102(1)-55102(4).

[15] 陈建兵,李杰. 随机过程的随机谐和函数表达[J]. 力学学报,2011,43:505-513.

[16] 梁诗雪,孙伟玲,李杰. 随机场的随机谐和函数表达[J]. 同济大学学报,2012,40:965-970.

[17] Xu X F, Graham-Brady L. A stochastic computational method for evaluation of global and local behavior of random elastic media[J]. Comput Method Appl M, 2005, 194: 4362-4385.

[18] Ren X D, Yang W Z, Zhou Y, et al. Behavior of high-performance concrete under uniaxial

and biaxial loading[J]. Aci Mater J, 2009, 105-M62: 548-557.
[19] Bazant Z P, Pfeiffer P A. Determination of fracture energy from size effect and brittleness number[J]. Aci Mater J, 1987, 84: 755-767.
[20] Carpinteri A, Chiaia B. Size effects on concrete fracture energy: Dimensional transition from order to disorder[J]. Mater Struct, 1996, 29:259-266.
[21] Carpinteri A, Chiaia B, Ferro G. Size effects on nominal tensile strength of concrete structures: multifractality of material ligaments and dimensional transition from order to disorder[J]. Mater Struct, 1995, 28: 311-317.
[22] 李杰,陈建兵.随机结构动力反应分析的概率密度演化方法[J].力学学报,2003,35:437-442.
[23] 曾莎洁,李杰.混凝土单轴受压本构关系的概率密度描述[J].同济大学学报(自然科学版),2010,38:798-804.
[24] 陈建兵,李杰.随机结构静力反应概率密度演化方程的差分方法[J].力学季刊,2004,25:21-28.
[25] 李杰,徐军,陈建兵.概率密度演化理论的拟对称点法[J].武汉理工大学学报,2010,32:1-5.

A Random Medium Model for Simulation of Concrete Failure

Liang Shi-xue　Ren Xiao-dan　Li Jie

Abstract: A random medium model is developed to describe damage and failure of concrete. In the first place, to simulate the evolving cracks in a mesoscale, the concrete is randomly discretized as irregular finite elements. Moreover, the cohesive elements are inserted into the adjacency of finite elements as the possible cracking paths. The spatial variation of the material properties is considered using a 2-D random field, and the stochastic harmonic function method is adopted to simulate the sample of the fracture energy random field in the analysis. Then, the simulations of concrete specimens are given to describe the different failure modes of concrete under tension. Finally, based on the simulating results, the probability density distributions of the stress-strain curves are solved by the probability density evolution methods. Thus, the accuracy and efficiency of the proposed model are verified in both the sample level and collection level.

(本文原载于《中国科学:技术科学》第43卷第7期,2013年7月)

随机结构非线性地震反应仿真分析

李 杰　丁光莹

摘　要　利用仿真技术分析研究了具有随机本构参数的混凝土框架结构的地震反应,提出二重随机模拟的概念,建议了一类随机结构非线性随机模拟算法.研究结果表明:当考虑混凝土本构关系的固有离散性时,混凝土结构的地震响应会出现大幅度的随机涨落行为.这种随机涨落对于结构的内力分布具有显著影响,进而导致结构塑性铰分布的不可精确预测特征.对于复杂结构的分析,应注意混凝土材料本构关系随机性的影响.

1　前　言

复杂结构在受力非线性反应阶段一般呈现出分叉特性与不稳定特性,为了深入地从机理上了解和认识产生这种现象的本质原因,从而更合理、客观地揭示结构的损伤演化规律,有必要进行随机结构非线性分析方法的研究[1-6].

对于混凝土结构而言,混凝土材料本身所固有的组分分布随机性及内部微损伤的随机萌生、扩展等性质使得混凝土本构关系具有明显的变异特征[7],由此引起结构损伤的随机演化并最终将导致混凝土结构非线性力学行为的多样性.对于混凝土结构由于随机损伤演化导致的非线性行为,可以从仿真模拟和概率密度演化两个方面加以研究.本文沿第一条路线展开工作[8].文中,以钢筋混凝土框架结构为背景,从混凝土本构关系基本参数的变异性对结构非线性力学行为影响的角度入手,提出了二重随机模拟方法,确立了混凝土框架结构的非线性地震反应模拟分析方法.通过实例分析,研究了与工程实际及结构性能密切相关的几类性态指标的非线性随机反应特性.研究发现:当考虑材料本构关系随机性时,混凝土结构的非线性变形与内力将出现大幅度随机涨落现象,混凝土框架结构的破坏机制具有某种概率分布.当进行复杂结构的非线性性能评估时,应充分考虑混凝土结构本构关系随机性的影响.

2　确定性结构动力非线性分析

2.1　混凝土与钢筋的本构滞回模型

混凝土本构滞回模型如图 1 所示，其中受压骨架曲线采用 Kent 和 Park 建议的混凝土应力-应变曲线[9]，混凝土的受拉应力-应变关系取为直线，斜率为混凝土的弹性模量 E_c. 分析中，只要历史上未达到过混凝土的抗拉强度，则须考虑混凝土的受拉作用. 卸载及再加载曲线均取为直线. 当卸载点 $\varepsilon_1 \leqslant \varepsilon_0$ 时，直线斜率为 E_c，当 $\varepsilon_1 > \varepsilon_0$ 时，斜率则为 $k.E_c$，k 为混凝土卸载刚度折减系数，但再加载时应力的绝对值不超过骨架曲线上的相应点，到达骨架曲线后的再加载，则沿骨架曲线前进，见图 1.

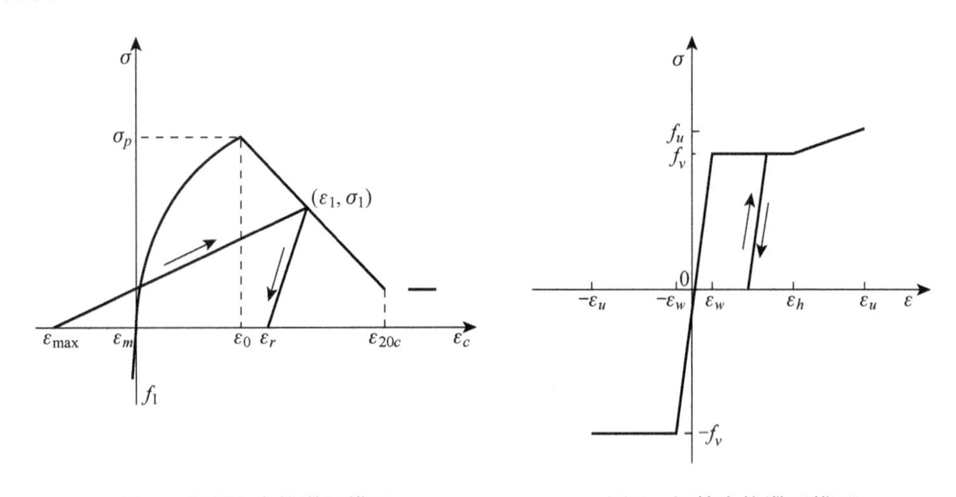

图 1　混凝土本构滞回模型　　　　图 2　钢筋本构滞回模型

如混凝土截面已开裂，并出现过拉应变，则再加载时须考虑混凝土裂面效应的影响，当 $\varepsilon \leqslant \varepsilon_{min}$ 时的加载曲线为

$$\sigma = \begin{cases} 0, & \varepsilon_B \geqslant \varepsilon \\ \dfrac{\sigma_{min}}{\varepsilon_{min} - \varepsilon_B} \cdot (\varepsilon - \varepsilon_B), & \varepsilon_B < \varepsilon \leqslant \varepsilon_{min} \end{cases} \tag{1}$$

$$\varepsilon_B = 0.283 \times \left[0.1 + 0.9 \cdot \frac{\varepsilon_0}{(\varepsilon_0 + |\varepsilon_{max}|)}\right] \cdot |\varepsilon_{max}| \tag{2}$$

式中，ε_{min}，σ_{min} 为历史上达到过的最大压应变和相应的应力值，ε_{max} 为历史上达到过的最大拉应变.

钢筋本构滞回模型如图 2 所示. 钢筋硬化时不考虑其硬化效应，卸载及加载曲线均采用斜率为 E_S 的直线，但此时其应力的绝对值不得超过骨架曲线的相应点，否则沿骨架曲线前进.

2.2 单元刚度矩阵的建立

为细致研究混凝土结构的非线性行为，本文采用有限单元法进行结构非线性分析. 即将混凝土框架的梁、柱划分为若干梁单元，采用截面条带划分方式给出单元刚度矩阵. 由单元截面内力平衡，单元内力增量可表示为

$$\begin{cases} \mathrm{d}N = \int_A \mathrm{d}\sigma \cdot \mathrm{d}A \\ \mathrm{d}M = \int_A \mathrm{d}(\sigma \cdot y) \cdot \mathrm{d}A \end{cases} \tag{3}$$

利用截面各条带应力-应变关系，可得增量物理方程

$$\begin{Bmatrix} \mathrm{d}N \\ \mathrm{d}M \end{Bmatrix} = \boldsymbol{D}_{\mathrm{T}} \cdot \begin{Bmatrix} \mathrm{d}\varepsilon_{01} \\ \mathrm{d}\Phi \end{Bmatrix} \tag{4}$$

再根据等参元的假定，选取合适的单元位移模式，结合增量物理方程可得单元增量几何方程为

$$\mathrm{d}\{\varepsilon\} = (\boldsymbol{B}_l + \boldsymbol{B}_{nl}) \cdot \mathrm{d}\{r\}^e \tag{5}$$

结合上两式可得

$$\mathrm{d}\{P\} = \left(\int_l \mathrm{d}\boldsymbol{B}_{nl}^{\mathrm{T}} \boldsymbol{D}_{\mathrm{T}} (\boldsymbol{B}_l + \boldsymbol{B}_{nl}) \mathrm{d}l + \int_l \boldsymbol{B}' \boldsymbol{D}_{\mathrm{T}} \mathrm{d}\boldsymbol{B}' \mathrm{d}l \right) \cdot \mathrm{d}\{r\}^e \tag{6}$$

$\{P\}$:单元结点力矩阵，令 $\boldsymbol{B}' = \boldsymbol{B}_l + \boldsymbol{B}_{nl}$，简化可得:

$$\mathrm{d}\{P\} = (\boldsymbol{K}_s + \boldsymbol{K}_l + \boldsymbol{K}_{nl}) \mathrm{d}\{r\}^e \tag{7}$$

$\boldsymbol{K}_l$ 为材料非线性刚度矩阵；$\boldsymbol{K}_s$ 为轴力二次矩单元刚度矩阵；$\boldsymbol{K}_{nl}$ 为几何非线性单元刚度矩阵，上式经进一步整理可得单元刚度矩阵的显式表达.

2.3 结构质量矩阵与阻尼矩阵的处理

结构质量矩阵按一致质量矩阵形成后，按照一定原则将非对角元素调整到对角上. 阻尼矩阵采用瑞雷阻尼假设即假定阻尼矩阵为质量矩阵与刚度矩阵的线性组合.

2.4 结构在地震作用下的增量动力方程

结构在地震作用下的增量动力平衡方程可以用下式表述

$$\boldsymbol{M}\Delta\{\ddot{\delta}_{(t)}\} + \boldsymbol{C}\Delta\{\dot{\delta}_{(t)}\} + \boldsymbol{K}\Delta\{\delta_{(t)}\} = \boldsymbol{M}\Delta\{\ddot{\delta}_{g(t)}\} \tag{8}$$

式中，$\boldsymbol{M}$, $\boldsymbol{C}$, $\boldsymbol{K}$ 分别为质量矩阵、阻尼矩阵及瞬时增量刚度矩阵；$\Delta\{\ddot{\delta}_{(t)}\}$，$\Delta\{\dot{\delta}_{(t)}\}$，$\Delta\{\delta_{(t)}\}$，$\Delta\{\ddot{\delta}_{g(t)}\}$ 分别为加速度增量、速度增量、位移增量及地面加速度增量.

本文采用基于增量变刚度思想的动力非线性动力分析方法，利用 Wilson-θ 法

进行结构非线性时程反应分析.

3 二重随机模拟方法

当将混凝土本构关系中的基本参数如 E_c, σ_p, ε_0 等取为随机参数时,所对应结构亦成为随机结构.为进行结构的非线性反应仿真分析,需要研究随机结构模拟技术.

3.1 分层抽样技术[10]

分层抽样技术可以降低估计的方差,如果将抽样区间分得足够小,并较好地分配抽样次数,则可使估计方差大大降低.利用分层抽样技术,首先把样本空间 D 分成一些小区间 D_1, …, D_m,且诸 D_i 不交, $\bigcup D_i = D$,然后在各小区间的抽样数由其贡献大小决定.亦即,定义 $P_i = \int_{D_i} f(x)\mathrm{d}x$,则 D_i 内的抽样数应与 P_i 成正比.如此,对结果贡献大的 D_i 抽样多,可提高抽样效率.

3.2 二重随机模拟方法

随机结构的非线性行为十分复杂,对混凝土结构的非线性动力行为而言,尤其如此.由于对本构模型中的基本参数为随机参数的情况研究甚少,因而目前尚不能客观全面地解决混凝土结构的非线性分析问题.事实上,在常规结构非线性分析中,本构关系的基本参数通常被考虑为确定性参数.为了在结构非线性分析中合理地反映本构关系的随机性影响,本文建议了一类基于分层抽样技术的二重随机模拟方法构造随机结构样本.在这一方法中,首先进行第一重随机模拟,即利用分层抽样技术,按给定概率分布产生各随机参数样本,为使同一构件或部位处的参数离散不致过大,对随机参数样本按其数值大小进行排列、并根据基本构件数目进行分组,然后随机分配到不同的构件当中去.其次,为了模拟同一构件不同部位处的参数离散性,将分配到同一构件的一组随机参数再根据构件划分的有限单元数进行随机分配,完成第二重模拟,形成进行非线性动力分析的随机结构样本.

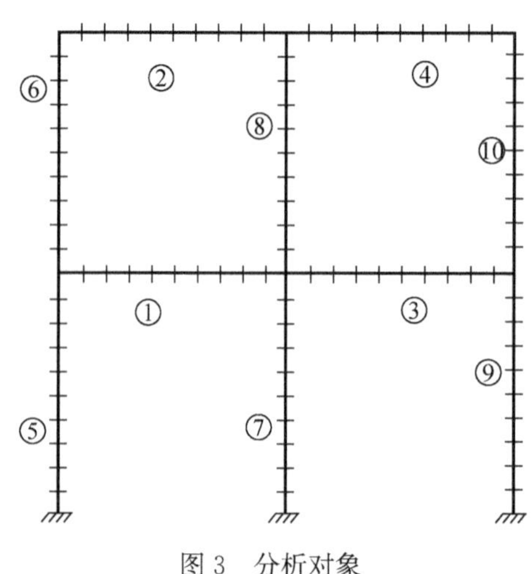

图 3 分析对象

现以双层双跨钢筋混凝土结构为例说明之.该结构杆件编号如图 3 所示,每个杆件分为 10 个单元,共分为 100 个小单元,模拟时,首先按随机参数的给定概率分布产生均值为 μ,均方差为 σ 的 100 个样本参数 A_1, A_2, …, A_{100}.然后,采用图 4 所示过程进行二重随机模拟，图中①，②，…，⑩为杆件编号.采用二重随机模拟，保证了同一构件各单元的参数具有较强的相关性，在文献[8]中，根据实际混凝土框架的材性试验对这一建议方法进行了检验.

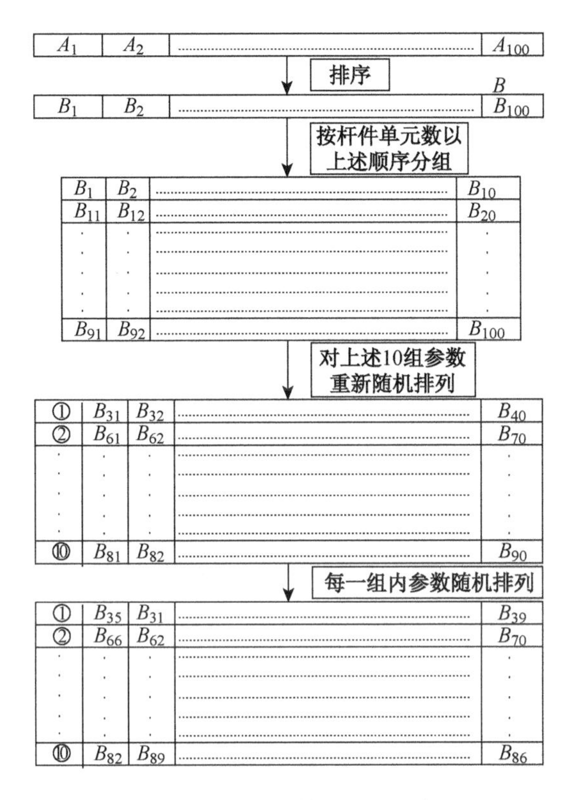

图 4　二重随机模拟方法示例

4　随机结构动力非线性反应随机模拟算法

由确定性结构非线性动力分析算法结合上述二重随机模拟方法，本文建议了如下随机结构动力非线性反应随机模拟算法：

(1) 输入结构参数及必要数据，进行边界条件处理及输入时程预处理；

(2) 对结构随机参数进行分类，并产生均布随机数，根据各随机参数概率分布，将均布随机数转化为目标随机变量样本值；

(3) 将抽样结果排列分组，并随机分布到各个构件，对同一构件不同单元，再进行二重随机分布，形成随机结构样本；

(4) 根据样本参数，形成初始刚度 $\boldsymbol{K}$，阻尼矩阵 $\boldsymbol{C}$，质量矩阵 $\boldsymbol{M}$；

(5) 确定初始位移，速度，加速度，并计算积分常数；

(6) 对每一离散时刻 $t=0$, Δt, $2\Delta t$, … 进行下列计算：

① 计算等效荷载增量；

② 计算 $t+\theta\Delta t$ 时刻的位移增量及位移累积；

③ 根据位移增量求内力增量；

④ 由内力增量确定单元应变增量，并根据材料本构模型确定下一时刻的刚度，并重新计算阻尼矩阵.

(7) 重复(2)～(6)步，计算样本反应均值，直到满足收敛要求，随机模拟收敛标准采用下式：

$$\left|\frac{\mu_{N_i}-\mu_{(N+100)_i}}{\mu_{N_i}}\right|_{\max}\leqslant\varepsilon \tag{9}$$

式中，$i=1,\ 2,\ \cdots,\ L$(L 为主要统计分析点)；N 为模拟次数；μ_{N_i} 为计算 N 次后第 i 点样本反应的均值. ε 为给定计算收敛限值，一般取 0.01.

5　混凝土框架结构随机非线性反应分析

5.1　分析背景

本文分析对象为一幢三跨八层的钢筋混凝土框架，其层高为 3.6 m，总高度为 28.8 m，中跨柱距为 2.1 m，边跨柱距为 4.8 m. 柱截面尺寸为 450 mm×450 mm，梁截面尺寸为 250 mm×250 mm(图 5). 混凝土强度等级为 C30，梁间恒载、活载分别为 36.0 kN/m，9.0 kN/m. 结构设防地震烈度为 8 度，场地条件为Ⅱ类. 结构各控制截面均按 PKPM 程序分析结果配筋.

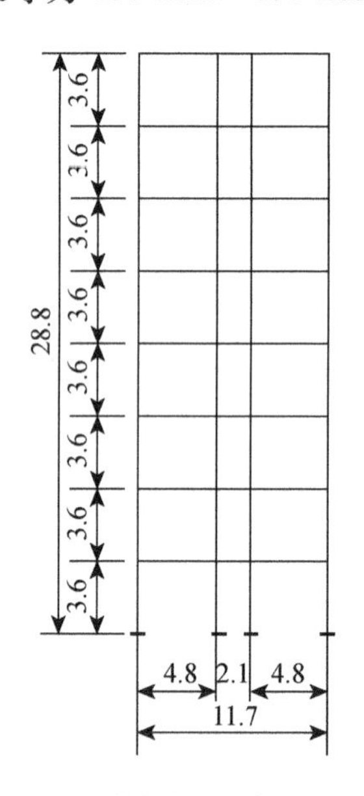

图 5　计算模型(单位：m)

5.2　研究目标

以前述随机结构动力非线性随机模拟算法为基础，本文分析研究了当混凝土本构模型中的初始弹性模量 E_c、峰值应力 σ_p、峰值应变 ε_0 取为随机参数的条件下，结构的非线性反应特征. 混凝土本构模型中的随机参数如初始弹性模量 E_c、峰值应力 σ_p、峰值应变 ε_0 均按正态分布取用，其中，E_c，σ_p 的均值按 C30 材料试验均值取得，ε_0 均值取为 0.002. 各参数的方差根据分析中取用的变异系数确定. 在动力分析中，输入 EI-Centro NS 波，最大加速度峰值为 196 gal，计算中 Δt 取值为 0.01 s.

5.3　混凝土框架结构随机非线性反应特征

针对混凝土框架结构，考虑本构关系中参数的随机性影响，我们进行了大量非线性仿真分析.图6～图14给出了上述框架结构随机非线性反应的部分分析结果.在随机模拟分析中,当各参数变异系数为10%时,随机结构样本反应计算次数为2 578次,在各参数变异系数取为20%时,样本反应计算次数为2 645次.

图6与图7是顶点位移的均值与均方差反应时程曲线.可见:在参数变异系数为10%情况下,反应过程有54个时刻点变异系数超过50%,22个时刻点超过60%,局部个别点达到75%.在参数变异系数为20%的条件下,有203个时刻点顶点位移变异超过50%,46个时刻点超过70%,局部个别点最大变异达到115%.

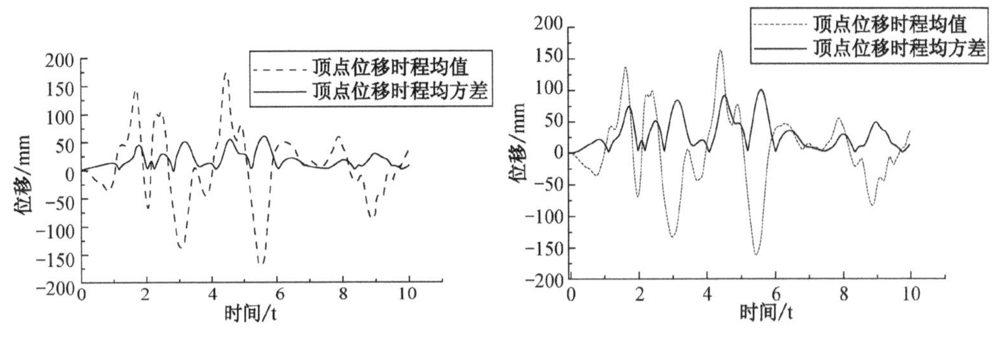

图6　顶点位移时程(10%参数变异)　　图7　顶点位移时程(20%参数变异)

对于最大层间位移,在参数变异系数为10%条件下,第一层与第二层变异性最大,为48%及41%.在参数变异系数为20%的条件下,分别达71%及67%.分别见图8与图9.

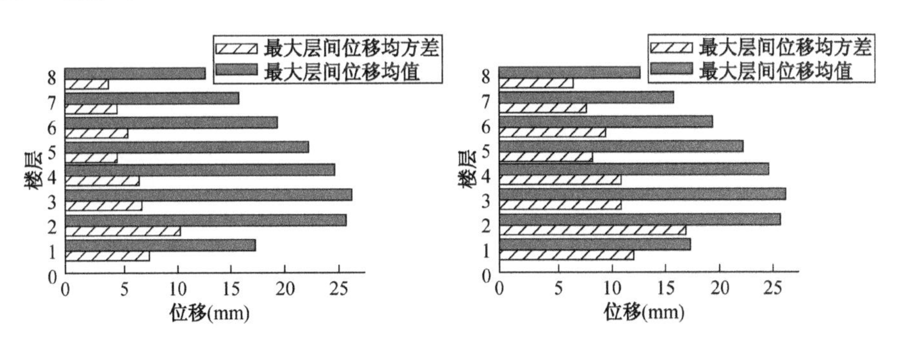

图8　各层最大层间位移(10%参数变异)　图9　各层最大层间位移(20%参数变异)

结构顶点位移反应与层间位移反应均表现出远大于参数随机性的变异性,这种大幅度的随机涨落应该在结构分析与设计中加以考虑.而要深入分析造成这种宏观反应变异性大幅涨落的原因,则要求分析结构内力的随机变化过程.图10为在参数变异系数为10%条件下,框架左中柱底部弯矩的均值与均方差时程曲线.可见,在10%系统参数变异情况下,中柱底部弯矩变异量都在50%左右及以上,在一些时间区域如1.02～1.05 s,3.36～3.48 s,8.17～8.22 s之间甚至出现均方差大于均值的情况;从图11可看出,在参数变异系数为20%的条件下,中柱底部弯矩平均变异在75％以上，其均方差大于均值的时刻分布较10％情况更宽．显然这种变异对结构性能有不可忽视的影响．

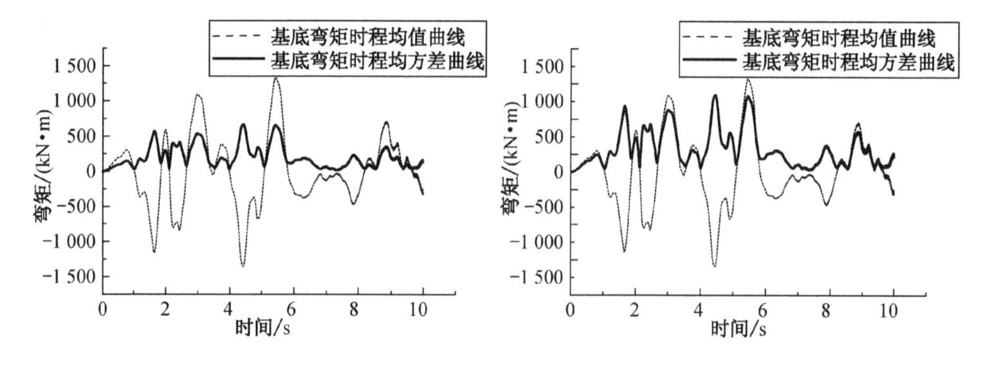

图10　基底中柱弯矩时程(10％参数变异)　图11　基底中柱弯矩时程(20％参数变异)

在本质上结构变形是由结构内力决定的，内力的随机演化历程不仅导致了结构变形的大幅度随机涨落，同时，也极大地影响了结构中塑性铰的分布，从而产生混凝土结构在非线性反应阶段的随机分叉现象．图12为不同样本的塑性铰分布示例，可见，首铰及顺序铰的出现均具有明显的随机性．经过对计算过程中记录的塑性铰出现顺序进行统计分析，可发现塑性铰的出现具有一定的概率分布，见图13．从结构受力机制变化的角度考

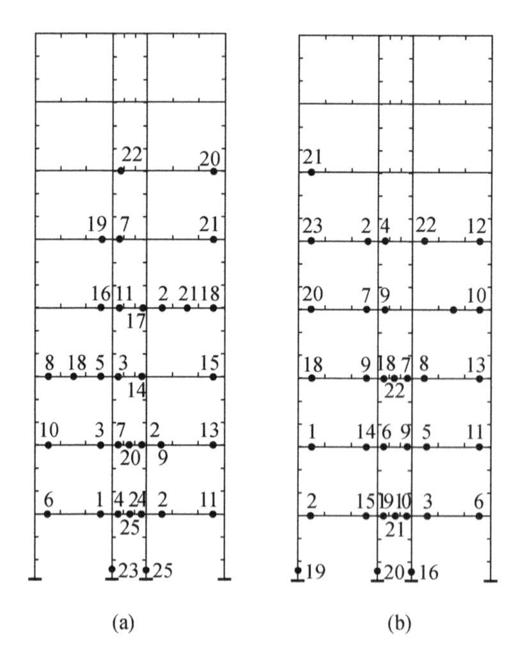

图12　塑性铰随机分布

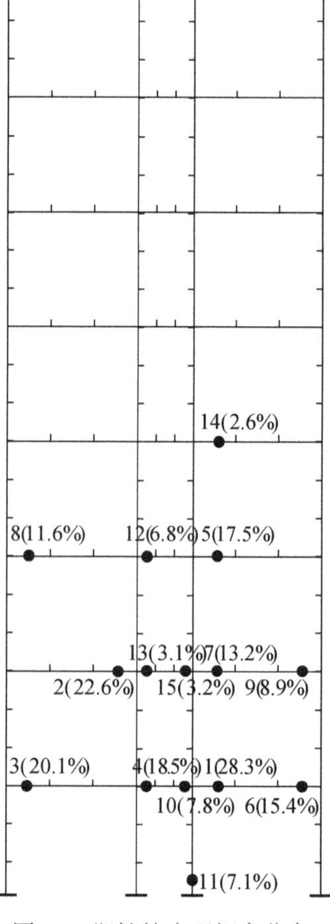

图13　塑性铰出现概率分布

虑,若不能考虑结构随机损伤演化对结构在非线性反应阶段性能的综合影响,就有可能导致结构的实际损坏形式偏离设计初衷.从而使所设计结构的实际破坏机制偏离结构预想的破坏机制.因而,如何控制各类性态指标,使结构能以一定概率的方式出现最可能破坏机制,就显得尤为重要了.

值得指出的是:由于结构本构参数的随机性及结构反应的非线性随机演化,随机结构系统的均值反应与常规设计中采取的均值参数系统的反应之间有明显差异.图 14 给出了顶点位移的系统均值反应与均值参数系统反应的比较结果.这一结果,进一步说明了在混凝土结构的设计中考虑其本构关系随机性影响的必要性.

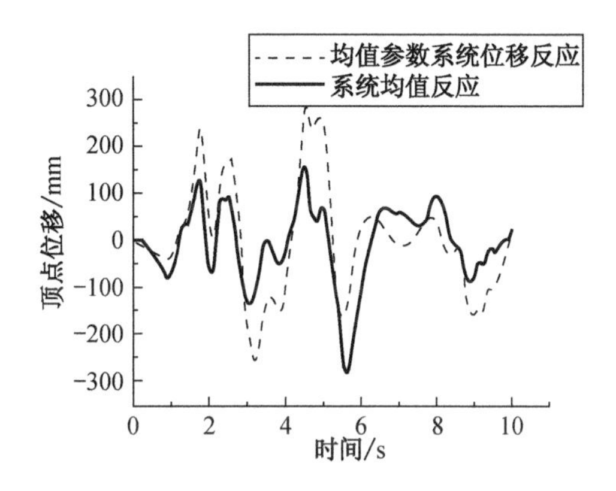

图 14　均值参数系统位移反应与系统均值位移反应(20%参数变异)

6　结　论

(1) 在混凝土本构模型中,当初始弹性模量、峰值应力、峰值应变分别或同时考虑成随机参数时,结构的力学行为均表现出相当大的离散性,各类性态指标的均值及均方差也表现出相当大的差别.从基于性态的抗震设计思想出发,应该综合考虑混凝土本构关系随机性对结构可靠性的影响.

(2) 本文建议的二重随机模拟方法能够较为客观地反映混凝土结构的实际状态,利用本文建议的随机结构非线性动力仿真分析方法,能够反映材料的随机性对结构受力性能的影响.

(3) 通过结构随机非线性动力反应的仿真模拟,在揭示结构力学行为随机性的同时,亦为了解结构力学行为的概率分布,从而为控制结构行为提供了初步依据.

参考文献

[1] Shinozuka M, Deodatis G. Response variability of stochastic finite system[J]. Journal of Engineering Mechanics, ASCE, 1988, 114(3): 499-519.

[2] Elishiakoff I, Ren Y J. M. Shinozuka. Variational principles developed for and applied to

analysis of stochastic beams[J]. J. Engng Mech. , ASCE, 1996, 122(6).

[3] Liu P L, Der Kiureghian, A. Finite element reliability of geometrically non-linear uncertain structures[J]. Journal of Engineering Mechanics, 117(8): 1806-1825.

[4] Grundmann H, Waubke H. Non-linear stochastic dynamics of systems with random properties: a spectral approach combined with statistical linearization[J]. Int. J. Nonlinear Mechanics, 1996, 31(5): 619-630.

[5] Wilfred D I, Huang Ching-Tung. On the dynamic response of non-linear with parameter uncertainties[J]. Int. J. Nonlinear Mechanics, 1996, 31(5):631-645.

[6] 李杰. 随机结构系统——分析与建模[M]. 北京:科学出版社,1996.

[7] 李杰,张其云. 混凝土随机损伤本构关系研究[J]. 同济大学学报,2001,29(10):1135-1141.

[8] 丁光莹. 钢筋混凝土框架结构非线性反应的随机模拟分析[D]. 上海:同济大学,2001.

[9] Park R, Paulay P. Reinforced concrete structures[M]. John wilpy & sons, 1975.

[10] 茆诗松,王静龙,濮晓龙. 高等统计分析[M]. 北京:高等教育出版社,1998.

Simulation on the Earthquake Nonlinear Response for Stochastic Structures

Li Jie Ding Guang-ying

Abstract: The simulation on the earthquake nonlinear response for stochastic structures is studied in the paper. A concept on duplicate random simulation is put forward. It means that the samples of stochastic structures are built in two stages. At the same time, a kind of algorithm for stochastic non-linear simulation of structures is proposed. A reinforced concrete frame structure with three spans and eight stories is analyzed. It is used to demonstrate the effects of random parameters on the constitutive curves of concrete. The effects show that the earthquake response of the structure behaves great variation.

(本文原载于《土木工程学报》第 36 卷第 2 期,2003 年 2 月)

混凝土框架结构非线性静力分析的随机模拟

丁光莹　李　杰

摘　要　考虑结构材料本构模型参数的随机性，利用非线性 Push-over 随机模拟方法对混凝土框结构进行了非线性静力反应的随机模拟分析. 研究结果表明：混凝土本构模型中的参数随机性对混凝土结构不同力学指标的反应进程均有十分显著的影响. 混凝土框架结构的结构反应与塑性铰分布均具有不可精确预测的特性.

混凝土材料本身所固有的组相分布随机性、离散性及内部大量微损伤的随机萌生、扩展等性质使得混凝土本构关系具有明显的变异特征. 由此引起的结构宏观随机损伤演化最终将导致混凝土结构非线性力学性能的多样性、特别是复杂结构非线性反应所呈现分叉特性与不可精确预测特征. 文献[1] 研究了混凝土的受拉与受压随机损伤本构关系，初步证实了混凝土本构关系的随机性特征. 当考虑结构材料本构模型参数随机性时，对于混凝土框架结构的静力非线性行为将形成怎样影响，是本文研究的主题.

1　基本原理

混凝土框架结构非线性有限元静力分析方法的基本过程是：按有限元原理将框架结构离散为具有轴向力作用的梁单元，形成结构分析模型；在结构分析模型上按给定方式施加侧向力，并逐级增加荷载，对结构进行静力单调加载下的弹塑性分析，直至结构达到预定的状态（如达到目标位移、成为机构或位移超限）时停止加载，由此计算结构的位移与内力响应、判断结构的薄弱层位置、构件屈服的先后顺序及结构破坏程度等. Push-over 方法是一类模拟地震荷载的非线性静力分析方法[2-4]，其主要实施步骤为：①准备结构数据（包括建立结构模型、确定构件的物理参数和几何尺寸、截面尺寸、截面配筋及材料本构模型等信息），进行有限单元划分，形成结构分析模型；②施加沿高度线性分布的水平荷载，接一定荷载增量（ΔP），将荷载逐级施加于结构上，随荷载增加结构单元相继开裂、屈服，应修改结构刚度矩阵以继续加载；③按第②步逐级施加荷载直到结构顶点位移等于目标位移为止,根据加载过程中的结构响应评判其抗震性能.

2 随机模拟方法

为了在结构非线性分析中更真实地反映材料本构关系随机性的影响,结合混凝土框架结构的特点,建议了一类二重随机模拟方法和相应的随机结构非线性分析方法[5]. 在这类方法中,首先进行第一重随机模拟,即先按混凝土材料本构关系中各随机参数的给定概率分布产生随机样本,再按一定方式从随机样本中进行抽样. 为使同一构件各部位的参数离散不致过大,对随机抽取的样本按抽取参数值大小进行排列分组,然后随机分配到不同的构件当中去,由此完成第一重模拟. 为了模拟同一构件不同部位处的参数离散性,分配到同一构件的一组随机参数再进行随机分配,由此完成第二重模拟,形成进行非线性静力或动力分析的随机结构样本. 以上述二重随机模拟为基础,即可按给定材料本构模型随机参数的概率分布分别产生不同的随机结构样本,然后,对各样本结构按确定性分析方法进行非线性静力分析,并按一定收敛准则终止模拟. 对各样本结构反应进行统计分析,即可给出非线性静力分析的随机模拟结果. 这些分析结果一般用结构反应量的均值与方差来表示.

二重随机模拟过程可用双层双跨钢筋混凝土结构为例说明之. 该结构杆件编号如图 1 所示,每个杆件分为 10 个单元,共分为 100 个小单元,模拟时,首先按随机参数的给定概率分布产生均值为 μ,均方差为 σ 的 100 个参数 A_1, A_2, …, A_{100}. 然后,采用二重随机模拟方法进行混洗,混洗后用 B 来标识 A,具体步骤如图 2 所示,其中①, ②, …, ⑩为杆件编号.

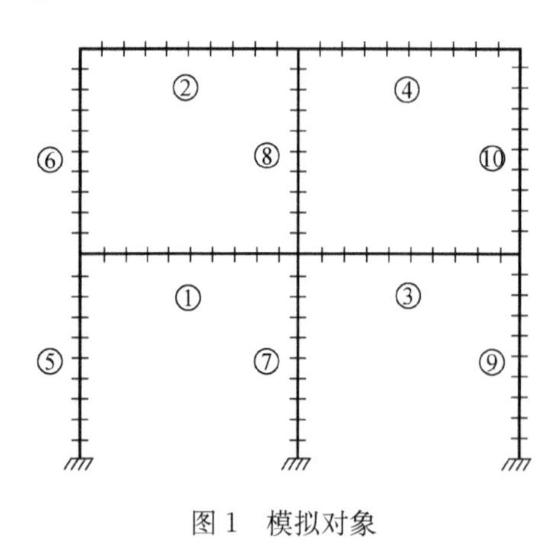

图 1　模拟对象

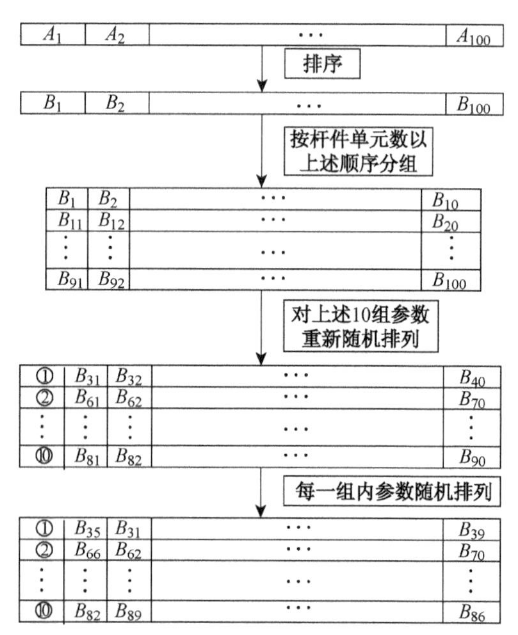

图 2　二重随机模拟方法示例

3 随机模拟分析

3.1 分析模型与加载方式

本文分析对象为一幢三跨八层的典型钢筋混凝土框架模型，层高为 3.6 m，总高度为 28.8 m，中跨柱距为 2.1 m，边跨柱距为 4.8 m. 柱截面尺寸为 450 mm × 450 mm，梁截面尺寸为 250 mm × 500 mm（图 3）. 混凝土强度等级为 C30，梁间载、活载分别为 36.0 kN/m，9.0 kN/m，截面均按 *PKPM* 程序分析结果配筋. 单元划分格式为每一杆件划分为 3 个单元，每一单元按截面条带法划分为 20 个条带. 本文采用倒三角形荷载形式加载（见图 3），荷载加到一定程度后，改用倒三角形位移加载形式，各层水平荷载按下式取用：$P_i = G_i H_i V_{base} / \sum_{i=1}^{n} G_i H_i$. 式中，$n$ 为结构总层数；H_i 为结构第 i 层距地面的高度；G_i 为结构第 i 楼层重力荷载代表值；V_{base} 为按底部剪力法确定的底部剪力.

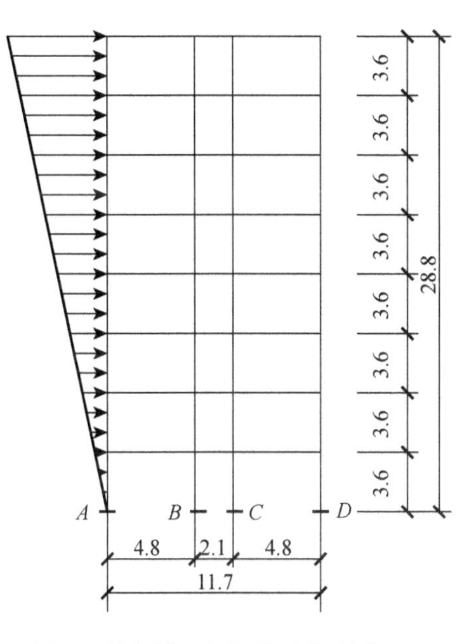

图 3　结构模型与加载形式（单位：m）

3.2 本构模型与分析内容

在混凝土本构滞回模型中，骨架曲线采用 Kent 和 Park 建议的混凝土应力—应变曲线[6]，单轴受拉应力-应变关系取为直线，只要历史上未达到过混凝土的抗拉强度或受压极限，则须考虑混凝土的受拉作用. 卸载及再加载曲线均取为直线，当卸载点应变小于峰值应变时，直线斜率为初始弹性模量；当卸载点应变大于峰值应变时，斜率则为初始弹性模量的 k 倍，k 为混凝土卸载刚度折减系数，但再加载时应力的绝对值不超过骨架曲线上的相应点，到达骨架曲线后再加载，则沿骨架曲线前进. 在钢筋本构滞回模型中. 钢筋硬化时不考虑其硬化效应，卸载及加载曲线均采用一定斜率的直线，但其应力绝对值不得超过骨架曲线相应点，否则沿骨架曲线前进. 选取上述结构的基底剪力、层间位移及基底中柱弯矩等为基本考察对象，采用随机模拟方法分别计算在混凝土材料抗压极限强度、初始刚度、混凝土受压极限应变分别具有截尾正态分布条件下，前述框架结构的基底中柱轴力（C 柱）、基底中柱剪力、基底中柱弯矩等各项指标的非线性随反应数值特征，并分析了结构可能破坏分布.

3.3 结构非线性随机反应特征分析

3.3.1 结构反应变异性分析

研究表明:混凝土材料本构关系基本参数变异性一般在10%～20%之间.分别取变异系数为10%与20%进行了分析，这种变异参数对应于工程质量控制条件较好的混凝土工程背景.图4为结构本构参数10%变异系数情况下的结构反应性能指标分析.这里内力计算截面为图3中C柱柱底截面.图5为结构本构参数20%变异系数情况下的性能指标分析.经统计分析的基底剪力、中柱弯矩及中柱轴力变异如表1所示(按加载顺序点统计).

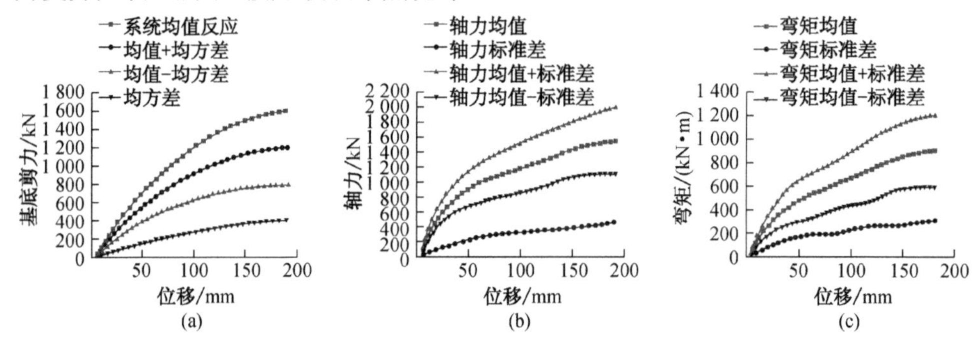

图4 基底剪力、中柱轴力及中柱弯矩与顶点位移关系曲线(δ=10%)

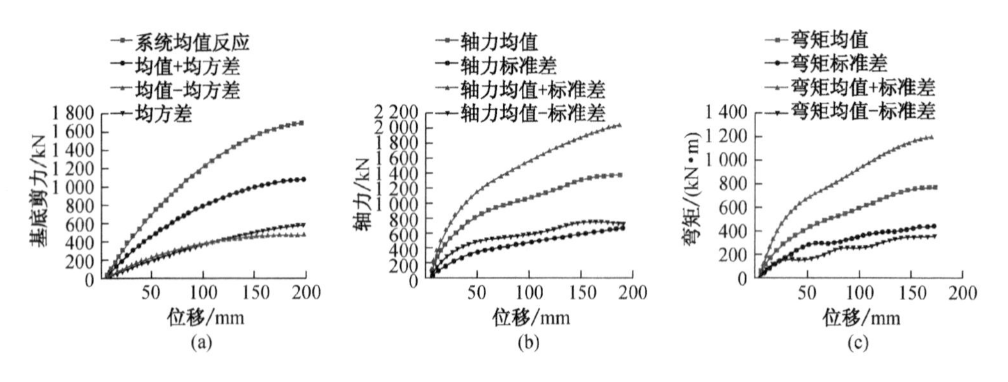

图5 基底剪力、中柱轴力及中柱弯矩与顶点位移关系曲线(δ=20%)

表1 计算结果统计

顶点荷载/kN	基底剪力		中柱弯矩		中柱轴力	
	10%参数变异	20%参数变异	10%参数变异	20%参数变异	10%参数变异	20%参数变异
0.683	0.223 73	0.364 85	0.299 30	0.493 57	0.205 99	0.341 11
1.368	0.241 35	0.393 59	0.301 80	0.504 67	0.211 42	0.354 54
2.052	0.252 71	0.412 12	0.319 67	0.532 79	0.221 56	0.374 12
2.736	0.261 61	0.426 62	0.302 77	0.504 61	0.210 29	0.355 08

（续表）

顶点荷载/kN	基底剪力		中柱弯矩		中柱轴力	
	10%参数变异	20%参数变异	10%参数变异	20%参数变异	10%参数变异	20%参数变异
3.421	0.269 55	0.439 58	0.308 65	0.514 41	0.215 49	0.363 87
4.105	0.271 20	0.442 27	0.318 89	0.531 48	0.222 70	0.376 03
4.789	0.272 04	0.443 63	0.342 97	0.571 62	0.231 09	0.390 20
5.473	0.274 15	0.447 08	0.363 41	0.605 68	0.237 59	0.401 18
6.157	0.276 95	0.451 64	0.365 14	0.637 71	0.243 79	0.411 65
6.842	0.280 08	0.456 75	0.364 83	0.649 81	0.251 79	0.425 16
7.526	0.282 35	0.460 44	0.374 37	0.654 08	0.253 89	0.428 69
8.210	0.262 91	0.428 75	0.376 45	0.643 54	0.255 94	0.432 17
8.894	0.286 86	0.467 81	0.375 39	0.625 64	0.257 44	0.434 70
9.578	0.288 72	0.470 84	0.363 21	0.605 36	0.257 41	0.434 64
10.263	0.290 03	0.472 98	0.352 19	0.586 98	0.258 74	0.436 89
10.947	0.291 60	0.475 53	0.344 89	0.574 82	0.262 08	0.442 53
11.631	0.293 82	0.479 16	0.341 91	0.569 84	0.266 96	0.450 76
12.315	0.295 81	0.482 40	0.339 89	0.566 48	0.270 15	0.456 16
13.235	0.297 73	0.485 52	0.341 69	0.569 48	0.271 96	0.459 22
13.684	0.299 33	0.488 13	0.344 71	0.574 52	0.273 30	0.461 47
13.842	0.300 75	0.490 46	0.356 05	0.593 41	0.280 13	0.473 00
14.562	0.300 41	0.489 90	0.355 10	0.591 83	0.278 44	0.470 16
14.157	0.309 05	0.503 99	0.354 38	0.590 64	0.277 77	0.469 03
14.315	0.315 72	0.514 86	0.355 89	0.593 15	0.279 17	0.471 38
14.473	0.316 98	0.516 93	0.354 41	0.590 68	0.279 13	0.471 31
14.631	0.322 70	0.516 46	0.347 01	0.578 35	0.275 23	0.464 73
14.789	0.318 25	0.509 52	0.337 26	0.562 11	0.269 33	0.454 77
14.947	0.313 51	0.504 83	0.326 99	0.544 98	0.263 68	0.445 23
15.105	0.313 56	0.506 80	0.325 68	0.542 80	0.263 97	0.445 72
15.263	0.312 21	0.509 14	0.327 66	0.546 10	0.265 71	0.448 66
18.231	0.314 37	0.512 67	0.330 21	0.550 34	0.267 97	0.452 47
21.454	0.317 02	0.516 98	0.332 76	0.554 61	0.272 27	0.459 73
24.452	0.319 62	0.521 23	0.333 94	0.556 57	0.275 69	0.465 51
27.410	0.322 97	0.526 69	0.333 31	0.555 52	0.277 53	0.468 61
30.294	0.325 91	0.531 46	0.334 75	0.557 92	0.280 94	0.474 37
33.115	0.328 06	0.535 00	0.336 88	0.561 46	0.282 21	0.476 52
35.884	0.332 14	0.541 64	0.337 99	0.563 32	0.284 58	0.480 51
38.578	0.333 24	0.543 44	0.340 47	0.567 44	0.285 32	0.481 76

图 4，图 5 及表 1 表明，对于基底剪力，随着不断的加载，其变异范围越来越大，到非线性后期阶段，当本构参数 $\delta=10\%$ 时，反应最大变异系数可达 33.3%，当本

构参数 $\delta=20\%$时，最大变异可达 54.3%，说明结构参数随机性对基底剪力后期的非线性性能有很大影响. 对于中柱轴力，其变异规律与基底剪力类似，但变异值比基底剪力要小；与基底剪力、中柱轴力相比，中柱弯矩变异性最大，且其最大变异值发生在加载中期，其最大值对于 $\delta=10\%$ 条件为 37.6%，对于 $\delta=20\%$ 条件为 65.4%. 可见：结构本构参数随机性对不同力学指标的影响程度及影响进程具有较大的差异，这种差异在一定程度上影响着结构综合的非线性性能. 在工程抗震当中，采用定量化数据（如结构的层间位移角、塑性铰转角等）或定性数据（如结构和非结构构件破坏的数量和程度、建筑物能维持正常使用功能的百分比等）来描述结构性态是一个发展方向. 前述分析表明，混凝土结构在非线性阶段各类性态指标均具有显著的随机性特征，设计中，对这些性态指标可以作出概率上的定量或定性描述，从而对结构地震反应给出合理的预计.

3.3.2 系统均值反应与均值参数系统反应比较

图 6～9 为系统均值反应与均值参数系统反应不同性能指标对比. 图 6 表明：在参数 20%变异系数情况下，对于底层中柱轴力，两者在前期相差 27%左右，后期最大相对差值达到 34.5%，系统均值反应明显大于均值参数系统. 从图 7 考察基底剪力均值反应与均值参数系统反应，在结构非线性反应的中期与后期相差均在 21%左右. 对于中柱弯矩（图 8），系统均值反应与均值参数系统反应最大相差达 36.7%. 对于层间位移（图 9），相差均在 21%左右，两者相差最大处为第二层，为 23.4%. 在工程实际设计过程中，当出现轴压比过大或结构基本周期不合理时，设计者一般通过改变结构刚度的方法来达到规范的要求，这在一定程度上改善了结构的安全性. 本文计算表明，结构内力的均值参数系统反应与系统均值反应存在较大差异，按均值参数系统反应计算出的内力进行结构配筋，存在一定的缺陷. 对于大型复杂结构，这样做的结果，要么会使设计偏于保守，要么不能把握结构最终的破坏机制而造成结构的实际破坏与设计初衷相背离.

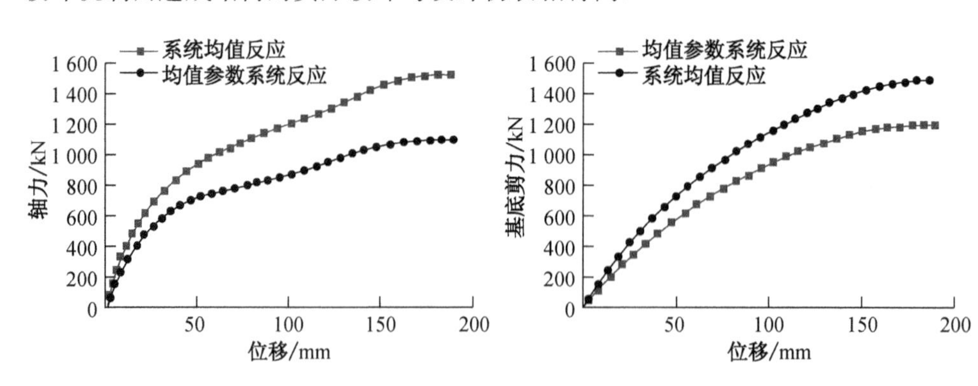

图 6　基底中柱轴力均值反应与均值参数系统反应

图 7　基底剪力均值反应与均值参数系统反应

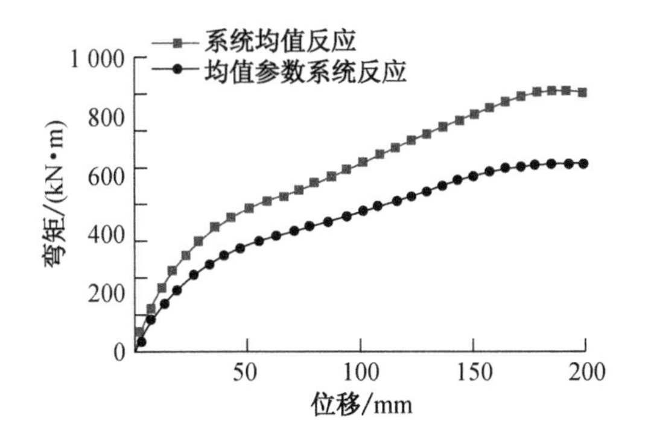

图 8 中柱弯矩均值反应与均值参数系统反应

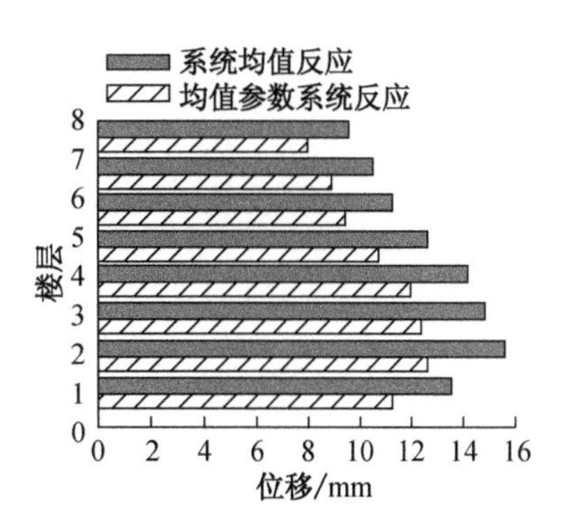

图 9 层间位移均值反应与均值参数系统反应

3.3.3 塑性铰的随机分布

混凝土框架结构在受力非线性阶段一般出现塑性铰.通常确定性分析观点认为,对于特定的受力形式,塑性铰的分布是确定的,因此,其结构破坏形式将是确定的.然而,当考虑混凝土本构关系具有随机性时,这一传统观念将会改变.事实上,当考虑混凝土本构关系随机性时,框架结构塑性铰的出现与演化将是一个随机过程,这一进程将导致结构非线性行为及破坏机制均具有不可精确预测的基本特征.图 10—图 12 为研究对象结构在本构参数具有 10%变异系数情况下的 3 例随机分布出现图.从图上塑性铰的分布来看,首铰及顺序铰的出现具有相当的随机性.但经过对全程模拟计算过程(模拟计算收敛次数为 2 564 次)中记录的塑性铰出现顺序统计分析,可发现塑性铰的出现具有一定的概率分布,如图 13 所示.

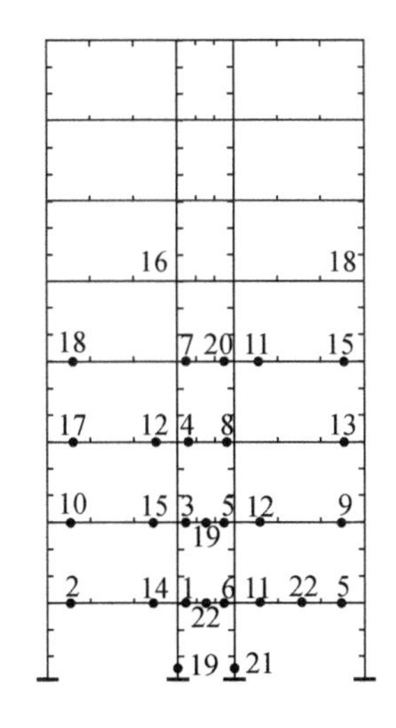

图 10 塑性铰随机分布图一

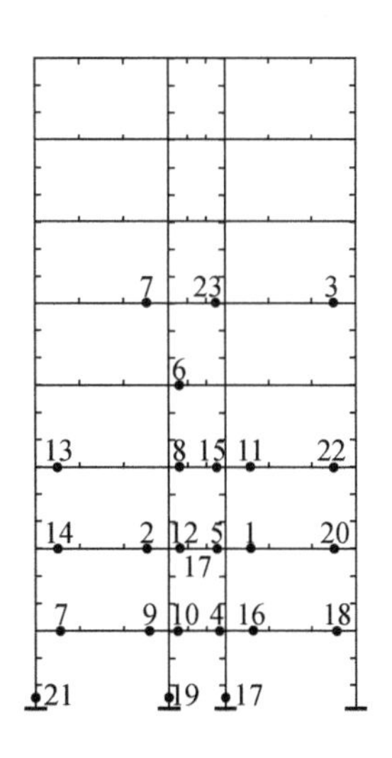

图 11 塑性铰随机分布图二

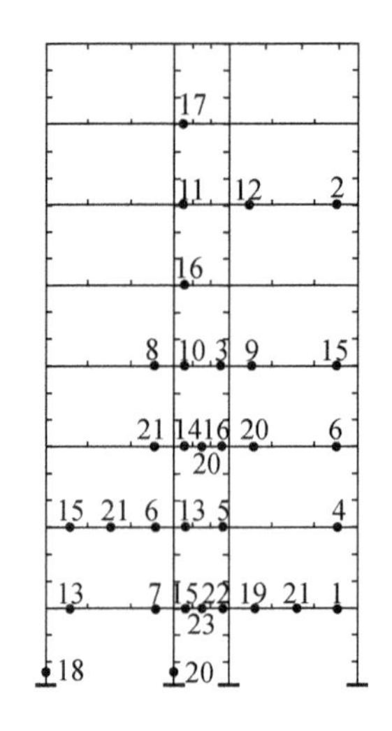

图 12　塑性铰随机分布图三

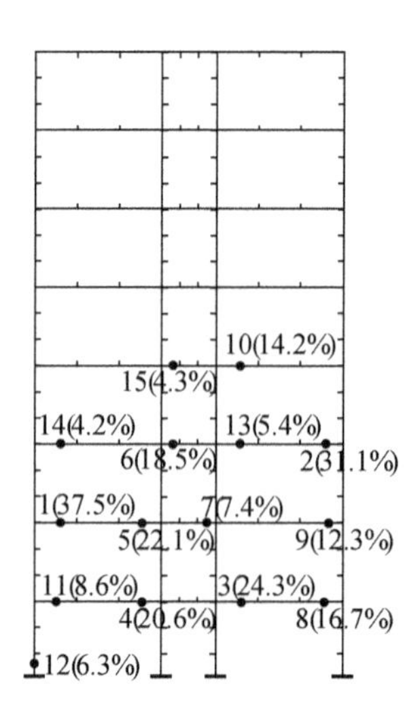

图 13　塑性铰出现概率分布

4　结　论

从考虑结构材料本构模型参数具有随机性的角度，本文利用非线性 Push-over 随机模拟方法对混凝土框架结构受力性能进行了分析，得出如下结论：①对重大工程结构，可以从概率的观点来把握结构反应的各类性态指标分布及最可能破坏分布；②混凝土框架基底剪力、中柱轴力及中柱弯矩与顶点位移的关系具有不同的随机变化特征，考虑这种随机性，对于更合理地进行基于性态抗震设计具有重要意义；③随机结构均值反应与均值参数结构的非线性反应之间存在显著的差异；④混凝土框架结构塑性铰的出现与演化具有典型的随机性特性，最可能破坏分布的存在提供了更深入、客观地进行结构非线性性能研究与可靠性分析的起点；⑤非线性 Push-over 随机仿真模拟方法，在揭示结构力学行为的随机性的同时，亦能了解结构力学行为的随机概率分布，从而为控制结构行为提供了依据.

参考文献

[1] 李杰，张其云. 混凝土随机损伤本构关系研究[J]. 同济大学学报(自然科学版)，2001，29(10)：1135-1141.

[2] Krawinkler H. Pros and cons of a pushover analysis of seismic performance evalution[J]. Journal of Engineering Structures，1998，20(4-6)：452-464.

[3] Requena M . Evaluation of a simplified method for determination of the nonliear seismic response of RC frames[A]. 12th World Conference on Earthquake Engineering[C/CD]. New Zealand：New Zealand Society for Earthquake Engineering，2000：2109.

[4] Sangdae K I M. Seismic Evaluation of high-rise building by modified dynamic inelastic analysis methods[A]. 12th World Conferenceon Earthquake Engineering[C/CD]. New

Zealand: New Zealand Society for Earthquake Engineering, 2000: 2320.
[5] 丁光莹. 钢筋混凝土框架结构非线性反应的随机模拟分析[D]. 上海: 同济大学建筑工程系, 2001.
[6] Park R, Paulay T. Reinforced concrete structures [M]. New Zealand: John Wiley & Sons, 1975.

Random Simulation Study on Nonlinear Static Performance of Reinforced Concrete Frame Structure

Ding Guang-ying　Li Jie

Abstract: For reinforced concrete structures, system random parameters may bring about great influences on the nonlinear performance of structures. Concerning random parameters of the constitutive model of concrete materials, the main research results of the paper show that the mechanic performance of structure behaves greatly in variety. A duplicate stochastic simulation method is suggested for the construction of simulation samples of analytical structures. The stochastic structural Push-over simulation analysis method is put forw ard and various kinds of environmental variables in different simulation arithmetic mentioned above are deeply analyzed and studied. It is shown that the influences of three kinds of random parameters on different nonlinear perfor-mances of structure is quite different. And what's more, the likely destroying mechanism of the RC structures shows certain probability distributing.

（本文原载于《同济大学学报》第 31 卷第 4 期，2003 年 4 月）

混凝土框架结构内力测量传感器研制

冯德成　高向玲　李 杰

摘　要　研制了一种可用于混凝土结构试验中测量柱底截面轴向力、剪力和弯矩的内力测量传感器. 该传感器主要由加载板、基座、4 根竖向测力杆和 2 根水平测力杆组成. 使用时,柱底截面的内力通过加载板传递给 6 根测力杆,根据 6 根测力杆的结果,通过力平衡方程可以计算实际加载的轴向力、剪力和弯矩的大小. 对该传感器进行了 4 种工况下的标定试验. 结果表明,传感器的测量误差满足框架结构内力测量精度要求. 将该传感器应用到单层两跨的钢筋混凝土框架推覆试验中,获得了整个试验过程中构件的内力时程.

引　言

钢筋混凝土结构试验作为联系理论和实际的桥梁,是结构工程领域一个重要的研究手段. 然而,由于试验技术的限制,传统的混凝土结构试验一般仅局限于荷载、位移(包括线位移和角位移)、应变等物理量的观测[1]. 但是这种基于结构变形能力的研究思路并不能全面反映结构力学行为的本质. 事实上,简单分析便可发现,宏观层次上的力-变形关系并不能保证理论分析与试验结果在内力层次上的一致性,即使结构的荷载-位移曲线相同,但其构件内力分布却可能差异极大. 因此,设计一套传感器实现对结构关键截面上内力的测量,为混凝土结构非线性受力行为的研究提供依据,是结构试验技术的重要任务之一.

关于混凝土结构中构件的内力测量,最简单的方式莫过于直接将结构视为"传感器",在关键部位设置应变片,再通过本构关系将应变转化为内力[2]. 然而,混凝土作为一种非线性材料,易于开裂、很难保证应变片在非线性受力阶段不遭破坏,因此,这种思路并不适用于混凝土结构. 另一种方式则是在结构上附加测力传感器[3-8],通过传感器内部元件应变读数与待测截面内力之间的关系,直接获得该截面的内力. 这类传感器多由上下钢板以及工字钢、圆钢管或方钢管组成,试验中,传感器被置于柱子中部或梁跨中反弯点处. 由于需要安置在构件内部,这种方式会导致结构的刚度和质量的不连续性,从而影响到结构本身的特性.

源于上述传感器的局限性,2004 年 Canbay[5] 等、2011 年徐金科[6] 等先后设计出一种四分量内力传感器.这两类传感器设计思路类似,由4根竖向测力钢管、2根斜向测力钢管和2块钢板组成,使用时传感器置于混凝土框架结构柱底,将测力钢管视为二力杆,仅受轴向力作用.钢管中部设有应变片,应变片的读数与待测截面内力之间存在确定的映射关系、可通过标定试验获得.实践经验表明,由于加工难度较大、且2根斜杆与上下钢板的连接困难,很难保证其仅受轴向作用,因而可能导致内力测量失真[7].

基于上述背景,我们进一步设计了一套新型内力传感器,用于测量柱底截面的轴力、剪力和弯矩.这一测量装置,已经成功应用到了一批单层两跨钢筋混凝土框架推覆试验中,并获得了较好的效果.

1 传感器设计原理

基于混凝土结构的特点,内力测量传感需要满足三个基本条件:①能同时测量轴力、剪力和弯矩;②使用过程中始终保持线弹性,确保应变片读数准确且可以重复使用;③刚度足够大,能满足结构刚性基础的假定.考虑到上述要求,本文设计的传感器如图1所示.传感器主要由上加载板、下基座、4根竖直测力杆和2根水平测力杆构成.需要指出的是,每一根单独的测力杆实际上是一个小型的轴向测力元件,根据测力杆中部黏贴的应变片,可以测量、计算测力杆实际所受轴力大小.为保证试验时6根测力杆仅受轴力,通过圆柱形插销和耳板将测力杆与传感器其余部件连接.在试验中,传感器安装在混凝土框架结构柱底,下钢板与地基梁固结,上钢板与柱底截面通过附加钢板连接在一起.为保证结构刚性基础的假定,设置了平面内立柱限制传感器在平面内的变形过大,同时设置平面外立柱用来限制整体传感器在平面外的变形.两类立柱的刚度均要远大于测力杆.

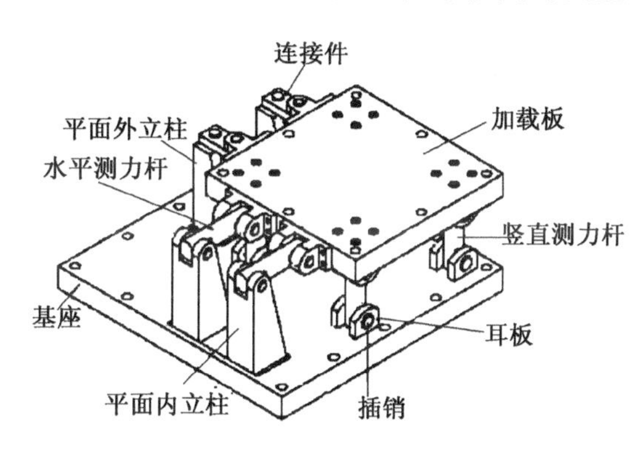

图1 测力传感器设计图

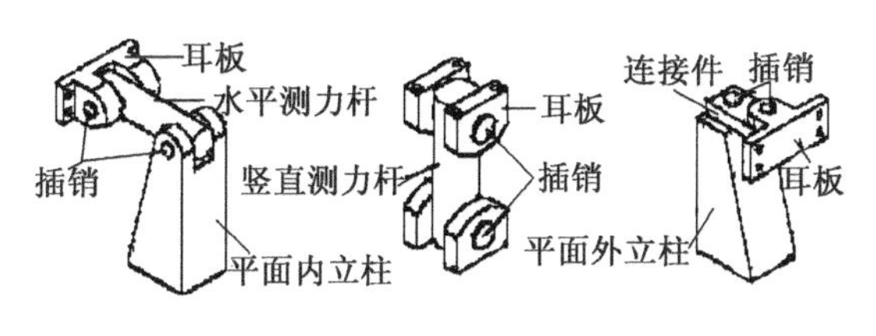

图2 测力杆及立柱细节设计图

在结构试验中,混凝土框架柱底截面的内力通过传感器的上钢板传递给6根测力杆,由于测力杆通过转动插销与钢板连接在一起(具体如图2所示),6根测力杆均可视作二力杆,仅受轴向力.轴力和弯矩由4根竖直杆承受,剪力仅由2根水平杆承受，实现了两个方向力的解耦.

2 传感器制作

2.1 测力杆

根据一般混凝土框架结构试验要求，测力传感器的最大设计量程为轴力 600 kN，剪力 75 kN，弯矩 75 kNm. 测力杆作为传感器的核心元件，需在试验过程中保持线弹性，以确保其读数准确且可以重复使用. 因而采用高强钢材制作测力杆，设计屈服强度 1 200 MPa，杆截面为圆形，直径 45 mm. 这样，当传感器达到最大量程时，测力杆仅达到其屈服强度的 30%左右，既保证了可靠性，又使其读数范围合理. 每根测力杆的中部贴有 4 个电阻式应变片，2 个沿杆轴向布置，另 2 个沿杆横向布置，应变片规格全部为 B×120-3AA 型电阻应变片，尺寸 2 mm×1 mm，4 个应变片之间按照全桥方式连接. 这样不仅可以获得最大的应变放大倍数以提高灵敏度，同时还可以实现对温度的自补偿. 为保证应变片不受外界环境影响，测力杆中部设置了保护层，制作完成的测力杆如图 3 所示.

2.2 整体传感器

传感器的其余部件均采用普通钢材制作，设计屈服强度为 400 MPa. 加载钢板的尺寸为 450 mm×450 mm×40 mm，而基座的尺寸为 670 mm×670 mm×40 mm. 两块钢板的四边均设有通孔以便与上部结构或者基础连接. 平面内立柱与平面外立柱均做成坝状，底部截面为 100 mm×80 mm，与基座固结，上部截面为 100 mm×60 mm. 制作完成的传感器见图 4.

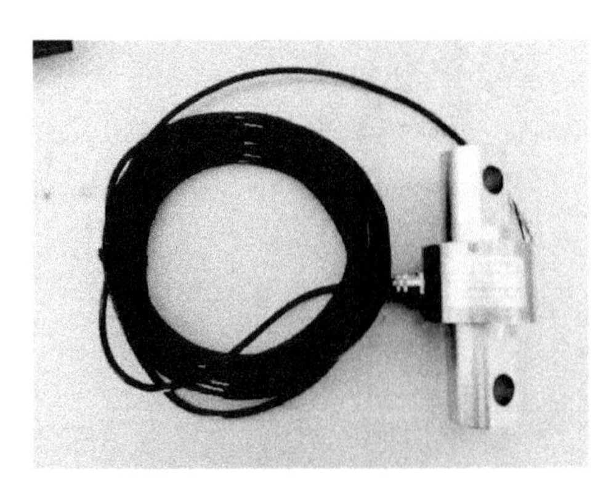

图 3 测力杆实样图

图 4 传感器整体实样图

3 传感器标定

3.1 标定原理

为保证传感器的工作性能，需要对传感器进行标定．如前所述，每根测力杆实际上为单独的轴向测力元件，其力-应变关系满足：

$$F = k\varepsilon \tag{1}$$

式中，F 和 ε 分别为杆件中部的轴力及应变；k 为相应的比例系数，可由测力杆标定试验获得．

传感器共 4 根竖向测力杆、2 根水平测力杆，由式(1)，6 根杆的轴力、应变方程为

$$\begin{bmatrix} F_1 \\ F_2 \\ F_3 \\ F_4 \\ F_5 \\ F_6 \end{bmatrix} = \begin{bmatrix} k_1 & & & & & \\ & k_2 & & & & \\ & & k_3 & & & \\ & & & k_4 & & \\ & & & & k_5 & \\ & & & & & k_6 \end{bmatrix} \begin{bmatrix} \varepsilon_1 \\ \varepsilon_2 \\ \varepsilon_3 \\ \varepsilon_4 \\ \varepsilon_5 \\ \varepsilon_6 \end{bmatrix} \tag{2}$$

其中，$F_1 \sim F_4(\varepsilon_1 \sim \varepsilon_4)$为 4 根竖向杆的轴力(应变)，$F_5$、$F_6(\varepsilon_5$、$\varepsilon_6)$为 2 根水平杆的轴力(应变)．

根据静力平衡条件，施加在加载板上的力可以通过下式计算：

$$\begin{bmatrix} N \\ M \\ V \end{bmatrix} = \begin{bmatrix} 1 & 1 & 1 & 1 & 0 & 0 \\ \dfrac{d}{2} & \dfrac{d}{2} & -\dfrac{d}{2} & -\dfrac{d}{2} & 0 & 0 \\ 0 & 0 & 0 & 0 & 1 & 1 \end{bmatrix} \begin{bmatrix} F_1 \\ F_2 \\ F_3 \\ F_4 \\ F_5 \\ F_6 \end{bmatrix} \tag{3}$$

其中，d 为平面内两根竖向测力杆的间距．

如果以 $\boldsymbol{F}$ 表示截面内力向量，而 $\boldsymbol{\varepsilon}$ 表示测力杆应变向量，即

$$\boldsymbol{F} = \{N \quad M \quad V\}^{\mathrm{T}} \tag{4}$$

$$\boldsymbol{\varepsilon} = \{\varepsilon_1 \quad \varepsilon_2 \quad \varepsilon_3 \quad \varepsilon_4 \quad \varepsilon_5 \quad \varepsilon_6\}^{\mathrm{T}} \tag{5}$$

根据式(2)、式(3)可以建立待测截面内力与实测杆件应变之间的关系：

$$\boldsymbol{F} = \boldsymbol{T\varepsilon} \tag{6}$$

其中 $\boldsymbol{T}$ 为转换矩阵：

$$\boldsymbol{T}=\begin{bmatrix} k_1 & k_2 & k_3 & k_4 & 0 & 0 \\ \dfrac{k_1 d}{2} & \dfrac{k_2 d}{2} & \dfrac{k_3 d}{2} & \dfrac{k_4 d}{2} & 0 & 0 \\ 0 & 0 & 0 & 0 & k_5 & k_6 \end{bmatrix} \tag{7}$$

3.2 测力杆标定

采用轴压试验方式标定测力杆，通过力加载，以 20 kN 为一级，每一级持荷 20 s，从 0 加载到 80 kN，再卸载到 0，总共 3 个循环，加载速度为 1 kN/s. 试验装置如图 5 所示.

观察表明，试验过程中测力杆应变数据稳定，最终得到 6 根测力杆的比例系数 k 见表 1.

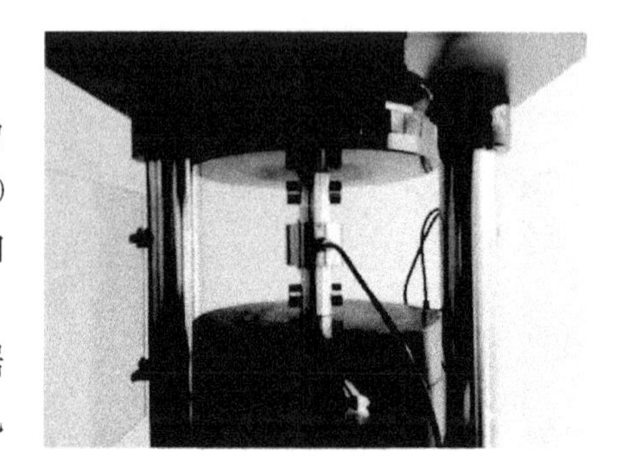

图 5　测力杆标定

表 1　测力杆轴力-应变比例系数

测力杆 / 比例系数	竖向杆				水平杆	
	1	2	3	4	5	6
k(kN/$\mu\varepsilon$)	0.126	0.121	0.123	0.126	0.123	0.123

3.3 整体标定

传感器整体标定试验分为 4 种工况：轴心受压、水平受剪、正偏心受压以及负偏心受压. 每种工况均加载至传感器最大使用量程. 具体标定试验加载示意图如图 6(a)所示. 各加载工况定义如下：轴心受压工况指竖向荷载加载点位于 O 点且沿 Z

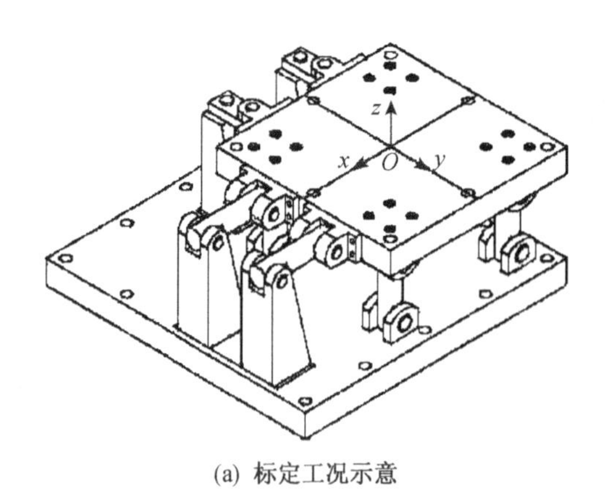

(a) 标定工况示意

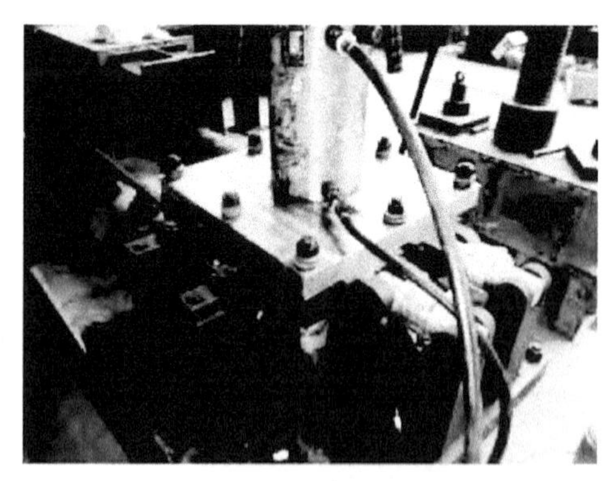

(b) 标定试验

图 6　整体标定

轴负向加载至 600 kN;水平受剪工况是指水平荷载沿着 X 轴正向作用至 75 kN,且在 Y 方向不产生偏心;正偏心受压指竖向加载点从 O 点沿 X 轴正向移动 0.125 m;负偏心受压则指竖向加载点从 O 点沿 X 轴负向移动 0.125 m.

标定过程中,传感器基座与地基梁通过高强螺栓连接.为了模拟试验过程中结构柱与传感器通过柱底预埋钢板传递内力,在标定试验中,也增加一块厚度为 40 mm的钢板.传感器与钢板几何形心对中,并通过高强螺栓连接后再承受竖向和水平荷载.具体试验示意如图 6(b).

试验加载速率为 5 kN/s,每组加载工况均重复加卸载三次,并同步采集三组试验数据.根据式(6)、式(7)以及表 1,可以计算出传感器测量得到的内力矩阵.4 种工况下的传感器测量内力与实际施加荷载之间的关系曲线对比如图 7 所示.

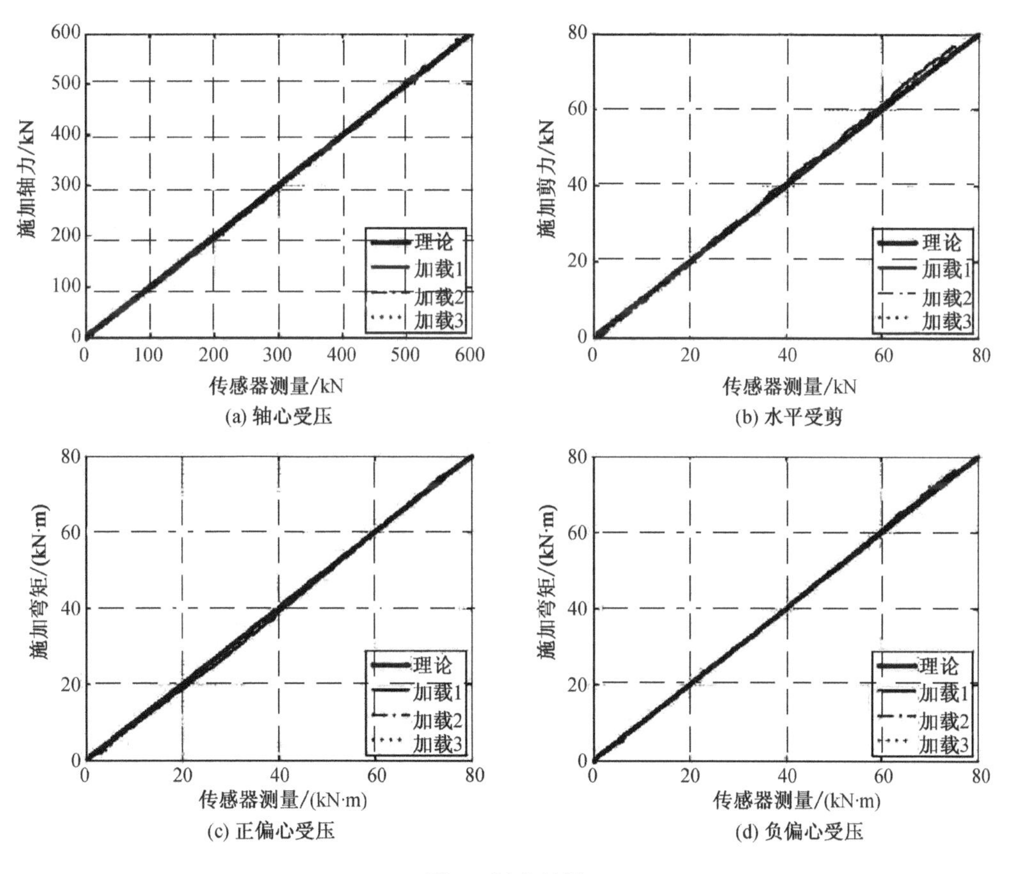

图 7 标定结果

理论上讲,如果传感器测量没有任何误差,则内力矩阵应该等于实际施加的荷载矩阵.进而,传感器测量得到的内力与实际施加的荷载之间的理论关系曲线在直角坐标系中就应该是一条斜率为 1 的直线.可以发现,试验结果与理论曲线吻合较好.定义传感器的最大测量误差为

$$E(\%) = \left|\frac{\text{Measured-Applied}}{\text{Applied}}\right| \times 100\% \tag{8}$$

试验测得的传感器最大误差如表 2 所示.

表 2　标定误差分析

工况	轴力	剪力	正偏心	负偏心
最大误差	2.16%	2.02%	2.23%	2.08%

上述结果表明,传感器在标定试验中最大误差仅在 2%左右,具有较好的测量精度,能够满足钢筋混凝土结构的内力测量任务.

4　传感器应用

将上述传感器应用于一榀单层两跨的钢筋混凝土框架结构的推覆试验当中.在该框架的 3 根柱底均设置测力传感器,如图 8.框架柱底设有 40 mm 厚预埋钢板,柱内纵筋焊接到钢板上,再通过高强螺栓与传感器上加载板连接,传感器的基座则通过高强螺栓连接到刚性地基梁.试验过程中,传感器与上下部结构各连接处均未出现破坏.

图 8　传感器与柱子的连接

试验过程中,传感器测出了每根柱子的轴力、剪力和弯矩.图 9 是施加在框架上竖直方向的力与传感器测得三柱轴力之和的对比,以及施加在框架上水平方向的力与传感

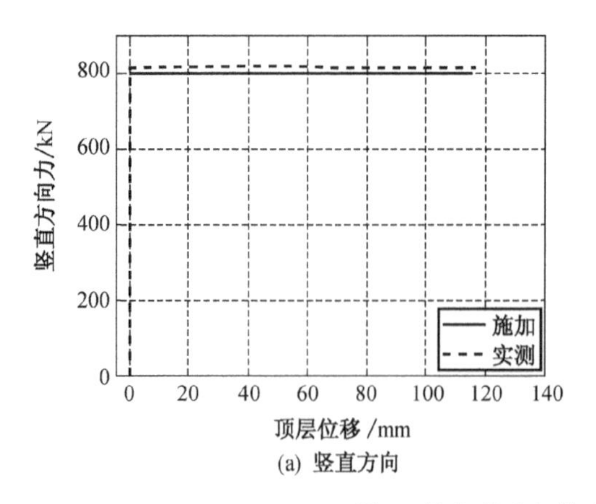

(a) 竖直方向

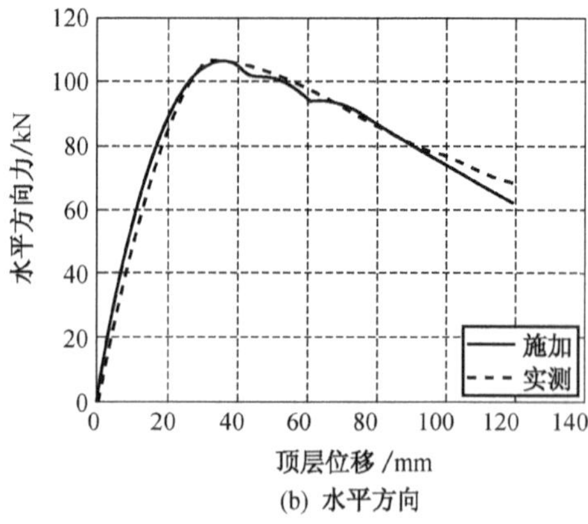

(b) 水平方向

图 9　施加外力与传感器测量数据对比

器测得三柱剪力之和的对比. 可以发现,实测与施加的曲线吻合较好,这说明本文设计的传感器精度较高、工作性能良好. 利用这类传感器,可以清晰考察结构非线性反应过程中内力重分布的真实情况,为深入研究混凝土结构非线性力学性能提供了手段.

5 结 论

本文设计并制作了一种用于混凝土结构试验的内力测量传感器. 该传感器可以测量柱底截面的轴力、剪力和弯矩,而且不影响结构的性能. 对该传感器进行了4种工况的标定,表明该传感器具有较好的精度. 最后将该传感器应用到一榀单层两跨钢筋混凝土结构的推覆试验之中,测得柱底内力时程,并与外加荷载进行对比,表明传感器测得的数据可以很好地反映结构内力变化过程. 这类新型传感器,为深入研究混凝土结构非线性性能提供了新手段,具有较高的实用价值.

参考文献

[1] 易伟建. 混凝土结构试验与理论研究[M]. 北京:科学出版社,2012.

[2] Masroor S A, Zachary L W. Designing an All-purpose Force transducer[J]. Experimental Mechanics, 1991, 31(1): 33-35.

[3] Aktan A E, Bertero V V. Measuring Internal Forces of Redundant Structures[J]. Experimental Mechanics, 1985, 25(4):367-375.

[4] Blakeborough A, Clément D, Williams M S, et al. Novel Load Cell for Measuring Axial Force, Shear Force, and Bending Movement in Large-scale Structural Experiments[J]. Experimental Mechanics, 2002, 42(1): 115-122.

[5] Canbay E, Ersoy U, Tankut T. A Three Component Force Transducer for Reinforced Concrete Structural Testing [J]. Engineering Structures, 2004, 26(2):257-265.

[6] 徐金科,高向玲,李杰. 一种双分量结构内力测量传感器的研制[J]. 结构工程师,2011,27(4):128-133.

[7] 宁超列. 钢筋混凝土框架结构随机非线性受力行为研究[D]. 上海:同济大学博士学位论文,2013.

Development of Transducer for Internal Force Measurement in Concrete Frame Structures

Feng De-cheng Gao Xiang-ling Li Jie

Abstract: A kind of transducer was developed for internal forces measurement such as the axial force, shear force and bending moment at the column bottom section in concrete frame structure tests. The transducer is mainly composed of load board, base plate, four vertical force measuring rods and two horizontal force measuring rods. In tests, through the load board, internal forces were transmitted to six rods. Based on the measurement results of six rods, the actual axial force, shear force and bending moment can be calculated by force equilibrium equations. Calibration tests were conducted for the transducer under four working conditions. Results show that the measurement error meets the internal force measurement accuracy requirements of concrete frame structure. At last, the transducers were used in a one-story two-span RC frame nappe test, the internal force profiles through experiment process were obtained.

（本文原载于《实验力学》第 29 卷第 6 期，2014 年 12 月）

钢筋混凝土框架结构随机非线性行为试验研究

李 杰　冯德成　高向玲　张业树

摘　要　为研究钢筋混凝土框架结构的随机非线性性能，进行了8榀具有相同几何尺寸的单层两跨框架静力全过程静力推覆试验. 试验模型采用同批次的钢筋、同标号的混凝土一次浇筑而成，并采用相同的养护条件和加载制度. 试验结果表明：由于混凝土损伤及其演化的随机性特征，导致钢筋混凝土框架结构出现了随机的开裂、随机的出铰次序，由此引发了框架结构的随机内力重分布进程.

引　言

有关钢筋混凝土框架结构的力学性能研究一直备受关注. 早期的混凝土框架结构研究，大多针对结构的抗震性能，例如失效机制、承载力、延性、耗能能力以及设计方法等进行. 而针对材料随机性对结构性能影响的研究则相对较少[1-5]. 众所周知，混凝土是由水泥、粗集料、细集料以及各类掺和料组成的多相复合材料，各组分的随机分布性质，以及混凝土内部随机分布的微孔洞、微裂缝等初始缺陷、使得混凝土受力力学行为具有不可避免的随机性特征. 考虑随机性因素，才能更客观地反映混凝土结构力学行为[6].

事实上，混凝土力学行为具有非线性和随机性两大基本特征，两者互为影响：损伤导致非线性，混凝土材料的损伤不可避免地具有随机性. 这种耦合效应与确定性物理力学规律相结合，构成了混凝土受力行为从材料到结构、从简单到复杂的演化进程. 正是这种演化进程，导致混凝土从材料到结构受力非线性行为的多样性与不可精确预测性质. 非线性造成关于线性应力-应变状态的偏离（应力重分布）、随机性使这种偏离具有不能被确定性跟踪的特征. 这样的一种演化进程，不仅可以使非线性效应得到增强或削弱（涨落），也可以使结构行为的变异性特征得到放大或缩小（另一种意义的涨落）[6-7]. 而结构关于外力作用效应的涨落，与结构的安全密切相关.

为了定量揭示上述特征，本文作者进行了8榀同条件浇筑、同条件养护以及同条件加载的单层两跨钢筋混凝土框架模型试验，并设计了一类测力传感器以获得框架构件内力重分布的实际进程. 研究混凝土结构非线性随机反应的基本特征，分析结构非线性损伤进程中的反应特点.

1 试验概况

1.1 模型设计及制作

结合具体工程背景,设计、制作了 8 榀单层两跨钢筋混凝土平面框架模型,并将其编号为 Frame 1～Frame 8. 模型缩尺比例为 1∶2,层高 1 800 mm,跨度均为 2 000 mm. 柱截面尺寸 200 mm× 200 mm,梁截面尺寸 250 mm×125 mm. 具体几何尺寸及配筋见图 1. 模型制作采用同标号的混凝土材料且一次浇筑完成,并采用同条件养护.

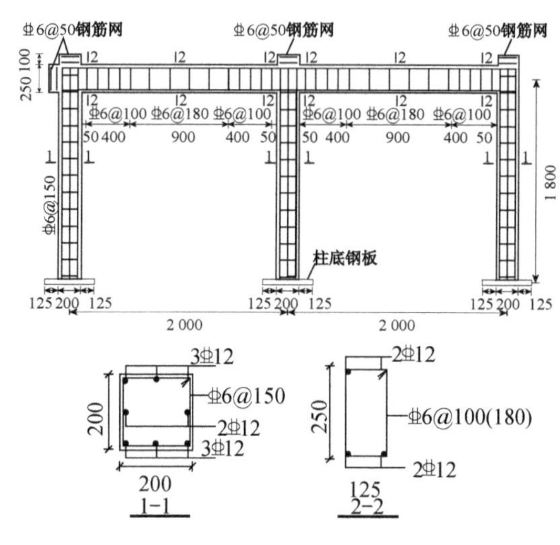

图 1 框架模型配筋详图

1.2 材性试验

钢筋材料实测力学性能见表 1. 混凝土设计强度等级为 C30. 为得到全面的混凝土材料性能参数,分别进行了立方体劈裂试验、立方体抗压强度试验以及轴心抗压全曲线试验. 其中,劈裂试验与抗压强度试验均采用 6 个 150 mm×150 mm×150 mm 的立方体试块,具体试验结果见表 2. 全曲线试验采用 6 个 100 mm×100 mm×300 mm 的棱柱体试块,分别编号为 C1～C6,混凝土受压全曲线见图 2,实测材料参数见表 3.

表 1 钢筋材料力学性能

类型	直径/mm	屈服强度/MPa	极限强度/MPa	弹性模量/MPa
纵筋	12	583	705	1.90×10^5
箍筋	6	572	686	2.01×10^5

表 2 混凝土材料力学性能

参数	抗压强度	劈裂抗拉强度
均值/MPa	42.6	2.92
标准差/MPa	1.8	0.45
变异系数/%	4.2	15.40

表 3　轴心受压全曲线试验结果

试块	抗压强度/MPa	峰值应变/10^{-6}	弹性模量/MPa
C1	37.1	1 744	3.33×10^4
C2	35.8	1 444	3.28×10^4
C3	33.9	1 519	3.37×10^4
C4	33.4	1 266	3.52×10^4
C5	39.6	1 975	3.25×10^4
C6	36.8	1 524	3.35×10^4
均值	36.1	1 579	3.35×10^4
标准差	2.08	226	8.67×10^2
变异系数	5.76%	14.32%	2.59%

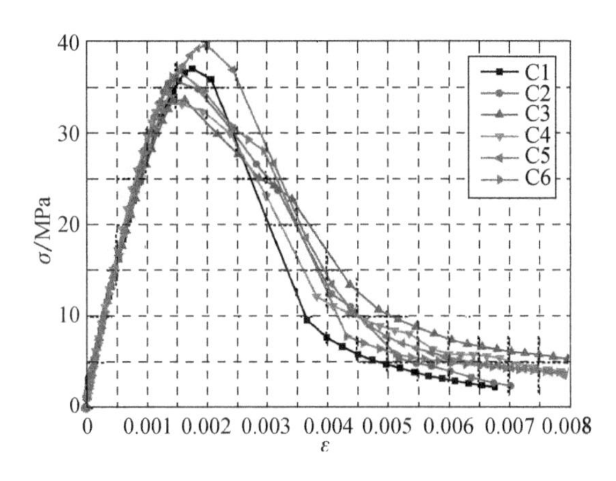

图 2　轴心受压全曲线试验结果

1.3　加载方案

试验在同济大学建筑结构实验室的 10 000 kN 大型多功能结构试验机系统完成. 加载布置如图 3 所示. 在该试验机系统中，设置于试验机顶部的闭环控制竖向加载跟动装置，保证了竖向荷载的无阻力自由跟动，而 3 个伺服油缸的微动感应装置则保证了试验荷载能始终保持垂直或水平方向.

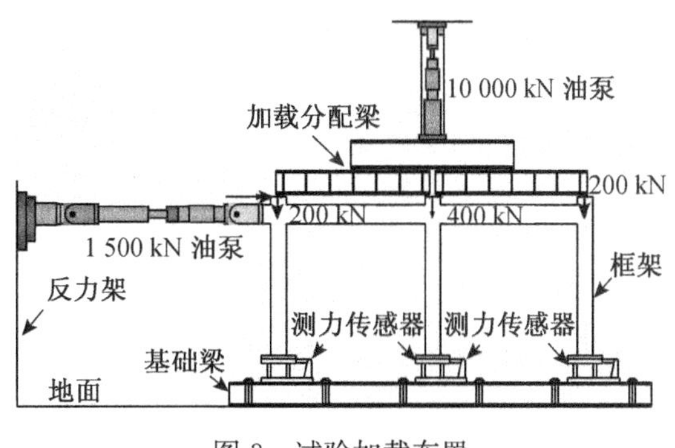

图 3　试验加载布置

试验时先采用力控制施加竖向荷载，从初始加载逐步增加至

800 kN,并通过二级分配梁按相应的轴压比(中柱 0.5,边柱 0.25)分配到各柱柱顶;然后维持竖向荷载大小不变,施加单调水平荷载,采用全程位移控制,加载速率为 1 mm/min. 此过程连续加载,直至框架严重破坏丧失承载能力. 试验过程中,观察了框架的裂缝开展情况,并同步记录了裂缝出现时相应的顶层位移. 为了在试验过程中追踪框架的内力重分布过程情况,在框架柱底设置了一类专门设计并制作的内力测量传感器,如图 4 所示. 这类传感器可以同时测量底部截面的内力[8]. 在图 3 中,右柱柱顶设置位移计,以测量框架的侧向位移;在梁、柱两端的混凝土表面粘贴有应变片;同时在梁、柱端部一定范围内的纵筋、箍筋也粘贴了应变片.

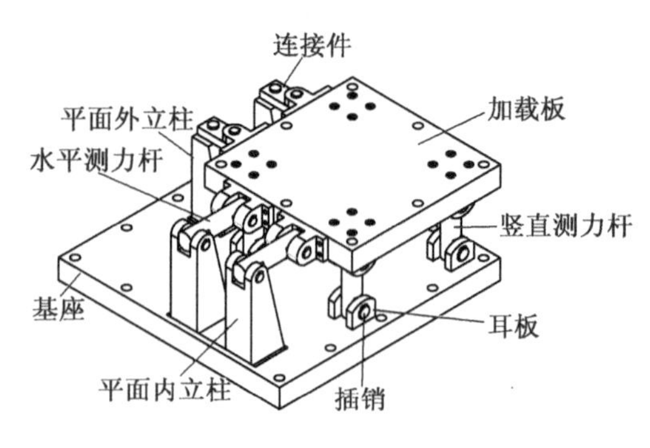

图 4 测力传感器

2 试验结果及分析

2.1 荷载-位移曲线

图 5 给出了 8 榀框架试验全过程中的荷载-位移曲线. 从图中可以看出,8 榀框架的荷载-位移曲线在走势上基本相似,但存在一定程度的变异性:在初始加载阶段,框架均呈现弹性性质,荷载-位移曲线基本重合;随着梁端出现开裂,荷载-位移曲线开始偏离线性,刚度略有下降,荷载-位移曲线的离散趋势增加;当加载到屈服点之后,离散性也达到最大.

以荷载-位移曲线峰值点为例分析框架宏观反应的变异性. 可以发现,峰值点对应的水平荷载和顶层位移的变异系数分别为 2.77% 和 10.44%. 这大体与混凝土材性试验中强度和峰值应变的变异系数(5.76%和 14.32%)相当.

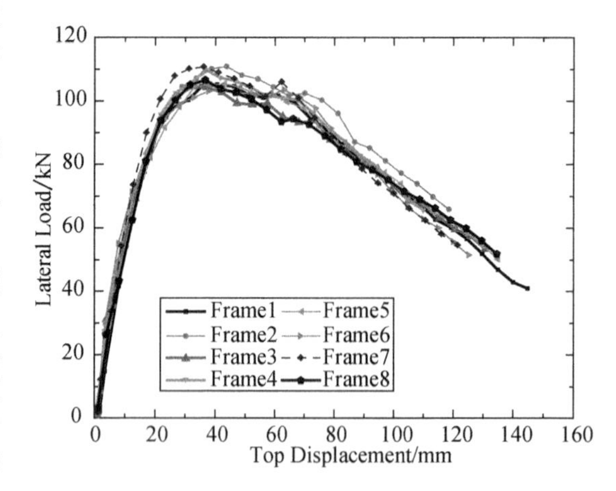

图 5 框架模型水平荷载-顶层位移曲线

图 5 中同时标出了荷载-位移曲线中对应的框架首次开裂点、首次出铰点、峰值荷载点及最终出铰点、其具体情况见表 4. 可见:首次开裂点、首次出铰点、峰值点及最终出铰点均存在较大的变异性. 这充分说明:结构初始损伤的随机分布以及

后续损伤的随机演化造成了结构不同的破坏机制.

表 4　荷载-位移曲线特征点实测值

模型编号	首次开裂点		首次出铰点		峰值荷载点		最终出铰点	
	Δ_c/mm	P_c/kN	Δ_h/mm	P_h/kN	Δ_p/mm	P_p/kN	Δ_l/mm	P_l/kN
Frame 1	3.71	20.70	21.49	92.60	39.88	105.00	55.46	101.10
Frame 2	1.18	6.00	25.33	99.70	43.06	110.81	87.31	86.30
Frame 3	1.71	18.60	18.62	87.00	32.16	104.50	41.31	101.90
Frame 4	1.84	18.50	23.15	96.10	36.63	109.80	42.94	107.60
Frame 5	2.14	14.40	27.58	98.10	43.10	105.40	55.88	101.40
Frame 6	1.59	21.90	24.39	94.00	41.96	103.50	75.30	95.00
Frame 7	0.85	8.00	19.31	97.90	35.36	110.71	89.30	77.70
Frame 8	0.93	10.20	21.51	92.40	36.61	106.60	47.00	102.40

2.2　结构内力时程

试验中,由内力测量传感器测得了框架柱底截面的内力时程,如图 6 所示. 与荷载-位移曲线相比,内力层次的变异性更加显著. 由图可见:在混凝土开裂前,结构处于弹性阶段,各框架结构内力响应基本相同;而在混凝土开裂之后,内力产生重分布,且各框架结构内力响应开始出现明显变异;在塑性铰出现之后,各框架结构内力的变异性达到最大. 如表 5 所示,在峰值点处,剪力的变异系数为 10%~17%,弯矩的变异系数为 15%~28%;不同框架同一位置处的柱底剪力最大差异达 45%、柱底弯矩最大差异达 96%. 这充分说明:由于损伤的随机性,混凝土结构的力学行为不可精确预测. 只有在分析理论中引入随机损伤的影响,才可以在概率意义上合理反映混凝土结构的力学行为.

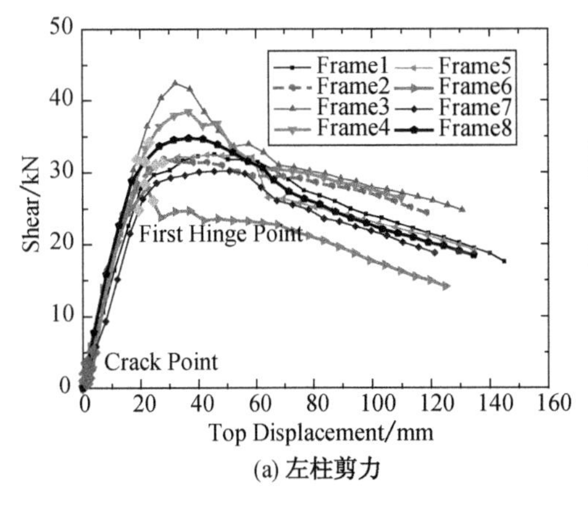

(a) 左柱剪力

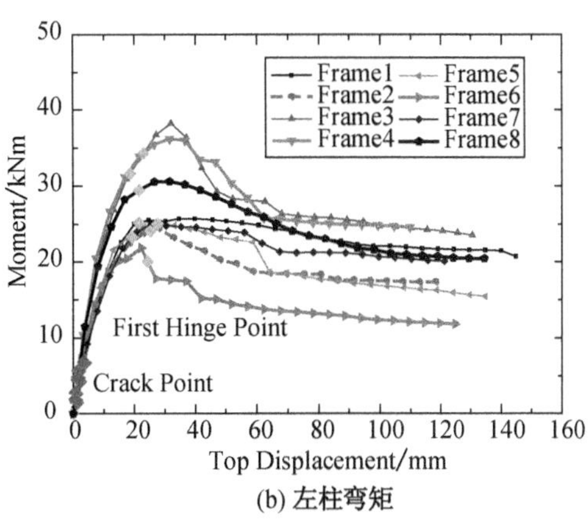

(b) 左柱弯矩

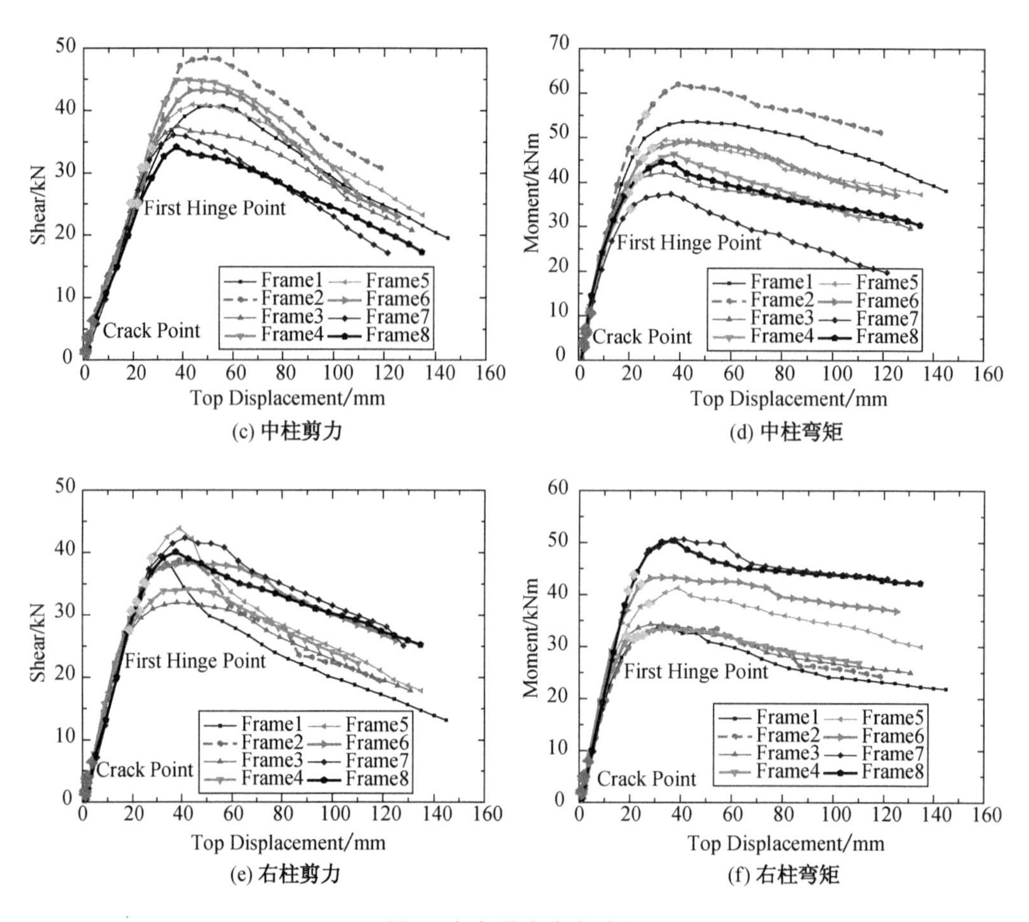

(c) 中柱剪力

(d) 中柱弯矩

(e) 右柱剪力

(f) 右柱弯矩

图 6 框架柱底内力时程

表 5 峰值点处框架柱内力分布

参数	左柱		中柱		右柱	
	V/kN	M/(kN·m)	V/kN	M/(kN·m)	V/kN	M/(kN·m)
最大值	42.4	38.2	48.1	61.4	42.2	50.4
最小值	23.4	15.2	34.0	37.2	31.5	32.2
均值	33.1	26.9	40.3	47.8	37.5	39.4
标准差	5.7	7.6	4.9	7.4	3.9	7.7
变异系数	17.3%	28.2%	12.1%	15.5%	10.3%	19.6%

2.3 结构开裂特点

试验中观察了框架的裂缝开展情况，根据该记录得到了加载过程中 8 榀框架的混凝土开裂顺序，如图 7 所示. 出于简明的考虑，在相同开裂区域，仅记录首次开裂对应的顶层位移和水平荷载大小，而该区域裂缝的扩展以及第 2 条裂缝的出现在图中未绘出. 图 7 中“★”表示开裂位置，圈号数字(如①)表示开裂顺序，圈号数字下的荷载和位移值(如 3.709 mm, 20.7 kN)分别为开裂时所对应的荷载和顶层位移大小.

从图中可以看出,每榀框架的首次开裂位置及后续次序都不同. 首次开裂时对应的水平荷载最大值(21.9 kN)和最小值(6 kN)相差了 72.6%. 混凝土开裂是由结构初始损伤处的应力集中所致,上述结果充分反映了结构初始损伤的随机性. 这将引起结构内力变化的随机性.

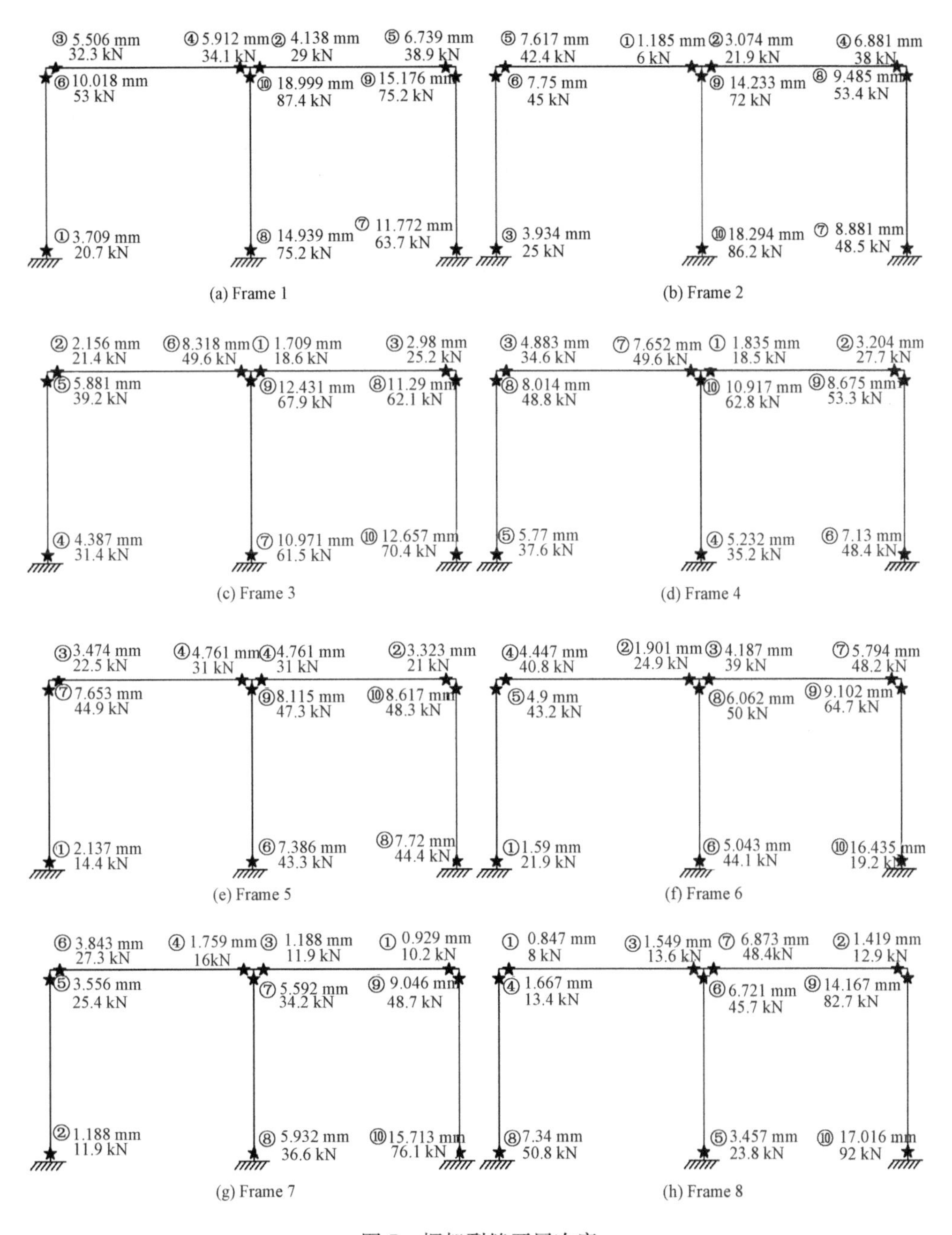

图 7 框架裂缝开展次序

2.4　结构塑性铰分布特点

根据钢筋材性试验结果，钢筋屈服应变为 0.003. 以钢筋应变达到屈服应变作为相应截面处出现塑性铰的判据，可以根据试验中钢筋应变片的读数确定 8 榀框架的塑性铰出现位置及顺序，分别如图 8 所示. 图 8 中圈号数字(如①)表示出铰顺序，圈号数字下的荷载和位移值(如 21.491 mm、94.1 kN)分别为该塑性铰出现时所对应的荷载和顶层位移大小，实心圆代表塑性铰，实心圆越大，相应塑性铰对应的荷载越大.

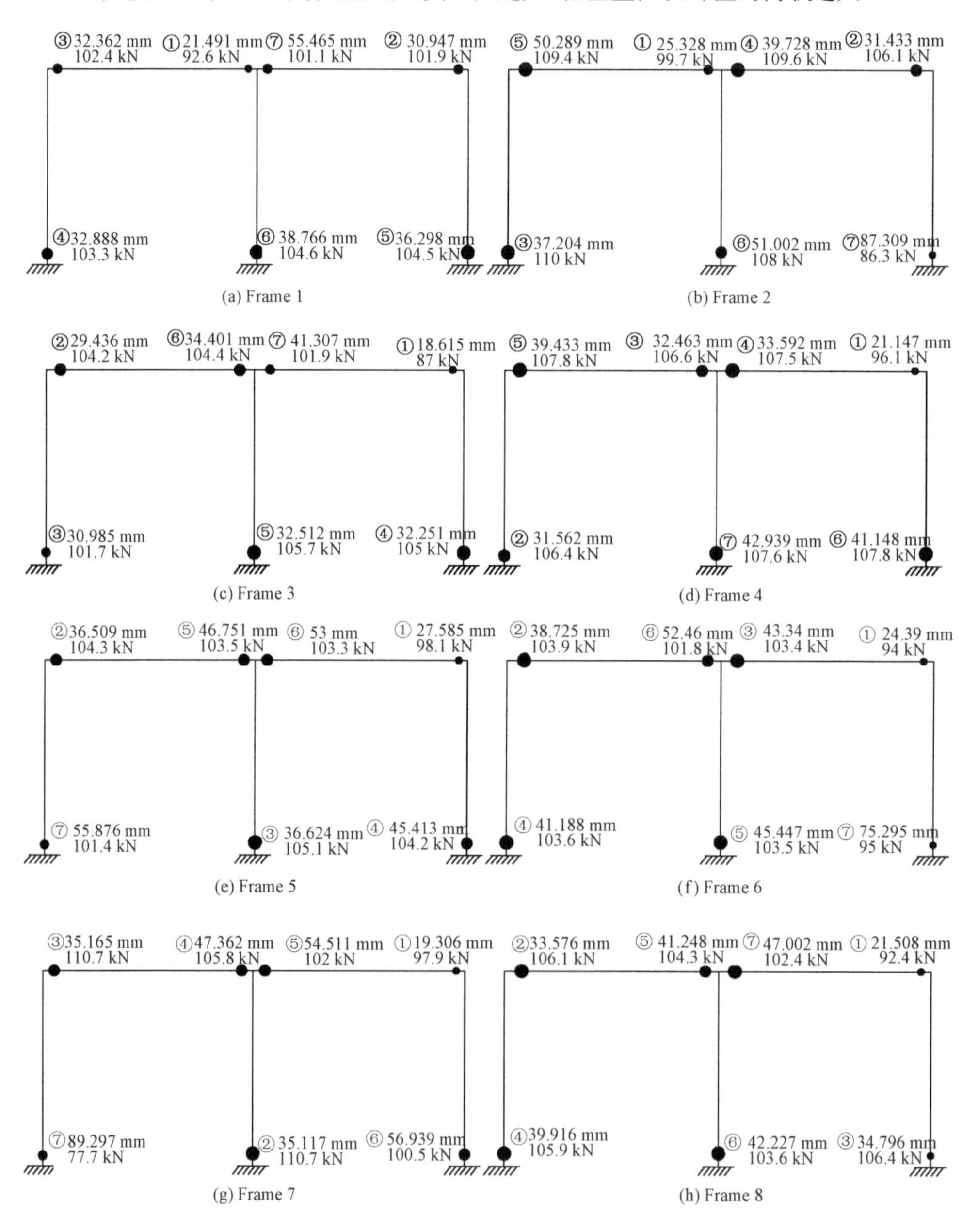

图 8　框架塑性铰开展次序

由图 8 可见:尽管框架模型的设计采用“强柱弱梁”的原则,但是试验中却没有出现梁铰机制,8 榀框架均呈现混合铰屈服破坏机制. 事实上,8 榀框架第 1 个塑性铰的出现位置尚比较规律,位于左梁右端(2 榀)或右梁右端(6 榀),但其出现时所对应的荷载与结构顶层位移差异较大,首次出铰点的水平荷载最大 99.7 kN,最小仅为 87 kN,相差 14.6%;而最大位移(27.58 mm)与最小位移(18.62 mm)之间相差 48.2%. 第 1 个塑性铰出现之后,后续塑性铰完全表现出随机性的特征,没有规律可循. 显然,这是导致试验框架结构内力出现大幅度变化的根本原因. 而这一根源,则源于初始损伤及其后续演化过程的随机性.

3 结　论

(1) 混凝土结构的损伤具有本质随机性,这种影响必然导致混凝土结构的随机非线性力学行为,本文试验结果充分证实了这一点.

(2) 混凝土框架结构开裂、出铰位置的随机性,反映了混凝土结构损伤演化的随机性,而这种随机性,造成了结构内力的随机重分布,引起了结构内力的显著差异.

(3) 确定性的结构非线性分析方法难以准确把握混凝土结构的受力非线性力学行为,考虑非线性与随机性耦合的分析方法才能客观反映混凝土结构的真实受力力学行为.

参考文献

[1] Blume J A, Newmark N M, Corning L H. Design of multistory reinforced concrete buildings for earthqueake motions [M]. Skokie, Illinosi: Portland Cement Association, 1961.

[2] Wibly G K. Response of reinforced concrets structures to seismic motions [D]. Christchurch, New Zealand: University of Canterbury, 1974.

[3] Sabnis G M, Harris H G, White R N, et al. Structural modeling and experimental techniques[J]. Journal of Dynamic Systems, Measurement, and Control, 1983, 105(7): 307-308.

[4] Aktan A E, Bertero V V, Chowdhury A A, et al. Experimental and analytical predictions of the mechanical characteristics of a 1/5-scale model of a 7-story RC frame-wall building structure[R]. California: University of California, Berkeley. Earthquake Engineering Research Center, 1983.

[5] Park R, Oaulay T. Reinforced Concrete Structures[M]. New York: John Wiley & Sons, 1993.

[6] 李杰. 混凝土随机损伤力学的初步研究[J]. 同济大学学报(自然科学版),2004, 32(10): 1270-1277.

[7] 李杰,吴建营,陈建兵. 混凝土随机损伤力学[M]. 北京:科学出版社,2014:230-249.

[8] 张业树. 钢筋混凝土框架结构随机非线性全过程试验研究[D]. 上海:同济大学,2013.

Experimental Study on Stochastic Nonlinear Behavior of Reinforced Conceret Frames

Li Jie Feng De-cheng Gao Xiang-ling Zhang Ye-shu

Abstract: Eight 1/2-scale reinforec concerte(RC) model frames with one story and two bays subjected to monotonic lateral load were tested to investigate the stochastic and nonlinear behavior of the frames. All the specimens were designed with the same material and curing, and the loading conditions were all the same. The results demonstrate that, for the same frames, the random damage evolution process of the concrete material will cause the stochastic cracking and stochastic hinging position and sequence, leading to the stochastic redistribution process of the internal forces.

（本文原载于《建筑结构学报》第 35 卷增刊，2014 年 11 月）

钢筋混凝土双连梁短肢剪力墙结构试验研究

李奎明　李 杰

摘　要　为了研究混凝土材料随机性对结构反应的影响，进行了4片相同的4层1∶3缩尺模型的双连梁短肢剪力墙结构非线性全过程试验研究. 为了使各试件彼此相同，消除其他不确定因素的影响，在结构设计、材料配制、模型施工以及加载制度等方面进行了严格的控制. 试验获得了荷载-位移曲线、混凝土和钢筋的应变曲线以及墙体局部相对位移曲线. 从水平承载力、侧向刚度、位移延性3个方面对比分析了各片墙体的反应，研究了结构应变、位移的变异性特征，给出了典型横截面受力状态的变化过程，分析了各试件在破坏特征上的差异性. 研究结果表明，混凝土随机性与非线性的耦合效应对结构反应所造成的影响不可忽视.

在混凝土结构内力分析中，超静定结构的弹性分析根据各部分初始刚度的大小分配内力[1]. 然而，结构在开裂、屈服直到破坏的过程中，随着非线性程度的不断增大，结构刚度逐渐退化，从而使结构内力分布规律不断发生变化，即在结构的整个非线性反应过程中，内力重分布持续性地发生. 因此，弹性分析难以把握结构的真实受力性态，非线性的分析与设计非常必要.

然而，混凝土是一种由水泥、粗骨料、细骨料以及各种外加掺合料混合在一起并在水的作用下发生一定化学反应集结而成的多相复合材料，这就决定它的各组分分布不均匀，浇筑成型后内部又存在很多初始微孔洞和微裂缝，这必然使得材料损伤具有随机演化的特征[2]，本构关系也因此具有显著的随机性[3]. 在随机性与非线性相互作用下，结构内力必然发生随机重分布现象[4]. 换句话说，结构内力的演化不是一个确定性的过程，而是一个随机过程. 在混凝土结构分析中，忽略非线性和随机性都必然使得分析结果偏离真实值. 关于确定性的内力重分布规律的试验和分析已有较多的研究[5-7]，考虑随机性与非线性耦合效应所进行的结构试验研究至今尚未见诸于文献.

短肢剪力墙是指墙肢截面肢厚比在5～8之间的一种剪力墙结构，是吸取了框架和剪力墙结构的双重优点而发展起来的一种新型结构形式[8-9]. 由于其布置灵活和相对经济的特点，深受工程师们的青睐，已在我国高层住宅中获得了广泛的应用. 笔者以新近提出的双连梁短肢剪力墙结构(DW)为对象[10]，设计了4片相同的双连梁短肢剪力墙，并进行了拟静力试验研究.

1 模型设计

为了在试验过程中尽量消除其他影响因素的干扰，在材料配比、结构设计、模型施工、试验设备以及加载制度上都进行了严格控制.

1.1 试验材料

4 片双连梁短肢剪力墙使用了普通混凝土浇注，对所有墙体的混凝土进行了严格控制和施工. 首先是质量配比完全相同，水、水泥、中砂与碎石的比例为 190∶368∶606∶1 000，水灰质量比为 0.516，砂率为 0.377，配合比中所使用的材料为同一批次的产品. 混凝土的搅拌设备与搅拌时间相同. 同时，为了消除由于人员不同而造成的影响，施工人员也保持相同. 墙体和预留试块在试验室中进行了同条件养护，养护时间均为 80 d，养护的平均温度为 29 ℃. 钢筋分别采用了同批次的 ϕ4 的铁丝，ϕ6 及 ϕ8 的一级钢筋.

在材性试验中，混凝土分别进行了 24 组 100 mm×100 mm×300 mm 非标准棱柱体试件的混凝土轴心抗压强度试验，24 组 150 mm×150 mm×150 mm 标准立方体试件的混凝土劈裂抗拉强度试验和 12 组静力受压弹性模量试验. 绑扎用的钢筋分别进行了直径为 4，6，8 mm 的 12 组钢筋拉伸试验. 试验测得的混凝土和钢筋的力学指标分别如表 1 和表 2 所示.

表 1 混凝土力学性能指标统计

指标	均值/MPa	标准差/MPa	变异系数/%
抗压强度	42.90	2.81	6.55
弹模	39 705.00	2 351.17	5.92
劈拉强度	3.74	0.90	23.91

表 2 钢筋力学性能指标

钢筋直径/mm	弹性模量/MPa	屈服强度/MPa
4	202 080.00	356.83
6	246 038.33	468.83
8	204 735.00	319.67

从表 1 可见，混凝土抗压强度和弹性模量变异性在 6%左右，劈拉强度存在更大的变异性. 各钢筋的力学指标很稳定. 因此，在加载制度一致的条件下，可以认为结构反应的随机性主要来源于混凝土本身.

1.2 试验模型

试验设计了 4 片 1∶3 缩尺的 4 层双连梁短肢剪力墙结构. 墙肢肢厚比为 6，整个墙体厚 100 mm. 墙体部分高 3 603 mm，宽 1 700 mm. 双连梁长 500 mm，高 167 mm，洞口高 467 mm，双连梁间小洞口高 100 mm. 4 片墙体的编号分别为 DW1，DW2，DW3 和 DW4. 试件的结构形式与尺寸如图 1 所示. 图中 A，B，C 为截面；C1，C2，BS1，WS1 为应变片；D1，D2 为位移计.

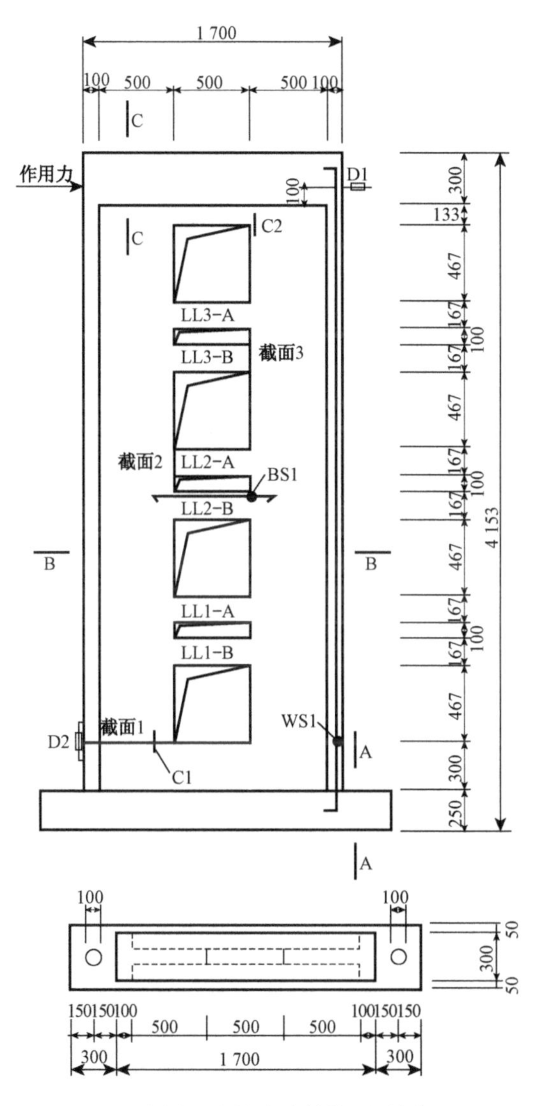

图 1　双连梁短肢剪力墙结构图(单位：mm)

墙肢竖直方向布置了双层 ϕ6@133 的分布钢筋，在水平方向布置了双层 ϕ6@150 的分布钢筋. 墙肢翼缘布置了 10ϕ8 纵向钢筋、ϕ4@50 的箍筋. 洞口暗柱布置了 4ϕ6 纵向钢筋、ϕ4@50 的箍筋. 双连梁布置了 4ϕ8 纵向钢筋、ϕ4@30 的箍筋，具体如图 2 所示.

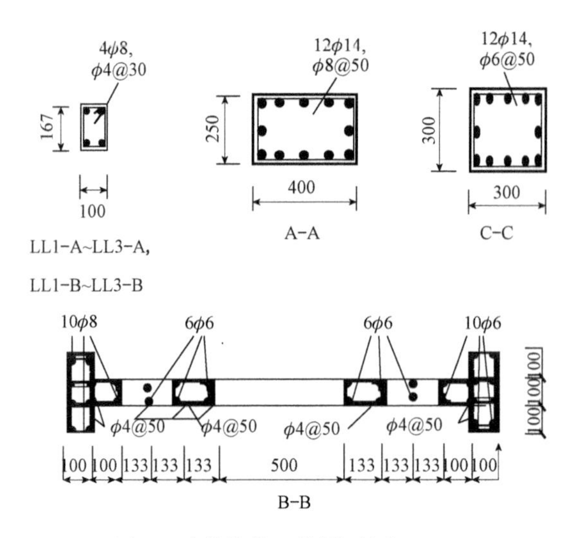

图 2　墙体结构配筋图(单位:mm)

1.3　试验加载制度与测点布置

竖向加载位置在试件顶梁上表面,一次性加载到 500 kN. 在水平方向,各试件采用了相同的位移加载制度,加载速率为 1 mm • s^{-1},加载点位于顶梁端部,水平方向预加载 10 kN,正式加载开始后,用位移计 D1 控制.

为了测得应变,在混凝土和钢筋的相应位置都布置了应变片,混凝土应变片 C1 位于受拉墙肢下部,C2 位于顶部洞口右上角部. 钢筋应变片 BS1 位于 LL2-B 连梁顶部纵筋上,WS1 位于受压墙肢翼缘下部纵筋上. 考虑到受拉区应变片容易损坏,在受拉墙肢下部的翼缘外侧布置了位移计 D2,用于测量局部相对位移,这样可以测量到较长的一段反应过程,在一定程度弥补了应变片损坏的不足. 为了得到截面在不同荷载下的受力状态,在受拉墙肢下部截面,沿水平方向均匀布置了 5 片应变片,连梁 LL2-A 的左端部和 LL3-B 的右端部分别沿高度方向均匀布置了 3 片应变片. 应变片、位移计和 3 个截面的位置如图 1 所示.

采用同济大学建筑工程系试验室 10 000 kN 大型多功能结构试验机系统进行试验. 此系统主机采用双门式框架结构,10 000 kN 垂向加载油缸通过直线导轨与横梁连接,3 000 kN 和 1 500 kN 水平加载油缸通过直线导轨与一侧立柱连接. 以上 3 个加载缸均有独立的主动伺服跟动系统,既可在加载过程中实现主动跟动,也可在固定位置加载. 图 3 为

图 3　大型多功能结构试验机系统

试验机系统照片.

2 试验数据分析

2.1 荷载-位移曲线分析

2.1.1 荷载-位移曲线

荷载-位移曲线是反映结构综合性能的重要指标,是宏观层次上的反应.水平加载点和水平顶点位移的测量位置如图 1 所示.试验得到了从加载到结构完全破坏的 4 条荷载-位移全过程曲线(图 4a),对其进行了统计分析,如图 4b 所示.

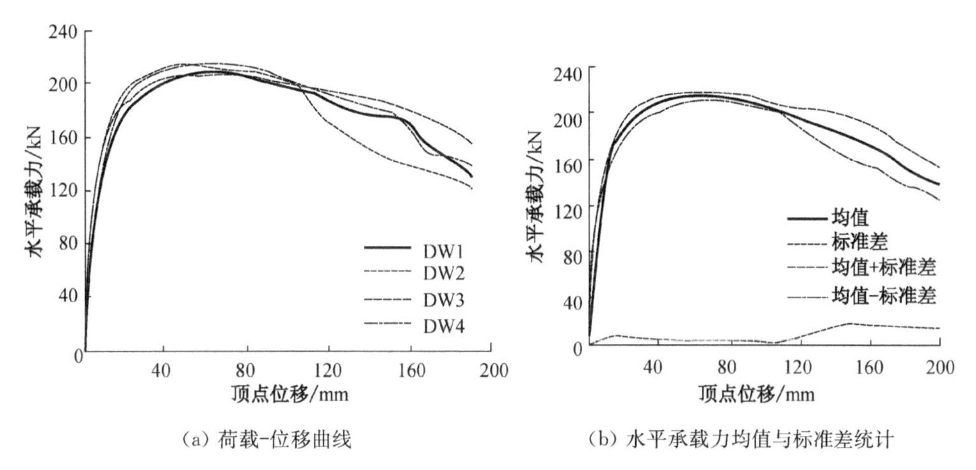

(a) 荷载-位移曲线 (b) 水平承载力均值与标准差统计

图 4 荷载-位移曲线与统计结果

从图 4b 可见,在顶点位移 100 mm 以前的一段反应过程中,标准差曲线较为稳定,水平承载力最大变异性为 5.00%.而在顶点位移为 100 mm 以后,结构进入强非线性阶段,承载力变异性开始迅速变大,最大值达到 11.00%.而若从另一个角度考察,即在给定水平荷载下考察顶点位移变异性,则可知顶点位移的变异性随着承载力的增加而不断变大,最大变异性可达 24.57%.

2.1.2 承载力分析

各试件的屈服强度为 F_y,极限荷载为 F_u.从表 3 试验结果可见,墙体的屈服强度变异系数接近 10.00%,而极限荷载变异系数只有 1.59%.

表 3 各试件承载力实测值

参数	试样				均值	标准差	变异系数/%
	DW1	DW2	DW3	DW4			
F_y/kN	189.21	155.16	189.76	190.06	181.05	17.26	9.52
F_u/kN	210.15	214.96	214.71	208.15	211.99	3.38	1.59

2.1.3 刚度分析

通常结构屈服、极限荷载、破坏点(极限荷载下降到85%)被认为是较为重要的结构特征点.设各试件的初始刚度为K_0,结构屈服时的刚度为K_y,达到极限荷载时的刚度为K_u,极限荷载下降了15%时的刚度为K_d,并令D_{y0},D_{u0}和D_{d0}分别为各刚度与初始刚度K_0的比值,用以表示刚度衰减情况.由表4可见,除K_0外,结构在各个特征点的刚度和刚度衰减系数的变异性较大,其中,各片墙在屈服点的刚度变异性达到36.8%,极限荷载处的刚度和刚度衰减系数在10.0%左右.

表4 不同反应阶段的刚度变化情况

参数	试件				均值	标准差	变异系数/%
	DW1	DW2	DW3	DW4			
K_0/(kN·mm^{-1})	17.98	19.71	20.35	19.74	19.45	1.02	5.24
K_y/(kN·mm^{-1})	7.01	15.51	9.96	8.26	10.19	3.75	36.80
K_u/(kN·mm^{-1})	3.56	3.65	3.28	3.97	3.62	0.28	7.73
K_d/(kN·mm^{-1})	1.23	1.64	1.20	1.17	1.31	0.22	16.79
D_{y0}/%	38.99	78.69	48.94	41.84	52.12	18.20	34.92
D_{u0}/%	19.80	18.52	16.11	20.11	18.64	1.82	9.76
D_{d0}/%	6.84	8.32	5.90	5.93	6.75	1.14	16.80

2.1.4 延性分析

将极限荷载下降到85%时的位移U_u与屈服位移U_y的比值定义为结构的位移延性.从表5可见,U_y和U_u的变异性都较大,延性比值的变异性高达31.96%.

表5 延性比较

参数	试件				均值	标准差	变异系数/%
	DW1	DW2	DW3	DW4			
U_y/mm	27.00	10.00	19.00	23.00	19.75	7.27	37.73
U_u/mm	145.27	111.12	152.22	150.69	139.83	19.37	13.85
U_u/U_y	5.38	11.11	8.01	6.55	7.76	2.48	31.96

通过对荷载-位移曲线上述3方面的分析,可以得出如下的结论:结构的水平位移离散性大于水平承载力,非线性阶段结构刚度和延性的变异性显著.

2.2 应变重分布

2.2.1 混凝土应变

(1)混凝土受拉.图1所示的C1位置为典型的墙肢受拉部位,试验结果如图5所示.图中正应变表示受拉,负应变表示受压,所有应变值均为微应变.从图5的实测曲线可见,随着荷载的不断增大,C1首先处于受压状态,其后变成了受拉状态.分析可知,初始受压是由竖向荷载所致,受压程度先增大后减小直至变为受拉的过程是水平荷载逐渐增加而使得中和轴不断向右移动的结果. 从图 5 中可见,4 条曲线由受拉状态变成受压状态所对应的顶点位移差异显著,在转化为受拉状态后,应变标准差随着顶点位移的增加而逐渐增大,变异系数最小值为 63%. 其他受拉部位的试验应变变异系数都在 50%上下波动,限于篇幅不一一列出.

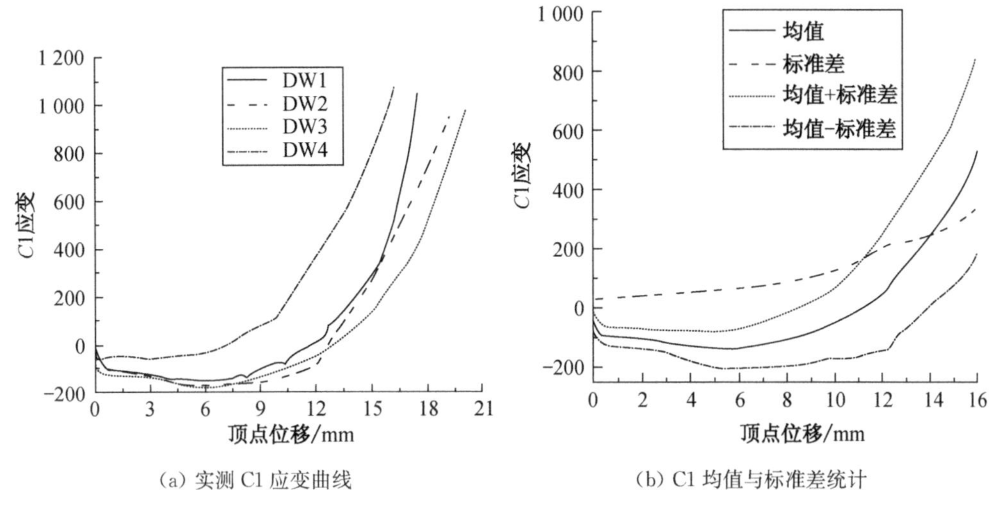

(a) 实测 C1 应变曲线　　(b) C1 均值与标准差统计

图 5　C1 实测与统计图

(2) 混凝土受压. 图 1 所示的 C2 为墙肢受压部位. 图 6 给出了其顶部洞口右上角部受压应变的实测和统计结果. 可见,随着顶点位移的增加,混凝土受压应变越来越大,应变标准差曲线也逐渐上升,变异系数在 15%～27%范围内波动. 其他受压部位的试验结果与 C2 的变异系数范围相似,均在 20%上下波动,限于篇幅不一一列出.

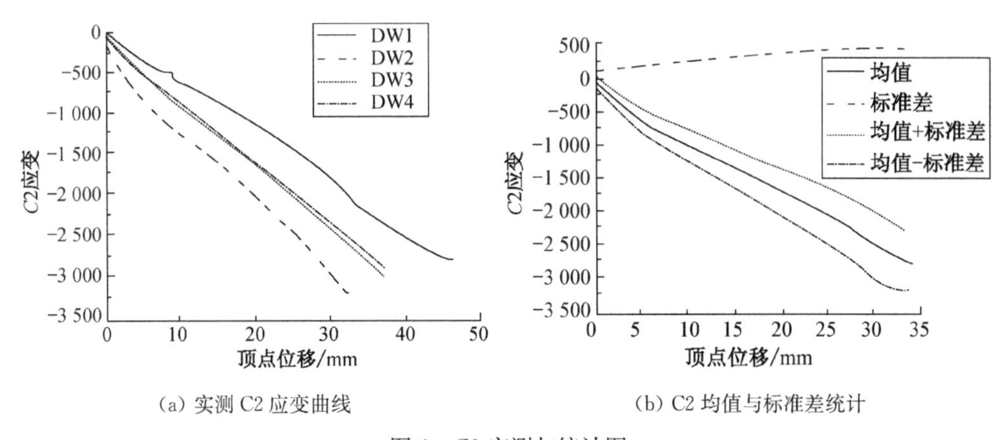

(a) 实测 C2 应变曲线　　(b) C2 均值与标准差统计

图 6　C2 实测与统计图

显然,混凝土受拉应变变异性大于受压应变的变异性,而受拉破坏是混凝土的一个主要破坏机制[11],说明混凝土材料随机性对这种破坏机制更为敏感.

2.2.2 钢筋应变

同混凝土一样，图7、图8给出了2个典型位置即图1中的BS1和WS1的纵向钢筋拉压应变曲线.

(1) 钢筋受拉. 连梁受拉纵筋BS1的试验结果如图7所示. 图中实测曲线可见，纵筋应变曲线随着顶点位移的增加而变大，但是曲线变化过程差异较大，墙体DW1应变增长最快，DW4的变化缓慢，而DW2的变化表现较为复杂. 应变均值和方差均随顶点位移的增加而增大. 变异系数在29%～56%范围内.

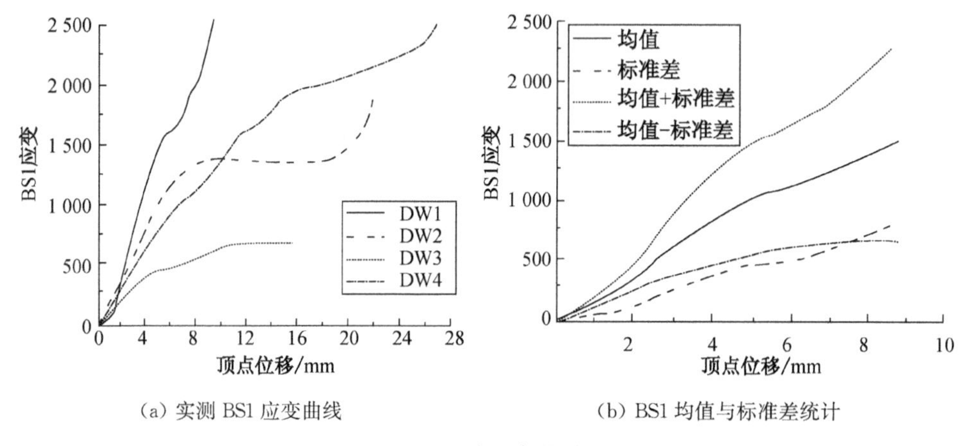

(a) 实测BS1应变曲线　　(b) BS1均值与标准差统计

图7　BS1实测与统计图

(2) 钢筋受压. 受压墙肢翼缘下部纵筋WS1为受压钢筋，实测与统计结果如图8所示. 4条实测应变曲线变化趋势较为接近，随着顶点位移的增加，受压程度也越来越大，标准差缓慢上升. 变异系数在3.5%～10.0%范围内波动.

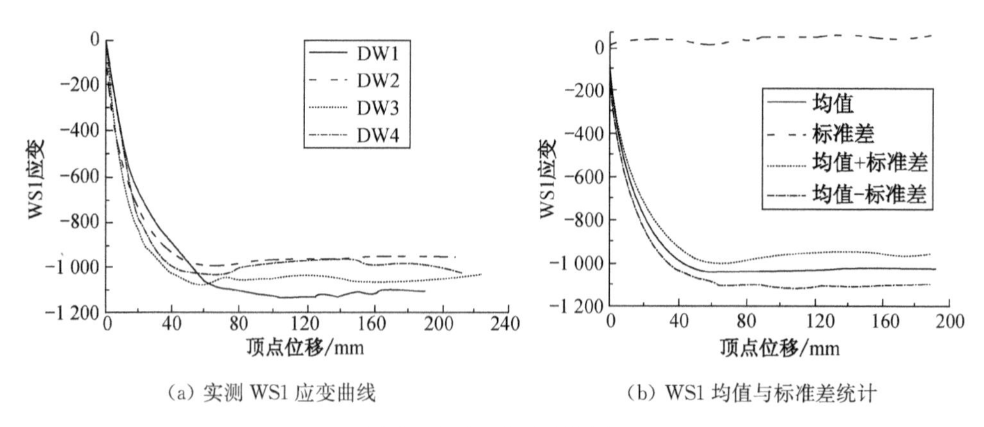

(a) 实测WS1应变曲线　　(b) WS1均值与标准差统计

图8　WS1实测与统计图

钢筋被认为是一种均质材料，本身的离散型可以忽略，而从试验结果中却发现钢筋应变，尤其是受拉应变具有显著的离散性. 究其原因，是由于各片墙体的开裂、屈服直至最终破坏的演化进程不相同，从而使得各个部位的应力分布状态存在差异，进而钢筋的受力出现了不同. 因此可以说，钢筋应变的变异性来源于混凝土.

同混凝土一样，钢筋的拉压应变曲线的变异性同样不可忽略. 受拉钢筋应变变异性大于受压钢筋应变变异性，这一点与混凝土的结论一致.

2.2.3 局部相对位移

图 1 所示的位移计 D2 位于受拉墙肢下部翼缘外侧，用来测量两点之间的相对位移，采用 50 mm 量程的位移计，2 个固顶端之间的标距为 230 mm. 图 9 给出了试验结果.

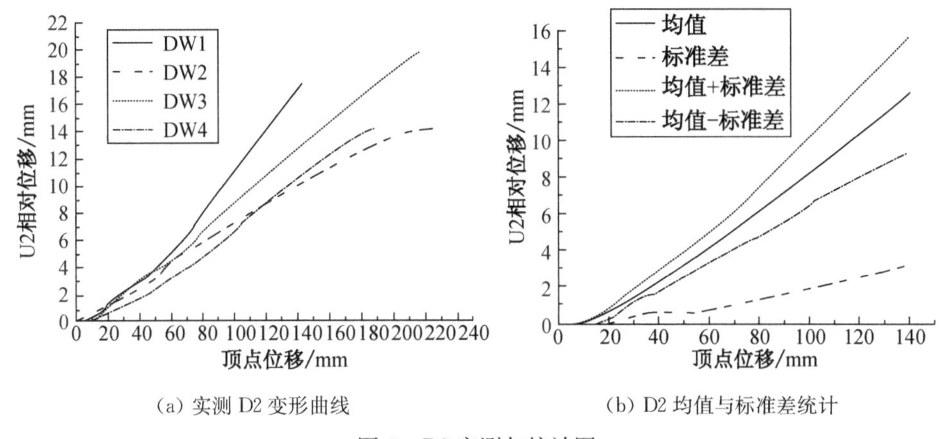

(a) 实测 D2 变形曲线　　(b) D2 均值与标准差统计

图 9　D2 实测与统计图

从实测结果与统计分析图可以看出，在水平位移 140 mm 以前的一段加载过程，局部相对位移的均值和标准差随着顶点位移的增加而增加. 变异系数随着顶点位移的增大而增加，在 18%～25%范围内. 其他的局部位移与 D2 的试验结论吻合，限于篇幅不逐一列出. 因此，混凝土的随机性对结构局部位移的离散性影响显著.

2.2.4 截面受力特征

对 3 个截面进行了应变的测量. 需要说明的是，试验中的应变片在受力过程中很容易损坏，因此这里给出的是应变片受力损坏前的截面应变信息.

(1) 截面 1. 截面 1 位于受拉墙肢底部，与底部洞口下边缘在同一水平线. 图 10 给出 4 片墙在不同顶点位移下的截面 1 应变分布状态. 图 1 中粗实线表示截面 1，“+”表示拉应变，“−”表示压应变. 应变均为微应变.

由图可见，在顶点位移为 1 mm 的初期阶段，由于水平荷载较小，竖向荷载的作用使得截面处于完全受压状态，随着水平荷载的不断加大，受拉区面积逐渐增大. 从 8 个不同状态来看，在顶点位移 1～4 mm 的前期阶段，截面应变分布差异性相对较小，顶点位移 5～8 mm 的后期阶段，混凝土逐步进入了非线性，截面应变分布的差异也逐渐变大. 事实上，对 DW4 而言，所考察截面在顶点水平位移 3 mm 后即不再遵循应变平截面假定. 这将导致各片墙体的截面轴力变得不同. 在图 10 的 8 个截面应变分布中，可以清晰地看到中和轴明显向右移动的过程，而且截面中和轴所在位置的差异也越来越大.

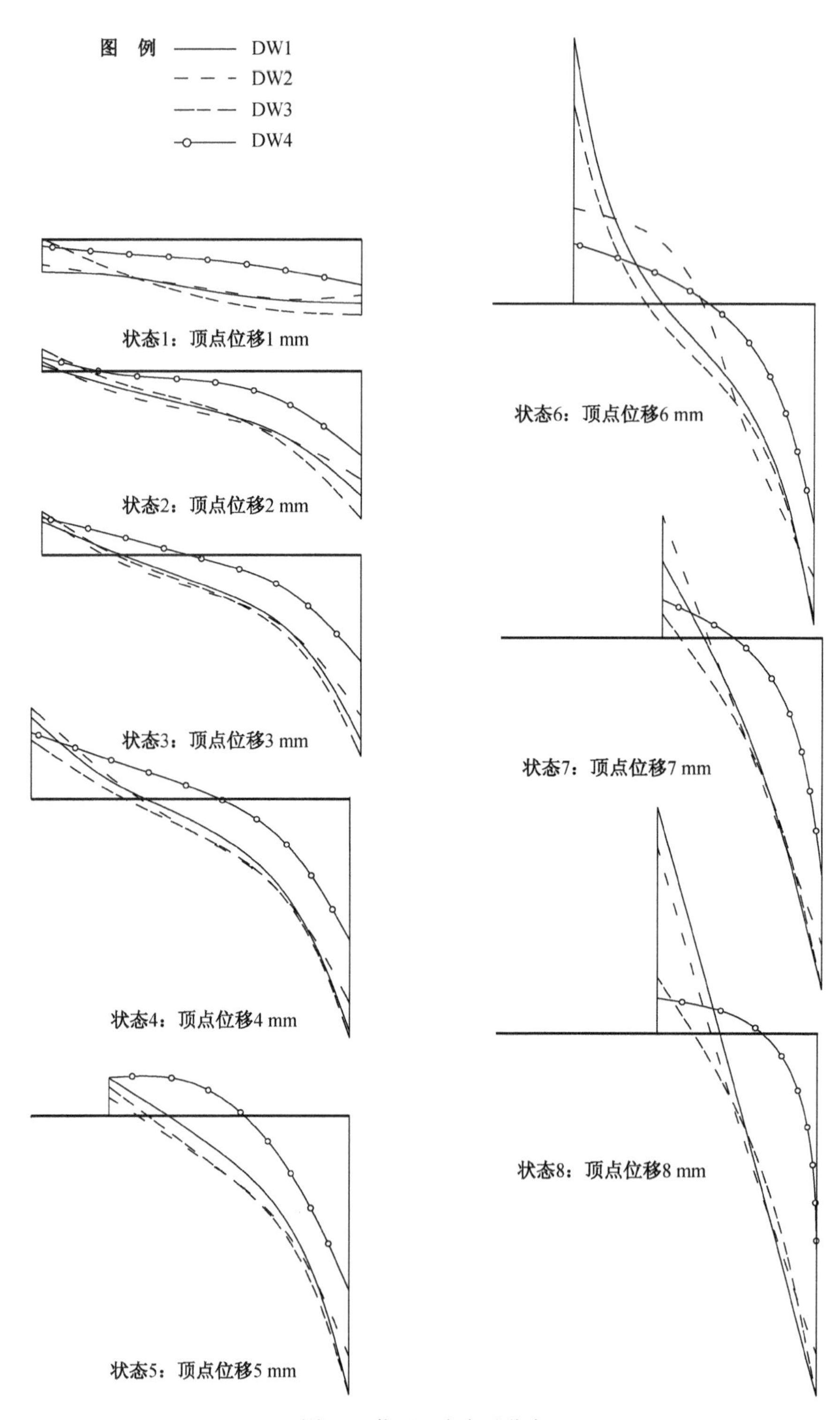

图 10　截面 1 应变重分布

根据文献[12-13]的一维全曲线本构关系，针对图10的截面应变，进行了近似的应力计算，同时叠加上钢筋的计算结果，积分得到了截面的轴力和弯矩，如表6所示.

表6　截面1内力统计

顶点位移/mm	轴力均值/kN	轴力标准差/kN	轴力变异系数/%	弯矩均值/(kN·m)	弯矩标准差/(kN·m)	弯矩变异系数/%
1	246.8	83.2	34	18.2	9.3	51
2	203.1	59.4	29	37.7	10.8	29
3	208.1	68.8	33	48.8	13.6	28
4	221.8	72.4	33	56.7	15.6	28
5	241.0	81.6	34	63.1	17.8	28
6	238.4	68.9	29	67.4	16.9	25
7	240.7	74.0	31	69.2	18.9	27
8	238.5	72.7	30	69.7	18.8	27

定义轴向受压为正，弯矩逆时针为正. 从表6可见，截面1在不同顶点水平位移下，轴力和弯矩均具有较大的变异性，变异系数在30%上下变动. 这表明混凝土物理参数随机性对截面1内力影响显著.

(2) 截面2、截面3. 截面2和截面3分别为不同连梁的左右2个截面，具有一定的代表性，如图1所示. 图11给出了在顶点位移1 mm和2 mm情况下2个截面的应变分布. 在每个状态下，4条应变分布曲线的差异均很大，也就是说，轴向力的差异必将很大. 而在相同顶点位移下，各片墙体截面的中和轴的位置差异将使得截面弯矩的变异性较大. 从状态1到状态2，中和轴位置移动较快，且截面3快于截面2，这表明连梁截面进入非线性的速度较快.

按照截面1内力计算的方法，根据图11的应变截面分布，同样得到了截面2、截面3的近似截面内力，如表7所示. 截面2、截面3的内力变异性同样很大，其中截面3尤其显著，达到70%～80%. 说明混凝土随机性对连梁端部截面内力变异性影响非常显著.

从墙体3个截面应变分布图的分析可见，随着荷载的不断增大，4片墙体的截面应变分布差异越发显著，中和轴位置差异也逐渐增大. 从3个截面内力近似计算结果可见，混凝土的随机性对内力变异性的影响显著，变异系数达30%，甚至80%，这个结果与文献[4]关于混凝土框架随机模拟结果相吻合. 由于混凝土开裂后，应变片失效，因此试验中仅能得到反应前期的一部分截面应变分布情况. 事实上，整个试验过程，顶点水平位移一直被加到190 mm，根据已经得到的截面受力状态的规律，可以推测：随着顶点位移的不断增大，结构内力的随机重分布也会变得更加明显.

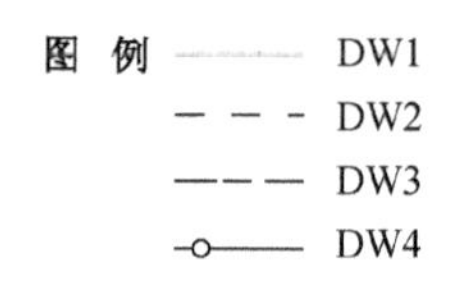

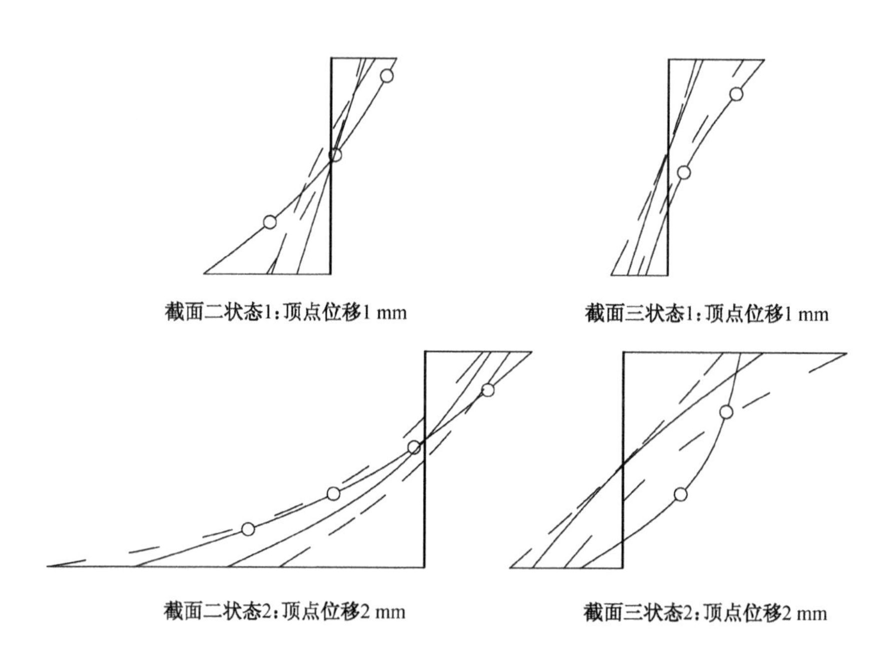

图 11　截面 2、截面 3 应变重分布

表 7　截面 2、截面 3 内力统计

截面	顶点位移/mm	轴力均值/kN	轴力标准差/kN	轴力变异系数/%	弯矩均值/(kN·m)	弯矩标准差/(kN·m)	弯矩变异系数/%
截面 2	1	5.38	2.39	44	−0.31	0.13	42
	2	7.90	3.04	38	−0.48	0.14	29
截面 3	1	5.41	3.85	71	−0.29	0.19	66
	2	8.55	7.66	89	−0.49	0.41	84

3　破坏特征

4 片墙体在开裂、屈服以及破坏现象 3 个方面表现出了很大的差异性.

3.1　开裂特征

从试验现象来看,初始开裂位置都发生在各个连梁端部受拉区,裂缝都是竖向受拉裂缝.但是对应的开裂荷载、顶点位移和具体开裂位置不同.从表 8 给出的试验结果可见,各墙体在开裂的各项指标上离散性很大,开裂荷载的变异性为 21%,对应的顶点位移变异性为 32%. 虽然第 1 条裂缝都集中在双连梁上,但是具体开裂位置也不尽相同.

表 8　各试件第 1 条裂缝统计

试件	开裂荷载/kN	开裂位移/mm	首先开裂位置
DW1	96.0	3.5	LL2-B 左下角
DW2	74.5	2.5	LL1-B 左下角,LL2-A 左下角
DW3	124.0	5.5	LL1-A 右上角,LL3-A 右上角
DW4	108.0	4.7	LL2-A 左下角,LL2-B 左下角

由表 8 得,开裂荷载的均值为 100.6,标准差为 20.9,变异系数为 21%;开裂位移的均值为 4.1,标准差为 1.3,变异系数 32%.

试验中所观测到破坏(开裂)的顺序明显不同,具体如图 12 所示. 图中每个区域有 4 个数字,从左到右依次表示墙体 DW1, DW2, DW3 和 DW4 在各自试验中的开裂顺序编号,同一墙体中编号相同表示 2 个位置同时开裂. 从图 12 中明显可以看出各个试件相同位置开裂顺序的差异很大.

从第 1 条裂缝出现的统计结果和各个破坏区域开裂顺序 2 个方面看,在开裂阶段,混凝土随机性对结构反应的影响很大.

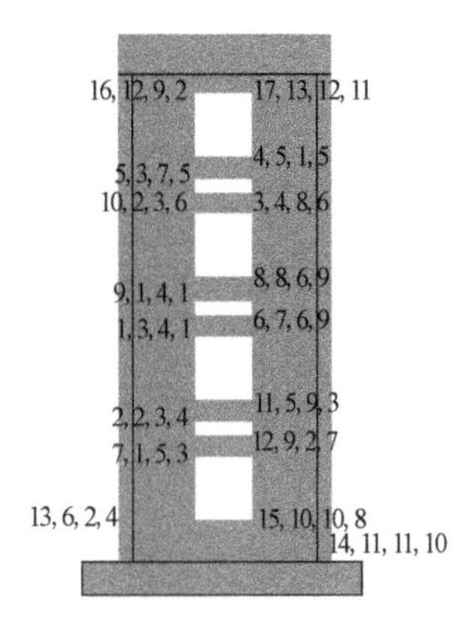

图 12　破坏区域开裂顺序

3.2　屈服特征

随着荷载的不断增加,各片墙体逐渐由线性阶段向非线性阶段演化,结构反应也在逐渐增大,各区域混凝土破坏越来越加剧,各受拉部位钢筋逐渐明显屈服,形成塑性铰(区). 各墙体塑性铰(区)出现顺序如图 13 所示,图中每个塑性铰(区)有 4 个数字,从左到右依次表示墙体 DW1, DW2, DW3 和 DW4 在各自试验中的塑性铰(区)出现顺序编号,同一墙体中编号相同表示 2 个位置同时形成塑性铰. 从图 13 可以看出,各试件的 14 个塑性铰(区)的出现顺序不同,这说明结构进入非线性阶段以后,混凝土材料的随机性对塑性铰(区)出现顺序有影响,反映出在相同顶点位移下相同截面的内力不相同,进而表明结构反应的内力演化路径具有差异性.

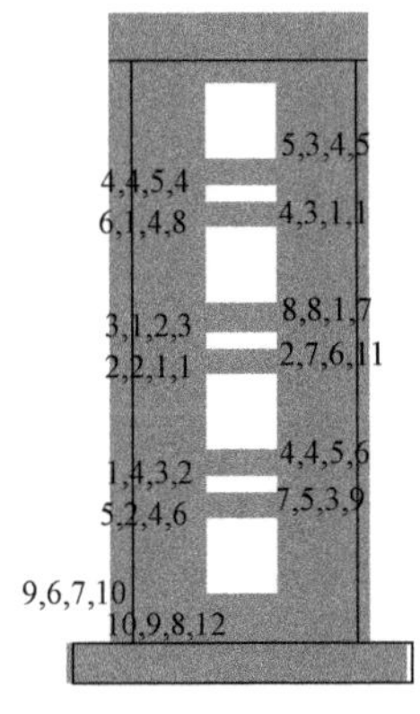

图 13　塑性铰(区)形成顺序

3.3 破坏现象

从 4 片墙体宏观破坏现象来看，连梁为受弯破坏，在梁端部出现竖向裂缝. 受拉墙肢下部为受拉破坏，产生了很多水平裂缝，受拉墙肢顶部出现了受剪斜裂缝. 受压翼缘根部混凝土被压碎，出现剥落. 受压墙肢顶部混凝土受压破坏，出现大面积混凝土脱落. 可见，在 4 片墙体的各个相同区域，破坏现象上具有宏观的相似性，即拉压区都表现为相应的受压拉破坏. 然而，相同区域在具体的破坏现象上存在差异. 现对受拉破坏和受剪破坏 2 个典型位置的局部破坏现象进行对比描述.

(1) 受拉墙肢翼缘下部受拉区域. 受拉墙肢翼缘下部区域为典型受拉破坏区，受拉裂缝沿着翼缘侧面分布，并部分延伸进入受拉墙肢. 4 片墙体裂缝分布和裂缝统计情况如图 14 和表 9.

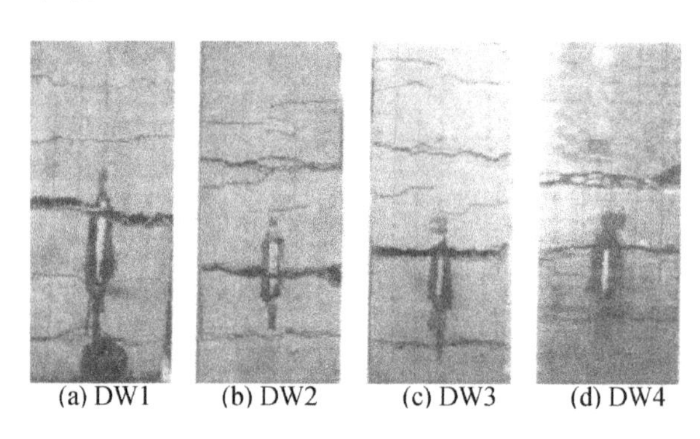

(a) DW1　(b) DW2　(c) DW3　(d) DW4

图 14　受拉墙肢翼缘下部破坏

表 9　受拉墙肢翼缘下部区域裂缝分布

试件	裂缝数目/个	主裂缝数目/个	主裂缝位置/cm	主裂缝宽度/cm
DW1	8	1	36.0	2.5
DW2	7	3	13.0	2.2
			28.0	3.0
			56.0	2.2
DW3	10	2	13.6	0.4
			36.0	1.9
DW4	9	3	18.0	0.6
			35.0	1.0
			52.0	2.5

4 片墙体裂缝的具体分布有所差异. DW1 在距离底梁顶面 11，21，36，49，59，71，97，108 cm 处分布着宽窄不同的水平裂缝. DW2 在距离底梁顶面 13，28，56，68，94，127，137 cm 处分布着宽窄不同的水平裂缝. DW3 在距离底梁顶面

13，36，45，51，60，75，98，115，138，141 cm 处分布着宽窄不同的水平裂缝. DW4 在距离底梁顶面 18，35，52，75，84，95，107，123，141 cm 处分布着宽窄不同的水平裂缝.

从图 14 和表 9 可见，各片墙体在这个受拉区域的裂缝的分布位置、数目、主裂缝分布位置、条数和宽度都不尽相同.

(2) 受压墙肢下部受剪区域. 受压墙肢下部区域为受剪破坏区，受剪裂缝从底部洞口右下角部开始，沿着墙面斜向下延伸至受压墙肢根部. 这个区域的破坏现象差异较大，如图 15 所示.

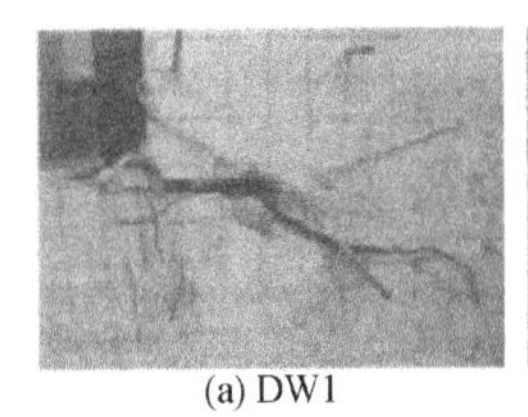
(a) DW1

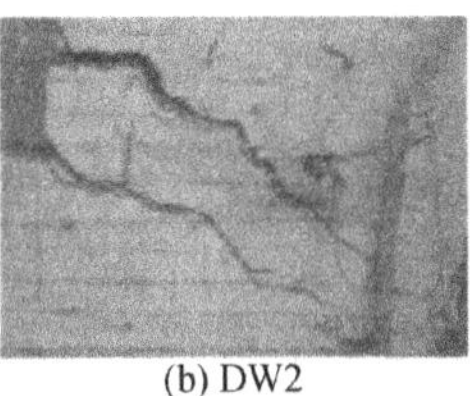
(b) DW2

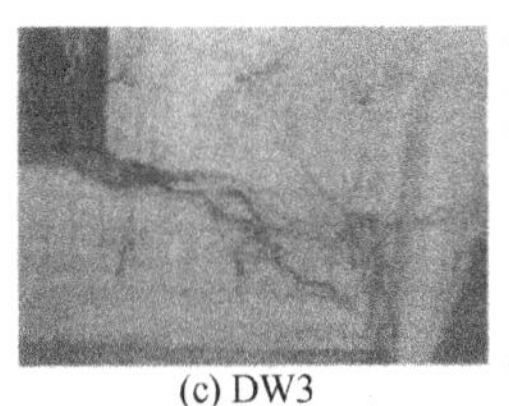
(c) DW3

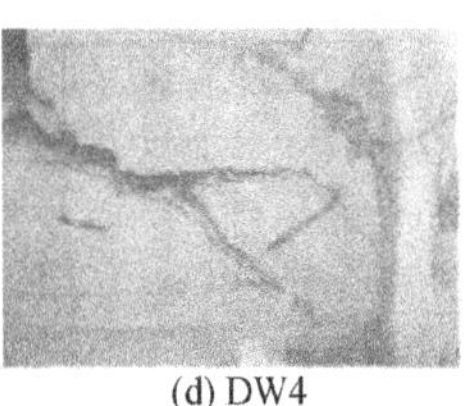
(d) DW4

图 15 受压墙肢下部破坏

DW1 产生 1 条斜向裂缝，最大裂缝宽度 3 cm. DW2 产生 2 条斜向裂缝，1 条从底部洞口左下角部开始，并延伸至受压墙肢根部，裂缝宽 1 cm. 另 1 条从底部洞口左边中下部开始，并与第 1 条裂缝平行延伸至翼缘根部，裂缝宽 4 cm. DW3 产生 1 条斜向裂缝，这条裂缝在发展过程中形成了 2 条裂缝，后又合并为 1 条. 最大裂缝宽度 6 cm. DW4 产生 1 条斜向裂缝，斜向下移动 24 cm 后分裂成 2 条裂缝，其中 1 条水平移动 10 cm 后斜向下 45°移动到受压翼缘根部，另外 1 条斜向下 30°移动 21 cm后水平移动 10 cm 到达受压翼缘根部. 最大裂缝宽度 2 cm.

在这个区域内，破坏裂缝全部为斜向裂缝，但在裂缝数目、裂缝宽度和裂缝变化过程这些具体破坏形态方面都表现出很大的差异性.

4 结 论

整个试验过程中，混凝土材料性质是唯一不可完全控制的影响结构反应的要素. 对 4 片相同的双连梁短肢剪力墙试验数据进行了分析，虽然样本较少，但还是能够反应混凝土结构非线性反应的一些本质特征. 研究结果表明：混凝土材料在宏观位移反应、细观应变反应和局部位移反应方面都表现出明显的随机性. 在非线性阶段这种离散性更加显著. 限于目前试验技术，试验中尚无法直接得到结构的内力反应，但是内力重分布的随机性特征在结构反应的各个阶段都得到了体现. 仔细分析试验结果不难发现，混凝土非线性使结构反应的随机性变得显著，而混凝土随机性又使得结构反应的非线性演化路径变得复杂多样. 因此，混凝土随机性与非线性耦合是导致结构内力随机重分布的本质原因，而这正是笔者试图阐述的基本观点.

参考文献

[1] 于庆荣,颜德姮. 混凝土结构[M]. 北京:中国建筑工业出版社,1994.

[2] 李杰. 混凝土随机损伤力学的初步研究[J]. 同济大学学报:自然科学版,2004,32(10):1270-1277.

[3] 李杰. 混凝土随机损伤本构关系研究新进展[J]. 东南大学学报:自然科学版,2002,32(5):750-755.

[4] 丁光莹,李杰. 混凝土框架结构非线性静力分析的随机模拟[J]. 同济大学学报:自然科学版,2003,31(4):389-394.

[5] 余志武,周凌宇,罗小勇. 钢部分预应力混凝土连续组合梁内力重分布研究[J]. 建筑结构学报,2002,23(6):64-69.

[6] 宋建学,刘立新,彭少民. 低周反复试验中短肢墙应变分布演化过程研究[J]. 世界地震工程,2002,18(1):77-80.

[7] 黄吉锋,李云贵,邵弘,等. 考虑弹塑性内力重分配的框剪结构等剪应力调整[J]. 建筑科学,2005,21(3):1-1.

[8] 容柏生. 高层住宅建筑中的短肢剪力墙结构体系[J]. 建筑结构学报,1997,18(6):14-19.

[9] 中华人民共和国建设部. JGJ3—2002 高层建筑混凝土结构技术规程[S]. 北京:中国建筑工业出版社,2002.

[10] 李奎明,孙春毅,李杰. 高性能混凝土双连梁短肢剪力墙试验研究[J]. 地震工程与工程振动,2006,26(3):121-123.

[11] WU J Y, LI J, Faria R. An energy release rate-based plastic damage model for concrete [J]. International Journal of Solids and Structures, 2006, 43(3-4):583-612.

[12] 中华人民共和国建设部. GB 50010—2002 混凝土结构设计规范[S]. 北京:中国建筑工业出版社,2002.

[13] 过镇海,张秀琴,张达成,等. 混凝土应力-应变全曲线的试验研究[J]. 建筑结构学报,1982,3(1):1-12.

Experimental Study on Reinforced Concrete Short-Leg Shear Walls with Dual Binding Beams

Li Kui-ming Li Jie

Abstract: Pseudo static tests are conducted on the same four four-story 1∶3 scaled short-leg shear wall specimens with dual binding beams in a bid to investigate how concrete stochastic characteristic affects the structural responses. Structure design, material preparation, specimen construction and loading system are fabricated strictly so as to eliminate other uncertain factors. Load-displacement curves, strain curves and partial relative displacement curves are obtained. Moreover, the bearing capacity, stiffness, and ductility are discussed. Strains variability, displacements variability and redistributed inner forces behavior of three typical cross sections are studied. Finally, failure characteristic of different specimens is contrasted. It is concluded that coupling of concrete randomicity and non-linearity has notable effects on structural responses.

(本文原载于《同济大学学报》第37卷第5期,2009年5月)

双连梁短肢剪力墙结构非线性随机演化分析

李奎明　李 杰

摘　要　在混凝土随机损伤力学研究的基本框架内，基于混凝土弹塑性损伤本构模型和概率密度演化理论，从荷载-位移曲线、混凝土和钢筋应变、混凝土损伤和截面内力几个方面对双连梁短肢剪力墙结构进行了分析. 分别通过样本轨道、系综数值特征和概率密度三种方式描述了结构非线性随机演化力学行为研究表明，在结构不同层次的反应中，出现了概率密度曲面"多脊"和"多峰"的复杂演化现象，混凝土非线性与随机性藕合使得结构不同层次的反应变得复杂多样. 研究同时发现，在结构受力行为演化过程中，随机性与确定性之间可以互相转化.

混凝土是一种多相复合材料，由基本上为线性材料的集料和高度非线性材料的水泥浆体组成，通过界面过渡区这一薄弱环节连接在一起. 界面集料分布具有高度不均匀性，其内部具有多初始微孔洞和微裂缝. 混凝土材料本身的这些固有特征使得其具有明显不可控性，反映在混凝土初始物理参数和本构关系上为具有显著的随机性[1-2]，进而导致结构非线性反应过程中必然具有随机演化特性[3-5]. 在外部荷载对结构作用的过程中，混凝土非线性和随机性并不是割裂开来的两个独立个体，两者互相影响，这种藕合使得结构非线性力学行为变得复杂多样，而大多数既有的非线性分析研究恰恰忽略了这一点. 文献[3-4]对框架结构进行了动力和静力的随机模拟分析，在二阶统计意义上给出了结构随机响应范围.

在考察结构的随机响应时，样本轨道是一种最直接的描述方式，而系综数值特征则可以从统计意义上反映出结构反应的主要特征. 但是，求取数值特征中的统计平均过程掩盖了结构反应过程中本身存在的复杂随机演化现象. 与之相比较，概率密度是一种最理想的描述手段，通过这种方式，可以全面地给出结构非线性随机演化的整个过程. 本文以双连梁短肢剪力墙结构为研究对象，结合这三种方式的各自优点，在混凝土随机损伤力学研究的基本框架内[6]，采用混凝土弹塑性损伤本构模型[7]和概率密度演化理论[8-10]，从荷载-位移曲线、混凝土和钢筋应变、混凝土损伤和截面内力几个方面对双短肢剪力墙结构非线性随机演化的复杂力学行为进行了较为全面的刻画.

1 混凝土弹塑性损伤本构模型

对混凝土双连梁短肢剪力墙结构非线性分析采用基于损伤能释放率的混凝土弹塑性本构关系模型[7]. 该模型从物理本质出发，采用受拉损伤变量和受剪损伤变量反映微观损伤对混凝土材料宏观力学性能劣化的影响，从不可逆热力学原理出发，基于损伤能释放率确定损伤准则，并通过正交法则得到损伤变量的演化过程，从而给出完整的弹塑性损伤本构模型. 和既有的损伤本构关系相比，该模型具有严密的物理机制和较为完备的理论基础. 为行文清晰起见，以下简单介绍这一模型.

1.1 弹性 Helmholtz 自由能

根据损伤力学基本理论，有效应力张量定义为

$$\bar{\boldsymbol{\sigma}} = \boldsymbol{C}_0 : \boldsymbol{\varepsilon}^{e} = \boldsymbol{C}_0 : (\boldsymbol{\varepsilon} - \boldsymbol{\varepsilon}^{p}) \tag{1}$$

式中：$\boldsymbol{\varepsilon}$ 为总变形张量，可分解为弹性应变张量 $\boldsymbol{\varepsilon}^{e}$ 和塑性应变张量 $\boldsymbol{\varepsilon}^{p}$ 两部分，即 $\boldsymbol{\varepsilon} = \boldsymbol{\varepsilon}^{e} + \boldsymbol{\varepsilon}^{p}$；$\boldsymbol{C}_0$ 为材料的弹性刚度张量；$\boldsymbol{\Lambda}_0 = \boldsymbol{C}_0^{-1}$ 为材料的初始柔度张量.

有效应力张量 $\bar{\boldsymbol{\sigma}}$ 分解为有效拉应力张量 $\bar{\boldsymbol{\sigma}}^{+}$ 和有效压应力张量 $\bar{\boldsymbol{\sigma}}^{-}$.

$$\bar{\boldsymbol{\sigma}} = \bar{\boldsymbol{\sigma}}^{+} + \bar{\boldsymbol{\sigma}}^{-} = \boldsymbol{P}^{+}\bar{\boldsymbol{\sigma}} + \boldsymbol{P}^{-}\bar{\boldsymbol{\sigma}} \tag{2}$$

式中：$\boldsymbol{P}^{+}$和 $\boldsymbol{P}^{-}$分别为四阶对称正、负投影张量，表示为 $\bar{\boldsymbol{\sigma}}$ 的特征值 $\hat{\bar{\boldsymbol{\sigma}}}_i$ 和特征向量 $\boldsymbol{P}_i$ 的函数.

与之相应，混凝土的弹性 Helmholtz 自由能分解为受拉自由能 $\psi_0^{e+}(\varepsilon^{e})$ 和受剪自由能 $\psi_0^{e-}(\varepsilon^{e})$ 正负两个部分，表示如下

$$\boldsymbol{\psi}_0^{e}(\boldsymbol{\varepsilon}^{e}) = \boldsymbol{\psi}_0^{e+}(\boldsymbol{\varepsilon}^{e}) + \boldsymbol{\psi}_0^{e-}(\boldsymbol{\varepsilon}^{e}) \tag{3}$$

$$\boldsymbol{\psi}^{e+} = \frac{1}{2}\bar{\boldsymbol{\sigma}}^{+} : \boldsymbol{\varepsilon}^{e},\ \boldsymbol{\psi}^{e-} = \frac{1}{2}\bar{\boldsymbol{\sigma}}^{-} : \boldsymbol{\varepsilon}^{e} \tag{4}$$

损伤后的弹性 Helmholtz 由能表示为

$$\boldsymbol{\psi}^{e}(\boldsymbol{\varepsilon}^{e},\ d^{+},\ d^{-}) = \boldsymbol{\psi}^{e+}(\boldsymbol{\varepsilon}^{e},\ d^{+}) + \boldsymbol{\psi}^{e-}(\boldsymbol{\varepsilon}^{e}, d^{-}) \tag{5}$$

其中，

$$\boldsymbol{\psi}^{e+}(\boldsymbol{\varepsilon}^{e},\ d^{+}) = (1-d^{+})\boldsymbol{\psi}_0^{e+} = \frac{1}{2}(1-d^{+})\bar{\boldsymbol{\sigma}}^{+} : \boldsymbol{\varepsilon}^{e} \tag{6}$$

$$\boldsymbol{\psi}^{e-}(\boldsymbol{\varepsilon}^{e},\ d^{-}) = (1-d^{-})\boldsymbol{\psi}_0^{e-} = \frac{1}{2}(1-d^{-})\bar{\boldsymbol{\sigma}}^{-} : \boldsymbol{\varepsilon}^{e} \tag{7}$$

1.2 弹塑性 Helmholtz 自由能和损伤本构关系

类似于弹性 Helmholtz 自由能，材料的塑性 Helmholtz 自由能可表达为

$$\psi_0^{p}(\boldsymbol{\varepsilon}^{p}) = \psi_0^{p+}(\boldsymbol{\varepsilon}^{p}) + \psi_0^{p-}(\boldsymbol{\varepsilon}^{p}) \tag{8}$$

其中,

$$\psi_0^{p+}(\boldsymbol{\varepsilon}^{p}) = \int_0^{\boldsymbol{\varepsilon}^{p}} \bar{\boldsymbol{\sigma}}^{+} : \mathrm{d}\boldsymbol{\varepsilon}^{p},\ \psi_0^{p-}(\boldsymbol{\varepsilon}^{p}) = \int_0^{\boldsymbol{\varepsilon}^{p}} \bar{\boldsymbol{\sigma}}^{-} : \mathrm{d}\boldsymbol{\varepsilon}^{p}$$

考虑到受拉损伤机制和受剪损伤机制对塑性自由能退化的不同影响,材料损伤后塑性 Helmholtz 自由能

$$\psi^{p}(\boldsymbol{\varepsilon}^{p},\ d^{+},\ d^{-}) = \psi_0^{p+}(\boldsymbol{\varepsilon}^{p},\ d^{+}) + \psi_0^{p-}(\boldsymbol{\varepsilon}^{p},\ d^{-}) \tag{9}$$

$$\psi^{p+}(\boldsymbol{\varepsilon}^{p},\ d^{+}) = (1-d^{+})\psi_0^{p+}(\boldsymbol{\varepsilon}^{p}),$$

$$\psi^{p-}(\boldsymbol{\varepsilon}^{p},\ d^{-}) = (1-d^{-})\psi_0^{p-}(\boldsymbol{\varepsilon}^{p}) \tag{10}$$

因此,材料损伤后塑性 Helmholtz 自由能为

$$\psi(\boldsymbol{\varepsilon}^{e},\ \boldsymbol{\varepsilon}^{p},\ d^{+},\ d^{-}) = \psi^{+}(\boldsymbol{\varepsilon}^{e},\ \boldsymbol{\varepsilon}^{p},\ d^{+}) + \psi^{-}(\boldsymbol{\varepsilon}^{e},\ \boldsymbol{\varepsilon}^{p},\ d^{-}) \tag{11}$$

$$\psi^{+}(\boldsymbol{\varepsilon}^{e},\ \boldsymbol{\varepsilon}^{p},\ d^{+}) = \psi^{e+} + \psi^{p+} = (1-d^{+})\psi_0^{+} = (1-d^{+})(\psi_0^{e+} + \psi_0^{p+}) \tag{12}$$

$$\psi^{-}(\boldsymbol{\varepsilon}^{e},\ \boldsymbol{\varepsilon}^{p},\ d^{-}) = \psi^{e-} + \psi^{p-} = (1-d^{-})\psi_0^{-} = (1-d^{-})(\psi_0^{e-} + \psi_0^{p-}) \tag{13}$$

假设材料的弹性自由能和塑性能自由势不耦合,根据不可逆热力学基本原理,有

$$\boldsymbol{\sigma} = \frac{\partial \psi^{e}}{\partial \boldsymbol{\varepsilon}^{e}} = (1-d^{+})\bar{\boldsymbol{\sigma}}^{+} + (1-d^{-})\bar{\boldsymbol{\sigma}}^{-} = (\boldsymbol{I}-\boldsymbol{D}) : \bar{\boldsymbol{\sigma}} \tag{14}$$

由于引入了两类内变量即塑性变形 $\boldsymbol{\varepsilon}^{p}$ 和损伤变量 d^{+}, d^{-},因此必须建立内变量的演化法则,才能构成完整的混凝土本构关系.

1.3 有效应力空间中的塑性变形

在有效应力空间内,相应的流动准则、塑性硬化法则、屈服条件和加卸载条件分别为

$$\dot{\boldsymbol{\varepsilon}}^{p} = \dot{\lambda}^{p} \partial_{\bar{\boldsymbol{\sigma}}} G^{p}(\bar{\boldsymbol{\sigma}},\ \boldsymbol{\kappa}) \tag{15a}$$

$$\dot{\boldsymbol{\kappa}} = \dot{\lambda}^{p} \boldsymbol{h}^{p}(\bar{\boldsymbol{\sigma}},\ \boldsymbol{\kappa}) \tag{15b}$$

$$F^{p}(\bar{\boldsymbol{\sigma}},\ \boldsymbol{\kappa}) \leqslant 0 \tag{15c}$$

$$F^{p}(\bar{\boldsymbol{\sigma}},\ \boldsymbol{\kappa}) \leqslant 0,\ \dot{\lambda}^{p} \geqslant 0,\ \dot{\lambda}^{p} F^{p}(\bar{\boldsymbol{\sigma}},\ \boldsymbol{\kappa}) \leqslant 0 \tag{15d}$$

式中, G^{p} 为塑性势函数; F^{p} 为塑性屈服函数; $\boldsymbol{h}^{p}$ 为硬化函数向量; $\boldsymbol{\kappa}$ 为硬化参数向量; $\dot{\lambda}^{p}$ 为塑性流动因子.

对有效应力张量式(1)两边微分,并考虑到式(15)可以得到

$$\dot{\bar{\boldsymbol{\sigma}}} = \boldsymbol{C}^{\mathrm{ep}} : \dot{\boldsymbol{\varepsilon}} \tag{16}$$

式中,C^{ep}为有效弹塑性切线刚度张量,其表达式为

$$\boldsymbol{C}^{\mathrm{ep}} = \boldsymbol{C}_0 - \frac{(\boldsymbol{C}_0 : \partial_{\bar{\boldsymbol{\sigma}}} \boldsymbol{F}^{\mathrm{p}}) \otimes (\boldsymbol{C}_0 : \partial_{\bar{\boldsymbol{\sigma}}} F^{\mathrm{p}})}{\partial_{\bar{\boldsymbol{\sigma}}} F^{\mathrm{p}} : \boldsymbol{C}_0 : \partial_{\bar{\sigma}} F^{\mathrm{p}} - \partial_{\boldsymbol{\kappa}} F^{\mathrm{p}} \boldsymbol{h}^{\mathrm{p}}} \tag{17}$$

1.4 损伤变量及其演化法则

与损伤变量 d^+ 和 d^- 功共扼的受拉损伤能释放 Y^+ 和受剪损伤能释放率 Y^- 分别为

$$Y^+ = -\frac{\partial \psi^+}{\partial d^+} = \psi_0^{e+},\ Y^- = -\frac{\partial \psi^-}{\partial \psi^-} = \psi_0^{e-} \tag{18}$$

基于上述得到的损伤能释放率,可以建立受拉损伤准则和受剪损伤准则分别为

$$g^{\pm}(Y_n^{\pm},\ r_n^{\pm}) = Y_n^{\pm} - r_n^{\pm} \leqslant 0 \tag{19}$$

式中,r^+,r^- 分别为受拉和受剪损伤能释放率阀值,用于控制损伤面的发展.

由上述损伤准则,根据正交流动法则,可以得到损伤变量的演化法则为

$$\dot{d}^{\pm} = \dot{\lambda}^{d^{\pm}} \frac{\partial g^{\pm}(Y_n^{\pm},\ r_n^{\pm})}{\partial Y_n^{\pm}},\ \dot{r}_n^{\pm} = \dot{\lambda}^{d^{\pm}} \tag{20}$$

损伤加卸载条件即 Kuhn-Tucker 关系为

$$\dot{\lambda}^{d^{\pm}} \leqslant 0,\ g^{\pm}(Y_n^{\pm},\ r_n^{\pm}) \leqslant 0,\ \dot{\lambda}^{d^{\pm}} g^{\pm}(Y_n^{\pm},\ r_n^{\pm}) = 0 \tag{21}$$

当 $g^{\pm}(Y_n^{\pm},\ r_n^{\pm}) < 0$ 时,可以得到 $\dot{\lambda}^{d^{\pm}} = 0$,$\dot{d}^{\pm} = 0$,此时处于损伤卸载或者中性变载阶段,损伤不进一步发展;当处于损伤加载状态时,有 $\dot{\lambda}^{d^{\pm}} > 0$,则 $g^{\pm}(Y_n^{\pm},\ r_n^{\pm}) = 0$ 可以通过损伤一致性条件求出 $r_n^{\pm} = \max\{r_0^{\pm},\ \max_{\tau \in [0,\ n]} Y_\tau^{\pm}\}$. 在模型中,受拉损伤变量与受剪损伤变量分别取为

$$d^+ = G^+(r_n^+) = 1 - \frac{r_0^+}{r_n^+} \exp\left[A^+\left(1 - \frac{r_n^+}{r_0^+}\right)\right],\qquad r_n^+ \geqslant r_0^+ \tag{22}$$

$$d^- = G^-(r_n^-) = 1 - \frac{r_0^-}{r_n^-}(1 - A^-) - A^- \exp\left[B - \left(1 - \frac{r_n^-}{r_0^-}\right)\right],\quad r_n^- \geqslant r_0^- \tag{23}$$

2 概率密度演化基本理论

当考虑物理参数的随机性对结构的影响时,即引出随机结构分析问题. 在传统

的分析中，随机摄动有限元方法、随机模拟方法和正交多项式展开理论是较为常用的求解方法，虽然均仅能获得二阶统计量上的近似解答，但无法获得结构反应更为全面的概率信息．近年来，李杰和陈建兵[8-10]发展了一类概率密度演化方法，在该方法中，从状态方程出发，导出了解耦的广义密度演化方程．结合确定性结构反应分析与有限差分方法，可获得结构反应的概率密度，而这是对随机系统最为精确的表述，下面简述这一方法．

不失一般性，考察一个随机动力系统

$$\dot{X} = G(X, \Theta, t) \tag{24}$$

当 Θ 为确定性参数向量时，若其解答存在且唯一，则必然时参数 Θ 的函数，记为

$$X = H(\Theta, t) \tag{25}$$

当 Θ 为随机参数时，如果系统不再引入其他随机因素，$X(t)$ 的随机性完全来自于 Θ 的随机性．记 $\{\Theta=\theta\}$ 条件下 $X(t)$ 的条件概率密度函数为

$$p_{X|\Theta}(x, t \mid \theta) = \delta(x - H(\theta, t)) \tag{26}$$

对上式两边关于时间 t 微分可以得到

$$\frac{\partial p_{X|\Theta}(x, t \mid \theta)}{\partial t} = -H(\Theta, t)\frac{\partial p_{X|\Theta}(x, t \mid \theta)}{\partial x} \tag{27}$$

根据条件概率公式，若设 (X, Θ) 的联合概率密度函数为 $p_{X\Theta}(x, \theta, t)$，则有

$$p_{X\Theta}(x, \theta, t) = p_{X|\Theta}(x, t \mid \theta)p_{\Theta}(\theta) \tag{28}$$

将式(28)两边同时乘以 $p_{\Theta}(\theta)$，并结合式(29)即可得到

$$\frac{\partial p_{X\Theta}(x, \theta, t)}{\partial t} + H(\Theta, t)\frac{\partial p_{X\Theta}(x, t \mid \theta)}{\partial x} = 0 \tag{29}$$

结合式(26)与式(30)有

$$\frac{\partial p_{X\Theta}(x, \theta, t)}{\partial t} + \dot{X}(\theta, t)\frac{\partial p_{X|\Theta}(x, t \mid \theta)}{\partial x} = 0 \tag{30}$$

式(30)称为广义概率密度演化方程．

3 双连梁短肢剪力墙结构非线性随机演化分析

为了从试验的角度研究混凝土非线性与随机性对结构反应的影响，进行了 4 片相同的双连梁短肢剪力墙结构静力全过程试验研究，试件编号分别为 DW1，DW2，DW3 和 DW4 为了保证 4 片墙体的最大一致性，在结构设计、材料配制、模型施工以及加载制度上均进行了严格的控制．墙体高 3 603 mm，宽 1 700 mm．墙肢肢厚比为 6，墙体厚 100 mm．墙肢竖直方向布置了双层 Φ6@133 的分布钢筋，在水

平方向布置了双层 Φ6@150 的分布钢筋.墙肢翼缘布置了 10Φ8 纵向钢筋,Φ4@50 的箍筋.洞口暗柱布置了 4Φ6 中纵向钢筋,Φ4@50 的箍筋.结构形式与配筋如图 1(a)所示.试验设备采用了同济大学建工系试验室 10 000 kN 大型多功能结构试验机系统.试件竖向加载位置在顶梁上表面,一次性加载到 500 kN 在水平方向,各试件采用了相同的位移加载制度,加载速率为 1 mm·s^{-1},加载点位于顶梁端部,水平方向预加载 10 kN,用于测试加载系统和各通道是否正常,正式加载开始后,用位移计 D1 控制整个加载过程,试验最终获得了图 1(a)所示各测点位置的试验曲线.通过这样的试验设计,可以基本保证没有引入除了混凝土材性本身以外的随机源.

整个分析采用混凝土弹塑性损伤本构模型和概率密度演化理论完成.将混凝土强度和弹性模量作为独立随机变量,参数均值采用试验实测平均值:轴心抗压强度 42.9 MPa,弹性模量 39 705 MPa,变异系数取 10%.采用切球选点法[11]选取 127 组参数.在建模过程中,采用四边形 8 节点二次等参平面单元,使用 4 个积分点的减缩积分,和实际试验情况一样,竖向加载 500 kN,非线性求解采用改进弧长法[12],计算收敛准则实行水平荷载和顶点水平位移的双重控制,具体计算在大型通用有限元软件 ABAQUS 的二次开发平台上完成,计算测点位置和有限元模型如图 1 所示.

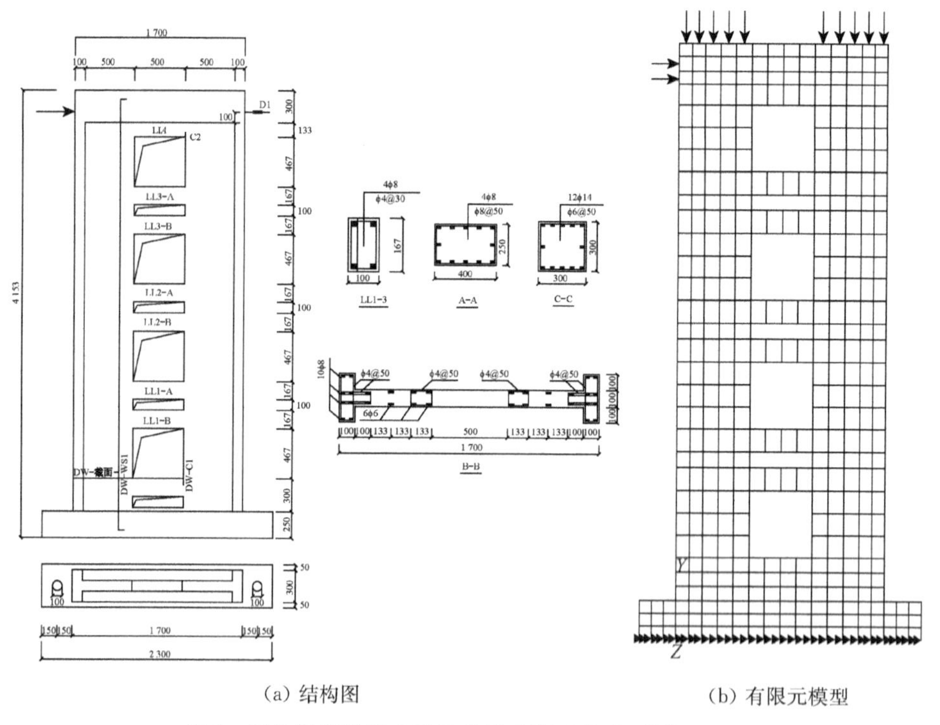

(a) 结构图　　　　(b) 有限元模型

图 1　双连梁短肢剪力墙结构及有限元模型(单位:mm)

3.1 荷载-位移曲线

由图 2(a)可见，在系综数值特征描述上，4 条试验的荷载-位移曲线落在了理论分析均值加减一倍标准差范围内，在结构宏观层次反应上，计算结果与试验结果在二阶统计量上吻合得较为理想，证明了本文基于非线性和随机性耦合这一物理背景下研究工作的正确性.

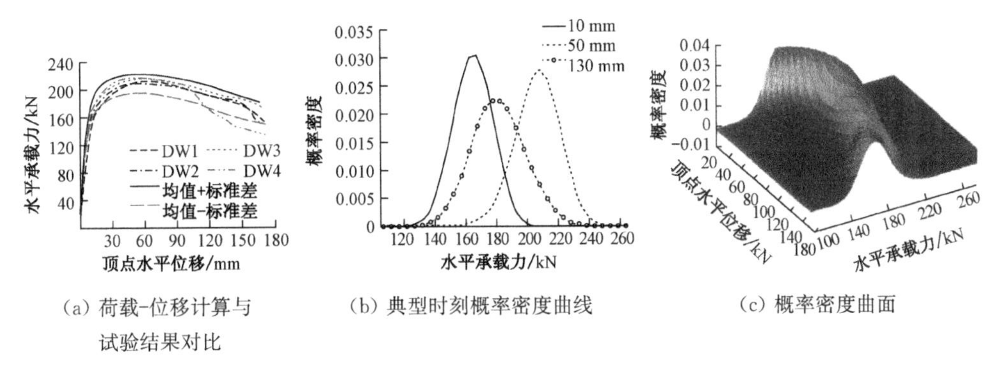

(a) 荷载-位移计算与试验结果对比 (b) 典型时刻概率密度曲线 (c) 概率密度曲面

图 2 荷载-位移计算结果

顶点位移在 10，50 和 130 mm 的时刻，水平承载力的概率密度曲线均为单峰形状，从图 2c 的概率密度曲面可见，在反应初期，概率密度曲面较为陡峭，说明该处反应曲线的分布集中，相应的随机性也就较小，在顶点位移 120～140 mm范围内，曲面较为平缓，说明该区域随机性相对较大，图 2b 在顶点位移130 mm时的概率密度曲线正好位于该区域，曲线较其他两条分布范围明显增大.

3.2 应变分析

由图 3(a)和图 4(a)可见，在系综数值特征描述上，混凝土和钢筋试验应变曲线均基本落在了理论分析均值加减二倍标准差范围内，在应变层次上，计算结果与试验结果在二阶统计量上吻合得较为理想，进一步证明了本文基于非线性和随机性藕合这一物理背景下研究工作的正确性.

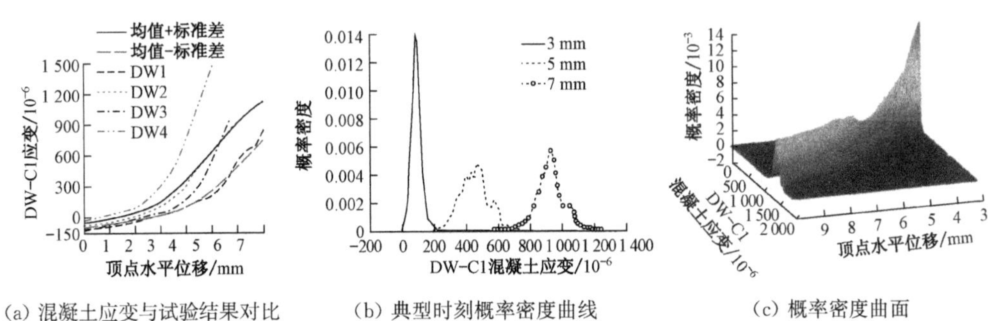

(a) 混凝土应变与试验结果对比 (b) 典型时刻概率密度曲线 (c) 概率密度曲面

图 3 混凝土应变计算结果

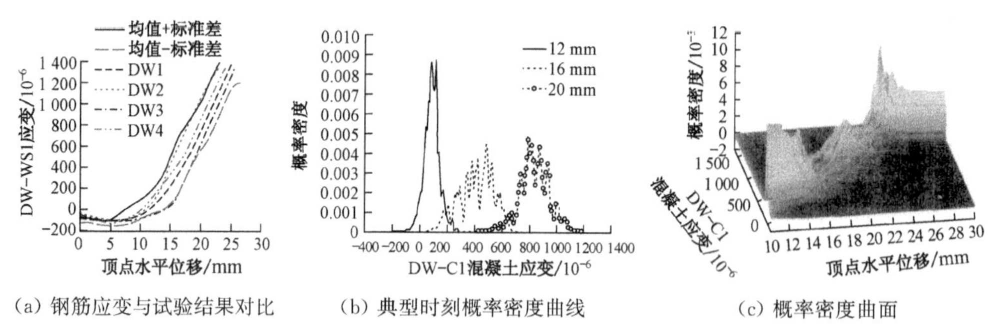

(a) 钢筋应变与试验结果对比　(b) 典型时刻概率密度曲线　(c) 概率密度曲面

图 4　钢筋应变计算结果

从图 3(b)和图 3(c)混凝土概率密度可以明显观察到如下特征:反应的初始阶段概率密度表现为明显的尖峰形状,随机性较小. 顶点位移 5 mm 左右时,概率密度曲面进入了低谷,相比较而言,此时混凝土应变响应的随机性最大,在接下来的进程中,概率密度曲面又上升,这是一个明显的随机涨落过程. 在概率密度反应后期,概率密度曲面和曲线都出现了局部跳动现象,和初始阶段相比,变得不再是光滑的曲面和曲线了,这反映出在反应后期,在较强的非线性和随机性耦合下,使得混凝土应变反应的分布表现出了一定的复杂性.

从图 4(b)钢筋应变的 3 条典型概率密度曲线可见,在反应后期,概率密度曲线明显不再是通常见到的单峰光滑曲线,而是曲折的多峰曲线反映在图 4(c)的概率密度曲面上,会发现曲面出现了"多脊"现象. 这说明样本曲线分别集中到了若干个不同的峰值区域附近,这种样本曲线的聚、散现象表明混凝土随机性使得钢筋的非线性演化路径变得复杂;观察概率密度曲面可以发现两个较大的峰值和一个较小的峰值,这种"多峰"现象表明混凝土非线性使得钢筋应变出现了典型的随机涨落过程. "多脊"与"多峰"的出现诠释了随机性对非线性的影响和非线性对随机性的作用,是非线性与随机性耦合的一个比较典型的例证.

一般来讲,钢筋本身的随机性很小,通常作为确定性量来处理. 然而,试验与理论结果都发现,在结构受力过程中,钢筋应变反应具有随机性. 这是由于在整个内力重分布过程中,混凝土随机性使得整个结构的内力演化具有明显的随机性,反映到钢筋的受力上,必然导致钢筋应变反应出现随机性,因此,本质上来说,钢筋反应的随机性来源于混凝土.

3.3　混凝土损伤分析

结构损伤是非线性出现的本质原因,因此对结构损伤演化的分析非常必要. 通常认为,受拉破坏和受剪破坏是混凝土的两种主要基本破坏机理[8],因此,文中的本构模型采用受拉损伤变量与受剪损伤变量来反映混凝土受力变形时的损伤机制. 损伤变量数值为 1,表明完全损伤,数值为 0,表示未损伤. 下面分别给出了两者的基本变化规律.

图 5 给出了 DW-C1 处混凝土受拉损伤的概率密度变化图. 可以直观地发现，混凝土受拉损伤初期随机性很大，且概率密度曲线表现出了“多峰”现象，反映到曲面上就是“多脊”形式. 与上述钢筋的分析类似，这种现象也同样表明了随机性使得混凝土受拉损伤演化路径出现了聚、散现象. 后期随机性逐渐减小，最后逐渐趋于确定性. 值得注意的是，这里出现了一个由随机性向确定性转化的过程. 混凝土受拉损伤的这种转化过程的物理解释如下：混凝土是一种抗压能力很强而抗拉能力较弱的材料，受拉破坏是它的主要破坏机理之一，这是它所固有的受力特性. 受拉破坏主要出现在结构反应的前期阶段，在这个阶段，裂缝的产生和发展又具有非常明显的随机性，反应在受拉损伤指标上就是损伤程度迅速上升，并表现出很强的随机性. 而受拉裂缝出现以后，该裂缝的受拉损伤过程即已完成（数值上趋近于 1），所以最后逐渐趋于集中. 这一由随机性向确定性转化的过程，表明两者并不是对立的，而是统一于对受拉裂缝的共同反应之中.

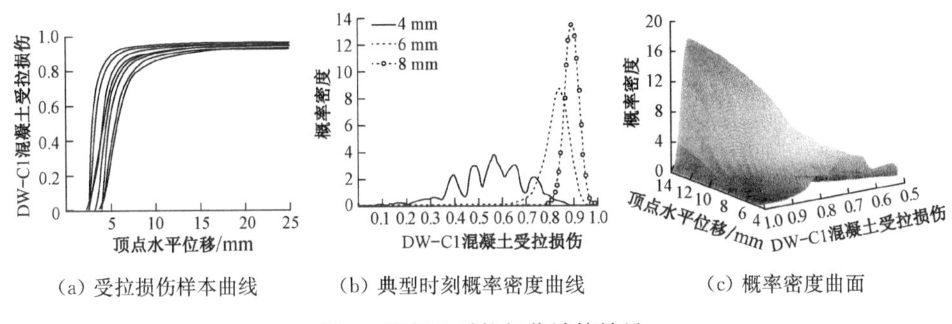

(a) 受拉损伤样本曲线　(b) 典型时刻概率密度曲线　(c) 概率密度曲面

图 5　混凝土受拉损伤计算结果

图 6 是 DW-C1 处混凝土受剪损伤的概率密度变化图. 和受拉损伤相比，受剪损伤的概率密度分布状态自始至终都显得更为复杂，概率密度曲面出现了明显的“多脊”现象，这说明了受剪损伤分别集中到了若干个不同的区域. 受剪损伤表现出的这种样本聚、散现象与常规明显不同，表明了混凝土随机性使得混凝土受剪损伤的非线性演化路径变得复杂多样. 从整个受剪损伤的演化过程来看，反应后期的随机性要大于反应前期.

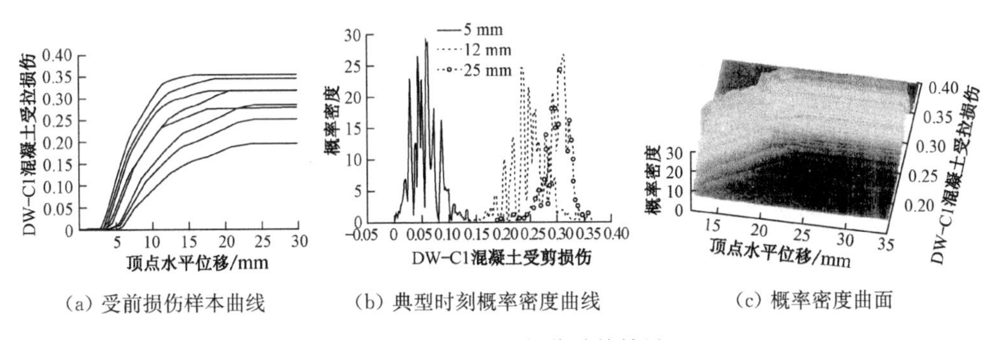

(a) 受前损伤样本曲线　(b) 典型时刻概率密度曲线　(c) 概率密度曲面

图 6　混凝土受剪损伤计算结果

3.4 截面内力分析

在实际工程设计中，截面内力是进行结构配筋一项重要指标. 通过对受拉墙肢底部这一典型截面的分析，分别给出了弯矩、剪力和轴力的非线性随机演化过程. 为了能直观地看到这一过程，首先从样本轨道和系综数值特征的角度分别给出了3种内力的典型样本. 从样本曲线的变化过程可见，图7(a)所示弯矩在不同的受力状态下，截面弯矩数值差异最大，曲线形状也不是单调变化. 图8(a)所示截面剪力的变化是一个上升、下降再上升的复杂过程. 图9(a)的截面轴力由初始的受压状态逐步变为受拉状态，达到峰值以后又逐渐减小. 截面内力的这些复杂变化过程有其内在的原因：在外荷载的持续作用下，随着混凝土不断破坏，内力传递途径和大小也在不断被改变，在结构整个非线性反应过程中，内力重分布持续性地发生，而本文获得的复杂内力反应就是这一物理过程的直接体现. 同时，由于混凝土随机性的存在，必然会导致内力在重分布过程中出现随机演化现象. 因此，仅依靠弹性甚至确定性的非线性分析方法均不能正确描述结构内力真实的发展轨迹.

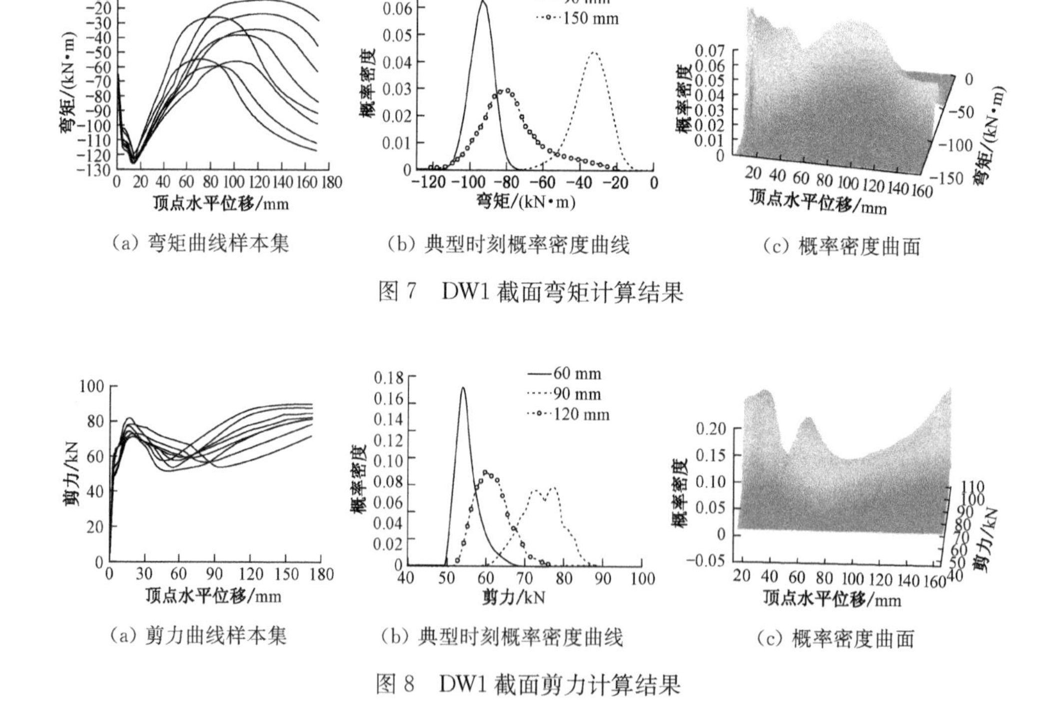

(a) 弯矩曲线样本集　(b) 典型时刻概率密度曲线　(c) 概率密度曲面

图7　DW1 截面弯矩计算结果

(a) 剪力曲线样本集　(b) 典型时刻概率密度曲线　(c) 概率密度曲面

图8　DW1 截面剪力计算结果

与应变、损伤层次的典型时刻概率密度曲线相比，内力概率密度曲面要光滑得多，与荷载-位移曲面较为相近. 从整个概率密度曲面来看，图7(c)的概率密度曲面有两个较高的峰值，图8(c)则是出现了3个峰值，这表明在整个反应过程中弯矩和剪力均出现了明显的随机涨落. 相对于弯矩和剪力，轴力的概率密度曲线后期稍显复杂，概率密度曲面出现了“多脊”现象，随着顶点位移的增大，轴力概率密度曲面的变化过程较弯矩和剪力的要平缓很多，没有出现剧烈的随机涨落现象.

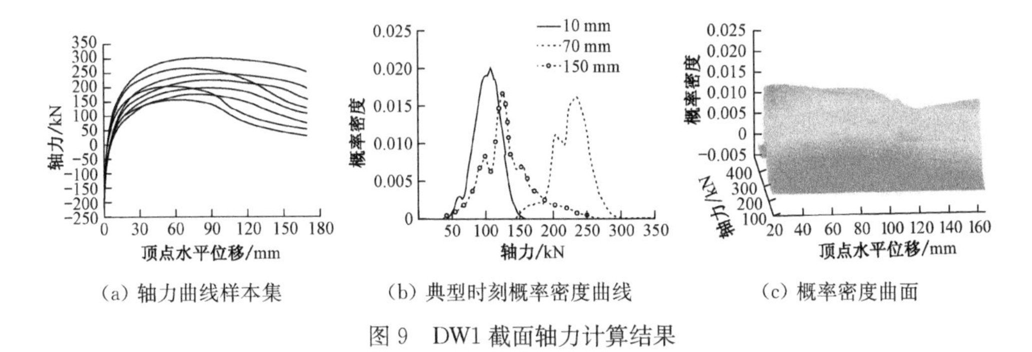

(a) 轴力曲线样本集　(b) 典型时刻概率密度曲线　(c) 概率密度曲面

图 9　DW1 截面轴力计算结果

4　结　论

通过对钢筋混凝土双连梁短肢剪力墙结构进行的非线性随机演化分析研究，可以得出如下结论：

(1) 综合样本轨道、系综数值特征和概率密度三种描述方式的各自优点，较为全面描述了双连梁短肢剪力墙结构非线性随机演化的力学行为. 在系综数值特征层次上，可测物理量的分析结果与试验结果吻合较好.

(2) 结构反应概率密度曲面的“多脊”现象表明，初始随机性在系统状态演化过程中，样本曲线会相对集中于若干个不同峰值区域附近，使得结构反应出现了复杂的聚、散变化，表明混凝土随机性使得结构反应的非线性演化路径变得复杂. 概率密度曲面的“多峰”现象表明，混凝土非线性可以使结构在反应过程中出现明显的随机涨落现象. 这些复杂演化现象的出现有其本质的原因：非线性和随机性并不是独立存在的，在结构受力过程中，两者之间互相影响和互相作用，正是在两者耦合这一物理背景下，才使得结构不同层次的非线性演化过程变得复杂多样. 结构弹性分析和确定性非线性分析均不能反映上述特征.

(3) 在混凝土受拉损伤演化过程中，发现存在一个由随机性向确定性演化的趋势，表明随机性与确定性之间可以互相转化，两者具有统一性. 这一结论不仅适用于混凝土结构，而是具有一定的普遍适用性.

(4) 宏观荷载-位移、局部应变、损伤指标以及截面内力是分别在各自的层次上去描述同一个结构的一次完整的受力过程. 分析发现，不同的反应层次，概率密度分布特征并不同. 因此，对结构仅进行某一个层次反应量的分析不足以全面把握结构的非线性随机演化行为，安全的结构设计应全面考虑不同层次的随机反应.

参考文献

[1] 李杰，张其云. 混凝土随机损伤本构关系[J]. 同济大学学报：自然科学版，2001，29(10)：

1135-1141.
[2] 任晓丹.混凝土随机损伤本构关系试验研究[D].上海:同济大学土木工程学院,2006.
[3] Ding G Y, Li J. The non-linear reponse simulation analysis of the stochastic structure subjected to the Earthquake excitation [C]//Proceedings of the 12th World Earthquake Engineering Conference. [S. I]: New Zealand Socirty for Earthquake Engineering, 2000: 2019-2114.
[4] 丁光莹,李杰.混凝土框架结构非线性静力分析的随机模拟[J].同济大学学报:自然科学版,2003,31(4):389-394.
[5] 李杰.随机动力系统的物理逼近[J].中国科技论文在线, 2006,1(2): 95-104.
[6] 李杰.混凝土随机损伤力学的初步研究[J].同济大学学报:自然科学版,2004,32(10):1270-1277.
[7] Wu J Y, Li J, Faria R. An energy release rate-based plastic damage model for concrete [J]. Internation Journal of Solids and Structures, 2006, 43(3/4):583-612.
[8] Li J, Chen J B. Probability density evolution method for dynamic reponse analysis of structures with uncertain parameters[J]. Computational Mechanics, 2004, 34:400-409.
[9] Chen J B, Li J. Dynamic response and reliability analysis of nonlinear stochastic structures [J]. Probabilitic Engineering Mechaincs, 2005, 20(1): 33-44.
[10] Li Jie, CHEN jianbing. The Probability density evolution method for dynamic response analysis of non-linear stochastic structures[J]. International Journal for Numerical Methods in Engineering, 2006, 5(6):882-903.
[11] 陈建兵,李杰.随机结构动力反应概率密度演化分析的切球选点法[J].振动工程学报,2006,19(1):1-8.
[12] Riks E. An incremental approach to the solution of snapping and bucking problems[J]. International Journal of Solids and Structures, 1979, 15(7): 529-551.

Non-linear Stochastic Evolution Analysis of Shortleg Shear Walls with Dual Binding Beams

Li Kui-ming Li Jie

Abstract: Based on an energy release rale-based plasticdamage model and probability density evolution method (PDEM), an investigation of the short-leg shear walls with dual binding beams is conducted on the P-cures, contrete and reinforcement strains, concrete damages and cross-sectional internal forces in the frame of stochastic damage mechanics for concrete. Non-linear stochastic evolution of structures is described through sample tracks , ensenble numerical characteristics and probability density. Multi-peaks and multi-ridges phenomenon appear in probability density function evolution surfaces of the different response level, which roots in couple of randomicity and non-linearity. It can also be concluded that randomicity and certainty may transfrom into each other in the process of stuctural response evolution.

(本文原载于《同济大学学报》第 37 卷第 4 期,2009 年 4 月)